哈尔滨工业大学第十四届
本科生学术论坛论文集

《哈尔滨工业大学第十四届本科生学术论坛论文集》编委会　编

哈爾濱工業大學出版社

图书在版编目(CIP)数据

哈尔滨工业大学第十四届本科生学术论坛论文集/《哈尔滨工业大学第十四届本科生学术论坛论文集》编委会编. —哈尔滨:哈尔滨工业大学出版社,2021.11
ISBN 978－7－5603－9787－0

Ⅰ.①哈…　Ⅱ.①哈…　Ⅲ.①工程技术－文集　Ⅳ.①TB－53

中国版本图书馆 CIP 数据核字(2021)第 217127 号

HITPYWGZS@163.COM
艳|文|工|作|室 13936171227

策划编辑　李艳文　范业婷
责任编辑　范业婷
封面设计　刘长友
出版发行　哈尔滨工业大学出版社
社　　址　哈尔滨市南岗区复华四道街 10 号　邮编 150006
传　　真　0451－86414749
网　　址　http://hitpress.hit.edu.cn
印　　刷　哈尔滨圣铂印刷有限公司
开　　本　880 毫米×1 230 毫米　1/16　印张 26.5　字数 802 千字
版　　次　2021 年 11 月第 1 版　2021 年 11 月第 1 次印刷
书　　号　ISBN 978－7－5603－9787－0
定　　价　138.00 元

前　言

培养“新时代杰出人才”是哈尔滨工业大学英才学院的使命。学院积极探索构建了全方位、多维度的拔尖学生科技创新能力培养体系，为学生搭建一流创新能力培养提升平台，引导学生善于思考、勇于质疑、乐于探究、敢于创新。每年一度的本科生学术论坛作为培养拔尖学生的重要举措之一，营造了开放和谐的学习环境和浓厚自由的学术氛围，对引领学生投身科技创新和科学研究、激发学生的探究式学习意识、提升学生的创新精神和创新意识、提高学生的思维表达和写作能力等方面起到了重要的推动作用。

英才学院于 2021 年举办哈尔滨工业大学第十四届本科生学术论坛。论坛共收录论文 49 篇，除哈尔滨工业大学学生论文外，还收录了来自南京大学、兰州大学、宁波诺丁汉大学等高校的学生的多篇高质量论文。经专家评审，共评出一等奖 10 项，二等奖 13 项，三等奖 26 项。

目前，哈尔滨工业大学本科生学术论坛已经发展成为哈工大重要的学生学术活动，为哈工大不同学科的学生及国内其他高校的学生提供了一个展示研究成果、碰撞学术思想和沟通交流增进友谊的平台，受到了同学们的认可与欢迎。

哈尔滨工业大学英才学院
2021 年 8 月 8 日

目　　录

第一部分　设计与仿真

第二部分　数学建模

第三部分　综合研究

第四部分　人文社科

第一部分　设计与仿真

基于电化学模型的锂离子电池组参数辨识方法

于瀚卿[1]，杨龙[2]，李俊夫[3]

1. 哈尔滨工业大学（威海）汽车工程学院 2018 级　智能车辆工程专业；
2. 哈尔滨工业大学（威海）汽车工程学院 2018 级　能源与动力工程专业；
3. 哈尔滨工业大学（威海）汽车工程学院　讲师

摘要：电化学模型能够准确地描述锂离子电池的内外特性，然而，当采用该模型对电池组进行建模时，组内单体电池的不一致性增加了电池组建模和参数识别的难度。本文提出了一种串联电池组电化学模型及其参数辨识方法，首先采用容量补偿和二分迭代法来解决单体电池容量不一致的问题，然后基于激励响应分析获取电池模型参数。最终，对两组分别由 6 个单体电池串联而成的电池组进行了必要的仿真验证，单体电池和电池组电压的平均绝对误差分别在 0.025 V 和 0.115 V 以内，进而表明了电池组模型参数辨识方法具有较好的精确性。

关键词：电化学模型；电池组不一致性；容量补偿；激励响应分析

Parameter Identification Method of Lithium-ion Battery Pack Based on Electrochemical Model

Yu Hanqing[1], Yang Long[2], Li Junfu[3]

1. Intelligent Vehicle Engineering, 2018, School of Automotive Engineering, Harbin Institute of Technology at Weihai;
2. Energy and Power Engineering, 2018, School of Automotive Engineering, Harbin Institute of Technology at Weihai;
3. Lecturer, School of Automotive Engineering, Harbin Institute of Technology at Weihai

Abstract: An electrochemical model can accurately describe both internal and external characteristics of lithium-ion batteries. However, when the model is adopted for a battery pack, the inconsistency of the cells in a pack increases the difficulty of battery modelling and parameter identification. This work develops an electrochemical model parameter identification method for a battery pack with six single cells connected in series. Capacity compensation is first conducted to address the problem of the inconsistency of single cells. Model parameters of all the cells are then obtained based on excitation-response analysis, followed by essential validations of battery pack model simulations. The average absolute errors of single cell and battery pack are within 0.025 V and 0.115 V, which indicates that the developed model parameter identification method has good performance.

Key words: Electrochemical model; Battery pack inconsistency; Capacity compensation; Excitation-response analysis

引言

锂离子电池作为储能系统得到了广泛的应用,然而,电池管理技术的发展却远远落后,这严重限制了电池在各种电化学储能应用中的应用,这种现象在电动汽车(Electric Vehicles, EVs)中尤为明显[1]。由于锂离子电池具有非常复杂的系统,因此建立一个准确的模型,对阐明其内部之间复杂的相互作用以及研究其充放电行为都具有重要意义,建立的模型还可用于优化管理,如荷电状态(State of Charge, SOC)估计和电池均衡[2-4]。

锂离子电池的电化学模型一般是基于多孔电极理论和浓溶液理论,该模型从电化学角度,定量地描述了电池内部复杂的反应过程,并准确地模拟了电池的内外特性。目前,电化学模型主要包括伪二维(Pseudo - two - Dimensional, P2D)模型[5]、单粒子(Single Particle, SP)模型[6]和其他简化的 P2D 模型[7]。通常,与目前常用的等效电路模型相比,电化学模型具有更高的精度,但建模过程更加复杂,导致参数辨识存在一定的困难。

由于电池在制造过程中不可避免地存在差异,即使一个制造工艺很好的电池组,在使用一段时间后也会出现组内单体电池容量不一致性问题。电池容量和 SOC 的不一致性对电动汽车至关重要,这与电池组的可用容量和输出功率息息相关[8]。因此,在对电池组进行建模时,有必要考虑其内部单体电池的不一致性。

目前电池组的建模方法可以分为两类:一种方法是将建模技术从单个电池拓展到电池组,这种方法忽略了电池组内部不一致的影响,将整个电池组视为一个具有更大容量和电压的电池[9,10];另一种方法是在没有事先已知数据的情况下,将每个单体电池的模型进行简单的串、并联连接,从而建立电池组模型,这样可以优化电池组模型结构[11]。

电池模型参数辨识的准确性对模型本身至关重要,而准确的模型和参数对于正确估计电池 SOC 等内部状态也十分关键。常用的无损参数辨识方法包括非线性最小二乘拟合(Nonlinear Least Squares Fitting, NLSF)[12]、遗传算法(Genetic Algorithm, GA)[13]、粒子群优化(Particle Swarm Optimization, PSO)算法[14]和神经网络(Neural Network, NN)[15]等。

锂离子电池的电化学模型在描述电池内部复杂的反应过程和电池内外特性过程中的表现十分优秀,然而当电池组采用电化学模型时,建模过程变得更加复杂,参数识别的难度大大增加。本研究的新颖之处在于建立了一种串联电池组的电化学模型及其参数辨识方法,该方法基于容量补偿和激励响应分析,很好地解决了电池组内单体电池容量不一致性问题,并以电池组模型仿真为例,验证了所提方法的适用性。

本文首先介绍了我们采用的单体电池和电池组的模型,然后提出了基于容量补偿和激励响应分析的电池组参数识别方法,最后利用自己搭建的两个电池组进行了参数辨识和电压仿真,验证了本方法的准确性。

1. 锂离子电池单体和电池组模型

1.1 电池单体模型

电化学模型中对锂离子电池内部机理的描述可分为五个部分:基本工作过程、固相扩散、液相扩散、反应极化和欧姆极化。其中,基本工作过程主要描述了锂离子在电池正负电极之间移动的过程;固相扩散过程主要描述了锂离子在正负活性粒子中的插入和脱插过程;液相扩散过程主要描述了锂离子在电解质中的运动过程;反应极化过程主要描述了活性粒子表面发生的电化学反应;欧姆极化过程主要描述了电极组件对电子和锂离子运动的阻碍作用。

上述机理过程产生了开路电势、浓差极化过电势、反应极化过电势和欧姆极化过电势。在我们之前的工作中,可以找到与各机理过程相关的SP+模型数学表达式[16]。由于每个单体的容量和性能不同,需要对模型参数分别进行识别,下一节中将提供模型参数识别的细节。

1.2 电池组模型

由于电池组是串联的,所以电池组的总端电压U_{app_pack}等于所有单体电池的端电压之和。不考虑焊接引起的接触电阻,电池组端电压的计算公式为

$$U_{app\_pack} = \sum_{i=1}^{n} U_{app\_cell\_i} \tag{1}$$

式中 n——电池组中串联单体的个数;

$U_{app\_cell\_i}$——第 i 节单体的端电压。

为了模拟电池组的行为,首先需要获得每个单体电池的参数,然后模拟它们的端电压,最后将组内所有单体的端电压相加,即可得到电池组的端电压。

2. 锂离子电池组参数识别方法

忽略热效应对电池特性的影响,电池内部开路电压(Open-Circuit Voltage, OCV) E_{ocv}和极化过电势(η_{act}、η_{con}、η_{ohm})是外电流 I 和电化学参数(y_0、x_0、Q_p、Q_n 等)的函数。基于电化学阻抗谱理论,在一定的电流激励下,不同内部过程的响应时间和响应程度会有所不同:欧姆极化过电势在施加电流的瞬间即可建立;由于电子导电过程和锂离子传质过程具有不同的速度,根据反应极化的计算公式可知,当对电池施加电流负载时,会立即产生相应的反应极化过电势;在一段时间的电流激发后,固相和液相扩散才会进入稳定状态。

端电压 U_{app} 是电池所有内部过程的外部表现,通过分析其在不同电流激励下的变化规律,可以根据响应时间和响应程度的不同将开路电势和三个极化过电势解耦,进而进行分步辨识。需要注意的是,由于电池组是由单体串联得到的,因此想要获取每个单体电池的参数,就需要解决电池组内单体电池容量的不一致性问题。本项工作基于并改进了先前开发的逐步辨识模型参数的方法[16],有效地解决了电池组内单体容量不一致性的问题,准确地获取了电池组中单体的所有参数。

由于电池组内单体电池之间的差异,当电池组达到规定的放电截止电压时,各单体的端电压必定不一致,而其中一定有电池达到单体的截止电压,根据识别参数所需的数据要求,该电池的参数足以被完全获取。然而对于未完全放电的电池,由于容量不准确,测试数据不完整,无法准确识别四个基本参数(y_0、x_0、Q_p、Q_n)。因此,有必要先对未完全释放的容量进行补偿并校核,进而确定四个基本参数,再利用分步辨识得到模型的其他参数。

2.1 容量补偿和基本过程参数辨识

为辨识四个基本过程参数,本文基于激励响应分析原理设计了参数辨识工况。图 1 分别显示了电流激励和电池组端电压的响应曲线。

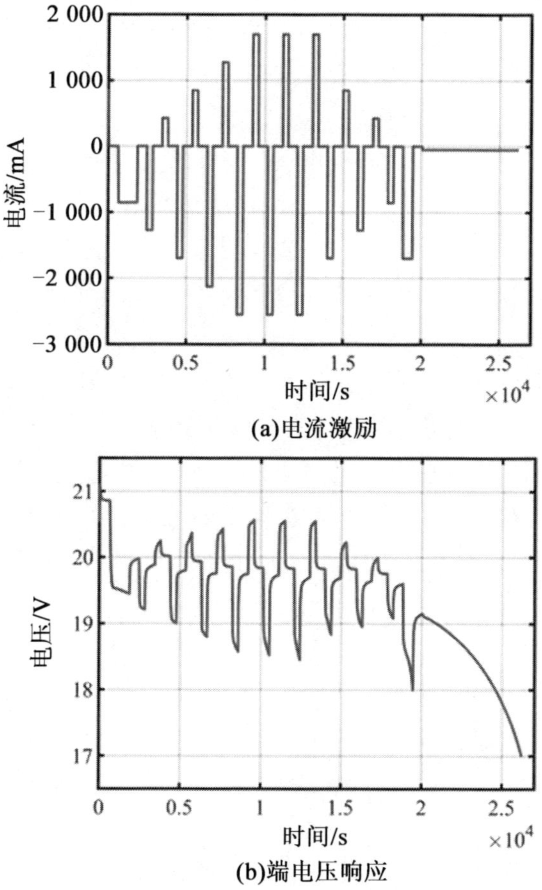

(a)电流激励

(b)端电压响应

图 1 电池组参数辨识激励响应曲线

针对电池组中各单体电池在放电结束时端电压不一致的问题，对未完全放电的单体电池的总容量进行补偿并校核。通过基本过程参数辨识和模型仿真，采用二分迭代的方法对总容量进行不断的更新，其过程如下。

步骤一：测得第 i 节单体的截止电压，记为 U_i。假定电池组内所有单体的放电性能一致，提取电压下降最快的电池 U_i 到 2.75 V 的电压数据，并利用安时积分法计算出补偿的容量 ΔQ_i。

步骤二：利用安时积分法计算第 i 节单体电池放电到电压 U_i 的容量 Q_{all_i0}，该单体的先验总容量 Q_{all_i} 就是 ΔQ_i 和 Q_{all_i0} 之和。

步骤三：将先验总容量 Q_{all_i} 代入公式(2)计算出电池不同时刻的SOC，通过公式(3)和公式(4)得到不同时刻的正负极固相平均嵌锂量 y_{avg} 和 x_{avg}。

$$\mathrm{SOC}=1-It/Q_{\mathrm{all}\_i} \tag{2}$$

$$y_{\mathrm{avg}}(t)=y_0+I(t)t/Q_{\mathrm{p}} \tag{3}$$

$$x_{\mathrm{avg}}(t)=x_0-I(t)t/Q_{\mathrm{n}} \tag{4}$$

步骤四：可以认为搁置一段时间后的电池实测端电压 U_{app} 近似等于电池开路电压 $\mathrm{E}_{\mathrm{OCV}}$。提取图1中各单体电池近似理想的开路电压，并利用非线性最小二乘拟合方法拟合公式(5)，获取电池基本工作过程参数 y_0、x_0、Q_{p}、Q_{n}。

$$\mathrm{E}_{\mathrm{ocv}}(t)=U_{\mathrm{p}}[y_0+I(t)t/Q_{\mathrm{p}}]-U_{\mathrm{n}}[x_0-I(t)t/Q_{\mathrm{n}}] \tag{5}$$

步骤五：假设用0.02 C倍率对电池进行恒流放电，利用公式(5)进行该节电池的端电压仿真，截取电池从满充时的电压放电至截止电压2.75 V对应的放电数据。由于小倍率放电时电池内部的反应非常微弱，可以认为端电压等于开路电压，然后利用安时积分法计算出仿真放电总容量 $Q_{\mathrm{all}\_i'}$。

步骤六：比较先验总容量 Q_{all_i} 和仿真得到的总容量 $Q_{\mathrm{all}\_i'}$。若两者之差小于给定值 0.01 As，则认为先验总容量准确；若差值大于 0.01 As，则取 Q_{all_i} 和 $Q_{\mathrm{all}\_i'}$ 的平均值，将该值作为新的 Q_{all_i} 代入公式(2)，重复步骤三～步骤六，直至两者之差小于0.01 As。

2.2　反应极化过程参数辨识及其他参数赋值

充放电开始前，电池处于稳定状态。在施加电流负载的瞬间，正负极固相表面和内部平均嵌锂量的差值不会突然建立。由固相扩散过程的描述方程可知，在过渡时间内，该浓度差不断增加，最后趋于恒定。液相扩散过程和固相扩散过程相似，正负极集流体处液相锂离子浓度差也需要一段过渡时间才会建立且保持稳定，这段时间显著长于反应极化作用的响应时间。

为了辨识反应极化过程相关参数，提取在施加电流激励时电池端电压的变化值 ΔU，将直接赋值的欧姆内阻 R_{ohm} 和测量的电流负载 I 代入公式(6)，计算反应极化过电势 η_{act}，然后根据公式(7)～(9)利用非线性最小二乘法拟合得到反应极化系数 P_{act}。

$$\eta_{\mathrm{act}}(t)=\Delta U(t)-R_{\mathrm{ohm}}I(t) \tag{6}$$

$$\eta_{\mathrm{act}}(t)=\frac{2RT(t)}{F}\{\ln[\sqrt{m_{\mathrm{n}}^2(t)+1}+m_{\mathrm{n}}(t)]-\ln[\sqrt{m_{\mathrm{p}}^2(t)+1}+m_{\mathrm{p}}(t)]\} \tag{7}$$

$$m_{\mathrm{p}}(t)=\frac{P_{\mathrm{act}}I(t)}{6Q_{\mathrm{p}}c_0^{0.5}(1-y_{\mathrm{surf}})^{0.5}(y_{\mathrm{surf}})^{0.5}} \tag{8}$$

$$m_{\mathrm{n}}(t)=\frac{P_{\mathrm{act}}I(t)}{6Q_{\mathrm{n}}c_0^{0.5}(1-x_{\mathrm{surf}})^{0.5}(x_{\mathrm{surf}})^{0.5}} \tag{9}$$

式中，Q_{p} 和 Q_{n} 是第一步已经辨识出来的参数，由于施加电流的瞬间固相扩散未建立，y_{surf} 和 x_{surf} 分别用 y_{avg} 和 x_{avg} 代替。

为保证模型具有较好的仿真精度和辨识速度，基于已有经验设定其他参数值 R_{ohm}、τ_{e}、c_0、τ_{p}、τ_{n}、$P_{\mathrm{con\_a}}$、$P_{\mathrm{con\_b}}$ 为常数[16]，且不同单体电池、不同循环次数的上述模型参数取值相同。直接对不敏感的模型参数进行赋值的做法已经被证明是合理的[17,18]，下一节将给出设定的具体参数值。

3. 电池组参数辨识结果及仿真验证

本节根据上述方法对两个电池组进行了参数辨识，得到了参数辨识结果。然后，以不同的倍率对电池组进行充放电测试，利用电池组模型和参数辨识结果进行电压仿真，并将仿真结果与实测电压进行对比，验证了采用的模型和提出的参数辨识方法具有良好的准确性。

这里需要说明的是，测试设备为深圳市新威尔电子有限公司生产的60 V－20 A 电池组测试仪，其电压和电流测量误差为千分之一，采样时间间隔为1 s。两个电池组均由6节磷酸铁锂电池串联而成，电池组1中的单体编号分别为#15～#20，电池组2中的单体编号分别为#21～#26。

3.1　参数识别结果

根据本文提出的电池组参数辨识方法，分别得到了两个电池组中每个单体电池的参数，基本工作过程参数以及 Q_{all} 和 P_{act} 的辨识结果如图 2 所示。

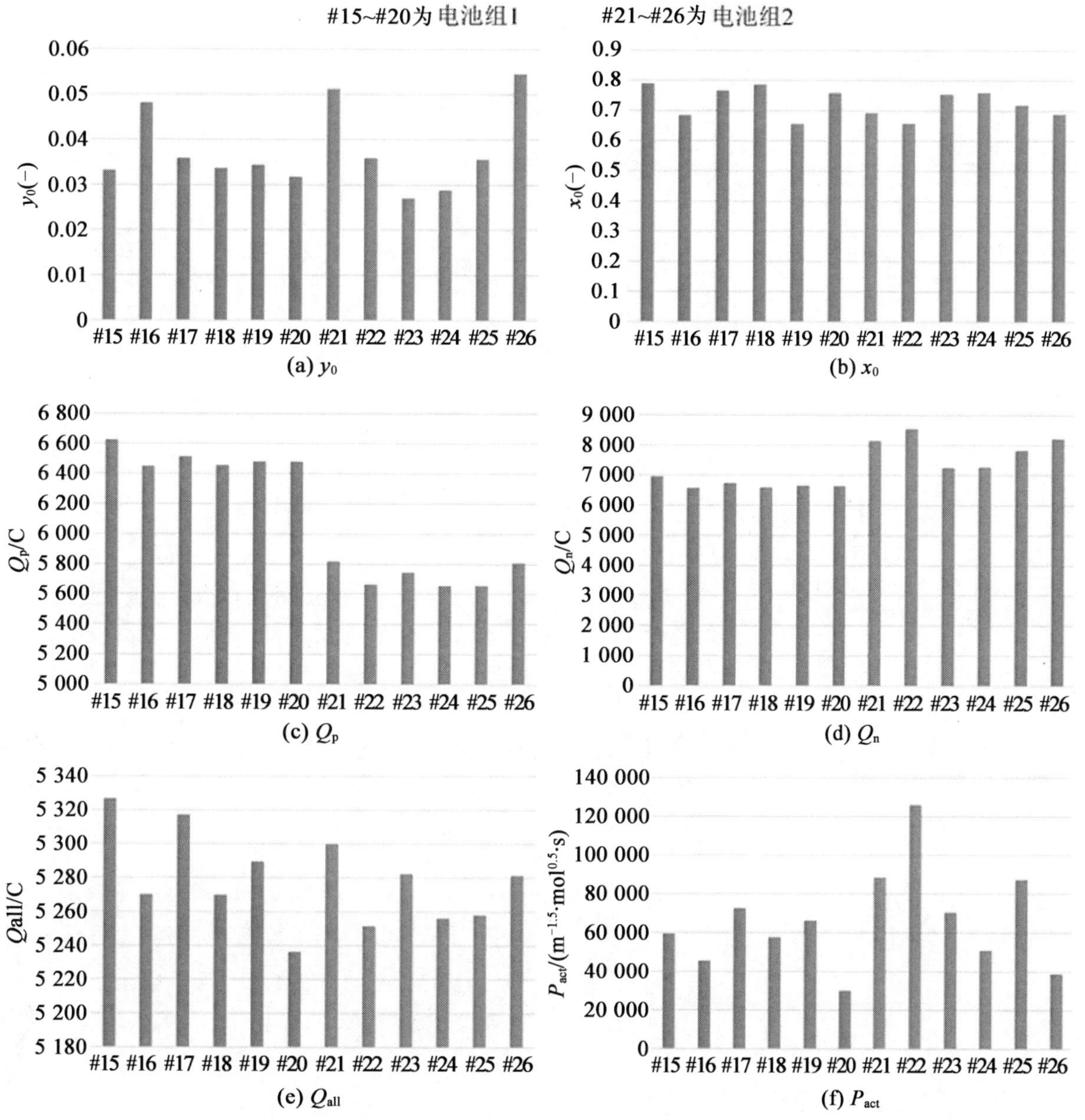

图 2　参数辨识结果

3.2　其他参数的赋值结果

根据之前的假设和敏感性分析[19]，除了辨识的参数外，其他的参数均不考虑电池不一致和老化的影响，它们的取值始终不变。具体的取值见表 1。

3.3　仿真验证

为了进行端电压仿真验证，本文设计了不同倍率的恒流放电—恒流恒压充电的试验方案，如图 3 所示。应该注意的是，每次充放电交替之间需要将电池搁置 10 min。

根据参数辨识结果，对上述试验方案下各单体电池和各电池组的端电压进行仿真。电池组 1 和电池组 2 的仿真结果与实测端电压的对比曲线如图 4 所示。

表1　其他参数的取值

参数	取值
R_{ohm}	0.03 Ω
τ_e	20 s
c_0	1 000 mol · m^{-3}
τ_p	10 s
τ_n	10 s
P_{con_a}	950 mol · m^{-3} · A^{-1}
P_{con_b}	500 mol · m^{-3} · A^{-1}

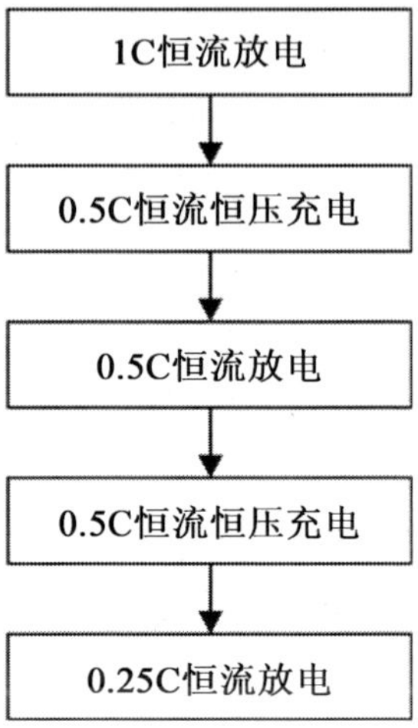

图3　测试方案流程图

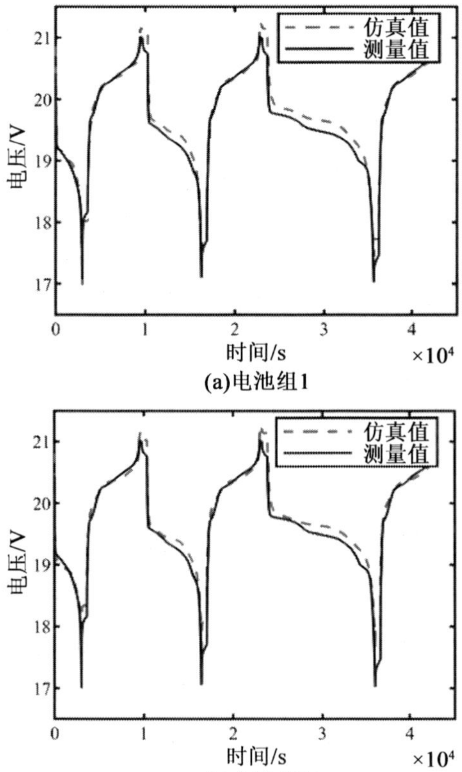

(a)电池组1

(b)电池组2

图4　电池组1和电池组2的仿真结果与实测端电压的对比曲线

各单体和电池组的端电压的平均绝对误差(Average Absolute Error, AAE)、均方根误差(Root Mean Square Error, RMSE)和最大绝对误差(Maximum Absolute Error, MAE)的统计结果见表2。

表2　单体和电池组仿真端电压的误差统计结果

电池编号	AAE/V	RMSE/V	MAE/V
#15	0.015 9	0.020 6	0.087 4
#16	0.023 3	0.050 1	0.195 6
#17	0.019 4	0.032 5	0.138 4
#18	0.024 6	0.045 8	0.192 7
#19	0.022 2	0.039 8	0.169 4
#20	0.024 2	0.042 1	0.164 6
电池组1	0.107 6	0.141 3	0.517 2
#21	0.014 9	0.020 7	0.090 8
#22	0.015 2	0.023 5	0.104 6
#23	0.023 6	0.045 5	0.217 4
#24	0.022 4	0.040 8	0.194 1
#25	0.016 6	0.025 5	0.110 5
#26	0.014 4	0.018 2	0.060 2
电池组2	0.111 9	0.155 6	0.696 2

平均绝对误差和均方根误差的主要来源可能是:(1)单体电池容量校核存在误差,导致四个基本过程参数辨识不够准确,从而造成后续一系列的误差;(2)参数 R_{ohm}、τ_e、c_0、τ_p、τ_n、P_{con_a}、P_{con_b}在已有经验的基础上直接赋值,且不同单体、不同循环次数的上述模型参数取值相同,未考虑电池不一致和老化对参数的影响。

端电压仿真最大绝对误差局部放大曲线如图5所示。电池组的端电压仿真最大绝对误差发生在搁置时期,这是因为SP+模型在描述固液浓度恢复平衡时不够准确。如果不考虑这段时间的仿真结果,误差将进一步减小。同时,从表2中可以清楚地看出,电池组的仿真端电压误差并不简单地等于所有组内单体的误差之和,这是因为测量值和仿真值之间的大小关系并不确定。

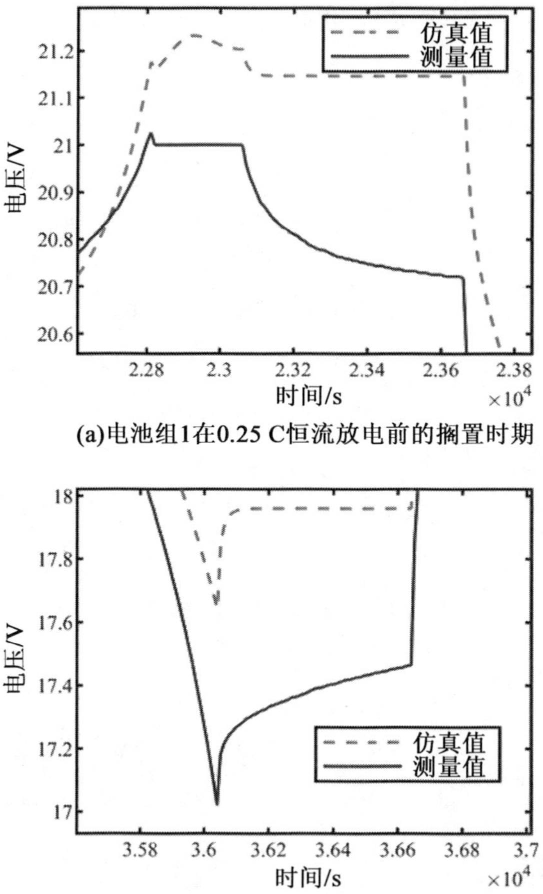

(a)电池组1在0.25 C恒流放电前的搁置时期

(b)电池组2在0.25 C恒流放电后的搁置时期

图5　端电压仿真最大绝对误差局部放大曲线

4. 结论

电池组中不可避免的不一致性使得电化学模型参数辨识十分困难。本文提出了一种基于容量补偿和激励响应分析的电池组电化学模型参数辨识方法,并利用6个单体串联而成的电池组进行了参数辨识和仿真验证。结果表明,在整个验证过程中,所有单体和电池组的平均绝对误差分别小于0.025 V和0.115 V,展现了良好的仿真精度。

参考文献

[1] CHEN W, LIANG J, YANG Z, et al. A review of lithium-ion battery for electric vehicle applications and beyond[J]. Energy procedia, 2019, 158: 4363-4368.

[2] GUO Y, ZHAO Z, HUANG L. SOC estimation of lithium battery based on AEKF algorithm[J]. Energy procedia, 2017, 105: 4146-4152.

[3] LIPU M S H, HANNAN M A, HUSSAIN A, et al. A review of state of health and remaining useful life estimation methods for lithium-ion battery in electric vehicles: challenges and recommendations[J]. Journal of cleaner production, 2018, 205: 115-133.

[4] WANG Y, YANG D, ZHANG X, et al. Probability based remaining capacity estimation using data-driven and neural network model[J]. Journal of power sources, 2016, 315: 199-208.

[5] BAI Y, ZHAO Y, LIU W, et al. Two-level modeling of lithium-ion batteries[J]. Journal of power sources, 2019, 422: 92-103.

[6] LI J, ADEWUYI K, LOTFI N, et al. A single particle model with chemical/mechanical degradation physics for lithium ion battery State of Health (SOH) estimation[J]. Applied energy, 2018, 212: 1178-1190.

[7] JOKAR A, RAJABLOO B, DESILETS M, et al. Review of simplified pseudo-two-dimensional models of lithium-ion batteries[J]. Journal of power sources, 2016, 327: 44-55.

[8] TIAN J, WANG Y, LIU C, et al. Consistency evaluation and cluster analysis for lithium-ion battery[J]. Energy, 2020, 194: 116944.

[9] LI J, MAZZOLA M S. Accurate battery pack modeling for automotive applications[J]. Journal of power sources, 2013, 237: 215-228.

[10] CASTANO S, GAUCHIA L, VONCILA E, et al. Dynamical modeling procedure of a Li-ion battery pack suitable for real-time applications[J]. Energy conversion and management, 2015,

92: 396-405.

[11] KIM J, CHO B H. Screening process-based modeling of the multi-cell battery string in series and parallel connections for high accuracy state-of-charge estimation[J]. Energy, 2013, 57: 581-599.

[12] JIANG Y, XIA B, ZHAO X, et al. Data-based fractional differential models for non-linear dynamic modeling of a lithium-ion battery[J]. Energy, 2017, 135: 171-181.

[13] DING X, ZHANG D, CHENG J, et al. An improved Thevenin model of lithium ion battery with high accuracy for electric vehicles [J]. Applied energy, 2019, 254: 113615.

[14] RAHMAN M A, ANWAR S, IZADIAN A. Electrochemical model parameter identification of a lithium-ion battery using particle swarm optimization method[J]. Journal of power sources, 2016, 307: 86-97.

[15] WANG Q, HE Y, SHEN J, et al. A unified modeling framework for lithium-ion batteries: an artificial neural network based thermal coupled equivalent circuit model approach[J]. Energy, 2017, 138: 118-132.

[16] LI J, WANG L, LYU C, et al. A parameter estimation method for a simplified electrochemical model for Li-ion batteries [J]. Electrochimica acta, 2018, 275: 50-58.

[17] LAI Q, JANGRA S, AHN H, et al. Analytical derivation and analysis of parameter sensitivity for battery electrochemical dynamics [J]. Journal of power sources, 2020, 472: 228338.

[18] LI W, CAO D, JOST D, et al. Parameter sensitivity analysis of electrochemical model-based battery management systems for lithium-ion batteries [J]. Applied energy, 2020, 269: 115104.

[19] EDOUARD C, PETIT M, FORGEZ C, et al. Parameter sensitivity analysis of a simplified electrochemical and thermal model for Li-ion batteries aging[J]. Journal of power sources, 2016, 325: 482-494.

基于 PX4 和 MAVSDK 的无人机编队控制系统①

雷博[1]，李一鸣[2]，佘宇琪[2]，韩庸平[2]

1. 哈尔滨工业大学 2019 级　自动化专业；
2. 哈尔滨工业大学 2019 级　计算机科学与技术专业

摘要：无人机编队是由多架无人机组成的群体，具有比单架无人机更高的任务执行成功率以及抗突发事件能力，且在民用方面有航拍、植物保护、快递运输等方面的功能。在飞行环境日益复杂以及对于无人机编队性能要求提高的背景之下，本文针对降低无人机编队学习难度和开发门槛，简化开发流程提出实现方案。基于上述目的，本文构建基于 MAVSDK 的编队控制系统，测试并选用市面常见硬件作为无人机编队硬件实现方案。最终实现无人机编队的 GAZEBO 仿真和四机编队的实场测试，验证了方案的可行性。

关键词：无人机编队；MAVSDK 编队控制系统；RTK 定位；Wi-Fi 通信；GAZEBO 仿真

UAV Formation Control System Based on PX4 Firmware and MAVSDK①

Lei Bo[1], Li Yiming[2], She Yuqi[2], Han Yongping[2]

1. Automation, 2019, Harbin Institute of Technology
2. Computer Science and Technology, 2019, Harbin Institute of Technology

Abstract: UAV formation is a group composed of several UAVs, which has a higher success rate of mission execution and anti-emergency capability than single-unit UAVs. It also has the functions of aerial photography, plant protection, express transportation and other aspects in civil use. Under the background of increasingly complex flying environment and improved requirements for UAV formation performance, this paper proposes an

① 基金项目：大学生创新创业训练计划支持项目（2020F006583）。

implementation scheme aiming at reducing the difficulty of UAV formation learning and skill barriers, and simplifying the development process. Based on the above purposes, this paper builds a formation control system based on MAVSDK, tests and selects common hardware in the market as the realization scheme of UAV formation hardware. Finally, Gazebo simulation of UAV formation and real field test of four-aircraft formation are implemented to verify the feasibility of the scheme.

Key words: UAV formation; MAVSDK formation control system; RTK positioning; WIFI communication; Gazebo simulation

引言

无人机编队是由多架无人机组成的群体,能够提高容错率,具有比单架无人机更高的任务执行成功率以及抗突发事件能力,能够更大范围、更多角度地进行搜索或侦察,同时多架无人机之间能够完成协同飞行、完成抓取和搬运等工作。近年来,无人机理论和技术得到了快速发展,无人机能够实现的功能愈发强大,在一些领域正逐渐取代载人飞行器,尤其是在一些人类难以到达的环境和具有挑战的项目中有着很高的效率[1-4]。

在民用方面,目前航拍、农业、植物保护、微型自拍、快递运输、灾难救援、观察野生动物、监控传染病、测绘、新闻报道、电力巡检、救灾、影视拍摄等方面大大地拓展了无人机本身的用途。无人机编队由于其体积小,行动灵活的特点,常常被应用于飞行表演,以达到更为壮观的效果。在军用方面,无人机编队能够进行更精确的侦察和搜索,同时能够完成大范围、多角度的精确打击,已经逐渐成为各国武器研究的重点方向。[5]单个无人机很容易因为外界环境的急剧变化产生损坏,此时无人机群高容错性的优势就能够展现出来。通过无人机之间相互的通信,能够实现无人机之间的协同工作,从而继续完成任务或及时返航减少损失。除此之外,无人机编队可以提高侦查和单次作战效率,为军事人员提供更加完善的数据资料,维护作战安全性[6]。

由于飞行环境的日益复杂以及对于无人机编队性能等要求的提高,对无人机编队任务分配的时效性、处理位置环境能力、求解速度等提出了更高的要求[7]。目前国内外无人机集群技术在控制技术上已经衍生了包含编队构型形成、构型保持、队形变换、集结与解散、智能重构、机间防碰撞与集群外障碍物规避等许多研究方向,此外,在导航定位、数据链通信、智能决策等多方面也开展了一系列研究,并均取得了十分丰硕的成果[8]。当前的多无人机协同控制主要还停留在一致性问题、跟踪问题和编队问题上面[9,10]。

1. 硬件部分

本篇文章无人机各部件均自主选配并进行组装。无人机机架方面,采用 djif330 开源机架。飞行栈方面,在权衡两大无人机开源项目 PX4(图1)和 Ardupilot 后,选择了有更好的扩展性和开发平台的 PX4 项目。PX4 可在各种提供 POSIX - API 的操作系统上运行(例如 Linux、macOS、Windows、NuttX 等),除此之外,PX4 控制栈集成了各种自主无人机的制导、导航以及控制算法,支持多旋翼飞行器以及估计算法和姿态控制算法,同时包含从传感器、RC 输入和自助飞行控制(导航器)到电机或伺服控制(执行器)的完整管道。

图1　PX4 飞行控制器

飞行控制器上，本文选择运行 PX4 飞行栈的 Pixhawk4 – Autopilot，PX4 固件采用多任务模块化设计，具有较为统一的代码风格，其具备丰富的扩展接口和优良的处理性能，相比较之下 APM 固件程序支持硬件较多但是程序可读性较差，二次开发难度较大。

通信模块上，本文使用两个 Esp8266 Wi-Fi 模块(图 2)，分别用于接收控制指令和获取 RTK (Real – Time Kinematic，RTK)信息。其他硬件选择情况：好盈天行者 20 A 电调，朗宇直流无刷电机，3 300 mAH 3S Li – po 电池。

图 2　Esp8266 Wi-Fi 模块

2. 软件部分

2.1　编队控制系统

项目的控制系统使用 MAVSDK 且基于 PX4 项目平台搭建。

飞行器采用通用的 Mavlink 协议进行通信，而 MAVSDK 为基于 PX4 的 Mavlink 抽象层 API，提供对底层 Mavlink 消息的高级调用，具有多语言与跨平台特性。项目采用 MAVSDK – Python 编写无人机编队的控制系统，系统主要有以下部分：安全检查、故障保护和编队运动控制。

根据无人机之间信息的交互范围的不同，通常常见的编队控制方法可以分为三类：集中式控制、分布式控制和分散式控制[11]。本项目采用分布式的控制方式，通过对单个无人机位置和姿态的控制，完成对无人机编队的控制。

无人机编队系统使用路径规划算法(人工势场)对无人机编队进行路径规划。人工势场法通过设定终点坐标为引力势场，设定障碍物为斥力势场，寻找躲避障碍物无碰撞的最优路径[12]。同时无人机编队系统能够完成发布指令，监测任务进度的功能。在队形调整后，更新编队路径，可以实现无人机编队的位姿变换。

除此之外，本项目还添加了安全检查和故障保护功能对无人机进行保护。

安全检查在准备阶段远程进行无人机各传感器校准、电源电量检查、无人机电机电调工作检查，定位精度排查潜在安全性因素。飞行任务执行前，规划飞场地理围栏，从而避免因无人机偏离飞场对人员造成的伤害。

故障保护在编队飞行阶段监测各飞行器的飞行状况。若飞机自身故障，则执行故障保护程序，避免对其余飞行器造成影响；若由于环境力造成飞机间距小于安全阈值，则执行对应程序，进行队形调整。

2.2　通信

从整体上来看，无人机与地面控制端均连接到路由器，通过多路由器的桥接实现通信组网，网络框架为星形网络。在星形网络中，无人机所获得的信息由 QGC 和地面控制端发射出来。无人机编队与控制端的通信采用 TCP/UDP 通信，目前采用 Esp8266 模块作为硬件的实行方案。

对于单个无人机，项目采用双通道连接方式，即飞控与地面控制端通过两个 Esp8266 模块进行双路网络连接。其中一个通道与上述控制系统连接，另一个则连接到 QGC 地面站，获得 RTK 基站的数据，从而在无人机端实现闭环控制。

2.3　定位

定位问题的关键点在于如何根据已获取的信息以及当前观测到的信息判断无人机在当前环境当中的位置。定位是移动机器人自主导航中最基本的环节，是执行任务所必须要解决的问题。本项目采用 RTK 定位方式，RTK 是实时处理两个测量站的差分方法，将基准站采集的载波相位发给用户接收机做定位误差修正。RTK 定位模式具有诸多优点，根据载波差分和准载波差分其精度可分为厘米级和分米级，定位系统精度较高。除此之外，由于 RTK 技术通过电磁波符合的波段进行工作，在障碍物阻挡两点的光学通视要求的情况下依然可以保持正常的工作状态，且受到温度、湿度、风速等其他的外部环境影响较小。[13]

相比较之下，虽然 UWB 定位方式具有较低的系统复杂度和发射信号功率谱密度、对于信道衰落不敏感、截获能力低、安全性能高、定位精度高等优点，但是在实际测试中，其对于周边环境存在金属或者其他障碍物的情况之下，定位精度会下降，并且在较密集编队定位中会受到由于无人机遮挡和运动产生的位置突变。最终，本实验采用赫星 Here3 的 RTK 模块（图 3），并在后续的实验测试中发现 RTK 定位精度高且更加稳定，在空旷的室外环境下达到厘米级的精确度，能够赋予无人机实时获取高精度空间位置信息的能力，以便让无人机执行更加复杂的任务。

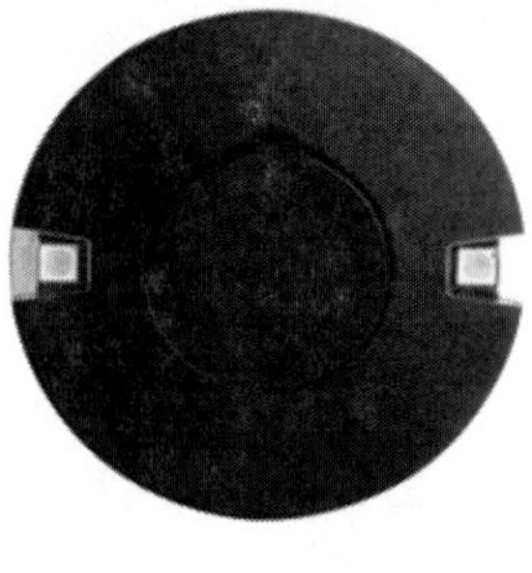

图 3　赫星 Here3 的 RTK 模块

3. 数据模拟与仿真

进行实物实验之前，本项目进行了基于 Gazebo 的仿真实验（图 4）。利用 PX4 提供的插件进行软件在环的仿真测试，能够成功实现对现实场景的模拟。

图 4　基于 Gazebo 的仿真实验环境配置

仿真的具体逻辑如图 5 所示。

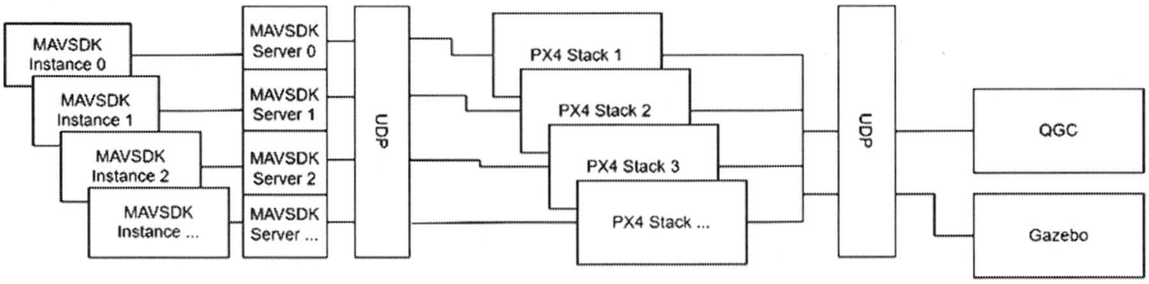

图 5　仿真逻辑图

完成配置之后,对仿真模型的参数进行设置,编写程序使得无人机自主规划路径到指定位置,完成位姿的变换。

仿真结果如图 6 所示。

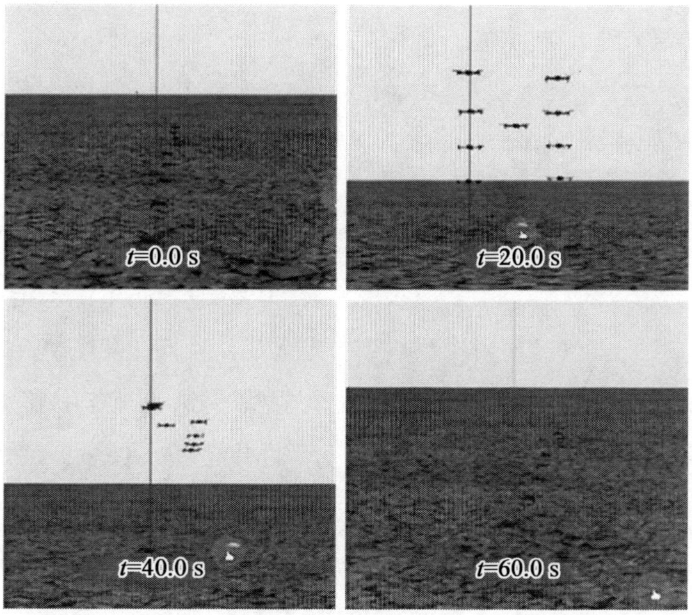

图 6 仿真结果图

仿真环境中的数据曲线如图 7、图 8 所示。

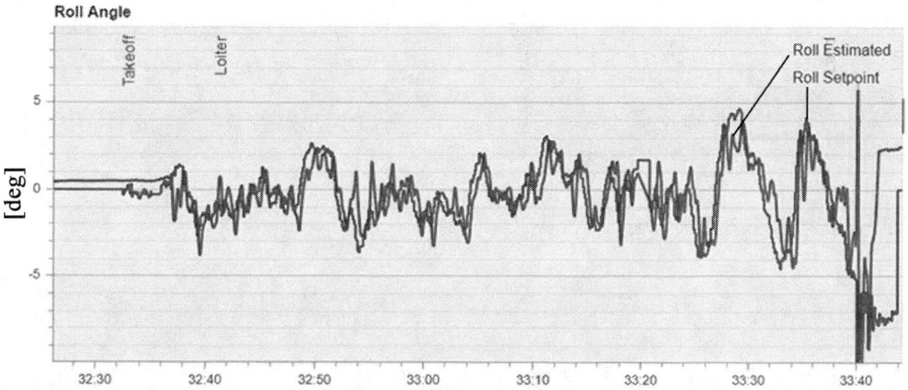

图 7 仿真环境中滚动角数据曲线

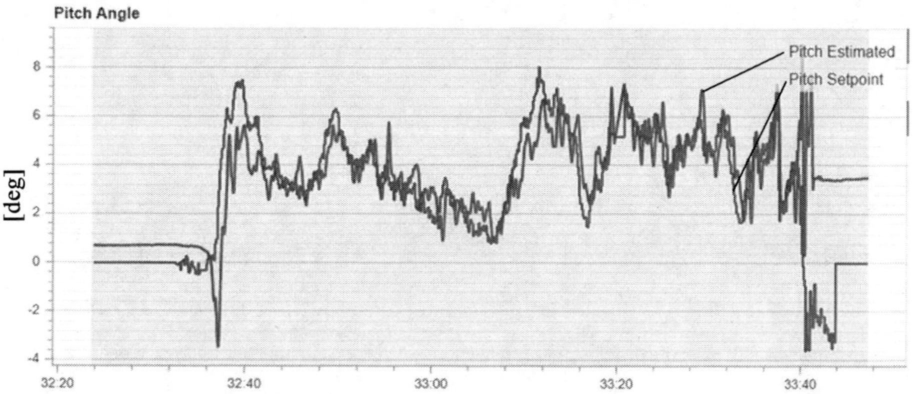

图 8 仿真环境中桨距角数据曲线

由图 8 可知,基于 Gazebo 的仿真很好地实现了预期的效果,验证了项目基于 MAVSDK 完成对整个无人机编队的位姿控制理论的可行性。通过观察数据曲线可知,对于单个无人机的控制,实际姿态角变化与姿态角设定点变化基本同步,响应时间短,控制效果较好,为实物的技术实现奠定了基础。

4. 技术实现结果

在成功完成仿真的基础上,项目利用实物进行了简易四机编队控制的技术实现。

技术实现结果图如图 9 所示。

图 9　技术实现结果图

实地测试结果分析如下:

通信上:无人机编队对指令响应延迟受通信网络带宽、Mavlink 数据流的频率与数据量、路由器可接入设备最大数量及 Wi-Fi 数传模块性能的影响较大,调整数据频率可较好地改善信号延迟。

定位上:由于测试环境较为空旷,RTK 精度收敛较为可观。无人机悬停稳定性较好,风向变化且风力变化幅度较大时,无人机偏离设定点距离较大,返回设定点的响应速度较长,后续需通过对飞控调参改进。

整体测试效果在实验预期之内,表现良好,初步验证了当前控制系统和硬件方案的可行性。

基于 MAVSDK 的无人机编队控制系统理论上能够实现最多 256 架无人机组成的无人机编队,但是由于硬件等性能的限制,在实际应用中存在小于 256 最大编队成员数的限制。

5. 结论

目前,基于开源项目例如 PX4、Ardupilot 等的主流无人机编队管理系统,大多采用 ROS(机器人操作系统)或者自行开发控制板载。ROS 框架完善,但复杂度高,不适于相关基础薄弱的学习和研发人员。自行开发控制板载更适用于编队表演的大规模场景,不适于有特殊需求的科研人员。本文针对这一问题,基于 MAVSDK 并结合市面上的主流开源硬件提出了一个可行的解决方案。硬件方面自主选配飞行控制器等并进行组装,令无人机具有较为丰富的扩展接口和优良的处理性能:在编队控制系统方面使用 MAVSDK 基于 PX4 进行项目平台的搭建,降低了学习门槛,且便于二次开发,减少了不必要的开发过程,简化了整个控制流程。并最终对整体进行了软件在环境仿真和实地测试,结果良好,验证了方案的可行性与鲁棒性。

参考文献

[1]　马思迁,董朝阳,马鸣宇,等. 基于自适应通信拓扑四旋翼无人机编队重构控制[J]. 北京航空航天大学学报, 2018, 44(4): 841-850.

[2]　韩亮,任章,董希旺,等. 多无人机协同控制方法及应用研究[J]. 导航定位与授时, 2018,5(4):1-7.

[3]　任章,郭栋,董希旺,等. 飞行器集群协同制导控制方法及应用研究[J]. 导航定位与授时,2019,6(5):1-9,138.

[4]　徐扬,罗德林,周路鹏,等. 基于增益矩阵的二阶集群系统鲁棒分布式立体编队控制[J]. 中国科学:技术科学,2020,50(4):

461-474.

[5] 王祥科,刘志宏,丛一睿,等.小型固定翼无人机集群综述和未来发展[J].航空学报,2020,41(4):20-45.

[6] 查勇.无人机编队避障与控制技术研究现状及发展趋势[J].中国设备工程,2021(6):188-189.

[7] 宗群,王丹丹,邵士凯,等.多无人机协同编队飞行控制研究现状及发展[J].哈尔滨工业大学学报,2017,49(3):1-14.

[8] 刘金龙.四旋翼无人机集群协同控制方法研究[D].哈尔滨:哈尔滨工业大学,2019.

[9] 胡春鹤,陈宗基.基于 Helly 定理的多智能体最短时间一致性[J].北京航空航天大学学报,2015,41(9):1701-1707.

[10] 姚辉,席建祥,王成,等.二阶多智能体系统自抗扰编队跟踪与避撞控制[J].北京航空航天大学学报,2020,46(5):960-977.

[11] 唐钰婧.基于长机-僚机法的无人机编队控制器设计[J].中国科技信息,2021(6):23-26.

[12] 李昶威,甘屹,孙福佳,等.基于蝙蝠算法-人工势场的机器人路径规划研究[J].制造业自动化,2021,43(2):76-81.

[13] 赵琰,吴发林,刘杨.高精度卫星导航技术[M].北京:北京航空航天大学出版社,2016.

基于偏振光导航的摄像系统设计

李宏扬[1]，王纪言[1]，刘培瑶[1]，王帅[2]

1. 哈尔滨工业大学英才学院 2019 级　自动化类专业；
2. 哈尔滨工业大学航天学院 2019 级　飞行器设计与工程类专业

摘要：本文基于生物界常见的偏振光导航原理，结合计算机视觉技术，提出了一种在工程上利用自然光偏振信息进行导航的小型化系统设计方案。针对运动目标的位置信息处理需求，设计了一种 CCD 工业相机与小型摄像元件配合组成的摄像硬件系统，通过 OpenCV 库对系统采集到的自然光图像进行分析处理，从中提取出所需要的偏振光信息，利用 Scipy 算法库设计出解算目标经纬度的数值分析算法，从而得出物体的位置信息。项目进展至今，完成了对自然光的采集与信息分析，初步满足了应用上的精度要求。我们将进一步改善系统，以提高本系统的精度，实现在多天气条件下的准确定位。

关键词：偏振光；图像处理；数值分析

Design of Camera System Based on Polarized Light Navigation

Li Hongyang[1], Wang Jiyan[1], Liu Peiyao[1], Wan Shuai[2]

1. Automation, 2019, Honors School, Harbin Institute of Technology;
2. Flight Vehicle Design and Engineering, 2019, School of Astronautic, Harbin Institute of Technology

Abstract: Based on the principle of polarized light navigation that is commonly applied in biosphere and combining with computer vision technology, the project team proposed a design scheme of camera system for navigation using the polarization information of natural light. In view of the actual navigation demand of moving targets, we designed a camera hardware system composed of a CCD industrial camera and a compact video camera hardware system. Through the OpenCV library we analyzed the image of natural light taken by the camera, picked up of the polarization information we need, and used Scipy algorithms library to design a numerical analysis algorithm for calculating latitude and longitude data, then we can get the location of the object. Up to now, the project team has completed the collection and image analysis of natural light, which preliminarily meets the accuracy requirements of application. We will further improve the system to raise the accuracy of the system, and to achieve accurately positioning in multi-weather conditions.

Key words: Polarized light; Image process; Numerical analysis

引言

偏振光导航在生物界是较为常见的方位辨别方式,从20世纪40年代起,研究人员不断发现,多种生物眼中的视网膜色素分子偶极轴都呈现有规律的排列,从而使它们具有偏振光感知能力,包括蜜蜂、蚂蚁等多种昆虫,两栖动物以及鱼等在内的多种生物都被研究证明具有通过偏振光进行导航的能力。本团队基于此仿生学原理提出在工程上利用偏振信息进行导航的设计方案,此系统在晴朗天气下具有较强的抗干扰性,整体结构简单,有利于小型集成化。本团队的项目以偏振感知与导航功能为基础,以太阳光在大气中传输的偏振特性为理论依据,从信息获取和信号处理的角度,对偏振光导航理论在实际小型化工程项目的应用进行研究。这一项目应用于导航定位技术领域中,具有广阔的前景。目前,偏振光导航技术的工程应用基本上仍处于探索试验阶段,在2005年,中国科学院安徽光学精密机械研究所的孙晓兵等人以合肥地区大气为例,获取了大量不同时空的大气光谱偏振数据,测定了大气偏振特性的时空分布信息。2005年至2008年,大连理工大学的褚金奎等人建立了基于Rayleigh散射的大气偏振特性数学模型,提出了利用大气偏振模型进行导航的方法。本团队期望在偏振光导航方向可以完成理论的小型实例化,以在未来给出具有实用价值的民用偏振光导航系统。

1. 偏振光导航原理

太阳光和月光等自然光在穿过大气层到达地面时,会观测到光线发生了一定的散射现象。相关理论与实验研究表明,上述自然光在发生散射的同时,会伴随着不同程度的偏振现象,而其偏振方向与入射光与散射光所确定的平面垂直。理论分析表明,当散射平面与自然光夹角为90°时,所观测到的偏振程度最大。从0°开始逐渐增大夹角,当观测方向偏离太阳而未达到90°时,偏振度会随着夹角的增大而逐渐增大,而在经过90°位置后,偏振度又逐渐减小,从而在天空中形成特殊的偏振模式。本系统主要应用于在晴朗天气下通过太阳光的定位导航,此时大气层对自然光的散射主要为瑞利(Rayleigh)散射,在相应的数学模型基础上可以从中提取出太阳光的偏振角和偏振度,在给定当前协调世界时(UTC)以及太阳赤纬角等天文数据的基础上,可以计算出当前系统所在位置的经度与纬度。

1.1 基于Rayleigh散射理论的大气偏振模型

在应用Rayleigh散射的理论进行分析时,应确保大气中的微粒直径远小于入射光的波长,通常允许的微粒直径上界约为波长的1/10(1~300 nm),在此前提下,散射光强度与入射光波长的四次方成反比。在晴朗天气下,大气层内的散射源主要是大气所包含的气体分子,恰好满足Rayleigh散射的条件。若散射粒子为球形,半径为r,入射光为光强为I_0、波长为λ的线偏振光,散射粒子与观测点的距离为s,光学折射率为n,依照Rayleigh散射定律,单个球形粒子的散射光强I为

$$I(\theta,\varphi)=\frac{I_0}{s^2}\times\frac{16\pi^4 r^6}{\lambda^4}\left(\frac{n^2-1}{n^2+2}\right)\cdot(1-\sin^2\theta\cos^2\varphi) \tag{1}$$

经大气层折射的太阳光可以分解为相互正交的水平分量E_l和竖直分量E_r,且均为线偏振光。在Rayleigh散射模型中,偏振度P定义为[1,2]

$$P(\theta)=\frac{I_r(\theta)-I_l(\theta)}{I_r(\theta)+I_l(\theta)} \tag{2}$$

若入射光为自然光,则有

$$P(\theta)=\frac{1-\cos^2\theta}{1+\cos^2\theta}P_{\max} \tag{3}$$

英国物理学家 G. G. Stokes 提出了由四个参数所组成的 Stokes 矢量，它可以描述光的亮度和所有偏振状态，可表述为

$$\boldsymbol{S}=(I,Q,U,V)^{\mathrm{T}} \tag{4}$$

其中，I 表示入射光总光强；Q、U 表示两个相互正交的线偏振光；V 表示圆偏振光。若假设一束光线中，线偏振光的光强为I_l，圆偏振光的光强为I_r，偏振度为 P，偏振方位角为χ，椭圆率为 ε，则该光线的 Stokes 矢量可以表示为[3]

$$\begin{cases} I=I_l+I_r \\ Q=I_l+I_r=IP\cos 2\chi\cos 2\varepsilon \\ U=IP\sin 2\chi\cos 2\varepsilon \\ V=IP\sin 2\varepsilon \end{cases} \tag{5}$$

因而可得到偏振度和偏振方向为

$$\begin{cases} P=\dfrac{\sqrt{Q^2+U^2+V^2}}{I} \\ \chi=\dfrac{1}{2}\arctan\left(\dfrac{U}{Q}\right) \end{cases} \tag{6}$$

1.2　太阳赤纬角算法

我们以地球为中心，以过南北极的直线为轴建立天球坐标系统，认为太阳绕着地球旋转，则以春分日(3 月 21 日)为赤纬角 0°时刻，将太阳赤纬角(图 1)定义为太阳所在点与地球球心的连线与赤道面的夹角。

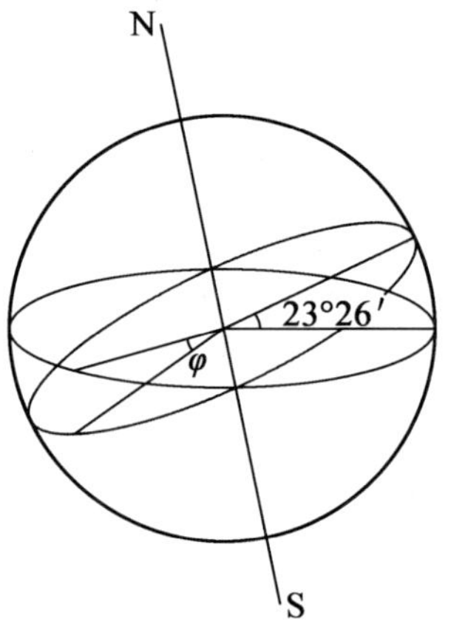

图 1　太阳赤纬角示意图

出于近似的目的，我们将参考点、太阳直射点和地球外圆面投射到二维空间上，从俯视角度看黄道面。

由几何关系(图 2)可有

$$\sin\varphi_s=\frac{L}{R}=\frac{x\sin\theta_{\max}}{R} \tag{7}$$

精确到分钟，可得到太阳赤纬角的计算公式

$$\varphi_s=\sin^{-1}\left(\sin\left(360\cdot\frac{t}{365}\right)\sin(23°26')\right) \tag{8}$$

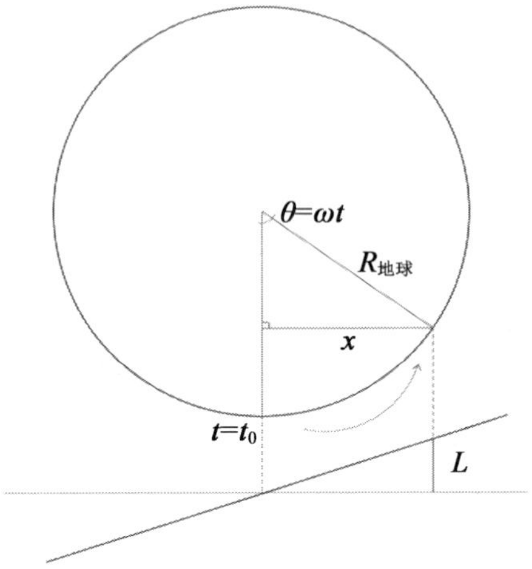

图 2　太阳赤纬角几何关系图

1.3　基于偏振光仿生定位的数学模型

在本系统中，主摄像头部分可测量出自然光的偏振角 β，位于控制板上的陀螺仪模块可以测量出载体的航向角α_0，由天球坐标系下的几何关系可以推导出太阳方位角的表达式

$$A_s=\pi-(\beta-\alpha_0) \tag{9}$$

已知太阳赤纬角 δ，以地理位置纬度 φ 和太阳时角 t 为待求参量，进行两次观测，则可以根据以下方程组来解算出有关于地理位置的数据[3]：

$$\begin{cases} a_1\cos^2 t_1+b_1\cos t_1+c_1+d_1=0 \\ a_2\cos^2 t_2+b_2\cos t_2+c_2+d_2=0 \end{cases} \tag{10}$$

其中

$$\begin{cases} a=\sin^2 A_s\cos^2\delta\cos^4\varphi-\cos^2\delta\cos^2\varphi \\ b=\sin^2 A_s\sin^2\delta\sin\varphi\cos^3\varphi \\ c=-\sin^2 A_s\sin^2\delta\cos^4\varphi \\ d=\cos^2 A_s\cos^2\delta\cos^2\varphi \end{cases} \tag{11}$$

在获得了两次观测时的太阳方位角和太阳赤纬角后，即可求得用于定位系统的参数 φ 和第一次观测的太阳时角t_1。第二次观测时的太阳时角t_2可由以下公式求得

$$t_2=t_1+(T_2-T_1)\times 15°\times 2\pi/360° \tag{12}$$

在此基础上，可进一步求得观测点的经度为

$$\eta=\begin{cases}(t_1+12-t_0-T_1)\times 15^\circ, & t_1<12\\(t_1-t_0-T_1)\times 15^\circ, & t_1>12\end{cases}\qquad(13)$$

以上即说明,通过两次方程组的解算,我们可以通过由太阳光中的偏振信息计算得到的太阳天文角度数据来计算出系统所在目标的方位数据。

2. 视觉算法设计

基于多种编程模式结合的思想,本文以 Python 下的 OpenCV 库为主要视觉工具。OpenCV (Open Source Computer Vision Library)是一个大型跨平台计算机视觉库,可以较为便捷地实现图像滤波、亮度提取、目标检测等功能,在实时图像处理、计算机视觉理论与工程以及模式识别领域都有着重要应用。OpenCV 由 C ++ 语言编写而成,同时拥有大量 C 语言、Python、Java 和 MATLAB 下的程序接口,具有很强的通用性、便捷性与可维护性。

在本系统中,上位机每分钟给主摄像机发送一次拍照命令,在 1 min 内,主摄像头将完成在偏振片相对角度 0°、45°和 90°情况下镜头朝向天顶的位置旋转与图像获取,并通过线缆传输回上位机。在接收到摄像端传输回的 128 × 128 单通道图像后,图像处理程序将对拍摄到的图像进行滤波处理,去除掉图像的失真噪点,使其趋于平滑化,并依概率提取出某一区间内的图像亮度数据,算法程序将以当前时间、亮度数据和当前太阳赤纬与真平太阳时差为参数,依照第一部分中的导航理论来计算出以分钟为精度的当前时刻系统所处位置的经纬度信息。

图像经过主摄像头上的蓝色滤光片后,可认为是单通道图像,通过 OpenCV 库的灰度转换函数 RGB2GRAY 可降低图像 Mat 数据的维度。可以认为,图像中某一点的光照强度与该点的 RGB 通道数值呈线性关系,因而可以直接使用 RGB 通道数值代表算法参数中的光强 I。在实际应用中,本文采用了 Python 下的 numpy 库和 scipy 库来完成高次三角方程组的求解过程,在其中应用了数值分析的思想,经本算法得出的数据可精确到六位小数,具有一定的实际参考价值。

3. 系统框架设计

3.1 机械结构设计

对于系统的机械结构,本项目通过将零件封入模块,再将不同功能的部分组合一起,从而在保证各部分结构稳定的同时又可以灵活调节之间的联系,从而能及时调试和整改设备。目前本项目组已经搭建出来了完整的摄像模块,该模块由主摄像头、副摄像头、STM 控制板和偏振光片转动装置构成。其中中央部分是主摄像头,负责照射穹顶,采集偏振光信息并将数据传输到计算机上;在前方的蓝色模块是本项目使用的 24 V 锂电池,用来给控制板和电机和后续的无线传输模块供电;电池上方是副摄像头,负责照射前方区域,并在到达预定位置后给予一个大致的图像反馈,从而形成一个闭环系统,及时地调节运动系统,使得到达的位置更加精确;在主摄像头偏振光片外是转动装置,通过电机控制齿轮,让嵌合在齿轮上的偏振片实现 0°、45°和 90°这三个角度的精准转动。这几个模块之间用杜邦线进行连接,从而实现不同功能之间的联系和传输。机械结构设计示意图如图 3 所示。

图 3 机械结构设计示意图

3.2 电控设计

为实现对偏振片转动角度和时间延时的精准控制,本项目采用自主设计的 STM32 开发板作为整个装置的主控,该控制系统为小组成员自主设计,芯片型号为 STM32F407VET6。通过 CAN 总线进行主控板与电调之间通信,利用 PID 算法控制大疆 m2006 电机在 1 min 之内带动偏振片实现

0°、45°、90°的连续转动。

该芯片具有 168 MHz 工作频率，随附增强外设和连接的输入/输出。它们包括 ADC、DAC、RTC、16 位计时器（包括两个用于电动机控制的 PWM 计时器）、32 位计时器。本系统具有 6 个串行接口、2 个 CAN 通信接口、1 个 PWM 接口以及配套的 LED 指示灯（可通过 LED 灯状态检测程序是否正常运行以及系统时钟是否精准），通过 SWD 接口进行程序的烧录，通过串口可以实现遥控器、传感器的外部链接，通过 CAN 接口和 PWM 接口可以实现电机的控制，进而实现偏振片以及未来设想的移动平台的驱动（原理图及 PCB3D 模型如图 4 所示），其中串口 1 为特殊串口，数据接收端（RX）和数据发送端（TX）通过三极管进行变换，可用作遥控器的连接端，其他 5 个串口为通用串口，可自由连接外设。

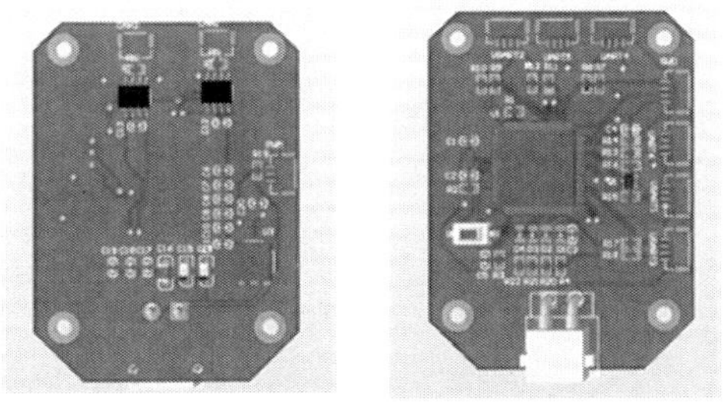

图 4　控制模块 PCB3D 图

3.3　视觉系统设计

基于多种编程模式结合的思想，本项目以 Python 下的 OpenCV 库为主要视觉工具，以达到图像滤波、亮度提取、目标检测等功能的实现。算法程序将以当前时间、亮度数据和当前太阳赤纬与真平太阳时差为参数来计算出以分钟为精度的当前时刻系统所处位置的经纬度信息。

当系统所搭载的平台发生位置移动时，副摄像头将开始工作，实时获取并记录周围的突出目标信息，在算法通过经纬度差异来计算给出移动路径的同时，移动目标检测模块将根据副摄像头所获取到的目标位置差异信息对偏振光算法所给出的纠偏方向进行修正，以最大程度上减小由于多次计算所带来的误差。本系统中所应用的目标检测方法有：OpenCV 库中的 findContours 函数对周围图像的轮廓进行检测，boundingRect 函数识别出轮廓的最小边界矩形，随后通过计算不同时刻下矩形特定顶点的坐标差异来给出纠偏信息。

3.4　交互界面设计

图 5 所示为获得位置信息时的交互界面。该界面由 tkinter 搭建，tkinter 作为 Python 的内置模块，可以充分简化界面搭建过程，并得到简约和明显的结果。利用自带的 entry、button、label 等模块，可以实现输入输出的交互作用。其中主界面上可以选择物理量的计算，由于后续计算需要前面的参数调用，所以需要按照顺序进行实际计算。在弹出的窗口中可以分别输入在模块已编写完成的运算函数中所需要的参数，界面底部的按钮可以弹出计算结果。在下一个计算过程中，便可以依照上一步运算结果再次输入参数从而获得最后的输出。

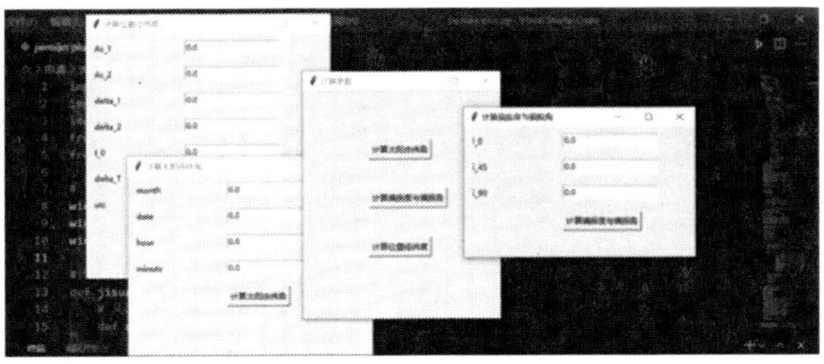

图 5　交互界面图

4. 结果分析

本项目将通过目前所编写的太阳赤纬角计算程序得到的数据与香港天文台（Hong Kong Observatory，HKO）公示的以小时为单位的数据进行了比对，在目前的精度条件下，我们的赤纬角数据可以满足定位算法的一般要求。现分别以夏季（5 月 28 日）和冬季（11 月 28 日）太阳赤纬角解算结果进行数据对比验证，结果见表 1。

表 1 太阳赤纬角数据验证对比

时间	香港天文台 赤纬角数据	程序结果
5.28 0:00	21°27′36″	21.488 447°
5.28 6:00	21°30′00″	21.529 311°
5.28 12:00	21°32′22″	21.569 768°
5.28 18:00	21°34′44″	21.609 816°
11.28 0:00	-21°17′58″	-21.727 502°
11.28 6:00	-21°20′36″	-21.765 906°
11.28 12:00	-21°23′12″	-21.803 898°
11.28 18:00	-21°25′47″	-21.841 474°

在自然光偏振度与偏振角的计算以及地理位置数据计算方面，我们通过利用人工偏振光源所产生的光线对程序进行了初步调试，结果表明，在人工光源下，依据 Stokes 矢量算法得到的程序可以在满足精度的前提下计算出光线的偏振度和偏振角。同时，基于数值分析原理的三角函数方程组解算程序也表现出了良好的计算准确性，在后续工作中，我们将继续对系统机械结构进行改进，以得到准确的太阳偏振光图像，同时对数值分析算法进行调试，确保在满足精确度要求下，尽量提高程序运行速度。

5. 反思与总结

以本文撰写过程时为准，团队成员已经完成了系统硬件框架搭建、电机调试、视觉系统程序初步开发等工作。目前系统已经实现的功能包括摄像模块在相应角度下的较精确定位转动、采集图像并传输回上位机、根据图像数据计算当前粗略的经纬度数据等。在实现前端图像采集并通过有线传输至上位机进行处理后，团队成员将在后期项目中采用无线模块进行摄像头与上位机之间的无线传输，或者在整个结构中加入 miniPC，使图像处理与信息反馈更加便捷，同时可以让装置更加灵活，实现移动和信息处理同时进行。另外，在视觉系统与算法层面，我们将通过微小误差分析法对系统计算结果进行修正，将基于圆轨道的太阳方位算法程序进一步提升为椭圆轨道下的计算方法，以提高装置精度。在偏振模式理论方面，我们将尝试探究拓宽本装置的使用条件，找出在特定条件下阴雨天气的天空 Mie 散射模式数学模型，将该理论应用于本系统算法中，使偏振光导航方法的实用性进一步提升。

参考文献

[1] 孙晓兵，洪津，乔延利. 大气散射辐射偏振特性测量研究[J]. 量子电子学报，2005(1)：111-115.

[2] 褚金奎，关乐，李世奇，等. 大气偏振模式图分布及仿生偏振导航技术[J]. 遥感学报，2018，22(6)：969-979.

[3] 程珍. 基于偏振光的仿生自主定位方法的研究[D]. 合肥：中国科学技术大学，2015.

面向多场景的智能物流搬运机器人

何雪铭[1]，赵浩翔[2]，王瀚[3]，王瑞康[3]

1. 哈尔滨工业大学英才学院航天学院 2018 级　自动化专业；
2. 哈尔滨工业大学机电工程学院 2018 级　机械电子工程专业；
3. 哈尔滨工业大学机电工程学院 2018 级　机械制造及其自动化专业

摘要：随着互联网技术与电子信息技术的突飞猛进，物流业持续高速发展，智能装备作为物流企业的未来发展趋势，势必促进物流业质的飞跃。小组通过前期对国内知名的汽车制造企业及部分物流行业进行实地调研，认为设计一款能够自主识别货品并精准完成货品领取搬运任务的机器人，不仅能够降低人工成本，而且能够有效提高物流效率和质量。所设计的机器人具备视觉识别和 Wi-Fi 通信等功能，通过软件，实现三种传感器闭环控制系统相互校正，保证机器人运动稳定性与准确性；机器人搭载自主设计控制板，并配备 LCD 屏幕，与 Wi-Fi 共同实现人机交互。自主设计小车机械臂与手爪结构，满足对不同形状物料的抓取需求。优化机器人车体结构，实现耐冲击、抗碰撞与轻量化的要求。物料摆放精度偏差在 ±6 mm 以内。

关键词：机器人；智能搬运；视觉识别；机械臂

Multi Scene Oriented Intelligent Logistics Transporting Robot

He Xueming[1], Zhao Haoxiang[2], Wang Han[3], Wang Ruikang[3]

1. Automation, 2018, Honors School, School of Astronautics, Harbin Institute of Technology;
2. Mechatronics, 2018, School of Mechatronics Engineering, Harbin Institute of Technology;
3. Mechanical Manufacturing and Automation, 2018, School of Mechatronics Engineering, Harbin Institute of Technology

Abstract: With the rapid development of Internet technology and electronic information technology, the logistics industry continues to develop at a high speed. As the future development trend of logistics enterprises, intelligent equipment is bound to promote the qualitative leap of logistics industry. Through the preliminary research on domestic well-known automobile manufacturing enterprises and part of the logistics industry, our Group believes that the design of a robot which can independently identify goods and accurately complete the task of goods collection and transportation can not only reduce labor costs, but also improve the efficiency and quality of logistics effectively. The robot we designed has the functions of visual recognition and Wi-Fi communication. Through the software, the closed-loop control system of the three sensors can correct each other to ensure the stability and accuracy of the robot motion. Also, the robot is equipped with the self-designed control board and LCD screen to realize human-computer interaction with Wi-Fi. Trolley manipulator and gripper structure which are self-designed can meet the requirements of grasping different shapes of materials. The structure of the robot body is optimized to meet the requirements of impact resistance, anti-collision and lightweight. The deviation of material placement accuracy is within 6 mm.

Key words: Robot; Intelligent transporting; Visual recognition; Mechanical arm

引言

本小组通过前期对国内知名的汽车制造企业及部分物流行业进行实地调研,发现市面上常见的 AGV 搬运机器人只具备运输转移功能,物料的放置大多数仍由人工完成,因此小组认为设计一款能够自主识别货品并精准完成货品领取搬运任务的机器人,能极大程度上提高物流的效率与质量。机器人可以通过二维码、条形码或 Wi-Fi 接收任务信息,实现便捷的人机交互;通过视觉识别,判断物料的具体位置、区分物料颜色;通过 LCD 屏幕监控机器人实时任务;通过多组机械爪形状设计,增强对不同形状、尺寸物料的兼容性;通过合理的机械臂结构与软件控制,实现物料码垛摆放;通过 Wi-Fi 模块返回机器人实时位置等信息,适用于控制中心统筹调度机器人,提高生产运输效率,面向物联网实际发展需要,完成多种贴近实际生产的任务要求。

目前,本小组设计的物流搬运机器人在 2021 年 5 月举行的第七届全国大学生工程训练综合能力竞赛黑龙江省选拔赛暨国赛测试赛中获得黑龙江省第一名的成绩。

物流搬运机器人工作大致流程为:通过 Wi-Fi 接收搬运信息或扫描二维码与条形码获取搬运信息,机器人前往原料区识别原料的位置与颜色。结合任务码,将原料放置在物流搬运机器人上,并搬运到粗加工区,之后再重新抓取物料,将粗加工品摆放到精加工区。最后根据要求,将物料在库存区进行平面放置或码垛放置。物流搬运机器人在粗加工区、精加工区与库存区放置时具有较高的放置精度。LCD 屏幕监控实时任务,通过 Wi-Fi 向物流搬运机器人发送指令,模块化设计扩展了应用场景。

1. 项目方案

1.1 物流搬运机器人机械机构设计

(1)物流搬运机器人抓取机构设计。

由云台和机械臂组成的抓取机构具有五个活动度,通过设计机械手结构与机械臂末端轨迹规划,实现物流搬运机器人在固定位置抓取四周物品。云台由 360°舵机驱动,机械臂由三个 270°舵机控制,机械手由舵机驱动。小组自行设计两套机械手结构,可以实现对不同形状、不同质量物料的抓取。另外,机械臂部分与物流搬运机器人底盘的可分离性使其下车可以兼容任意形式的舵机机械臂,扩展了物流搬运机器人的适用场景。

(2)机器人车身结构设计。

物流搬运机器人整体结构(图 1)由底盘与上层共两层亚克力板组成。底盘上布置四个霍尔编码电机与麦克纳姆轮,并安装里程计、陀螺仪与灰度传感器三套传感设备;上层布置机械臂、载物台、视觉识别所用的 OpenMV 与 LCD 屏幕。控制板位于物流搬运机器人双层结构中间。

图1 物流搬运机器人整体结构

1.2 物流搬运机器人控制

(1)物流搬运机器人通信。

物流搬运机器人具备视觉识别功能与 Wi-Fi 通信功能。视觉识别使用 OpenMV 扫描含有任务信息的二维码、条形码,以及在原料区辨识原料的颜色与顺序,并以要求的顺序进行搬运。Wi-Fi 通信方面采用 Esp8266 模块,实现小车通过 Wi-Fi 获取任务等搬运信息。

(2)物流搬运机器人底盘控制。

底盘的控制使用里程计、灰度传感器与陀螺仪三类传感器。陀螺仪控制物流搬运机器人姿态,保证物流搬运机器人朝向角。通过算法,实现里程计与灰度传感器两套闭环控制系统相互校正,保证物流搬运机器人运动位置的准确性。

(3)物流搬运机器人控制板。

单片机使用 Arduino mega 2560,自主设计电路,绘制扩展板,利用三块航空电池,为主板、摄像头、电机、舵机供电。同时在扩展板上实现各电气元件的串口通信功能。扩展板兼具集成化、模块化特点,遇到故障时可以快速替换元件,提高应对紧急情况的能力。

2. 项目成果

小组设计的物流搬运机器人在 2021 年 5 月举行的第七届全国大学生工程训练综合能力竞赛黑龙江省选拔赛暨国赛测试赛中获得黑龙江省第一名的成绩。

2.1 物流搬运机器人机械结构

前小组自行设计机械臂、机械爪的结构与尺寸,如图 2 所示的末端机械爪,可通过更改上下两爪之间的间距,从而实现对不同尺寸与形状物料的兼容性抓取。

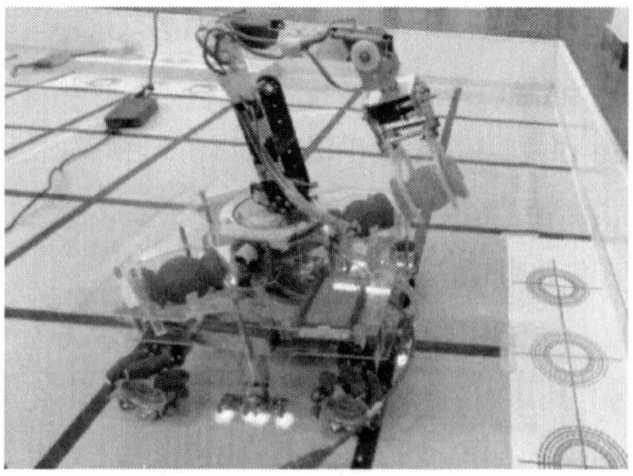

图2 末端机械爪兼容性设计示意图

从物流搬运机器人轻量化、抗冲击性能出发设计车身结构。同时为保证搬运过程中,物料放置的平稳性要求,将载物台设计成悬挂结构,悬挂在双层车体中间。车身机构通过激光切割、3D 打印等技术,完成整车结构搭建。如图 3 中上层白色结构即为设计的 3D 打印悬挂式载物台。悬挂式载物台具有物料携带稳定性高的优点,当机器人需要经过桥梁时,能有效避免物料掉落的情况。机器人满载时可搬运三个物料,图 4 为物流搬运机器人满载时结构示意图。

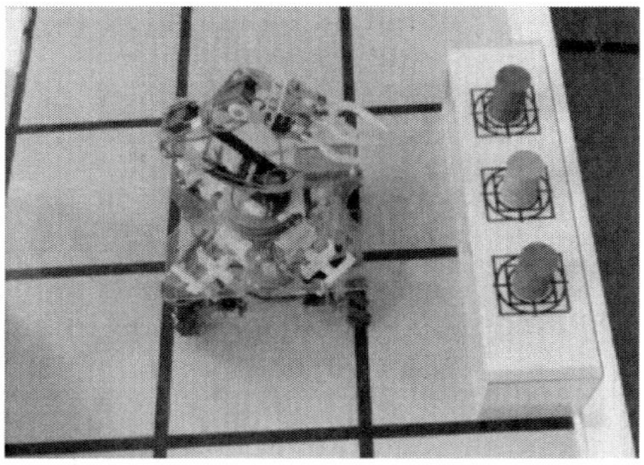

图3 搬运机器人白色3D打印悬挂式载物台结构示意图

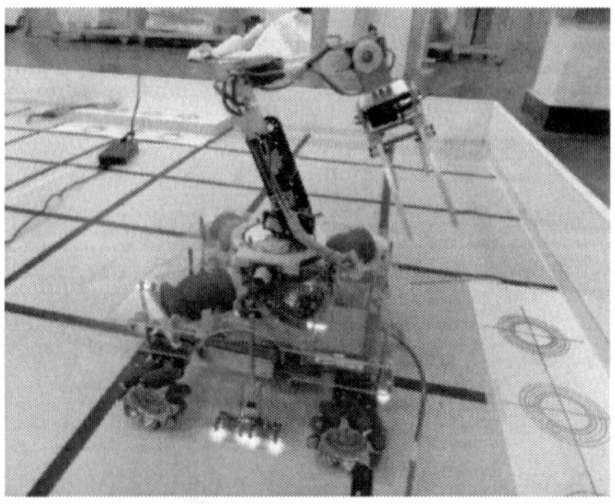

图4 物流搬运机器人满载时结构示意图

2.2 物流搬运机器人控制板

小组使用 Arduino mega 2560 作为主控，并根据机器人实际功能需求与所用元件、传感器的数量和类型，自行设计控制板。集成单片机、OpenMV、里程计、灰度传感器、陀螺仪、LCD 屏幕、舵机、Esp8266 Wi-Fi 通信模块的供电、连线与串口通信。

为尽量增加载物空间，缩小硬件尺寸，小组设计的控制板近乎全部使用贴片式元件，在满足控制要求的同时，极大程度上节省空间。为增强编码电机驱动的稳定性，小组采用高性能电机驱动芯片 BTN8982，自主设计电机驱动电路，从控制板使用稳定性出发，多处设计保护电路。为便于判断控制板出现的各种问题，增强控制板应急处理速度，小组在设计控制板过程中，预判易出现问题的部分，大量使用贴片式 LED 指示控制板实时情况，提高解决硬件问题效率。

共经过八次迭代更新，在完成机器人各模块控制与通信的同时，实现了控制板模块化与集成化的设计要求。物流搬运机器人最终使用的控制板如图 5 所示。

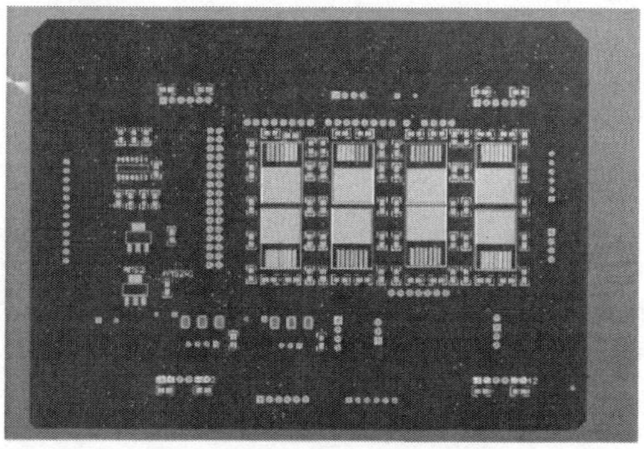

图 5 小组自行设计的物流搬运机器人控制板

使用两块 2S 航模电池与一块 3S 航模电池，共三块电池为控制板供电；分别为电机电源与舵机电源，第三块电池通过稳压芯片，为机器人提供 5 V、7.2 V 电压及备用电压接口。采用模块化设计，预留单片机、TTL 转 RS232、Esp8266 等易损模块的位置，便于元件损坏时及时更换。电机驱动上，采用快速高性能的单桥 BTN8982 芯片，使得小车的峰值速度可达到 60 cm/s 及以上。在使用时，只需将各元件用标准连接线连接在控制板上，极大程度上简化连线，增强机器人稳定性与可重复性，具有较强的推广前景。

2.3 物流搬运机器人通信

小组设计的物流搬运机器人搭载 OpenMV 视觉识别模块、LCD12864 点阵屏幕模块与 Esp8266 Wi-Fi 模块。

物流搬运机器人可以通过视觉识别获取二维码、条形码的信息，同时识别待搬运物料位置与颜色信息，并反馈给控制板，做出下一步判断。

LCD 屏幕使用 LCD12864 液晶点阵屏幕，在屏幕上显示输出物流搬运机器人获取的任务信息、物流搬运机器人识别到的待搬运物料摆放顺序以及物流搬运机器人此时所处的位置和航向角等多种重要信息。图 6 为 LCD 屏幕显示。

图 6 LCD 屏幕显示

Wi-Fi 通信使用 Esp8266 模块进行 UDP 通信，小组将机器人设置为服务器端，发送信息的移动设备设置为客户端，而非常见的发送信息设备作为服务器端。常规意义上发送信息的移动设备，如电脑等作为服务器端时，需要知道每台物流搬运机器人的 IP 地址，这样发布指令时，需要不断更改 IP 地址，较为麻烦。将移动设备作为客户端时，只需公布一台移动设备 IP 地址与端口，即可实现与多台机器人的通信。

这样的改变可以实现一台移动设备对多台机器人的同时控制，指令多台机器人同时工作，更加贴近工业实际要求，真正意义上通过 Wi-Fi 提高物流搬运机器人运行能力与速度。

2.4　物流搬运机器人软件

运动控制传感器方面，小组使用里程计、灰度传感器与陀螺仪，这三种传感器保证运动精度。置于载物台上的压力传感器，用于反馈物料放置情况，增强物料抓取稳定性。

通过陀螺仪与角度 PID 控制保证物流搬运机器人角度稳定，采用里程计与灰度传感器两套传感器感知并反馈机器人所处具体位置。在分别对这两套系统进行滤波的基础上，进行两套闭环控制系统相互校正，规避了里程计计数漂移的问题与灰度传感器由光线差异导致少记、漏记的情况，实现物流搬运机器人运动及停止位置的准确性，保证摆放精度。最终实现的物料摆放精度偏差在 ± 6 mm 以内。

完成机器人软件底层代码搭建后，小组自主书写封装与机器人控制相配套的 Arduino 库函数，将机器人航向角，X、Y 坐标位置，物料的抓取与放置区域作为输入。在物流搬运机器人面对不同的场地和搬运任务时，可以快速方便地更改代码，增强机器人对不同场地、不同任务的适应性。

3. 项目特色与创新

3.1　软件方面

通过物流搬运机器人搭载两套定位传感器，实现里程计与灰度传感器两套定位闭环系统相互校正，规避了里程计计数漂移的问题与灰度传感器由光线差异导致少记、漏记的情况，保障物流搬运机器人运动位置的准确性。同时，自主书写封装与机器人相配套的 Arduino 库函数，实现针对不同环境与任务要求，快速准确修改代码，给物流搬运机器人发布指令。

3.2　控制板方面

自行设计物流搬运机器人控制板，使用标准线连线，简化连线，增强物流搬运机器人稳定性与可重复性。

3.3　机械结构方面

自行设计机械臂结构与机械爪结构，规划机械臂末端机械爪工作空间。设计多组机械爪结构，增强对不同形状、尺寸物料的兼容度。针对不同的任务要求，只需对机械臂参数稍加修改即可实现任务，具有较强的任务兼容性和适应性，应用场景广阔。

物流搬运机器人具有以上三个方面特色，具有很强的重复性与稳定性，并且非物流搬运机器人开发人员也可以十分轻松地进行物流搬运机器人的控制，在工业化实际物流搬运方面具有广阔的应用前景。

自主式水下管道巡检机器人的设计与实现

王锦融[1]，张佳钰[1]，李畅[2]，秦明浩[1]

1. 哈尔滨工业大学英才学院 2019 级　机器人工程专业；
2. 哈尔滨工业大学机电工程学院 2019 级　机械制造及自动化专业

摘要：针对浅水机器人如今面临姿态平衡、运动控制、信息获取以及工作环境多变等问题，本文介绍了一款能够自主沿水下管道运动、检测管道上的吸附物、发出警报并对吸附物进行清理、移除及回收的小型水下机器人，包括水下机器人的机械部分设计、控制部分设计以及传感部分设计，该款水下机器人使用 Arduino Mega2560 集成芯片作为核心控制器，设计了寻迹、图形识别、回收装置等模块的外围电路。经实体机器制作及实景测试后，证明该自主水下管道巡检机器人可实现上述功能。

关键词：自主；水下机器人；管道巡检

Design and Implementation of Autonomous Underwater Pipeline Inspection Robot

Wang Jinrong[1], Zhang Jiayu[1], Li Chang[2], Qin Minghao[1]

1. Robotics Engineering, 2019, Honors School, Harbin Institute of Technology;
2. Machinery Manufacturing and Automation, 2019, School of Mechatronic Engineering, Harbin Institute of Technology

Abstract: In view of the problems faced by shallow water robots, such as attitude balance, motion control, information acquisition and changing working environment, this paper introduces a kind of underwater robot which can not only autonomously move along an underwater pipeline, but also remove the adsorbents absorbed on the pipeline. This paper includes the design of the mechanical part, the control part and the sensing part of the underwater robot. The ROV uses an Arduino Mega 2560 integrated chip as the core controller, and designs the peripheral circuits of modules such as tracking, image recognition and recovery device. It is proved that the autonomous underwater pipeline inspection robot can realize the above functions after the production of real machine and real scene test.

Key words: Autonomous; Underwater vehicle; Pipeline inspection

1. 研究背景

1.1　水下机器人应用背景

十九大报告提出:坚持陆海统筹,加快建设海洋强国。占地球表面积75%的海洋蕴藏着丰富的资源并具有广阔的开发前景,海洋成为政治学家、军事学家、自然科学家等共同研究的一个热门课题。

从军事上看,海军将在海洋的争夺过程起到领导作用,这就使得海军需要隐蔽性好、坚固耐用的无人接收执行设备进行信息收集、侦察、确认和俘获目标等任务。水下机器人(Underwater Vehicle, UV,图1)具有耐受性、体积小、可重组等优点,可用于海案侦查、反潜、导航等任务,将成为未来海洋战争的主角。

图1　水下机器人

从民用上看,目前世界各地海洋输送管线绵延上万公里,而水下机器人在铺设管线、海底考察、数据收集、钻井支援、海底施工、水下设备维护与维修、侦察、救援等各个领域均有广阔的应用前景。

综上所述,水下机器人具有很高的研究价值。

1.2　水下机器人发展面临的问题

调研发现,目前适用于浅水区域的小型水下机器人很少,因为浅水水域的小型机器人主要面临如下问题:

(1)水下机器人体积小、质量轻,在浅水水域的姿态平衡、运动控制等十分困难;(2)水下机器人光学成像设备的有效距离较短且成像效果较差,难以精确获取障碍物信息;(3)水下机器人作业任务及工作环境多变,系统开放性要求高。

综上,本项目组计划在学习现有视觉与控制技术的基础上,设计并加工出能够自主沿管道运动、检测管道上的吸附物并报警、回收的小型水中机器人。该机器人具有模块化、体积小、质量轻、机动灵活等特点,能够从各种支持平台上进行布放回收,可以实现在较大范围内作业以及基于任务需要灵活配置不同功能模块的需求,以解决目前小型机器人在浅水区域面临的主要问题。经水下管道实体场地试验证明,该水下机器人航行性能稳定,效果良好,能实现预期的多项任务。

2. 外形设计

2.1　整体外形设计

在选择水下机器人外形时,需要考虑以下原则和要求:

(1)外形阻力小,航行性能好,保证水下机器人具有良好的运动特性。

(2)外壳具有足够的强度,保证水下机器人的安全。

(3)具有合理的内部空间,便于总体布置。

(4)具有良好的工艺性,便于机械加工。

根据水下机器人的外形设计原则及本产品的特殊需求,共设计了三款外形方案,分别是流线型(鱼雷型)、悬挂式和框架式(图2)。综合考虑加工方式和便携设计的要求,最终选择框架式水下机器人外形。

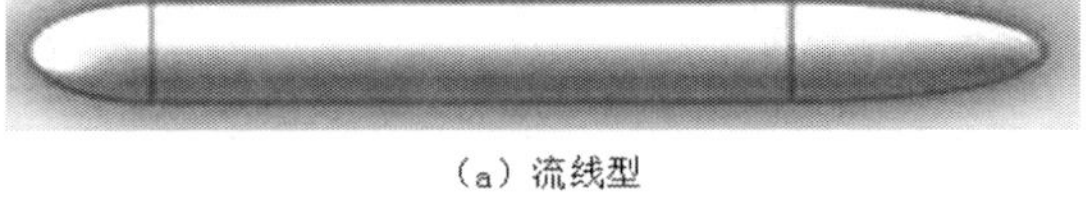

(a) 流线型

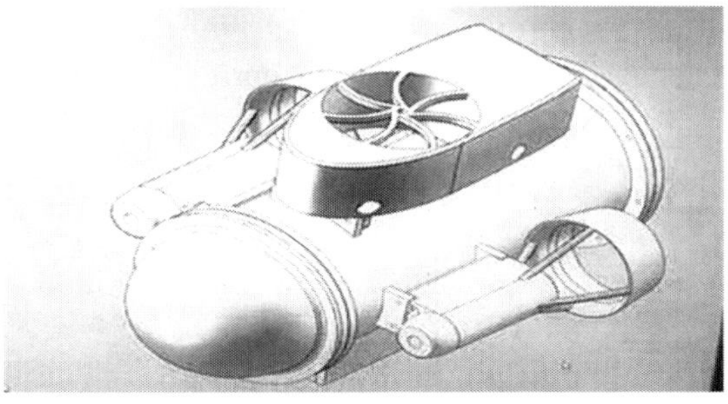

(b) 悬挂式

图2　水下机器人外形设计

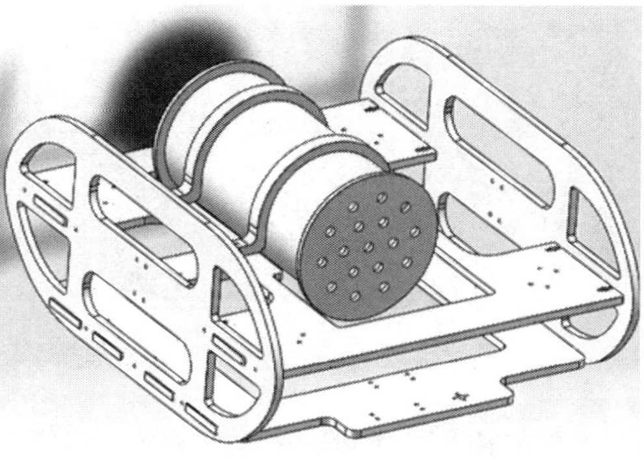

(c) 框架式

续图 2

最终确定方案为：外壳用 8 mm 厚度亚克力板激光切割而成，亚克力板强度大，加工方式便捷简单，造价较低；板间采用螺栓紧密连接，保证机体稳定性，保证搭载元件相对位置确定，保证水下机器人安全；采用镂空设计，在亚克力框架上切割出尽量大的孔洞，使水流能够通过机身，减小航行阻力，延长续航时间；传感器、推进器等分散在框架各处，通过螺栓固定在板上打孔位置，总体规划位置，空间使用合理，利用率高。

经应力分析及整体试验证明，该外壳符合水下机器人外形设计原则。

2.2　舱体设计

水下机器人的重要电子元件集中布置在框架中间防水舱中。防水舱主要用于承受海水压力，为内部电子器件装备、仪器设备提供一个安全的环境，保护它们不会因海水压力和腐蚀而受到破坏。多种形状如圆锥形、圆柱形、椭球形中，圆柱形耐压壳容易加工制造、内部空间利用率高、流体运动阻力小、容易进行内部设备的布置等，故本水下机器人选择使用圆柱形的耐压壳体。

舱体设计图如图 3 所示。舱体采用亚克力制作，整体呈圆柱形，保证结构强度，使机身可以潜入较深水域中。舱体无色透明，便于检查走线及舱内元件情况。舱段采用 O 形橡胶密封圈开槽密封的形式进行密封，首先将密封圈套到后耐压壳体连接段凹槽处，再将前耐压壳体通过螺钉轴向连接的形式紧密连接，以实现完全密封，延长水下机器人在水下连续工作的使用寿命。

防水舱前部留有走线孔，将各元件连线合理规划，穿过走线孔和密封螺栓，在舱体内部进行焊接工作。最后，在密封螺栓中加入黑色环氧树脂 AB 胶，AB 胶防水、耐压、抗腐蚀、不易老化，灌封后迅速成型，将穿线螺栓接口处完全密封，保证整个舱体密封环境。

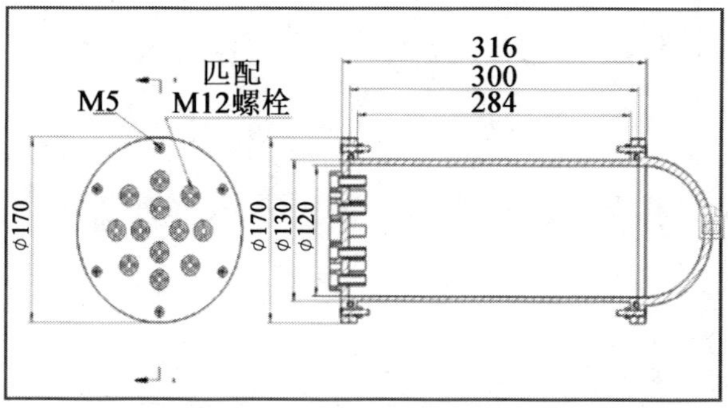

图 3　防水舱

3. 视觉系统

视觉系统主要完成任务为水下物块的识别。设置水下管道障碍物为黑色物块，物块形状有圆形、方形和环形。障碍物均匀分布在管道表面，预期功能为障碍物在机身投影中时，机器人通过摄像头识别物块，并判断物块轮廓类型，根据不同物块形状点亮不同颜色灯光报警。

颜色特征是图像最直观的特征，对图像大小、分辨率、噪声和方向等变化具有不变性，且计算简单、速度快，是图像特征中最有力的特征之一。高效合适的特征表达形式、准确提取图像中的颜色信息的方法是研究中的关键之处，会对后期的目标识别产生直接影响。

首先使用均值偏移算法处理从摄像头获得的图像，以去除颜色噪点的干扰，并增大物体边缘处颜色梯度，使物体形状更加清晰。原始图像、均值滤波图像如图 4、图 5 所示。图 6 所示为原始图像的 B 通道、G 通道、R 通道。

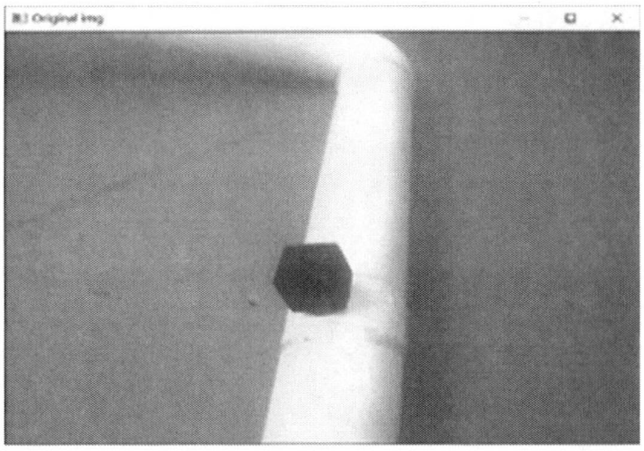

图 4　原始图像

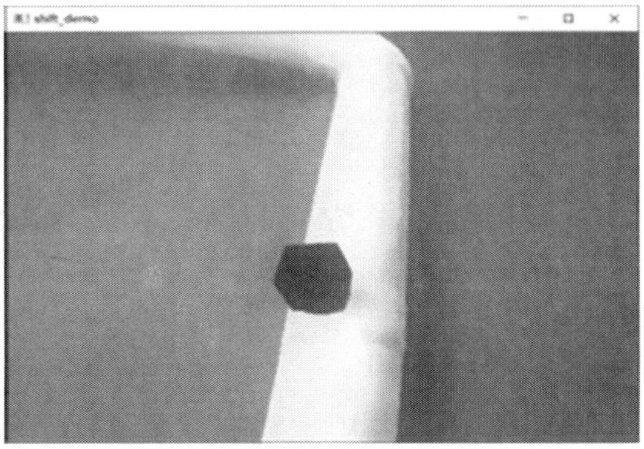

图 5　均值滤波图像

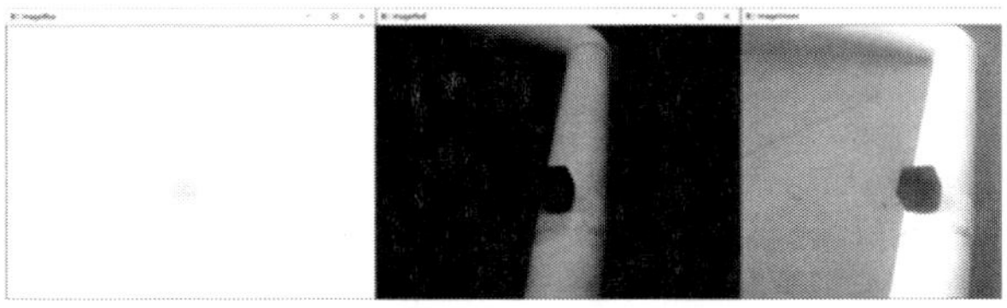

图 6　原始图像的 B、G、R 通道

根据水下环境成像特点，将蓝色通道图像取反后进行物体识别，效果好于直接进行灰度处理。

当机器人处于蓝色光线干扰的环境下，默认方法便失去了它的意义。判断当蓝色通道值大于 225 的点占 95% 以上时认为蓝色光线干扰过强。针对此种环境，组合使用绿色、红色通道以代替蓝色通道，有效避免了蓝色光线对处理效果的干扰。

$$F[i,j]=\begin{cases}255-B[i,j] & (\text{Ⅰ})\\ 255-(0.9\times G[i,j]-0.5\times R[i,j]) & (\text{Ⅱ})\end{cases}$$

其中，图像处理结果保存为 F，F 被用于进一步的物体识别；i 为像素纵向位置，j 为像素横向位置，有 $0<i<\text{height}(\text{img})$，$0<j<\text{width}(\text{img})$。公式（Ⅱ）中，$G[i,j]$ 与 $R[i,j]$ 前的参数应根据实际情况进行调整，亦可开发算法自动调参。使用公式（Ⅰ）、公式（Ⅱ）处理效果如图 7 所示。

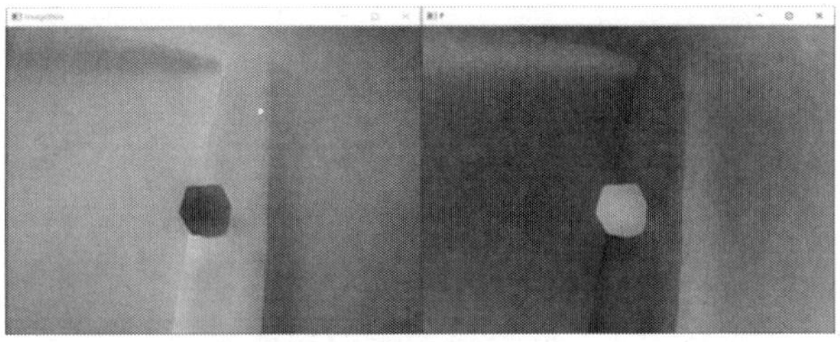

图 7　蓝光干扰环境下采用两种运算方法的处理结果

对图像进行二值化，在二值化后对图像使用腐蚀算法，去除边缘不规则锯齿，去除环境噪点干扰，再使用膨胀算法使物体复原。使用传统的算法与本改进算法的处理结果如图 8 所示。

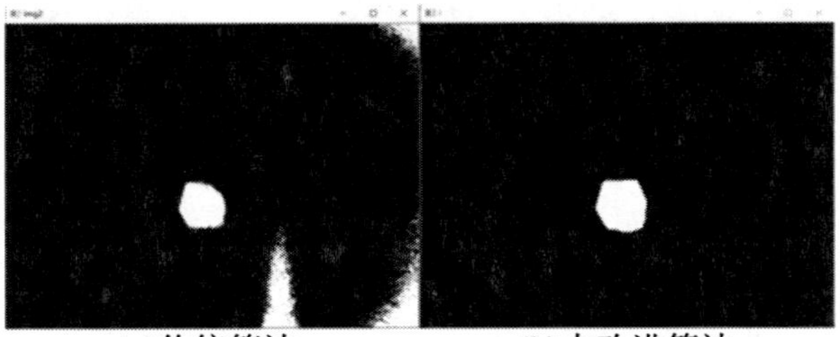

(a)传统算法　　(b)本改进算法

图 8　使用传统的算法与本改进算法的处理结果

从图 8 中可以看出，用传统算法进行分割，目标物体轮廓线产生失真，且周围含有较多的无关轮廓区域，影响图像分割质量；用本改进算法进行分割，目标物体轮廓准确清晰，背景噪点剔除明显，有效保证了图像处理质量。

4. 控制系统

机器人控制由 Arduino Mega 2560 独立完成，搭载 6 个内置电调推进器，7 个红外光电开关，以及舵机、深度传感器各 1 个，分别用于实现机器人的运动、巡线、打捞和深度反馈功能。

4.1　红外巡线实现

机身前方下侧并排排列了 7 个常闭式漫反射红外光电开关，红外光束在水下竖直向下发射。当发射的红外线束直射到管道时，红外线反射，被开关接收，返回值为 1；当竖直向下发射的红外线光束未直射到管道时，无反射的红外线束，返回值为 0。通过预设定的 7 个并行的红外光电开关的返回值组合情况可判断机器人与管道的相对位置，进而设置不同的推进器应答方案，及时校准行走路线，使机器精准沿管道运行并根据管道走向转弯、调整前进方向、上浮下潜，保证检测物体始终在摄像头识别范围内，视觉系统正常工作，以准确识别管道上障碍物并进行回收。

4.2 水深传感器

当红外光电开关在设定距离内未能检测管道时，启动推进器开始下潜。利用水深传感器(图9、图10)返回机器所处深度值与温度值，并根据温度值对深度值进行校准。设定标定深度值，当返回值达到标定值时下潜结束。

根据数据解算算法说明书，利用一阶算法和二阶算法，得到温度补偿后的压力值，利用IIC读取数据的寄存器与时序，得到水深传感器返回的绝对压力值，与大气压结合经过计算就能算出深度。

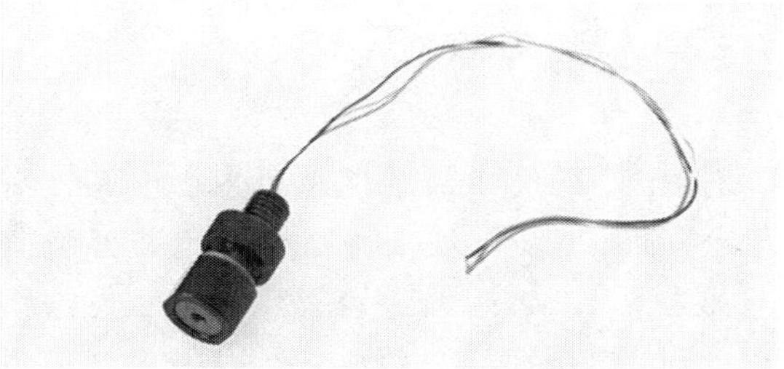

图9 MS5837深度传感器

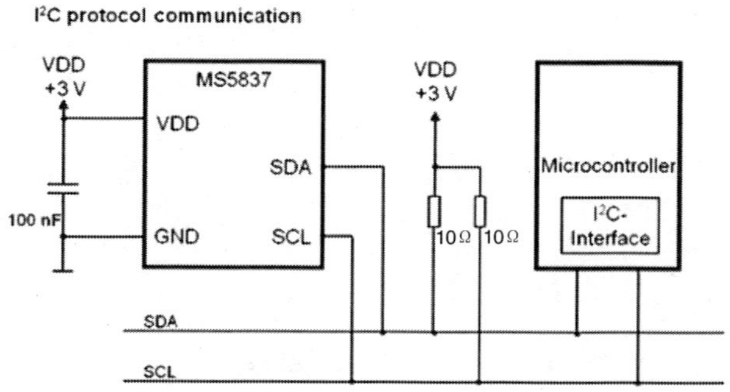

图10 深度传感器接入总线电路

一阶算法计算温度：

计算 dT(测量值与参考值之差)：

$$dT = D2 - TT_{REF} = D2 - C5 \cdot 2^8$$

计算实际温度 TEMP：

$$\begin{aligned} TEMP &= 20 + dT \cdot TEMPSENS \\ &= 2\,000 + dT \cdot C6/2^{23} \end{aligned}$$

计算实际温度下的偏差：

$$\begin{aligned} OFF &= OFF_{T1} + TCO \cdot dT \\ &= C2 \cdot 2^{16} + (C4 \cdot dT)/2^7 \end{aligned}$$

计算实际温度下的灵敏度：

$$\begin{aligned} SENS &= SENS_{T1} + TCS \cdot dT \\ &= C1 \cdot 2^{15} + (C3 \cdot dT)/2^{18} \end{aligned}$$

计算温度补偿后的压力：

$$\begin{aligned} p &= D1 \cdot SENS - OFF \\ &= (D1 \cdot SENS/2^{21} - OFF)/2^{13} \end{aligned}$$

4.3 打捞装置控制

4.3.1 移除机构设计思路及原理

移除装置采用平面齿轮机构带动移除板进行移除工作。当摄像头识别到吸附物时，利用舵机驱动齿轮构件转动，带动连接在齿轮型构件上的移除板，剥离吸附在管道上的吸附块。平面齿轮机构采用8 mm亚克力进行激光切割、移除板采用3D打印技术，两者通过螺栓进行固连。打捞装置如图11所示。

图11 打捞装置

4.3.2 回收装置设计思路及原理

该水下机器人采用内附磁力板的网兜回收被移除的吸附物，网兜通过3D打印件安装在与移除装置相配合的齿轮上。当移除板转动时，3D打印件随之转动，与移除板相扣合，使被移除的吸附物进入网兜，被磁力板吸附。与回收装置相连接的齿轮构建通过轴系固定在下底板上。

5. 结论

本项目组设计了一款能够自主沿水下管道运动、检测管道上的吸附物、发出警报并对吸附物进行清理、移除及回收的小型水下机器人，具有模块化、体积小、质量轻、机动灵活等特点，能够从各种支持平台上进行布放回收，可以在较大范围内作业以及满足基于任务需要灵活配置不同功能模块的需求。经水下管道实体场地试验证明，该水下机器人航行性能稳定，效果良好，能实现预期多项任务，可以解决小型水下机器人位姿控制、运动控制、多任务搭载等问题，具有广阔的应用前景。

参考文献

[1] 张铭钧.水下机器人[M].北京：海洋出版社，2000.

[2] 徐玉如，庞永杰，甘永.智能水下机器人技术展望[J].智能系统学报，2006，1(1)：9-16.

基于综合评价的海底数据中心散热结构优化

苗新昊[1]，孙靖洋[1]，唐浩程[1]

1. 哈尔滨工业大学英才学院 2020 级　人工智能专业

摘要：随着大数据应用的高速发展和5G时代的到来，海底数据中心的建设需求越来越大。本文针对海底数据中心的散热优化问题，运用线性规划算法、牛顿冷却定律理论、动态规划算法等理论或方法构建了热对流热量传递模型、集装箱外壳及翅片结构模型材料选取权重评估模型，综合运用有关软件编程求解，得出了各材料属性的特征权值的同时比较选取了合适的主体材料及涂层材料，并综合考虑了潮汐和季节变化等因素的影响。预测结果表明，所提出的有关优化策略可以相对有效地实现散热优化。

关键词：线性规划；层次分析法；翅片结构模型；动态规划算法

Optimisation of Thermal Structure of Submarine Data Center Based on Comprehensive Evaluation

Miao Xinhao[1], Sun Jingyang[1], Tang Haocheng[1]

1. Artificialu Intelligence, 2020, Honors school, Harbin Institute of technology

Abstract: With the rapid development of big data applications and the advent of the 5G era, the construction of submarine data centers is in increasing demand. In this paper, in view of the thermal optimization problem of submarine data center, the paper constructs the weight evaluation model of heat convective heat transfer model, container shell and fin structure model material selection weighting by linear planning algorithm, Newton's cooling law theory, dynamic planning algorithm, etc., and makes comprehensive use of the software programming solution, obtains the characteristic weight of each material property and selects the suitable subject material and coating material, and takes into account the influence of tide and seasonal change. The prediction results show that the proposed optimization strategy can achieve thermal optimization relatively effectively.

Key words: Linear planning; Hierarchical analysis; Fin structure model; Dynamic planning algorithm

引言

如今由于我国大数据中心大多建设在陆地，对于沿海省市等数据中心增长迅速的发达地区，虽经济体量有较大优势，但面临土地占用面积大、电子元器件散热消耗能源成本高等一系列问题。

“海底数据中心”应运而生，其通过压力容器装载互联网设备，同时实现供电与数据传输功能，并运用与海水的热交换实现散热。这一技术既节约了土地、淡水资源，无额外设备投入，又可实现数据向用户的便捷供给并维系相关系列工业活动。数据中心以集装箱样式与陆地控制中心相连接，不仅成本能耗低、延时性低，还具备较强的稳定性与安全性。[1]

2021年1月，随着我国首个海底数据舱的揭幕，中国大数据中心进入了海洋时代。然而，对于数据中心具体结构，在保证有效散热的条件下设计出合理优化的结构仍是具有挑战性并亟待解决的问题。

本文基于以上背景，根据题目与实际数据，通过数学建模的方法进行规划与优化设计，帮助微软、谷歌、华为等公司考虑以下问题的解决方案：

问题1：根据对流传热的两种冷却方式，按照所给集装箱、服务器尺寸，在散热后温度不超过正常工作温度的情况下，评估单个集装箱外壳容纳服务器最大个数。

问题2：在集装箱外壳的最大尺寸范围下，考虑优化的外壳结构设计方案，存放更高数量的服务器，以实现最大化的散热成果。

问题3：在之前问题的基础上，结合深处海水的深度（压力）、对材料的腐蚀性，筛选出最佳的材料并给出相应海底深度，在更低成本的条件下获得更好的散热效果，以延长使用寿命。

问题4：鉴于季节因素和潮汐变化对水位和水温的影响，从而导致的海水流动，对数据中心的散热效果所受的影响做出评估。

1. 问题假设与符号说明

1.1　问题假设

（1）假设每台服务器均正常运行，且稳定产热500 W。

（2）假设流过数据中心的海水比热容、密度整体保持不变。

（3）假设外壳可以将腔体内热量均匀释放，且被海水完全吸收。

（4）假设在集装箱附近流动的海水不存在回旋，即流向集装箱的海水以垂直于圆柱体高线的方向均匀流动，温度恒定为20 ℃。

（5）假设集装箱所选金属结构、涂层材质均匀。

（6）假设温度在变化过程中是连续的。

（7）忽略水蒸气对于热传导的影响。

1.2　符号说明（表1）

表1　符号说明

符号	意义
W	集装箱内部风速
h	热对流系数
n	服务器的数量
k	导热系数
H_f	散热器翅片高度
i_f	散热器翅片厚度
b	翅片间距
t	合金厚度
R_{s_1}	翅片热阻
R_s	总热阻

2. 集装箱容纳服务器个数的研究

2.1　问题分析与模型准备

根据数据分析，本问题运用线性规划的知识建立放置服务器最大数量的数学模型。考虑自然对流、强制对流两种散热途径，通过牛顿冷却定律等计算公式计算出对流的散热情况。本问题中在要求产热并散热后温度不超过一定值的条件下，同时考虑到集装箱总体体积的限制，以数据中心体积和温度作为约束条件，对计算结果取整数规划，求得最终服务器数量。

对于温度高于周围环境的物体，其向周围媒质传递热量逐渐冷却时所遵循的规律称为牛顿冷却定律。当物体表面与周围存在温差时，单位时间从单位面积散失的热量与温度差成正比，比例系数称为热传递系数。在强制对流时与实际符合较好，在自然对流时只在温度差不太大时才成立。

速率方程式如下：

$$\Phi = \alpha A(T - T_w) = \frac{T - T_w}{1/\alpha A} = \frac{\Delta T}{R}$$

式中　Φ——对流传热速率；(热流量 rw)

A——传热面积，m^2；

ΔT——对流传热温度差，℃/K；

T_w——与流体接触的壁面温度，℃；

T——流体的平均温度；

α——对流传热系数；

R——对流传热热阻，℃/W。

2.2　模型求解的具体过程

2.2.1　材料的散热状况

忽略海水流速的影响，假设机器散热总量，除了引起自身温度变化，其余全部和集装箱气体进行热对流。本文考虑气体与集装箱壁热对流，以及集装箱壁和周围海水的热对流。

先计算对流系数，对于两种对流方式(即自然对流和强制对流)，对于较低风速对应自然对流系数，而在提高空气流动速度的情况下，风速较大，相当于自然对流和强制对流的共同系数。取较小风速为 0.1 m/s，较大风速为 5 m/s。

其中，海水与集装箱之间的系数为500。空气固体之间的热对流系数公式为

$$h = 11.6 + 7 \times \sqrt{W}$$

对于不同风速，热对流系数改变，所对应的能承载服务器数量也相应变化，经计算变化情况见表2。

表2　热对流系数改变的承载服务器数量变化

风速	0.1	0.3	0.5	0.7	1	1.5	2	3	4	5
n	0	6	11	15	21	28	33	43	52	59

2.2.2　运用线性方程模型计算

对于风速 W 作为变量，与所求结果一一对应。运用能量守恒以及牛顿散热定律，计算出散热情况。考虑到体积之和小于总体积，散热后温度小于最高温度为式(1)两个约束条件。

对于式(2)取 x 的范围在 0～100 之间，运用 python 中 scipy. optimize 求解出最优解为 59 个，即最大容纳服务器的数量。

$$\max(\min)\ z = \sum_{j=1}^{n} e_j x_j$$

$$\text{s.t.}\begin{cases}\sum_{j=1}^{n} a_{ij}x_j \leqslant (\geqslant, =) b_i, & i = 1,2,\cdots,m \quad (1)\\ x_j \geqslant 0, & j = 1,2,\cdots,n \quad (2)\end{cases}$$

3. 集装箱外形结构设计

3.1　问题分析与模型准备

本问题是对于集装箱的改进，需要对上一问参数设置进行新的改变。最大化的散热效果依据最大的表面积。同时，在保证数量增多的条件下，仍未达到温度最高点。选择主体形状为长方体，为了提高结构的散热效果，本文考虑在长方体表面加装平行板翅片结构(图1)。

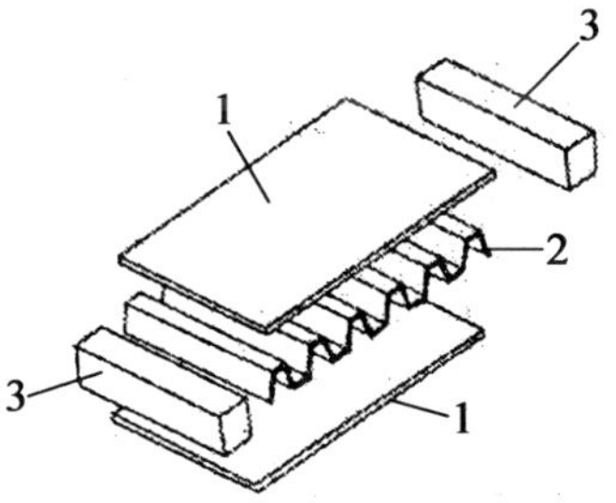

1. 隔板，**2.** 翅片，**3.** 封余

图1　平行板翅片结构

3.2　模型的求解

考虑到主体形状为长方体(1 mm ×1 mm ×12 mm)，翅片长为 200 mm，宽(厚度)为 5 mm，高为 30 mm，总高度为 40 mm，每个翅片长之间间距为 50 mm，宽之间间距为 5 mm，通过比较不同状态下的热阻来比较散热效果。

假设用的材料为 6063 型铝合金，导热系数

$$k = 201\ \text{W/(m·K)}$$

运用热阻公式 $R_s = \dfrac{l}{s \times k}$，设 H_f 为散热器翅片高度，t_f 为散热器翅片厚度，b 为翅片间距，t 为合金厚度，则有

$$R_{s_1} = \frac{H_f}{k \times n \times l \times t_f} \quad (1)$$

$$R_{s_2} = \frac{t}{k \times s_{\text{cubold}}} \quad (2)$$

式中 R_{s_1}——为翅片热阻；

R_{s_2}——未安装翅片的热阻，下面计算安装后即发生串联的热阻

$$R_s = \frac{R_{s_1} \times R_{s_2}}{R_{s_1} + R_{s_2}} \tag{3}$$

经用 python 程序计算：

当加装翅片时，得出热阻为 $5.111\ 429\ 155\ 591\ 903 \times 10^{-6}$；当不加装翅片时，热阻为 $1.492\ 537\ 313\ 432\ 835\ 7 \times 10^{-5}$。

其中，加装翅片很大程度上只是通过改变散热面积从而提升散热效率，对周围液体流动的影响基本可忽略不计。

4. 金属结构物材料的选择

4.1 问题分析与模型建立

考虑不同的材料，选用合理的优化的材料方案，以满足需求。在考虑时由于弹性模量等多因素，因此采用层次分析法求解问题。

4.2 模型的求解

(1)获取权重：层次分析模型。

①选择主体材料(Z1)。

本模型以弹性模量、屈服强度、抗拉强度、海水电位、腐蚀类型、材料价格、导热系数为准则层，Monel400、Inoconel625、316Stainless Steel 为方案层(图 2)。

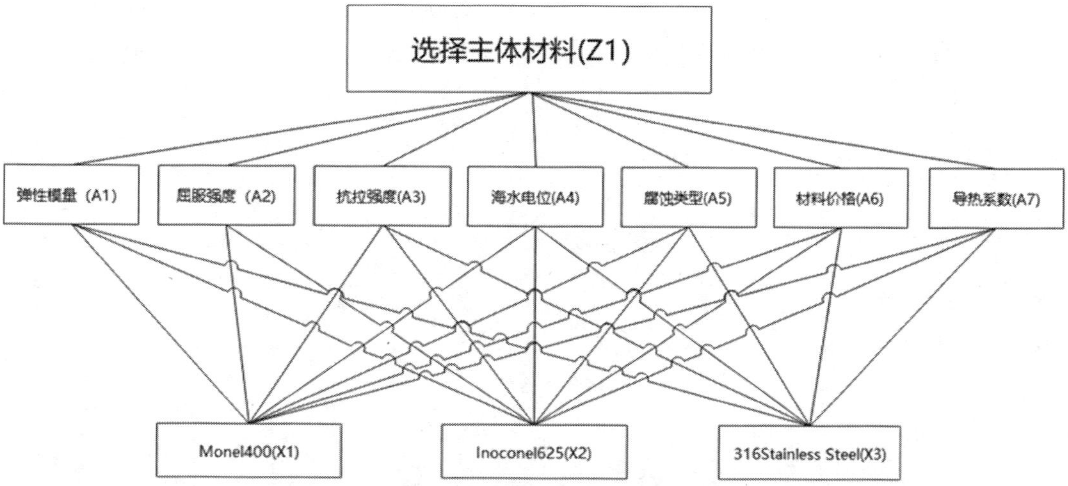

图 2 层次分析模型构架图

建立判断矩阵与权重求解，见表 4.1～4.8。

表 4.1 准则层 *Ai* 对目标层 Z1 的判断矩阵

Z1	A1	A2	A3	A4	A5	A6	A7	ω
A1	1	2	1/4	1/2	8	1/2	1/2	0.11
A2	1/2	1	1/3	1/2	4	1/4	1/4	0.06
A3	4	3	1	2	8	1/2	2	0.24
A4	2	2	1/2	1	4	1/2	1	0.13
A5	1/8	1/4	1/8	1/4	1	1/8	1/9	0.03
A6	2	4	2	2	8	1	1	0.24
A7	2	4	1/2	1	9	1	1	0.19

表 4.2 方案层 *Xi* 对准则层 A1 的判断矩阵

A1	X1	X2	X3	ω
X1	1	3	2	0.54
X2	1/3	1	1/2	0.16
X3	1/2	2	1	0.30

表 4.3 方案层 *Xi* 对准则层 A2 的判断矩阵

A2	X1	X2	X3	ω
X1	1	2	1/4	0.18
X2	1/2	1	1/8	0.09
X3	4	8	1	0.73

表 4.4 方案层 Xi 对准则层 A3 的判断矩阵

A3	X1	X2	X3	ω
X1	1	4	2	0.57
X2	1/4	1	1/2	0.14
X3	1/2	2	1	0.29

表 4.5 方案层 Xi 对准则层 A4 的判断矩阵

A4	X1	X2	X3	ω
X1	1	2	1/4	0.11
X2	1/2	1	1/6	0.19
X3	4	6	1	0.70

表 4.6 方案层 Xi 对准则层 A5 的判断矩阵

A5	X1	X2	X3	ω
X1	1	4	1/2	0.31
X2	1/4	1	1/8	0.08
X3	2	8	1	0.61

表 4.7 方案层 Xi 对准则层 A6 的判断矩阵

A6	X1	X2	X3	ω
X1	1	1/2	3	0.32
X2	2	1	4	0.57
X3	1/3	1/4	1	0.11

表 4.8 方案层 Xi 对准则层 A7 的判断矩阵

A7	X1	X2	X3	ω
X1	1	2	6	0.6
X2	1/2	1	3	0.3
X3	1/6	1/3	1	0.1

②选择涂层材料(Z2)。

本模型以弹性模量、屈服强度、抗拉强度、海水电位、腐蚀类型、材料价格、导热系数为准则层，Beryllium－Copper, CDA 172、Red Brass, CDA 230、90－10 Copper－Nickel 为方案层(图 3)。

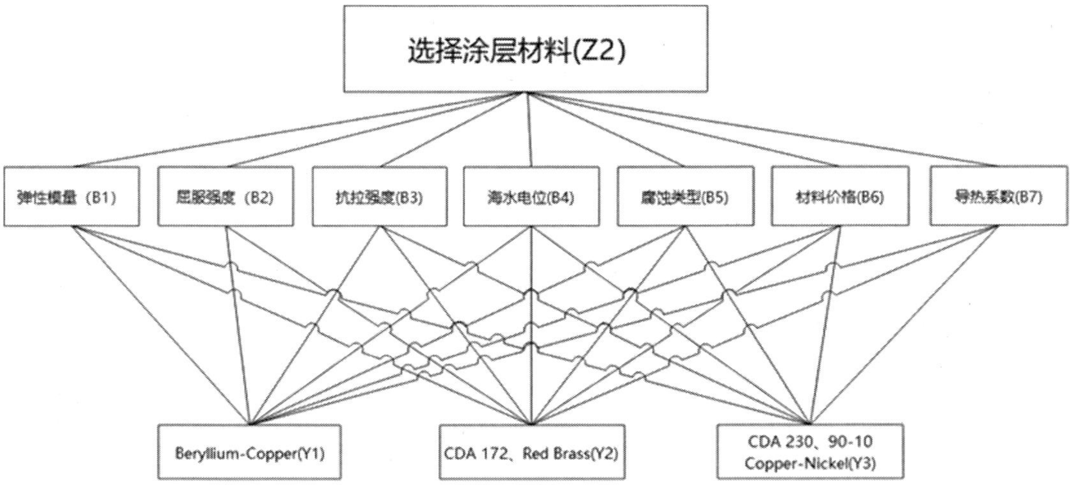

图 3 层次分析模型构架图

建立判断矩阵与权重求解，见表 4.9～4.16。

表 4.9 准则层 Bi 对目标层 Z2 的判断矩阵

Z1	B1	B2	B3	B4	B5	B6	B7	ω
B1	1	1/2	1/2	4	8	1/2	2	0.16
B2	2	1	1	2	4	1/2	2	0.17
B3	2	1	1	2	4	1/2	2	0.17
B4	1/4	1/2	1/2	1	2	1/2	1/2	0.07

表 4.9(续)

Z1	B1	B2	B3	B4	B5	B6	B7	ω
B5	1/8	1/4	1/4	1/2	1	1/3	1/4	0.03
B6	2	2	2	2	9	1	8	0.32
B7	1/2	1/2	1/2	2	4	1/8	1	0.08

表 4.10 方案层 Yi 对准则层 B1 的判断矩阵

B1	Y1	Y2	Y3	ω
Y1	1	1/2	1	0.25
Y2	2	1	2	0.50
Y3	1	1/2	1	0.25

表 4.11 方案层 Yi 对准则层 B2 的判断矩阵

B2	Y1	Y2	Y3	ω
Y1	1	1/3	1/2	0.17
Y2	3	1	1/2	0.35
Y3	2	2	1	0.48

表 4.12 方案层 Yi 对准则层 B3 的判断矩阵

B3	Y1	Y2	Y3	ω
Y1	1	1/4	1/2	0.15
Y2	4	1	1/2	0.38
Y3	2	2	1	0.47

表 4.13 方案层 Yi 对准则层 B4 的判断矩阵

B4	Y1	Y2	Y3	ω
Y1	1	1/3	1/2	0.16
Y2	3	1	2	0.54
Y3	2	1/2	1	0.30

表 4.14 方案层 Yi 对准则层 B5 的判断矩阵

B5	Y1	Y2	Y3	ω
Y1	1	3	2	0.54
Y2	1/3	1	1/2	0.16
Y3	1/2	2	1	0.30

表 4.15 方案层 Yi 对准则层 B6 的判断矩阵

B6	Y1	Y2	Y3	ω
Y1	1	4	2	0.57
Y2	1/4	1	1/2	0.14
Y3	1/2	2	1	0.29

表 4.16 方案层 Yi 对准则层 B7 的判断矩阵

B7	Y1	Y2	Y3	ω
Y1	1	1/3	1/2	0.16
Y2	3	1	2	0.54
Y3	2	1/2	1	0.30

(2)一致性检验。

①选择主体材料(Z1)。

第一步:计算一致性指标 CI。

$$\mathrm{CI}=\frac{\lambda_{\max}(A)-n}{n-1}$$

第二步:确定相应的平均随机一致性指标 RI = 1.32。

第三步:计算一致性比率 CR 并进行判断。

$$\mathrm{CR}=\frac{\mathrm{CI}}{\mathrm{RI}}$$

$$\mathrm{CR}=0.043$$

检验结果 CR < 0.1,一致性检验通过,逻辑合理,可继续进行分析。

第四步:计算组合权向量 $\boldsymbol{K}_1$。

$$\boldsymbol{K}_1=\begin{bmatrix}0.43\\0.27\\0.30\end{bmatrix}$$

②选择涂层材料(Z2)。

第一步:计算一致性指标 CI。

$$\mathrm{CI}=\frac{\lambda_{\max}(A)-n}{n-1}$$

第二步:确定相应的平均随机一致性指标 RI = 1.32。

第三步:计算一致性比率 CR 并进行判断。

$$\mathrm{CR}=\frac{\mathrm{CI}}{\mathrm{RI}}$$

$$\mathrm{CR}=0.061$$

检验结果 CR < 0.1,一致性检验通过,逻辑合理,可继续进行分析。

第四步:计算组合权向量 $\boldsymbol{K}_2$。

$$\boldsymbol{K}_2=\begin{bmatrix}0.31\\0.34\\0.35\end{bmatrix}$$

(3)结论。

根据上述组合权向量,取组合权最大方案,即选取 Monel400 为主体材料,90 – 10 Copper – Nickel 为涂层材料。

5. 变化因素对散热影响的评估

5.1　问题分析与模型准备

鉴于潮汐变化以及季节变化所带来的水温以及流速变化，需重新计算所能容纳的器件数量以防止在一定的时间区间内热量累积导致器件损坏。

5.2　模型的分析与求解

在 17 ℃、23 ℃ 的条件下所获得数据分别见表 5.1、表 5.2[2,3]。

表 5.1　风速变化时相应承载服务器数量变化

风速	0.1	0.3	0.5	0.7	1	1.5	2	3	4	5
n	2	10	15	19	24	32	38	48	56	64

表 5.2　风速变化的相应承载服务器数量变化

风速	0.1	0.3	0.5	0.7	1	1.5	2	3	4	5
n	0	3	8	11	16	23	28	37	45	52

而对于流速变快时，考虑对流换热系数变化，达到过渡态，将对流换热系数取 2 300，相应承载服务器数量见表 5.3。

表 5.3　风速变化时相应承载服务器数量

风速	0.1	0.3	0.5	0.7	1	1.5	2	3	4	5
n	0	6	11	16	21	28	34	44	53	60

6. 结论总结与建议信

基于研究结论，下面给出针对相关问题的建议信。

尊敬的海底数据中心散热设计部门：

您好！

我们被贵部门将数据中心沉入海底的做法深深触动，于是我们根据实际情况进行了一定的模拟计算，得出了一些建议。

首先，感谢你能在百忙之中拨冗浏览我们小组的建议，在此表示感谢！下面谈谈我们小组的建议。

首先是数据中心内部的气体环境，去除氧气和水蒸气以及灰尘将会是一个不错的选择。

固体与流体之间主要是对流换热，强制对流换热可以有效提高散热效率，在数据中心内部安装风扇等装置提高空气流速可以显著提高容纳器件的数量。为尽可能提高散热的效率并考虑经费使用，可选取较合适的 Monel400 作为主体材料，90 – 10 Copper – Nickel 作为涂层材料，若进一步提高散热效率，可在外围适当添加翅片等散热结构，还应考虑中国南海实际环境条件，结合季节引起的水温变化及潮汐随时间变化引起的水流速度变化等因素对散热效率的影响，综合决定放入集装箱内放入服务器的数量。

以上就是我们的建议，再次感谢您能抽出宝贵的时间浏览我们的建议。

7. 模型的评价、改进与推广

7.1　模型的优点

(1) 在使用每一个模型前，对于数据与使用模型进行了检测与验证，保证了数据的准确性。

(2) 模型在一定程度上准确巧妙地描述了问题，对其进行了适当简化，便于理解和操作。

7.2　模型的缺点

(1) 在评价材料种类时，对于决策层偏多，导致矩阵和一致矩阵存在较大误差，采用 Topsis 分析法能更加优化这种评价体系。

(2) 模型中空间复杂度较高。

参考文献

[1]　李康，王赵玺. 集装箱式数据中心运用浅析[J]. 中国设备工程，2020，455(19)：1846785.

[2]　付延光，周兴华，许军，等. 利用 TOPEX/Poseidon 和 Jason-1 高度计数据提取中国南海潮汐信息[J]. 武汉大学学报(信息科学版)，2018，43(6)：901 – 907.

[3]　刘旭华，杨俊钢，刘全生，等. 基于长时序 T/P 和 Jason 系列卫星高度计数据的中国南海潮汐信息提取研究[J]. 地球物理学进展，2020，35(2)：438-444.

基于北斗全球卫星技术的放牧系统设计

栾柏瑞[1]

1. 哈尔滨工业大学计算学部 2020 级

摘要:本文针对游牧过程中存在的环境复杂、气候恶劣、劳动成本高、不易管理等问题,基于北斗卫星技术设计了可控智能放牧系统,并提出具体的实现方案。该方案由北斗卫星系统(BDS)、手机放牧 APP、BDS 放牧终端、无人机、远程牧井等组成,具有牧群位置信息可视化显示、运动轨迹可查询、电子围栏、无人机辅助管理等功能。采用本文信息化技术,可使游牧民足不出户的实现对牧群有效监控、管理,增加了安全系数,节约了劳动成本,缓解了依赖劳动力的传统生产方式,对于促进畜牧业的进一步发展,缩小城乡差距,最终实现共同富裕,具有一定参考价值。

关键词:北斗技术;放牧系统;电子围栏;手机 APP

Grazing System Design Based on BDS

Luan Bairui[1]

1. Department of Computing, 2020, Harbin Institute of Technology

Abstract: In view of the complex environment, harsh climate, high labor cost and difficult management in the process of grazing, this paper designs a controllable grazing system based on BDS (BeiDou Navigation Satellite System). The system consists of BDS mobile grazing APP, BDS grazing terminal, drone, remote herder manager, etc. It has the functions of visual display of herd location, motion tracking, electronic fence, and UAV auxiliary management. Using this information technology, herders can effectively monitor and manage the herds without leaving home. So this system can improve the safety factor, save labor costs, change the traditional pasture methods and promote the further development of animal husbandry. There is a great practical significance that this design may narrow the gap between urban and rural areas and achieve common prosperity.

Key words: BDS; Grazing system; Electronic fence; Mobile grazing APP

引言

内蒙古、新疆、西藏、青海是我国的四大牧区，具有发展畜牧业的优越条件。以新疆为例，全新疆有牧业县和半牧业县 87 个，从事牧业人口 138 万人，占农村总人口 12.6%；现有天然草场 57 万 km^2，牧场 130 个[1]，地广人稀。当地牧民以游牧作为主要的放牧方式，天然牧场大多位于高寒、高山、丘陵地带，传统牧业牧民奔波于牧群和居住地之间，劳动强度极大，且暴风雪、沙尘暴、草原退化等自然灾害导致牧群失散、死亡等情况屡见不鲜，给牧民造成了极大的损失，这种人工放牧的方式很大程度上制约了我国畜牧业的发展[2-4]。

北斗卫星、互联网、无线通信等技术不断融入人们的日常生活，给人们带来前所未有的改变，取得了举世瞩目的成就[5-9]，也为我国畜牧业发展提供了新的思路[10-11]。

本文基于北斗卫星技术，开发智能放牧系统，将高科技成果应用到具体的放牧工作中，提出了实现方案。牧民不用外出，就可以通过手机实现对牧群的信息化监视、放养和管理工作。该方案由北斗卫星系统（BDS）、手机放牧 APP、BDS 放牧终端、无人机、远程牧井组成，具有牧群位置信息的可视化显示、运动轨迹查询、电子围栏、无人机辅助管理等功能。本项目对于改变传统的牧业生产、作业方式，将牧民从繁重的放牧工作中解放出来，充分、有效的利用自然资源，促进畜牧业的进一步发展具有重要意义。

1. 北斗全球卫星导航系统

北斗全球卫星导航系统（BDS）是由中国科技专家自主设计、独立运营的全球卫星定位导航系统，该系统由空间段、地面段和用户段 3 部分组成[12-14]。空间段包括 5 颗静止轨道卫星和 30 颗非静止轨道卫星，地面段包括主控站、注入站和监测站等若干个地面站，用户段包括北斗用户终端以及与其他卫星导航系统兼容的终端。其通信功能可以实现用户和用户、用户和控制中心之间的双向数字报文传输，短报文服务民用版最多可传送 49 个汉字。服务区的开放服务可以免费定位、测速、授时等，定位精度可达 10 m，测速精度 0.2 m/s，授时精度 10 ns。北斗卫星导航系统的机理是主动式双向测距二维导航，地面中心控制系统解算，提供用户三维定位数据[15-16]。

2. 系统方案

2.1　方案简介

基于北斗全球卫星技术的放牧系统由北斗放牧 APP、北斗卫星系统（BDS）、牲畜上佩戴的北斗放牧终端、北斗无人机和北斗远程牧井系统五大部分构成，如图 1 所示。

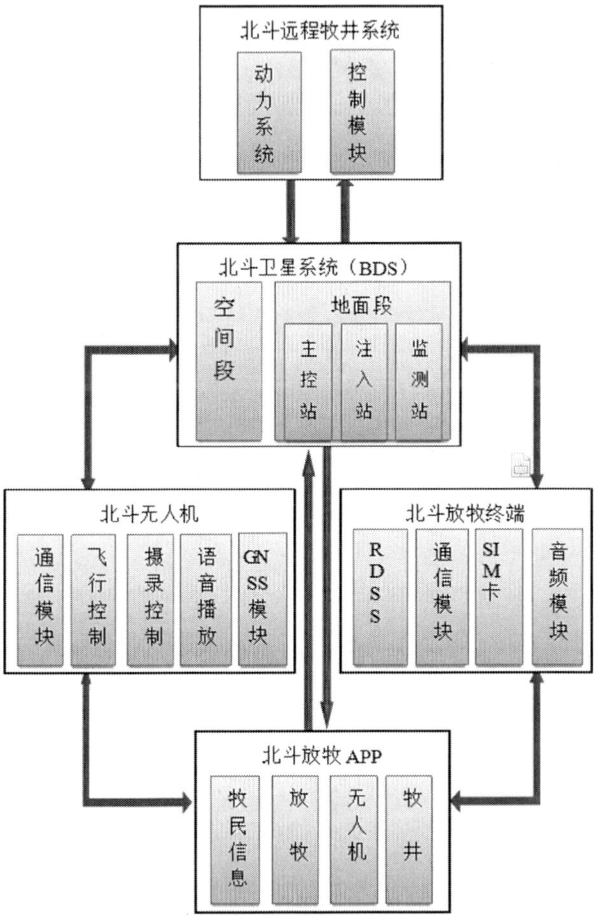

图 1　基于北斗技术的放牧系统结构图

客户端的北斗放牧 APP 通过与北斗卫星系统（BDS）之间的通信，控制其他的终端设备，并接收和处理其他终端发送的信息。同时可以直接与北斗无人机和北斗放牧终端通信，实现相关模块的功能。

北斗放牧 APP 由 4 个功能模块组成：牧民信息、放牧、无人机和牧井，其中牧民信息用来录入放牧人的个人相关信息，如姓名、年龄、籍贯，放牧的牲畜种类、数量、编号等。北斗放牧终端由

RDSS北斗定位模块、通信模块、SIM卡和音频模块构成。北斗无人机由通信模块、飞行控制模块、摄录控制模块、语音播放模块和GNSS全球定位模块构成。北斗远程牧井系统由动力模块和控制模块构成。

2.2 系统使用的关键技术

系统使用的关键技术见表1。其中,定位技术由北斗卫星系统(BDS)来实现,通过北斗放牧终端可以准确定位牧群的位置。移动通信技术是系统的主要数据传输手段,借助移动互联网络,定位设备可以将牧群的位置信息上传到牧民手机,供卫星放牧系统调用,并实现系统和定位设备之间的远程通信。

表1 系统使用的关键技术

技术分类	关键技术
定位技术	北斗卫星系统(BDS)
通信技术	移动通信和互联网通信
软件实现技术	Web GIS技术、Web Services技术、Ajax技术

Web GIS、Web Services和Ajax技术是搭建卫星放牧应用平台的关键技术。Web GIS技术提供了系统对空间数据的显示和管理功能,使牧民可视化放牧平台的功能得以实现,能够完成对牧群的动态追踪、历史运动轨迹查询等功能。Web Services技术和Ajax技术则是从系统实现层面,帮助系统在网络平台上具有良好的架构,并实现应用平台的数据实时更新。

2.3 系统中主要功能的通信方式

系统中主要功能的通信方式见表2。

表2 系统中主要功能的通信方式

功能	设备	通信方式
位置信息获取	BDS,BDS终端,无人机	卫星信号
位置信息接收	手机,BDS地面段	4G
设备控制	手机,BDS终端、无人机、牧井	Wi-Fi、4G
离群牲畜报警	手机,BDS放牧终端	短信、4G
电话查询牧群位置	手机,BDS放牧终端	移动网络

牧群位置信息的获取通过BDS放牧终端将接收到的多颗定位卫星信号经过解算,得到自己的坐标,通过4G网络发送到牧民的手机上。无人机带有全球卫星导航系统(GNSS)模块,通过与BDS之间的通信,可为其提供全天候、高精度的位置、速度和时间信息。对设备的控制,如果距离近,可以采用Wi-Fi实现;若距离较远可采用4G实现。当牲畜越过电子围栏,产生离群牲畜报警信号,由BDS放牧终端通过短信和4G网络发送给用户手机。电话查询牧群位置是通过用户拨打放牧终端的SIM卡,SIM卡再通过移动网络以短信形式告知用户。

2.4 实现方法

2.4.1 放牧

点击放牧APP中“放牧”,其子功能如图2所示。由图2可见,子功能包括牧群位置实时查看、电话获取牧群位置、电子围栏、历史路径查看、地图和终端设备智能管理。北斗放牧终端由RDSS、通信模块、SIM卡和音频模块构成。它既可以通过北斗卫星系统的地面段与牧民的手机进行通信,也可以通过移动网络与牧民的手机实现直接通信。通过地面段接收RDSS发送的牧群的实时位置信息,再通过移动网络拨打SIM卡号码,接收SIM卡发送的位置短信息。

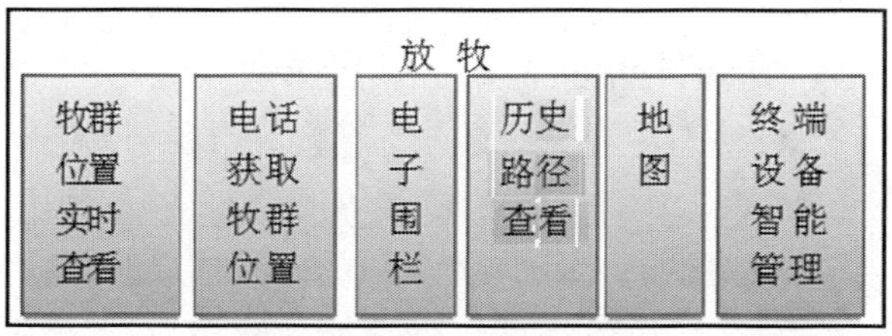

图2 放牧模块的子功能

(1)牲畜实时位置查看功能。通过牲畜实时位置查看功能牧民可以足不出户地在地图上看到牧群的实时位置,获取一段时间内每头佩戴放牧终端牲畜的移动距离、步数等信息,通过这些信息还可以初步判断某一头牲畜的生理状态是否正常,可以根据经验设置一阈值,当牲畜的生理状态低于这个阈值时,发送报警信息,信息包括牲畜的位置和编号。

(2)电话获取牧群位置功能。北斗系统的短报文功能能够每12 h发回牧群的位置信息,牧民只要点开手机便可以知道牲畜的位置。如果北斗项圈出现异常,通过拨打放牧终端中内置的SIM卡号码,便能收到牧群的位置信息。该功能作为上一功能的补充,具有速度快、经济实用等优点,也对牲畜的实时位置获取有了双重保障。

(3)电子围栏功能。牧民可以利用电子围栏功能,根据草场环境给放牧的牲畜设置"电子围栏",电子围栏可以设置多层,层与层之间距离10 m左右[8]。通过北斗定位功能,当牲畜位置超出设定的最内层电子围栏边界时,会引起手机自动报警,并触发放牧终端中的音频模块工作,模块中有按照东、南、西、北4个方向录制好的驱赶牲畜的口令,驱赶牲畜回到电子围栏内。同时将其位置坐标发送给无人机,方便牧民使用无人机进行驱赶。电子围栏的流程图如图3所示。启动电子围栏功能后,系统对编号后的BDS放牧终端逐一检测,若发现牲畜在电子围栏内,则返回查询下一个编号的BDS放牧终端;若发现其不在围栏内,则进行方位判断后,启动相应的驱赶功能,同时将位置信息报送手机和无人机并报警,然后返回查询下一个放牧终端的位置信息,如此进行循环检测。

(4)历史路径查看功能。在地理信息系统(GIS)支持下,将牧群的运动轨迹数据与牧场自然环境、牧草情况、水源等信息叠加。输入任意时间段,相应时间段内的牲畜运动轨迹,牧群行进路线、停留时间等信息将在地图上显示。

(5)地图功能。通过地图功能,牧民可以查看附近的牧草、水源、道路、城市等的分布情况,牧群位置与这些目标的距离和当地的天气情况等。

(6)终端设备智能管理功能。牧民可以通过终端设备智能管理功能控制终端设备的工作状态。例如,不需要设备发送信号时,让设备进入自动休眠状态,以节约电能;电量不足时,向牧民发送提示信息;控制放牧终端内的音频模块,播放存储的音乐等。

2.4.2 北斗无人机

北斗无人机包括飞控模块、GNSS模块、通信模块、摄录模块和语言播放模块。利用手机放牧APP可以控制无人机的飞行,接收其位置信息。无人机在本系统的作用有以下几方面:(1)与牲畜实时位置查看功能结合,利用摄录功能定点查看产生报警信息牲畜的直观状态;(2)与电子围栏功能结合,利用飞行和语音播放功能,对离开电子围栏的牲畜进行驱赶,使其回到电子围栏内;(3)对牧群周边环境监察,寻找适合放牧的地点;(4)寻找丢失的牲畜。

2.4.3 北斗远程牧井系统

牧井由动力系统和控制模块组成。牧民利用手机可以远程控制牧井的状态。水槽通过动力系统控制模块能实现水位自动感应和定时放水,还可以设定固定的供水时间,让控制器自动启泵供水,直到水槽加满为止。

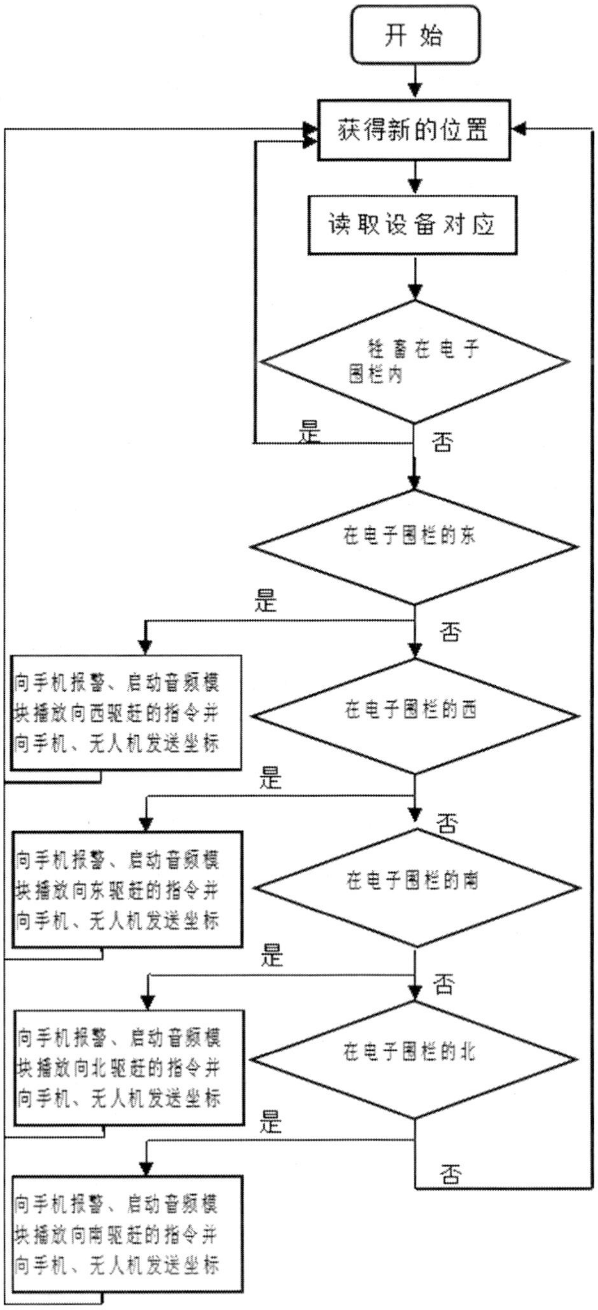

图3 电子围栏功能流程图

3. 结论

本文基于北斗技术理念,针对少数民族地区以游牧为主的放牧方式,设计了现代智能放牧的可行性方案。本方案由北斗卫星系统(BDS)、手机放牧 APP、BDS 放牧终端、无人机、远程牧井等组成,具有牧群位置信息可视化显示、运动轨迹可查询、电子围栏、无人机辅助管理等功能。使用本方案可以降低牧民的劳动强度、减少开支,同时易于管理,提高了牲畜的成活率,降低了走失风险,对改善牧民生活,缩小城乡差距,促进现代畜牧业的发展具有较重要意义。

本方法如与互联网 + 结合,则可实现同地区牧民间的放牧协调和信息共享等,其意义将更加巨大。

参考文献

[1] 新疆维吾尔自治区统计局. 新疆畜牧业发展现状及存在问题" 课题组分析报告"[R]. 乌鲁木齐:新疆维吾尔自治区统计局, 2011.

[2] 郭冬生, 王文龙, 龚群辉. 我国畜牧业发展现状及发展趋势[J]. 江苏农业科学, 2014,42(2):18-21.

[3] 宋良媛, 杜富林. 科技创新驱动草原畜牧业[J]. 现代化科学管理研究, 2020,38(2):109-116.

[4] 孟根其木格, 杨晓华. 探索草原生态保护及畜牧业可持续发展对策[J]. 新农业, 2020(20):64.

[5] 张洪瑞. 北斗导航 国之重器[J]. 中国报道, 2017(9):54-55.

[6] 王亮, 朱红旭. 北斗卫星导航系统发展与前景电信网技术[J]. 电信网技术, 2017(10):45-47.

[7] 熊伟, 曹会超. 我国卫星导航定位基准站建设与发展思考[J]. 卫星应用, 2021(4):22-24.

[8] 黄浩, 蔡戬, 王卫东, 等. 北斗导航产品应用及发展现状分析[J]. 电脑知识与技术, 2017,13(33):273-274.

[9] 李源, 钱向阳, 李绍雄. 北斗卫星导航系统的发展现状与前景[J]. 通讯世界, 2016(14):217-218.

[10] 郑莳, 郑萌, 裴勇. 利用智能手机无人式放牧及智能化牧场管理[J]. 中国畜禽种业, 2017,13(10):18-19.

[11] 王伟强, 汪传建, 余晓平, 等. 基于 Web-GIS 与北斗/GPS 的放牧监测系统[J]. 江苏农业科学, 2017,45(7):202-206.

[12] 安豪,严卫,卞双双. 基于北斗信号的降雨信息监测方法[J]. 国防科技大学学报. 2021,43(2):47-53.

[13] 侯智斌, 吕曹芳, 宗军君, 等. 北斗定位通信技术在定向运动中的应用研究[J]. 现代电子技术, 2014,37(21):38-40.

[14] 吴海玲,高丽峰,汪陶胜. 北斗卫星导航系统发展与应用[J]. 导航定位学报, 2015,3(2):1-6.

[15] 郝雨时, 孙剑伟, 马冬青. 北斗卫星导航系统功率增强选星策略设计与性能分析[J]. 导航定位学报, 2021,9(2):41-47.

[16] 魏仲民. 交通运输中北斗卫星定位系统应用分析[J]. 中国新通信, 2017,19(22):99.

用于心脏支架的 PDA 纯 Zn 复合结构制备及表面功能化探究

刘凯盟[1]，张国滨[2]，刘旭东[1]，马岩[1]

1. 哈尔滨工业大学材料科学与工程学院 2019 级　电子封装专业
2. 哈尔滨工业大学材料科学与工程学院 2019 级　焊接技术与工程专业

摘要:为了得到一种医用心脏支架材料包覆的高效工艺,课题采用一种改进的 UV/O3 辅助 PDA 沉积方法,在 Zn 表面实现直接,快速,绿色,高效构建 PDA 涂层,并实现涂层与可降解 Zn 合金的紧密连接。通过对涂层表面进行 SEM,EDM 和 AFM 分析得出 UV/O3 辅助 PDA 沉积速率相较于传统方法沉积速率提高了数十倍,同时降低了 Zn 基材腐蚀,减小了因腐蚀造成的连接失效;利用 Zn 表面 XPS 及拉曼光谱分析得到 PDA 修饰的 Zn 表面可供修饰的 - NH2, - OH 等基团增多,有利于再修饰的结论。

关键词:PDA 涂层,紧密连接,拉曼光谱分析,沉积效率

Preparation and surface functionalization of PDA pure Zn composite structure for cardiac stent

Liu Kaimeng[1] , Zhang Guobin[2] , Liu Xudong 1 , Ma Yan[1]

1. Electronic Packging,2019,School of Mattrials Science and Engineering,Habin Institute of Technology;
2. Wwlding Techndog,Engineering,2019,School of Mattrials Science and Engineering,Habin Institute of Technology

Abstract: In order to obtain an efficient process for coating medical heart stent materials, an improved UV/O 3 assisted PDA deposition method was used to directly, rapidly, green and efficiently construct PDA coating on the surface of Zn, and realize the close connection between the coating and degradable Zn alloy. The results of SEM, Edm and AFM analysis show that the deposition rate of UV/O 3 - assisted PDA is tens of times higher than that of traditional method, and the corrosion of Zn substrate is reduced, and the connection failure caused by corrosion is reduced The results of XPS and Raman Spectra show that the number of groups such as - NH2, - oh on the PDA - modified Zn surface is increased, which is favorable for further modification.

Key words: PDA Coating, tight coupling, Raman spectroscopy, deposition efficiency

1. 社会背景和研究现状

1.1 研究的背景和意义

随着小康社会的全面建成，人民对于美好生活的要求不仅是吃饱穿暖，而逐渐向着多元、健康的生活方式发展。然而，近年来人口老龄化及城镇化进程的加速，导致了中国心血管病危险因素流行趋势明显，心血管病的发病人数持续增加。《中国心血管病报告 2018》指出：近 25 年来，血管病死亡占城乡居民总死亡原因的首位，如图 1.1 所示，心血管病死亡率逐年递增，疾病负担日渐加重，已成为重大的公共卫生问题[1]。如何有效治疗心血管病，提高居民生活质量与身体健康，将是一个长期且重要的研究课题。

1.1.1 心脏支架发展历程

目前冠心病的治疗方法主要为三种：药物治疗、外科治疗和介入治疗，而心脏支架作为一种介入治疗方法，被证明是治疗冠心病最有效和最常用的手段。

心脏支架的发展历程从最早应用于临床的裸金属支架开始（Bare Metal Stent，BMS），其材料为不锈钢。虽然 BMS 解决了球囊扩张后的急性闭塞难题，阻止了植入初期严重的弹性回缩，使支架狭窄率降低了一半。然而植入体内后，BMS 不易造影，且金属离子的溶出会促进血栓形成和炎症反应[2]，加重后期的再狭窄问题。

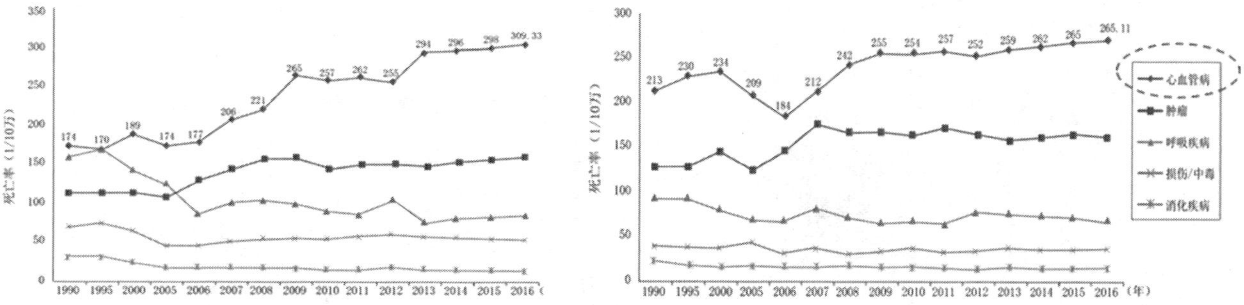

(a)农村 (b)城市

图 1.1 中国居民不同疾病逐年死亡率

1.1.2 可降解心脏支架

人们寄希望于一种血管支架材料能够有 DES 支架一样的低再狭窄率、TLR 和 TVR 发生率，又可以在支架服役完成后自动消失，防止血管金属化和晚期血栓的形成，保证远期安全性。因此，可降解支架应运而生。

最早的可降解金属支架从铁合金支架开始，虽然纯铁具有较高的塑性变形能力和强度，能够提供高的支撑强度，而且铁具有较好的生物相容性，但是其降解速率太慢，植入 12 个月后铁支架仍然完整的存在于血管中，太慢的降解速率会导致异物在生物体内长时间存在。

近年来，随着学者们对 Zn 合金的研究，发现了 Zn 的标准电极电位为 −0.76 V，处于 Fe（−0.44 V）和 Mg（−2.37 V）之间，这使得 Zn 基合金在理论上具有介于 Fe 和 Mg 之间的腐蚀速率，是理想的植入心脏支架材料。除此之外，Zn 是人体内所必需的元素，能够有效增加人体免疫力，这些优点使得锌成为继 Mg 合金后最受期待的可降解金属材料的候选材料。

1.1.3 心脏支架表面改性

如果将未经表面改性的金属心脏支架直接植入体内，当金属异物与生物体组织和体液接触后，基体必然产生排异反应。

Zn 虽然本身具有良好的生物相容性和血液相容性，但是 Shearier 等人研究发现，如果将人成纤维细胞、主动脉平滑肌细胞和主动脉内皮细胞与 Zn 共培养时，Zn 对于三种细胞的半数致死量分别为 3.5 mg/L、4.5 mg/L 和 17.5 mg/L，当细胞直接接触金属 Zn 时，细胞在最初附着后就会死亡[7]，如图 1.2（b）所示。

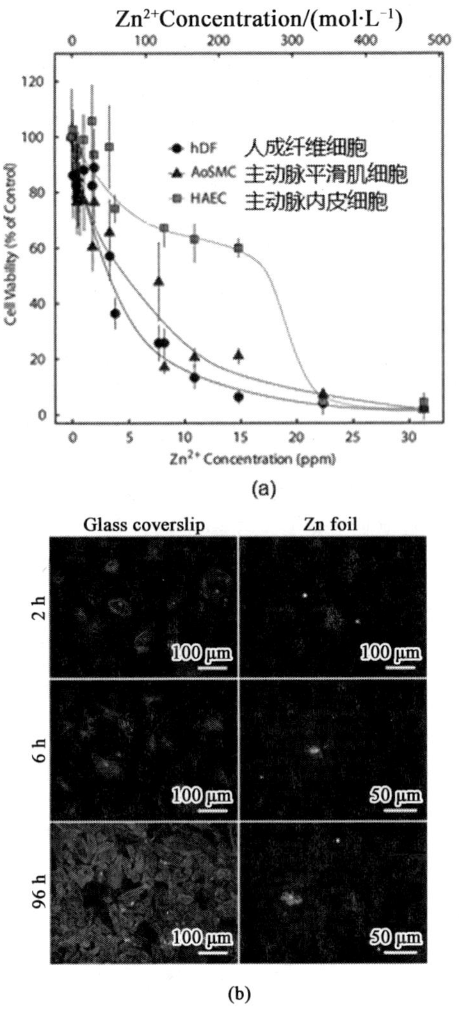

图 1.2　(a) 三种血管细胞在 Zn^{2+} 提取液中活性；(b) 在载玻片和 Zn 表面种植 HAEC 不同时间后的细胞荧光染色图[7]

因为血管支架材料表面在体内直接和生物体接触，为了提高血管支架的服役性能，需要对其表面进行改性。目前能够在心脏支架表面构建官能团并改性的方法包括化学转化法、碱热法，以及通过中间层来实现。其中，基于海洋中贻贝灵感的 PDA 涂层以其广泛的黏性、良好的生物活性和表面可二次改性的特点，引起了无数研究者们的关注[8]。

综上分析，目前 Zn 合金作为新兴心脏支架材料，在腐蚀速率和降解模式上，为可降解金属合金提供了最为满意的答案。为提高 Zn 基可降解心脏支架的服役性能，必须要提高 Zn 合金表面的生物相容性。为实现 Zn 合金表面改性，本课题拟采用一种改进的 UV/O_3 辅助 PDA 沉积方法，在 Zn 表面实现直接、快速、绿色、高效构建 PDA 涂层，并实现涂层与可降解 Zn 合金的紧密连接。

1.2　国内外研究现状

1.2.1　可降解金属与表面涂层连接问题研究

对于一般的可降解金属心血管支架基材，其表面很难直接修饰生物活性分子与有机物小分子。即使有部分表面改性手段能通过物理作用直接将分子固定于材料表面，例如层层组装、单分子自组装等方法，其大部分也是通过非共价的连接（如氢键、静电力和范德瓦耳斯力），这种连接既不紧密，也不可靠。对于可降解支架，连接不紧密的涂层则会影响支架的抗蚀性能，连接较弱的区域会受到体液的浸入从而在远早于服役寿命时就形成的局部腐蚀，使涂层和基体的连接更加恶化。因此可降解金属与表面涂层连接问题是研究的重中之重。

1.2.2　可降解金属表面涂覆 PDA 涂层

PDA 作为一种优异的表面富官能团改性手段，既有良好的生物相容性，又有着与基材无关的超强黏性，在众多植入器件中发挥着它卓越的性能，心脏支架也不例外。

在可降解 Mg 合金表面，研究者们利用 PDA 优异的生物相容性和具有大量可二次修饰官能团等优点，在材料表面构建了多功能的心血管支架涂层，表现出了 PDA 在心脏支架表面上的卓越优势。然而，研究者们很少对制备过程中可降解合金基材与 PDA 的连接进行研究。

1.3　文献综述简析

目前在 Zn 心脏支架表面进行表面改性的研究极少，仅有研究者通过化学转化法和 APTEs 作为中间层连接有机分子。对于可降解金属表面进行 PDA 沉积的研究则大多会在浸涂制备过程中发生基材的腐蚀，造成 PDA 涂层的连接不紧密，无法发挥 PDA 的全部功能。在 Zn 心脏支架表面改性研究趋势即将到来之际，开发出一种能够在 Zn 心脏支架表面直接快速制备 PDA 的方法是研究界中十分急切的需求。

近年对于心脏支架表面涂层的研究主要着眼于更换材料，在可降解金属心脏支架表面构建不同功能的涂层。但是鲜有研究者针对涂层与基底的连接问题进行研究。可降解金属在服役期间会逐渐降解，如果涂层与基材连接不紧密或仅靠非共价进行连接，会造成涂层与基体黏附力不足，使得涂层在服役过程中提前脱落，不能起到其全部的功能，甚至降低支架服役寿命。Zn 基材料作为近年来最受期待的可降解心脏支架材料，目前对于其表面涂层的研究才刚起步。以 Zn 作为基材，探究 Zn 与涂层的连接问题将会为未来涂层设计，可降解金属心脏支架的可靠服役提供指导性意见。

2. 主要研究内容

2.1 研究内容一：UV/O_3 辅助 Zn 表面快速沉积聚多巴胺涂层

利用 UV/O_3 强氧化性的特点辅助多巴胺产生强烈的氧化聚合反应，首先搭建 UV/O_3 辅助沉积实验台，考察 UV/O_3 对多巴胺聚合反应的影响。研究不同 pH 条件下，不同 UV/O_3 辅助时间对于多巴胺 - Tris 溶液的聚合反应的影响，通过 UV-Vis 光谱对多巴胺 - Tris 溶液进行表征分析。根据溶液聚合结果进行 Zn 表面 PDA 沉积实验，研究各个参数（pH、辅助沉积时间）对沉积后的 Zn 表面影响（如表面粗糙度、表面微观形貌、亲疏水性和元素组成等）进行研究，分析 UV/O_3 对于多巴胺加速沉积聚合的辅助机制。

2.2 研究内容二：UV/O_3 辅助沉积聚多巴胺涂层和 Zn 基材的连接研究

不同辅助工艺参数对于 Zn 表面沉积的 PDA 涂层性能有不同的影响，改进实验条件及设备，优化 UV/O_3 辅助多巴胺在 Zn 表面的聚合沉积过程。通过纳米划痕、电化学腐蚀实验、体外浸泡实验等测试手段，确定最佳的 UV/O_3 辅助 PDA 沉积参数。评价 PDA 涂层和 Zn 的膜基结合力，评价 PDA 涂层表面的抗蚀性能与生物相容性，最终获得 UV/O_3 辅助沉积 PDA 涂层与 Zn 基材的连接机理与降解模式分析。

3. 已完成的研究工作

3.1 PDA 直接浸涂工艺探索

3.1.1 UV/O_3 加速 PDA 浸涂法

将用氮气吹干的 Zn 片放入含有盐酸多巴胺（2 mg/mL）的 3 ml 多巴胺-Tris 缓冲液（pH = 8.5，10 mm）中，采用自制的 172 nm UV/O_3 发生器进行实验，调节发生器真空度为 100 Pa，控制反应液面与 Zn 片表面距离为 10 mm，控制 PDA-Tris 液面与 UV 光距离为 5 mm，反应在不搅拌的恒温水浴中进行，在室温下沉积不同时间。与传统浸涂法比较，两种步骤的示意图如图 3.1 所示。

对于其他 pH 下的传统 PDA 浸涂法与 UV/O_3 加速 PDA 浸涂法，通过 1 mol/L NaOH 与稀释的浓盐酸调节 pH 至需要 pH 其他实验步骤与上述描述类似。需要注意的是，由于最终目的是在 Zn 表面成膜，在酸性条件下必然产生基体的过度腐蚀，因此仅在 pH≥7 的条件进行探究实验。

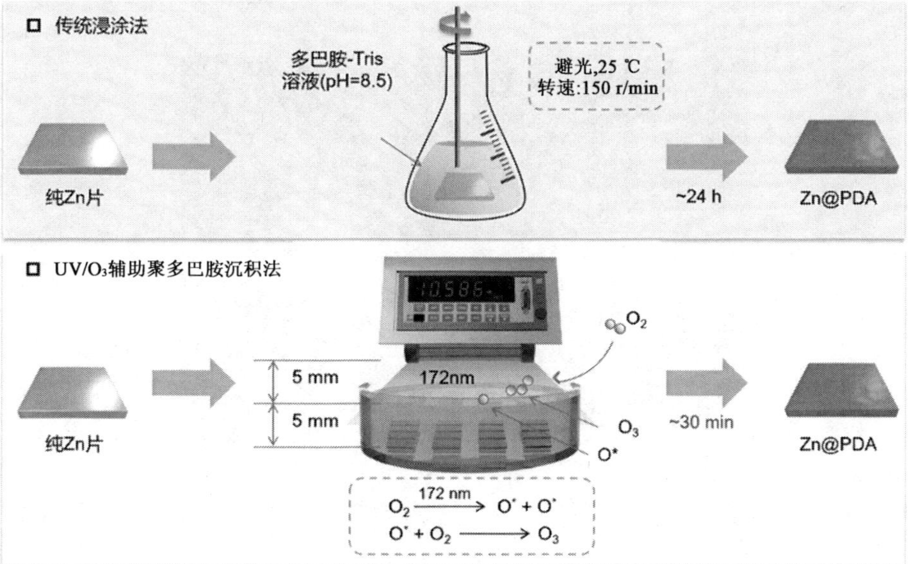

图 3.1 传统浸涂法制备聚多巴胺涂层与 UV/O_3 辅助聚多巴胺沉积法制备流程示意图

3.1.2　Zn 表面传统浸涂工艺构建 PDA 涂层

首先探究了传统 PDA 沉积工艺在纯 Zn 表面制备 PDA 涂层的可行性，在 pH = 8.5 下通过传统 PDA 沉积工艺分别沉积 10 min、20 min、30 min、40 min、50 min、60 min，12 h 和 24 h 后得到的样品进行观察，对其表面进行 SEM 观察，其结果如图 3.2 所示。

可以观察到在仅仅 30 min 后，表面就产生了明显腐蚀，而且此时并没有明显涂层产生，这是由于按照传统的 PDA 沉积工艺，其沉积速率约为 2.1 nm/h，在数十分钟的沉积后，SEM 下难以观察到 PDA 膜层。在沉积 12 h 和 24 h 后，样品表面的腐蚀形貌更为明显，当 Zn 浸泡于多巴胺-Tris 溶液中持续 12 h 后，截面 SEM 图如图 3.3 所示。

截面 SEM 图展现了因为纯 Zn 在腐蚀过程中造成的 1.4 μm 的腐蚀层，该腐蚀层上表面较为平整，而下表面有扇贝装的腐蚀区域，这可能是因为不同晶粒取向。可以看出，其形成的“涂层”并非是一些研究者们报道的，通过自下而上沉积得到的聚多巴胺涂层，反而是在 PDA - Tris 溶液中 Zn 表面自上而下形成的腐蚀层。这样的腐蚀层不仅会影响 PDA 的正常沉积，还会降低 Zn 合金植入后的服役寿命，因此为了能在 Zn 表面制备得到高质量的 PDA 薄膜，必须对传统的 PDA 浸涂法进行改进。

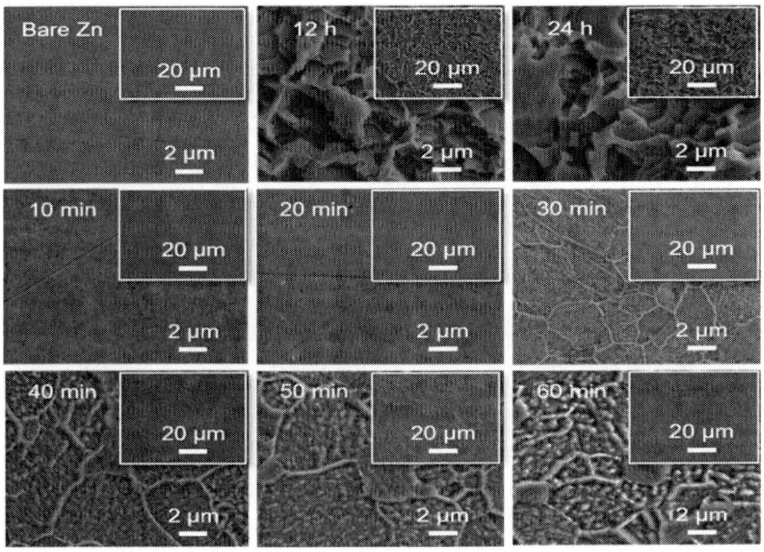

图　浸泡于 PDA - Tris (pH = 8.5) 溶液中不同时间后的纯 Zn 表面 SEM 图像

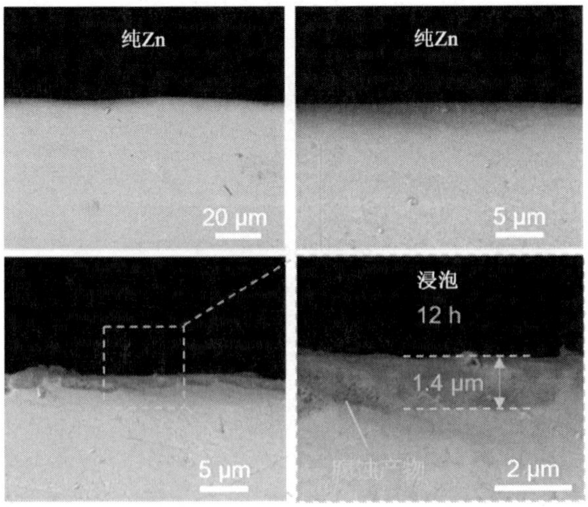

图 3　浸泡于 PDA - Tris (pH = 8.5) 溶液 12 h 后的纯 Zn 截面 SEM 图像

3.2 UV/O_3 辅助PDA沉积工艺探索

3.2.1 UV/O_3 辅助纯Zn表面沉积PDA涂层

即使PDA-Tris反应液能快速聚合在溶液中产生PDA,其却并不意味着能够在表面快速成膜,形成涂层。为探究 UV/O_3 是否能够快速促进PDA在Zn表面的快速沉积,首先对 UV/O_3 辅助不同pH下反应不同时间后的Zn样品的表面进行SEM观察,并在2 000倍下进行EDS元素分析,其结果如图3.5所示,当pH=8.5时,其宏观照相机照片展示出样品表面在保持光滑平整的同时,表面随着处理时间的延长,沉积上了淡黄色涂层,根据文献,此涂层应该是沉积的PDA涂层。与长时间浸泡得到的表面暗淡粗糙Zn/PDA涂层不同,此时得到的涂层表面光滑,且样品表面仍有金属光泽,没有明显的腐蚀产生,从表面SEM图可知,样品表面生成了由数十纳米颗粒组成的薄膜。

值得注意的是,在处理30 min后,样品表面仍未明显的腐蚀现象发生,这可能是因为涂层覆盖住了涂层下方的腐蚀区域,也有可能是涂层与基体紧密的结合阻碍了Zn表面腐蚀。为探究PDA涂层的厚度,对其截面进行SEM分析,结果如图3.6所示。

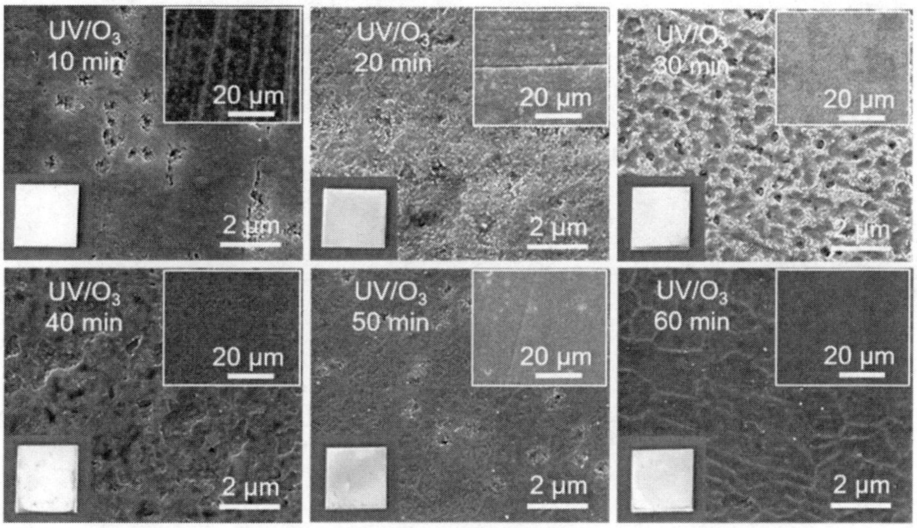

图3.5 UV/O_3加速PDA沉积不同时间后纯Zn的表面SEM图像

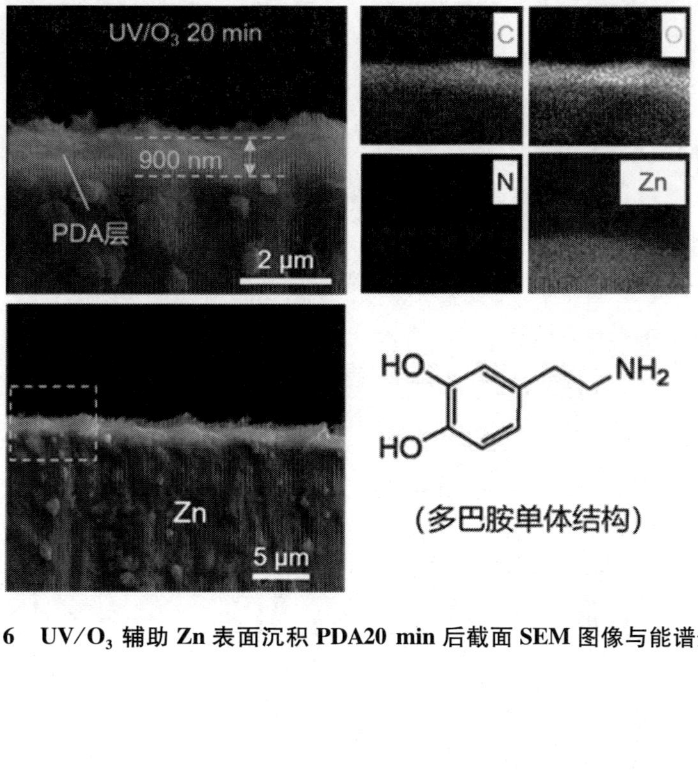

图3.6 UV/O_3 辅助Zn表面沉积PDA20 min后截面SEM图像与能谱分析

在 Zn 表面明显生成了一层与基材不同的纳米状薄膜，而且其于 Zn 基体的界面平整，根据能谱扫描，可以看出其元素由 C、N 和 O 组成，说明其应该是沉积过程中形成的 PDA 薄膜。在 20 min 的沉积下，Zn 表面形成了约为 900 nm 的有机涂层，通过 EDS 分析，其大概率应是形成的聚多巴胺涂层。这样快速的聚合效率远高于目前报道的所有多巴胺聚合速率。

对 pH = 7、pH = 8.5、pH = 10 三组样品分别利用 UV/O_3 辅助 PDA 在纯 Zn 表面沉积，并对沉积 10 min、20 min、30 min 和 40 min 后的样品与传统浸涂法 12 h 后得到的 Zn/PDA 样品进行表面 SEM 形貌观察和面元素分析，结果如图 3.7 所示。

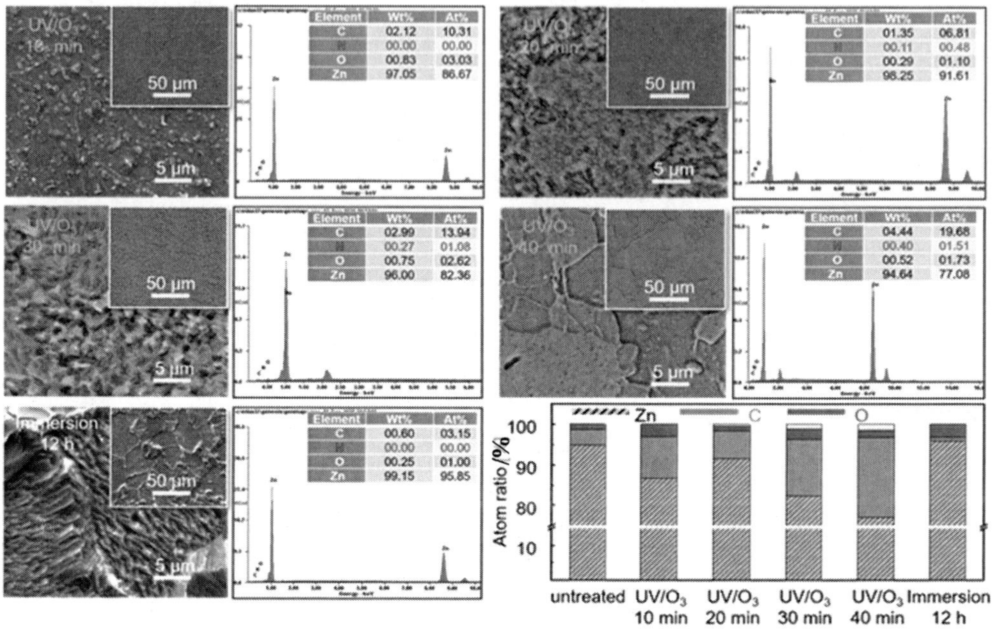

图 3.7　UV/O_3 辅助纯 Zn 浸涂于多巴胺 - Tris（pH = 7）溶液中不同时间后表面 SEM 图像及 EDS 元素分析

在 pH = 7 时，未处理的 Zn 表面有较少的自然氧化物及制备过程中引入的有机污染物，因此表面存在少量的 C 元素和 O 元素，当 UV/O_3 辅助沉积 PDA 10 min 后，表面 C 峰增加，说明表面的有机物增加。然而在 UV/O_3 辅助沉积 20 min 后，表面才检测到 N 峰，这一方面说明了表面确实沉积上了 PDA 涂层，另一方面则说明由于 N 元素质量太低，因此在表面进行能谱分析难以探测到 N 元素。

与传统浸涂法在 12 h 沉积后的表面相比，UV/O_3 辅助沉积的样品由于沉积时间较短，因此表面发生的腐蚀相对较小，而传统浸涂法表面已经被严重破坏，其表面能谱说明了氧元素的增多和碳元素的减少，说明了表面其实并没有沉积 PDA 薄膜，反而是基体发生了腐蚀。

在 pH = 10 时，样品表面 SEM 图及元素含量如图 3.8 所示。经 UV/O_3 处理的样品在辅助 20 min 后表面观察到了最多的 N 元素含量，为 1.94%，说明此时制备的 PDA 涂层相对较多，而随着 UV/O_3 进一步辅助沉积，其表面 N 元素和 C 元素含量反而降低，这可能是因为在 pH = 10 下，多巴胺的氧化聚合反应在三个参数下最快，因此在短时间的活化就能得到 PDA 涂层。随着时间延长，由于溶液中残留的多巴胺含量降低或已被消耗结束，因此并不会形成新的涂层。

随后，对 pH = 7、pH = 8.5 和 pH = 10 三种条件下的样品分别用 UV/O_3 进行辅助沉积制备得到 Zn/PDA 样品，和未处理的 Zn 一起进行 XPS 来对表面元素进行分析，结果如图 3.9 所示。

在 UV/O_3 辅助沉积的条件下，样品表面的 C 元素组成发生了变化，相比于未处理的 Zn 表面，三种经 UV/O_3 辅助沉积有 PDA 涂层的 Zn 表面 C—O/C—N 峰向低结合能地方偏移，说明表面有更多 C—N 键生成。对 O 1 s 峰进行分析，经过

UV/O_3 辅助沉积后，表面 C—OH 含量增加，说明表面聚合的 PDA 涂层为 Zn 表面修饰了更多的 C—OH，有利于 Zn/PDA 进行二次修饰。值得一提的是，在 UV/O_3 辅助沉积后，表面还观测到了吸收水峰，这说明了经 PDA 修饰后，表面亲水性可能发生了增加，吸收了更多的水峰。是否是因为亲水性的增加还需要下一步的表面接触角实验进行辅助说明。

4. 项目研究成果

小组目前进行探究实验所得到的研究结果如下：

（1）UV/O_3 能够实现多巴胺氧化聚合速率，从而实现 PDA 的快速沉积，相比较传统浸涂法提高了数十倍效率。

（2）传统浸涂法得到的样品表面被严重腐蚀，表面起伏及粗糙度巨大，容易造成凝血、血栓，不适用于心脏支架表面改性。而 UV/O_3 辅助沉积样品表面光滑平整，且具有纳米级针状结构，具有作为中间层应用潜力。

（3）UV/O_3 辅助沉积能够在 pH = 7、pH = 8.5、pH = 10 的条件下均能够实现 PDA 涂层的沉积，其中 pH = 8.5，UV/O_3 辅助沉积 40 min 为最佳参数。

（4）UV/O_3 辅助沉积法不影响 PDA 的基本分子结构，并生成了比传统浸涂法更多的羟基，氨基等活性基团，具有极强的二次改性及生物应用潜力。

而后小组通过查阅文献以及在实验室学习等一系列手段，初步完成对聚多巴胺涂层与 Zn 基材的连接机理的研究与认知。

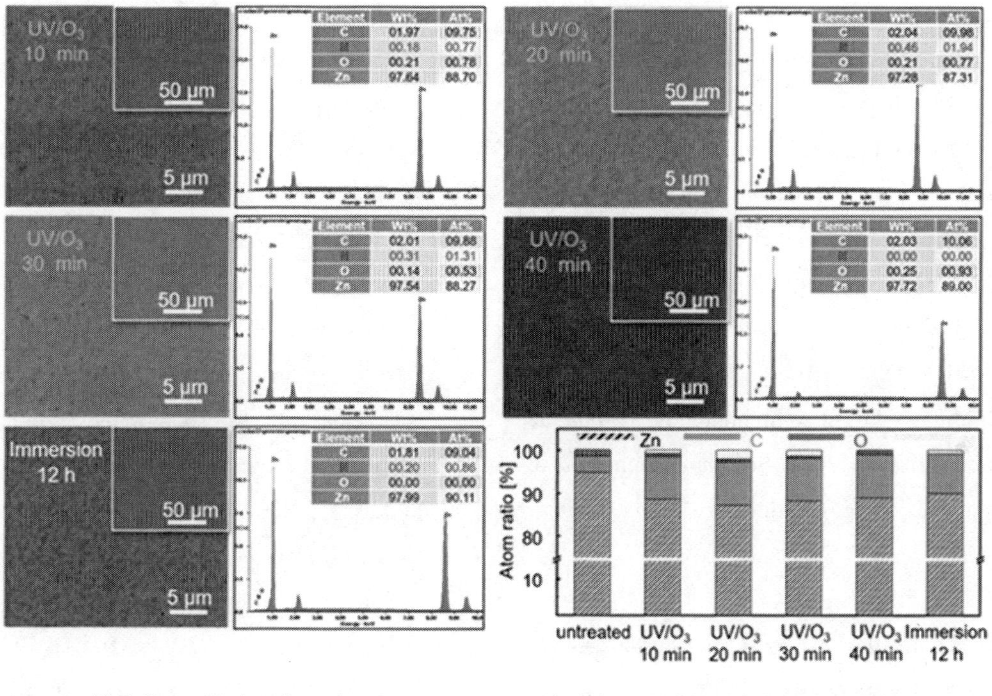

图 3.8 UV/O_3 辅助纯 Zn 浸涂于多巴胺 – Tris（pH = 10）溶液中不同时间后表面 SEM 图像及 EDS 元素分析

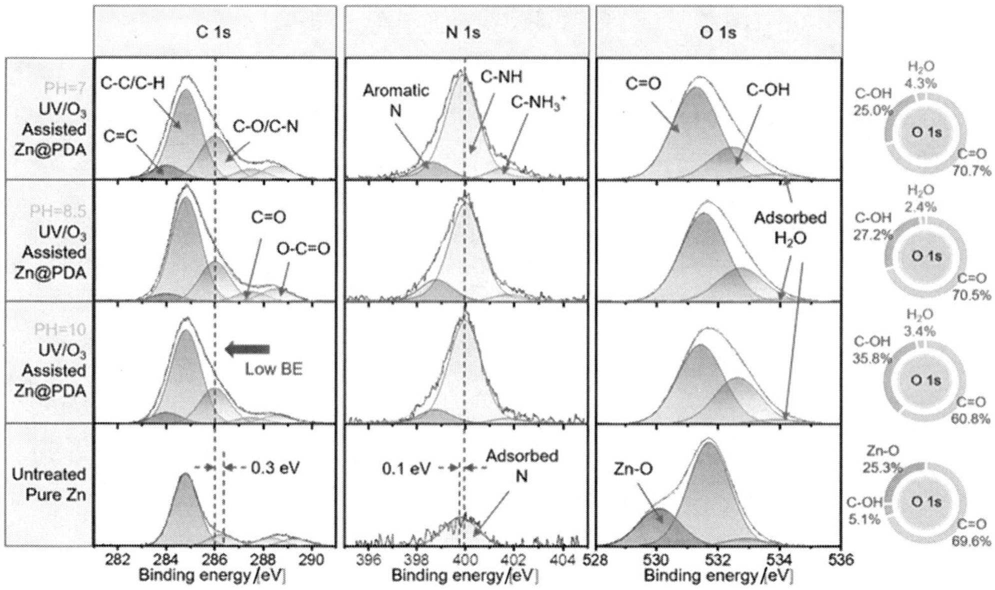

图 3.9 不同 pH 条件下,UV/O_3 辅助纯 Zn 表面 PDA 沉积和传统浸涂 12 h 后样品 XPS 分析

参考文献

[1] 国家心血管病中心. 中国心血管病报告 2018[R]. 北京:中国循环杂志,2019.

[2] HAASE J, JUNG T, STORGER H, et al. Long-term outcome after implantation of bare metal stents for the treatment of coronary artery disease: rationale for the clinical use of antiproliferative stent coatings[J]. Journal of interventional cardiology, 2003, 16(6): 469-473.

[3] GUAGLIUMI G, FARB A, MUSUMECI G, et al. Sirolimus-eluting stent implanted in human coronary artery for 16 months: pathological findings [J]. Circulation, 2003, 107(9): 1340-1341.

[4] FOIN N, GUTIÉRREZ-CHICO J, NAKATANI S, et al. Incomplete stent apposition causes high shear flow disturbances and delay in neointimal coverage as a function of strut to wall detachment distance: implications for the management of incomplete stent apposition [J]. Circulation: cardiovascular interventions, 2014, 7(2): 180-189.

[5] WAKSMAN R, PAKALA R, KUCHULAKANTI P, et al. Safety and efficacy of bioabsorbable magnesium alloy stents in porcine coronary arteries [J]. Catheterization and Cardiovascular Interventions, 2006, 68(4): 607-617.

[6] LI Z, SHI Z, HAO Y, et al. High-performance hot-warm rolled Zn-0.8 Li alloy with nano-sized metastable precipitates and sub-micron grains for biodegradable stents [J]. Journal of materials science & technology, 2019, 35(11): 2618-2624.

[7] YIN Y, ZHOU C, SHI Y, et al. Hemocompatibility of biodegradable Zn-0.8 wt% (Cu, Mn, Li) alloys [J]. Materials science and engineering: C, 2019, 104: 109896.

[8] LEE H, DELLATORE S, MILLER W, et al. Mussel-inspired surface chemistry for multifunctional coatings [J]. Science, 2007, 318 (5849): 426-430.

基于分类算法的算法自动选择和超参数调优

张少卿[1]，郑晟赫[1]，梁成[1]，唐浩云[1]

1. 哈尔滨工业大学英才学院 2019 级　计算机专业

摘要：为了给非专业人员在机器学习分类任务中自动选择最优算法，设计一款能够自动推荐算法并优化超参数的软件。基于元特征和强化学习，自动从以往的分类任务中抽取经验并训练模型来推荐算法，应用遗传算法来进行超参数调优，并集成为软件。本软件在保证算法选择正确率的基础上提高了自动化程度，并对算法进行超参数优化以实现更优性能。

关键词：元特征；算法选择；超参数调优；软件；分类算法

Software Realization for Algorithm Automatic Selection and Hyperparameter Tuning Based on Classification Algorithm

Zhang Shaoqing[1], Zheng Shenghe[1], Liang Cheng[1], Tang Haoyun[1]

1. Computer Science, 2019, Honors School, Harbin Institute of Technology

Abstract: In order to automatically select the optimal algorithm for non-professionals in machine learning classification tasks, design a software that can automatically recommend algorithms and optimize hyperparameters. Based on meta-features and reinforcement policy, our system can automatically extract experience from previous classification tasks and train models to recommend algorithms, apply genetic algorithms to optimize hyperparameters, and integrate them into software. Ensuring the correct rate of algorithm selection, the software improves the degree of automation and optimizes the hyperparameters of the algorithm to achieve better performance.

Keywords: Meta-feature; Algorithm selection; Hyperparameter optimization; Software; Classification algorithm

引言

1. 项目背景

1.1 问题简述

近年来,机器学习(Machine Learning, ML)的重要性与日俱增:自动语音识别、自动驾驶汽车和工业 4.0 的预测性维护都基于机器学习。为了构建一个机器学习流程,必须有一支训练有素的人类专家团队,其中包括在机器学习算法和统计学方面知识渊博的数据科学家和一些特定领域有长期经验的专家。这些专家一起合作构建出合理的机器学习流程,其中包含专门的数据预处理、领域驱动的有意义的特征工程和微调后的模型,这样才能得到出色的预测能力。通常而言,这个过程是非常复杂的,以一种不断试错的迭代方式执行。因此,构建优良的机器学习流程需要漫长的时间和高昂的成本。

对于机器学习任务来说,单个优化算法不可能在所有方面都优于其他优化算法,这意味着对于机器学习任务,更加普遍且更加优秀的机器学习算法是不存在的,只能针对一个特殊的任务,为其选择新的算法或者对相同的算法调节其超参数,使其对于数据集达到最优的效果。但是,以人工的方式为每个问题都选择最优的机器学习算法并为该算法进行超参数调优非常耗费时间、精力以及资源,成本很高,同时需要专家来进行以上工作。尤其是在当下环境,由各种数据源生成的大量数据集对机器学习算法的选择和超参数配置带来了巨大的挑战。

对于特定的机器学习任务,领域专家通常需要大量时间来选择合适的算法并配置其超参数。如果可以自动解决算法选择和超参数优化的问题,则可以在保证性能的情况下更高效地执行任务。这种问题也称为组合式算法选择与超参数调优问题(CASH 问题)。若采用传统方法,则早期工作需要大量的人工来解决,可能会耗费大量时间和资源。

我们提出了 Auto - CASH 方法,这是一种基于元学习的预训练模型,可以更有效地解决 CASH 问题。Auto - CASH 是首次利用深度 Q 网络(Deep Q Networks,DQN)自动选择每个数据集的元功能的方法,从而在不花费过多人工的情况下极大地减少了时间成本。

1.2 研究目的与意义

自动机器学习(AutoML)旨在让一些通用步骤(如数据预处理、模型选择和调整超参数等)自动化来简化机器学习中生成模型的过程。目前,关于自动机器学习已经有一些较为成熟的算法被提出,也在该学术领域和工业界被采纳,例如随机搜索(Random Search)[1]、基于学习曲线的早停预测(Learning Curve - Based Prediction for Early Stopping)。

为了将机器学习应用到新的任务中,需要适当地选择算法和超参数,这一问题即算法选择和超参数调优(CASH)的组合问题。现有的方法大多是在具有较高时间或空间复杂性的 AutoML 背景下开发的。在此领域目前存在的问题有:

(1)从数据集中提取的特征不能很好地表示数据集特性。

(2)将候选算法进行分类时,分类方法较为粗糙,导致算法推荐时搜索空间太大。

(3)针对一个算法性能指标的衡量标准较为单一。

本项目旨在解决上述不足,以分类算法的自动选择及超参数调优为基础背景,解决下列问题:

(1)寻找更好的元特征组合或者设计更好的元特征来表示数据集。

(2)为新的分类任务根据数据集特点自动选取元特征,减少人工参与,提升效率。

(3)尝试随机森林、决策树、多层 K 近邻法(K - Nearest Neighbor, KNN)等方法,确定最合适的分类算法。

(4)制订一个更全面的衡量算法性能的策略,不只是考虑算法在数据集上分类的准确率,也应考虑例如召回率、AUC 值等等。

1.3 研究现状与分析

Auto - CASH 算法是目前针对自动机器学习问

题首个利用 DQN 自动选择每个数据集的元功能的方法,同时用遗传算法代替目前较为流行的贝叶斯优化的方法大大减小了搜索空间的大小,从而在人工介入减少的情况下极大地降低了时间成本。

(1)目前,对于算法的自动选择问题,可以通过将算法自动选择问题转换超参数优化问题来进行处理。较为成熟的方法为 Auto - WEKA,这一方法基于怀卡托智能分析环境(Waikato Environment for Knowledge Analysis, WEKA)实现。将要选择的算法也看作一个超参数,然后和该算法自带的超参数一起作为一个完整的超参数优化问题。Auto - WEKA 内部基于顺序贝叶斯优化实现,将算法选择与超参数优化结合成一个问题。但是这一做法有一个明显的缺陷,就是需要大量的计算资源和算力支持。类似的方法还有 Auto - sklearn[2] 等。

(2)元学习的主要思想是从之前的任务特征中进行学习,也就是从之前的一些任务或者训练的数据集中提取特征向量,利用提取的特征向量之间的相似性为任务分配算法。基于这样的思想,可以预先训练一些数据集,找出在算法集中最适合它的算法,然后提取数据集的特征向量 $\boldsymbol{X}$ 和其唯一对应的最适合它的算法 $\boldsymbol{Y}$ 组成训练样本 $(\boldsymbol{X},\boldsymbol{Y})$。针对这些训练样本,可以采用一些常用的分类算法,比如决策树、随机森林、KNN 算法来进行训练分类器;对于新的数据集,也将其提取特征向量放入分类器中,为其预测最适合它的算法。针对图片分类问题,Taylor 等[3] 利用类似的思想在 14 个深度学习模型中利用多层 KNN 网络进行自动选择,其中 14 个模型为 3 个深度学习模型中的几组超参数组合,这相当于固定超参数进行单纯的模型自动选择。Doan 等[4] 利用回归树来进行最适算法选择。

2. 技术背景

2.1 DQN 特征提取

数据集类型不同,其对应的最优算法也不同。若想获得某类数据集的最优算法,过去靠的都是经验和实验结果,但是又因为消息不对等,需要做很多重复性的工作。我们的目的就是把挑选算法的过程自动化,以节省宝贵的时间和算力资源。因此,我们的解决方案分为数据特征抽取与模型训练两部分。其中,特征抽取部分使用 DQN 神经网络的方式进行。

DQN 神经网络训练方式中元特征的选择被转变成一个连续的动作决策问题,使用强化学习方法解决。一个强化学习方法包括两个部分:智能体和强化学习环境。两者之间的相互作用关系如下:在状态 S_t 下,智能体采取某一行动,并从环境中获得相应的回报,然后智能体根据事先规定好的状态转移表进入下一个状态 S_{t+1}。动作决策过程将重复执行上述步骤直到智能体达到终止条件。连续动作决策问题具通常有以下特征:

(1)对于不同的动作,通常智能体会获得的相应的回报值是不同的。

(2)智能体所获得的回报值是有延迟的。

(3)某一个动作的回报值受到当前状态的影响。

在训练阶段,DQN 使用与 Q - learning 相同的策略更新神经网络的参数值。此外,DQN 还有经验重做和固定 Q 目标两种机制可以使它像人一样学习。每次更新 DQN 时,都可以随机提取存储在经验库中的历史学习经验。随机提取会打破这些学习经验之间的相关性,使更新过程更有效。固定 Q 目标也是破坏相关性的一种机制。使用两个具有相同结构但参数不同的神经网络分别预测估算 Q 值和真实 Q 值。估算 Q 值的神经网络具有最新的参数值;而对于计算真实的 Q 值的神经网络,它采用一段时间以前的参数。通过这两种机制,DQN 变得更加智能。DQN 网络工作原理如图 1 所示。

2.2 超参数调优

2.2.1 问题定义

用 A 代表一个带有 n 个超参数 λ_1, λ_2, $\cdots$, λ_n 的算法,D 代表一个数据集。每一个超参数 λ_i 的值域用 Λ_i 来标记,所以整个算法的超参数空间 Λ 就是每个超参数值域的笛卡尔乘积的子集:$\Lambda \subseteq \Lambda_1 \times \Lambda_2 \times \cdots \times \Lambda_n$。采用性能评价函数 $F(A,D)$ 来衡量算法 A 在数据集 D 上的表现性能,超参数优化问题的形式化定义为

$$\lambda^{*} = \underset{\lambda \in \Lambda}{\operatorname{argmax}} F(A_{\lambda}, D)$$

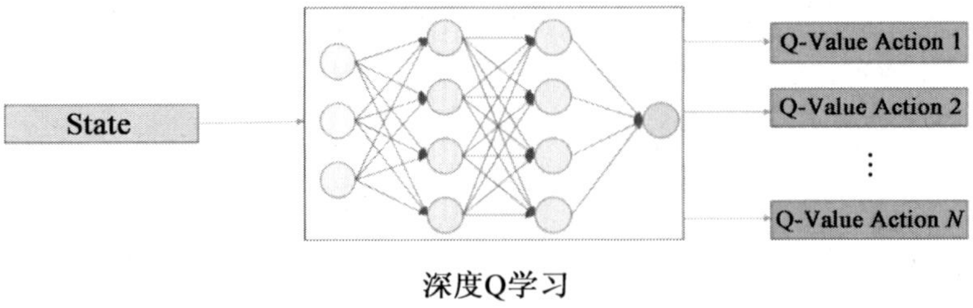

图 1　DQN 网络工作原理

2.2.2　现有技术

一些主流现代机器学习(或深度学习)算法(或模型)对于它们的超参数设置很敏感。为了高效、自动地解决超参数优化问题,科研工作者们提出了一些经典方法:网格搜索[5]、随机搜索、HyperBand、贝叶斯优化、遗传算法。其中,最流行的就是贝叶斯优化和遗传算法。

贝叶斯优化是一种黑盒全局优化方法,它在上述超参数优化方法中性能最佳。贝叶斯优化使用一个代理模型(例如高斯过程)来拟合目标函数,然后迭代利用贝叶斯理论预测基于代理模型的分布。最后,贝叶斯优化算法返回它探索到的最佳结果,作为最终超参数优化问题的解决方案。但是,贝叶斯优化利用贝叶斯理论和历史探索代理模型数据进行预测,如果遇到算法超参数空间复杂或者执行一次时间过长的情况,那么总超参数优化的时间需要很长,尽管最后可以提供最优性能的超参数配置,时间代价却难以接受。因此,在 Auto－CASH 中使用了另一种具有相似性能,并可以减少时间成本的方法:遗传算法。

遗传算法源自生物的计算机模拟研究系统,是一种随机的全局搜索和优化方法,通过模仿自然界的生物进化机制来进行优化计算。从本质上讲,它是一种高效、并行的全局的搜索方法,可以在搜索过程中自动积累有关搜索空间的知识,然后利用达尔文的进化论思想,优胜劣汰,进行超参数优化,保证最后留下的超参数优化配置为最优配置。遗传算法最大的优势就是在可以保证和贝叶斯优化得到相似性能结果的前提下,大大缩短了运行时间。遗传算法示意图如图 2 所示。

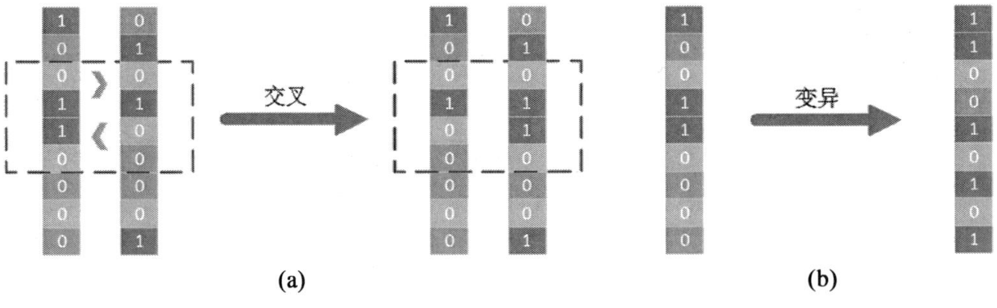

图 2　遗传算法示意图

3. 后续研究方案

我们将项目分为两部分来实现,分别为算法自动选择、超参数调优。算法自动选择部分计划使用训练过的随机森林模型为输入数据集分配最优算法。超参数调优部分使用遗传算法为选定的算法进行超参数优化。以下为设计的项目实施流程(图 3)。

3.1　算法自动选择部分

功能:给未知数据集推荐一个最合适的算法。

首先使用 DQN，利用已知数据集进行训练，得出对于表示已知数据集最适合的元特征集 F。

然后使用提出的全新的衡量指标去为训练集 A 中的每一个已知数据集使用遍历所有算法（图 4）求 F_{score} 的方法分配最优算法 s_i。同时用上述训练出的元特征集 F 来代表训练集 A 中的每一个数据集，记为 A'，从而可以得到一个二元组（a'_i，s_i）。将上一步中得到的每一个二元组输入一个随机森林分类器进行训练。经过训练的随机森林模型能根据用户输入的数据集的元特征数值精准推荐适合该数据集的算法。

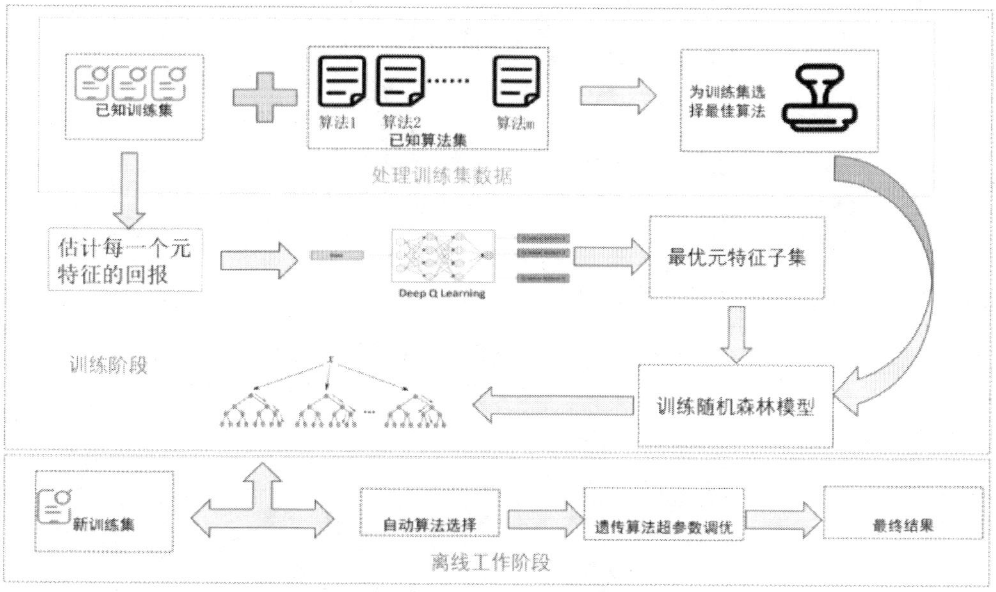

图 3　项目方案示意图

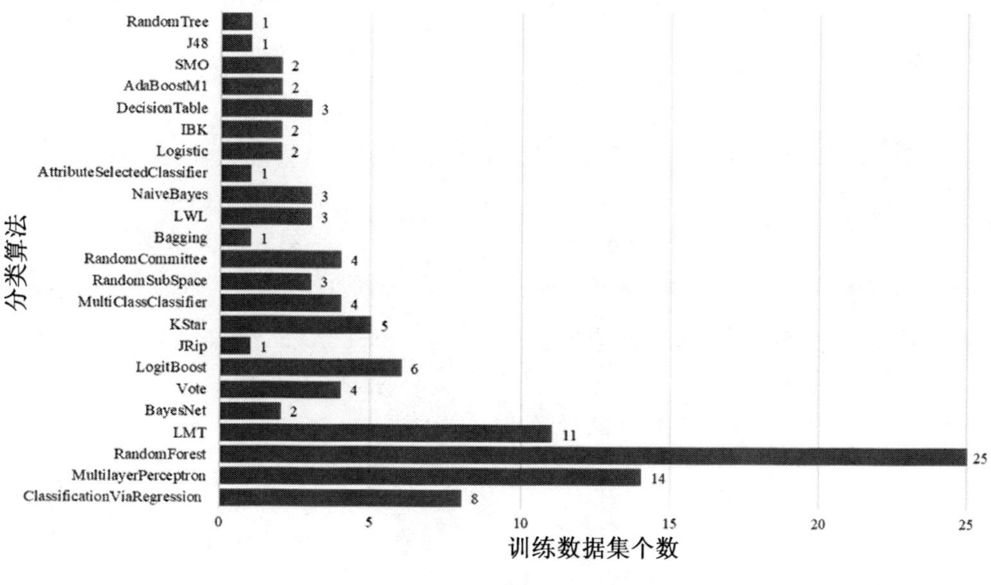

图 4　计划使用算法集详细信息

3.2　超参数调优部分

功能：根据数据集以及选定的算法进行超参数调优。

在机器学习的过程中，通常情况下，需要对超参数进行优化，给学习机器选择一组最优超参数，以提高学习的性能和效果。不同机器学习算法对应的超参数是不同的,我们对这些算法的调优做了适当集成,以便使用。

在开发过程中,主要使用遗传算法来进行超参数优化。使用我们设计的评价方式作为遗传算法需要优化的目标函数。我们使用二进制代码对超参数进行编码并进行初始化,然后选择最合适的个体批次作为父本生成子代。经过多代迭代优化后,返回超参数优化结果。

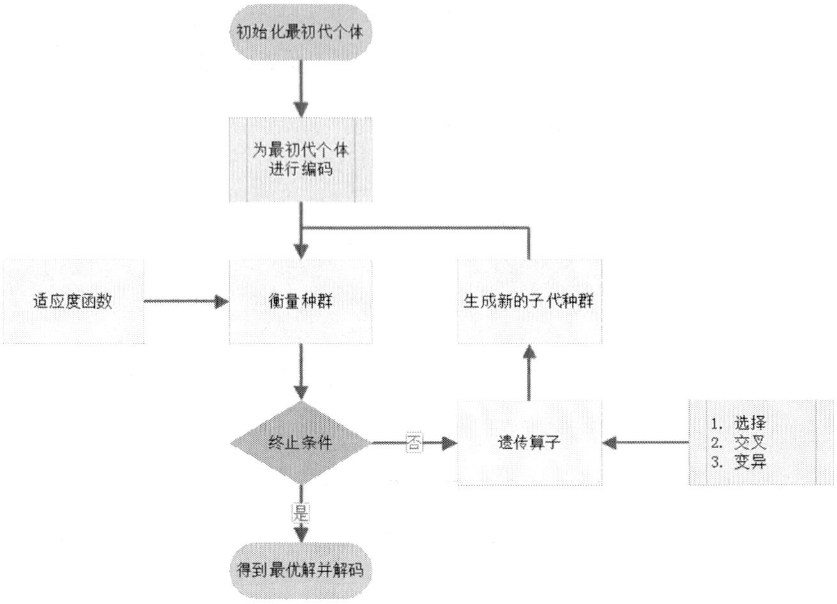

图5　遗传算法流程

参考文献

[1] BERGSTRA J, BENGIO Y. Random search for hyper-parameter optimization[J]. Journal of machine learning research, 2012, 13(2): 281-305.

[2] FEURER M, KLEIN A, EGGENSPERGER K, et al. Auto-sklearn: Efficient and Robust Automated Machine Learning[M]. Springer, 2019: 113-134.

[3] TAYLOR B, MARCO V S, WOLFF W, et al. Adaptive deep learning model selection on embedded systems[C]. ACM, 2018, 53(6): 31-43.

[4] DOAN T, KALITA J. Selecting machine learning algorithms using regression models[C]. IEEE, 2015: 1498-1505.

[5] MONTGOMERY D C. Design and analysis of experiments[M]. John wiley & sons, 2017.

第二部分　数学建模

Decomposition of Wood-Decay Fungi—Modeling with a Piece of Dead Wood

Wu Hao[1], Kong Xiangkun[2], Wang Yuxuan[1]

1. Materials Physics, 2018, School of Materials Science and Engineering, Harbin Institute of Technology;

2. Materials Science and Engineering, 2018, School of Materials Science and Engineering, Harbin Institute of Technology

Abstract: As an important part of carbon cycle, the decomposition of dead wood by wood decay fungi has been paid more and more attention. Fungal interactions and environmental influences will be involved in the decomposition process in order to be integrated with natural practices. Our goal is to model this synthesis. In order to avoid the adverse effect of unknown microscopic mechanism on the modeling, we default to the correctness of macro experimental rules. We first consider the decomposition process as a functional reaction and introduce the predation behavior model to describe the consumption of wood resources. So, we were able to correlate the rate of wood decomposition with the behavior of the fungus. We believe that fungal behavior is mainly composed of three components: fungal proliferation, colony expansion, and competition (intraspecific and interspecific competition). Each behavior is controlled by a combination of environmental factors (temperature, humidity, and wood fiber content) and fungal characteristics (biomass density, colony size, and tolerance). We use differential equations to describe these processes. Considering the complexity of the dynamic equation of life activities, we use Cellular Automata to realize the discrete solution, which has strong function and scalability, and can simulate the effects of various environments and fungi on the premise of accurate environmental information.

Key words: Differential equation; Cellular automata; Fungus; Mathematical model

Introduction

(1) Background.

Life activities on the earth are inseparable from the carbon cycle. Green plants fix the carbon element in the air through photosynthesis, making these plant materials and woody fibers contain a lot of organic matter. After they wither, if there is no timely degradation by fungi, organic matter will hinder the circulation of their rich carbon elements in the biosphere like non-recyclable garbage, and greatly reduce the available resources in nature.

Take forest ecosystems as an example. Dead wood is an important component. It not only provides habitat for many organisms, but also contributes to nutrient cycling and carbon and water storage. The decomposition of dead wood is the decisive process of nutrient cycling, soil formation and carbon budget in forest ecosystems. It is increasingly being valued by forest ecologists, pathologists and managers. Fungi are the vital force in the decomposition of wood, and their growth rate and moisture resistance will affect the rate of wood decomposition, and then affect the balance of the entire ecosystem[1]. Therefore, revealing the formation mechanism and ecological functions of wood-rot fungi communities in forest ecosystems has important theoretical significance and References value for studying the ecological process of material circulation in forest ecosystems and improving biodiversity protection.

(2) Problem Analysis.

We now focus on the decomposition of woody materials by fungi. As an essential part of carbon cycle, more and more attention has been paid to the impact factors of fungal decomposition of woody materials.

Relating literature[1,2] has pointed out two traits of a fungus that affects the decomposition rate of woody fibers: the growth rate and tolerance to moisture. However, in practice, the factors affecting the growth rate of fungi are very complex, including temperature, moisture, wood corrosion, light and so on. Interactions among different fungi also exists in the environment. According to the work of Wen et al.[3], when different fungal colonies collide with each other, there are three kinds of different results, which will have different effects on each species, and then affect the decomposition rate. What's more, the activities of bacteria and invertebrates will also affect the growth of fungi, which makes it difficult to translate the literary results into practical application.

Therefore, we should solve two basic problems:

① How to express and analyze the interaction between fungi, especially their competition? What kind of mathematical model should be used to describe the coupling results?

② What are the variables determining the growth rate of fungi? Under the condition of competition in problem 1, how to establish a suitable colony distribution model according to these variables and relate the decomposition rate of wood?

(3) Further Consideration.

After solving the basic problems above, we can get a mathematical model which is more suitable for the actual life. But considering the background described in (1), we need to put forward higher requirements for the variable of environment, so as to guide the biological practice.

- We have a wealth of data at our disposal, but these data often refer only to results of a single variable. In fact, these variables often work together to influence the decomposition behavior of fungi. In particular, fungal properties and environmental changes, can these two seemingly inseparable factors come together? How?
- Fungal decomposition is a slow process. In this process, we will experience the alternation of day and night, and we will also spend spring, summer, autumn and winter. This makes us have to consider the impact of specific weather and climate (according to the estimation of the actual ecosystem) on the model. How to describe it?
- Although we should give universal hypothesis when building the model, we should also consider the particularity of the problem. If the system is greatly disturbed, such as human intervention, what impact can our model withstand? How to optimize?

1. Assumptions

Based on the problems above, we use the method of Cellular Automata (CA) simulation to establish a universal model through the differential equation. The most general assumptions are as follows:

(1) The decomposition of woody materials by fungi can be divided into several stages. Under basic conditions, it can be considered that the decomposition rate of all stages is consistent with that of the middle stage.

(2) In the model, we define n different types of fungi. Their traits include temperature adaptability, moisture tolerance, colony area and hyphal density, decomposition speed.

(3) In the initial stage when fungi were put into the model, colonies between different types of fungi do not overlap. After a period of development, the occurring contact is considered a competitive relationship, and the competition outcome is a substitution.

(4) The impact of hyphal degradation to tip suppression is neglected.

(5) The free expansion of the colony occurs at the colony boundary that contacts vacancy, and is a two-dimensional isotropic manner. That is to say, under the premise of no barrier and no competition, the probability of expanding to each vacancy is the same.

(6) Woody fiber is distributed continuously and uniformly.

(7) When the amount of woody fiber and fungi is less than 1% of the initial value, it will be considered as exhausted or died out.

2. Notations (Table 1)

Table 1 Symbols used in the article

Symbols	Definition
T	Temperature (℃)
RH	Relative Humidity (%)
j	The type of fungus
S_j	The colony coverage area (mm^2)
m_w	Mass of wood (μg)
m_{w0}	Wood mass of destination (μg)
t	Time (h)
m_j	Biomass of fungus (μg)
v_j	Hyphal extension rate (mm/h)
u_j	Hyphal growth rate (μg/h)
ρ_{xyj}	Hyphal density (μg/mm^2)
b_j	Conversion efficiency of consumed resources into Biomass (%)
c_j	Intraspecific competition coefficient
η_j	The consume rate of resource (1/h)
d_j	Natural death rate (%)
l_j	Border length of colony (mm)
Γ_j	Semi saturation constant in functional response functions (μg)

3. Modeling

Considering that this topic is a differential equation model involving multiple equations, multiple variables, and multiple boundary conditions. Due to the consideration of the synergistic relationship between fungi and fungi, fungi and the environment, and the complexity of simulating initial values in real situations. This poses a challenge to the establishment and solution of differential equations.

Considering the possible boundary judgments in the competition and extension between fungi and the coexistence of chaotic and stable states. This paper uses cellular automata to discretize continuous problems. The kinetic equations of fungal growth, extension, competition, and deadwood decomposition are transformed into complex Cellular Automata (CA) for simulation. In the final analysis, the conclusions were obtained, and the growth, extension, competition behavior of different strains in a complex environment and the decomposition kinetic curve of dead wood were obtained.

In this paper, a model is established through experimental data or a known model is used to give the differential expression of each parameter. Then the space is meshed and the parameters are assigned to the mesh. In a certain period of time, the CA will evolve, and the conclusion will be recorded to analyze the life process of the fungus and its influence on the decomposition of dead wood.

3.1 Single Colony Model

3.1.1 Ideal Model

First, let us consider a very specific and simplified model that only considers the proliferation and expansion of one type of fungus. In this model, only one type of fungus is used as the research object, and the initial colony is located at the center of the square wooden board. Environmental conditions are the most suitable conditions for the research object, and the conditions are constant.

3.1.2 Model Neglecting the Effect of Wood Mass Loss

Based on Assumption 6: Woody fiber is evenly

distributed on the board, and the initial j – type fungal colony is formed in the center. We describe the life process of fungi by defining the following behaviors:

Colony growth. Fungi will absorb energy from the environment to maintain their own life activities and continue to grow. This process occurs everywhere inside the colony. The growth of colony can be expressed as the rate of hyphal density change over time. Since there are only dead wood and fungus in the system. According to the growth model with intraspecies competition, the growth rate of fungi is as follows:

$$\frac{\mathrm{d}\rho_{xyj}}{\mathrm{d}t} = b_j \cdot \eta_j \cdot \rho_j - m_j\rho_{xyj} - c_j\rho_{xyj}^2 \quad (1)$$

The meaning of b_j, η_j, d_j, c_j have been given in the table, and in the current assumption, they are all constants related to the type of fungus. The first term in the formula is used to describe the growth of fungi when they decompose woody fiber; the second term represents the natural death of fungi; the third term represents the inhibitory effect of intraspecific competition on hyphal growth.

Colony expansion. The fungus in the center, which is mainly responsible for decomposing wood from the covered environment to obtain energy and sustain life; while the fungi at the border of the colony are composed of hyphal tips, which are more vigorous and are mainly responsible for expansion. Therefore, we determined that the expansion of the fungus mainly occurred in the boundary of the colony. According to Assumptions 5, we can list the differential equation where the change rate of colony area with time is equal to a constant:

$$\frac{\mathrm{d}S_j}{\mathrm{d}t} = v_j \cdot L_j \quad (2)$$

Where S_j represents the area of the fungal colony, v_j represents the hyphal extension rate, and L_j represents the length of the colony boundary.

Decomposition of woody material. fungal activity will cause the decomposition of wood, and the change rate of woody fiber over time can be obtained.

$$\frac{\mathrm{d}m_{\mathrm{w}}}{\mathrm{d}t} = -\eta_j \cdot \rho_{xyj} \quad (3)$$

Where m_{w} represents the total amount of woody fiber.

The growth curve of fungus j and the decomposition curve of wood can be drawn under the condition of sufficient food and suitable environment (Fig. 1).

By analyzing the graph, it can be seen that due to the birth rate, death rate and intraspecific competition rate are constant, the growth model in this condition is a logistic growth model and has environmental capacity. When these parameters do not change, the maximum biomass remains constant.

When the extension rate increases, the time for colony to cover the wood will be shortened. The derivative of the decomposition rate with respect to time is proportional to the hyphal density, and the curve in Fig. 1 and the area enclosed by x are proportional to the wood decomposition rate. Since the full coverage time and extension rate are not linear, when the extension rate changes, the change in the curve will become smaller and smaller: Fig. 1b which is consistent with the relationship between wood decomposition rate and expansion rate in the problem.

$$\frac{\mathrm{d}^2 m_w}{\mathrm{d}t^2} \propto \frac{\mathrm{d}m_j}{\mathrm{d}t} < 0 \quad (4)$$

3.1.3 Model that Consider the Effects of Wood

Through the study of 3.1.2, we have found the growth and expansion behaviors of fungi. However, we did not consider the impact of wood in our assumptions. Obviously, it is unreasonable that the life activity of the fungus is not affected by wood.

Colony growth. For the convenience of research, we regard the process of wood decomposition by fungi as predatory behavior, so that we can reflect the decomposition rate of wood (predation rate of fungi). The predation effect of predators on prey is called functional response. We believe that the functional response of fungi conforms to the third type of Hassell-Varley model[4], and its functional response is expressed as:

$$P(x) = \frac{bx^2}{1 + ax^2} \quad (5)$$

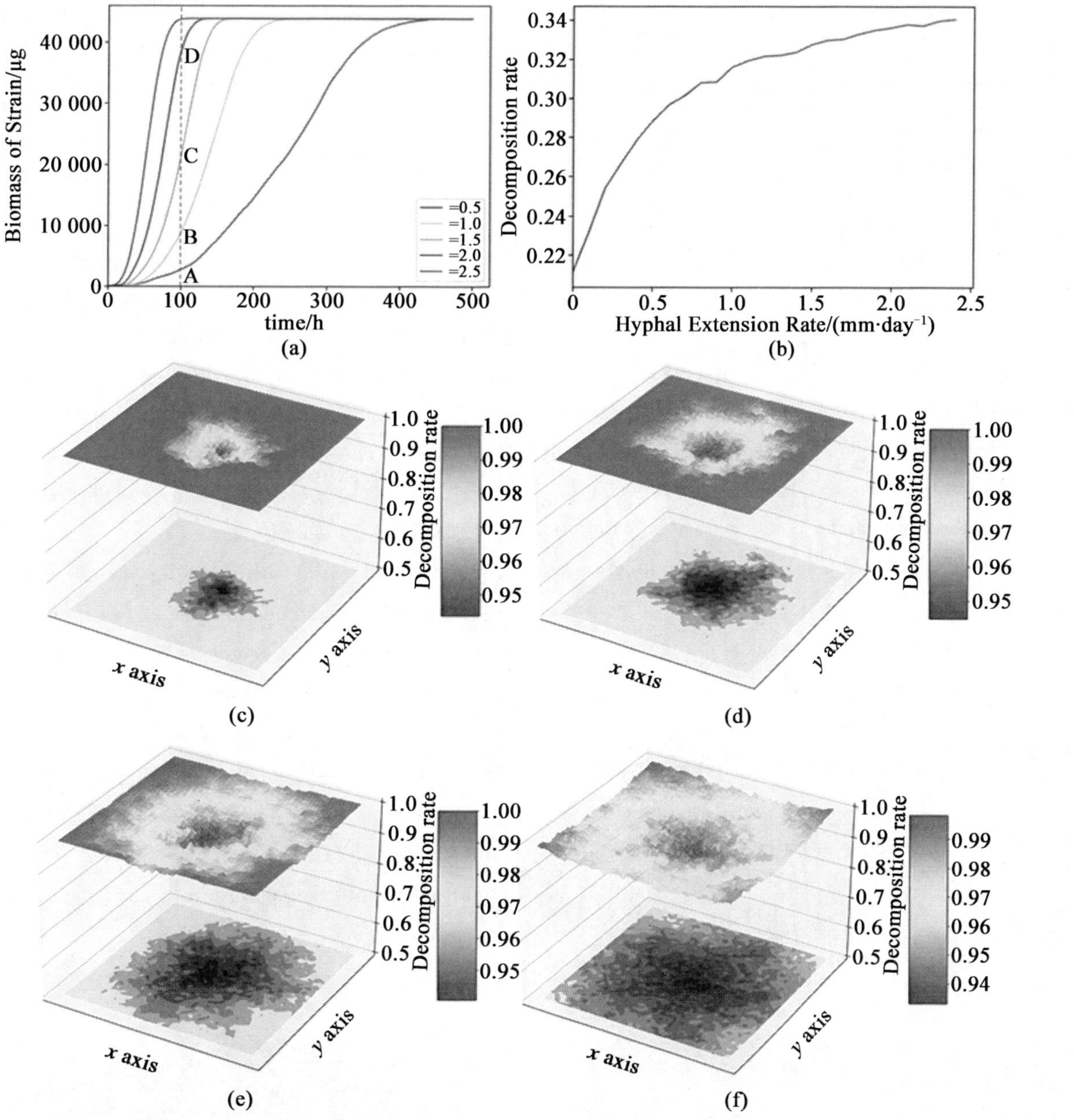

Fig. 1 Single strain model without considering the effect of wood. a, Biomass vs. time curve under different extension rate. (b), Decomposition rate vs extension rate curve when the growth rate is the same. (c)(d)(e)(f), The distribution of wood decomposition degree of A, B, C and D strains at 100 h (dashed line in Fig. 1(a))

This model can be used to describe the coupling relationship between the growth rates of two organisms in the predation relationship. Apply it to fungi and dead wood to correct the growth behavior of fungi and wood decomposition:

$$\frac{d\rho_{xyj}}{dt} = \frac{b_j \cdot \eta_j \cdot m_w^2 \cdot \rho_{xyj}}{\Gamma_j + m_w^2} - m_j \cdot \rho_{xyj} - cj \cdot \rho_{xyj}^2 \quad (6)$$

$$\frac{dm_w}{dt} = -nj \cdot m_w^2 \cdot \frac{\rho_{xyj}}{\Gamma_j + m_w^2} \quad (7)$$

In this condition, the growth of fungi is not only affected by intraspecific competition, but also by wood mass m_w. When wood mass m_w is significantly reduced, the growth rate of the biomass will drop sharply or die out. At the same time, the decomposition rate of fungi is also affected by m_w. When m_w decreases significantly, the decomposition of fungi will come to a halt.

Colony expansion. At this time, the expansion behavior of the colony should be corrected to:

$$\frac{\mathrm{d}S_j}{\mathrm{d}t} = v_j \cdot \frac{m_{\mathrm{w}}}{m_{\mathrm{w0}}} \cdot L_j \tag{8}$$

To facilitate the execution of the program, the area where no fungus exists is defined as a vacancy. In the current assumptions, vacancies will only be generated in two forms: vacancies I, which have not been invaded by fungi, and vacancies II, which are formed by the extinction of the original colony due to the disappearance of wood. At this time, the correction factor $m_{\mathrm{w}}/m_{\mathrm{w0}}$ uses the irreversibility of multiplication and division to limit the direction of extension, which means the fungus always expands to type I vacancies, and does not run into type II vacancies.

With the help of the above model preparation, we discussed the growth curves of the two fungi based on the amount of woody fiber. (a) Relative sufficient amount of woody fiber; (b) Relative insufficient amount of woody fiber. So, the followings are classification discussion:

(1) Relative sufficient amount of woody fiber.

We define conditional response factor from functional response function before:

$$\Delta = \frac{m_{\mathrm{w}}^2}{\Gamma + m_{\mathrm{w}}^2} \tag{9}$$

In this condition, the front growth curve is similar to the growth curve when food is sufficient. At this time, the conditional response factor Δ is close to 1, which is equivalent to the unmodified Logistic model.

However, when the woody fiber is insufficient, the effect of the conditional response factor $\Delta < 1$ in the expression of the growth rate begins to appear, thereby reducing the birth rate (Fig. 2). When the number of new hyphae is lower than the number of natural death and intraspecific competition. After a few hours, the colony biomass decreased until it disappeared. The effect varies with the order of occupied positions, because the first occupied position consumes dead wood first.

Similarly, due to the decline in the size of the fungal biomass and the impact of the functional response function, the decomposition rate of woody fiber will also be affected accordingly.

(2) Relative insufficient amount of woody fiber.

Because wood is not enough to maintain the biomass of the fungus, the expansion and decay of the fungus will coexist at this time. Finally, fungi will burn all the wood like wildfire (Fig. 3).

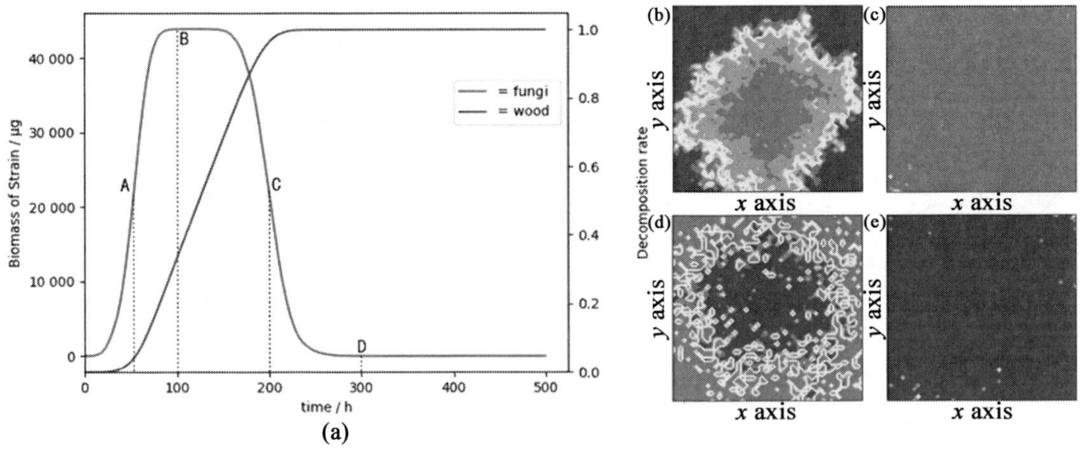

Fig. 2　Growth curve and distribution of wood decomposition degree of single strain when woody fiber is relative sufficient. (a), The curve of biomass and decomposition rate with time. (b)(c)(d)(e), The cloud chart of wood decomposition degree distribution at A (50 h), B (100 h), C (200 h) and D (300 h) (dashed line in Fig. 2(a))

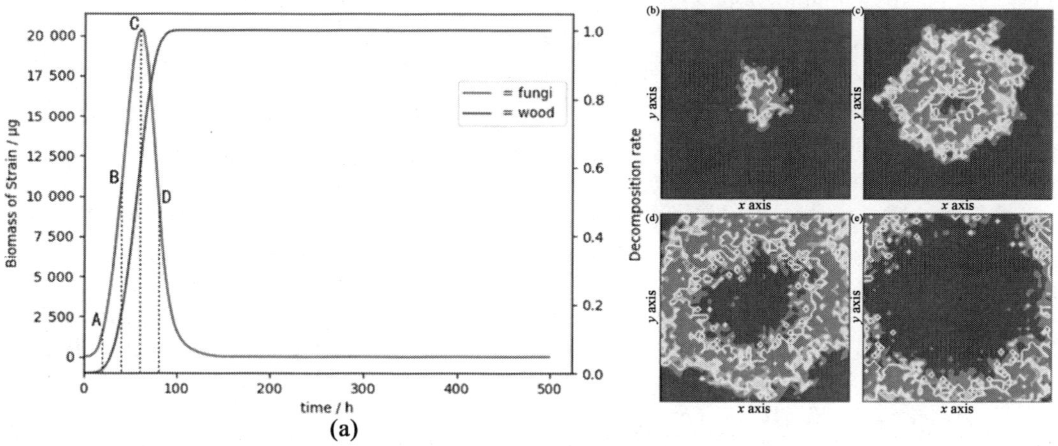

Fig. 3 Growth curve and distribution of wood decomposition degree of single strain when woody fiber is less and insufficient. (a), The curve of biomass and decomposition rate with time. (b)(c)(d)(e), The cloud chart of wood decomposition degree distribution at A (20 h), B (40 h), C (80 h) and D (100 h) (dashed line in Fig. 3(a))

3.1.4 Consider the Influence of Temperature and Moisture

In the actual environment, different fungi also have different moisture resistance and temperature resistance. Temperature and moisture will directly affect the extension and growth of fungi and other physiological activities, which will affect the decomposition rate. Therefore, we introduce corrections into the model, and use the growth and extension of fungi as a springboard to solve this problem.

Like most organisms, fungi can achieve the most effective physiological activity at the optimal temperature, and their activity will be inhibited at low temperatures and inactivated at high temperatures. According to the research results of M. A. Acheampong et al. [5], various life activities of fungi are affected by temperature. Therefore, on the basis of the 4.1 model, we introduced the empirical formula (β formula) of fungal temperature tolerance to correct the growth and expansion of fungi, and introduced a correction factor F:

$$F(T_{em}) = T_{vopt} \times \left(\frac{T_{em} - T_{min}}{T_{pot} - T_{min}}\right)^{T_{b_3} \times \left(\frac{T_{opt} - T_{min}}{T_{max} - T_{opt}}\right)} \times \left(\frac{T_{max} - T_{em}}{T_{max} - T_{opt}}\right)^{T_{b_2}} \qquad (10)$$

T_{em} is the current temperature; T_{opt} is the optimum temperature; T_{min} is the lowest withstand temperature; T_{max} is the highest withstand temperature; T_{b_3} is the shape factor. The larger the T_{b_3} is, the closer the curve is to Gaussian distribution; the smaller the T_{b_3} is, the closer the curve is to a flat straight line. The negative logarithm α_T of T_{b_3} is introduced here to evaluate the temperature tolerance of fungi: Fig. 4.

$$\alpha_T = \lg(T_{b_3}) \qquad (11)$$

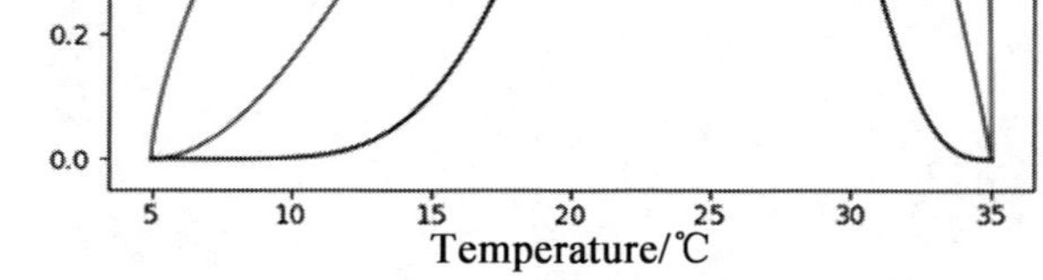

Fig. 4 Curve relates to α. Good temperature tolerance (α = 0.5); Average temperature tolerance (α = 0); Poor temperature tolerance (α = −0.5). When α is close to 0, the curve form is similar to the biological characteristics of temperature, and α can better measure the temperature tolerance of fungi

According to the research results of N. Belli[6], the relationship between the elongation rate of fungi and moisture is similar to that of temperature. N. Belli counts the relationship between moisture and elongation rate of dozens of fungi. We organize the data and drew Fig. 5, we can see that the influence of moisture is similar to that of temperature. To a certain extent, we can also use the β formula to correct the moisture.

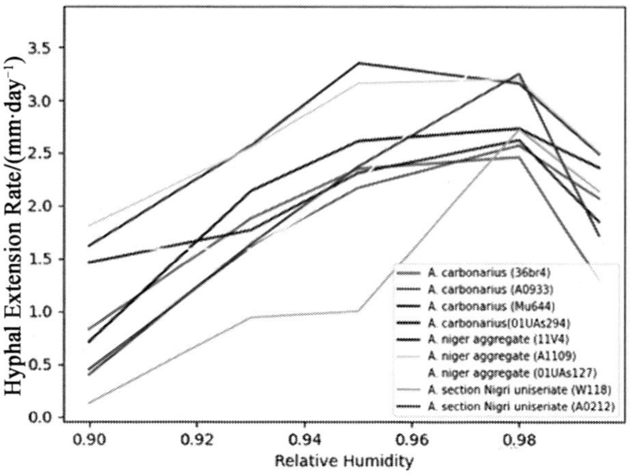

Fig. 5　Relationship between hyphal extension rate and relative humidity of some fungi[6]

$$F(\mathrm{RH}_{\mathrm{em}}) = \mathrm{RH}_{\mathrm{vopt}} \times \left(\frac{\mathrm{RH}_{\mathrm{em}} - \mathrm{RH}_{\mathrm{min}}}{\mathrm{RH}_{\mathrm{opt}} - \mathrm{RH}_{\mathrm{min}}}\right)^{\mathrm{RH}_{b_3} \times \left(\frac{\mathrm{RH}_{\mathrm{opt}} - \mathrm{RH}_{\mathrm{min}}}{\mathrm{RH}_{\mathrm{max}} - \mathrm{RH}_{\mathrm{opt}}}\right)} \times \left(\frac{\mathrm{RH}_{\mathrm{max}} - \mathrm{RH}_{\mathrm{em}}}{\mathrm{RH}_{\mathrm{max}} - \mathrm{RH}_{\mathrm{opt}}}\right)^{\mathrm{RH}_{b_3}} \tag{12}$$

The parameters are the same as the concepts in the temperature part, but only applied to humidity. The negative logarithm α_{RH} of RH_{b_3} was also introduced to measure the moisture resistance of fungi.

$$\frac{\mathrm{d}S_j}{\mathrm{d}t} = v_j \cdot F(T_{\mathrm{em}}) \cdot \frac{m_{\mathrm{w}}}{m_{\mathrm{w}0}} \cdot L_j \tag{13}$$

$$\frac{\mathrm{d}\rho_{xyj}}{\mathrm{d}t} = (b_j \cdot \eta_j - m_j - c_j \cdot \rho_{xyj}) \cdot \rho_{xyj} \cdot F(T_{\mathrm{em}}) \tag{14}$$

$$\alpha_{\mathrm{w}} = \lg(\mathrm{RH}_{b_3}) \tag{15}$$

According to the title, there should be a relationship between growth rate $\mathrm{RH}_{\mathrm{vopt}}$ and moisture tolerance RH. Fungi with strong moisture tolerance grow slower, and fungi with poor moisture tolerance grow faster. Therefore, the moisture tolerance correction formula needs to be further revised.

$$\mathrm{RH}_{\mathrm{vopt}} = RH_{\mathrm{vopt}} \cdot C^{\alpha_{\mathrm{w}}} \tag{16}$$

$$\frac{\mathrm{d}S_j}{\mathrm{d}t} = v_j \cdot F(\alpha_{\mathrm{w}}) \cdot \frac{m_{\mathrm{w}}}{m_{\mathrm{w}0}} \cdot L_j \tag{17}$$

$$\frac{\mathrm{d}\rho_{xyj}}{\mathrm{d}t} = (b_j \cdot \eta_j - m_j - c_j \cdot \rho_{xyj}) \cdot \rho_{xyj} \cdot F(\alpha_{\mathrm{w}}) \tag{18}$$

But here in order to show the effect of temperature more clearly and reduce the error, we temporarily set the temperature change as a periodic sine wave, and select 5 type of fungi with good to poor temperature resistance for comparison.

Take the logarithm of the decomposition rate of the obtained wood, make a scatter plot for the moisture resistance α, and perform a linear regression analysis on the graph, and obtain a linear relationship between the moisture resistance and the logarithm of the decomposition rate, which is close to the given value in the question (Fig. 6).

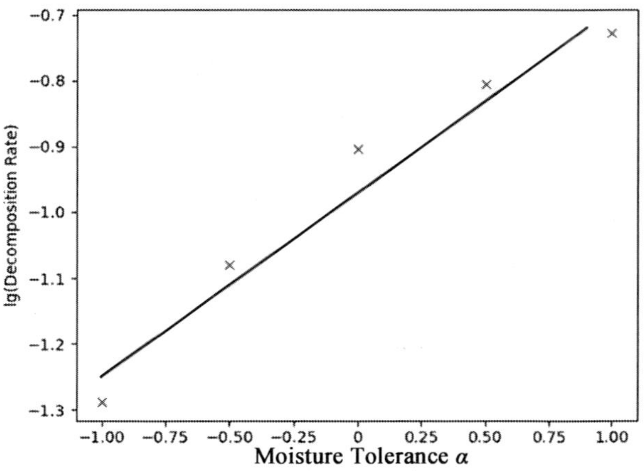

Fig. 6　Linear regression fitting of the relationship between moisture resistance and the logarithm of the corrected decomposition rate

3.2　Multi Colonies

In nature, newly produced dead wood is often decomposed by more than one type of fungus, and multiple fungal interactions may occur on the surface of the number. There are three possible interactions between fungi: competition; symbiosis; deadlock. In the latter two cases, the behavior of the fungus is the same as that of a single species. The only difference is that the range of activity of the fungus is limited in the case of multiple fungi, shown in Fig. 7. Therefore, the decomposition behavior like the result of 4.1 in the latter two cases can be simply expressed as the sum of the decomposition behavior of each strain in the corresponding area:

$$\frac{dm_w}{dt} = \sum_{i=1}^{n} \frac{dm_{w_i}}{dt} \tag{19}$$

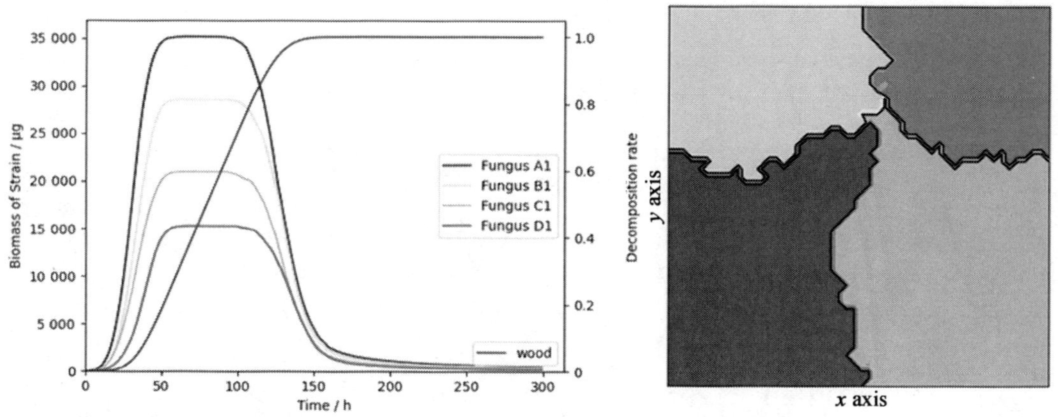

Fig. 7 Left: The biomass and decomposition rate of the non-competitive multi-fungi biomass changes with time. Right: The balanced distribution of the biomass without competition

3.2.1 A Model Considering Only the Influence of Interspecific Competition

However, there always has competitions. We consider a uniform square woody material and generate initial n colonies according to the assumption above. We mainly discuss the behavior of fungi and its effect on wood decomposition after introducing competition mechanism over time.

The competition behavior of fungi should be added on the basis of model in 3.1:

Colony competition: when the colonies of A and B species contact in the process of expansion, we think that the two species compete and the competition is located in the contact position. The result of competition is determined by the probability that A replaces B. The probability of A fungus replacing B fungus is called replacement rate.

The empirical formula of replacement rate is given by D. A. Kolesidis[7]. In this experiment, there is a linear relationship between the competitive replacement rate and the logarithm of the biomass, which is called Lin-log relation. Therefore, when A competes with B, the probability of A replacing B is in line with the Lin-log relation:

$$P_{ex} = a_j \log_2\left(\frac{m_A}{m_B}\right) + b_j \tag{20}$$

In the equation above, a_j and b_j are the parameters to describe the competitiveness of fungus j. Under the assumption of constant and suitable environment and sufficient food, it can be regarded as a constant only related to species. The cellular automata will generate a random number automatically and compare it with the replacement rate, to determine the result of competition.

In this section, we assume four different types of fungi, their traits are shown in Table 2 below.

Table 2 The four different types of fungi and their traits

Type	Hyphal extension rate	Competitiveness
A (yellow)	6 mm/d	weakest
B (green)	5 mm/d	weak
C (red)	4 mm/d	strong
D (blue)	3 mm/d	strongest

3.2.2 Consider the Mass Loss of Woody Materials

The importance of wood mass loss has been discussed in 3.1.3, so we introduce interspecific competition to discuss its influence on the basis of 3.1.3. There are still two effects of wood content on the results:

(1) When wood is sufficient.

The change of biomass described in Fig. 8 is similar to that in 3.2.1, which goes through the biomass exponential rise period, and biomass fluctuation period. In the end, the dominant strain will replace the inferior strain. However, due to the lack of woody materials, the biomass will decline. In Fig. 8(f) and 8(g), it can be seen that the fungus dies earlier at the point where it contacted earlier, and finally the strain dies out due to the end of wood supply.

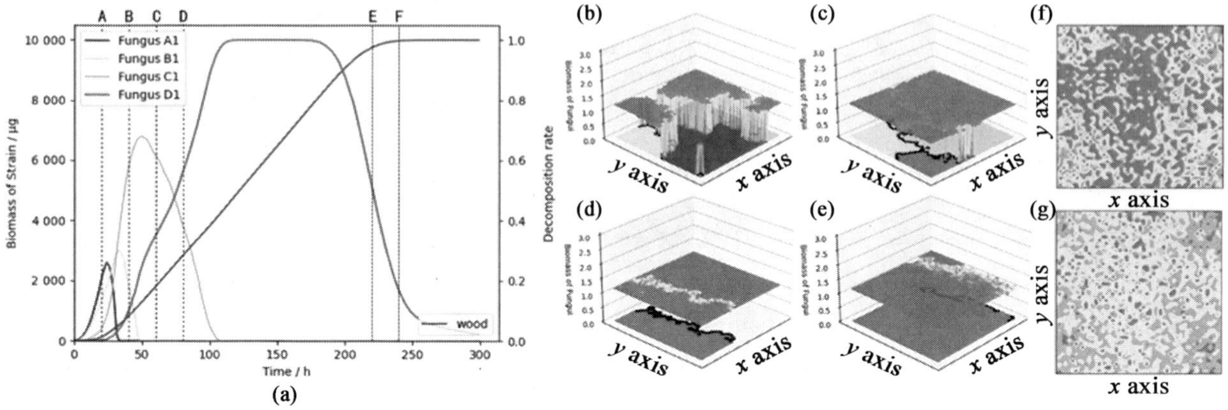

Fig. 8 growth curve of different strains and the biomass density distribution. (a), The relationship between the biomass (the integral of hyphal density to area) and time (left) and the decomposition rate of woody materials (right) of ABCD four strains; (b)(c)(d)(e), The biomass density and strain distribution of fungi during the competition at 20 h, 40 h, 60 h and 80 h (line A, B, C and D shown in Fig. 8(a)). (f)(g), The cloud chart of biomass density distribution at 220 h and 240 h (line E and F shown in Fig. 8(a)).

(2) When wood is insufficient.

As shown in Fig. 9, the fungi grew in the way of free extension when they did not contact with each other at the initial stage of growth, until competition occurs when they contact. At this time, because the resources have begun to decrease in the process of competition, the biomass increasing rate will be affected, but the strain with fast extension rate will occupy a larger area earlier (in Fig. 9(b)). Therefore, it has the fastest growth rate, which will lead to the increase of biomass.

Because the factors of biomass and species are considered in the Lin-log model, when the biomass is dominant, the influence degree of fungal types was reduced in the Lin-log model. So, the advantage of competitive strain is difficult to be reflected, and the influence of initial extension rate is dominant. However, with the decrease of resources, the biomass density of each strains will decrease, and the difference of biomass between strains will gradually decrease (Fig. 9(c), 9(d)). The influence of biomass in Lin-log model will return to the dominant position, and the dominant fungal colony will expand and last until the resources are exhausted (Fig. 9(e), 9(f), 9(g)).

This model can more really reflect the actual situation of fungi in the extension.

4. Analysis

4.1 Analysis on the Environmental Fluctuations and Fungal Tolerance

Considering that the activity of fungi is actually affected by both temperature and moisture, and the trend of the influence is similar, the conclusion combined with the results of Maynard et al. [2] (Fig. 10).

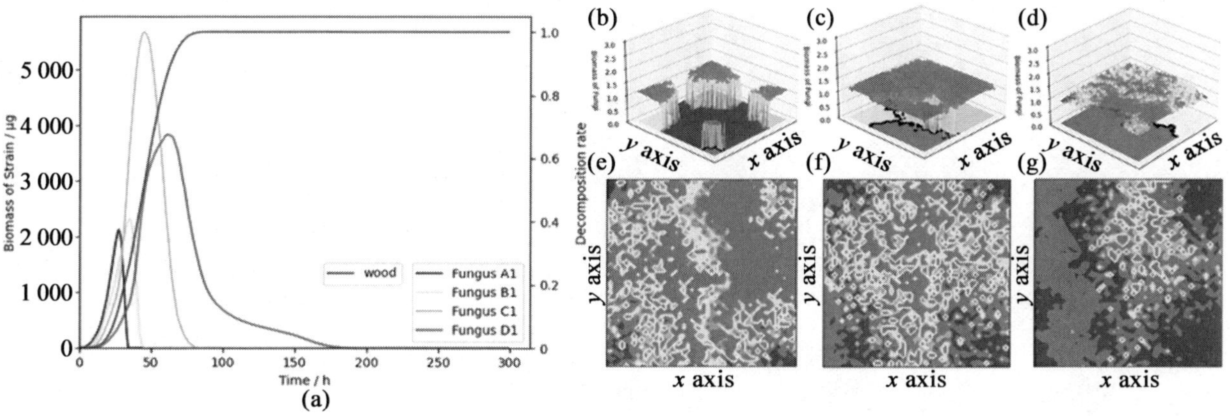

Fig. 9 **growth curve of different strains and the biomass density distribution. (a), The relationship between the biomass (the integral of hyphal density to area) and time (left) and the decomposition rate of woody materials (right) of ABCD four strains. (b), (c), (d), The biomass density and strain distribution of four types of fungi at 20 h, 40 h, 60 h. (e)(f)(g), The cloud chart of biomass density distribution at 60 h, 80 h and 100 h**

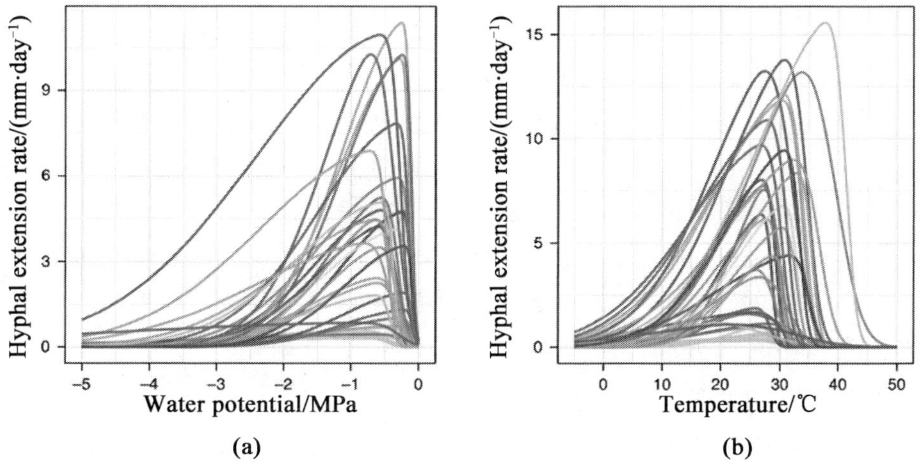

Fig. 10 **Influence of temperature and humidity on fungi. (a), The relationship between hyphal extension rate and humidity of various fungi. (b), The relationship between hyphal extension rate and temperature of various fungi**

We propose a factor that can comprehensively analyze the effects of temperature and moisture on fungal habits, and define the temperature – moisture coupling factor G:

$$G = F(T_{em}) \cdot F(\alpha_w) \tag{21}$$

The temperature- moisture coupling coefficient G is adjusted by 8 variables, These parameters are inherent characteristics of certain fungi and will not change with environmental changes.

The fungus obtains the maximum efficiency of life activities under the optimal temperature and humidity, that is, life activities are not affected, the more deviating from the optimal temperature and humidity, the greater the impact on life activities. When the temperature and humidity exceed the tolerance range, the fungal life activity will stop (death or dormancy).

4.2 Analysis of Fungal Interaction Factors

To discuss the impact of niche. We divide the relationship between different fungal niches into three types as shown in the Fig. 11.

We define the location where the temperature-humidity coupling factor G is greater than 50% as the location where the fungus can survive stably, that is, the ecological niche width. There are three relationships between the ecological niche widths of different fungi: no coincidence, inclusion relationship and optimum temperature coincidence.

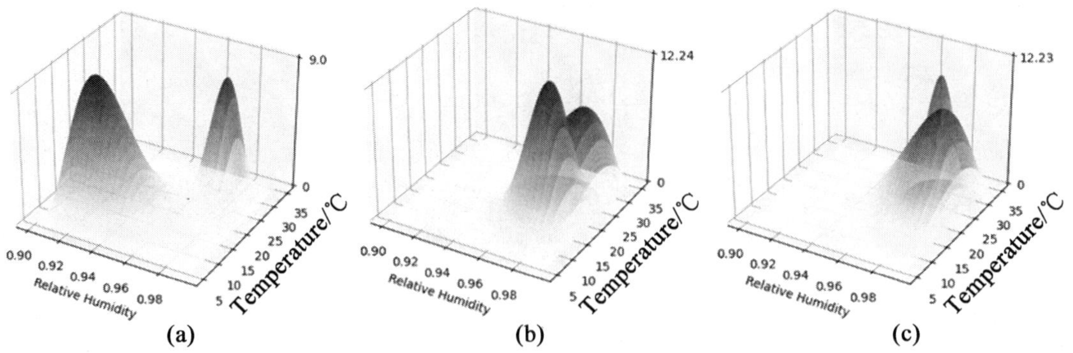

Fig. 11　Three kinds of niche relationships. (a): Niche overlap; (b): Niche does not overlap; (c): Niches partially overlap

(1) Niche does not overlap.

Due to the complexity of the spatial distribution of humidity and temperature in the ecosystem, although computers can be used for global calculations, However, it is a waste of computing power to calculate the results of competition between fungus colony that do not overlap in niches or to calculate the behavior of fungi in unsuitable environments.

(2) Niches partially overlap.

When the niches partially overlap, it is assumed that the two have the same temperature and humidity tolerance. When the environment changes at the optimal temperature and humidity between two fungus, the competition result of the two fungi may change, so as to achieve dynamic equilibrium.

But more often, different bacterial species will occupy their own optimal niche, and rarely will compete with another species in an environment that is not optimal. Except in a few cases, the decomposition of wood caused by this competition will not be the dominant factor in its decomposition rate.

(3) Niche overlap.

Therefore, in the following analysis, we first consider the impact of temperature and humidity fluctuations in the environment on the fungi adapted to the environment when the optimal temperature and humidity completely overlap. Due to the results discussed above, if the niche width is narrow, the growth rate of fungi will be slow. Using the previous α_T and α_{RH} correction methods, we discussed the competition relationship of fungi with different temperature and humidity resistance in environments with different temperature and humidity fluctuations.

In 4.2, we have discussed the coupling results of temperature and humidity. Now we need to consider the effect of the compound fungus system on the decomposition rate of wood under the combined factors of the two. To this end, we have established four types of strains. And introduce four types of environmental systems for discussion: temperature and moisture. These are shown in Table 3 and Table 4 below. Fig. 12 and Fig. 13 show the temperature – mosture coupling coefficient G and competitiveness of different fungi in different climate respectively.

Table 3　Traits of different fungi

Fungi Type	Temperature Tolerance	Moisture Tolerance	T_{max}/ T_{opt}/ T_{min}	RH_{max}/ RH_{opt}/ RH_{min}
A(blue)	0.5	0.5	35/ 25/ 15	0.995/ 0.98/ 0.965
B(cyan)	−0.5	0.5		
C(burlywood)	0.5	−0.5		
D(red)	−0.5	−0.5		

Table 4　Characteristics of different climate

Environment Type	Temperature Amplitude	Moisture Amplitude	T_{avemax}	RH_{ave}
Environment A	2	0.003	25	0.98
Environment B	6	0.003		
Environment C	2	0.006		
Environment D	6	0.006		

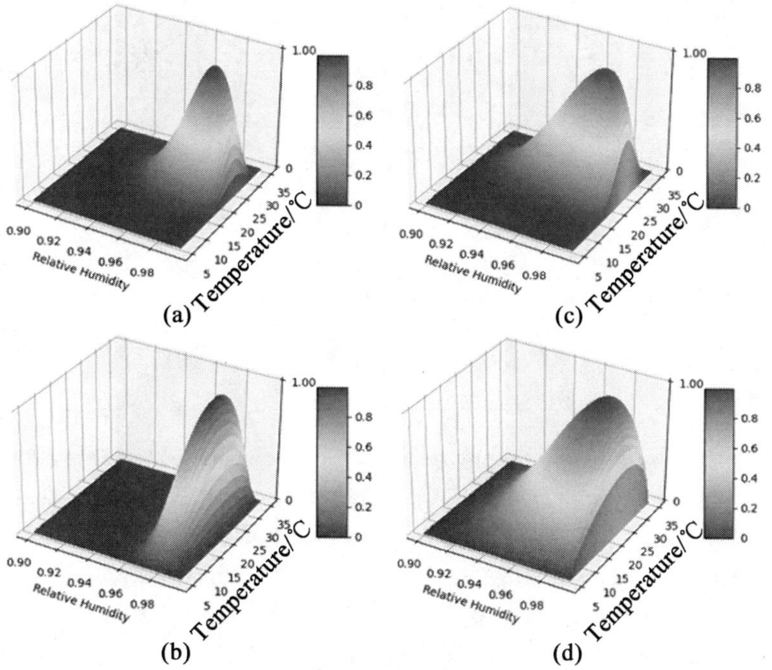

Fig. 12 (a) (b) (c) (d), for A, B, C, D type of fungus' temperature-moisture coupling coefficient *G*

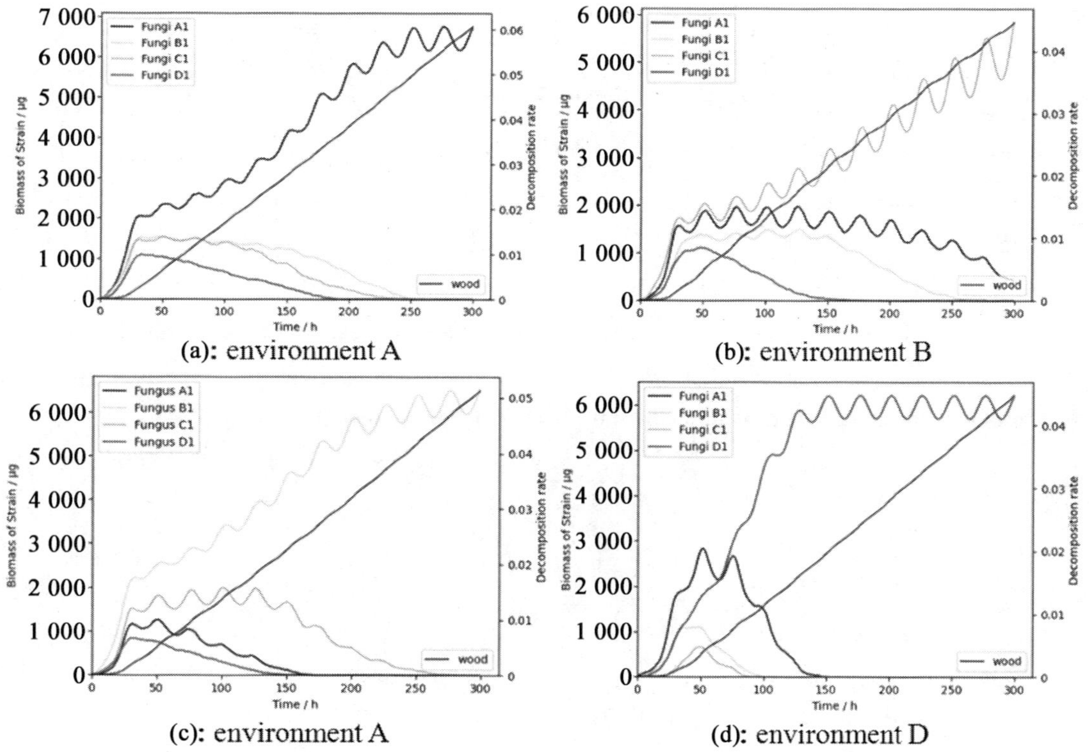

Fig. 13 Competitiveness between fungi with different tolerances in completely overlapping niches. (a): environment A; (b): environment B; (c): environment A; (d): environment D

4.3 The relationship Between Fungi and the Environment

After the previous analysis, we have learned about the relationship between life behaviors of fungi and the environment, and drawn the following mind map as follows (Fig. 14):

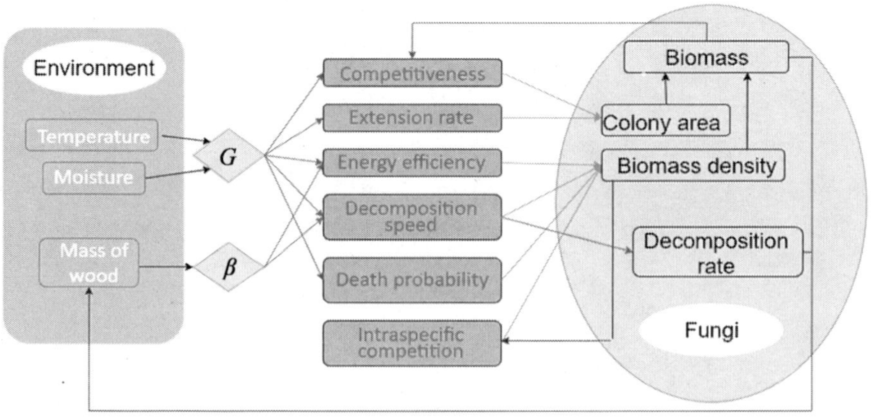

Fig. 14 The relationship between fungi and the environment. Environmental factors through two ways (1) changing the temperature-humidity coupling factor *G* interacts with the four links of fungus extension, growth, predation and competition; (2) changing wood to affect fungal decomposition (predation) behavior. Thereby it has an impact on the biomass of fungi, the area of colony, hyphal density, and the decomposition rate. At the same time, the life activities of the above-mentioned will adversely affect competition, proliferation and other behaviors, and finally have a nonlinear effect on the decomposition rate of wood

5. Prediction

5.1 Human Activities

Juutilainen et al. [8] counted wood-rot fungi in 8 artificial forests and 8 natural forests, and found that the richness of wood-rot fungi in plantation forests is much lower than that in natural forests. This is because intermittent felling and selective felling have reduced the structural complexity of the forest ecosystem and also reduced the quantity of fallen wood, which in turn reduced the abundance of fungi in the wood.

Correct the formula (6).

$$\frac{\mathrm{d}m_{\mathrm{w}}}{\mathrm{d}t} = h - nj \cdot m_{\mathrm{w}}^{2} \cdot \frac{\rho_{xyj}}{\Gamma_j + m_{\mathrm{w}}^{2}} \tag{22}$$

Here we mainly consider the impact of the decrease in the quantity of fallen logs.

In fact, the regular decrease in the quantity of fallen trees is actually the introduction of the "decreased tree felling function", which is a periodic function of time.

5.2 Invertebrates

According to relevant literature knowledge, the effects of invertebrates on fungi can be roughly divided into two categories:

(1) Competitive category: Taking termites and other saprophytic invertebrates as an example, fungi are subject to obvious inter-species struggle, mainly in the deprivation of woody fiber resources. According to statistics[9], saprophytic invertebrates can reduce the amount of woody fiber obtained by fungi by 10% – 20%. This change is introduced into the model.

(2) Mutually beneficial type: Take ants and other insects as an example. Although fungi will be weakly preyed, their decomposition rate will be greatly increased.

Using the previous model description

$$\frac{\mathrm{d}\rho_{xyj}}{\mathrm{d}t} = b_j \cdot \eta_j \cdot \rho_j - m_j\rho_{xyj} - c_j\rho_{xyj}^{2} \tag{23}$$

That is, it is necessary to adjust the influence of b_j and m_j to perform fitting. Not only that, the activities of some insects will accelerate the spread of fungi.

5.3 Obstacles

In practical situations, there are usually non-decomposable materials, such as rocks on wooden materials, which prevent the growth of fungi, so its impact needs to be considered. In fact, the formula we gave in 3.2.1

$$\frac{\mathrm{d}S_j}{\mathrm{d}t} = v_j \cdot \frac{m_{\mathrm{w}}}{m_{\mathrm{w}0}} \cdot L_j \tag{24}$$

We introduced the concept of vacancies earlier. So, we only need to generate vacancy II before the model starts running to realize the influence of obstacles.

5.4 Climate

In Fig. 15, The left side shows the use of periodic modulated periodic functions to give the fungi in this area a temperature and humidity that change over time for simulation calculations. This situation is used in temperate and subtropical monsoon climates with large temperature differences, obvious humidity differences, and strong periodicity. Also, there are other climates, their characteristics are listed in Table 5.

On the right of Fig. 15 is the use of randomly generated disturbance functions within a certain range to give the fungi in the area a temperature and humidity that change over time. Simulation calculation. Suitable for climate with small temperature difference, small humidity changes and poor periodicity, such as tropical rain forest.

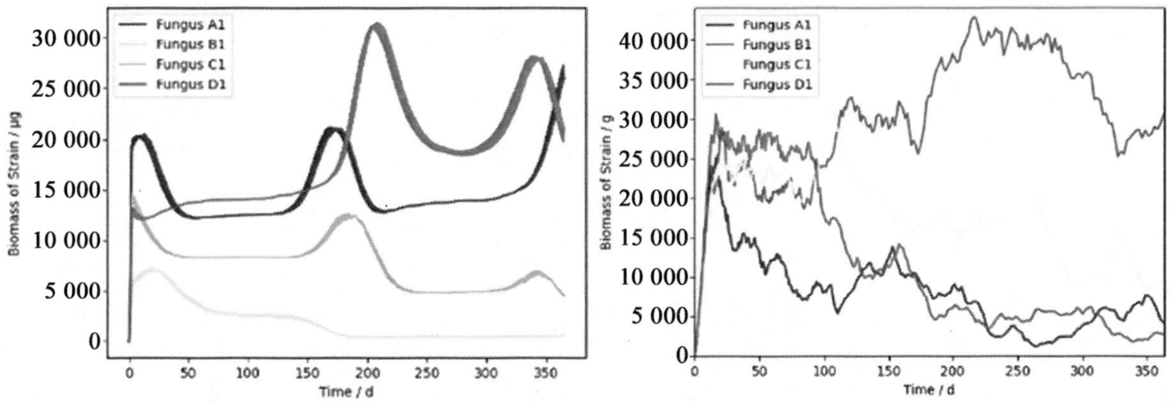

Fig. 15 The stability analysis under the two temperature generation strategies

Table 5 The influence of ecosystems

Climate	Cycle / year	Temperature/℃		Humidity/%		Ecological niche
		amplitude	average	amplitude	average	
Tropical rainforest	0.5	10	28	10	95	Flourish
Subtropical monsoon	1	15	15	5	75	Rich
Temperate steppe	1	9	15	15	50	Poor
Desert	1	12	22	12	25	Barren

6. Advantages and disadvantages

6.1 Advantages

(1) Fungal growth and other life behaviors are a typical dynamic process, most of which can be accurately expressed by time-dependent differential equations.

(2) Colony area is an important variable in this question. Together with biomass density, it determines the fungus's role in competition and decomposition. The function expression of colony area versus boundary and time is very complicated and almost impossible to give. In view of this situation, considering its dependence on time and space, we adopted the cellular automata model to discretize the differential equation.

(3) Cellular automata have unparalleled advantages in the discretization of differential equations, especially time-dependent dynamic equations. And the accuracy can be enhanced with the deepening of

the discretization of time and space, and it has strong scalability. In theory, as long as the discretization expression of the parameters is given, it can be directly brought into the model solution.

6.2 Disadvantages

Disadvantage of assumptions: It is difficult to linearly fit the effects of temperature, humidity and environmental factors on organisms. This article uses a large number of empirical formulas to measure the effects of environmental factors on organisms. This assumption may be quite different from reality.

Disadvantages of the model: Cellular automata rely on random processes, so it is prone to false convergence or collapse; And it needs to perform multiple measurements to get the average value, which requires mass computing power.

References

[1] LUSTENHOUWER N, MAYNARD D S, BRADFORD M A, et al. A trait-based understanding of wood decomposition by fungi[J]. Proceedings of the national academy of sciences of the United States of America, 2020, 117(21):11551-11558.

[2] MAYNARD D S, BRADFORD M A, COVEY K R, et al. Consistent trade-offs in fungal trait expression across broad spatial scales [J]. Nature microbiology, 2019, 4(5): 846-853.

[3] WEN JINQIU. Dynamic behavior analysis of three kinds of population competition models [D]. Chongqing: Southwest University, 2020.

[4] CHENG FUYUE. Jilei juyou Hassel-Varley fanyingxiang de bushi yu beibushi xitong de donglixue fenxi (Dynamics of several predator - prey systems with Hassell-Varley response) [D]. Tianjin: Tianjin Polytechnic University, 2019.

[5] ACHEAMPONG M A, COOMBES C A, MOORE S D, et al. Temperature tolerance and humidity requirements of select entomopathogenic fungal isolates for future use in citrus IPM programmes[J]. Journal of invertebrate pathology, 2020, 174:107436.

[6] BELLí N, MARíN S, SANCHIS V, et al. Influence of water activity and temperature on growth of isolates of Aspergillus section Nigri obtained from grapes[J]. International journal of food microbiology, 2004, 96(1): 19-27.

[7] KOLESIDIS D A, BODDY L, EASTWOOD D C, et al. Predicting fungal community dynamics driven by competition for space[J]. Fungal ecology, 2019, 41:13-22.

[8] JUUTILAINEN K, MONKKONEN M, KOTIRANTA H, et al. The effects of forest management on wood-inhabiting fungi occupying dead wood of different diameter fractions[J]. Forest ecology and management, 2014, 313: 283-291.

[9] ULYSHEN M. Wood decomposition as influenced by invertebrates [J]. Biological reviews, 2016, 91:70-85.

Music Influence Model Based on Entropy Weight Method and Analysis Bbout Music Evolution

Jiang Junpeng[1], Li Minchong[1], Tian Xuan[2]

1. Computer Science, 2019, Honors School, Harbin Institute of Technology;
2. Computer Science, 2019, Faculty of Computing, Harbin Institute of Technology

Abstract: We collected data on musicians, songs, and genres from the 1920s to the 2020s, and based on this data, we developed a TOPSIS model based on entropy weight method to measure "musical influence". Further, we use cosine similarity as an index to study the influence of artists, and use hierarchical clustering method to analyze the similarities and differences between different schools. Finally, we analyze the evolution of music and the impact of major changes during the evolution of music.

Keywords: Entropy weight method; TOPSIS; Cosine similarity; Hierarchical clustering; OLS

Introduction

Music has been a part of human society from the beginning. Its influence is subtle and moisturizes things silently, but this doesn't mean its influence is insignificant. For artists, music can bring them inspiration, enabling them to absorb the essence of predecessors and create popular works. For music itself, the mutual influence between artists may lead to changes in style, and even spark a revolution. Studying the influence of music, we can even analyze the change of society and the change of times. Therefore, it is of great significance to establish models to measure the influence of music.

We establish a mathematical model of musical influence to study the following questions:

(1) Establish an evaluation model of "music influence", construct and describe an influencer-follower network, and analyze what the model can reveal in the network.

(2) Establish a music similarity measurement model and judge whether artists of the same genre are more similar than artists of different genres based on it.

(3) Compare the similarities and influences of the same genre and diverse genres, point out the differences between genres and their changes over time, and study the correlation between genres.

(4) Study whether influencers really influence the music creation of followers, and il-lustrate whether certain musical characteristics of influencers play a more significant role in this process.

(5) Identify the characteristics that can mark the major leaps of music evolution, and give examples of which artists are revolutionaries in the evolution of music.

(6) Take a genre for instance, analyze its evolution over time, and confirm the dynamic influencers in the genre according to music characteristics.

(7) Explain the connection between musical influence and major changes in the real world.

In this article, we use data from the website *https://www. comap - math. com/mcm/2021 _ICM _Problem_D_Data. zip.*

1. Assumptions and Notations

1.1　Assumptions

We make the following 2 basic assumptions in order to simplify problems. Each of them is justified and is consistent with the basic fact.

- The active year of influencer is earlier than follower. According to common sense, the follower should be influenced after the influencer debuted.
- Artist whose genre is not given in the data, we classify its genre as unknown. This can maximize the use of data while ensuring the correctness of the model.

1.2　Notations

The key mathematical notations used in this paper are listed in Table 1.

Table 1　Notations

Symbol	Description
m	Number of indicators in the TOPSIS model
n	Number of samples in the TOPSIS model
e_j	The information entropy of j-th index
W_j	The information utility value of j-th index
S_i	The score of the i-th artist in the TOPSIS model
Z^+/Z^-	Maximum/Minimum vector
D_i^+/D_i^-	the distance between the i-th artist and the maximum/minimum vector
$I_1, I_2, \cdots, I_{14}$	Music characteristics

2. The Evaluation Model of Music Influence

2.1　Data Preprocessing

First of all, we use excel and python programs to eliminate data whose name does not correspond to ID, data whose active year is earlier than follower's, and some incomplete data. After that, we reorganize the data. We mark the genre of each artist in data_by_artist. csv, and calculate the average of music characteristics of each genre, and the number of each artist's followers, etc. Some of our results are shown in Fig. 1 and Fig. 2.

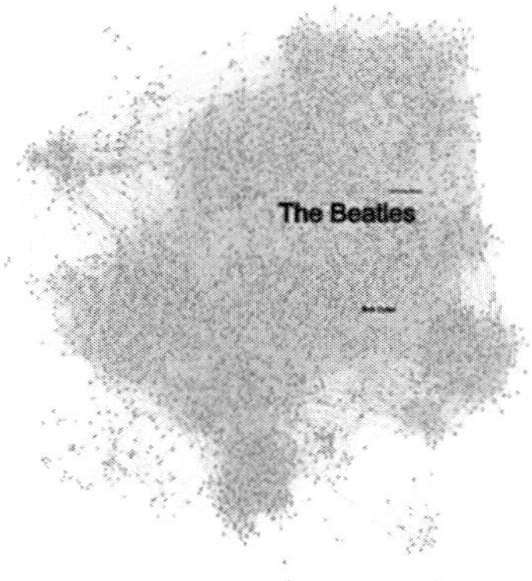

Fig. 1　All artists' network

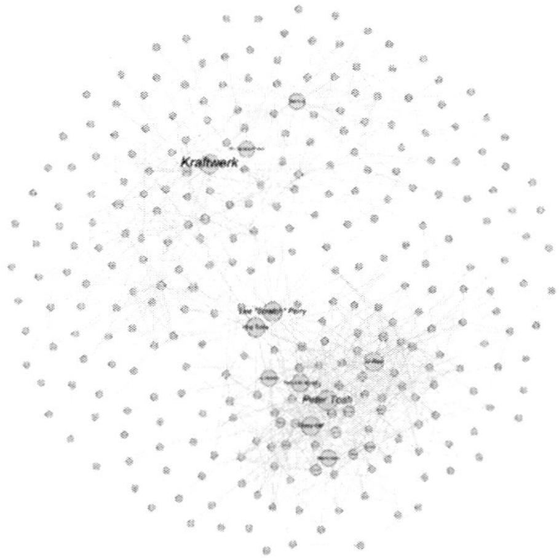

Fig. 2　Two genres' network

We establish an influencer-follower network containing all the artists in the processed influence_data. csv, and another network containing all the artists of Electronic and Reggae. we represent artists as nodes. In these networks, each edge points from influencers to followers, and different colors correspond to different genres. We also let the size of the node reflect the out-degree of the node. Two graphs are shown on the previous page.

2.2 Create the Subnetwork

Through the network, we can clearly see the number of each artist's followers, which could be an important criterion when measuring the influence of artists.

We selected 40 sets of data (Fig. 3), and the selection criteria are as follows: According to the network and data mentioned above, most of the nodes have a small out-degree. To ensure the comprehensiveness of our model, it is necessary to select some samples with a large out-degree. Therefore, we first select three sets with top 3 out-degree (754 032 – The Beatles, 66 915 – Bob Dylan, 89 465 – The Rolling Stones). In order to make the model better applicable to different genres, we select the two groups with the most followers among the remaining genres (549 797 – Hank Williams, 316 834 – Marvin Gaye) since these three sets are all Pop/Rock. The remaining 35 groups are randomly selected. We conduct a preliminary test on the selected samples, in order to make the nodes in the network have correlation, discard the isolated nodes among them and re-extract to obtain the final sample data.

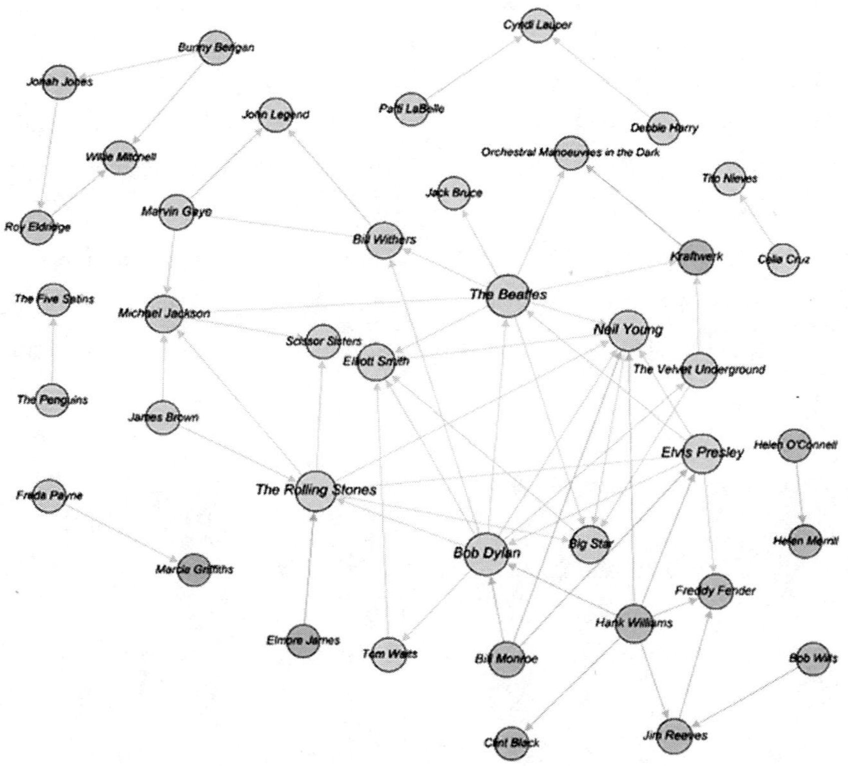

Fig. 3 Subnetwork including 40 samples

Using the data selected above, we constructed the following influencer-follower sub-network:

The nodes in the figure represent selected artists, and we define the "original influencer" as the nearest public ancestor. For example, In the upper left corner of this graph, Bunny Berigan is both the original influencer of White Mitchell and Jonah Jones.

We write a program to find out the "original influencers" of each artist in this graph, and take it as the number of art masters that all artists in a certain genre follow and learn from. Note that the "original influencer" of each artist does not necessarily belong to the artist's genre, as in the example of Bunny Berigan above.

2.3 The Entropy Weight Method TOPSIS Model of Music Influence

We can measure the "musical influence" of artist A through the following five indica-tors: the number of A's followers; the number of art masters in A's genre; the total number of artists in A's genre; the number of artists with the same active year as A: the number of artists in the same genre and active year as A.

We use the entropy weight method TOPSIS model to measure the music influence, where the weight of each indicator is determined by the entropy weight method. The principle of the entropy weight method is: The smaller the variance of the indicator, the less amount of information reflected, and the lower the corresponding weight should be. Through the work we can obtain the weight of every indicator. The detailed steps are as follows:

(1) The entropy method requires that all of our indicators are non-negative numbers. If there are negative numbers, we need to re-standardize them to a non-negative interval, but our values are all positive numbers, so there is no need to standardize.

(2) Calculate the proportion of the i-th sample under the j-th index and regard it as the probability used in the calculation of relative entropy. We set the number of indicators $m = 5$ and the number of samples $n = 40$, and obtain the matrix z as (1):

$$z = \begin{bmatrix} z_{11} & z_{12} & \cdots & z_{1m} \\ z_{21} & z_{22} & \cdots & z_{2m} \\ \vdots & \vdots & & \vdots \\ z_{n1} & z_{n2} & \cdots & z_{nm} \end{bmatrix} \tag{1}$$

We calculate the probability matrix $\boldsymbol{p}$, where the calculation formula for each element p_{ij} in $\boldsymbol{p}$ is (2):

$$p_{ij} = \frac{z_{ij}}{\sum_{i=1}^{n} z_{ij}} \tag{2}$$

As $\sum_{i=1}^{n} p_{ij} = 1$, we can ensure that the sum of the probabilities corresponding to each indicator is 1.

3. Calculate the information entropy of each indicator, calculate the information utility value, and normalize to get the entropy weight of each indicator. For the j-th index, the calculation formula of its information entropy is (3):

$$e_j = -\frac{1}{\ln n}\sum_{i=1}^{n} p_{ij}\ln(p_{ij}), \quad j = 1,2,\cdots,m \tag{3}$$

And the information utility value formula is (4):

$$d_j = 1 - e_j \tag{4}$$

We normalize the information utility value, then we can get the entropy weight of each indicator as (5):

$$W_j = \frac{d_j}{\sum_{j=1}^{m} d_j}, \quad j = 1,2,\cdots,m \tag{5}$$

After determining the weight of each indicator, we use the TOPSIS model to con-duct a comprehensive evaluation for the sub-network of 40 node. It is obvious that the data of our indicators are extremely large (effective) indicators, so there is no need to perform forward processing. Besides, our evaluation indicators are all based on the number of people, so we don't need to standardize the matrix. We can directly calculate the score according to the formula (6):

$$S_i = \frac{D(Z_i, \min)}{D(Z_i, \min) + D(Z_i, \max)} \tag{6}$$

We define the maximum value Z^+ as (7), the minimum value Z^- as (8):

$$\begin{aligned} Z^+ &= (Z_1^+, Z_2^+, \cdots, Z_m^+) \\ &= (\max\{Z_{11}, \cdots, Z_{n1}\}, \cdots, \max\{Z_{1m}, \cdots, Z_{nm}\}) \end{aligned} \tag{7}$$

$$\begin{aligned} Z^- &= (Z_1^-, Z_2^-, \cdots, Z_m^+) \\ &= (\min\{Z_{11}, \cdots, Z_{n1}\}, \cdots, \min\{Z_{1m}, \cdots, Z_{nm}\}) \end{aligned} \tag{8}$$

We then define the distance between the i-th artist and the maximum D_i^+ as (9), the distance between the i-th artist and the minimum D_i^- as (10):

$$D_i^+ = \sqrt{\sum_{j=1}^{m} W_j (Z_j^+ - Z_{ij})^2} \tag{9}$$

$$D_i^- = \sqrt{\sum_{j=1}^{m} W_j (Z_j^- - Z_{ij})^2} \tag{10}$$

Then, we can calculate the unnormalized score of the i-th artist as (11):

$$S_i = \frac{D_i^-}{D_i^+ + D_i^-} \tag{11}$$

We normalize the score, then expand it by 100 times and take it as the artist's score. The calculation formula is (12):

$$\widetilde{S}_i = 100 \frac{S_i}{\sum_{i=1}^{n} S_i} \tag{12}$$

And we can know the sum of the scores of all artists is 100, as (13):

$$\sum_{i=1}^{n} \widetilde{S}_i = 100 \tag{13}$$

2.4 Evaluation Results of Music Influence Model

The calculation steps are completed by the computer. Through the models established above, we get the different weights corresponding to the five indicators (Table 2).

Table 2 Weight of each indicator

Mark	1	2	3	4	5
Weight	0.22	0.10	0.19	0.42	0.07

Mark 1 to 5 correspond to the five indicators above: the number of A's followers; the number of art masters in A's genre; the total number of artists in A's genre; the number of artists with the same active year as A: the number of artists in the same genre and active year as A.

This can intuitively reflect the importance of the five indicators. The number of artist's followers accounts for the largest weight, which shows this indicator has a greater influence on the evaluation result of music influence, while the number of artists in the same year as the artist's active year accounts for the smallest weight, which indicates it has a smaller influence on the evaluation result of music influence.

We finally get the calculation result of "music influence" as follows (Table 3).

Table 3 Score and ranking of 40 samples in the subnetwork

Name	Score	Rank
The Beatles	10.368 9	1
Bob Dylan	7.726 6	2
The Rolling Stones	6.697 9	3
Hank Williams	3.050 7	16
Marvin Gaye	3.069 3	15
The Velvet Underground	4.877 3	4
Big Star	3.879 3	8
Michael Jackson	2.249 8	18
James Brown	2.840 5	17
Elvis Presley	3.982 6	7
Elmore James	0.857 4	31
Jack Bruce	3.492 3	13
Bill Withers	1.543 3	20
Tom Waits	3.697	9
Elliott Smith	4.159 6	6
Debbie Harry	3.470 5	14
Cyndi Lauper	3.534 4	12
Freda Payne	1.403	22
Marcia Griffiths	0.962	30
Neil Young	4.514 5	5
Kraftwerk	2.030 7	19
Orchestral Manoeuvres	3.553 7	11
Scissor Sisters	3.632	10
The Five Satins	1.111	28
The Penguins	1.119 9	27
Patti LaBelle	1.205 9	25
John Legend	1.165 2	26
Bill Monroe	1.107 8	29
Bob Wills	0.805 8	32
Jim Reeves	0.556 2	34
Freddy Fender	0.783 6	33
Clint Black	1.238 1	24
Jonah Jones	0.466 5	38
Roy Eldridge	0.551 7	35
Willie Mitchell	1.417 2	21
Bunny Berigan	0.475 6	36
Helen O'Connell	0.315 3	39
Helen Merrill	0.299 6	40
Celia Cruz	0.467	37
Tito Nieves	1.320 4	23

3. Music Similarity Measurement

3.1　Take Cosine Similarity as the Measurement of Music Similarity

We use the cosine similarity method that commonly used in text analysis [1], and take this as the measurement of music similarity.

We study the 14 indicators of *danceability*, *energy*, *valence*, *tempo*, *loudness*, *mode*, *key*, *acousticness*, *instrumentalness*, *liveness*, *speechiness*, *explicit*, *duration_ms*, and *popularity*, which are denoted as $I_1, I_2, \cdots, I_{14}$. The range of different indicators is quite different (for example, danceability only varies from 0 to 1, while *duration_ms* varies from 5 108 to 3 816 373), so we need to standardize each indicator.

Due to the linear nature of standardization, data changes will not cause new problems. Instead, it can improve data performance and avoid numerical problems.

Using standardized data, we can represent each song as a fourteen-dimensional vector $\boldsymbol{a}$. Taking any two fourteen-dimensional vectors $\boldsymbol{a}, \boldsymbol{b}$, we can calculate the cosine value of their angle according to formula (14):

$$\boldsymbol{x} = (x_1, x_2, \cdots, x_n)$$

$$\boldsymbol{y} = (y_1, y_2, \cdots, y_n)$$

$$\cos\theta = \frac{\boldsymbol{x} \cdot \boldsymbol{y}}{|\boldsymbol{x}| \cdot |\boldsymbol{y}|} = \frac{\sum_{k=1}^{n} x_k \cdot y_k}{\sqrt{x_1^2 + x_2^2 + \cdots + x_n^2} \cdot \sqrt{y_1^2 + y_2^2 + \cdots + y_n^2}} \tag{14}$$

$\cos(\boldsymbol{a}, \boldsymbol{b})$ can be used as a metric to measure the difference between two data. If the cosine value is close to 1, then the two vectors are more similar, and if the cosine value is close to -1, it shows that the two vectors are more dissimilar. This is easier to understand intuitively in a two-dimensional space.

We verify our metrics. We select three artists from the data (Anita O'Day, Hootie & the Blowfish, Quincy Jones, denoted as A, H, and Q respectively), and select three works for each artist, which will be numbered and compared the Cosine similarity between. The results obtained through the program are represented by a matrix (Fig. 4).

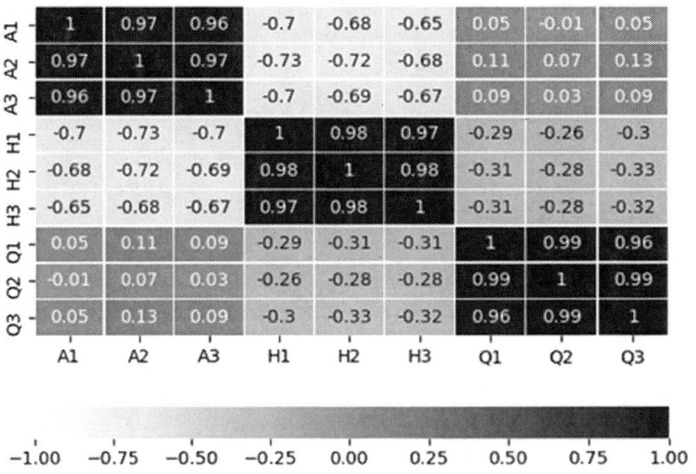

Fig. 4　Heatmap of 3 artists' 9 songs

It is not difficult to see that the cosine similarity obtained between the works of the same artist is very close to 1, while the cosine similarity obtained by different artists is not. Therefore, it can be considered that the works of the same artist have similarities, while the works of different artists have kind of obvious differences.

3.2 Analysis of Artist's Similarity within and Between Genres

By using data_by_artist. csv, we select three artists from each of the three genres Reggae, Jazz, and Classical for display (see the appendix for the specific names and IDs of selected artists). We calculated the cosine similarity between every two artists. The matrix of the cosine similarity is as follows (Fig. 5).

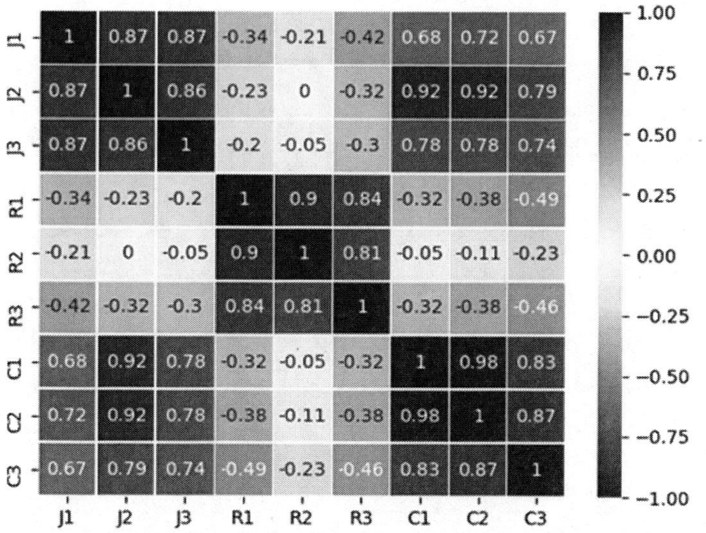

Fig. 5 Heatmap of 3 genres' 9 artists

Seen from the results, the similarity of songs of the same genre is very high, and their cosine similarity values almost all reach above 0. 85, indicating that artists within the genre have strong similarities, while songs of different genres do not have universal similarities.

4. The Study about Music Genres

4.1 Compare Similarities and Influences Between and Within Genres

Using the data in data_by_artist. csv, we calculated the cosine similarity between all artists in the same genre and calculated the average value as the cosine similarity of the genre. Some of our results are as follows (Table 4).

Table 4 Cosine similarity within genres (CS is short for cosine similarity)

Genre	CS	Genre	CS
Pop/Rock	0.08	Reggae	0.35
R&B	0.10	Blues	0.20

Contineol Table 4

Genre	CS	Genre	CS
Jazz	0.35	Folk	0.42
Country	0.17	Religious	0.12
Latin	0.12	International	0.10
Electronic	0.19	Stage & Screen	0.53
Vocal	0.50	Comedy/Spoken	0.46
New Age	0.55	Avant – Garde	0.26
Classical	0.61	Children's	0.30
Easy Listening	0.51	Unknown	0.01

According to the chart above, the cosine similarity of the Unknown category is the closest to 0. The genre with the highest cosine similarity is Classical, which may be because classical music pays attention to form and harmony, and has a rigorous musical structure, this it presents similar characteristics as a whole. However, the cosine similarities within the genre of all genres are not all significant. It may be due to the number of samples within the genre and the level of genre development. The more artists in a genre, the less possibility artists have similarity between each other. And the longer genre develops, the more different styles may be produced within the genre, thus the lower the level of similarity within the genre.

After that, we combine full_music_data. csv and *influence_data. csv* to study the similarity. Firstly, we extract the genre of the artist corresponding to all the music in full_music_data. csv, and then extract the music data of each genre by the arithmetic average. After that, we get all the music characteristics of each genre. Then, we use SPSS to perform hierarchical clustering analysis on all genres based on the music feature data set of each genre. The cluster pedigree map is thus obtained (Fig. 6).

Next, we use the Elbow Method to find the total distortion J (i. e. aggregation coefficient) of all classes, and draw a line graph of the relationship between the number of aggregation categories K and the aggregation coefficient J (Fig. 7).

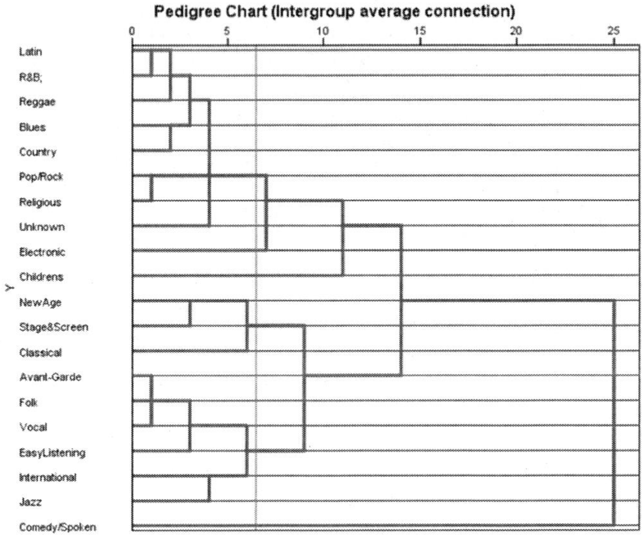

Fig. 6 Pedigree diagram of clustering results between genres

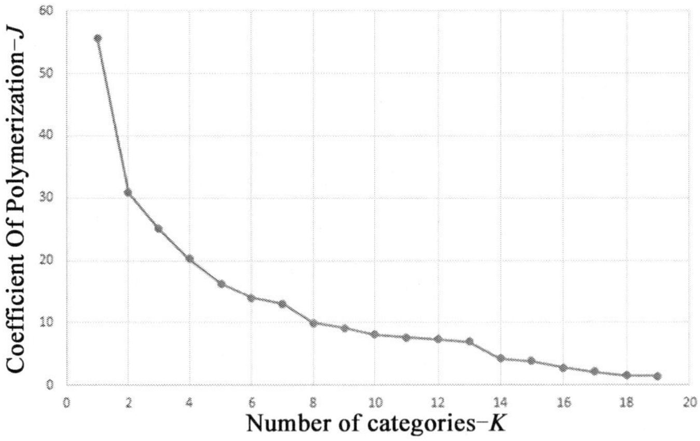

Fig. 7 Aggregation coefficient *J*'s line chart

Obviously, when the number of categories is 6, the downward trend of the line is slow, so the elbow is $K = 6$, so we set the number of categories to 6. The blue line of the pedigree chart allows us to see more clearly about what genres are included in each class.

New Age, Stage & Screen, and Classical are divided into one class, and the *energy*, *valence*, and *loudness* indicators of these three genres are all relatively small. Combined with the analysis of the real situation, the artists of the new era music initially used classical music instruments to perform in solo or ensemble. So there is an obvious overlap between the New Age and Classical. As the background music in the movie, Stage & Screen contains elements of environmental music, and has a common function with New Age music, so Stage & Screen and New Age also have a close relationship. Therefore, it is reasonable for these three to be divided into one class.

We used *influence_data. csv* to obtain the number of influencers between and within the genre, and based on this, we made the influence matrix. The value in the i-th row and the j-th column of the matrix represents the number of influences of genre i on genre j, we draw the heatmap (Fig. 8).

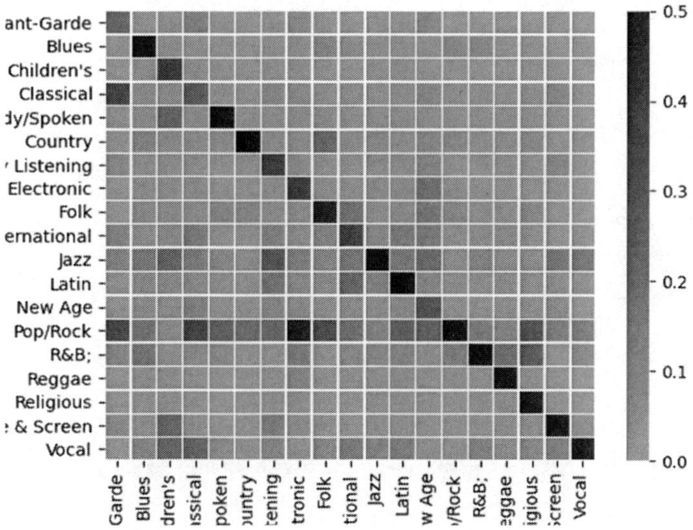

Fig. 8 Heatmap of influence between genres

The diagonal's color of the heatmap is darker, indicating that the genre is mainly affected by the internal influence of the genre, and is relatively less affected by other genres. The color of the Pop/Rock row is generally darker than other rows, indicating that Pop/Rock has a significant influence on many genres.

4.2 The Differences Between Genres

We have calculated the average value of the music characteristics of each genre, and combined with the clustering results, we can analyze the differences in music characteristics between genres. For example, the *energy*, *valence*, *tempo*, and *loudness* of Easy Listening are far lower than Pop/Rock, which is in accord with the characteristics of Easy Listening (a soothing mood, designed to be relaxing, pleasant and easy on the ears). And compared with other genres, Comedy/Spoken has much higher *liveness*, *speechiness*, but its *tempo* and *popularity* are lower. These characteristics are consistent with its live performances, common people's style, and smaller audience in modern society.

4.3 How the Genre Changes Over Time

Taking the time period from 1930s to 1960s as an example, we count the number of artists of various genres from 1930s to 1960s (Fig. 9), and visualize the data. In the 1930s, all genres of music contended for attention, and the number of artists of each genre was about the same. From the 1940s to the 1960s belonged to the explosive growth period of Pop/Rock, and from the 1960s to the 1990s, the number of artists in the Pop/Rock genre was stable at an absolute high level. It did not decline until the millennium, and to the 2010s artists of various genres (Fig. 10).

The number of people has reached a state of relative equilibrium again.

4.4 Are Some Genres Related to Other Genres

From the clustering results of 5.1, some genres are related to others. For example, the music characteristics of Folk and Vocal have a certain similarity. We calculate the cosine similarity of the two types of music characteristics, and the result is 0.43, while the similarity of Children's and other categories is not high, and the same is true from the results of cosine similarity, which verifies our conclusion.

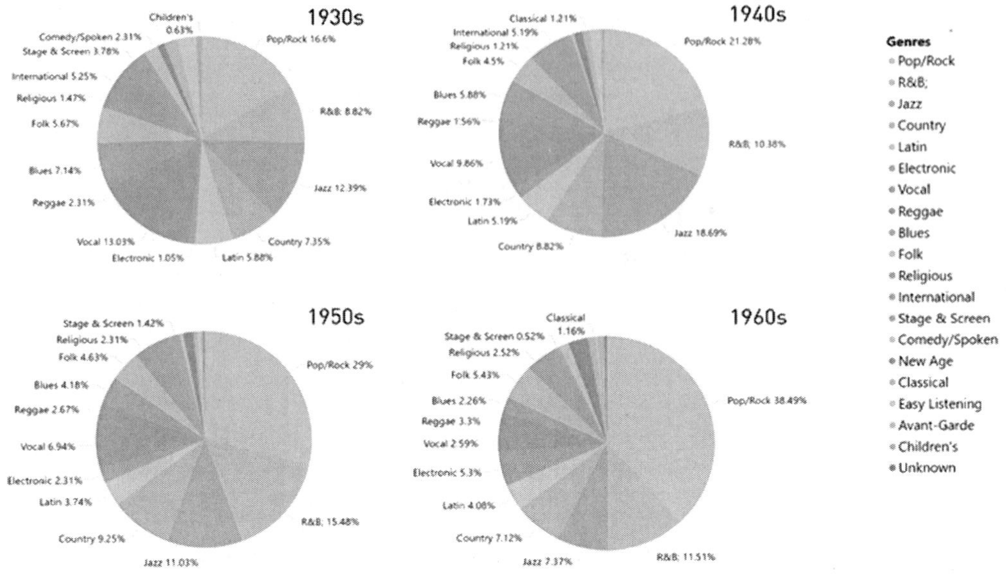

Fig. 9　Pie chart of the number of artists by genre (1930s ~ 1960s)

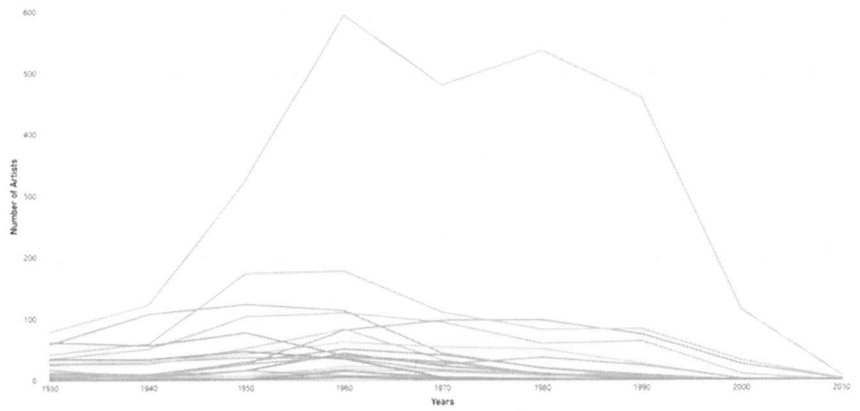

Fig. 10　Line chart of the number of artists by genre (1930s ~ 2010s)

5. Analysis of Unique Indicators of Influencers

5.1　The True Influence on Followers

In the influencer-follower network by using influence_data.csv, 77% of the followers belong to the same genre as the influencer. This can prove from an angle that the followers are really influenced by the influencer (as their career started later than influencers, and entered the same genre as influencers).

By comparing the similarity of influencer's songs with followers' and all songs in the same genre, we verify the true influence on followers from another perspective. We first determine an artist with a large number of followers, and select his most famous song S according to the popularity. We consider calculating the average similarity between S and songs of followers of the same genre, and the average similarity between S and all songs of the same genre (Table 5). (Because the similarity of songs of different genres is lower than that of the same genre, so here we only consider followers of the same genre)

We select Peter Tosh (ID: 328014) of Reggae to obtain the results through programming. It can be seen that there is a significant difference, indicating that the most popular songs of influencers do had an impact on followers.

Table 5 Average similarity comparison

	S with followers	S with whole genre
Similarity	0.419 17	0.241 67

5.2 Using "Popularity" to Measure Infectiousness

We use "*popularity*" as an indicator of "contagious". It is obvious that the music characteristic data in data_by_artisit. csv belongs to cross-sectional data, so we can get the artist's music features through multiple linear regression.

The correlation with *popularity* and the importance of each musical feature. Because the music characteristics "mode" and *key* are qualitative variables, we introduce dummy variables. Since the classification number of *mode* is 2, in order to avoid the effect of complete multicollinearity, we only introduce a dummy variable A1, which represents *mode* =0. The classification number of *key* is 12, so *key* = 8 is ignored, and the rest are introduced as dummy variables.

First of all, we only care about the specific regression coefficients. If this data set has multicollinearity, it will not affect the significance of the variables of interest. Therefore, we do not need to care about the multicollinearity. We do not need to perform multicollinearity tests. Secondly, we consider that the perturbation item needs to be a "spherical perturbation item", that is, satisfy the two conditions of "same variance" and "no autocorrelation". The cross-sectional data is prone to heteroscedasticity, so we performed heteroscedasticity Hypothesis test, we use white test, the p value obtained by Stata is less than 0.05, indicating that the null hypothesis is rejected at the 95% confidence level, that is, we believe that the disturbance term has heteroscedasticity. For this, we use ordinary Least Squares Estimation (OLS) is used for regression, and robust standard errors are used. We use Stata to calculate the regression coefficients and corresponding p-values of each music feature, as shown in the Table 6.

Table 6 Results of multiple linear regression

Popularity	Coef.	p-value
danceability	26.871	0.000
energy	(1.283)	0.483
valence	(23.354)	0.000
tempo	0.018	0.043
loudness	0.843	0.000
acousticness	(13.912)	0.000
instrumentalness	(4.797)	0.000
liveness	(8.373)	0.000
speechiness	(6.844)	0.002
duration_ms	0.000	0.026
mode = 0	1.728	0.000
mode = 1	(omitted)	—
constant	50.650	0.000
key = 0	(0.678)	0.399
key = 1	1.261	0.147
key = 2	0.138	0.863
key = 3	(0.528)	0.689
key = 4	1.110	0.210
key = 5	(0.898)	0.302
key = 6	1.736	0.057
key = 7	0.023	0.977
key = 8	(omitted)	—
key = 9	0.201	0.796
key = 10	(0.668)	0.471
key = 11	0.230	0.779

It's clear that the absolute value of the correlation coefficient between danceability and valence is the largest of all independent variables, and the p-value of the two is close to 0, indicating that these two independent variables are significantly different from 0. Therefore, we think that the importance of these two indicators is greater, that is, we can conclude that danceability and valence are more "contagious" than other characteristics.

6. Revolutionary Characteristics and Revolutionaries

6.1 The Symbol of Musical Evolution

We use the rapid growth of artists number and counts in each era as a sign of the revolutionary evolution of music, that is, the age corresponding to the rising inflection point in the line chart of counts and artists number over time is the era of revolutionary evolution of music. As can be seen from the line chart (Fig. 11), the two indicators of the 1950s Pop/Rock genre ushered in explosive growth, so we can take the 1950s as the era of revolutionary music evolution.

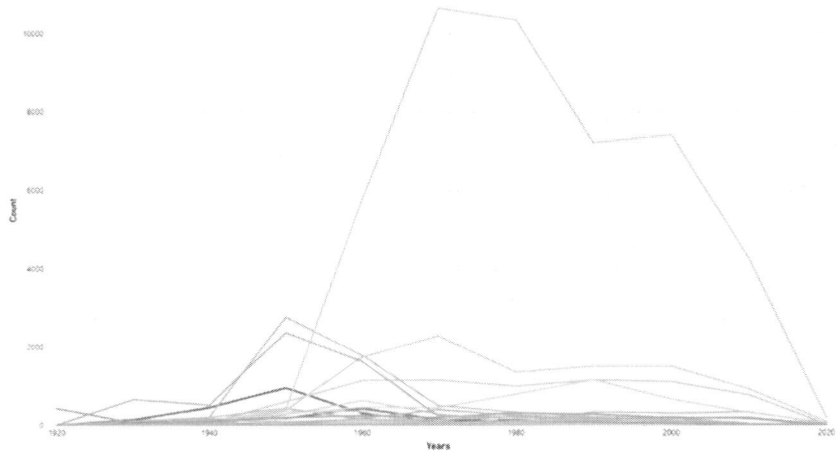

Fig. 11　Line chart of the number of songs by genre (1920s ~ 2020s)

6.2 Looking for Revolutionaries

Here we narrow the scope to the Pop/Rock for discussion. Based on artists number and the image of the number of works shown above, we find that artists number and counts in this genre has a certain sudden increase after 1950. Therefore, we believe that there must be some artists in 1950 that have had a great impact on other artists. To a certain extent, they represent revolutionaries. Therefore, we are very interested in Pop/Rock artists in the 1950s and also use the TOPSIS model. After filtering the data, we find that all indicators only varies in the number of followers. Except for this difference, other indicators are all the same, so we only need to discuss the number of followers, and we get the final ranking of influence (Table 7).

Table 7　Pop/Rock's influence ranking

Name	Followers	Ranking
Elvis Presley	166	1
Chuck Berry	159	2
Buddy Holly	97	3
Little Richard	88	4
Leonard Cohen	64	5
Burt Bacharach	63	6
Frank Zappa	63	7
Van Morrison	63	8
Leonard Cohen	64	5

According to the above table, it's clear that Elvis Presley and Chuck Berry have the most followers. Elvis Presley is considered one of the most important cultural icons of the 20th century, and is often referred to as the "father of rock".[2] Chuck Berry is also one of the pioneers in the history of rock music. The Beatles and The Rolling Stones both sang his songs. The actual influence of these two artists is also very consistent with our conclusions, indicating that they can represent revolutionaries in the genre Pop/Rock.

7. Music Evolution of Genres

7.1 The Evolution of One Genre Over Time

We select electronic and draw a diagram of the evolution of its music characteristics over time (Fig. 12). The value of each musical characteristic is the arithmetic mean of the musical characteristics of all works in this genre in a decade as the value of each musical characteristic. It can be seen that "*mode*", "*valence*", "*energy*", "*danceability*" and "*tempo*" declined after 1960, and then they have continued to flatten, but still, they stayed at a higher level. This is in line with electronic's dynamic characteristics. And "*loudness*" and "*popularity*" are in a rising process, which is consistent with the popularity of contemporary electronic.

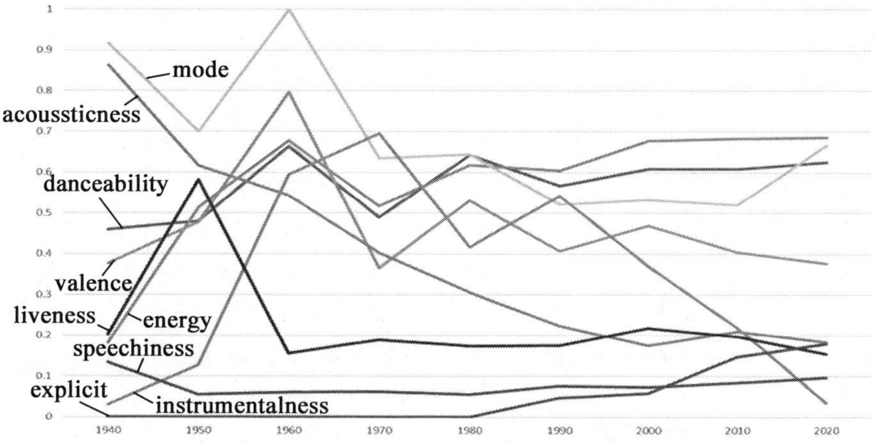

Fig. 12 Line chart of the number of songs by genre (1920s ~ 2020s)

7.2 Dynamic Influencers

Then, we also discuss the electronic, by using the TOPSIS model to analyze all electronic artists, we select the five highest-rated artists as dynamic influencers. Next, we compare the music characteristics of the five artists with the average value of electronic, and find that *valence* and *instrumentalness* can clearly show that dynamic influencers and the average of Electronic are different. Therefore, *valence* and *instrumentalness* are two indicators that can reveal dynamic influencers (Table 8).

Table 8 Dynamic influencers' indicators

	average	378 288
valence	0.485	−0.040
instrumentalness	0.369	0.096
	493 848	1 340 026
valence	−0.188	−0.231
instrumentalness	0.514	0.258
	477116	205 959
valence	−0.110	−0.146
instrumentalness	0.038	0.607

8. Music and Social Changes

We utilize the data in data_by_years.csv to study the changes of various music indicators over the years, and combine with major historical events to read the impact of major changes on music. We draw the following conclusions.

First, from a social and political perspective, the characteristics of songs in the peace and war years show a certain difference. For example, from 1940 to 1946, *valence* of songs experienced a relatively significant decline, which may be due to the creation of artists affected by World War II. The theme mostly expresses the pursuit of peace and the weariness of war [3]. Second, with the passing of time, energy has generally shown an upward trend. This trend is consistent with the rise of entertainment and stimulating genres such as Pop/Rock, R&B; and the weakened influence of traditional genres such as Classical. Third, the change in popularity is particularly obvious. Taking the 1950s as the watershed, the indicator was almost stable at a low level before the 1950s, with no major fluctuations. From the 1950s to the 2020s, the indicator continued to grow, and the growth rate became faster and faster. This has a lot to do with changes in the form of music communication. In the 1950s, televisions began to enter the lives of ordinary people, and there was a more convenient medium for the dissemination of music. With the improvement of living standards, the public is also willing to devote more time to music [4]. With the improvement of the Internet infrastructure at the beginning of this century, the form of music dissemination has been further facilitated. Newly released music can be quickly exposed, excellent songs can be spread more widely, and relatively niche songs are not left unattended, which makes the overall popularity of the music further rise [5].

World War Ⅱ, the Cold War, the rapid development of the Internet and computers have a visible impact on music, and vice versa. For example, during World War Ⅱ, USO artists went to the front to hold concerts to boost the morale of front – line soldiers. This is an example of how music responds to major social events[6].

In addition, rock music played an important role in the Counter-culture Movement in the 1960s. The Beatles' true and strong expressions answered people's hesitation and doubts, and complied with people's anti-Vietnam war demands. To some extent, it also affected American values and self-identity [7].

9. Model Accuracy Test and Error Analysis

In section 4.2, we randomly select three artists in each of the three genres to analyze the similarity of artists within and between genres, and conclude that artists within the genres have strong similarities. And in order to confirm accuracy of our similarities model, we conduct a cluster analysis on these nine artists, using hierarchical clustering, and the results obtained are as shown in the pedigree chart below(Fib. 13). It is remarkable that if they are divided into three categories. And artists who happen to belong to the same genre are grouped into one category. It shows that the similarity measurement model we construct is accurate.

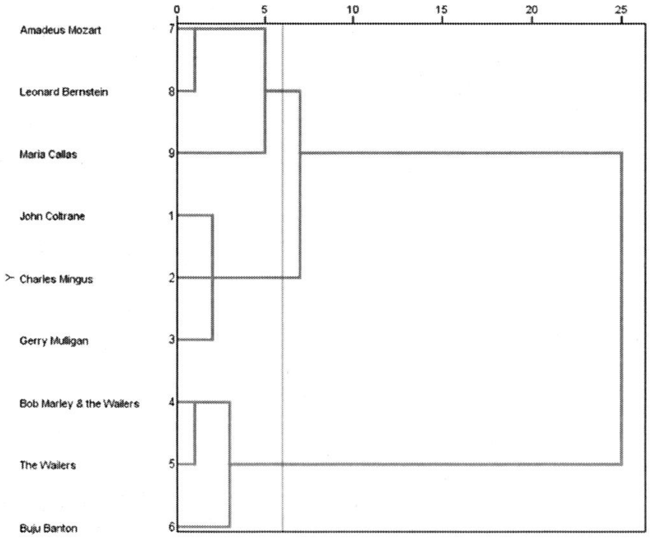

Fig. 13　The pedigree chart of the clustering results of nine artists

In section 6.2, we use multiple linear regression to obtain the correlation between the artist's musical characteristics and "popularity" and the importance of each musical characteristic. In addition, we also use lasso regression to analyze it. After comparing the results obtained by lasso regression with the results obtained by multiple linear regression, we find that the mean-square error (MSE) of multiple linear regression is smaller, indicating that the multiple linear regression model is more reliable and accurate than lasso regression.

The mean square error of the two and the adjusted goodness of fit of multiple linear regression are as follows (Table 9).

Table 9 Mean square error comparison

	Multiple Linear	Lasso
MSE	108.58	109.14
Adjusted R-squared	0.379 6	

10. Model Evaluation

10.1 Strengths

(1) In Part 3, we utilize the TOPSIS model based on the entropy method to analyze the influence of the artist. If we do not use the entropy method to make corrections, and just simply use the TOPSIS model, it is difficult for us to measure these indicators of influence when judging the weight, and it will lead to a large error. Therefore, we use the entropy method to modify the model. According to the principle that the smaller the degree of variation of each indicator, the lower the corresponding weight is to confirm the weight of each indicator, the more objective our model is.

(2) Some studies have shown that hierarchical clustering can produce high-quality clustering results, and it can also solve the shortcomings of K-means algorithm, which is sensitive to initial values and outlier data. Meanwhile we also use the elbow rule to confirm the optimal number of clustering results. We don't need to determine the number K of clusters in advance.

(3) We evaluate the influence of influencers on followers from multiple perspectives. We not only analyze the probability that followers and influencers belong to the same genre, but also creatively select the most popular song of influencer, and compared the song with followers and the whole genre.

10.2 Weaknesses

(1) According to the formula (6) of TOPSIS model, we have to rebuild the model every time we calculate the score and ranking of some artists, for the maximum and minimum values of all samples in each time are not necessarily equal. So our model's portability is not very high.

(2) If we need to predict the "contagiousness" of certain artists under the given music characteristic values in the model for measuring "contagiousness" in section 6.2, then our multiple linear regression model is not feasible, because our simulation The goodness of fit R-squared is low, only 0.379 6, and predictive regression is very important to R-squared, so if we want to predict the "contagiousness" of an artist, we need to change the model.

11. Conclusion

We take advantage of a variety of techniques in the fields of statistics and computational science to solve all problems. In order to describe the relationship between followers and influencers, we use the relevant knowledge of graph theory to construct a directed graph, utilize the idea of union – find disjoint sets to find all the most primitive influencers of each genre, and use their number as the entropy method TOPSIS evaluation model is a measure of the influence of artists, and the number of direct influence of artists is the most weighted index; Secondly, we use cosine similarity as the standard of music similarity, not only to conclude that artists within genre are more similar, but also to conclude that influencers have real influence on followers. Thirdly, we use the hierarchical clustering algorithm to analyze the similarities between some genres. According to the clustering results, some situations are consistent with the fact that a genre originated from other genres in reality. After that, we regard popularity as a representative of "contagious" and perform multiple linear regression analysis on it and music characteristics, and make a conclusion that the two indicators of danceability and valence can make artists more infectious to some extent. Then we draw a line chart of the number of artists and works, and the characteristics of music over time, and explore the turning points or the highest points among them, and analyze the indicators of music evolutionary revolution and the evolution of the music characteristics of a genre over time. Finally, we analyze the relationship between music evolution trends and major historical events. Our research results can be used as data proof materials for the 20th century music history research.

References

[1] TAN P N, STEINBACH M, KUMAR V. Introduction to data mining[M]. New York: Addison－Wesley, 2005.

[2] GREGG WAGER. Artists bring a variety of styles to new － age music[J]. Los Angeles Times, 1988,17(4):32-50.

[3] O'Connell J M. Music in war, music for peace: a review article[J]. Ethnomusicology, 2011, 55(1): 112-127.

[4] CROZIER W. Music and social influence[J]. Los Angeles times, 1997,23(1):17-43.

[5] CLEMENTER. Understanding society through popular music[M]. NewYork: Routledge, 2017.

[6] KNAPP G. Experimental social policymaking during World War II: The United Service Organizations (USO) and American War－Community Services (AWCS)[J]. Journal of policy history, 2000, 12(3): 321-338.

[7] YU Rui. The voice of rebellion and the age of subversion: on the influence of rock music on American traditional values in the 1960s[J]. Journal of southeast university (Philosophy and social sciences edition), 2009, 11(03): 95-97,128.

Simulation and Analysis of Fungal Evolution Based on Cellular Automata

Huang Jincai[1]

1. Mechatronics Engineering, 2018, Honors School, Harbin Institute of Technology

Abstract: The purpose of this project is to study the evolution and decomposition process of fungi under the interaction of community and external environment. Firstly, the relationship between multiple variables and fungal growth rate was obtained by multiple linear regression model, which showed three regression equations with goodness of fit of about 0.9. Secondly, a cellular automata model is established, which regards the decomposition process of wood and garbage by fungi as the state transition process of cellular automata, and effectively simulates the continuous and dynamic decomposition process. Finally, considering the competition among fungi and the self inhibition of high-density fungi, the competition dynamics equation of intracellular population was constructed, and the model was optimized and analyzed. The results showed that humidity, population synergy, competition and other factors had a profound impact on the evolution of fungal community.

Key words: Cellular Automata; Fungal evolution; Multiple linear regression

Introduction

Fungus is an important microorganism in nature, and plays an essential role in the composition of soil carbon cycle and biodiversity.[1] This article aims to explore how the fungal community functions as a decomposer when multiple types of fungi coexist, and the interference factors they suffer.

According to scientific research, the elongation rate of mycelium of fungi is an important factor that affects the rate of decomposition, and the elongation rate of mycelium of a fixed strain under different environmental conditions changes with environmental factors.[2,3] The influencing factors are temperature and humidity.[4] In addition, the mycelial elongation rate of different strains in the same environment is also different.[5,6]

This paper fully considers the influence of the above factors, and establishes a dynamic model of fungal system reproduction, competition, decomposition and other activities based on cellular automaton.[7] The significance of this article lies in the dynamic characterization of fungal activities on the basis of quantification, combined with the characteristics of soil fungi in different regions of the world, and analysis of the important role of fungal species biodiversity on the ecosystem.

1. Symbols (Table 1)

Table 1 Important symbols

Symbols	Definition
$\gamma(i)$	The growth density of the fungi in the central cell at the i th time node (or state i)

Continued Table 1

Symbols	Definition
$\theta(i)$	The true growth rate of the fungal community in the central cell at the i th time node
$\theta_r(i)$	The theoretical growth rate of the fungal community in the central cell at the i th time node
t	time unit
α	The coefficient of determination in competitive benefit
$\gamma_k(i)$	The growth density of fungi in the k th neighbor cell of the central cell at the i th time node
δ	Competitive ranking of fungal communities in central cells
δ_k	Competitive ranking of fungi in the k th neighbor cell
$\pi(i)$	Decomposition rate of fungi in central cell at the i th time node (without considering moistrue)
$\pi_r(i)$	Decomposition rate of fungi in central cell at the i th time node (considering moistrue)

2. Models

2.1 Model Based on Cellular Automaton

2.1.1 Model Introduction and Adaptability

Cellular automaton is a kind of grid dynamics model with discrete time, space and state, and local spatial interaction and temporal causality.[8] The basic element of cellular automaton is a regular cell grid. Cells in different cell grids have discrete states, following the same action rules, and update their states according to the same set of transformation rules.

In this problem, we regard the smallest fungus group and its growth environment as the most basic cell unit. According to the requirements of the problem, we consider n different types of fungi, and we expand the cell unit into a vector unit, which includes not only the type of the certain fungus group, but also the growth rate and humidity resistance determined by the type of it. Environmental parameters, such as temperature and moisture, are also included in it.

One of the reasons why we choose the cellular automata as the basic model is that it can well simulate the growth and division of fungi, and compare the fungal group to the cell. In the following we can map the interaction between the fungal group to Interaction between cells. In this model, the status of the cell has two states: 0 and 1. Zero means that the cell has no fungal group or the fungus group has died, and 1 means that the cell is occupied by the fungus group.

In addition, the definition of a cell's neighbor usually has the following three paradigms (Fig. 1),[9] here we use the first one to simplify the implementation of the later simulation. We think that the four surrounding cells are neighbors of the central cell and will interact with the central cell.

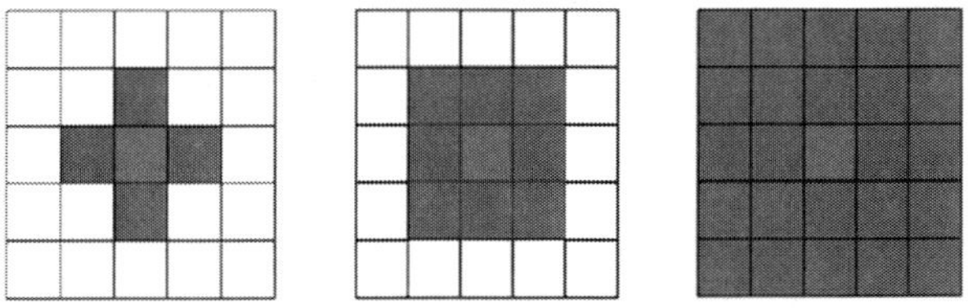

Fig. 1 Three paradigms of cell's neighbors

To explore the rate at which fungi decompose plant material and wood, we divide the surface of the decomposed target into tiny squares, which we will later call tiny cells (Fig. 2). Each tiny unit is a set of cellular bodies that can be split into n by n cellular units. Within each cellular unit, temperature and humidity are determined. However, the fungal community in the cell will be affected by the species and density of the surrounding fungi, as well as the humidity and temperature of the surrounding soil, and continue to live or die in the next state. It is important to note that only one fungal group can exist in each cell.

In each tiny cell, the decomposition rate of each time node is a simple sum of the decomposition rate of all cells. The decomposition rate of the next time node of the tiny unit is the sum of the decomposition rate of all the cells in the next time node.

As for the decomposition of the fixed wood block, only the integration of tiny units over the surface area of the wood block is required.

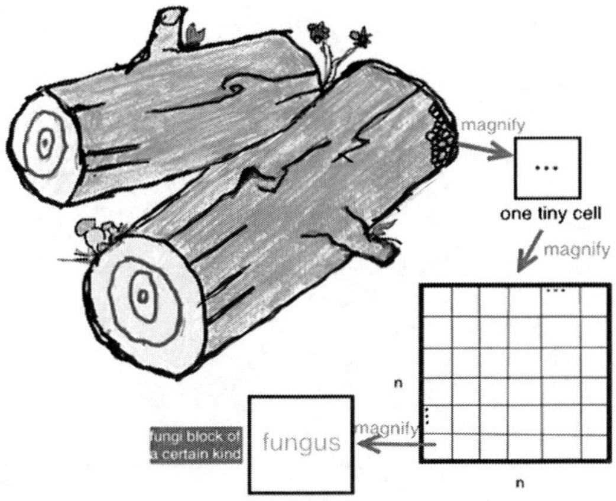

Fig. 2 Workflow of cellular automata for fungus simulation

2.1.2 Attributes Analysis

We summarize the analysis of the attributes in the Table 2.

Table 2 Attributes analysis

Variable	Meaning	Classification
Type	Fungus type	INNER
W	Moisture	OUTER
T	Temperature	OUTER
M	Humidity-resisting range	INNER
Temp	Heat-resisting range	INNER
E	Extension rate	MEDIUM
Rank	Competitive ranking	INNER
Dens_grow	Growth density (the density of a fungal cluster within a cell)	MEDIUM
Dens_hyphal	Hyphal density	INNER
Es	Basal extension rate	INNER

* Medium shows that this factor is determined by both external environment and internal attributes.

2.1.3 Model Establishment

(1) Determination of the initial state of the cellular automata.

In this chapter we need to determine the parameters of the initial state of the cellular automaton and the decomposition rate of the cellular automata in different states. In fact, the rate of decomposition of a cellular unit depends on both external and internal factors. External factors include humidity, temperature, etc., while internal factors depend on the type of fungus. Due to the different species of fungi, their moisture tolerance and extension rate are not the same, so these two factors should be fully considered when we tackle with the decomposition rate of cellular units.

①External attributes.

First, since cells are extremely small units, we assume that the cells in the same unit have the same external factors, that is, the same temperature and humidity.

②Internal attributes.

The internal elements of the cell depend on the type of fungal flora. It is embodied in the moisture tolerance, offensive ability, defensive ability and hyphal density of the fungus.

It should be noted that, in addition to external factors and internal factors, we introduced the concept of growth density of a fungal community, which represents the density of a fungal community and also describes the exuberance of fungal community growth in a cell. There is no doubt that denser fungal communities will be more aggressive, more defensive, and contribute more to the rate of decomposition of cellular units. The internal properties and growth density of the cell will influence each other, presenting in an indirect way at different points of time.

(2) The computational model of extension rate.

The extension rate of a fungal community is determined by both fungal properties and external conditions. Thus, can be written as a function of fungal characteristics and environmental conditions. The function is defined as follows:

$$\theta_r(i) = \varphi(\text{traits}(n_1, n_2, \cdots, n_{m1}), \text{traits}^m(n_1,$$

$n_2, \cdots, n_{m1}), \mathrm{envir}(r_1, r_2, \cdots, r_{m2}))$

In this function, represents the vector of the central cellular fungal group with $m1$ parameters; represents the vector of the fungal community of a particular neighbor cell, also with $m1$ parameters. is a vector representing the environment with $m2$ parameters. We will give a way to determine this particular neighbor cell later in this article.

First, we analyzed the extension rate of the fungal population in the central cell without the influence of neighbor cells. Based on the data analysis, we obtained the functional relationship between the actual extension rate and the basal extension rate, hyphal density, moisture tolerance range, heat tolerance range and competitiveness ranking at temperatures of 10 ℃, 16 ℃ and 22 ℃ respectively, which is shown in the Table 3.

Table 3　Functional relationship between the actural extension and several parameters

T/℃	Function	Goodness of fit
10	$y = -0.860 + 0.262\mathrm{Es} + 0.145\mathrm{Dens\_hyphal} + 0.037\mathrm{Temp} - 0.033M + 0.916\mathrm{Rank}$	0.86
16	$y = -0.894 + 0.576\mathrm{Es} + 0.196\mathrm{Dens\_hyphal} - 0.028\mathrm{Temp} + 0.266M + 2.126\mathrm{Rank}$	0.90
22	$y = 1.359 + 0.728\mathrm{Es} - 0.617\mathrm{Dens\_hyphal} - 0.131\mathrm{Temp} + 0.424M + 2.944\mathrm{Rank}$	0.90

In the above formula, we define $y = \theta_r(i)$ as the theoretical extension rate.

But in fact, the ultimate extension rate of the fungal community is also related to the state of the neighborhood community.[4] We only consider competitive ranking and growth density here. Obviously, the more competitive the neighboring fungi are and the denser the growth, the weaker the fungal flora of the central cell and the more likely it is to be eliminated and colonized. Here we give a law on how to be eliminated and replaced.

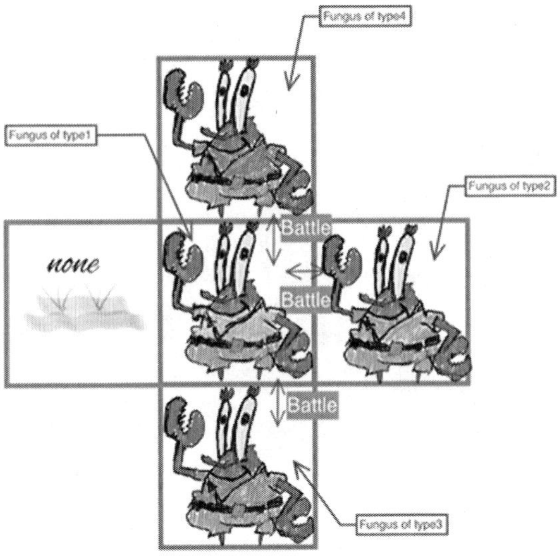

Fig. 3　Cartoon of the battling model

As is shown in the cartoon above (Fig. 3), if one Mr. Krabs represents a fungal colony within a cell, the cell fights against the cell. The growth rate of the central cell is determined by the four surrounding cells together. If there are no surrounding cells (the cells are on a boundary or there is no fungus in the cell), the cell is not considered and said to be invalid. We define the number of effective extracellular cells in the center as Q. The growth rate of the central cell after considering the neighbor struggle effect is the true growth rate, and its expression is as follows:

$$\begin{cases} \theta_r(i) = \theta(i)\left(\gamma(i)\delta - \left(\sum_{k=1}^{Q} \gamma_k(i)\delta_k\right)/Q\right), \\ \qquad \gamma(i)\delta < \left(\sum_{k=1}^{Q} \gamma_k(i)\delta_k\right)/Q \\ \theta_r(i) = \theta(i), \quad \gamma(i)\delta > \left(\sum_{k=1}^{Q} \gamma_k(i)\delta_k\right)/Q \end{cases}$$

This means that if the growth rate and competitiveness of the central cell fungal community is not as good as the surrounding fungal community, then its growth rate will become negative, and will appear declination.

(3) The computational model of decomposition rate.

After reading much scientific literature, we obtained the relationship between wood decomposition rate and temperature[2] (reflected by the activity of decomposable enzymes), fungal extension rate and fungal properties (reflected by the difference between the competitive rank of fungi and the length of the interval of moisture resistance).

Due to the lack of data, we did not consider the interaction and synergistic or antagonistic effects among independent variables here. By simply adding the above three formulas, the relationship between wood decomposition rate and moisture trade-off among enzyme activity, fungus growth rate and moisture trade-off was obtained as follows:

$$\text{Decomposition rate} = 1.24 \times 1.162^{mt} \times E^{0.15} \times (0.81 \times ((\text{Ac}+1)^{0.28} - 1))^{1/3}$$

Ac means the enzyme activity. After dealing with the relationship between decomposition rate and the above three independent variables, we found that an important variable was neglected, that is, moisture. And temperature has also been ignored. As for temperature, we use quadratic interpolation to fit the model results under the above three specific temperatures, and get the relationship between decomposition rate and temperature under other conditions.

Moisture is an important variable affecting fungal activity, so we also need to include moisture in our model. Specialist knowledge tells us that slow-growing fungi with long moisture tolerance ranges are more likely to be found in arid forests with more seasonal rainfall because they have less wood decomposition capacity. Fast-growing, competitive fungi, by contrast, tend to exist in more favorable environments and break down wood more quickly, regardless of the local microclimate. So higher moisture means more fungus are able to break down wood. This may introduce some collinearity problems, but it is the best solution in a non-experimental environment.

Now consider the relative moisture W. The value range of relative moisture is (0, 100%). The moisture determining factor β is introduced, β is a multiplier unit, and its value is

$$\beta = \mathrm{e}^{-(1-W)}$$

The decomposition rate after considering moisture is as follows:

$$\pi_r(i) = \pi(i) \times \beta$$

The rate of decomposition of a micro unit of wood is the sum of $n \times n$ cells.

(4) Renewal of state based on markov chain.

According to the previous definition, we placed a k-dimensional vector for each cell of the cellular automaton, including the external attributes, internal attributes and the extension density of the cell in its current state. The state of the cell in the next step is only affected by the current state, so we can think that the process of the state of the cellular automaton changing with time is a continuous time Markov process.[7,10] At the same time, since the state of the cell in the current state is known, if we want the next state to be measurable to the current state, we need to determine the functional relationship of the corresponding variable.

The purpose of this section is to explore how to determine the transition rules for state i to state $i+1$. The first thing to be sure is that the external properties of the cell, namely moisture and temperature, are constant. Secondly, in terms of internal attributes, the moisture tolerance, offensive ability, defensive ability and hyphal density of fungi all depend on the species of fungi. If the species of fungi does not change, the internal attributes will not change.

The extension rate of a fungal community is determined by the internal and external properties of the cell. The factors affecting the extension rate of central cell in state i include not only the factors of the cell itself but also the factors of neighboring cell. For example, if the neighbor cell is more aggressive and the central cell is less defensive, the growth rate of the central cell will be correspondingly reduced.

The growth density of the central cell in state $i+1$ is determined by the growth density and growth rate of the central cell in state i. The faster the growth rate, the higher the previous density, the higher the growth density at state $i+1$, as shown in Fig. 4. If the growth density of the central cell is low, and the defense is poor, it is easy to be destroyed and replaced by the neighbor cell. Here we give the principle that the fungal community in the cell is eliminated and replaced.

When the cellular automaton reaches state i, we make a judgement on its updated growth density. If the growth density is less than the given threshold value K, it can be considered that the fungal group in the cell has died, and the cellular state changes from 1 to 0. If the cell state goes to zero, thus, there is a certain probability that the cell will be occupied by the fungal group in the neighboring cell. To be precise, there is a certain probability of being colonized by the densest fungal group in the neighboring cell. At this point, at state i, the central cell gives rise to a new species of fungus, whose growth density is determined by the fungal group occupying its neighbor cell, and whose growth rate is determined by the internal and external properties of the cell at this time, as well as by its neighbor cell.

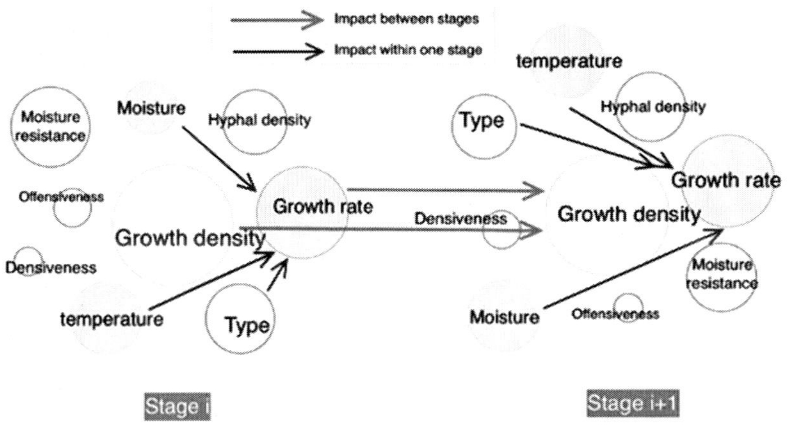

Fig. 4　Interactions between stages and within one stage

Obviously, we can get the growth density (at next step) of the fungal population by the following function:

$$\gamma(i+1)=\gamma(i)+\theta(i)\times t$$

When the growth density of a fungal community drops below the threshold value K, we believe that the fungal community in the cell has been basically extinct. At this point, there is a certain probability that it will be taken over by the best condition of the surrounding fungal flora based on the combination of growth density and competitive ranking. The probability is:

$$P=\max(\gamma_{m}(i)\times\delta_{m})$$

Among them, $\gamma_{m}(i)$ is the extension density of the fungus group with the optimal conditions, and δ_{m} is the competitiveness ranking of the fungus group. The growth density of the new fungal population is the lower quartile of the upper limit of the growth density.

2.2　Mutual Influence among Fungus

An interesting phenomenon can be found when considering the factors of fungal competition into the model for programming simulation. There was a pattern of substitution effects in the 34 species we selected. We represented it in a heat diagram.

This heat map shows that there is a strong substitution effect between some fungi in the fungi we studied, that is, one fungus is eliminated and occupied by another fungus very frequently, and this fungus is easily affected by another fungus. Substitute. This may be the "natural enemy effect", which means one type of fungus is weak against another. The darker the color the higher the frequency, and also the more likely it is to be replaced.

2.3 Environmental Impact on Evolution

2.3.1 Introduction

The environmental adaptability of fungal flora system is intuitively related to the moisture tolerance of fungi. The higher the moisture tolerance, the lower the ability to adapt to mutation. These are reflected in the model built earlier in this article, and also in the simulation program written in the appendix of this article. Therefore, this paper adopts the method of simulation to randomly select a certain time point and randomly set a group of environmental parameters different from the current environment, where the cosine distance between the two groups of environmental parameters should be at least more than 0.5. At the same time, this paper believes that after the environmental mutation, if the decomposition ability can still maintain at a high level, it is considered that it can better cope with the environmental mutation.

It can be seen that the decomposition efficiency of the fungal community will decrease temporarily based on a weather change at the time of 600 days, and continue the original trend after another 100 days or so, and tend to stabilize (Fig. 5).

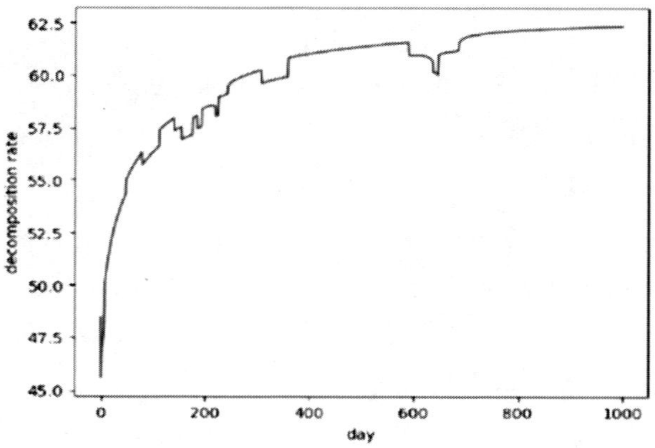

Fig. 5 Sudden impact of moisture on decomposition rate

2.3.2 Short-time and Long-time Trend

While ignoring weather random fluctuations, it can be thought that the weather will not change in a very short time. We adjusted the unit of decomposition rate of wood by cellular population and simulated the decomposition process of wood by a cellular population in units of seconds and minutes. The weather can be considered unchanged during this process.

While considering random fluctuations, it can be thought of as a long period of time. We simulated the decomposition of wood by a cellular population on a daily basis by randomizing the daily weather (Fig. 6, Fig. 7).

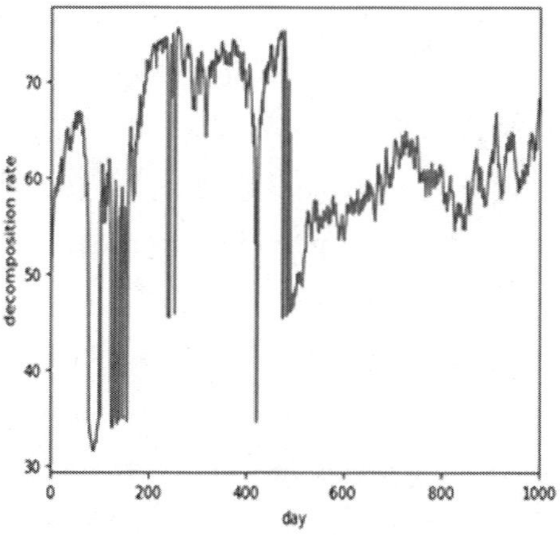

Fig. 6 Decomposition rate graph towards temperature fluctuation

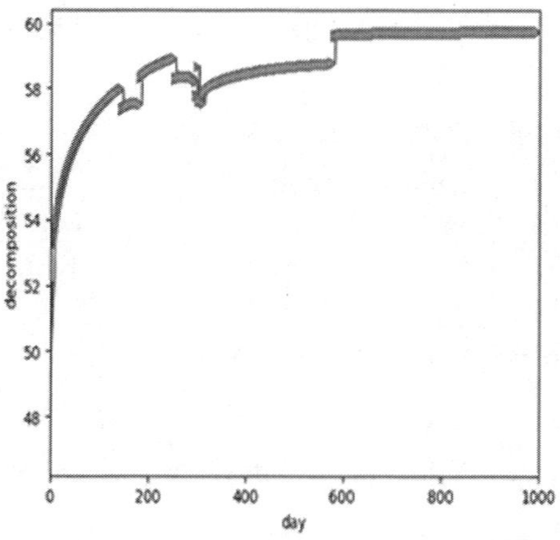

Fig. 7 Decomposition rate graph towards moisture fluctuation

The comparison of short and long time simulations shows that the decomposition rate does not jump much over a very short period of time because the weather does not change. However, when we simulated the growth of fungi and the process of wood decomposition using day as a unit, we found that environmental factors had a great influence on the decomposition effect. Among them, the temperature has the largest fluctuation on the final decomposition results, while the moisture has a small effect. Therefore, for the third question, we can assume that the decomposition of wood and garbage by fungi is very sensitive to the change of local weather.

3. Advantage and Weakness

3.1　Advantages

(1) Considering the influence of internal and external factors, the model is more reliable.

(2) The accuracy is high enough. With the increase of n, the error caused by hypothesis 1 tends to zero.

(3) The model of cellular automaton can simulate the decomposition process at different time units by changing the units of decomposition rate.

(4) The cellular automaton model can simulate the change of fungal decomposition rate of wood towards random environmental mutation.

(5) The spatial competition between populations is quantified and reflected in the simulation process.

3.2　Weakness

In the model established in 5.1, as the evolution goes, the fungal growth density may tend to infinity. However, due to the limitation of resources and other factors, the growth density of fungi in the cell can not tend to infinity.

3.3　Improvement

To deal with the weakness, we do some unfinished work which is as follows.

Under ideal conditions with sufficient materials and suitable environment, due to the continuous superposition of intergenerational growth, the effect of exponential growth will eventually be formed, that is, $\rho_t = \rho_0 \cdot \lambda^t$. ρ_t is the density of the flora at time t. When the materials are limited, the same kind of fungi will naturally have a competitive relationship because they require the same resources. According to the Mono model of resource competition, in the context of this question, the actual growth rate of the same fungus in each round is the ideal growth rate minus the mortality rate under environmental constraints; and the rate at which resources are consumed is the rate that it creates new resource minus the rate at which this species consumes resources.

The final competitive dynamics equation is as follows:

$$\frac{\mathrm{d}\rho_t}{\mathrm{d}t} = E - \rho_{t-1} \cdot \mathrm{d}r_t$$

$$\frac{\mathrm{d}H}{\mathrm{d}t} = sr(i) - \int_0^t \rho_s \cdot h(i)\,\mathrm{d}s$$

$\mathrm{d}r_t$ is the death rate at time t, $sr(i)$ is the rate which the environment provides resource, $h(i)$ is the rate which the certain kind of fungi uses the th resource, ρ_s is the density of the fungal strain at time s of unit density. In the specific model operation, λ is what we need to assume, and $\mathrm{d}r_t$ is also what we need to assume, and the integration process of $\int_0^t \rho_s \cdot h(i)\,\mathrm{d}s$ requires further differentiation of time. The controlling factor is large, so we can take here $\int_0^t \rho_s \cdot h(i)\,\mathrm{d}s = \rho_t \cdot h(i) \cdot t$.

4. Results

Fungi are one of the most diverse groups of organisms on earth, which are widely distributed in terrestrial ecosystems. It is not only an important carrier of soil carbon cycle, but also an important component of biodiversity. Fungi play different roles in different ecosystems, depending on the species they are. Fungi are also affected directly or indirectly by the environment to varying degrees when they play their role.

First, as one of the most important soil decomposers, fungi have the most important job of breaking down waste. The most important factor affecting the rate of fungal decomposition is extension rate. In addition to the properties of the fungus itself, environmental factors such as temperature, moisture, and acidity also affect the decomposition rate of the fungus. Among them, temperature and moisture are the two most influential factors.

In tropical rainforests, for example, fungi break down wood at a very high rate. In fact, the larger the moisture tolerance range of fungi and the higher the external temperature, the higher the decomposition rate of fungi will tend to a higher value. In tropical rainforest climate, fungi adapt to high temperature and high humidity environment, thus their decomposition rate can often reach an ideal state. In the cold Arctic, however, only certain species of fungi can survive, and most fungi cannot adapt, not to mention their rate of decomposition.

Secondly, through the simulation experiment, the decomposition rate of fungi has a quantitative relationship with external temperature, their moisture trade - off and extension rate:

$$\text{Decomposition rate} = 1.24 \times 1.162^{mt} \times E^{0.15} \times (0.81 \times ((Ac + 1)^{0.28} - 1))^{1/3}$$

In fact, we can derive the relationship about the properties of fungi themselves in Table 3.

The goodness of fit of the above three formulas is all around 0.9, so a relatively accurate result is achieved. Note: See above for the meaning of specific parameters.

However, the growth rate is actually got under the ideal isolated environment, and the actual growth rate is also related to the state of the neighborhood community. For example, when the fungal community in its neighborhood is denser and more competitive, it is more likely to be replaced.

Thirdly, fungal biodiversity is directly proportional to the rate of decomposition. This is because when a fungal population has a high density of one type of fungus, their niches are highly overlapping, and therefore they require many of the same resources. The limited resources will thus bring about fierce competition. Also, when there is only one type of fungus in a fungal community, they can't adapt well to sudden changes in their external environment, such as temperature and humidity. When the external environment changes, there is a high probability that they will become extinct. Therefore, fungal biodiversity is crucial to maintaining the stability of the ecological environment.

These states are mainly caused by the combined effects of limited natural resources, self-inhibition, and positive and negative synergies among species.

Notably, the ratio of plant abundance to fungal abundance has been found to be declining exponentially, suggesting that current projections overestimate fungal abundance by a factor of 1.5 to 2.5. Therefore, the need to protect fungal diversity has become urgent.

References

[1] TEDERSOO L, BAHRAM M, PÕLME S, et al. Global diversity and geography of soil fungi[J]. Science, 2014, 346(6213):1078.

[2] SHI L L, MORTIMER P E, SLIK J W F, et al. Variation in forest soil fungal diversity along a latitudinal gradient[J]. Fungal diversity, 2014, 64(1): 305-315.

[3] BODDY L. Interspecific combative interactions between wood-decaying basidiomycetes [J]. FEMS microbiology ecology, 2000, 31 (3): 185-194.

[4] HOPPE B, PURAHONG W, WUBET T, et al. Linking molecular deadwood-inhabiting fungal diversity and community dynamics to ecosystem functions and processes in central European forests[J]. Fungal diversity, 2016, 77(1): 367-379.

[5] TOLJANDER Y K, LINDAHL B D, HOLMER L, et al. Environmental fluctuations facilitate species co-existence and increase decomposition in communities of wood decay fungi[J]. Oecologia, 2006, 148(4): 625-631.

[6] MANGAN S A, ADLER G H. Consumption of arbuscular mycorrhizal fungi by terrestrial and

arboreal small mammals in a Panamanian cloud forest [J]. Journal of mammalogy, 2000, 81(2): 563-570.

[7] DARMAWAN S, SARI D K, WIKANTIKA K, et al. Identification before-after forest fire and prediction of mangrove forest based on Markov-cellular automata in part of Sembilang national park, Banyuasin, South Sumatra, Indonesia [J]. Remote sensing, 2020, 12 (22): 3700.

[8] MENG X, MENG F, ZHAO Z, et al. Prediction of urban heat island effect over jinan city using the Markov-cellular automata model combined with urban biophysical descriptors [J]. Journal of the Indian society of remote sensing, 2021, 49(4): 997-1009.

[9] DAI J, ZHAI C, AI J, et al. Modeling the spread of epidemics based on cellular automata[J]. Processes, 2021, 9(1): 55.

[10] VASMER M, BROWNE D E, KUBICA A. Cellular automaton decoders for topological quantum codes with noisy measurements and beyond [J]. Scientific reports, 2021, 11 (1): 1-14.

Appendix

Python Codes

```
#python codes: evolution simulation
import numpy as np
import random
import math
import matplotlib. pyplot as plt
n = 10
moisture = 0.9
temper = 10
steplen = 600
step_time = 1
dieline_activity = 0.1

def sigmoid(X):
    x = 1.0 / (1 + np.exp( -X))
    #x = round(x, 2)
    return x

def check_index_around(i):
    left_index = i - 1
    right_index = i + 1
    up_index = i - n
    down_index = i + n
    index_list = [left_index, right_index, up_index, down_index]

    index_real_list = []
    for j in index_list:
        if (j > = 0 and j < = n * n - 1):
            if (abs(i - j) = = 1):
                if (i//n = = j//n): index_real_list.append(j)
            else:
                index_real_list.append(j)
    return index_real_list

def extenrateCal(p, index):
    index_real_list = check_index_around(index)
    extrate = 0
    extrate_10 = math.exp( - moisture/200) * ( -0.86 + 0.262 * p[index][5] + 0.145 * p[index][2] + \
        0.037 * p[index][4] - 0.033 * p[index][3] +0.916 * p[index][9])

    extrate_16 = math.exp( - moisture/200) * ( -0.894 + 0.576 * p[index][5] + 0.196 * p[index][2] - \
        0.028 * p[index][4] + 0.266 * p[index][3] + 2.126 * p[index][9])

    extrate_22 = math.exp( - moisture/200) * (1.359 + 0.728 * p[index][5] - 0.617 * p[index][2] - \
        0.131 * p[index][4] + 0.424 * p[index][3] + 2.944 * p[index][9])

    fit_result = np.polyfit([10, 16, 22], [extrate_10, extrate_16, extrate_22], 2)
```

```
    y = np.poly1d(fit_result)
    extrate_t = y(temper)

    center_ability = p[index][1] * p[index][9]
    neibr_total_ability = 0
    for i in index_real_list:
        neibr_total_ability += p[i][1] * p[i][9]
    neibr_avg_ability = neibr_total_ability / len(index_real_list)

    if (center_ability < neibr_avg_ability):
        extrate = extrate_t * (center_ability - neibr_avg_ability)
    else:
        extrate = extrate_t
    #extrate = round(extrate, 2)
    #print(extrate)
    return extrate

def deforrate(p):
    defrate_total = 0
    for i in range(n * n):
        er = p[i][8]
        mt = sigmoid(p[i][9]) - p[i][3]
        aa = 1.5 * temper
        if (er < 0): er = 0
        if (aa < 0): aa = 0
        defrate_some = 1.24 * pow(1.162, mt) * pow(er, 0.15) * pow((0.81 * pow(aa + 1, 0.28) - 1), 1/3)
        defrate_total += defrate_some
    defrate_total = round(defrate_total, 2)
    return defrate_total

def renew(p):
    for i in range(n * n):
        p[i][1] += p[i][8] * step_time
        live_P = sigmoid(p[i][1])
        rand = random.random()
    for i in range(n * n):
        if (p[i][1] < dieline_activity): #or (rand > live_P):
            p[i] = ['None', 0, 0, 0, 0, 0, moisture, temper, 0, 0]

    for i in range(n * n):
        if (p[i][0] == 'None'):
            index_real_list = check_index_around(i)
            index_max = 0
            activity_max = 0
            for j in index_real_list:
                ability_std = p[j][1] * p[j][9]
                if (ability_std > activity_max):
                    index_max = j
                    activity_max = ability_std
            p[i] = [p[index_max][0], dieline_activity * 2.5, p[index_max][2], p[index_max][3],\
                p[index_max][4], p[index_max][5], moisture, temper, 0, p[index_max][9]]
    for i in range(n * n):
        p[i][8] = extenrateCal(p, i)
    return p

class Fungi:
    name = ''
    activity = 0
    density = 0
    moiswidth = 0
    tempwidth = 0
    base_extrate = 0
    compranks = 0
    extrate = 0
    def __init__(self, na, mois, temp, base_ex, ranks, den):
        self.name = na
        self.moiswidth = mois
        self.tempwidth = temp
        self.base_extrate = base_ex
        self.compranks = ranks
        self.density = den
```

```
C6D = Fungi('C6D', 2.08, 13.3, 0.35, 0.16, 1.02)
A6F = Fungi('A6F', 3.01, 24.7, 0.25, 0.231, 0.1)
B3H = Fungi('B3H', 1.38, 9.7, 4.7, 0.57, 0.03)
C4H = Fungi('C4H', 1.4, 18.6, 4.04, 0.465, 0.03)
NameList = ['C6D', 'A6F', 'B3H', 'C4H']

plane = [['',0,0,0,0,0,0,0,0,0] for i in range(n*n)]
for i in range(n*n):
    plane[i][0] = random.choice(NameList)
    plane[i][1] = random.random()
    plane[i][1] = round(plane[i][1], 2)

for i in range(n*n):
    box = plane[i][0]
    plane[i][2] = eval(box).density
    plane[i][3] = eval(box).moiswidth
    plane[i][4] = eval(box).tempwidth
    plane[i][5] = eval(box).base_extrate
    plane[i][6] = moisture
    plane[i][7] = temper
    plane[i][9] = eval(box).compranks

for i in range(n*n):
    plane[i][8] = extenrateCal(plane, i)

resultlist = [[] for i in range(steplen)]
add_box = 1
for i in range(steplen):
    if (i == 0):
        resultlist[i].append(deforrate(plane))
        for j in range(n*n):
                resultlist[i].append([plane[j][0], '%.2f' % plane[j][1],'%.2f' % plane[j][8]])
    else:
        #if (add_box == 500): moisture = moisture * (1 + (random.random() / 2.5 - 0.2))
        #else: add_box += 1
        ##for j in range(n*n):
            #plane[j][1] = sigmoid(plane[j][1])
        #moisture = moisture * (1 + (random.random() / 5 - 0.1))
        #temper = temper * (1 + (random.random() / 10 - 0.05))
        plane = renew(plane)
        resultlist[i].append(deforrate(plane))
        for j in range(n*n):
            resultlist[i].append([plane[j][0], '%.2f' % plane[j][1], '%.2f' % plane[j][8]])

with open('X:\\竞赛文件夹\\2021MCM\\模拟演化结果\\test1.txt', 'a') as txt:
    txt.seek(0)
    txt.truncate()
    for i in resultlist:
        txt.write(str(i[0]) + '\n')
        for j in range(n):
            for k in range(n):
                txt.write(str(i[j*n+k+1]) + '')
            txt.write('\n')
        txt.write('\n')

x = []
y = []
count = 0
for i in range(steplen):
    x.append(count)
    count += 1
for i in range(steplen):
    y.append(resultlist[i][0])
print(x)
print(y)
plt.plot(x, y)
plt.show()
```

基于移动立方体算法的随机地形生成

陈浩然[1]

1. 哈尔滨工业大学电子与信息工程学院 2018 级　电子信息工程专业

摘要:为了模拟包含山脉、平原、海洋、河流、地下洞穴等地貌的复杂随机地形,本文使用了 2D 单形噪声、3D 单形噪声,构建了一个由一系列带有密度信息的三维点矩阵构成的空间,使用面绘制算法覆盖三角面,构建出了灵活多变的随机地形。

关键词:移动立方体算法;单形噪声;地形生成

Random Terrain Generation Based on Marching Cubes Algorithm

Chen Haoran[1]

1. Electronic Information Engineering, 2018,
School of Electronic and Information Engineering, Harbin Institute of Technology

Abstract: In order to simulate the complex random terrain including mountains, plains, oceans, rivers, underground passages and other landforms, this paper uses 2D simplex noise and 3D simplex noise to construct a space composed of a series of 3D point matrix with density information, and uses marching cubes algorithm to cover the triangles to construct the flexible random terrain.

Key words: Marching cubes algorithm; Simplex noise; Terrain generation

引言

地形生成的应用十分广泛,在诸如游戏娱乐、环境科学、战术战略模拟等领域均有体现。

地形生成可以分为两个模块:地形信息生成和地形建模。

常见的地形信息生成方式有噪声法、随机数法和侵蚀法,噪声法因其效率高、即时性好、地形可无限无缝延伸等而成为主流。其中,单形噪声因其算法复杂度小于柏林噪声,在效率、无缝性、硬件亲和性等方面都强于柏林噪声。

常见的地形建模算法受限较大,均基于二维高度图生成,仅针对2D平面。实现的效果均为将2D平面部分抬升下降,产生山脉、平原等地貌,无法实现地下洞穴、燕尾峭壁等复杂却十分常见的地貌。因此,本文将采用一种在地形建模领域较为新颖少见的面绘制算法:移动立方体算法。这种算法在医学领域较为常见,用以进行医学图像三维重建;在游戏领域的少量应用中也展示出了极大的建模自由度。

本文受 Sebastian Lague 的 Coding Adventure 系列启发,并阅读了各种中英文社群资料,在此基础上发展、改进、创新。

1. 三维点密度矩阵的创建

1.1　点集分类

想要创建一个三维地形,就必须用一系列离散值表征整个空间。这里将一个点的密度按表1.1中方式定义。

表 1.1　点密度划分表

密度区间	[−1, −0.2]	[−0.2,0]	[0,1]
属性	空气	海洋	陆地

为了保证模拟的真实性,需要大量的点来进行运算。在 CPU 中逐一计算效率过低,可以考虑单形噪声的性质,单形噪声可以视为一个函数 f,输入一个点即可获得这个点的噪声值,而不需要输入其他点的信息。

$$s = f(\text{pos} + \text{offset}) \tag{1.1}$$

式中,pos 为输入的点坐标;offset 为坐标偏移,与输入的随机种子有关。

这样,就可以在 GPU 中并行运算 s 的值。本文使用的平台是 Unity3D,使用 compute shader 向 GPU 输入点矩阵和设置参数,让 GPU 返回带有点密度的点矩阵。

对于如此数量庞大的点阵的优化,这里采用两级构造:每 32×32×32 个点组成一个块,每1×8个块组成一个区。这样,一幅巨大的地图就可以拆分为一系列 $N \times N$ 的区,每次只用加载离摄像头最近的几个区即可,提高了执行效率。

1.2　分形布朗运动与数据处理

当计算了某一点的噪声值后,还不能直接返回密度数据,还需要对密度进行一系列处理,最常用的手段是分形布朗运动(fraction Brownian motion)。

分布朗运动是一种迭代算法,每次迭代都会为函数值更细微的变化,这样在多次迭代之后,原本平滑的函数值就会拥有更多细节,更接近现实中的地形。

以一次迭代为例,假设相邻的一组点阵为正弦关系,基于性能考量,应对其做尽量简单的变换,使其产生山脊、平原等地形(图1.1)。

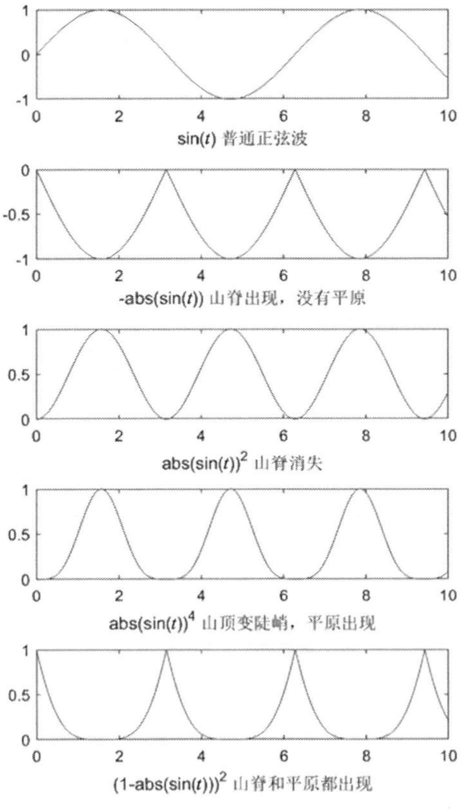

图 1.1　几种变换方式的效果比较

比较了几种简单的变换,最终认为对于山脉,$(1-\text{abs}(\sin(t)))^2$ 的效果最好,既有高耸的山峰,也有平坦的平原;而对于地下洞穴和河床,$\text{abs}(\sin(t))^2$的效果最好,函数图像平滑且导数连续，变化又比 sin(t) 丰富，生成的通道错综复杂又不容易断裂扭曲。

每次迭代，都会使幅度（倍频）衰减，频率增大，以此达到更丰富的效果。迭代满足如下分形求和公式：

$$\text{signal} = \sum_{i=0}^{N} A \cdot f(k^i \cdot \text{pos}) \qquad (1.2)$$

式中，A 为幅度衰减系数；k 为频率增益系数；pos 为点的坐标。两种迭代方式的效果展示如图 1.2 所示。

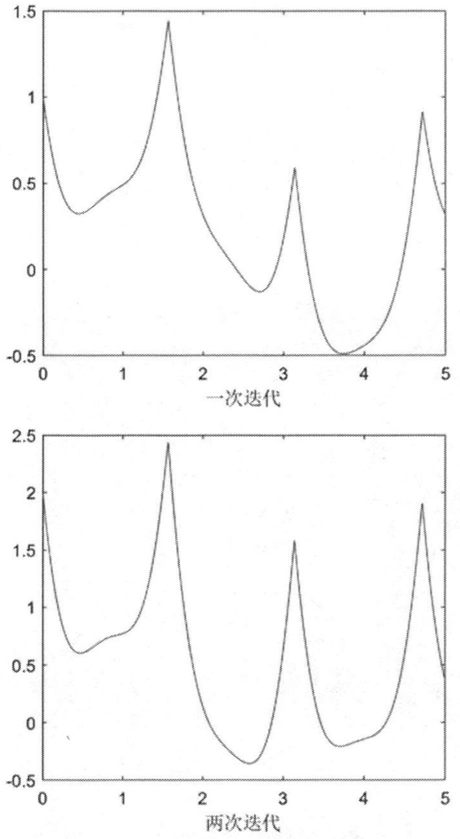

图 1.2　两种迭代方式的效果展示

可以清楚地看到，多次迭代之后原函数 $(1-\text{abs}(\sin(t)))^2$ 图像变得非常丰富。经过多次尝试，基于效率和效果的考虑，进行 4 次迭代，频率增益为 2，幅度衰减为 0.4。

Sebastian Lague 只使用了一个 3D 单形噪声生成地形，用他设计的变换将网状的 3D 单形噪声变换为类似水平放置的葫芦形，葫芦及葫芦以上的地区挖掉，视为空气。但其变换无法消去噪声的空洞，导致他的地图中有很多悬空的地块，与现实地形有一定差距：一方面是源于移动立方体算法的二义性；另一方面是 3D 单形噪声的网状结构难以实现连续的陆地表面。

本文最初尝试改良 Sebastian Lague 的变换算法，但在尝试对噪声进行各种变换无果后，我们放弃了这种做法，而是使用两层噪声，分别使用 2D 单形噪声分离天空、海洋和陆地，乘以高度偏移值，生成一系列具有[−1,1]密度值的点。高度偏移按照如下公式进行：

$$\text{noise3D}(x_0, y_0, z_0) = \text{noise2D}(x_0, z_0) \times (1 - h_0^2)$$

$$h_0 = \frac{y_0}{H} \qquad (1.3)$$

式中，noise 2D 为生成的 2D 的单形噪声；H 为区域的总高度；h_0 为归一化高度；之所以分子是 y，是因为在 Unity 的坐标系中，y 轴为高度轴，经过以上变换，noise3D 在 y 方向中便具有不同的密度值。

图 1.3　一系列满足陆地密度的点

图 1.4　一系列满足海洋密度的点

图 1.5　海洋点和陆地点

至此，我们已经完成了第一步，生成了满足需求的点矩阵。接下来将使用移动立方体算法为点阵包裹三角面，构成各种地形特征。

2. 移动立方体算法的地形建模

Marching Cubes（MC）算法采用了隐式的等值面提取方法，它是直接从体数据中获取等值面的信息。算法需要用户提供一个阈值，也就是所希望提取出来的物质的密度值，比如要提取出骨骼，阈值就要相对大一些，然后根据体数据的信息就可以提取出等值面的三角网格表达。

Marching Cubes 算法的过程可以描述如下：

（1）每次读出两张切片，形成一层。

（2）两张切片上下相对应的四个点构成一个立方体（Cube）。

（3）按从左至右、从前到后的顺序处理一层中的立方体（抽取每个立方体中的等值面），然后从下到上顺序处理到 $n-1$ 层，则算法结束。故名 Marching Cubes。

我们将实现此算法，并在建模效果方面加以改进。

2.1　山脉与地下洞穴建模

山脉的建模最为简单，思路如下：

（1）根据移动立方体算法的原理，对三角剖分建表。

（2）将立方体 8 个顶点的有效/无效状态记为 1 和 0，组成 8 位二进制数。

（3）将此二进制数作为 key 查表，即可得到所需的三角面。

（4）将所有三角面的顶点和索引组合成一个 Mesh，即可得到地形（图 2.1）。

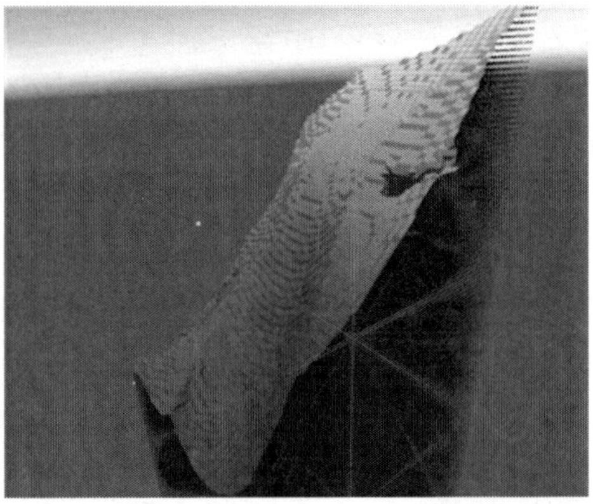

图 2.1　满足山脉条件的点与 MC 算法绘制的山脉

可以看到三角面覆盖了点阵。同时，本文只对相邻的 4 个区进行建模，相邻的块和区之间完全无缝，已经足以证明地形的可无限延伸性（图 2.2、图 2.3）。

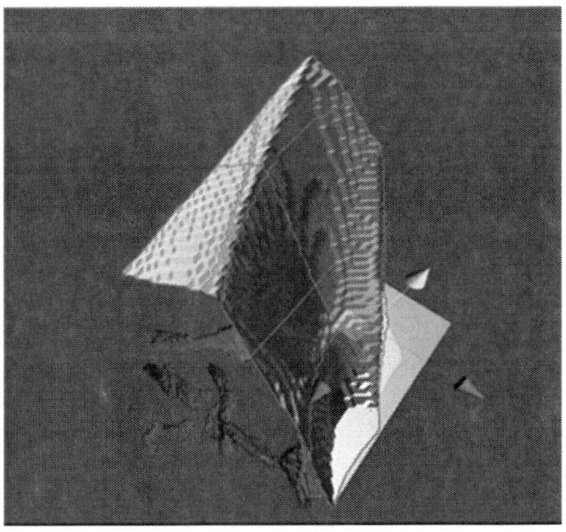

图 2.2　可无限延伸性的体现

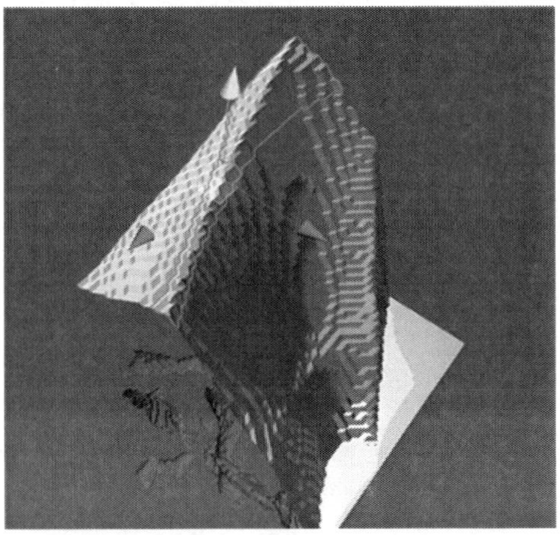

图 2.3　公式产生的山脊

从这些例图可以看到丰富的山脉形状,无缝的地图延伸等性质。我们还根据地形的高度进行了上色,模拟高原、盆地等地形的湿度(图2.4)。

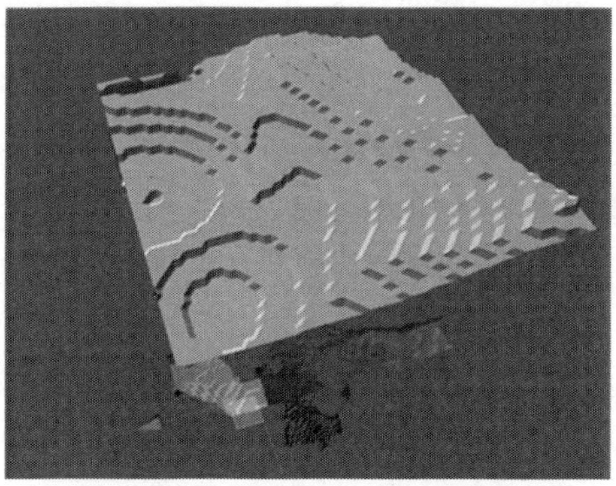

图2.4 沙漠地形,平坦而干燥

对于洞穴建模,本文改良了MC算法,将每个立方体顶点的密度作为权重影响了三角面的分布,三角面的顶点不再必定位于立方体边的中点,使得洞穴更加丰富,同时用更低的点阵密度,达到优于原始MC算法的效果(图2.5、图2.6)。

图2.5 顶点位置不受点密度影响(原始MC算法)

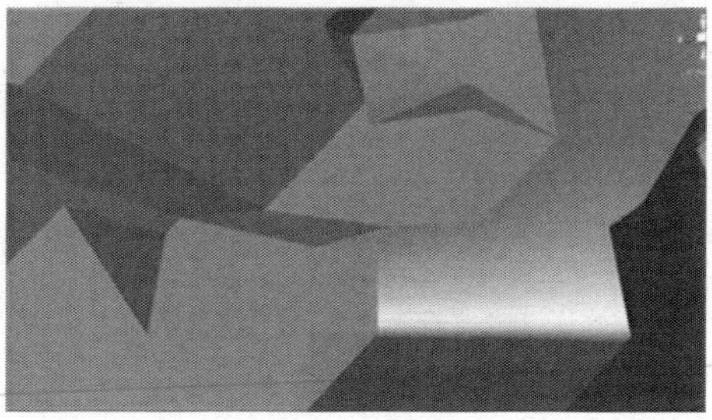

图2.6 顶点位置受点密度影响(改良MC算法)

从图2.5、图2.6中可以看到,改良MC算法建模效果优于原始MC算法。原始MC算法若想达到这种效果,需要更高密度的点阵。

想实现此功能需要克服的问题是,MC算法生成的三角面是不共享顶点的。根据立方体的性质,每4个立方体共享一个边,也就是一个顶点会用于4个三角面。因此若是直接根据点密度移动顶点,必然会导致三角面之间出现极大的缝隙。

对于此问题,解决方案如下:

(1)构造体,在每次计算后返回原始MC算法的顶点坐标和改良MC算法的顶点坐标。

(2)建表,key为原始MC算法顶点坐标,value为改良MC算法顶点坐标。为防止浮点数误差,所有坐标均转换成整型。

(3)每个改良顶点若未在表中,则添加键值对;若已在表中,则将改良顶点的坐标改为已存储的坐标顶点。

2.2 海洋与河流建模

对于海洋建模,传统的建模方式是构建一个巨大的平面,露在外面的就是我们所见的水,而被陆地挡住的部分不会影响使用。这种技术被称为UV水。

但是由于陆地中有洞穴,按此方式构建UV水会导致洞里被填充预期之外的水,因此必须对海水进行裁剪。利用点密度,可以只对满足海洋条件的点进行建模,但为了保证海面和陆地连接处无缝,将包含至少一个满足海洋要求的点的立方体都执行MC算法(图2.7)。

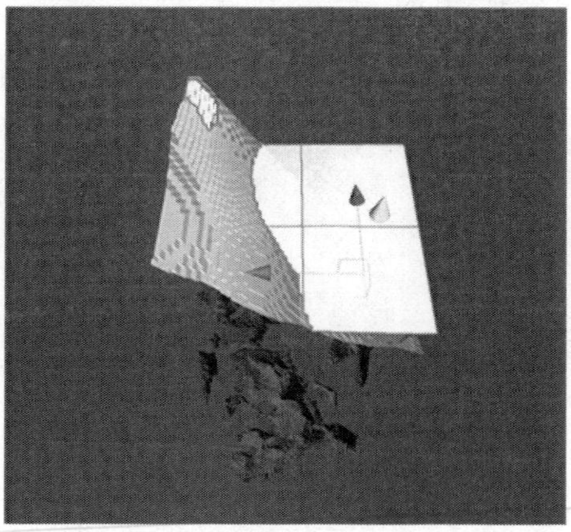

图2.7 海水与山的分界

从图2.7中可以看到,我们对海水沿陆地交界处进行了裁剪,海水埋入陆地的深度只有一个三角面的大小,不会对任何洞穴产生影响。

对于河流的建模,根据点密度也很容易实现,定义最大河流高度,使河流只会在海平面附近出现。河流的边界使用与海水边界相同的方式裁剪，确保不会发生穿模现象。

同时，由于用于挖洞的3D单形噪声输出的密度范围是[-1,1]，并不是所有的洞都会被水填充。

由图2.8～2.10可以看到，该河流算法模拟了河流的多种情况，丰富了地形。

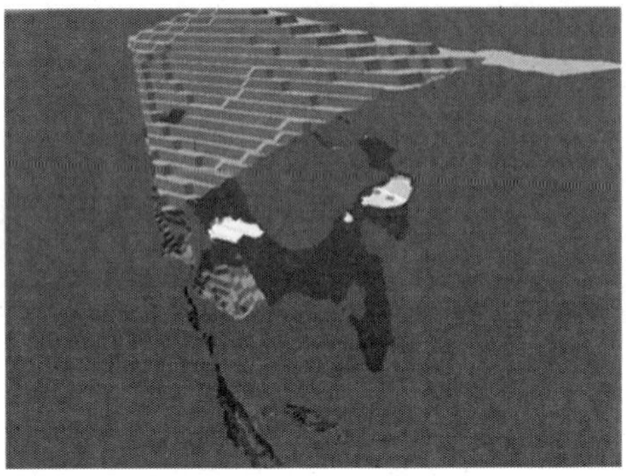

图2.8　注水洞穴与干燥洞穴

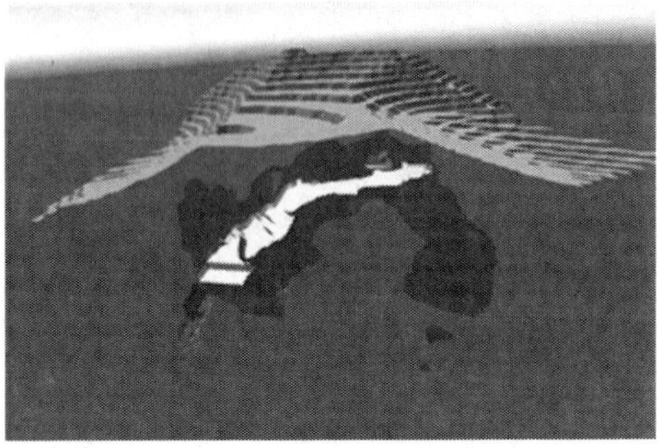

图2.9　一条蜿蜒的地下水路

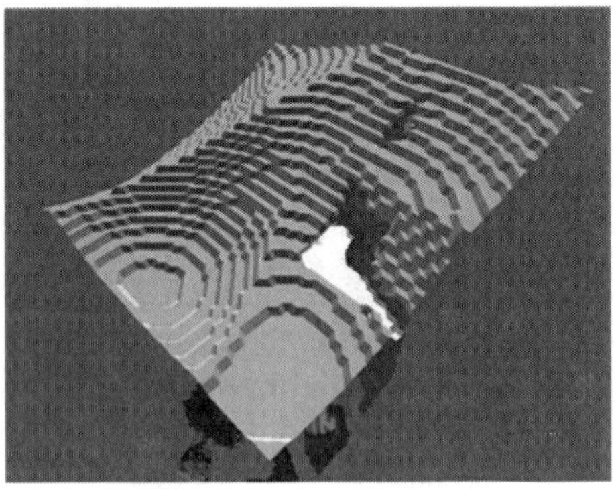

图2.10　注水的峡谷

河流的模型形状不定，且没有UV信息(因为模型不一定凸，且没有时间进行UV展开)，所以河流的贴图不能用平常的方式贴上，会出现扭曲，因此本文使用的三向贴图算法，这是一种对于无UV模型使用的贴图算法，即准备x、y、z轴方向的3张贴图，根据三角面法向量的方向决定3张贴图的权重。

3. 脚本参数控制台和更多的地形

下面展示脚本参数控制台和地形生成器生成的丰富地形。

3.1　脚本参数控制台

脚本参数控制台可以修改包括地图海平面、河流最大高度、地图随机种子、迭代次数、频率增益、幅度衰减、噪声缩放等参数，可以产生丰富多样的地形。脚本参数控制台如图3.1所示。

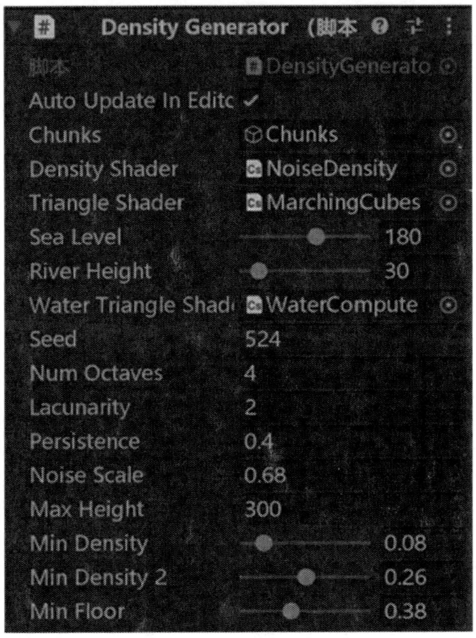

图3.1　脚本参数控制台

3.2　更多地形展示

水流尚未实现物理效果，考虑到相邻陆地点的密度相同，水流的重力模拟并不复杂，但是因为时间不足，而且水流模拟和地形建模相关性不大，这个功能的实现被搁置了。

但是从图3.2～3.5中可以看到，河流已经有了河床和大致的流向，哪怕水流模拟算法不实现侵蚀功能，预期的效果也已较好。因此此地形生成算法对物理模拟的要求较低，可以在较低的物理拟真度下达到更真实的观感，也就降低了配置要求。

图 3.2 湖泊效果 1

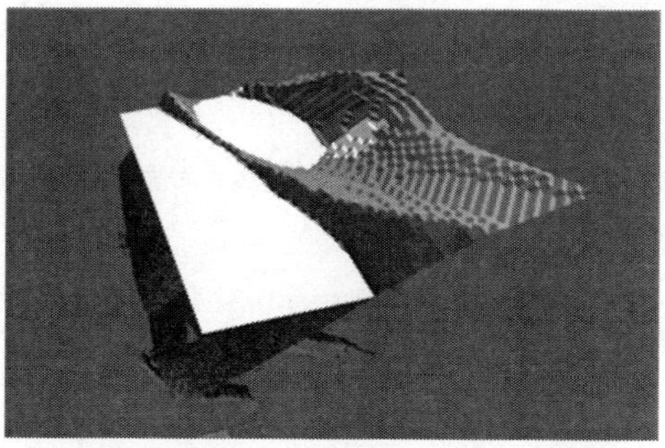

图 3.3 湖泊效果 2

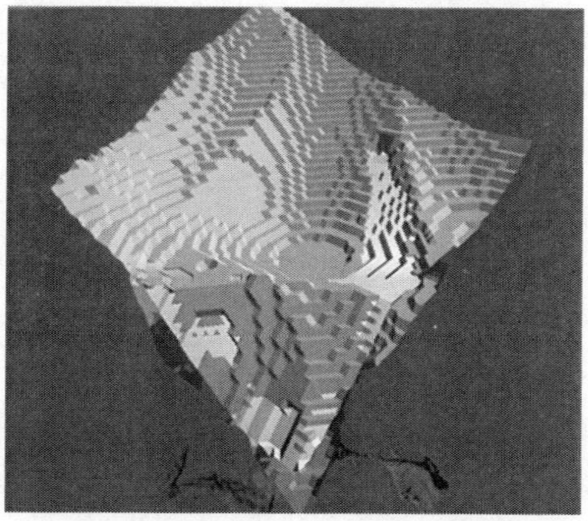

图 3.4 山涧效果(水没有物理效果)

图 3.5 调整参数可以得到更奇特的地貌

4. 项目研究成果

本文使用了两层维度不同、处理方式不同的单形噪声相乘得到带有密度信息的点阵;使用本文改良的 MC 算法创造了丰富多变的地形;裁剪海洋、河流边界防止出现穿模;大量使用了 GPU 进行并行运算。最终实现了效果良好、效率较高、配置要求较低的随机地形生成算法。在无独立显卡的 11 代英特尔低压处理器笔记本上,完成了 4 个区(1 048 576 个点)的密度计算、移动立方体算法绘制、渲染工作,可以在约 500 ms 内完成。

参考文献

[1] I. Q, 则卷大明. value noise derivatives[DB/OL]. [2008]. https://blog. csdn. net/zhangming19901120/article/details/75091679.

[2] 陈欣波. 医学图像三维重建算法研究及其实现[D]. 成都:电子科技大学,2007.

[3] SEBASTIAN L. Coding adventure[DB/OL]. [2019-5-7]. https://github. com/SebLague/Marching – Cubes.

[4] CANDYCAT. 谈谈噪声[DB/OL]. [2015-12-21]. https://blog. csdn. net/candycat1992/article/details/50346469.

[5] 顾耀林, 吕理伟. 移动立方体算法中的三角剖分[J]. 计算机工程与设计, 2006,27(1):120.

[6] YAOSSG. 浅析 1. 13 世界生成[DB/OL]. [2019-2-18]. https://www. mcbbs. net/forum. php? mod = viewthread&tid = 846195&ordertype = 1.

[7] PATRICIO G V, JEN L. The book of shaders [DB/OL]. [2015]. https://thebookofshaders. com/.

Drone and Repeater Placement Planning for Bushfire Rescue in Australia

Li Yanchi[1] , Wang Yushan[1] , Tan Qi[2]

1. Instrument Science and Engineering, 2019, School of Instrument Science and Engineering, Harbin Institute of Technology;

2. Electronic Communication Engineering, 2019, School of Electrionic Communication Engineering, Harbin Institute of Technology

Abstract: Considering the safety and economy, we have designed a model of optimal quantity and combination of SSA drones and radio repeater drones, in order to meet the disaster observation and communication tasks under the conditions of different terrain and different sizes of fire. According to the data of the areas which are the most prone to forest fire and the most serious fire situation in Victoria from 2019 to 2020. We use K-MEANS clustering model to establishes the most comprehensive path covering area of SSA drones cruise and radio repeater drones hover path. At the same time, the ant colony algorithm is used to determine the relative position of EOC and the three front-line fire areas, so as to calculate the most economical number of radio repeaters. Based on the above model, we forecast the possibility of extreme fire events in the next ten years through regression analysis of various meteorological factors in Australia over the years, we use the time series prediction algorithm to predict the possible fire area under extreme fire events in the future and the possibility of extreme fire events in the next ten years, and the expected equipment cost is calculated. As a result, we optimize the spatial position group of radio repeater drones in the above model with three-dimensional scatter diagram and conduct sensitivity analysis and project summary of the model.

Keywords: Best combination; Route plan; Multi-factor optimization solution; Information text selection quantification

Introduction

(1) Background.

Australia suffered devastating wildfires during the 2019 – 2020 fire season, with New South Wales and eastern Victoria suffering the most. Mountain fires not only cause huge economic losses and many casualties, but also bring devastating damage to Australia's natural ecology. Wildfires exacerbated the hot and dry climate. Currently, firefighters can use drones equipped with radio repeaters or video and telemetry functions to ensure information transmission and communication, so that the Emergency Operations Center (EOC) can guide active crews to achieve the best results and maximum safety. Now the consultant team is trying to deploy the best drone combination to deal with forest fires.

(2) Restate the problem.

The system scheme diagram is shown in Fig. 1.

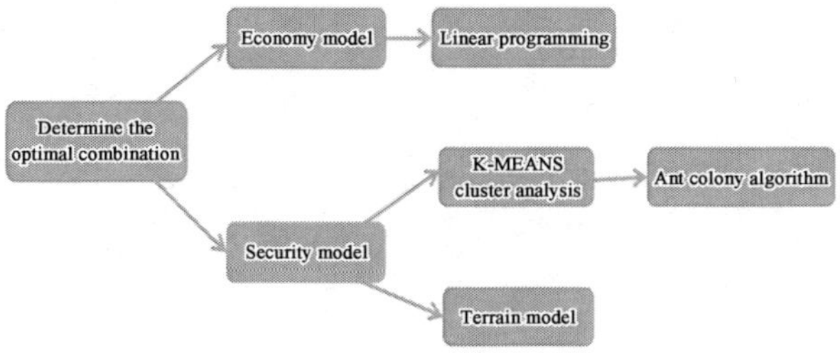

Fig. 1 Scheme flow chart

①Considering the capacity, safety and economy, the size and frequency of fire events, the optimal number of SSA drones and radio repeater drones that meet the observation and communication needs are mixed to achieve rapid bush – fires response.

②Predict the possibility of extreme fire events in the next ten years, analyze the adaptability of the model in the next ten years, and estimate the expected increase in equipment costs.

③Consider the fire size and terrain factors to optimize the model and optimize the position of the radio repeater drone.

④Analyze reasonable budget requests with model support.

(3) Brief analysis of the problem.

①Question 1.

Apply the K-MEANS clustering model to determine the location of the EOC, select the areas most prone to forest fires and fires in Victoria, and conduct a polynomial trend line analysis for each area to plan the SSA drones cruise path coverage The path with the most comprehensive area, considering factors such as capacity, economy and safety, terrain and urban-rural distribution, calculate the combination of the minimum number of SSA drones and radio repeater UAVs required to cover the largest fire area.

②Question 2.

Through comprehensive consideration of various weather factors in Australia over the years, the possibility of extreme fire events in the next ten years is predicted, and the time series forecasting algorithm is used to predict the possible fire area under extreme fire events in the future, so as to calculate the expected increase in equipment costs.

③Question 3.

By analyzing the terrain distribution of Victoria and considering the influence on the repeater signal, on the premise of the problem of the repeater distribution model, a three-dimensional coordinate scatter diagram is established to optimize and analyze the reasonable position group of the repeater in the space.

Simplify assumptions:

- The drone can be carried by the detector to the vicinity of the fire area and then released, and can return to the detector to replace the battery.
- Ignore the impact of wind, weather, and fire on the drone's flying capabilities. Ignore the influence of the weight of the repeater and surveillance detection equipment on the flight duration of the UAV.
- Seriously interfere with the ability of repeaters in mountainous areas with extremely high altitudes and should be reasonably avoided.
- Set up an EOC on the premise of meeting fire incident response capabilities.
- The detection range of SSA drones and Radio Repeater drones is an ideal circle in a two-dimensional plane.

1. Basic Model and Theory

1.1 K-MEANS Clustering Model

Assume a sample of data X, it contains n objects $X = \{X_1, X_2, X_3, \cdots, X_n\}$, each of these objects has properties of m dimensions. The goal of K-MEANS algorithm is to gather n objects into a specified k class cluster according to the similarity between the objects, each object belongs to and only belongs to a class cluster whose distance from the center of the class cluster is minimum. For the K-MEANS, first we need to initialize k clustering centers.

The variable declaration referenced in this article are shown in the Table 1.

Table 1 Variable declaration

Variable	Meaning
dis_1	The distance between two points at latitude α, longitude crossing θ
dis_2	Two points distance when latitude crosses β
L	Maximum flying distance of drone
V_{max}	Maximum flying speed of drone
T_{max}	Maximum flight time of drone
S_1	SSA drones' monitoring area
S_2	Radio Repeater drones' monitoring area
r_1	The longest distance the SSA drones can detect
r_2	The longest distance the Radio Repeater drones can detect
f_{min}	Minimum sum of distance
W_i	Probability of fire
X_i	Distance between fire point and EOC
n_{point}	Fire point in the area
N_{total}	All fire points

$\{C_1, C_2, C_3, \cdots, C_k\}$ $(1 < k \leqslant n)$, then the Euclidean distance from each object to each cluster center is calculated, this is shown in the following formula:

$$dis(X_i, C_j) = \sqrt{\sum_{t=1}^{m} (X_{it} - C_{jt})^2}$$

In the above formula, X_i represents the i-th object, $1 \leqslant i \leqslant n$; C_j represents the j-th clustering center, $1 \leqslant j \leqslant k$; X_{it} represents the t-th property of the i-th object, $1 \leqslant t \leqslant m$; C_{jt} represents the t-th attribute of the j-th clustering center. The distance between each object and each cluster center is compared, and the object is assigned to the cluster that is closest to the cluster center (Fig. 2), and k cluster clusters are obtained $\{S_1, S_2, S_3, \cdots, S_k\}$. K-MEANS algorithm defines the prototype of the class cluster with the center. The center of the class cluster is the mean value of all objects in the class cluster in each dimension, and its calculation formula is as follows:

$$C_l = \frac{\sum_{X_i \in S_l} X_i}{|S_l|}$$

In the formula, denotes the center of the l-th cluster, denotes the number of objects in the l-th cluster, denotes the i-th object in the l-th cluster $1 \leqslant i \leqslant |S_l|$.

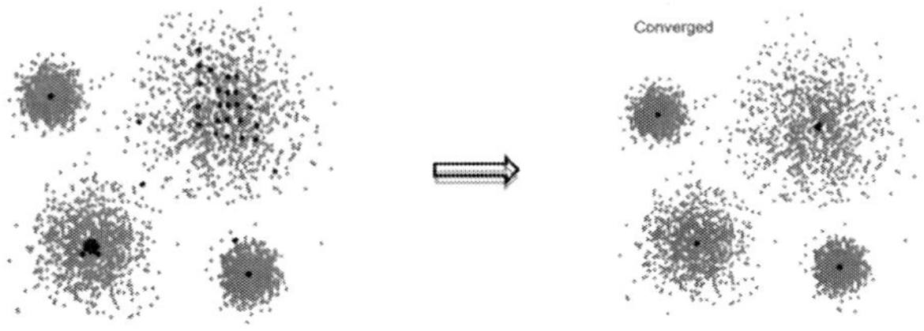

Fig. 2 Schematic diagram of aggregation algorithm

1.2 Ant Colony Algorithm Model

If the number of all ants in an ant colony is m, the pheromone between all cities is represented by the matrix pheromone, the shortest path is best-length, and the best path is best-tour. Each ant has its own memory. In the memory, a table is used to store the cities that the ant has visited, indicating that it will not be able to access these cities in future searches; there is also another allowed city table. (Allowed) to store the cities it can visit; in addition, a matrix (Delta) is used to store the pheromone that it releases in a loop (or iteration) for the path it passes; there are other data, such as some control Parameters (α, β, ρ, Q), the total cost or distance (tour-length) of the ant walking and playing, etc. Assuming that the algorithm runs MAX_GEN times in total, the running time is t. The calculation process of ant colony algorithm is as follows (Fig. 3):

(1) Initialization.

(2) Choose the next node for each ant.

(3) Update the pheromone matrix.

(4) Check termination conditions.

(5) Output optimal value.

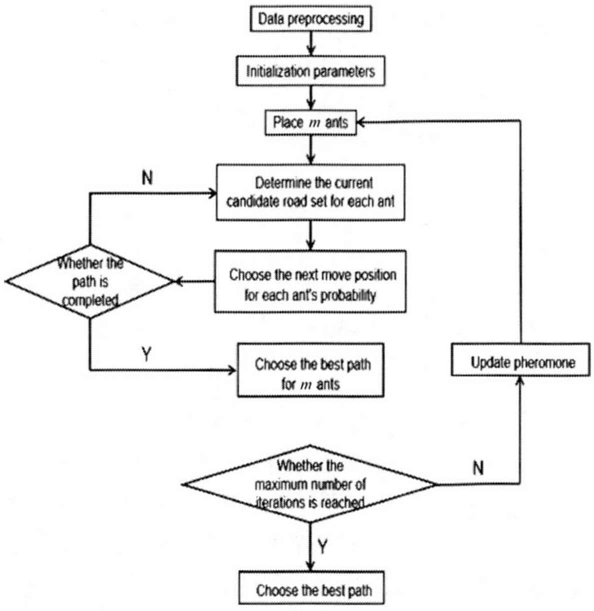

Fig. 3　Ant algorithm flow chart

2. Model establishment

2.1　Question 1

The main disaster-stricken areas of Victoria are divided by clustering algorithm, which is convenient for data processing and analysis. After the division is completed, three areas can be obtained, and the polynomial planning of the UAV's optimal cruise route is carried out for each area. From the known latitude and longitude and formula:

$$\text{dis}_1 = \pi \times \frac{\theta}{180^\circ} \times R_{\text{earth}} \times \cos\alpha$$

$$\text{dis}_2 = \pi \times \frac{\beta}{180^\circ} \times R_{\text{earth}}$$

The actual fire area can be calculated to achieve the largest coverage of the disaster area with the least number of drones. At the same time, considering the flying capability of the drone, the following conditions must be met:

$$L \leqslant V_{\max} \times T_{\max}$$

$$S_1 \leqslant \pi r_1^2,\quad S_2 \leqslant \pi r_2^2$$

While reducing the number of drones as much as possible to reduce costs, it also ensures that there are enough SSA drones to monitor and detect fires to ensure the safety of the monitors. The processing results are shown in Fig. 4.

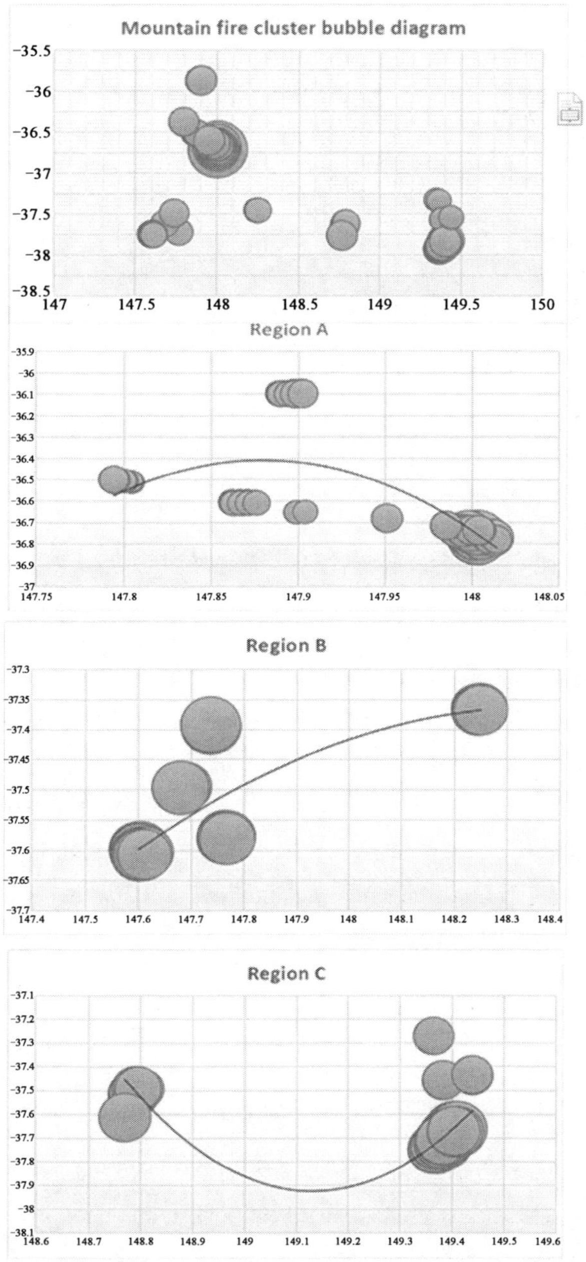

Fig. 4　The size of the circle in the picture represents the severity of the fire at that point

According to the number, size and frequency of different fire points in the three fire zones established above, the corresponding weights of the three fire zones are calculated to meet the priority and safety of the monitoring of severe fire zones. We use the ant colony algorithm to find the best location for EOC, among them (Fig. 5):

$$f_{\min} = \sum_{1}^{n} W_i X_i$$

$$W_i = \frac{n_{\text{point}}}{N_{\text{total}}}$$

The location of the deduced EOC is shown below:

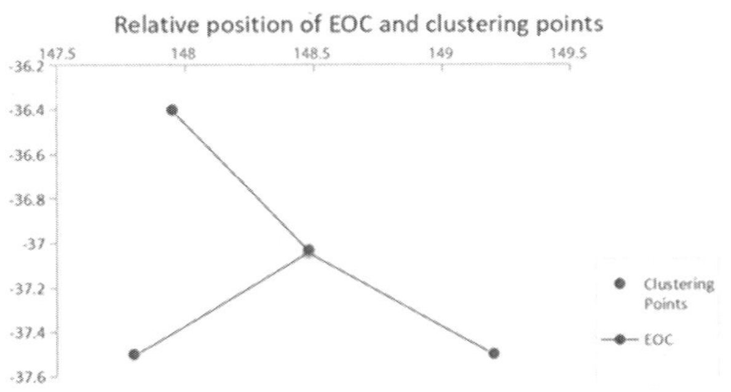

Fig. 5　Relative position of EOC and clustering point

Combining the relative positions of the EOC and the three fire zones and the area of each fire zone, analyze the number of SSA drones and radio repeaters required in the possible fire zone area, where the drone is located in the center of each small circle (Fig. 6). We analyze the arrangement of various UAVs, under the same radiation radius r, we can get the following table (Table 2):

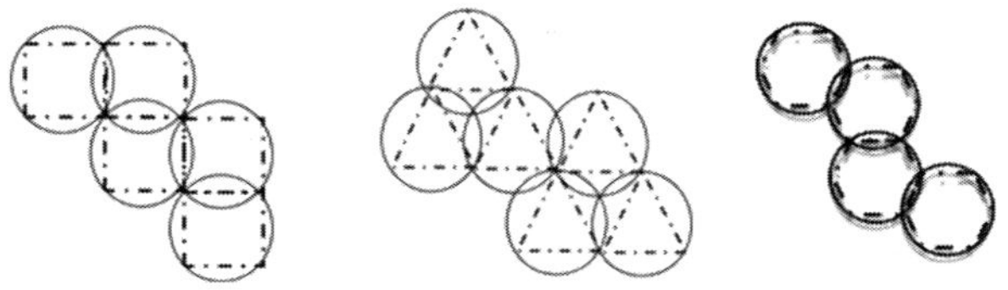

Fig. 6　UAV arrangement pattern diagram

Table 2　Coverage area under different distribution

Shape	Equilateral triangle	Square	Hexagon
Neighborhood distance	r	$\sqrt{2}r$	$\sqrt{3}r$
Acreage	$1.3r^2$	$2r^2$	$2.6r^2$
Cross width	r	$0.59r$	$0.27r$
Cross area	$1.2\pi r^2$	$0.73\pi r^2$	$0.35\pi r^2$

It can be seen from the table that the overlap area of the cellular network composed of hexagons is the smallest. We use this model to predict the number of drones on the fitting line based on each fire zone, and take clusters according to each fire. The distance from the point to the EOC and the capacity range of the repeater are calculated accordingly. Through the establishment and calculation of the above model, considering the capacity, economy and safety and other factors, we can get the optimal number and combination of SSA drones and radio repeater drones; 8 SSA drones, Radio Repeater drones.

We collected the urban geographic information of Victoria and drew a map of the main cities in Victoria as shown in the Fig. 7. As the signal propagation of drones in cities and the two-way radio held by probers will be weakened, the number of probers will increase by about two times, and considering the endurance of drones, the maximum flight time of 2.5 hours and With a built-in battery charging time of 1.75 hours, we recommend that the number of SSA drones in the three fire zones increase accordingly. We recommend that the optimal number mix should be 16 SSA drones and 14 Radio Repeater drones.

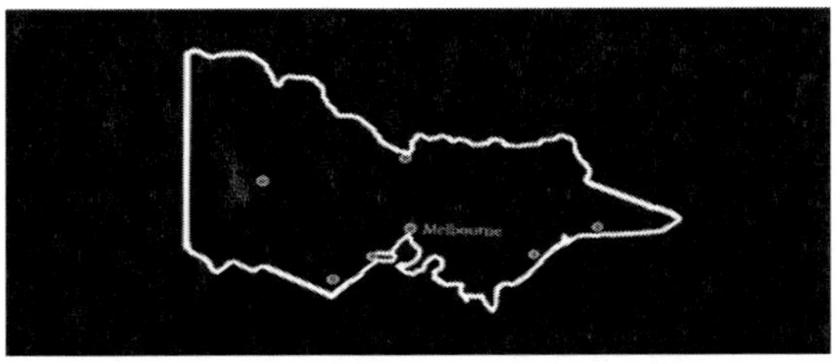

Fig. 7　Major city distribution map

2.2　Question 2

Australia is surrounded by the sea, but the humid air currents cannot reach the inland, and the inland areas are very dry. Among them, arid and semi-arid regions account for about 70% of Australia's total land area, and dry trees and grasslands are easy to catch fire.

Secondly, eucalyptus is rich in oil, which is easy to cause forest fires, eucalyptus accounts for about 70% of Australia's forest area, and has the characteristics of fast growth, and the bark and leaves are rich in oil. The fallen bark and leaves gather together and are very easy to spontaneously burn when encountering temperatures above 40 ℃.

Record high temperatures, persistent droughts and strong winds have combined to cause catastrophic fires. In mid-December, most parts of Australia were hit by a strong heat wave, setting the hottest day on record, with an average maximum temperature of 41.9 ℃. In southeastern Australia this week, the heat wave continues, and the temperature in the capital Canberra is expected to reach 40.6 ℃. After the driest spring on record has passed, extreme heat has come. Since the beginning of 2017, most areas of New South Wales and Queensland have experienced insufficient rainfall. The drought hit the country's most productive agricultural areas, including some areas that are burning fires. Australia's summer is usually hot and dry, but climate change has brought about longer and more frequent extreme high temperatures, worsening various conditions and making vegetation more drier and flammable. Climate change has led to higher temperatures in the Indian Ocean and the Southern Ocean. In turn, the weather in Australia this summer has become even drier and hotter.

So we have collected Australia's meteorological data for a long time in the past (Fig. 8), taking into account the influence of various meteorological factors on the frequency of fires, such as high temperature, little rain, strong wind and a large amount of evaporation are conducive to the expansion of the fire, and the corresponding weight is assigned according to the degree of influence of different influencing factors on the disaster. In order to infer the possible extreme situations in the future.

In addition, based on the statistics of the fire area data of Victoria California over the years, the time series forecasting algorithm is used to predict the fire area that may occur under extreme conditions in Victoria California in the next ten years. The prediction results are shown in the Fig. 9.

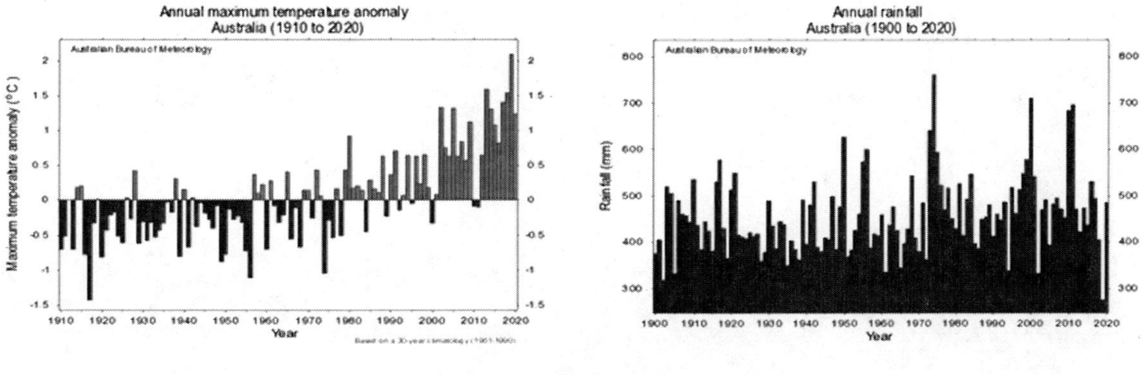

Fig. 8 Weather Chart for Australia

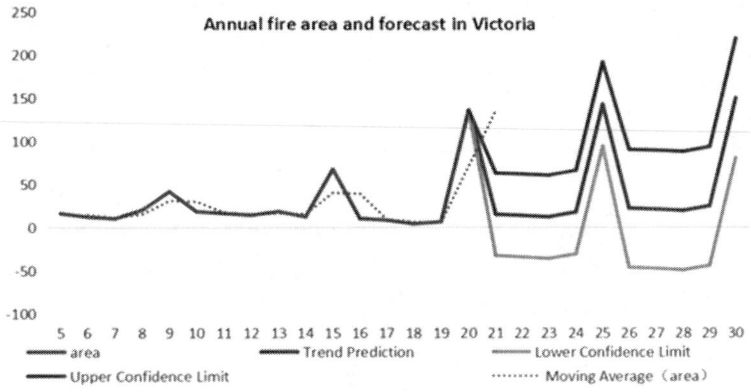

Fig. 9 Annual fire area and forecast in Victoria

Judging from the position of the active fire on January 7, 2020 relative to the wildfire hot spots on October 1, 2019, the continuation and spread of the fire area is based on the three fire spots that we first asked to aggregate and spread out. Then the increased area of extreme fire events in the next ten years should also be based on the growth of each aggregation point according to the weight of each region. The first question model has good adaptability. Using the model of the first question, and solving under the condition of the known disaster area, it is estimated that 38 SSA drones and 13 Radio Repeater drones will be needed in total. Compared with the first question, it is estimated that SSA drones will increase by 22 The number of radio repeater drones will be increased by 6, and the total cost will increase by \$280 000.

2.3　Question 3

We collected the elevation DEM data of Victoria California, and drew an elevation map describing the topography of the state. The mountains are defined as 500 m above sea level.

According to the morphology and undulating characteristics of the surface, and the relative elevation difference is above 200 m. In the mountains, the signal is hindered and interfered a lot, and the repeater transmission effect is not good, so we decided to avoid the mountain areas as much as possible.

Establish and apply a three-dimensional scatter point model about longitude, latitude and altitude, filter and optimize the position group suitable for setting the repeater, the result is shown in the Fig. 10.

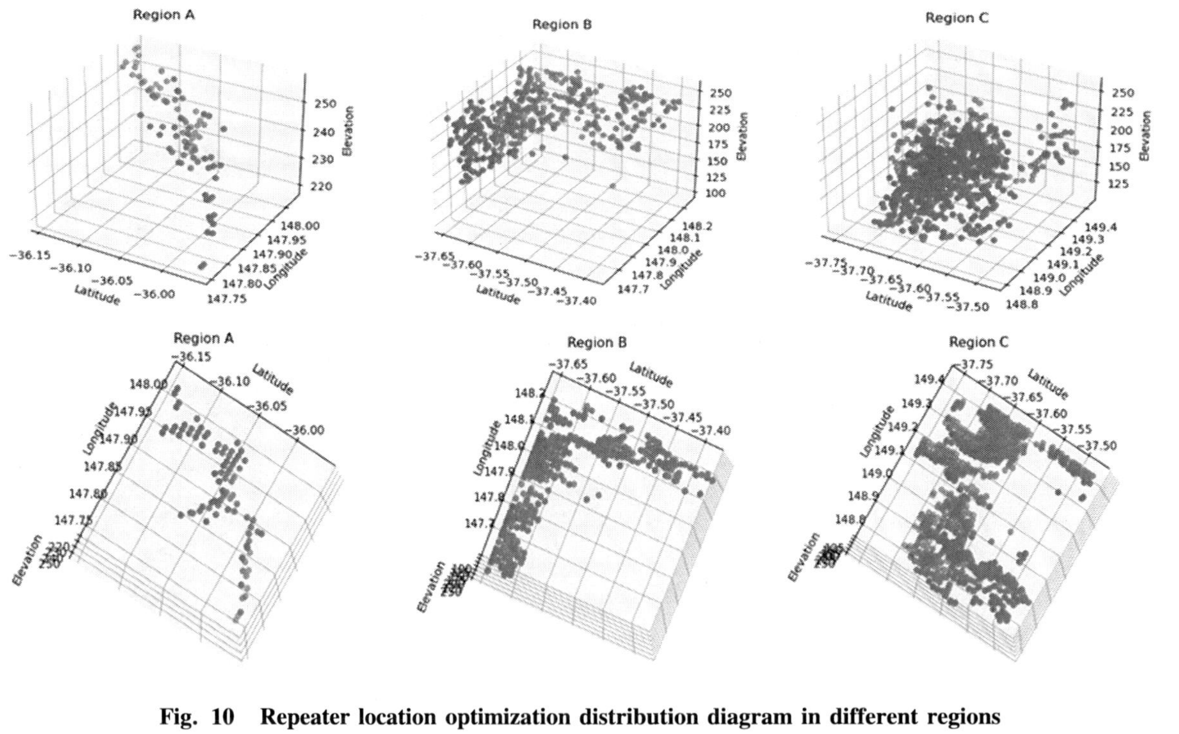

Fig. 10　Repeater location optimization distribution diagram in different regions

3. Advantages and Disadvantages

3.1　Advantages

(1) In the event of a fire, firefighters and drones can quickly reach the fire site to control the fire, reduce losses, and improve the ability, safety and mobility to deal with fires.

(2) Strong adaptability and high flexibility, can meet the information transmission requirements in large - scale fire situations, and ensure the safety of personnel to the greatest extent.

(3) Using polynomial planning path and cellular

model and considering the influence of terrain on the effect of the repeater, so that the utilization efficiency of the repeater can reach the highest, which is very economical.

3.2 Disadvantage

(1) Geographical information is not accurate and calculation accuracy is not high enough.

(2) The modeling of the impact of mountain and city on equipment communication is not accurate enough.

(3) The model is highly theoretical and may lack practicality. It needs further discussion after field simulation.

4. Sensitivity Analysis

In question 2, when forecasting the possible area of extreme fire and the risk of forest fire in the next ten years, due to the influence and limitation of many factors, we investigated the influence of the values of five dependent variables in the regression formula of the model on the target, among which the five dependent variables are continuous days without precipitation, relative humidity, maximum temperature, evaporation and the maximum wind. In order to test the sensitivity and feasibility of the model and the ability to bear risks, we use any of these factors to traverse the actual data of Victoria over the years and keep the other four factors unchanged over the years. After five simulations, we find that small changes in maximum wind and evaporation have the most serious impact on the results. Then these two factors are sensitive factors . In addition, the sensitivity of maximum wind is slightly greater than that of evaporation. However, because the problem is a natural disaster, only one factor is allowed to change in each simulation and other factors are assumed to remain unchanged, which may be slightly different from the actual situation.

5. Conclusion

Mountain fires occur almost every year in Australia, which not only cause economic losses and casualties, but also bring devastating damage to the natural ecology, causing hundreds of millions of animals to suffer from the disaster of decapitation. Australia is surrounded by the sea, but the humid ocean air can not reach the inland, and the inner land area is very dry. Among them, arid and semi-arid areas account for about 70% of Australia's total land area, and dry trees and grasslands are prone to fire. Mountain fires often burn for several months. However, the number of formal firefighters in Australia is far from meeting the needs of dealing with fires. Volunteer firefighters are often used as a supplementary force in fire fighting. However, in the face of increasingly serious mountain fire problems, the safety of firefighters and ordinary people should be our focus. With the development of science and technology, drones can meet the needs for more complex and challenging fires, EOC has more opportunities to obtain key information and intelligence, so as to effectively control fires, deal with emergencies, reduce economic losses, and ensure the personal safety of firefighters and save lives.

In this project, we collected the data of mountain fire point, altitude and terrain, urban and rural distribution and meteorological data over the years in Victoria, Australia. We analyzed these data by using K-MEANS clustering algorithm, ant colony algorithms and polynomial programming, analyzed and predicted the possibility of extreme fire events in the future, and planned and optimized the design of drones. In this process, we have a deeper understanding of the causes of the mountain fire disaster in Victoria, Australia, and are deeply aware of the harmfulness and seriousness of the mountain fire disaster to the people and the country. At the same time, when analyzing and optimizing the combination of drones, we are aware of the advantages of using drones to deal with disasters.

References

[1] Li Huan. A method for optimal configuration of repeater[J]. Light Industry Design, 2011:56.

[2] WANG Zhenhua, ZHANG Weiguo, LI Guangwen. UAV path planning using improved multi-objective ant colony system[J]. Application research of computers, 2009, 26(6): 2104-2106, 2109.

[3] PENG Jianliang, SUN Xiuxia, ZHU Fan. Proceeding of the 27th Chinese control conference 3-D path planning with multi-constrains based on genetic algorithm [C]. Beijing: Beihang University Press, 2008.

[4] LI Qing, WU Yuqu. Ant colony algorithm optimization for emergency rescue path selection[J]. Automation technology and application, 2016, 35(12): 1-5.

[5] GUVENC I, SAAD W, BENNIS M, et al. Wireless communications, networking, and positioning with unmanned aerial vehicles[J]. IEEE communications magazine, 2016, 54(5): 24-25.

[6] ZHAO Xujiang, WAN Shouhong. Convolutional neural network based object detection and recognition in remote sensing images [D]. Hefei: University of Science and Technology of China, 2017.

[7] RODRIGUEZ A, LAIO A. Clustering by fast search and find of density penks[J]. Science, 2014, 344(6191): 1492.

协同监督下医疗垃圾处理的三方演化博弈分析

刘冠楠[1]

1. 哈尔滨工业大学经济与管理学院 2019 级　信息管理与信息系统

摘要：为了研究医疗垃圾处理的相关主体在不同条件下的决策选择，本文在协同监管的背景下通过建立医疗机构、公众和政府相关监督部门的三方演化博弈模型，并运用系统动力学方法进行仿真分析，考虑动态惩罚因子对于监管效果的影响。研究发现监管部门应该采用动态惩罚机制等手段才能更好地达到监督效果，同时应该通过增加医疗机构严格遵从相关策略的激励与降低医疗垃圾处理成本、监督成本等方式根本性解决医疗垃圾处理的相关问题。

关键词：协同监督；医疗垃圾处理；演化博弈；系统动力学

Tripartite Evolutionary Game Analysis of Medical Waste Disposal Under Collaborative Supervision

Liu Guannan[1]

1. Information Management and Information System, 2019, School of Economics and Management, Harbin Institute of Technology

Abstract: To study the related subject of medical waste treatment under the condition of different decision to choose, in the context of collaborative regulation, this paper aims to establish a tripartite evolutionary game model of medical institutions, the public and relevant government supervision departments, and conducts simulation analysis by using the system dynamics method to consider the influence of dynamic penalty factors on the regulatory effect. Studies finds that regulators should adopt dynamic rather than a fixed penalty punishment mechanism means to achieve the supervision effect better, at the same time should increase incentives for medical institutions when they strictly comply with relevant policies to deal with medical waste and reduce the cost of medical waste disposal and supervision.

Keywords: Coordinated supervision; Medical waste disposal; Evolutionary game; System dynamics

引言

2003 年 6 月 16 日,国家发布并实施了《医疗废物管理条例》:医疗废物是指医疗卫生机构在医疗、预防、保健以及其他相关活动中产生的具有直接或者间接感染性、毒性以及其他危害性的废物[1]。然而 2019 年 3 月 15 日,央视 3 · 15 晚会曝光的医疗垃圾非法回收、加工的现象仍然触目惊心,部分输液瓶、输液袋等医疗垃圾被加工成儿童玩具、洗脸盆等日用品和玩具。2020 年,新冠病毒全球爆发后,人们对于医疗垃圾的关注度也在逐渐提高。2021 年两会期间,多位人大代表针对医疗垃圾的相关问题提出了建议。由此可见,针对医疗垃圾的处理流程机制的研究具有重要的理论意义和现实意义。

通过梳理文献可知,关于医疗废弃物的理论性研究大多聚焦在回收、物流方面,对于其处理方面的相关模型的分析较少。演化博弈模型和系统动力学在其他类似领域,例如环保企业、食品企业得到了充分的利用,但在医疗废弃物领域相关理论的研究还并不充足。

医疗机构、公众和监督部门的行为会相互影响,符合演化博弈模型的情境。鉴于此,本文在协同监管的背景下通过建立医疗机构、公众、监督部门的三方演化博弈模型,分析各博弈方的策略稳定性以及各要素对策略选择的影响关系,在此基础上,运用系统动力学的模拟仿真分析的方法,更加细致地了解各个主体实施不同策略的情况,同时引入了动态惩罚因子,通过对比固定惩罚机制和动态惩罚机制三方主体的不同选择趋势,探究动态惩罚方案对于协同监管效果的影响,增加对于医疗垃圾的微观系统分析的视角和模型的分析。

1. 演化博弈模型分析

1.1 基本假设

假设 1:博弈主体假设。本文主要选择在协同监督背景下与医疗垃圾处理关联度较高的主要相关利益者:医疗机构主体、公众主体和监督部门主体,且三类主体均为有限理性。

假设 2:医疗机构主体有严格遵从相关规定处理医疗垃圾与不严格遵从相关规定处理医疗垃圾两种策略。选择进行严格遵从策略,将会增加一部分时间与人力的处理医疗垃圾的成本 C_1,同时减少了事故发生的可能,提高医院的声誉等增加了收益 I_1;选择不严格遵从的策略,节约了一部分时间与人力 C_1,并获得非法收益 O_1,但当监督部门监管时会受到违背相应规定的处罚 P_1,如果同时公众选择协同监督策略,医疗机构将支付给公众 I_2 的补偿。

假设 3:公众主体有协同监督与不进行协同监督两种策略。协同监督策略付出协同监督成本 C_2,当医疗机构选择不严格遵从相关规定处理医疗垃圾时,公众将造成由于增加患病概率和污染环境造成 C_3 的损失,如果同时监督部门选择监督策略,公众将获得 I_2 的补偿,假定 $I_2 > C_2$;选择不进行协同监督策略节省了协同监督成本 C_2,当医疗机构选择不严格遵从相关规定处理医疗垃圾时,公众将造成由增加患病概率和污染环境造成 C_3 的损失。

假设 4:假定监管主体有监管与不监管两种策略。监管策略付出监管成本 C_4,获得政府公信力提高等得益 I_3,在医疗机构主体选择不严格遵从相关规定处理医疗垃圾策略时同时获得对医疗机构主体的罚金 P_1;不监管策略节约了监管成本 C_4,但当医疗机构选择不严格遵从策略时会受到政府公信力下降等损失 C_5,同时可能受到上级部门的处罚 P_2,受到上级处罚的概率为 θ。

假设 5:医疗机构主体以 x 的比例选择严格遵从相关规定处理医疗垃圾策略,以 $(1-x)$ 的比例选择不严格遵从相关规定处理医疗垃圾策略;公众主体以 y 的比例选择协同监督策略,以 $(1-y)$ 的比例选择不进行协同监督策略; 监管主体以 z 的比例选择监管策略,以 $(1-z)$ 的比例选择不监管策略; 其中 x、y、z 均为时间 t 的函数。

假设 6:医疗机构主体、公众主体与监管主体的期望得益函数分别为 $U_H = u(C_1, I_1, O_1, P_1, I_2, x, y, z)$，$U_P = u(C_2, C_3, I_2, x, y, z)$，$U_G = u(C_4, I_3, P_1, C_5, P_2, \theta, x, y, z)$。参数取值方面，假定 $0 \leqslant \theta, x, y, z \leqslant 1$；$C_1, I_1, O_1, P_1, I_2, C_2, C_3, C_4, I_3, C_5, P_2 > 0$。

1.2 模型构建

基于上述假设，建构医疗机构主体、公众主体与监管主体三类主体间的演化博弈模型，三类主体不同策略组合的得益情况见表1。

表1 三方主体策略组合的得益

策略组合	医疗机构主体得益、公众主体得益、监管主体得益
（严格遵从，不监督，不监管）	$(-C_1 + I_1, 0, 0)$
（严格遵从，不监督，监管）	$(-C_1 + I_1, 0, I_3 - C_4)$
（严格遵从，监督，不监管）	$(-C_1 + I_1, -C_2, 0)$
（严格遵从，监督，监管）	$(-C_1 + I_1, -C_2, I_3 - C_4)$
（不严格遵从，不监督，不监管）	$(O_1, -C_3, -\theta P_2 - C_5)$
（不严格遵从，不监督，监管）	$(O_1 - P_1, -C_3, I_3 - C_4 + P_1)$
（不严格遵从，监督，不监管）	$(O_1, -C_2 - C_3, -\theta P_3 - C_5)$
（不严格遵从，监督，监管）	$(O_1 - I_2 - P_1, I_2 - C_2 - C_3, I_3 - C_4 + P_1)$

根据表1的策略组合的得益情况，可以得到医疗机构主体严格遵从相关规定策略的期望得益 U_{11}、不严格遵从相关规定策略的期望得益 U_{12} 以及医疗机构主体策略的平均得益 U_H 分别为

$$U_{11} = -C_1 + I_1 \tag{1}$$

$$U_{12} = O_1 - zP_1 - yzI_2 \tag{2}$$

$$U_H = xU_{11} + (1-x)U_{12} \tag{3}$$

医疗机构主体严格遵从相关规定策略的复制动态方程为

$$\begin{aligned} F(x) &= \frac{\mathrm{d}x}{\mathrm{d}t} = x(U_{11} - U_H) \\ &= x(1-x)(U_{11} - U_{12}) \\ &= x(1-x)[-C_1 + I_1 - (O_1 - zP_1 - yzI_2)] \end{aligned} \tag{4}$$

公众主体协同监管策略的期望得益 U_{21}、不协同监管策略的期望得益 U_{22} 及医疗垃圾处理厂主体策略的平均得益 U_P 分别为

$$U_{21} = -C_2 - (1-x)C_3 + z(1-x)I_2 \tag{5}$$

$$U_{22} = -(1-x)C_3 \tag{6}$$

$$U_P = yU_{21} + (1-y)U_{22} \tag{7}$$

公众主体协同监管策略的复制动态方程为

$$\begin{aligned} F(y) &= \frac{\mathrm{d}y}{\mathrm{d}t} = y(U_{21} - U_P) \\ &= y(1-y)(U_{21} - U_{22}) \\ &= y(1-y)\{-C_2 - (1-x)C_3 + z(1-x)I_2 - \\ &\quad [-(1-x)C_3]\} \end{aligned} \tag{8}$$

监管主体监管策略的期望得益 U_{31} 和不监管策略的期望得益 U_{32} 以及监管主体策略的平均得益 U_G 分别为

$$U_{31} = I_3 - C_4 + (1-x)P_1 \tag{9}$$

$$U_{32} = (-\theta P_2 - C_5)(1-x) \tag{10}$$

$$U_G = zU_{31} + (1-z)U_{32} \tag{11}$$

监管主体不监管策略的复制动态方程为

$$\begin{aligned} F(z) &= \frac{\mathrm{d}z}{\mathrm{d}t} = z(U_{31} - U_G) \\ &= z(1-z)(U_{31} - U_{32}) \\ &= z(1-z)[I_3 - C_4 + (1-x)P_1 - \\ &\quad (-\theta P_2 - C_5)(1-x)] \end{aligned} \tag{12}$$

基于演化稳定策略的性质，医疗垃圾主体群体达到演化稳定点，需要满足的必要条件是 $\mathrm{d}F(x)/\mathrm{d}x < 0$。对于医疗机构主体，在曲面 M，即 $z = (C_1 + O_1 - I_1)/(P_1 + yI_2)$ 中的点在 x 轴方向稳定，在曲面 M 上方的点将演化趋向于 $x = 1$，在曲面 M 下方的点将演化趋向于 $x = 0$，如图1所示。对于公众主体，在曲面 V，即 $z = C_2/I_2(1-x)$ 中的点在 y 轴方向稳定，在曲面 V 上方的点将演化趋向于 $y = 1$，在曲面 V 下方的点将演化趋向于 $y = 0$，如图2所示。对于监管主体，在平面 W，即 $x = 1 - (C_4 - I_3)/(P_1 + \theta P_2 + C_5)$ 中的点在 z 轴方向稳定，在平面 W 左侧的点将演化趋向于 $z = 1$，在平面 W 右侧的点将演化趋向于 $z = 0$，如图3

所示。

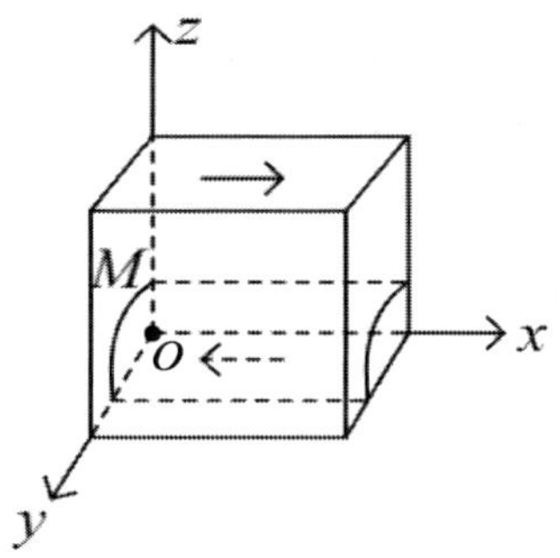

图 1　医疗机构主体的演化博弈情况

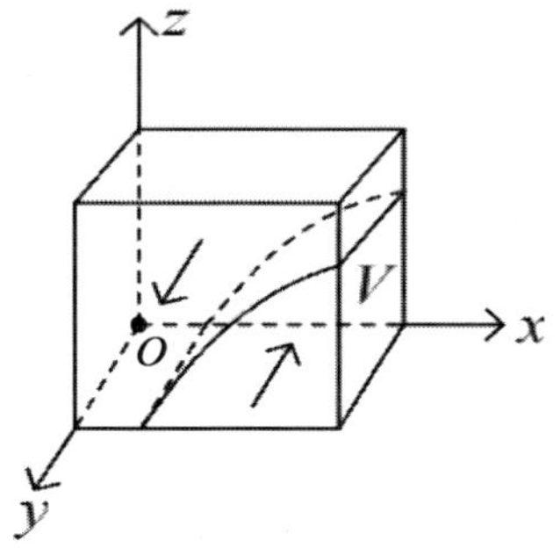

图 2　公众主体的演化博弈情况

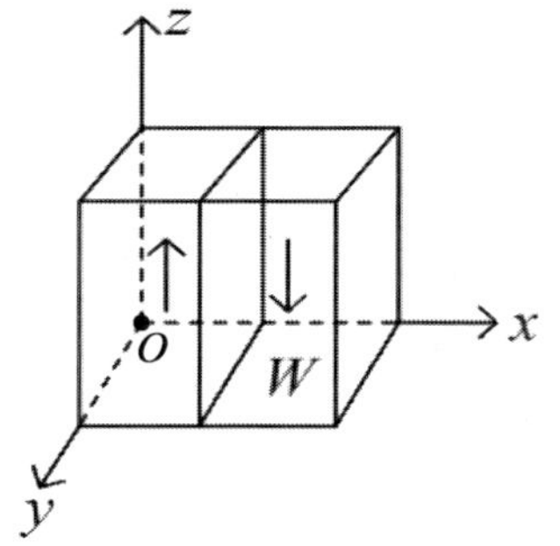

图 3　监管主体的演化博弈情况

由复制动态方程(4)、(8)、(12)得到演化博弈方程组：

$$\begin{cases} F(x)=\dfrac{dx}{dt} \\ \quad =x(1-x)[-C_1+I_1-(O_1-zP_1-yzI_2)] \\ F(y)=\dfrac{dy}{dt} \\ \quad =y(1-y)[-C_2+z(1-x)I_2] \\ F(z)=\dfrac{dz}{dt} \\ \quad =z(1-z)[I_3-C_4+(1-x)P_1- \\ \quad (-\theta P_2-C_5)(1-x)] \end{cases}$$

1.3　模型分析

进一步通过求解复制动态方程组，可知医疗机构主体、公众主体和监管主体在博弈过程中存在 9 个平衡点，分别为 $E_1(0,0,0)$、$E_2(0,0,1)$、$E_3(0,1,0)$、$E_4(1,0,0)$、$E_5(1,1,0)$、$E_6(1,0,1)$、$E_7(0,1,1)$、$E_8(1,1,1)$、$E_9(x',y',z')$；其中 $E_9(x',y',z')\in V$，$V=\{(x,y,z)\mid 0<x<1,0<y<1,0<z<1\}$，$x'=1-(C_4-I_3)/(P_1+\theta P_2+C_5)$，$y'=(C_4-I_3)(C_1+O_1-I_1)/C_2(P_1+\theta P_2+C_5)-P_1/I_2$，$z'=C_2(P_1+\theta P_2+C_5)/I_2(C_4-I_3)$。

对于这 9 个平衡点是否演化稳定，可以通过各平衡点对应的雅可比矩阵的特征值来判定，当其特征值均小于等于 0 时，该平衡点为稳定点[2,3]。平衡点对应雅可比矩阵的特征值见表 2。

表 2　各平衡点对应雅可比矩阵的特征值

均衡点	特征值 1	特征值 2	特征值 3
$E_1(0,0,0)$	$-C_1+I_1-O_1$	$-C_2$	$I_3-C_4+P_1+\theta P_2+C_5$
$E_2(0,0,1)$	$-C_1+I_1-O1+P_1$	$-C_2+I_2$	$-I_3+C_4-P_1-\theta P_2-C_5$
$E_3(0,1,0)$	$-C_1+I_1-O_1$	C_2	$I_3-C_4+P_1+\theta P_2+C_5$
$E_4(1,0,0)$	$C_1-I_1+O_1$	$-C_2$	I_3-C_4
$E_5(1,1,0)$	$C_1-I_1+O_1$	C_2	I_3-C_4
$E_6(1,0,1)$	$C_1-I_1+O_1-P_1$	$-C_2$	$-I_3+C_4$
$E_7(0,1,1)$	$-C_1+I_1-O_1+P_1+I_2$	C_2-I_2	$-I_3+C_4-P_1-\theta P_2-C_5$
$E_8(1,1,1)$	$C_1-I_1+O_1-P_1-I_2$	C_2	$-I_3+C_4$
$E_9(x',y',z')$	λ_1'	λ_2'	λ_3'

其中，$E_9(x', y', z')$ 所对应的三个特征值 λ'_1、λ'_2、λ'_3 为方程 $\lambda^3-(a_{11}+a_{22}+a_{33})\lambda^2+(a_{11}a_{33}+a_{22}a_{33}+a_{11}a_{22}-a_{12}a_{21}+a_{13}a_{31})\lambda-a_{11}a_{22}a_{33}+a_{12}a_{21}a_{33}-a_{12}a_{23}a_{31}-a_{13}a_{22}a_{31}=0$ 的解，可得 $\lambda'_1+\lambda'_2+\lambda'_3=0$。由于(0,0,0)不是 $E_9(x', y', z')$ 的特征值，$E_9(x', y', z')$ 所对应的三个特征值符号相异，则 $E_9(x', y', z')$ 不是均衡点。由于假定 $I_2>C_2$，$C_2>0$，$I_2-C_2>0$，则 E_2、E_3、E_5、E_8 不满足均衡点的要求。针对剩下的 4 个平衡点，可以分为 12 种情形进行讨论，结果见表 3。

表 3　不同情形对应分类条件与讨论结果

情形	决策得益关系讨论	均衡点	三方主体的策略组合
1－1	$-C_1+I_1>O_1, I_3>C_4$	(1,0,1)	(严格遵守，不协同监管，监督)
1－2	$-C_1+I_1>O_1, I_3<C_4$	(1,0,0)	(严格遵从，不协同监督，不监管)
1－3	$-C_1+I_1>O_1, I_3-C_4+P_1+\theta P_2+C_5<0$	(1,0,0)	(严格遵从，不协同监督，不监管)
2－1	$-C_1+I_1<-O_1, -C_1+I_1+P_1>O_1, I_3>C_4$	(1,0,1)	(严格遵守，不协同监管，监督)
2－2	$-C_1+I_1<O_1, -C_1+I_1+P_1>O_1,$ $I_3<C_4, I_3-C_4+P_1+\theta P_2+C_5>0$	—	—
2－3	$-C_1+I_1<O_1, -C_1+I_1+P_1>-O_1, I_3-C_4+P_1+\theta P_2+C_5<0$	(0,0,0)	(不严格遵从，不协同监督，不监管)
3－1	$-C_1+I_1-O_1+P_1<0, -C_1+I_1-O_1+P_1+I_2>0, I_3>C_4$	—	—
3－2	$-C_1+I_1-O_1+P_1<0, -C_1+I_1-O_1+P_1+I_2>0,$ $I_3<C_4, I_3-C_4+P_1+\theta P_2+C_5>0$	—	—
3－3	$-C_1+I_1-O_1+P_1<0, -C_1+I_1-O_1+P_1+I_2>0,$ $I_3-C_4+P_1+\theta P_2+C_5<0$	(0,0,0)	(不严格遵从，不协同监督，不监管)
4－1	$-C_1+I_1-O_1+P_1+I_2<0, I_3>C_4$	(0,1,1)	(不严格遵守，协同监管，监督)
4－2	$-C_1+I_1-O_1+P_1+I_2<0, I_3<C_4, I_3-C_4+P_1+\theta P_2+C_5>0$	(0,1,1)	(不严格遵守，协同监管，监督)
4－3	$-C_1+I_1-O_1+P_1+I_2<0, I_3-C_4+P_1+\theta P_2+C_5<0$	(0,0,0)	(不严格遵从，不协同监督，不监管)

综上所述，在大力鼓励公众参与协同监管的背景下，即当医疗机构选择不严格遵从相关规定处理医疗垃圾的情况下，公众从医疗机构获得的补偿大于公众监管所付出的成本的情况下，参考崔萌等[2]的研究结果，可将协同监督划分为 3 个阶段：无效阶段、监管有效阶段和无用阶段。无效阶段对应情形 4－1、情形 4－2，此时无论公众主体与监管主体是否选择参与协同监督，对于医疗机构主体而言，不严格遵从策略都是最优策略选择；有效阶段对应情形 1－1、情形 2－2、情形 3－1、情形3－2，此时监督部门的监督和公众的协同监督选择会对医疗机构的策略选择起到积极的作用；无用阶段对应情形 1－2、情形 1－3，医疗机构主体将自发选择严格遵从的策略，公众主体与监管主体参与的协同监督处于一种“无用”的状态，这种情况最为理想。有效阶段是“无用”阶段的基础，“无用”阶段是研究想达到的最理想的目标。

2. 系统动力学仿真分析

基于以上分析，本文借助系统动力学（System Dynamics，SD）原理来进一步揭示协同监督背景下医疗机构、公众和监管部门之间关于医疗垃圾的处理和监督的动态演化机理。图 4 中的系统流程图刻画了三方利益主体之间的演化关系，为进一步探析三方利益主体策略的动态选择奠定了模型基础。

三方利益主体行为演化的系统动力学模型包括 6 个状态变量，即医疗机构选择严格遵从相关规定处理医疗垃圾和不严格遵从相关规定处理医疗垃圾的比例、公众选择协同监管和不协同监管的比例以及监管部门选择监管和不监管的比例。

3 个速率变量分别为严格遵从的变化率、协同监管的变化率和监管的变化率。12 个辅助变量分为医疗机构的 4 个辅助变量,即选择严格遵从的比例、严格遵从与不严格遵从的期望收益之差、严格遵从的期望收益、不严格遵从的期望收益;公众的 4 个辅助变量分别为选择协同监管的比例、协同监管与不协同监管的期望收益之差、协同监管的期望收益、不协同监管的期望收益;监管部门的 4 个辅助变量分别为选择监管的比例、监管与不监管的期望收益之差、监管的期望收益、不监管的期望收益。其余均为外部变量、常量或影子变量,其中,外部变量主要涉及上级监管部门等。各变量之间的函数关系由三方利益主体不同策略行为选择的期望收益、平均收益和复制动态方程共同确定。

结合相关文献[4]和实际发展状况来设置初始参数值($C_1,I_1,O_1,P_1,I_2,C_2,C_3,C_5,P_3,C_4,I_3$) = (0.4,0.2,0.8,0.9,0.8,0.5,0.4,0.4,0.9,0.7,0.4)。利用 Vensim PLE 8.2.1 系统仿真平台对三方利益主体的演化路径进行模拟,并假设三方博弈主体选择策略的初始概率为(0.5, 0.5, 0.5),模型初始条件设置为:初始时间为 0、结束时间为 1 000、时间步长为 1。通过系统模拟平台,可得出医疗机构、公众和监管部门在整个过程中策略选择的动态演变趋势,如图 5 所示。

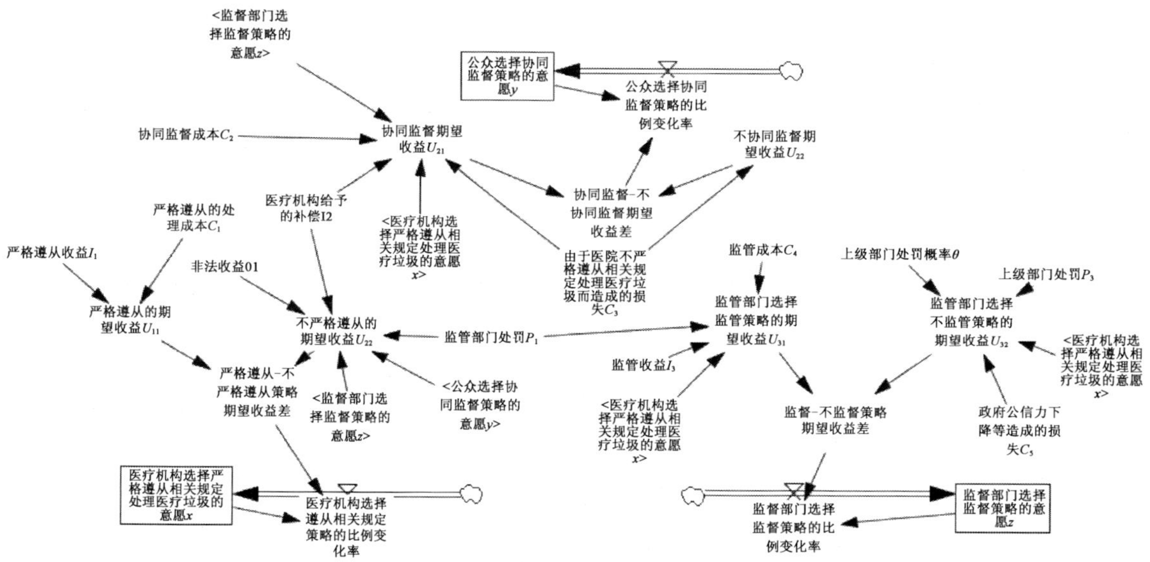

图 4　固定惩罚下三方主体的系统动力学流程图

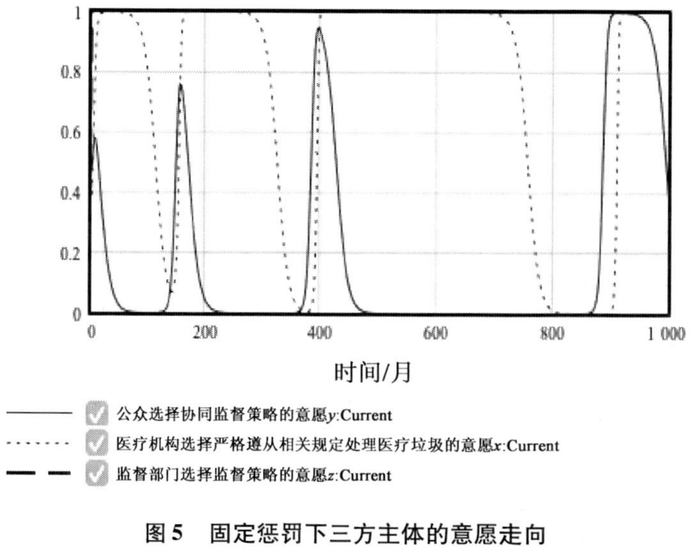

图 5　固定惩罚下三方主体的意愿走向

从现实情况出发,医疗机构主体采取不严格遵从相关规定处理医疗垃圾的策略的意愿程度与其对应后果影响程度不同,即监管部门需要根据医疗机构不严格遵从相关规定处理医疗垃圾的意愿动态调整相应惩罚额度。因此本文设计动态惩罚方案,参考刘伟[5],梁雁茹和刘亦晴[6]等研究,假设监管部门对医疗机构的惩罚与其采取不严格遵从相关规定处理医疗垃圾的策略的意愿是线性相关的,引入动态惩罚变量 $P' = P(1-x)+b$,其中 b 为设计参数。经仿真测试调优后,采取参数 $b=1$。动态仿真的结果如图 6 所示。

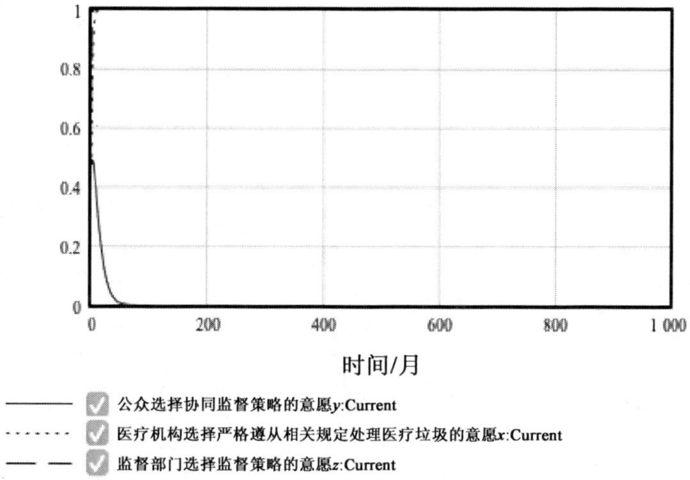

图 6　动态惩罚下三方主体的意愿走向

由图 5 与图 6 的对比可知,动态惩罚机制的改变使得医疗机构的行为策略的反复波动得到了有效抑制且趋向将严格遵从相关规定处理医疗垃圾作为其最优行为策略选择。

综上所述,在动态惩罚方案下,医疗机构在监管部门监管的策略下,趋向于严格遵从相关规定处理医疗垃圾的行为策略选择,医疗垃圾处理相关市场在政府推力下归于稳定秩序,这说明政府需要设定动态的惩罚方案对医疗机构的不同行为决策进行调整从而实现稳定均衡。

3. 结论与启示

本文立足于协同监督背景下医疗垃圾处理情况的实际,以医疗机构主体、公众主体与监管主体三方演化博弈为基础,通过系统动力学仿真模拟的方法,在有限理性的基础上,探究了医疗机构 - 公众 - 监管部门三方静态演化博弈系统的稳定点,在系统动力学系统上引入了动态惩罚方案,对固定惩罚机制与动态惩罚机制进行了对比,是医疗垃圾处理方面微观系统分析的一次创新尝试。本文初步得出以下结论:

首先,从短期视角来看,相关主体间策略的动态调整过程反映了协同监督背景下医疗机构 - 公众 - 监管部门三方演化博弈的情境。如果只是单方面的强化相关处罚,不能根本性解决医疗垃圾处理的问题。监管部门应该采用动态惩罚机制等多种手段,多层次多角度地制定相关治理监督的方案,有效降低医疗机构主体不严格遵从相关规定处理医疗垃圾的行为的出现的可能性。对于公众主体而言,控制其监督成本是实现公众主体参与协同监督的必要条件。

其次,从长期视角来看,对于医疗机构主体而言,增加严格遵从相关策略处理医疗垃圾的激励与降低医疗垃圾处理成本是实现长期严格遵从的根本举措。在激励相关医疗机构严格处理医疗垃圾层面,对于相关机构可以在税收减免、贷款利率优惠等方面给予支持,推进新兴技术在医疗垃圾层面的运用;在降低医疗垃圾处理成本方面,可以根据不同医疗机构的特点培养针对性的人才,给予充足的技术与资金帮扶来辅助医疗机构做好医疗垃圾的初步处理工作。

最后,监管部门的监督必须兼顾政策工具的系统性与协同性。在系统性层面,既要持续推进相关长期政策措施,根本性地降低医疗垃圾处理成本和监督成本以及增加相关激励等多种手段促成“无用”监督的最终目标;同时也要及时落实相关短期政策措施,实现短期监督目标。在协同性层面,只有增加严格遵从相关策略处理医疗垃圾的激励与降低医疗垃圾处理成本协同推进,监督成本降低同步落实才能产生较好的协同监督效果;任一方面的忽视都会降低最终的效果。只有切实地同步落实政策工具的系统性与协同性,才能真正达到理想的效果。

参考文献

[1] 崔萌,孟庆国,吴晶妹,等.考虑大数据辅助市场信用监管的演化博弈分析[J].宏观经济研究,2020(11):102-115.

[2] 谢克朋,李国勇.现代控制理论[M].北京:清华大学出版社,2007.

[3] 杨波.上海市医疗垃圾处理现状及经济对策研究[J].环境科学与管理,2018,43(09):62-66.

[4] 刘伟,夏立秋,王一雷.动态惩罚机制下互联网金融平台行为及监管策略的演化博弈分析[J].系统工程理论与实践,2017,37(05):1113-1122.

[5] 梁雁茹,刘亦晴.COVID-19 疫情下医疗防护用品市场监管演化博弈与稳定性分析[J/OL].中国管理科学:1-11[2021-03-24].https://doi.org/10.16381/j.cnki.issn1003-207x.2020.0448.

Prediction Model of Decomposition Rate Based on Arrhenius Formula

Zhang Lizhong[1], Bao Yuhao[2], Ren Zeqi[3]

1. Automation, 2019, School of Astronauts, Harbin Institute of Technology;
2. Computer Science and Technology, 2018, Faculty of Computing, Harbin Institute of Technology;
3. Materials of Science and Engineering, 2019, School of Materials of Science and Engineering, Harbin Institute of Technology

Abstract: As a vital component of decomposers, fungi breakdown ground litter (dead plant material) and woody fibers, allowing carbon to be renewed and used in other forms. Several different traits of fungi determine the decomposition rates and some certain traits have links between each other. To find out a method to describe the effect of fungi on the decomposition rate of woody fibers and fungi biodiversity, some models with latest data are proposed in this paper. We build some models to describe the relationship and make prediction to verify our models.

Keywords: Decomposition rates; Hyphal extension rate; Moisture tolerance; Temperature; Arrhenius equation

Introduction

The carbon cycle describes the process of the exchange of carbon throughout the geochemical cycle of the Earth, and is a vital component for life on the planet. Part of the carbon cycle includes the decomposition of compounds, allowing carbon to be renewed and used in other forms. One key component of this part of the process is the decomposition of plant material and woody fibers.

Some of the key agents in decomposing woody fibers are fungi. The authors of a recent research article on wood decomposition by fungi identified fungi traits that determine decomposition rates and also noted links between certain traits[1]. In particular, the slow growing strains of fungi tend to be better able to survive and grow in the presence of environmental changes with respect to moisture and temperature, while the faster growing strains tend to be less robust to the same changes.

Except this article[1], plenty of studies have been done to find out what traits of fungi can influence the decomposition rate (Fig. 1, Fig. 2). This is an accepted fact that two of the traits are proved to be influential—the hyphal extension rate and the moisture tolerance. However, there is no article that is suitable for inclusion in introductory university-level biology textbooks that discuss the understanding of recent developments in the role of flour in ecosystems. Therefore, in this paper, we build some models which are comprehensible for most university students, even though they did not major in biology, to explore the relationship mentioned above.

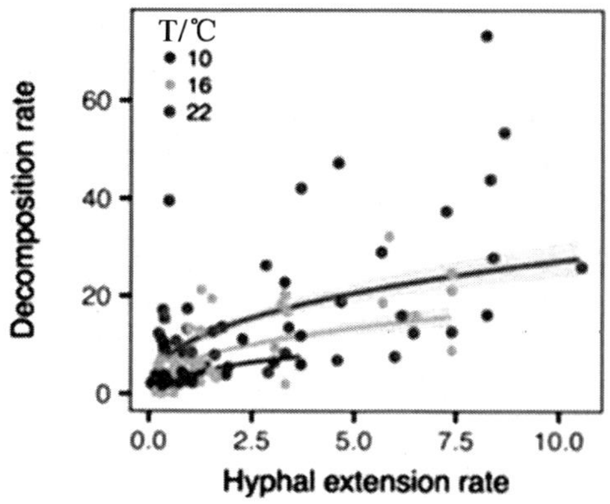

Fig. 1 The relationship between the hyphal extension rate (mm/day) of various fungi and the resulting wood decomposition rate (% mass loss over 122 days) at various temperatures

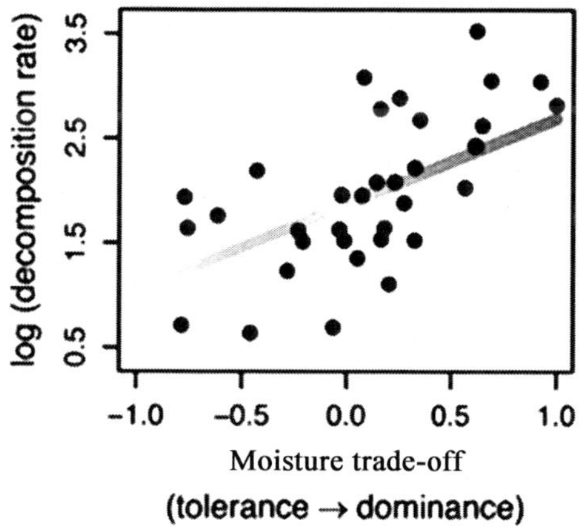

Fig. 2 The relationship between the moisture tolerance (difference of each isolate's competitive ranking and their moisture niche width, both scaled to [0,1]) of various fungi and the resulting wood decomposition rate (% mass loss over 122 days, log transformed)

This paper is organized as follows:

Section Ⅰ restates our aims. Section Ⅱ gives some assumptions to simplify the problem. In section Ⅲ, we complete the model preparation. From section Ⅳ to Ⅷ, we build several models and complete the prediction. Finally, we conclude this paper with several conclusions.

1. Restatement

(1) Restatement 1: Establish a mathematical model to explain the breakdown of ground litter and woody fibers through fungal activity in the presence of different species of fungi.

(2) Restatement 2: Incorporate the interactions between different fungal species in the model based on different hyphal extension rates and different moisture tolerance.

(3) Restatement 3: Analyze the growth model and establish the correlations between the different types of fungi. The dynamics trend (short and long-term) of correlations should be exhibit. Examine its sensitivity to environmental change and determine the overall impact of atmospheric trends to estimate the impact of variation of local weather patterns.

(4) Restatement 4: Predict the relative advantages and disadvantages of each species and species combination in different environments including arid, semi-arid, temperate, woody, and tropical rain forests.

(5) Restatement 5: Describe the relationship between diversity of fungal communities and the overall efficiency of the decomposition in a system.

2. General Assumptions

To simplify the problem, we make the following basic assumptions. Other assumptions may not be as follows but will be put forward in the model push.

(1) Assumption 1: The wild environment of the fungi is the temperate deciduous oak forest of the Tyson Research Center in Missouri.

(2) Assumption 2: The decomposition rate of the fungi is only controlled by the hyphal extension rate and moisture tolerance.

(3) Assumption 3: The decomposition results of the middle stage is consistent for that of other stages.

(4) Assumption 4: The activation energy of fungi is invariable at 10 – 22 ℃.

3. Model Preparation

3.1 Notation

Notations are in Table 1.

Table 1 Notations

Symbol	Description	Unit
v	The hyphal extension rate of fungi	mm/day
r	The moisture tolerance of fungi ($r \in [0,1]$)	
η	The decomposition rate (mass loss over 122 days)	%
W	The moisture niche width of different fungal populations	
F	The competitive ranking of different fungal populations	
d	A parameter affecting the hyphal extension rate of fungi	
M	The humidity of current environment	
P	The precipitation in the current environment	
E	The actual evapotranspiration in the current environment	

4. Decomposition of Various Fungi

4.1 Model Ⅰ: Linear Model of Decomposition Rate

We assume that the relationship between the hyphal extension rate v and the decomposition rate η_1 is linear at 10 ℃, 16 ℃, 22 ℃. Therefore, the hyphal extension rate η_1 can be expressed as

$$\eta_1 = a_1 v + c_1 \tag{1}$$

where a_1 and c_1 are constants.

Next, we can conclude the relationship between the moisture tolerance of various fungi and the resulting wood decomposition rate is

$$r = F - W \tag{2}$$

Niche width is defined as the sum of various resources used by population in a community. Therefore, a population with a large niche width is easier to adapt to different environments. The competitive ranking of a population can be expressed by its growth momentum. Population with better growth momentum tend to be more competitive in a specific environment. When it comes to fungi, the slow growing strains tend to be better able to survive and grow in the presence of environmental changes with respect to moisture and temperature. While the faster growing ones are the opposite. It shows that the higher competitive ranking it has, the less resistant it is towards environmental changes. Understandably, fungi which are less resistant to environmental changes are less tolerant to moisture. In conclusion, the relationship of the decomposition rate η_2 and the moisture tolerance r can be expressed as

$$\log \eta_2 = -a_2 r + c_2 \tag{3}$$

where a_2 and c_2 are constants, $a_2 > 0$.

Putting (1) and (2) together, because of linear superposition, the decomposition rate η can be finally expressed as

$$\eta = A_1 v + B_1 e^{-D_1 r} + C_1 \tag{4}$$

where A_1, B_1, C_1, D_1 are constants.

4.2 Data Fitting and Prediction

We have established a model for the relation of the three traits of fungi. However, there are still exponential terms in the final derived results which we will explain in Model Ⅱ. In the data fitting of Model Ⅰ, we focus on how to convert (3). The result the of data fitting of Model Ⅰ is as follow (Fig. 3).

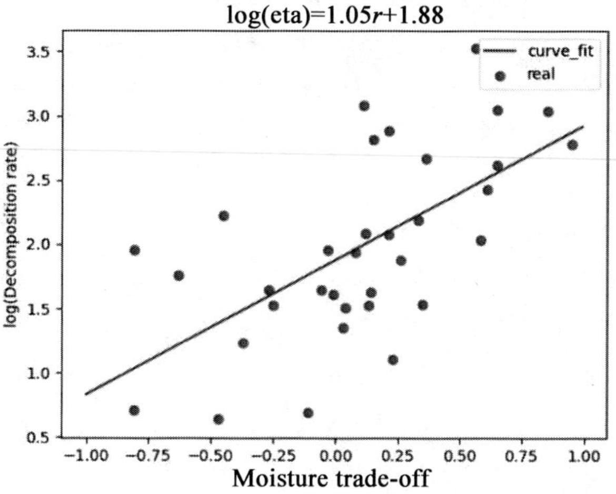

Fig. 3 The results of Model Ⅰ

The actual model of (3) should be $\ln \eta_2 = -a_2 r + c_2$, and a_2, c_2 can be calculated, that is $\ln \eta_2 = 1.05r + 1.88$. Therefore, we can derive the moisture tolerance of each type of fungi from the given decomposition rate with limited data, which can also make data preparation for the prediction.

5. Growth Rates and Moisture Tolerances

5.1 Model Ⅱ: Combination Model of the Hyphal Extension Rate and the Moisture Tolerance

Moisture tolerance is a certain attribute of different fungal population. The adaptabilities of fungal populations with strong moisture tolerance rates are strong under varieties of different environments and their hyphal extension rates are relatively stable; Fungal populations with weak moisture tolerance can only grow quickly in the environment within the water niche width. While in the environment outside the water niche width, they are at a competitive disadvantage and may even die. The moisture resistance rate of different fungal populations is reflected in the hyphal extension rate. Therefore, we establish a model between them to predict the decomposition rate under certain environmental conditions more conveniently.

There is a negative correlation between the moisture resistance and the hyphal extension rate, so we simplify (3) of the Model Ⅰ, hoping to homogenize the data of the hyphal extension rate. The moisture tolerance r can be expressed as

$$r = -a_3 \ln v + c_3 \tag{5}$$

where a_3 and c_3 are constants.

Plugging (5) into (3), we obtain

$$\eta = A_1 v + B_2 (v)^{D_2} + C_1 \tag{6}$$

where A_1, B_2, C_1, D_2 are constants.

5.2 Data Fitting Prediction

(1) Step 1: Obtain the decomposition rate, the hyphal extension rate, the moisture resistance of the fungi at 10 ℃、16 ℃、22 ℃.

(2) Step 2: Establish a polynomial model.

(3) Step 3: Call python library scipy optimize to estimate parameter estimation. The implementation principle in the library is as follows (To simplify the basic principal, the gradient descent method and the conjugate gradient method are omitted. The application of the least square method is listed).

We use the decomposition rate η, the hyphal extension rate v and the coefficient set ω (constant A, B, C, D in the intension model) to define the loss function L:

$$L(\omega) = \frac{1}{2N}\sum_{\omega}(\eta - V\omega)^2 + \frac{\lambda}{2}\|\omega\|_2 \tag{7}$$

where

$$\boldsymbol{V} = \begin{pmatrix} v_{11} & v_{12} & \cdots & v_{1d} & 1 \\ v_{21} & v_{22} & \cdots & v_{2d} & 1 \\ \vdots & \vdots & & \vdots & \vdots \\ v_{m1} & v_{m2} & \cdots & v_{md} & 1 \end{pmatrix} = \begin{pmatrix} v_1^{\mathrm{T}} & 1 \\ v_2^{\mathrm{T}} & 1 \\ \vdots & \vdots \\ v_m^{\mathrm{T}} & 1 \end{pmatrix}$$

The solution to ω is

$$\hat{\omega}^* = \operatorname{argmin}(\eta - \boldsymbol{V}\hat{\omega})^{\mathrm{T}}(\eta - \boldsymbol{V}\hat{\omega}) \tag{8}$$

Assume that $E(\omega) = (\eta - \boldsymbol{V}\omega)^{\mathrm{T}}(\eta - \boldsymbol{V}\omega)$, derive $E(\omega)$ with respect to ω, the outcome is

$$\frac{\partial E_{\hat{\omega}}}{\partial \hat{\omega}} = \frac{1}{N}\boldsymbol{V}^{\mathrm{T}}(\boldsymbol{V}\hat{\omega} - \eta) \tag{9}$$

When (9) equals to zero (the minimum of the loss), we can get that

$$(\boldsymbol{V}^{\mathrm{T}}\boldsymbol{V})\omega = \boldsymbol{V}^{\mathrm{T}}\eta \tag{10}$$

To avoid overfitting, we add a penalty term to the loss function and the scaling factor is λ.

Then, L can be expressed as

$$L(\omega) = \frac{1}{2N}\sum_{\omega}(\eta - V\omega)^2 + \frac{\lambda}{2}\|\omega\|_2 \tag{11}$$

Assume that N is the number of sample points; I stands for a unit matrix, $\boldsymbol{V}^{\mathrm{T}}\boldsymbol{V} + \lambda NI$ is supposed to be an invertible matrix. Therefore, the solution to (11) is

$$\omega = (\boldsymbol{V}^{\mathrm{T}}\boldsymbol{V} + \lambda NI)^{-1}\boldsymbol{V}^{\mathrm{T}}\eta \tag{12}$$

(4) Step 4: Call matplotlib to realize fitting visualization.

The results of Model Ⅱ are as follows, with Fig. 4(a) represents 10 ℃; Fig. 4(b) represents 16 ℃; Fig. 4(c) represents 22 ℃; Fig. 4(d) represents the average

10 ℃(Fig. 4(a)):

$$\eta = 1\,422.366\,18\,v^{1.001\,24} - 1\,422.103\,56v + 3.529\,06$$

16 ℃(Fig. 4(b)):

$$\eta = 1\,042.901\,28\,v^{0.002\,22} + 1.212\,49v - 1\,036.353\,47$$

22 ℃(Fig. 4(c)):

$$\eta = 2\,155.097\,55\,v^{1.000\,70} - 2\,156.080\,18v + 14.985\,20$$

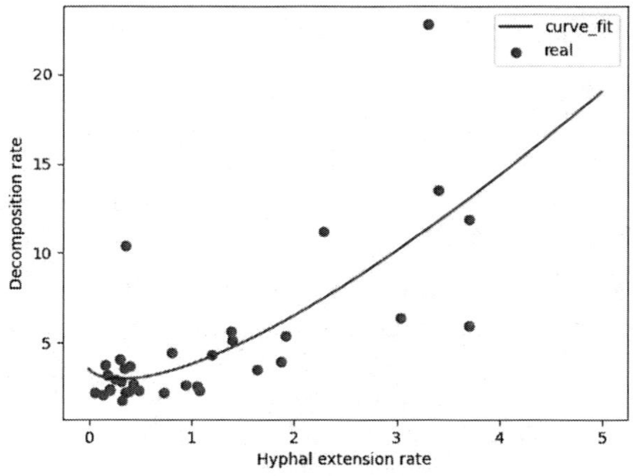

(a)10 ℃

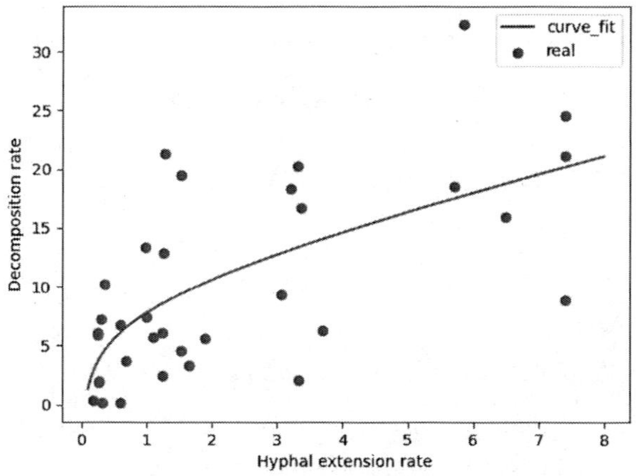

(b)16 ℃

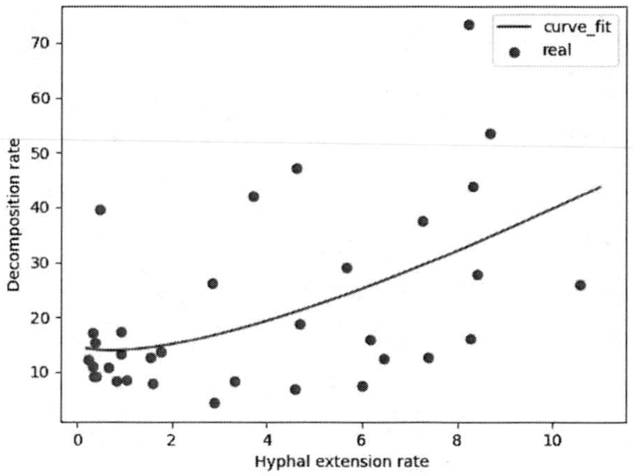

(c)22 ℃

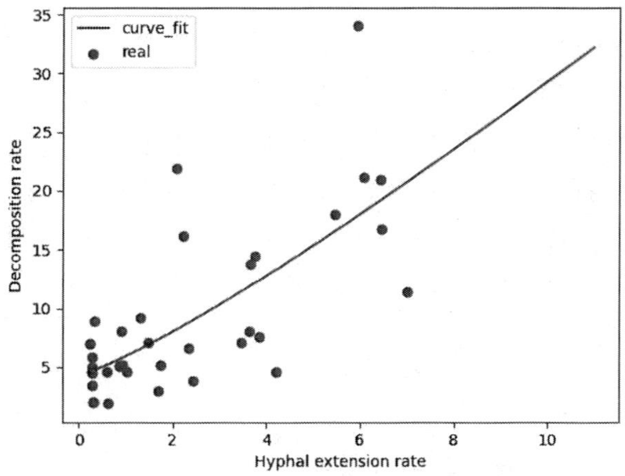

(d)Average

Fig. 4 The results of Model Ⅱ

Through the results of fitting, we can obtain the parameters. The model is approximately in the form of a linear function, so (6) can be approximated as $\eta = Av + C$. The result confirmed our assumption in Model Ⅰ that the relationship between the hyphal extension rate and the decomposition rate is linear. Through the establishment of Model Ⅱ and data fitting, the linear relationship is further confirmed.

We examine this by the average hyphal extension rate and the average decomposition rate of each kind of fungi, then get Fig. 4(d).

Average(Fig. 4(d)):

$$\eta = 19.579\,66\,v^{1.021\,06} - 18.064\,66v + 4.409\,85$$

Therefore, there is a linear function between the hyphal extension rate and the decomposition rate after establishing the relationship between the hyphal extension rate and the moisture resistance. The result largely simplifies the complexity of the model. It also provides a good basis for predicting the decomposition rate.

6. Interactions Between the Different Types of Fungi

6.1 Model Ⅲ: Decomposition Model of Variant Arrhenius Equation

According to the Arrhenius Equation $k = Ae^{-\frac{E_a}{RT}}$ and the Assumption 4, the decomposition rate and the moisture tolerance have an exponential relationship with e as the base.

Based on D. A. Ratkowsky Model, $k = Ae^{-\frac{E_a}{RT}}$ can be expressed as

$$k = b^2(T - T_{min})^2 \quad (13)$$

where T_{min} is the minimum temperature at which the hyphal extension rate is zero (According to the storage method of fungi, T_{min} is 5 ℃); b is a constant determined by different species of fungi at certain temperature (10 ℃, 16 ℃, 22 ℃).

According to the PNAS data set, the hyphal extension rate of different types of fungi increases with the temperature, and then decreases after reaching a peak. Therefore, we speculate that the hyphal extension rate of fungi may have a quadratic function relationship with temperature which can be expressed as

$$v = d[-a_4(T - T_{min})^2 + b_4(T - T_{min}) + c_4] \quad (14)$$

where a_4, b_4, c_4 are constants, $a_4 > 0$.

From(5) of the Model Ⅱ, we can establish the correlation between the hyphal extension rate and the moisture tolerance of fungi; As time passes by, the environmental humidity also has influence on the hyphal extension rate. Over all, we introduce the parameter d to simplify the relationship.

$$d = d_4 \frac{e^r \ln t}{M} \quad (15)$$

The current environmental humidity M can be represented by the difference between the precipitation P and the actual evapotranspiration E.

$$M = P - E \quad (16)$$

Plugging (15) and (16) into (14), we obtain

$$v = d_4 \frac{e^r \ln t}{P - E}[-a_4(T - T_{min})^2 + b_4(T - T_{min}) + c_4] \quad (17)$$

Plugging(17) into $\eta = Av + C$, we have

$$\eta = -A_2 \frac{e^r \ln t}{P - E}(T - T_{min})^2 + B_3(T - T_{min}) + C_2 \quad (18)$$

where A_2, B_3, C_2 are constants.

6.2 Data Fitting and Prediction

In Model Ⅲ, we establish the relationship between the decomposition rate and the characteristic quantities of the environment (Fig. 5).

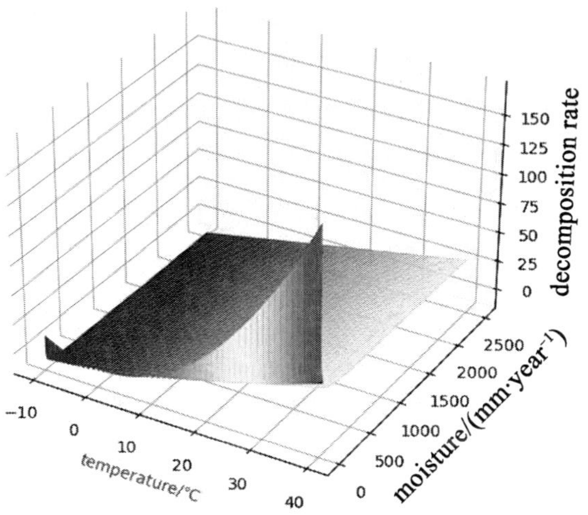

Fig. 5 The relation among three characters

6.2.1 The Short-term Fittings

In the process of short-term fitting (Table 3), we choose the fungi in Konza Prairie Research Natural Area (39°05′N – 96°35′W); The precipitation P is 835 mm; The actual evapotranspiration E is 790 mm; The number of days t is 122 days; The minimum of tempeature T_{min} is 5 ℃. The result of short-term fittings are as follows.

Table 3 The results of short-term fitting

Name	A_2	B_3	C_2
Armillaria gallica FP102531 C6D	−0.072	0.852 2	−0.458 5
Armillaria gallica EL8 A6F	−1.855	−3.516 1	15.627 8
Armillaria gallica FP102534 A5A	−0.429 9	0.133 9	1.659 4
Armillaria gallica FP102535 A5D	−0.194 6	0.215	2.142 5
Armillaria gallica FP102542 A5B	0.032 9	0.647 2	−0.799 3

Continued Table 3

Name	A_2	B_3	C_2
Armillaria gallica HHB12551 C6C	-12.084 1	-9.502 2	35.193 9
Armillaria gallica OC1 A6E	-1.452 2	-1.775	8.487 9
Armillaria gallica SH1 A4A	-1.783 4	-3.035 6	13.093 9
Armillariasinapina PR9	0.588	1.622 2	-5.168 9
Armillariatabescens FP102622 A3C	-3.447 1	-4.25	19.06
Armillariatabescens TJV93 261 A1E	-0.932	-1.691 1	8.424 4
Fomesfomentarius TJV93 7 A3E	-1.763 4	-1.553 9	12.926
Hyphodontia crustosa HHB13392 B7B	1.805 7	3.481 7	-10.045 4
Hyphoderma setigerum HHB12156 B3H	-0.402 8	-1.122 2	9.331
Hyphoderma setigerum FP150263 B2C	-1.026 2	-1.78	8.017 9
Laetiporus conifericola HHB15411 C8B	8.969 5	9.813 9	-36.130 1
Lentinuscrinitus PR2058 C1B	-0.101 5	0.776 1	-0.716 1
Mycoacia meridionalis FP150352 C4E	0.139 4	0.856 1	-1.696 9
Merulius tremullosus FP102301 C3E	-0.872 4	-1.027 2	23.839 7
Merulius tremellosus FP150849 C3F	-1.733 9	-5.268 3	30.997 1
Phlebiopsis flavidoalba FP102185 B12D	-0.219 3	0.761 1	6.652 2
Phlebiopsis flavidoalba FP150451 A8G	-1.028 5	-2.818 3	15.439 6
Phellinusgilvus HHB11977 C4H	-0.417 6	0.542 2	-0.443 1
Phellinushartigii DMR94 44 A10E	0.635 9	3.1	-11.106 2
Porodisculus pendulus HHB13576 B12C	-0.218 1	-0.498 9	4.371 8
Phellinusrobiniae FP135708 A10G	-0.403 4	-0.508 9	5.210 6
Phellinusrobiniae AZ15 A10H Banik/Mark	-2.181 2	-2.965 6	11.398 5
Phlebia acerina MR4280 B9G *	2.365	6.811 7	-14.845
Phlebia acerina DR60 A8A *	-2.066 3	-5.736 1	21.747 8
Pycnoporus sanguineus PR SC 95 A11C	-0.478 3	1.138 9	-3.084 3
Schizophyllum commune TJV93 5 A10A	-1.152 4	-3.11	15.105 4
Schizophyllum commune PR1117	-0.351	-0.489 4	4.031 9
Tyromyces chioneus HHB11933 B10F	-0.063 2	1.691 7	-3.431 2
Xylobolus subpileatus FP102567 A11A	0.712 4	1.808 9	-5.423 1

According to the data above, we can conclude that in a certain environmental condition, with the known precipitation, the actual evapotranspiration, and the temperature, the decomposition rate of each fungus can be inferred. We can accumulate the decomposition rate of each type of fungus in a fungal community, and then compare it with the ones in other environments, then we can conclude the advantages and disadvantages of fungal colonies in different environmental conditions.

6.2.2 The Long-term Fittings

In the process of long-term fitting (Table 4), the environment we selected is the same as that of the process of short-time fitting, but the number of days t is 1 095 days (3 years). The results of long-term fittings are as follows.

Table 4 The results of long-term fitting

Name	A_2	B_3	C_2
Armillaria gallica FP102531 C6D	−0.049 4	0.852 2	−0.458 5
Armillaria gallica EL8 A6F	−1.273 3	−3.516 1	15.627 8
Armillaria gallica FP102534 A5A	−0.295 1	0.133 9	1.659 4
Armillaria gallica FP102535 A5D	−0.133 6	0.215	2.142 5
Armillaria gallica FP102542 A5B	0.022 6	0.647 2	−0.799 3
Armillaria gallica HHB12551 C6C	−8.294 9	−9.502 2	35.193 9
Armillaria gallica OC1 A6E	−0.996 8	−1.775	8.487 9
Armillaria gallica SH1 A4A	−1.224 2	−3.035 6	13.093 9
Armillariasinapina PR9	0.403 6	1.622 2	−5.168 9
Armillariatabescens FP102622 A3C	−2.366 2	−4.25	19.06
Armillariatabescens TJV93 261 A1E	−0.639 7	−1.691 1	8.424 4
Fomesfomentarius TJV93 7 A3E	−1.210 4	−1.553 9	12.926
Hyphodontia crustosa HHB13392 B7B	1.239 5	3.481 7	−10.045 4
Hyphoderma setigerum HHB12156 B3H	−0.276 5	−1.122 2	9.331
Hyphoderma setigerum FP150263 B2C	−0.704 4	−1.78	8.017 9
Laetiporus conifericola HHB15411 C8B	6.157	9.813 9	−36.130 1
Lentinuscrinitus PR2058 C1B	−0.069 7	0.776 1	−0.716 1
Mycoacia meridionalis FP150352 C4E	0.095 7	0.856 1	−1.696 9
Merulius tremullosus FP102301 C3E	−0.598 9	−1.027 2	23.839 7
Merulius tremellosus FP150849 C3F	−1.190 2	−5.268 3	30.997 1
Phlebiopsis flavidoalba FP102185 B12D	−0.150 6	0.761 1	6.652 2
Phlebiopsis flavidoalba FP150451 A8G	−0.706	−2.818 3	15.439 6
Phellinusgilvus HHB11977 C4H	−0.286 7	0.542 2	−0.443 1
Phellinushartigii DMR94 44 A10E	0.436 5	3.1	−11.106 2
Porodisculus pendulus HHB13576 B12C	−0.149 7	−0.498 9	4.371 8
Phellinusrobiniae FP135708 A10G	−0.276 9	−0.508 9	5.210 6
Phellinusrobiniae AZ15 A10H Banik/Mark	−1.497 2	−2.965 6	11.398 5
Phlebia acerina MR4280 B9G *	1.623 4	6.811 7	−14.845
Phlebia acerina DR60 A8A *	−1.418 4	−5.736 1	21.747 8
Pycnoporus sanguineus PR SC 95 A11C	−0.328 4	1.138 9	−3.084 3

7. Advantages and Disadvantages for Each Species and Combinations of Species

Based on the data information provided in Table 4, the decomposition rates of arid, semi-arid, temperate, tree and tropical rain forests are predicted. The number of days t is 1 095 days(3 years). The results of prediction are as follows(Fig. 6).

According to the predicted five scatter plots, we can see that among the 34 species of fungi provided in PNAS, 8 species of fungi in these five environments is considered to be less competitive and dead. The dead species of fungi is shown in the Table 5.

Table 5 Species of dead fungi

Fungi species
Armillariagallica FP102542 A5B
Hyphodontia crustosa HHB13392 B7B
Mycoacia meridionalis FP150352 C4E
Phlebia acerina MR4280 B9G *
Armillariasinapina PR9
Laetiporus conifericola HHB15411 C8B
Armillaria gallica FP102542 A5B
Hyphodontia crustosa HHB13392 B7B
Mycoacia meridionalis FP150352 C4E

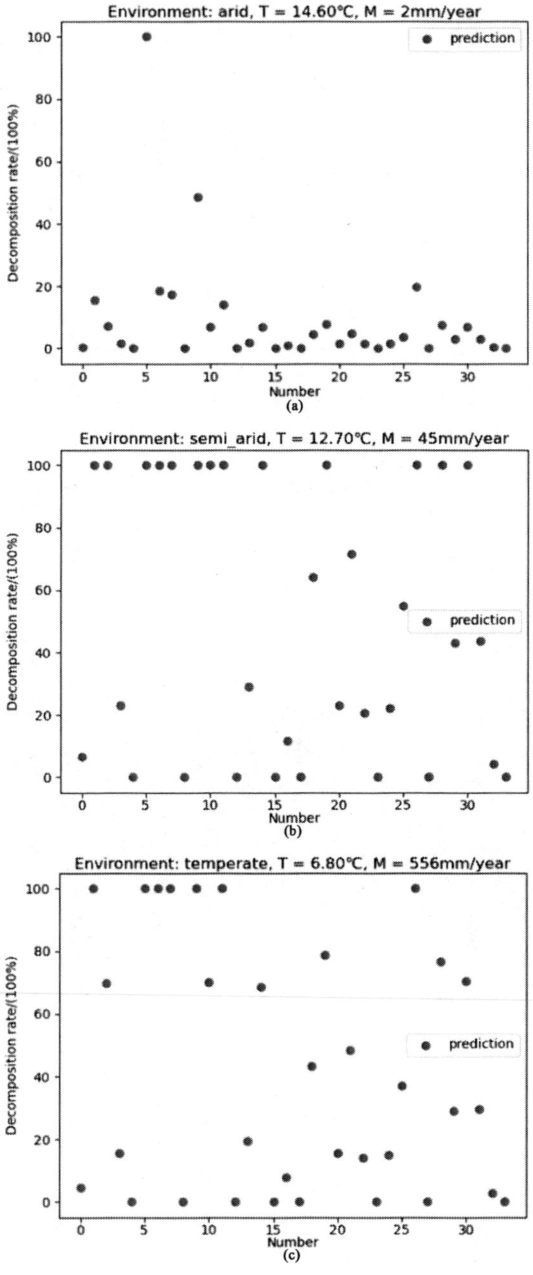

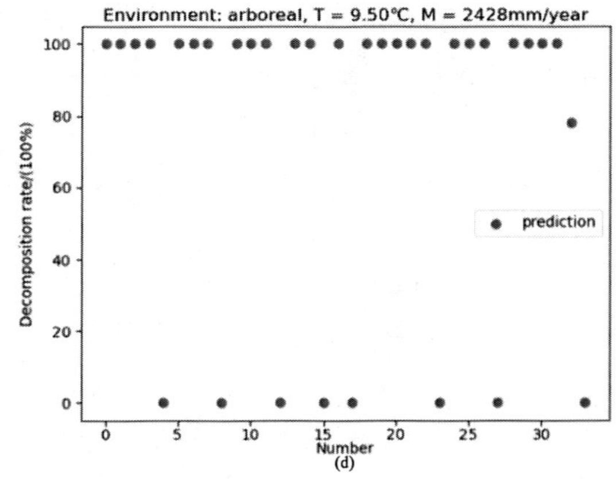

Fig. 6 The prediction of the model

8. The Influence of Fungal Communities to the Breakdown of Ground Litter

8.1 Effect of Biodiversity on Decomposition Efficiency

According to the established model, under drought conditions, the decomposition ability of most fungi is very weak, the number of dead species and species with low decomposition rate is the largest, the species diversity of ecosystem under drought conditions is the lowest, and the decomposition efficiency is the lowest. Under the semi arid conditions, the situation improves a lot, the number of species which can completely decompose wood increases significantly, the species diversity in the ecosystem increases, and the decomposition efficiency improves. At 0 ℃, there is little difference between the semi-arid and the temperate zone. The main reason is that there is a certain deviation in the parameter values of temperature and humidity. It can be seen that the species of fungi with higher decomposition rate are relatively increased. Under the condition of woods, most of the dead fungi have completed the decomposition task well, the biodiversity of the ecosystem has been further improved, and the decomposition efficiency has been greatly increased. Under the condition of rainforest, except the dead species, all the other species completed the decomposition task, and the biodiversity of the ecosystem reached the maximum.

Comparing the four pictures in the Fig. 6, it is

obvious that the increase in temperature and humidity is conducive to the survival of fungi. What is more, it can increase the diversity of the ecosystem and the decomposition rate, and promotes the carbon cycle of the ecosystem. If we compare the data of semi-arid and temperate zones, we can conclude that the effects of high temperature drought and low temperature humidity are very similar. Combined with the overall trend, we can accurately judge that drought and low temperature are not conducive to the diversity of the ecosystem, which is not conducive to the decomposition efficiency of fungi; high temperature and humidity are conducive to the diversity of the ecosystem, which is conducive to the decomposition of fungi.

8.2 The Importance and Role of Biodiversity Prediction

Combined with the data chart and the above analysis, the biodiversity of rainforest is the most abundant, while that of arid area is relatively monotonous. Moreover, the regions with rich biodiversity have high decomposition efficiency and effective carbon cycle, while the regions with monotonous biodiversity have low decomposition efficiency and slow carbon cycle. A mild and stable environment can provide good conditions for fungi to improve decomposition efficiency and accelerate carbon cycle. The accelerating carbon cycle is conducive to the stability of the ecological environment. This relationship reflects the positive feedback between fungi and environment. On the contrary, if an ecosystem is in a negative condition, it is bound to be difficult to provide good environmental conditions for fungi, it will not be able to efficiently decompose organic matter, carbon cycle will slow down, which is not conducive to the maintenance and development of the ecosystem. Therefore, biodiversity plays an important role in maintaining ecosystem stability and suitable conditions.

References

[1] McGuire K L, Treseder K K. Microbial communities and their relevance for ecosystem models: decomposition as a case study[J]. Soil Biol. Biochem., 2010, 42, 529-535.

The Asian Hornet Model to Fight Against Species Invasion

Li Meina[1] , Chen Changmao[2] , Tong Jiaxuan[3]

1. Computer Science and Technology,2018,Computer Science Institute,Harbin Institute of Technology;
2. Automation, 2018, Honors School,Harbin Institute of Technology;
3. Microelectronics,2018,School of Astronautics,Harbin Institute of Technology

Abstract:Since the first Vespa mandarinia was found in Washington, the Washington State Department of Agriculture has collected dozens of sightings reports of Vespa mandarinia. The State Department of Agriculture provides official classification of the sighting after analysis. The data offer a wealth of information remained to be mined, including images, comments of public, the date and the locations of the sighting. However, it lacks a method which combines this information to track the migration of an insect.

To solve the above problems, we propose a hybrid model based on the above three aspects. We first preprocessed the data and applied data cleaning to remove the incomplete sighting reports, and then changed the unit of geographical location information from longitude and latitude to kilometers. Next, we modeled the three parts of information respectively. For the location information, we first applied K-means clustering to determine the location of the honeycomb roughly according to the positive samples , and then applied Gaussian mixture model to train the sample to get the likelihood of a mistaken classification. For the image and video part, if it is a video, key frames are extracted and processed into pictures. We use the morphology based image processing method to extract the insect image in the image part, then we process the image with Principal Component Analysis, and the feature vector after dimensionality reduction was classified by Support Vector Machine to obtain the likelihood of a mistaken classification. For the comment part, we will use the Long Short-Term Memory method, first apply word embedding to the sentences, and then train the LSTM module to get the likelihood of a mistaken classification. Through the weighted combination of those three probability values, we find out that the appropriate weight ratio is 7:2:1 through practice. For the trained samples, we have solved the second problem and obtained the likelihood of a mistaken classification.

The model can also be used to classify all the unverified samples, and expand the positive samples in the original data set. We assume that the migration pattern of the queen bee follows the gamma distribution, taking into account the actual geographical factors and the annual biological characteristics of the Vespa mandarinia, and taking into account the migration range of the queen bee to make predictions to colony diffusion. From the results of our model, the likelihood of a mistaken classification reaches between 0.950 12 and 0.975 31. The model is required to be updated every year, and the updating mechanism is triggered once more than two reports appear in a certain area, in order to better track the latest migration direction and activity area of Vespa mandarinia. We determined that when the probability value of each area in the probability distribution is less than 0.1 for more than from consecutive years, Washington State is considered to have eliminated the pest.

Based on the results of our study, we provide some suggestions for the Washington State Department of Agriculture about the resource allocation, such as the areas that should be paid more attention to, the updating cycle of the model and the determination rules of pest control, hoping to be helpful to the work of pest control in Washington.

Keywords: PCA; SVM; Probability distribution diagram; LSTM

Introduction

(1) Problem Background.

In September 2019, a colony of Vespa mandarinia (also known as the Asian giant hornet (Fig. 1)) was discovered on Vancouver Island in British Columbia, Canada. The Asian giant hornet's nest was destroyed in no time, besides, the news of the event spread all over the region immediately. According to laboratory researchers, the success rate of eyewitness identification of insects is limit while the credibility of the images is low. Most insects are harmless, and some of the images are too blurry to recognize which causes a lot of trouble for the laboratory researchers.

The picture of reports which eyewitness submit shows that the evidence that can be confirmed is limit.

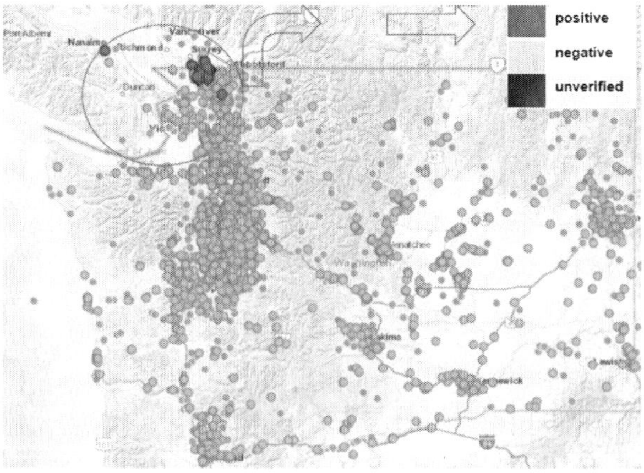

Fig. 1　Map depicting Asian Giant Hornet Detections, as well as Hornet Watch and Public Siting locations

Asian giant hornets, which are sometimes called sparrow wasps and murder hornets, are a potentially invasive wasp from eastern Asia. European hornets (Vespa crabro) are the species most commonly mistaken for Asian giant hornets as they are similar in size, shape, and color.

The fertilized queen bee appears in the spring and starts a new colony to reproduce. In autumn, the new queen leaves the nest and spends winter in the soil, waiting for the arrival of spring. A new queen ant builds a nest within 30 km.

Asian Hornet is an annual species.

In spring and summer, the hive grows slowly until it reaches a peak in August, and the number is about 100 worker bees. The queen bee starts producing drones and queen bees in September. The male and the queen leave the nest to mate in October and early November.

The queen bee will repel males, resulting in a large percentage (up to 65%) of being unable to fertilize. Only the fertilized queen will continue to search for new nests the following year.

The range of the Asian Hornet looking for food from the nest is 1 ~ 2 km on average, and no more than 8 km.

(2) Restatement of the Problem.

① Build a mathematical model to identify and discuss how to predict with some degree of accuracy the spread of this pest over time.

② Create a model to predict the likelihood of classification errors based on the data set files provided and the relevant information provided.

③ Discuss how to make priority survey reports most likely to be positive sightings.

④Explain how to update additional new reports over time, and how often models are updated.

⑤Use the model to look for evidence that the pest are no longer present in Washington state.

(3) Our Work (Fig. 2).

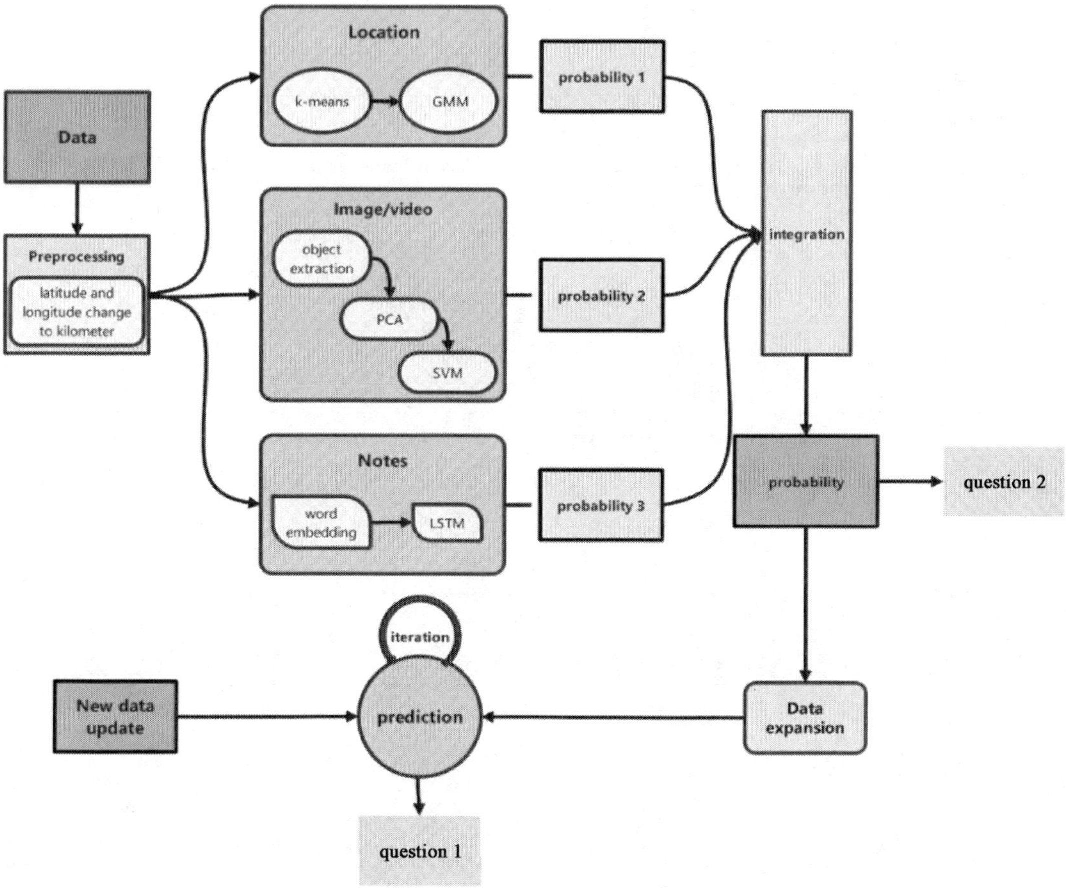

Fig. 2 The flow chart of our work

1. Assumptions and Notations

1.1 Assumptions

To simplify the problem, we make the following basic assumptions, each of which is properly justified.

(1) Assumption: Taking the influence of geographical, climate and temperature factors on the migration of Asian wasps into account, the probability of the occurrence of wasps on the ocean and the top of the mountain is zero; the migration probability of wasps in other areas is assumed as follow: river zone > forest zone > plain zone.

Justification: The Asian wasp has a high probability of survival in the forest while is low in the ocean.

(2) Assumption: The starting time for calculating the position of the hive was September 2019.

Justification: A nest was found and destroyed on the Vancouver Island, British Columbia in September 2019, and a dead sample was found in the Washington in December 2019, which is the first record in the United States.

(3) Assumption: Once the hive is established, it cannot be destroyed by human.

Justification: According to the supplementary information file, it is known that the hive is usually built in a very hidden place and the possibility of being destroyed is very low.

(4) Assumption: Once the honeycomb has certain information indicating that it is destroyed, it is considered that the probability of the bees in the hon-

eycomb migrating to the surroundings is 0.

Justification: According to the text information provided by witnesses, it is determined that a honeycomb has been destroyed.

1.2　Notations

Important notations used in this paper are listed in Table 1.

Table 1　The notations

Symbol	Meaning
i	Longitude converted to kilometers coordinate value
j	Coordinate values converted from latitude to kilometers
$\text{Array}_{\text{beeaffect}}$	Gamma-like influence matrix
$\text{predictArray}_{\text{last}}$	The probability matrix of the previous years forecast is a decimal value
$\text{predictArray}_{\text{now}}$	The predicted probability matrix is a decimal value
$\text{Map}_{\text{terrain}}$	The mask matrix of terrain factors
Γ_f	Forgetting gate: determine which values in the sequence are forgotten
Γ_u	Update gate: control whether to replace the original value with the new value
c	Previous cell value
c'	Combine the forget gate and update gate
$\Gamma_{.}$	Output gate, control the output of cell value
a	The output value of the previous cell
a'	The output value of this unit
σ	Sigmoid function
tanh	tanh function
x	Cell input vector of LSTM
W	The weight matrix for transitions
b	The bias for transitions

2. Data Preprocessing

2.1　The Data Cleaning

Due to some missing information or non-standard information in the sightings reports provided in the data, we remove the reports with incomplete information by data cleaning.

2.2　Longitude and Latitude Converted to Kilometers

The earth is a nearly standard ellipsoid with an equatorial radius of 6 378.140 km, a polar radius of 6 356.755 km, and an average radius of 6 371.04 km. If we assume that the earth is a perfect sphere, its radius is the average radius of the earth, denoted as R. If the 0 degree longitude line is used as the reference, the surface distance between these two points can be calculated according to the latitude and longitude of any two points on the surface of the earth (the error caused by the topography of the earth surface to the calculation is ignored, and it is only a theoretical estimate). Suppose the longitude and latitude of the point A is (x_i, x_j), and the longitude and latitude of the point B are (y_i, y_j). According to the zero-degree longitude, the east longitude is the positive value of the longitude, the west longitude is the negative value of the longitude (Fig. 3), and the north latitude is 90 − latitude value, the south latitude takes 90 + latitude value, from which the new coordinates $A(x_i', x_j')$, $B(y_i', y_j')$ are obtained. Then the following formula is obtained according to the trigonometric transformation:

$$C = \sin(x_i) \cdot \sin(y_i) \cdot \cos(x_j' - y_j') + \cos(x_i) \cdot \cos(y_i) \quad (1)$$

$$\text{Distance} = R \cdot \frac{\arccos(C) \cdot \pi}{180°} \quad (2)$$

Where R is the radius of the earth, and Distance is converted to the value of the distance in kilometers. This conversion will simplify the calculation and model in the subsequent calculations.

In this article, simplify the map to a grid, use a probability model to predict the future trend of the bee colony, and draw a probability map.

(1) Simplify the map into a grid, one grid every 5 ×5 km.

(2) Think of the grid as a probability field.

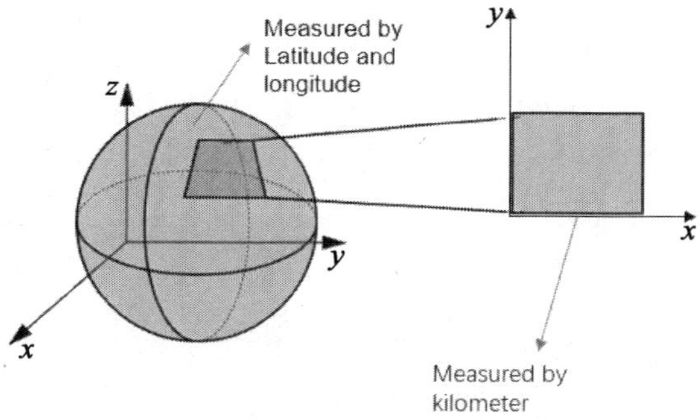

Fig. 3 Different measures of distance

3. Multi-dimensional Predictive Model Based on Location, Notes and Image

Before modeling the bee colony, there is a serious problem that has not been solved, that is, the positive ID in the existing data is too scarce, and nearly half of the data is Unverified. If it is not used, the accuracy of the model will be affected. So the first problem we have to solve is to quantify the possibility of unverified items in the data whether they are positive or negative, make a judgment, and merge them into the original positive and negative samples accordingly.

In this way, we increase the available information (increase the number of positives) on the premise of conformity to the authenticity, and provide a reliable guarantee for the modeling of bee colony in Section 4. So, we will analyze and predict the likelihood of a mistaken classification from three aspects (locations, notes, image).

3.1 Geographic Location Analysis Model Based on K-means

K-means algorithm is based on the given n data sets of data objects, the construction of K clustering method, each partition clustering is a cluster. The method divides the data into N clusters, each cluster has at least one data object, each data object must belong to and can only belong to one cluster. At the same time, the similarity of data objects in the same cluster is high, and the similarity of data objects in different clusters is small. The cluster similarity is calculated by using the mean value of the objects in each cluster. The K-means algorithm uses distance to describe the similarity between two data objects. The distance function includes Ming-style distance, Euclidean distance, Marathon distance and Ran's distance, the most commonly used is Euclidean distance. The K-means algorithm is terminated when the criterion function reaches the optimal or the maximum number of iterations. When the Euclidean distance is used, the criterion function is generally to minimize the sum of the squares of the distance from the data object to its cluster center, namely

$$\min \sum_{i=1}^{k} \sum_{x \in C_i}^{n} \text{dist}(C_i, x) \quad (3)$$

And k is the number of clusters; C_i is the center point of the i-th cluster; $\text{dist}(C_i, x)$ is the distance from x to C_i.

First, cluster the positive data first, which is equivalent to looking for the honeycombs found in these few places (the cluster center is the honeycomb, and the clustering result should be no more than 2 km from the cluster center).

Next delete all data which points that are 30 km away from these nests, and delete all data points that have negative characteristics within 30 km. Use Gaussian distribution model to make a simple judgment on the remaining unverified points (Fig. 4); then we get the likelihood of a mistaken classification.

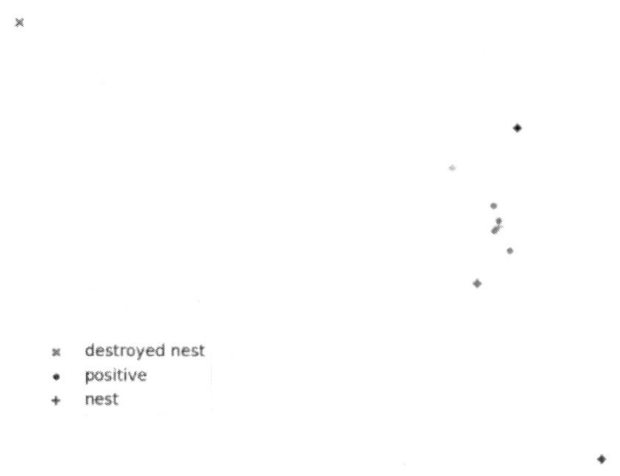

Fig. 4　Clustering result of 14 positive IDs

3.2　Image Recognition Model Based on SVM

For video files, randomly extract the key frames in the video, convert them into pictures, and then perform the following processing.

(1) First locate the target, and it mainly uses some morphological operations (as the flow chart below(Fig. 5, Fig. 6)).

(2) All pictures are changed to grayscale, with a unified resolution of 150 × 150.

(3) Pca dimensionality reduction. Reduce the 150 × 150 picture to a 20-dimensional vector.

Specific implementation steps: first process the data set.

$$X = \{x_1, x_2, x_3, \cdots, x_n\} \tag{4}$$

x_i is to expand the picture into a 25 500-dimensional vector by line. Then calculate the covari-ance matrix $\frac{1}{n}XX^{\mathrm{T}}$, and use the eigenvalue decomposition method to find the eigenvalues and eigenvectors of the covariance matrix $\frac{1}{n}XX^{\mathrm{T}}$. Sort the eigenvalues from large to small, and select the largest 20 among them. Then the corresponding 20 eigenvectors are used as row vectors to form the eigenvector matrix P. Finally, the data is transformed into a new space constructed by 20 feature vectors, that is

$$Y = PX \tag{5}$$

Next, to classify the reduced – dimensional vectors, the SVM (support vector machine) method is used here. The positive and negative examples are used to train the vector machine. The objective function is as follows:

$$\max \frac{1}{\|w\|} \text{s.t.}, \quad y_i(w^{\mathrm{T}}x_i + b) \geqslant 1 \quad (i = 1, \cdots, n) \tag{6}$$

$w = w_1, w_2, \cdots, w_n$ is a normal vector, which determines the direction of the hyperplane; b is the number of eigenvalues; x is the training sample y is sample label, assuming positive is 1, negative is −1.

As long as the normal vector w and the displacement b are determined, a dividing hyperplane can be uniquely determined. The distance between the hyperplane and any point on the marginal hyperplane on both sides of it is $\frac{1}{\|w\|}$, to maximize the interval, the following formula is obtained (due to the high complexity of the classification task, the linear decision surface must not be able to solve the problem. For all the kernel function techniques, we use the Gaussian kernel function: it can map the original features to infinite dimensions.)

$$K(x, z) = \exp\left(-\frac{\|x - z\|^2}{2\sigma^2}\right) \tag{7}$$

Finally, the classification discriminant function is

$$\operatorname{sgn}\left(\sum_{i=1}^{l} a_i y_i K(x_i^{\mathrm{T}} x + b)\right) \tag{8}$$

Our problem is to quantify the likelihood of a mistaken classification, so we need a function to map it to a specific probability according to the distance between the sample and the classification plane, so we can refer to the classification discriminant function to write the quantization function:

$$\begin{aligned} \text{likelihood} &= 1 - \operatorname{sigmoid}\left(\sum_{i=1}^{l} a_i y_i K(x_i^{\mathrm{T}} x + b)\right) \\ &= 1 - \frac{1}{1 + e^{-\left(\sum_{i=1}^{l} a_i y_i K(x_i^{\mathrm{T}} x + b)\right)}} \end{aligned} \tag{9}$$

The function value of the quantization function is the likelihood of a mistaken classification.

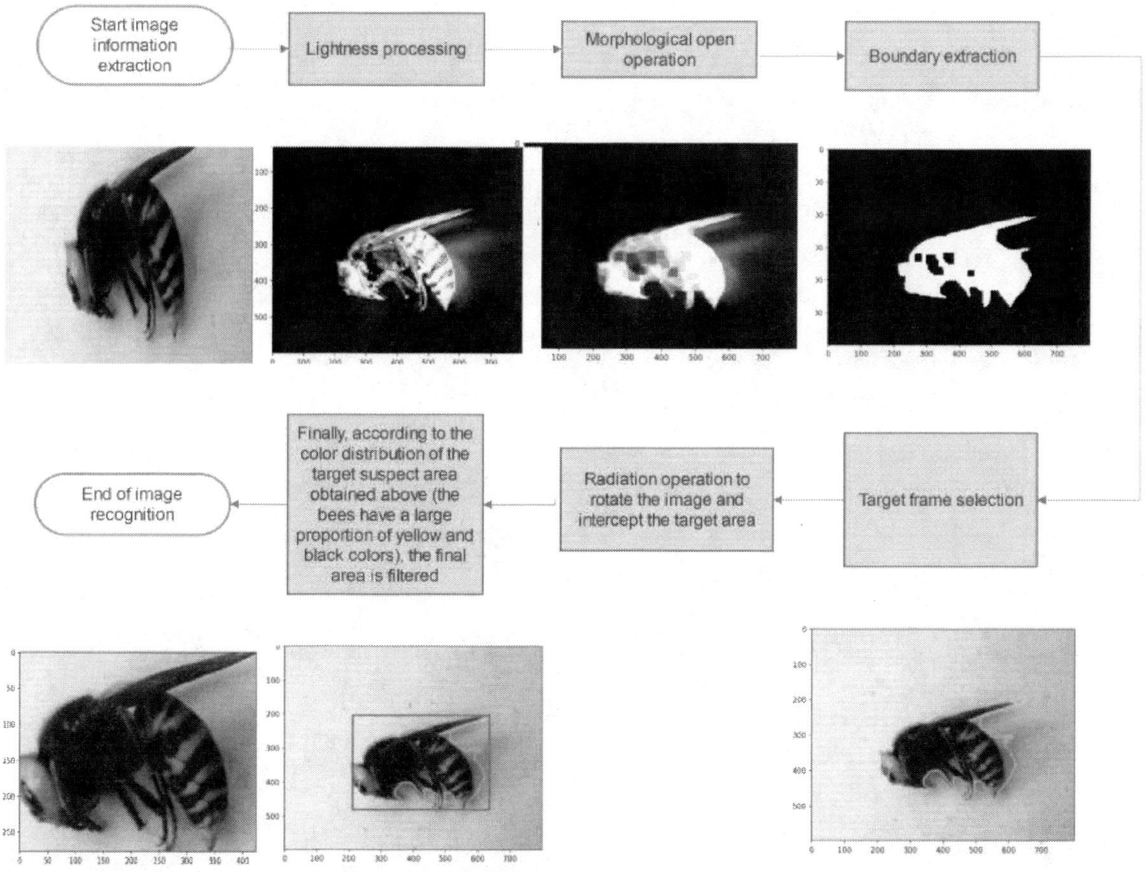

Fig. 5 Target detection and extraction

Fig. 6 When encountering multi-target situations, the algorithm's selection of targets

3.3 Comment Text Extraction Model Based on LSTM

Compared with ordinary RNN, LSTM (Fig. 7) is more suitable for processing and predicting important events with long interval, and can learn long-term dependent information, an elaborate structure called gate can remove or increase information to the cellular. An LSTM unit consists of a forgetting gate, an update gate, and an output gate. Control the flow of information through a forgetting gate and update gate (Fig. 8). The output LSTM model of the output gate control model can be divided into three modules, namely the input module, the LSTM module and the output module.

(1) Input module: Input Vector (100-dimensional Vector).

(2) LSTM module: The Structure of the LSTM unit is shown below.

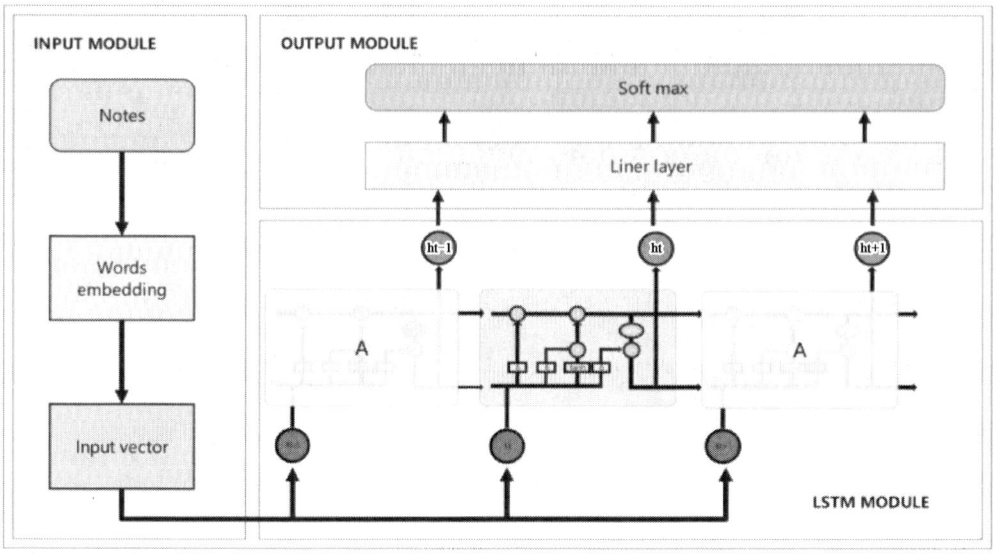

Fig. 7 Flow chart of comment text extraction model based on LSTM

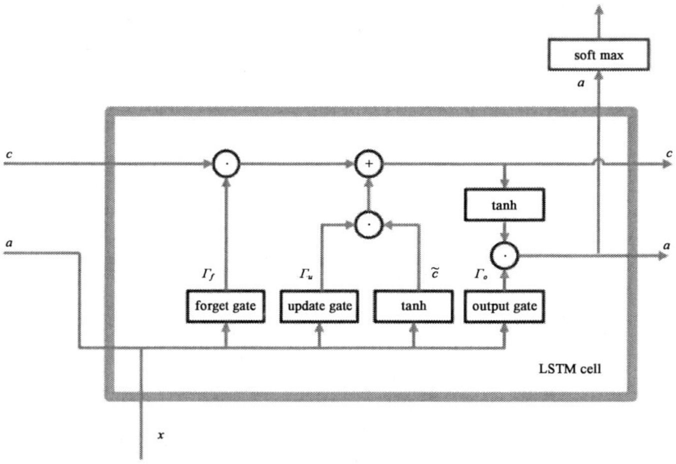

Fig. 8 LSTM CELL

The workflow of a unit is

$$\Gamma_f = \sigma(W_f[a, x] + b_f) \tag{10}$$

$$\Gamma_u = \sigma(W_u[a, x] + b_u) \tag{11}$$

$$\tilde{c} = \tanh(W_c[a, x] + b_c) \tag{12}$$

$$c' = \Gamma_f c' + \Gamma_f \tilde{c} \tag{13}$$

$$\Gamma_{.} = \sigma(w \cdot [a, x] + b) \tag{14}$$

$$a' = \Gamma \cdot \tanh c' \tag{15}$$

(3) output module: we perform a linear operation on the output results of the LSTM module, and then with sigmoid function mapping to 0 – 1, as the probability value output formula is

$$y = \sigma(wa + b) \tag{16}$$

3.4 The Model Implement

Now we are going to predict the likelihood of a mistaken classification, which is the probability that the submitted sighting will be judged as negative. We use the 3.1 – 3.3 three models to predict the unverified sightings for more than 2 000 questions. For each sighting, the probability of the event being negative is quantified to obtain P_{picture}, P_{text}, and P_{location}. The probability distribution of more than two thousand item hit events is as follows(Fig. 9).

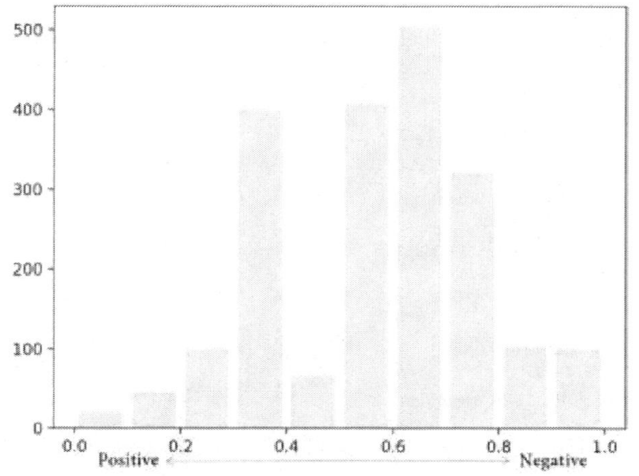

(a)Image information likelihood score

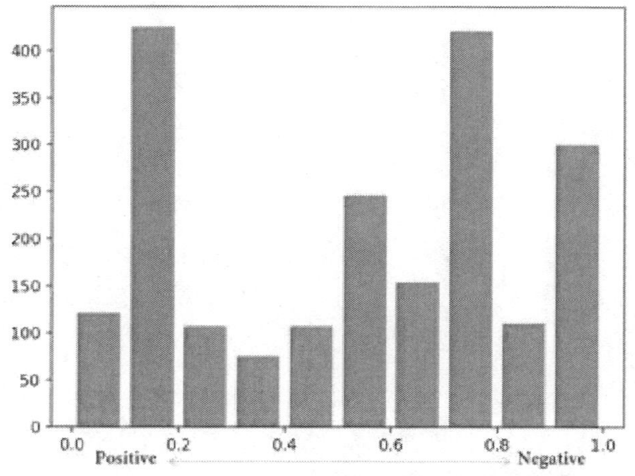

(b)Textual information likelihood score

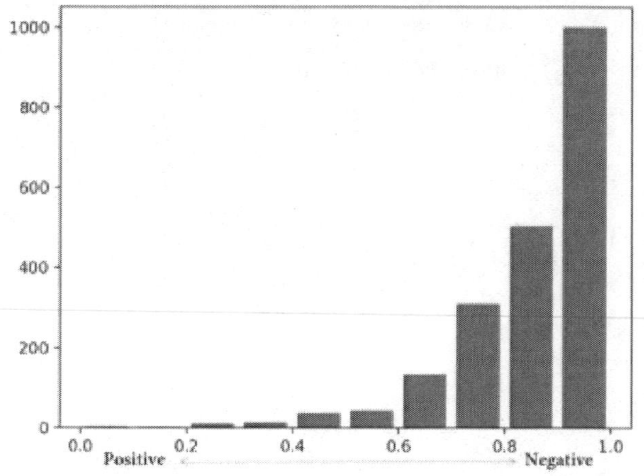

(c)Possibility score of location information

Fig. 9 Comprehensive information likelihood score

Next, we comprehensively consider these three probabilities. It can be found that the distributions obtained by P_{picture} and P_{text} are not very consistent with the prior probability (the data given in the question, positive is 14 items, negative is more than 2 000 items, and the ratio is more than 1:100), so in comprehensive consideration, P_{picture} and P_{text} The weight should be as low as possible, P_{location} weight is high (high credibility).

Finally, the consideration formula is given.

$$P_{\text{negative}} = 0.2 \times P_{\text{picture}} + 0.1 \times P_{\text{text}} + 0.7 \times P_{\text{location}} \tag{17}$$

The final probability distribution is shown in the Fig. 10.

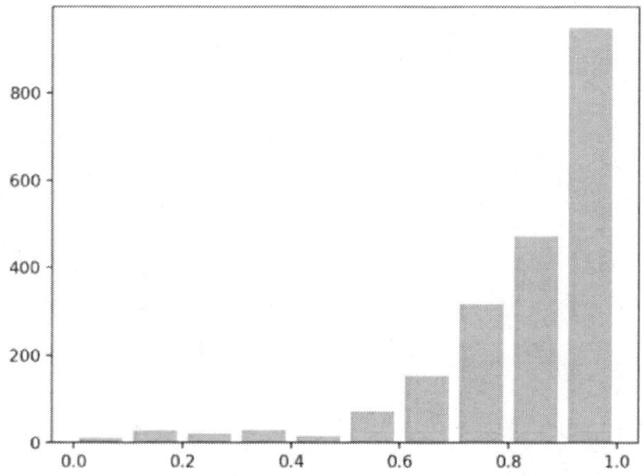

Fig. 10 Comprehensive probability distribution histogram

We divide data according to different thresholds, and finally get the likelihood of a mistaken classification that the sighting event is [0.950 12, 0.975 31].

3.5 Application in Priority Determination

Because of the limited resources of government agencies and there are too many unverified reports, we need to quantify priority for public reports which additional investigation.

In our model, the greater the probability obtained by the probabilistic analysis of the geographic location, the higher the probability that there is a hive near the location; the greater the probability obtained by the probabilistic analysis of the image, the clearer the image and the more consistent the Asian wasp. Features: The greater the probability obtained by the text probability analysis, the clearer the description of the target bee by the text, and the more the description conforms to the habits of the Asian wasp. In general: the smaller the value obtained by our judgment model, the smaller the probability that the report is misjudged, that is, the greater the probability that the report is positive, that is, the greater the priority of the witness report waiting for investigation.

Therefore, we can determine the priority order of investigating public reports based on the results of the judgment model. Here are the top three items with the highest priority obtained by our model (Fig. 11, Table 2).

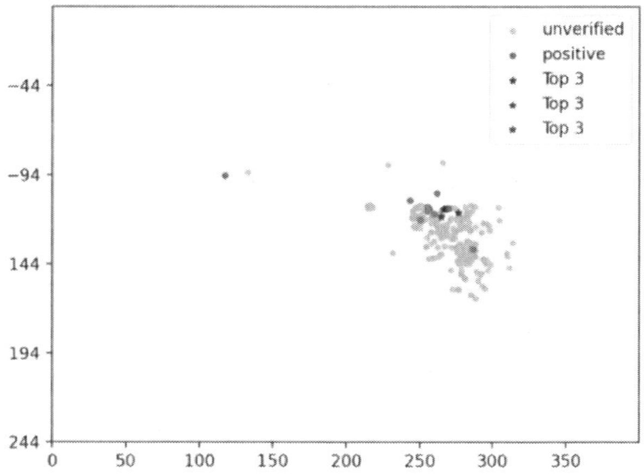

Fig. 11 The three highest priority

Table 2 Labels of the three highest priority items in the text

Labels	Priority score
F99DE2AD - 9308 - 4B3E - A05A - 0B24E1F189B5	9.842
49D016FA - 358D - 4BB0 - 9678 - 4F332DCBF3C6	9.791

3.6 Expand the Data for the Propagation Prediction Model in Section 4

According to the probability distribution obtained in 3.4, we find the sighting event $\text{Unverified}_{\text{positive}}$ whose the likelihood of a mistaken classification is less than 0.5 (these events are more likely to be positive), and part of each $\text{Unverified}_{\text{positive}}$ is P_{positive}. Obviously, $P_{\text{positive}} = 1 - P_{\text{negative}}$, according to which we perform random simulation.

The algorithm flow is as follows. For each $\text{Unverified}_{\text{positive}}$:

(1) Randomly generate a $\text{float}_{\text{random}}$ between [0, 1].

(2) If $\text{float}_{\text{random}} < P_{\text{positive}}$, the $\text{Unverified}_{\text{positive}}$ is confirmed as positive.

(3) If $\text{float}_{\text{random}} > P_{\text{positive}}$, the $\text{Unverified}_{\text{positive}}$ is confirmed as negative.

Fig. 12, Fig. 13 only shows sightings in the positive area.

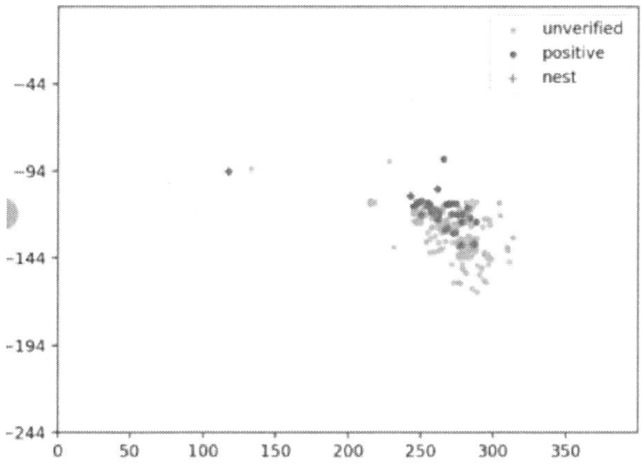

Fig. 12 Clear the point set of points that do not meet the conditions

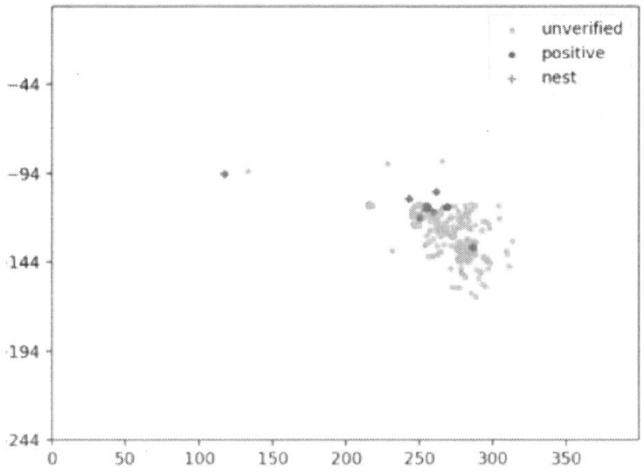

Fig. 13 Point set obtained by re-clustering

4. The Asian Giant Hornet Spread Prediction Model

4.1 Probability Matrix of the Asian Hornet Spread

According to the information given in the question, the Asian hornet worker bee is a one-year biological species, and the queen bee has a certain probability of making nests every year. In order to predict the distribution of the Asian hornet, we first need to know the probability of the queen's moving position in the next year.

Lets first look at a distribution function gamma function. The problem solved by the gamma distribution is how long it takes to wait until n random events occur. Its probability distribution, mean and variance functions are as follows.

$$f(x,\beta,\alpha)=\frac{\beta^{\alpha}}{\Gamma(\alpha)}x^{\alpha-1}\exp(-\beta x) \quad (18)$$

The random variable x is the time required for the time to occur once; the α is the shape parameter to indicate the number of events; the β is the scale parameter to indicate the frequency of events. When $\alpha=5$ and $\beta=1$, the distribution is as follows (Fig. 14).

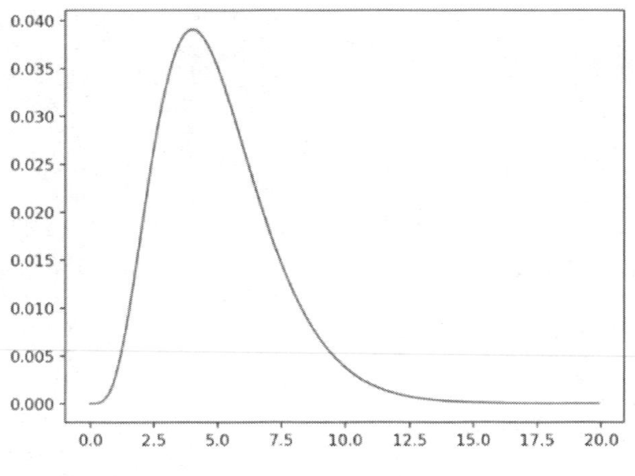

Fig. 14 Probability distribution plot

By studying the migration habits of bees, we can conclude:

(1) The migration distance of the queen bee will not exceed 30 km.

(2) The probability of a queen bee building a nest in a close place is very low, because the density of nearby resources (nectar) will greatly decrease.

(3) The probability of a queen bee building a nest far away will decrease with the distance.

Therefore, it can be found that the probability matrix of queen bee migration is very similar to the gamma distribution, so we obtain a queen migration probability matrix $Array_{beeeffect}$ according to the gamma distribution, and the distribution is as follows (Fig. 15, Fig. 16).

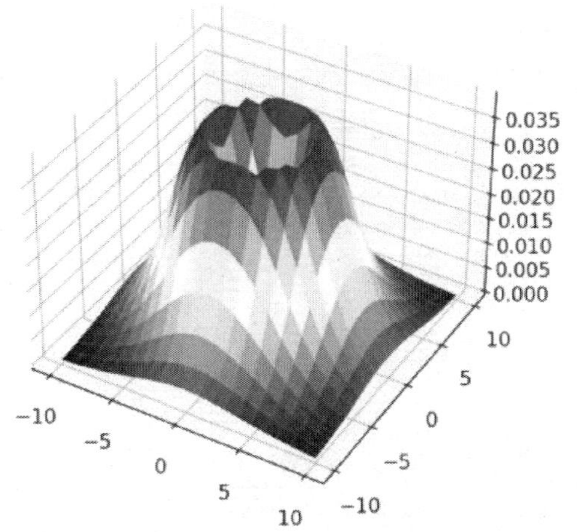

Fig. 15 $Array_{beeeffect}$ three-dimensional map

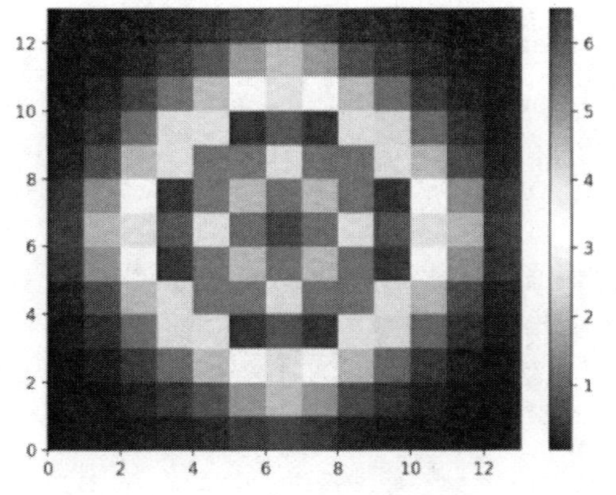

Fig. 16 $Array_{beeeffect}$ plan

4.2 A Model of the Influence of Terrain Factors on the Distribution of Hornet

Furthermore, we model the geographic location of the area where the hornets may appear, and obtain the geographic factor influence matrix A_{ij}, in which the element $w_{ij}\in[0,1]$; the ocean and the top of the mountain are 0; the qualitative analysis of the element values in other areas is assumed to be: river zone > forest zone > plain zone (Table 3).

The specific methods are as follows: Obtain the map information of the zone from Google, convert the picture from RGB color space to HSV color space, and obtain H (hue) channel, and convert the ocean (blue), forest (green), plain (yellow), and mountain top (white) map to 1.2 according to the value of different H channels (Fig. 17).

Table 3　The influence of terrain factors on the migration probability of hornets

Terrain factors	Probability
The ocean	0
The forest	0.8 - 1.2
The river	0.8 - 1.2
The plain	0.3 - 0.8
The top of maintain	0 - 0.3

When other conditions are the same, due to the influence of geographical factors, the following is the original map of the hornet activity (marked with reference), and the heat map considering the influence of geographical factors (Fig. 18).

Fig. 17　Original map of topography on Google Earth

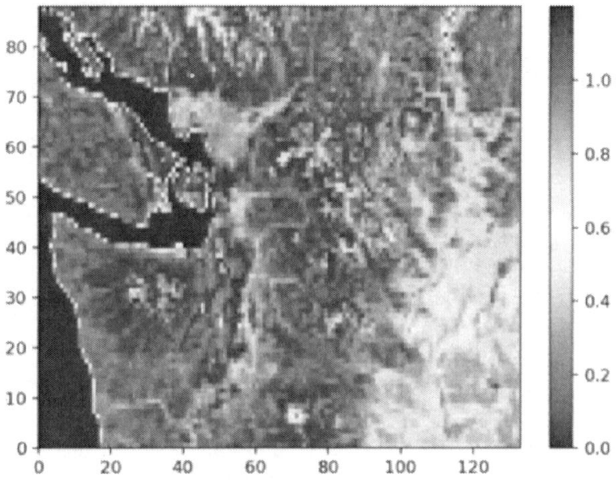

Fig. 18　Probability distribution map of hornet migration based on terrain factors

4.3　Prediction Based on Terrain Distribution

The basic steps of the algorithm are as follows:

(1) Step 1: Preprocessing.

①Step 1.1: Cluster the newly added positives each year, find the cluster center (honeycomb), ensure that the distance between each positive and the cluster center is less than 8 (the limit of bee activity range is 8 km), and get the newly added honeycomb each year.

②Step 1.2: Remove the influence of special points (a positive point at the edge of the coast in the excel text is proved by witnesses that the nest has been destroyed and solidified, and the point will not continue to spread).

(2) Step 2: Initialization.

Mark the cluster center (hive) of the first year as 100% in the corresponding position of $predictArray_{now}$.

(3) Step 3: Iteration.

① Step 3.1: Newly added honeycomb each year: $Array_{beeeffect}$ is superimposed on $predictArray_{now}$ with the position of newly added honeycomb this year as the center.

②Step 3.2: The migration and spread of bee colonies (over 1 year): $predictArray_{now} = predictArray_{last} \odot Array_{beeeffect}$ ($\odot$ refers to the convolution operation).

③Step 3.3: (Unconventional iteration) Within one year, if there are more than two sightings in a certain area (a circular area with a radius of 8 km), cluster sightings in this area, predict the position of the hive, and directly update it on the map ($array_{beeeffect}$ superimpose on $predictArray_{now}$ with the position of the hive as the center).

(4) Note: Detailed description of step 3.3.

In addition to model predictions, there will be new sighting reports every year. If our forecasting model is not updated in time, the accuracy of the model will decrease year by year. Therefore, in addition to normal model iterations, new sighting reports are also used to correct the model. The specific methods are as follows:

After a correct sighting event occurs in a certain area, if there are two cases within 8 km apart, immediately modify the model, cluster, find the honeycomb, and superimpose $Array_{beeeffect}$ on predict $Array_{now}$ centered on the honeycomb position. If there is only a single case (the priority is lower than the former), wait for the update when the first item is routinely updated.

After preprocessing (Appendix B), the sample size of the positive points is increased, and the honeycomb is further clustered, and then the probability prediction map for the future is obtained (Fig. 19).

4.4 The Model Improvement

In the previous section, our model initially realized the probability prediction of bee colony distribution; however, the consideration of sighting reports is not comprehensive: when there is no sighting report in a certain area for many years, the probability of bee colony distribution in this area is credible degree will decrease. So we propose improvements based on the 4.3 model, and the improvements are as follows:

(1) If there are no positive sightings in an area for two consecutive years, the probability value corresponding to $predictArray_{now}$ will be halved every year, and the impact on surrounding areas will be halved.

(2) If the corresponding probability value of $predictArray_{now}$ in a region for 5 consecutive years is <0.1, it is determined that the bee colony in the region has completely disappeared.

Fig. 20 shows that the Asian hornets in Washington have been completely wiped out.

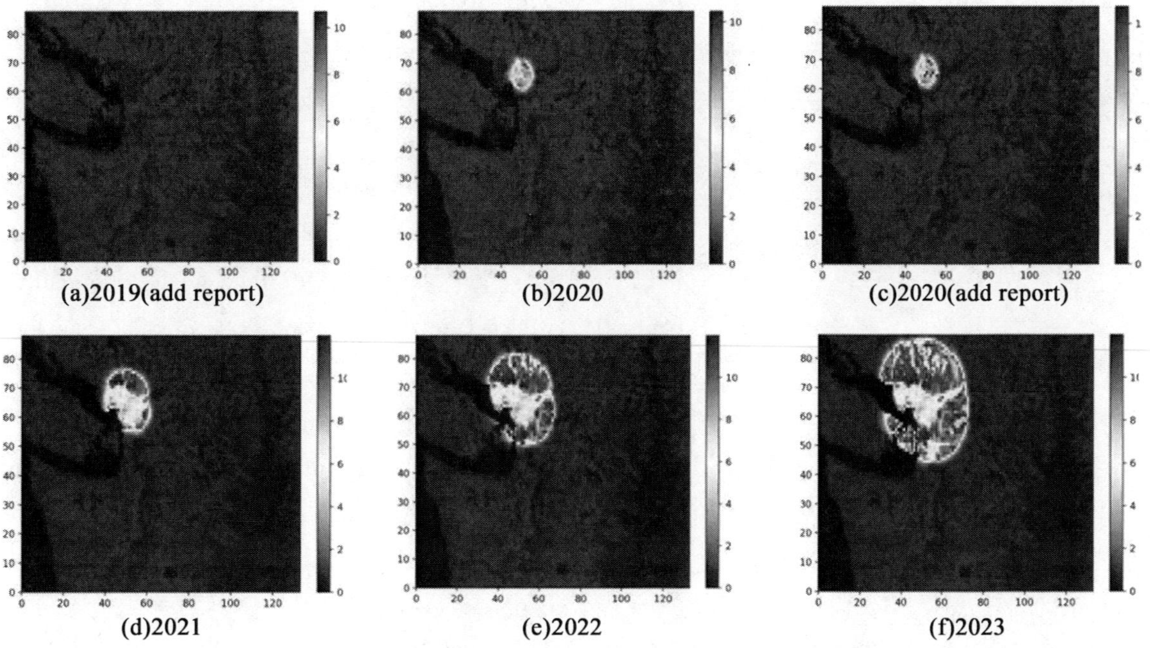

Fig. 19 The predicted probability distribution diagram of the hornet spread over time

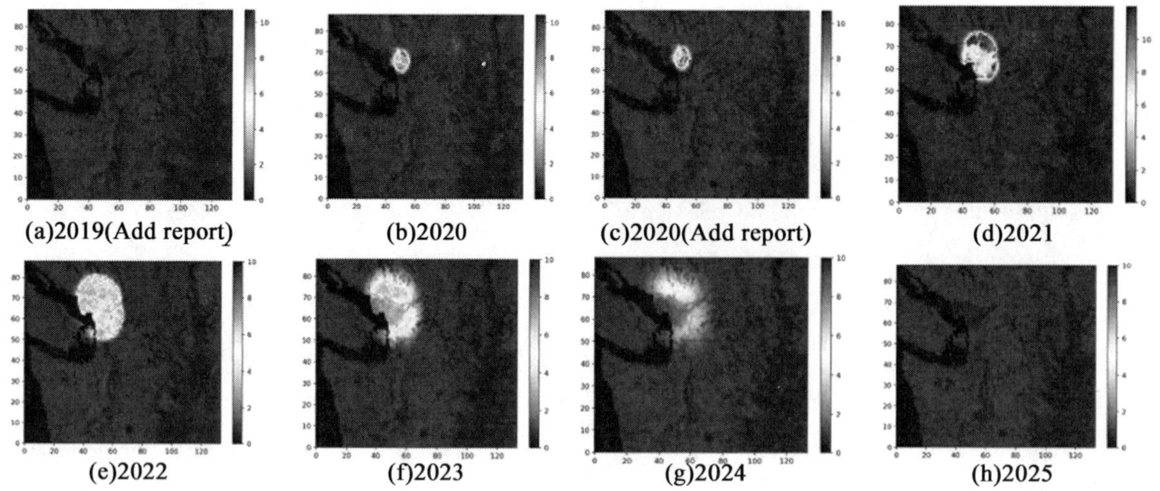

(a)2019(Add report)　(b)2020　(c)2020(Add report)　(d)2021

(e)2022　(f)2023　(g)2024　(h)2025

Fig. 20　Forecast results after model improvement(There is no report in 2021 – 2025, the model predicts that the colony will disappear completely)

4.5　Robustness Analysis

In the section 4. 1, in order to simulate the characteristics of Asian hornt migration, we imitated the gamma distribution when $\alpha = 5$ and $\beta = 1$ to obtain the hornet migration influence matrix. Now, we will analyze the influence of different hornet migration influence matrices on the stability of the prediction model.

Change the parameters of the gamma distribution to calculate the fluctuation of the prob ability distribution of the entire graph when the model is iterated for 2, 4, and 6, the specific calculation formula is as follows(Table 4) :

$$change = \frac{\sum_{i}^{N} \sum_{j}^{M} predictArray_{\alpha=5,\beta=1} - predictArray_{\alpha=i,\beta=j}}{\sum_{i}^{N} \sum_{j}^{M} predictArray_{\alpha=5,\beta=1}} \tag{19}$$

Table 4　RUSE analysis

parameter	two round	four round	six round
$\alpha = 4, \beta = 1$	-3.421%	-0.151%	-0.612%
$\alpha = 5, \beta = 2$	5.423%	1.859%	0.954%
$\alpha = 7, \beta = 0.5$	8.325%	3.431%	1.210%

We can find that the fluctuation of the probability distribution decreases with the increase of the number of iterations. Combined with the probability distribution diagram, we speculate and analyze the result. The reason is , as the number of iterations increases, the probability dis tribution will be more affected by the terrain environment in the process of iteration. Finally, the influence of factors has stabilized (in reality and simple terms, there are more bee colonies in the forest, fewer bee colonies in the plains, and no bee colonies in the ocean) , and the difference in the influence matrix of colony migration will only be reflected on the front of probability diflusion obviously.

5. Strengths and Weaknesses

5.1　Strengths

(1)We thoroughly clean the data provided, remove the samples with incomplete information, as well as the date and locations are far from the real positive samples, and eliminate the influence of such samples on the subsequent modeling process.

(2)We make full use of the information in the data, modeling the time and locations of the sightings, images and videos, and notes, using a combination of various models.

(3) Addition to the information available from sighting reports, the spread was predicted by taking

into account real-world terrain factors, making it more realistic.

(4) Before the prediction, we expand the positive samples by the model, so as to eliminate the shortcoming of too few positive samples, and get more real prediction of spread.

(5) The influence matrix of gamma-like distribution is used to simulate the migration characteristics of queen bee, which is closer to the real migration situation.

(6) Advantages of three-part modeling.

(7) For the location part, K-means was used to cluster the positive samples to determine the approximate location of the honeycomb, and then GMM was used to estimate the distribution of vespa mandarinia.

(8) For the image/video part, the morphology-based method is used to grab the target in the image first, and the effect of the data with poor image quality is better. After PCA dimension reduction, the SVM method is used for classification to obtain the specific probability, which saves computational resources. At the same time, this classification method is more robust.

(9) For the notes part, the LSTM model is much more capable of handling data with long-term dependencies such as sentences.

(10) For the updated part of the data, we consider not only the new sightings, but also the areas where sightings have decreased, and provide a basis for the last question.

5.2 Weaknesses

(1) Due to the lack of positive data and feature imbalance in the data provided, the model may be over-fitting. We consider that in the subsequent model improvement, we can try to focus on the detection of positive samples by means of anomaly detection.

(2) We simply assumed that the range of the Asian bumblebee was consistent with the GMM, which may have been too idealistic.

(3) Due to the poor data quality of the picture part and the voice part, the prediction results of these two parts are not very good.

6. Conclusion

For the data provided by the public reports, we train classification models based on Lab Status, model the time and locations of the sightings, images/videos, and notes, and get the probabilities of positive sample, then gather the probability with diflerent weights, finally predict the likelihood of a mistaken classification. The unverified samples in the data were judged by our model and then expand the positive samples. We assumed that the migration of the queen bee conforms to the gamma distribution, and the predicted results were obtained. Please see the appendix for the specific results. Considering the migration habits of queen bees and topographic factors, we made a reasonable plan for the updating cycle of the model, and also provided a clear judgment standard for whether to eliminate the pest in Washington District.

References

[1] BU Jianwei, LIU Wei, PAN Zhao, et al. Comparative study of hydrochemical classification based on different hierarchical cluster analysis methods [J]. International journal of environmental research and public health, 2020, 17(24): 15-24.

[2] CHIANG Y M, HAO R, QUAN S, et al. Precipitation assimilation from gauge and satellite products by a bayesian method with gamma distribution[J]. International journal of remote sensing, 2021, 42(3): 1017-1034.

[3] GREFF K, SRIVASTAVA R K, KOUTNIK J, et al. LSTM: a search space Odyssey [J] IEEE transactions on neutral networks&learning system, 2016, 28(10): 2222-2232.

[4] SHRUTI K S, DEKAL P C. Performance enhancement of SVM model using discrete wavelet transform for daily streamflow forecasting [J]. Environmental earth sciences, 2021, 80 (3): 1-16.

[5] LEE, SOONHYEONG. Functions of aizuchi (back - channels) between indonesian learners of Japanese and Japanese native speakers in contact situations: contrasting back channels between and within utterances [J]. Journal of north - east Asian cultures, 2017, 53 (12): 48-61.

Appendices

Appendix A　Preprocessing of Terrain Factors

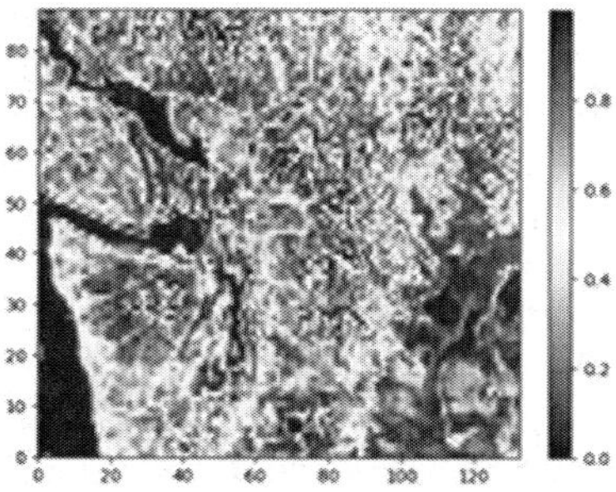

(a)background process one

(b)background process two

(c)background process three

Fig. 21　Preprocessing of terrain factors

Appendix B　Preprocessed Image

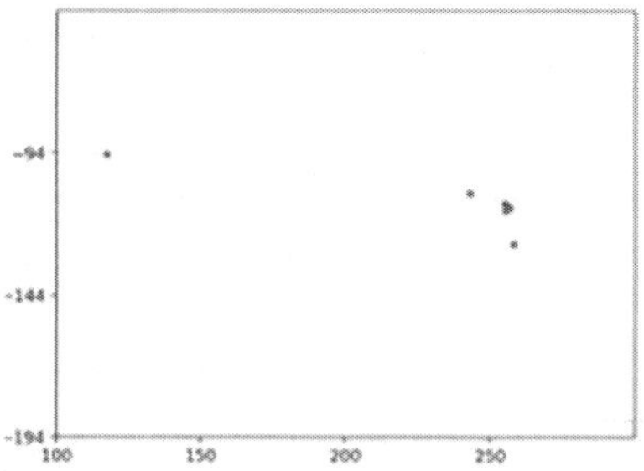

(a)positive2019

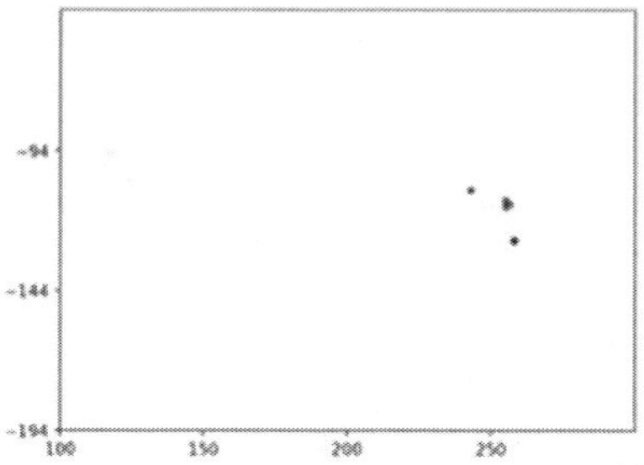

(b)clusting2019

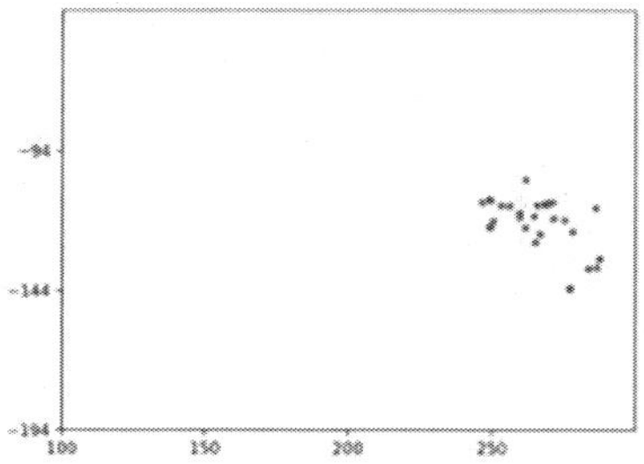

(c)positive2020

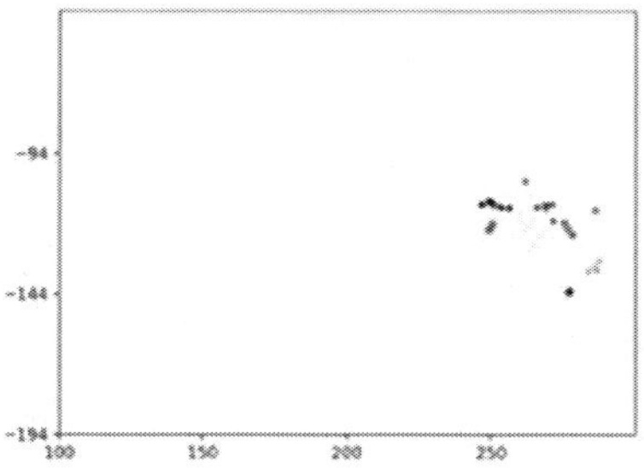

(d)clusting2020

Fig. 22　Preprocessing: cluster analysis through positive points

Appendix C Iterative Part of the Predictive Model

```
def iteration(predict_array,original_map,
effect_array):
predict_result =np.zeros_like(predict_ar-
ray)
for i in range(0,shape[0]):
for j in range(0,shape[1]):
if no_bee_array[i,j] < =0:
predict_array[i,j] * =0.05
no_bee_anymore_array[i,j] - =1
1 for i in range(6,shape[0] -6):
for j in range(6,shape[1] -6):
up =i -6
down =i +6 +1
left =j -6
right =j +6 +1
temp =predict_array[i,j] *effect_array
predict _ result [ up: down, left: right ] +
=temp
predict_result = np.multiply(predict_re-
sult,original_map)
return predict_result
```

禁塑令下塑料污染防治的三方演化博弈分析

欧阳晨璐[1]，姜惠琪[1]，盛晴[1]，刘冠楠[1]

1. 哈尔滨工业大学经济与管理学院 2019 级　经济管理试验班

摘要：本文为国民经济绿色发展新目标之一的治塑成功提供理论推力，在分析相关政策并对其实施情况进行调研后，基于对现有研究的梳理，构建政府、企业和公众三方主体的演化博弈模型，并研究三方主体在不同情形下进行的策略选择过程，通过仿真建模方法在微观层面上探究了不同政策的监管效果。结果表明，政府在采取有效的监管模式实施相应监管措施时，通过增加主体采取于治塑正向的策略所获得的收益、降低其损失的软性手段，可以保证塑料污染管制的系统性和协同性推动塑料污染治理阶段的进步。

关键词：禁塑令；塑料污染治理

Gesture Control of UAV Based on Deep Learning

Ouyang Chenlu [1], Jiang Huiqi [1], Sheng Qing [1], Liu guannan[1]

1. Experimental Class of E&M, 2019, Department of Economics and Management, Harbin Institute of Technology

Abstract: Plastic pollution control is one of the important aspects of the new goals of the green development of the national economy in the 14th Five-Year Plan. After investigating the implementation of relevant policies, this paper analyses tripartite main bodies under the background of plastic pollution control by constructing an evolutionary game model involving enterprises, public and regulatory bodies based on existing research. Then by methods of simulation modeling, the paper studies the possible regulatory effects of different kinds of policies on the micro-level. The results show that the government should pay more attention to reducing the cost of corporate compliance through various means such as policy encouragement and technological innovation to truly improve the policy's effect when it strengthens the force of supervision and regulation at the same time.

Keywords: Plastic ban; "White pollution" control

引言

2007 年国家发布的"限塑令"政策对塑料袋总体消费的控制效果并不显著，对生产商的约束力不足使得大量不合规塑料袋仍在市场上流通。2020 年，国家发布了《进一步加强塑料污染治理的意见》(以下简称"禁塑令")，其对 2008 年"限塑令"的要求进行了细化、深入和完善。由于塑料制品的生产、使用与回收和政府的监管力度、公众对于政策规定的接受程度以及相关企业对于政策的贯彻程度息息相关，提高环境保护水平需调研国家环保政策的落实状况并从根源上探究白色污染的防治机理。

国内外针对塑料污染治理的研究多以政策的措施为主要研究对象。A. Macintosh 等研究忽视政策的渗漏效应对其福利效益的夸大作用[1,2]。R. Taylor 等认为禁止使用一次性塑料袋措施的成败取决于商店选择出售一次性塑料袋的类型和价格[3]。贾杨等发现政策主客体之间的利益分配情况是影响公共政策执行效果的关键变量，环境规制政策的强力输出难以获得预期效用[4,5]。

而源于生物进化论的演化博弈模型因其在分析社会习惯、规范、制度或体制形成的影响因素以及解释其形成过程有着显著的优势。Shen 等通过博弈论分析发现政府信息公开和积极奖惩措施利于增强追求长远利益的企业采取良性环境行为的动机[6]。Zhang 等发现博弈背景下消费者环保意识可以促进环境生命周期成本策略进而影响制造商行为[7]。Li 等通过博弈模型确定帕累托最优发现生态管理受三方协同作用影响[8]。崔萌通过演化博弈模型的构建得出应使履约成本降低与环保守信激励协同推进，监管主体不监管与环保失信处罚齐抓共管，才能达到良好的环境污染防治效果的结论[9]。

综上，目前研究较多涵盖了政府政策制定及监管的实施经验和不足之处，但深入塑料污染治理困境的原因分析还缺乏多元主体利益交互的研究。前期调研发现"禁塑令"虽然实施面较广但仅有少数公众受到较大影响，不同企业对于政策的贯彻程度并不相同。"禁塑令"的积极落实对于白色污染的治理至关重要，需要政府、公众和企业三方合力，本文通过构建这三方的动态演化博弈模型，分析这有限理性的三类群体在信息不对称的情况下选择不同策略的利益和损失以及选择不同策略的所需条件，并在此基础上进行仿真模拟分析，以期为未来相关政策的实施和推进提供新的视角。梳理相关文献后发现，以往文献分析对于"禁塑令"的分析往往停留在宏观事实的分析视角，演化博弈的理论也尚未被引入治塑问题，因此本文创新性地通过演化博弈视角分析填补了对于"禁塑令"的微观系统理论分析的空白。

1. 模型建立

1.1 基本假设

假设 1：协同治理背景下塑料污染控制的过程中主要存在政府、企业与公众三类主体。在政府已经对塑料治理做出一定规章制度的颁布与管控的情况下，政府主体有监管与不监管两种策略：监管策略付出监管成本 C_G，获得监管得益 R_G，在企业主体不遵从时同时获得对企业主体的处罚 P_{E1}(包含在 P_E 中)；不监管策略可以获得额外得益 I(如闲暇等)，但企业主体不遵从政策时可能受到上级政府的处罚 P_G。企业主体有遵从政策与不遵从政策两种策略：遵从政策策略付出了遵从成本 C_E，但能获得遵从收益 R_E，同时给公众主体环境得益 R_{H2}；不遵从策略节省了遵从成本 C_E，但可能会受到不遵从处罚/损失 P_E。公众主体有配合与不配合策略：配合策略付出配合成本 C_H，在企业主体不遵守政策且监管主体监管的情况下，公众主体在受到损失L_H的同时，也获得企业主体给付的补偿S_H；不配合策略在企业主体不遵守政策时，公众主体受到损失L_H，获得收益R_{H1}，假定$2L_H \geqslant S_H > C_H + R_{H1}$，$R_{H1} > R_{H2}$；

假设2：政府主体以x的比例选择不监管策略，以$(1-x)$的比例选择监管策略；企业主体以y的比例选择不遵从政策策略，以$(1-y)$的比例选择遵从政策策略；公众主体以z的比例选择不配合策略，以$(1-z)$的比例选择配合策略；其中x、y、z均为时间t的函数。

假设3：政府主体，企业主体与公众主体的期望得益函数分别为$U_G = u(R_G, C_G, P_G, P_{E1}, I, \theta, x, y, z)$，$U_E = u(R_E, C_E, P_E, S_H)$，$U_H = u(R_{H1}, R_{H2}, L_H, C_H, S_H, x, y, z)$。$R_G$为政府主体监管成功时获得的包括名誉及奖励等的政治得益；P_G为企业主体不遵从政策时政府主体不监管而受到的上级部门的处罚；θ为政府主体受到处罚的概率；P_{E1}为企业主体不遵从政策时政府监管而获得的对企业的处罚，包含于P_E中；I为政府主体不监管时所获得益，主要包括闲暇时间增多，工作难度降低等；R_E为企业主体遵从政策时获得的包括名誉及经济利益等的得益；R_{H1}为公众主体由于企业主体不遵从政策而能享受到不变更消费习惯及塑料袋使用便利等收益；R_{H2}为公众主体在遵从政策时而能享受的环境得益；S_H为企业主体不遵从政策被公众主体监督同时被政府主体查处时，被强制给付于公众主体的补偿；L_H为公众主体由于企业主体不遵从政策而受到所处环境质量下降等的损失。参数取值方面，假定$0 \leqslant \theta; x, y, z \leqslant 1$；$R_G, C_G, P_G, P_{E1}, I, R_E, C_E, P_E, S_H, R_{H1}, R_{H2}, L_H, C_H, S_H > 0$。

1.2 利益相关者参与的博弈模型构建

基于上述假设，建构企业、政府、公众三类主体间的演化博弈模型，三类主体不同策略组合的得益情况详见附录1。

根据策略组合得益情况，可以得出政府、企业、公众三方主体选择消极策略（不监管策略、不遵从政策策略、不配合策略）的复制动态方程分别为

$$
\begin{aligned}
F(x) &= \frac{dx}{dt} \\
&= x(U_{G(1)} - U_G) \\
&= x(1-x)[I + (1-y)R_G - \theta y P_G - \\
&\quad (R_G - C_G + y P_{E1})]
\end{aligned} \tag{1}
$$

$$
\begin{aligned}
F(y) &= \frac{dy}{dt} \\
&= y(U_{E(1)} - U_E) \\
&= y(1-y)[2C_E - (1-x)P_E - \\
&\quad (1-x)(1-z)S_H - R_E]
\end{aligned} \tag{2}
$$

$$
\begin{aligned}
F(z) &= \frac{dz}{dt} \\
&= z(U_{H(1)} - U_H) \\
&= z(1-z)[R_{H1} - 2y L_H + C_H - \\
&\quad (1-y)R_{H2} - y(1-x)S_H]
\end{aligned} \tag{3}
$$

由演化稳定策略的性质可知，企业主体群体达到演化稳定点，需要满足的必要条件是$\frac{dF(y)}{dy} < 0$。而由动态复制方程(2)，当$x = 1 + \frac{R_E - 2C_E}{P_E + (1-z)S_H} = x^{**}$时，$F(y) = 0$，此时所有$y$都为稳定状态；当$x > 1 + \frac{R_E - 2C_E}{P_E + (1-z)S_H} = x^{**}$时，只有$y = 1$满足条件$\frac{dF(y)}{dy} < 0$，是演化稳定点；当$x < 1 + \frac{R_E - 2C_E}{P_E + (1-z)S_H} = x^{**}$时，只有$y = 0$满足条件$\frac{dF(y)}{dy} < 0$，是演化稳定点。由关系式$x = 1 + \frac{R_E - 2C_E}{P_E + (1-z)S_H}$可画出曲面$M$，如附图1所示，曲面$M$上的点在$y$轴方向上稳定，在曲面$M$右侧的点则演化趋向于$y = 1$，在曲面$M$左侧的点则演化趋向于$y = 0$。

同理，对于政府主体群体和企业主体群体而言，曲面分别为$y = \frac{I + C_G}{R_G + P_{E1} + \theta P_G} = y^{**}$与$y = \frac{-R_{H1} + R_{H1} + C_H}{-R_{H1} + (1-x)S_H} = y^{***}$，曲面上的点分别在$x$

轴与 z 轴方向上稳定，曲面前方的点演化趋向于0，后方的点则演化趋向于1。具体过程与三方主体复制动态相位图可详见附录2。

1.3　模型分析

由(1)、(2)、(3)组成复制动态方程组进行进一步求解，得出政府、企业、公众三主体在演化博弈过程中存在9个平衡点，即：$E_1(0,0,0)$、$E_2(0,0,1)$、$E_3(0,1,0)$、$E_4(1,0,0)$、$E_5(1,1,0)$、$E_6(1,0,1)$、$E_7(0,1,1)$、$E_8(1,1,1)$、$E_9(x^*,y^*,z^*)$。其中

$$E_9(x^*,y^*,z^*) \in V$$

$$V=\{(x,y,z) \mid 0<x<1,0<y<1,0<z<1\}$$

$$x^*=1+\frac{(R_{H2}-R_{H1}-C_H)(R_G-P_{E1}-\theta P_G)}{S_H(I+C_G)}-\frac{R_{H2}}{S_H}$$

$$y^*=\frac{I+C_G}{R_G-P_{E1}-\theta P_G}$$

$$z^*=1+\frac{(2C_E-R_E)(I+C_G)}{(R_{H2}-R_{H1}-C_H)(R_G-P_{E1}-\theta P_G)-R_{H2}(I+C_G)}+\frac{P_E}{S_H}$$

这9个平衡点是否演化稳定由其各自对应的雅可比矩阵的特征值判定，当其特征值均小于0时该平衡点为稳定点。

该博弈系统的雅可比矩阵较为复杂，不便在正文呈现，可详见附录3。各平衡点对应雅可比矩阵的特征值见表1。

表1　各平衡点对应的雅可比矩阵特征值

均衡点	特征值λ_1	特征值λ_2	特征值λ_3
$E_1(0,0,0)$	$I+C_G$	$2C_E-R_E-P_E-S_H$	$R_{H1}+C_H-R_{H2}$
$E_2(0,0,1)$	$I+C_G$	$2C_E-R_E-P_E$	$-(R_{H1}+C_H-R_{H2})$
$E_3(0,1,0)$	$I+C_G-P_{E1}+R_G-\theta P_G$	$-(2C_E-R_E-P_E-S_H)$	$R_{H1}+C_H-S_H-2L_H$
$E_4(1,0,0)$	$-(I+C_G)$	$2C_E-R_E$	$R_{H1}+C_H-R_{H2}$
$E_5(1,1,0)$	$-(I+C_G-P_{E1}+R_G-\theta P_G)$	$-(2C_E-R_E)$	$R_{H1}+C_H-2L_H$
$E_6(1,0,1)$	$-(I+C_G)$	$2C_E-R_E$	$-(R_{H1}+C_H-R_{H2})$
$E_7(0,1,1)$	$I+C_G-P_{E1}+R_G-\theta P_G$	$-(2C_E-R_E-P_E)$	$-(R_{H1}+C_H-S_H-2L_H)$
$E_8(1,1,1)$	$-(I+C_G-P_{E1}+R_G-\theta P_G)$	$-(2C_E-R_E)$	$-(R_{H1}+C_H-2L_H)$
$E_9(x^*,y^*,z^*)$	λ_1^*	λ_2^*	λ_3^*

其中，$E_9(x^*,y^*,z^*)$的特征值$\lambda_1^*,\lambda_2^*,\lambda_3^*$为方程$\lambda^3-(\alpha_1+\alpha_2+\alpha_3)\lambda^2+(\alpha_2\alpha_3-\alpha_4+\alpha_1\alpha_2+\alpha_1\alpha_3-\alpha_5\alpha_6)\lambda-\alpha_1(\alpha_2\alpha_3-\alpha_4)+\alpha_5(\alpha_3\alpha_6-\alpha_7)=0$的解，其中$\alpha_1=(1-2x)(I+C_G-yP_{E1}-yR_G-y\theta P_G)$，$\alpha_2=(1-2y)[2C_E-R_E-(1-x)P_E-(1-x)(1-z)S_H]$，$\alpha_3=(1-2z)[R_{H1}+C_H-(1-y)R_{H2}-y(1-x)S_H]$，$\alpha_4=yz(1-x)(1-y)(1-z)[R_{H2}-(1-x)S_H]S_H$，$\alpha_5=x(1-x)(-R_G-\theta P_G-P_E)$，$\alpha_6=y(1-y)[(1-z)S_H+P_E]$，$\alpha_7=y^2z(1-x)(1-y)(1-z)S_H^2$。

在假定$2L_H \geqslant S_H>C_H+R_{H1}$，$R_{H1}>R_{H2}$的情况下，根据表达式中各参数的取值范围，可分8种情形根据对应雅可比矩阵特征值的符号判断讨论各平衡点的稳定性，其讨论结果可见附录4。

其中，对这8种情形具体的分类条件与对应讨论结果见表2。

表 2　8 种情形对应分类条件与讨论结果

情形	决策得益关系讨论	平衡点	政府、企业与公众主体策略组合
1-1	(3) > (4), (1) > (2)	$E_5(1,1,0)$	不监管 不遵从 配合
1-2	(3) > (4), (1) < (2)	$E_3(0,1,0)$	监管 不遵从 配合
2-1	(3) < (4) < (5), (1) > (2)	$E_5(1,1,0)$	不监管 不遵从 配合
2-2	(3) < (4) < (5), (1) < (2)	—	—
3-1	(5) < (4) < C_E, (1) > (2)	$E_5(1,1,0)$	不监管 不遵从 配合
3-2	(5) < (4) < C_E, (1) < (2)	—	—
4-1	(4) > C_E, (1) > (2)	$E_6(1,0,1)$	不监管 遵从 不配合
4-2	(4) > C_E, (1) < (2)	$E_6(1,0,1)$	不监管 遵从 不配合

表 2 中,(1)为$(I-\theta P_G)$,代表政府主体不监管的得益,(2)为$(R_G-C_G+P_{E1})$,代表政府主体监管的得益;对于情形 1-1 及 1-2,(3)为$(C_E-P_E-S_H)$,代表企业主体遵从政策得益,(4)为(R_E-C_E),代表企业主体不遵从政策被政府监管并遭到处罚的得益;对于情形 2-1 及 2-2,(5)为(C_E-P_E),代表企业主体不遵从政策仅被处罚;对于情形 3-1 及 3-2,C_E代表企业主体遵从政策的遵从成本;情形 4-1 及 4-2 所涉及的参数含义在前几种情形中已有解释,不再赘述。

根据上述模型参考清华学者崔萌的思路[9],将塑料污染治理划分为三个阶段:无效阶段、有效阶段与无用阶段。

无效阶段对应于情形 1-1、1-2、2-1、3-1,此时不论监管主体选择什么策略,对于企业主体而言,不遵从政策策略永远都是得益最高的最优策略选择,因此企业主体最终会倾向于选择违背政策生产违规不可降解塑料或者在企业商品中使用与提供等行为。这一阶段意味着塑料污染治理情况极端恶化,只有通过深度的制度改革与社会价值观思想教育来改变企业主体的策略得益才可以改善。

无用阶段对应于情形 4-1、4-2,这一情形下哪怕是企业主体遵从政策得益小于不遵从政策被政府监管并被处罚的得益,企业主体也将演化出自发的遵从政策行为。而政府主体公众主体对治理的参与处于一种“无用”的状态,这一阶段对应着塑料污染治理的高度完成。

有效阶段对应于情形 2-2、3-2,这一阶段系统不存在演化稳定点，企业主体的策略随着公众主体与政府主体的策略选择的不同而不断调整，系统处于一种三方主体动态博弈的动态调整过程。

塑料污染治理的有效阶段是塑料污染治理无用阶段的基础，是无用阶段的必经之路，并是达到无用阶段的关键阶段。根据上述对模型的分析与各情形条件的比较，可以得出要想塑料污染治理避免或尽快离开无效阶段，那么至少需要提高企业主体遵从政策得益(R_E-C_E)，而这可以从提高企业主体遵从政策的遵从收益与降低遵从成本两个角度入手，给予企业更多名誉提升、经济利益、品牌价值等并给予企业治塑补贴与技术帮扶等。这将使得企业主体的最优决策不停留、不遵从政策策略。

而想要塑料污染治理取得卓越成效，则需政府主体不监管得益($I-\theta P_G$)小于监管得益($R_G-C_G+P_E1$)，因政府主体在塑料污染治理整个系统之中一般处主导地位，所以其监管策略具有很强的导向力影响力[9]。

此外，公众主体的参与则是更好促进塑料污染的治理，加快无用阶段到来的保障。为达成$2L_H\geqslant S_H>C_H+R_{H1}$的条件，需要加强教育与思想宣传，让公众意识到由于企业主体不遵从政策而造成的所处环境质量下降等损失L_H的严重程度；同时也需要通过技术引进搭建相关平台，加强塑料平价替代品的发明以降低公众的配合成本与无法使用所规定的塑料制品带来的损失；用生产环境教育的加强、适当表彰与对环境的长期坚持治理所带来的成效提高公众配合政策所带来的收益。

2. 多主体仿真分析

为验证上文中三方演化博弈分析的有效性，以直观的方式呈现1-1~4-2各情形的变化，并对其关键的外生变量影响进行进一步讨论从而深化所得结论，现在现实情况和以往研究经验的基础上对外生变量进行尽可能合适地赋值与校准，通过MATLAB进行三方主体的数值仿真，在演化博弈模型的基础上模拟治塑政策下塑料污染控制的演化过程。

仿真过程详见图1，由仿真结果可知，情形1-1到情形4-2的演变可以整体看作为企业主体对政策的遵从成本C_E持续降低，不遵从损失P_E持续增加的过程；也是企业主体遵从政策得益持续增大，不遵从政策的得益（包括不遵从政策被政府监管并被处罚的得益与不遵从政策仅被处罚的得益）持续降低的过程。在该过程中，企业主体的策略选择由不遵从政策策略绝对占优的情况逐渐转为策略在遵从与不遵从间波动调整，最终达到遵从政策策略占优。

这代表通过降低企业对政策的遵从成本的措施，增加不遵从损失来提高企业主体遵从政策得益，降低不遵从政策的得益，是能够使得企业主体产生并达到内生的遵从塑料治理政策行为，促进塑料污染治理的成功。

3. 结论

3.1 给予企业政策支持

通过对企业主体遵从收益的提高与遵从成本的降低，推动塑料污染治理避免或尽快离开无效阶段。给予企业更多名誉提升、经济利益、品牌价值等并给予企业治塑补贴与技术帮扶等会在治理过程中较为有效。

3.2 采取有效的政府监管模式

通过对政府主体不监管的处罚与监管得益增加，监管成本的降低来达成政府主体不监管的得益小于监管得益，从而使得塑料污染治理取得卓越的成效。因此可以通过上级政府加大监管力度与考察力度提高企业主体不遵从政策时政府主体不监管所受到的上级部门处罚的力度，并加大政府主体受到处罚的概率；通过对企业的惩罚力度如税收和罚款等提高企业主体不遵从政策时政府监管而获得的对企业的处罚；通过宣传教育与上级政府的激励来提高政府主体监管成功时获得的包括名誉及奖励等的政治得益；通过技术的引进与制度的优化减小监管的难度及时间，从而减小政府主体的监管成本。

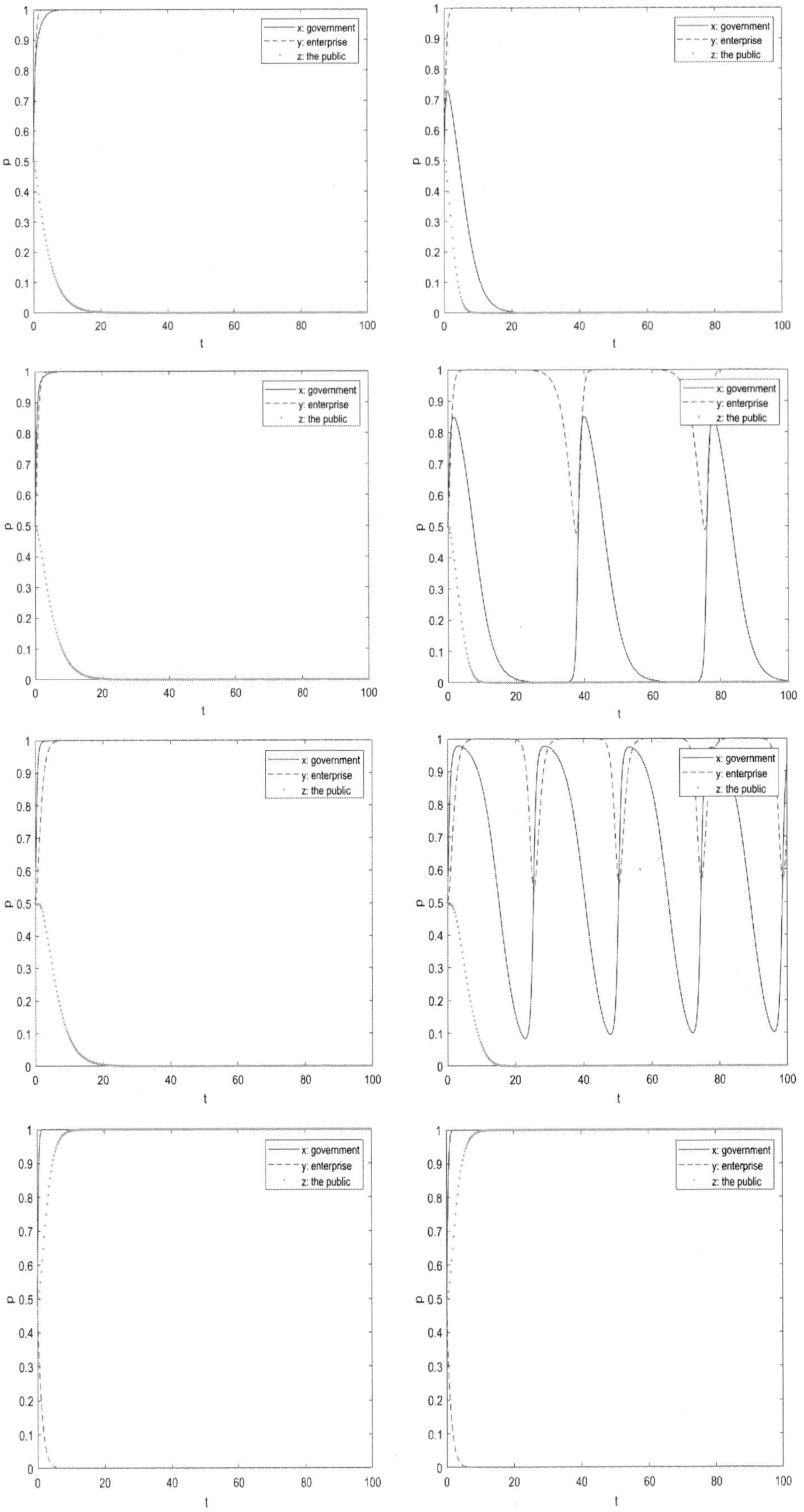

图1　数组Z_{1-1}到Z_{4-2}各自的仿真演化结果

3.3 提高公众主体的配合度

通过对公众主体降低其配合成本与配合损失,提高其配合收益,从而增加其对政策的配合度,更好地促进塑料污染的治理,加快无用阶段的到来。这需要通过技术引进搭建相关平台,加强塑料平价替代品的发明,加强生产环境教育,适当表彰与对环境的长期坚持治理所带来的成效。

3.4 保证治塑系统性和协同性

提高企业主体遵从政策得益是治理塑料污染的基础,而推动形成政府主体不监管的得益小于监管得益的情况则是治塑的关键所在。为了提高企业主体遵从政策得益必须要在采取措施或政策工具提高企业主体遵从政策的遵从收益的同时兼顾其遵从成本;为了推动形成政府主体不监管的得益小于监管得益的情况也必须同时考虑不监管处罚和监管得益等因素。而且需加强企业主体、政府主体与公众主体的协同治理,即同时加强对三方的治理与管理,如胡榕[11]所言,唯有发动广大公众、企业等民间组织等主体积极参与,进而与政府部门进行良性合作,才是治塑的长久之计。

参考文献

[1] MACINTOSH A, SIMPSON A, NEEMAN T, et al. Plastic bag bans: lessons from the Australian capital territory[J]. Resources conservation and recycling, 2020, 154:104638.

[2] TAYLOR R. Bag leakage: the effect of disposable carryout bag regulations on unregulated bags[J]. Journal of environmental economics and management, 2019, 93(1):254-271.

[3] TAYLOR R, VILLAS - BOAS S B. Bans vs. fees: disposable carryout bag policies and bag usage[C]// Aaea & Waea Joint Meeting, Agricultural and Applied Economics Association, 2015.

[4] 贾杨. 公共政策执行的效果分析及其困境化解——以环境政策为例[J]. 长白学刊, 2015(2):62-66.

[5] 王洛忠,都梦蝶. 环境政策中的规制机制:基于"限塑令"的制度语法学分析[J]. 中国行政管理,2020(5):79-85.

[6] SHEN L, WANG Y. Supervision mechanism for pollution behavior of Chinese enterprises based on haze governance[J]. Journal of cleaner production, 2018, 197(1):571-582.

[7] ZHANG X, ZHOU Y, HAN Q. Game theory-based environmental LCC control behavior analysis[J]. Journal of cleaner production, 2019, 211(20):1527-1533.

[8] LI F, PAN B, WU Y, et al. Application of game model for stakeholder management in construction of ecological corridors: a case study on Yangtze River basin in China[J]. Habitat international, 2017, 63:113-121.

[9] 崔萌. 协同治理背景下环保信用监管的三方演化博弈分析[J]. 系统工程理论与实践, 2021,41(03):713-726.

[10] AJZEN I. The theory of planned behavior[J]. Organizational behavior and human decision processes,1991(12):179-211

[11] 胡榕,童华军. "限塑令"的法理学思考[J]. 生态经济,2011(03):180-183.

附录 1

企业主体、政府主体、公众主体三类主体间的演化博弈模型,三类主体不同策略组合的得益情况见附表 1。

附表 1 三方主体策略组合的得益

策略组合	企业主体、政府主体、公众主体各自得益
①(不遵从,不监管,不配合)	$(C_E, I-\theta P_G, R_{H1}-L_H)$
②(不遵从,不监管,配合)	$(C_E, I-\theta P_G, -L_H-C_H)$
③(不遵从,监管,不配合)	$(C_E-P_E, R_G+P_{E1}-C_G, R_{H1}-L_H)$

续附表 1

策略组合	企业主体,政府主体,公众主体各自得益
④(不遵从,监管,配合)	$(C_E-P_E, R_G+P_{E1}-C_G, R_{H1}-L_H)$
⑤(遵从,不监管,不配合)	(R_E-C_E, R_G+I, R_{H2})
⑥(遵从,不监管,配合)	$(R_E-C_E, R_G+I, R_{H2}-C_H)$
⑦(遵从,监管,不配合)	$(R_E-C_E, R_G-C_G, R_{H2})$
⑧(遵从,监管,配合)	$(R_E-C_E, R_G-C_G, R_{H2}-C_H)$

附录 2

由演化稳定策略的性质可知，企业主体群体达到演化稳定点，需要满足的必要条件是$\frac{\mathrm{d}F(y)}{\mathrm{d}y}<0$。而由动态复制方程(2),当$x=1+\frac{R_E-2C_E}{P_E+(1-z)S_H}=x^{**}$时,$F(y)=0$,此时所有$y$都为稳定状态;当$x>1+\frac{R_E-2C_E}{P_E+(1-z)S_H}=x^{**}$时,只有$y=1$满足条件$\frac{\mathrm{d}F(y)}{\mathrm{d}y}<0$,是演化稳定点;当$x<1+\frac{R_E-2C_E}{P_E+(1-z)S_H}=x^{**}$时,只有$y=0$满足条件$\frac{\mathrm{d}F(y)}{\mathrm{d}y}<0$,是演化稳定点。由关系式$x=1+\frac{R_E-2C_E}{P_E+(1-z)S_H}$可画出曲面$M$,如附图 1 所示,曲面$M$上的点在轴方向上稳定,在曲面$M$右侧的点则演化趋向于$y=1$,在曲面$M$左侧的点则演化趋向于$y=0$。

政府主体群体达到演化稳定点也要满足$\frac{\mathrm{d}F(y)}{\mathrm{d}y}<0$,由动态复制方程(1),当$y=\frac{I+C_G}{R_G+P_{E1}+\theta P_G}=y^{**}$时,$x=0$,此时所有都为稳定状态;当$y<\frac{I+C_G}{R_G+P_{E1}+\theta P_G}=y^{**}$时,$x=1$满足条件,是演化稳定点;当$y<\frac{I+C_G}{R_G+P_{E1}+\theta P_G}=y^{**}$时,$x=1$满足条件,是演化稳定点。由关系式$y=\frac{I+C_G}{R_G+P_{E1}+\theta P_G}$可画出曲面$W$,如附图 2 所示,曲面$W$上的点在轴方向上稳定,在曲面$W$前方的点演化趋向于$x=0$,在曲面$W$后方的点则演化趋向于$x=1$。

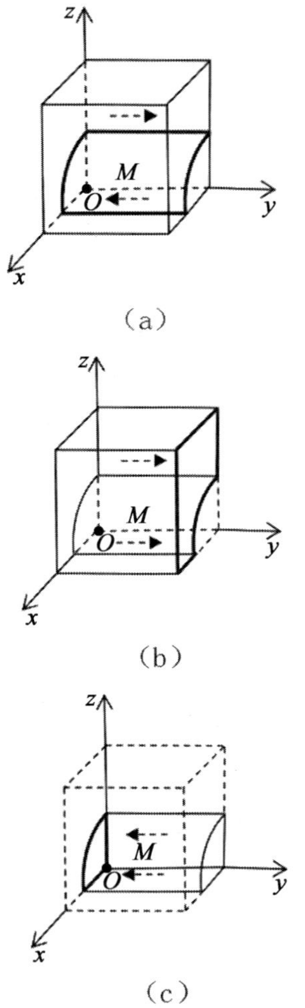

附图 1　企业主体策略演化相位图

公众主体群体达到演化稳定需满足$\frac{\mathrm{d}F(y)}{\mathrm{d}y}<0$,由动态复制方程(3),当$y=\frac{-R_{H1}+R_{H1}+C_H}{-R_{H1}+(1-x)S_H}=y^{***}$时,$F(z)=0$,此时所有$x$都为稳定状态;当$y>\frac{-R_{H1}+R_{H1}+C_H}{-R_{H1}+(1-x)S_H}=y^{***}$时,$z=0$满足条件,

是演化稳定点；当 $y < \dfrac{-R_{H1}+R_{H1}+C_H}{-R_{H1}+(1-x)S_H} = y^{***}$ 时，$z=1$ 满足条件，是演化稳定点。由关系式 $y = \dfrac{-R_{H1}+R_{H1}+C_H}{-R_{H1}+(1-x)S_H}$ 可画出曲面 V，如附图 3 所示，曲面 V 上的点在轴方向上稳定，在曲面 V 前方的点演化趋向于 $z=0$，在曲面 V 后方的点则演化趋向于 $z=1$。

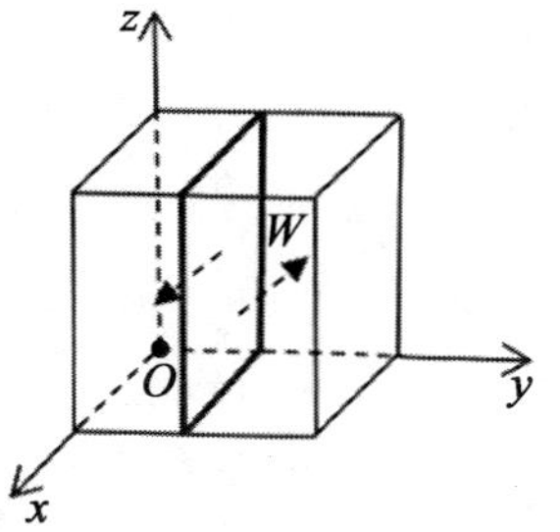

(a)

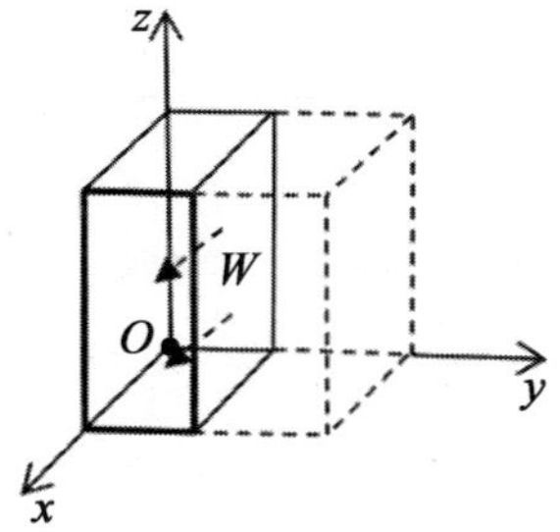

(b)

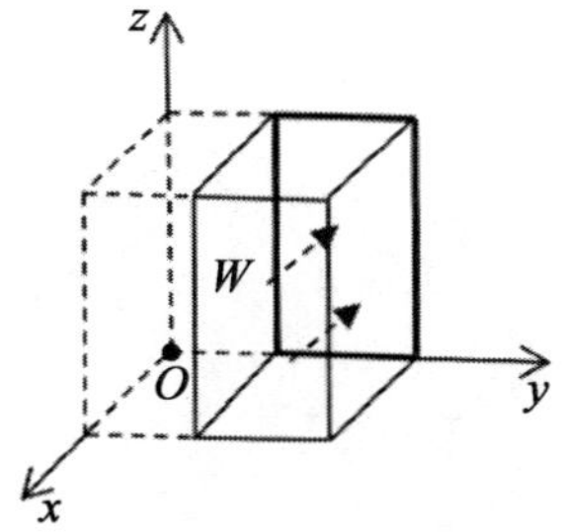

(c)

附图 2　政府主体策略演化相位图

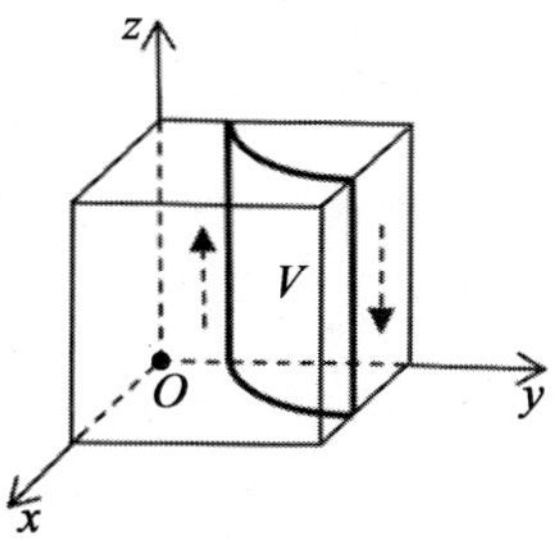

(a)

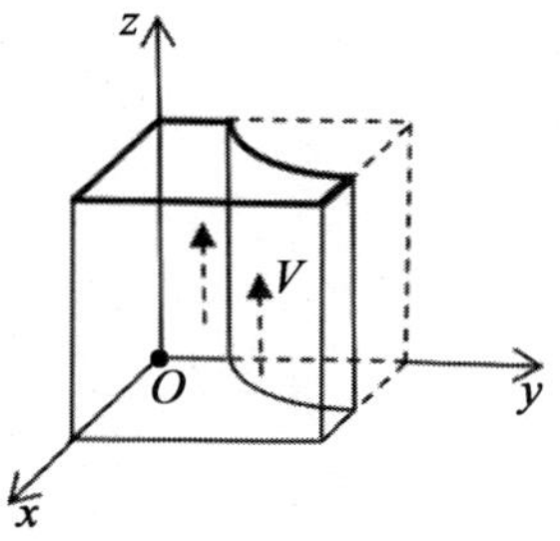

(b)

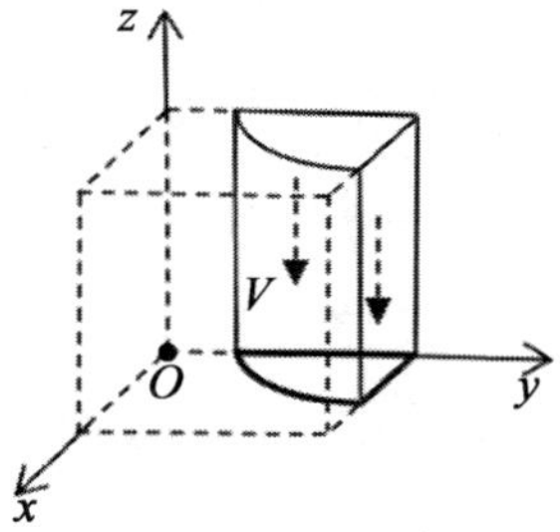

(c)

附图 3　公众主体策略演化相位图

附录 3

正文部分三方演化博弈模型建立过程中的雅可比矩阵公式如下：

$$J=\begin{bmatrix} (1-2x)[I+(1-y)R_G-y\theta P_G-(R_G-C_G+yP_{E1})] & x(1-x)(-R_G-\theta P_G-P_E) & 0 \\ y(1-y)[(1-z)S_H+P_E] & (1-2y)[C_E-(1-x)P_E-(1-x)(1-z)S_H-(R_E-C_E)] & y(1-y)(1-x)S_H \\ yz(1-z)S_H & z(1-z)[R_{H2-(1-x)S_H}] & (1-2z)\{R_{H1}-[-C_H+(1-y)R_{H2}+y(1-x)S_H]\} \end{bmatrix}$$

化简即为

$$
\boldsymbol{J}=\begin{bmatrix}
(1-2x)[I+C_G-yP_{E1}+yR_G-y\theta R_G] & x(1-x)(-R_G-\theta P_G-P_E) & 0 \\
y(1-y)[(1-z)S_H+P_E] & (1-2y)[2C_E-R_E-(1-x)P_E-(1-x)(1-z)S_H] & y(1-y)(1-x)S_H \\
yz(1-z)S_H & z(1-z)[R_{H2-(1-x)S_H}] & (1-2z)\{R_{H1}+[C_H-(1-y)R_{H2}-y(1-x)S_H]\}
\end{bmatrix}
$$

附录 4

在 $S_H > C_H + R_{H1}, R_{H1} > R_{H2}$ 的假定下，根据表达式中各参数的取值范围，分 8 种情形根据对应雅可比矩阵的特征值的符号判断所讨论的各平衡点的稳定性（简要起见，仅考虑特征值不 0 的情形）见附表 2。

附表 2　各平衡点对应雅可比矩阵的特征值的符号判断

均衡点	情形 1－1	情形 1－2	情形 2－1	情形 2－2	情形 3－1	情形 3－2	情形 4－1	情形 4－2
	$\lambda_1\lambda_2\lambda_3$	$\lambda_1\lambda_2\lambda_3$	$\lambda_1\lambda_2\lambda_3$	$\lambda_1\lambda_2\lambda_3$	$\lambda_1\lambda_2\lambda_3$	$\lambda_1\lambda_2\lambda_3$	$\lambda_1\lambda_2\lambda_3$	$\lambda_1\lambda_2\lambda_3$
$E_1(0,0,0)$	+ + +	+ + +	+ − +	+ − +	+ − +	+ − +	+ − +	+ − +
$E_2(0,0,1)$	+ + −	+ + −	+ + −	+ + −	+ − −	+ − −	+ − −	+ − −
$E_3(0,1,0)$	+ − −	− − −	+ + −	− + −	+ + −	− + −	+ + −	− + −
$E_4(1,0,0)$	− + +	− + +	− + +	− + +	− + +	− + +	− − +	− − +
$E_5(1,1,0)$	− − +	+ − +	− − +	+ − +	− − +	+ − +	− + +	+ + +
$E_6(1,0,1)$	− + −	− + −	− + −	− + −	− + −	− + −	− − −	− − −
$E_7(0,1,1)$	+ − +	− − +	+ − +	− − +	+ + +	− + +	+ + +	− + +
$E_8(1,1,1)$	− − −	+ − −	− − −	+ − −	− − −	+ − −	− + −	+ + −
$E_9(x^*,y^*,z^*)$	存在符号相异的特征值							

第三部分　综合研究

政府主导型旅游业发展研究
——基于重庆市与哈尔滨市的比较

张泽栋[1]

1. 哈尔滨工业大学人文社科与法学学院 2019 级　经济学专业

摘要:通过调查研究重庆市政府在旅游发展思路、战略规划和营销策略,吸收重庆市的先进做法,为哈尔滨旅游主管部门推进市场的深度发展提供参考。哈尔滨作为一座拥有丰富旅游资源、深厚文化底蕴且坐拥全国最优冰雪旅游资源的城市,旅游业方面却长期存在着缺乏清晰的发展思路和规划、旅游资源禀赋转化程度不高、宣传乏力、服务市场意识不强、产业链拓展不深等问题。特别是在"网红流量时代",哈尔滨的旅游市场明显落后于以重庆为代表的网红城市。针对越来越多的消费者习惯于通过互联网旅游平台查询和消费这一特点,通过 Python 搜集数据,构建评价体系,以此反映出两地政府在推进旅游业发展中的差异,从而找到问题所在并提出政策建议,为促进哈尔滨旅游业高质量发展、助力哈尔滨经济转型升级、推动全面振兴、传播哈尔滨冰雪文化、红色文化、异域文化、工业文化做出贡献。

关键词:政府主导型旅游业;网红经济;新媒体传播;东北振兴

Study on Government-led Tourism Development—Based on the Comparison Between Chongqing and Harbin

Zhang Zedong[1]

1. Economics, 2019, School of Humanities and Social Sciences and Law, Harbin Institute of Technology

Abstract: Through the investigation and study of Chongqing government departments in the aspects of tourism development ideas, strategic planning and marketing strategies, and absorbing the advanced practices of Chongqing, Harbin tourism authorities to promote the in-depth development of the market to provide reference and guidance. Harbin as a rich tourism resources, profound cultural background and has the optimal ice-snow tourism resources of the country's cities, the tourism industry has long there is a lack of clear thinking and planning, the development of tourism resources endowment transformation degree is not high, weakness of propaganda, no strong sense of service market, the development of the industrial chain is not deep. Especially in the "internet celebrity flow era", the tourism market of Harbin obviously lags behind the internet celebrity cities represented by Chongqing. For more and more consumers are used to query or consumer this characteristic tourism via the internet platform, through the Python crawler to collect valuable data to build evaluation system, which reflects the effect of differences in the two governments in promoting tourism development, thus better accurately find the problem and eventually form policy advice, to promote the development of the Harbin high quality tourism, to help Harbin's economic transformation and upgrading, promote overall revitalization, and make contributions to the spread of Harbin's ice and snow culture, red culture, exotic culture and industrial culture.

Keywords: Government-led tourism; Internet celebrity economy; New media communication; Northeast revitalization

引言

对于哈尔滨和重庆两地政府在推动旅游发展中的成效以及两地旅游形象的构建，有关媒体和相关学者都进行了许多报道和研究。

杨阳对《人民日报》客户端一年内的重庆旅游相关内容的报道进行了研究，明晰了重庆在官方舆论场合主流媒体话语中的正面城市形象，并以此论证了正面的主流媒体形象对近年来重庆在旅游领域所产生的积极变革的影响[1]。

2019 年国庆期间，人民日报官方账号发布了以"重庆有多宠游客"为标题的微博，点赞了重庆市在国庆期间各部门相互配合、把最好的空间留给游客的举动。相关微博话题迅速登上热搜，转发讨论次数过亿。

2021 年国庆期间，一则标题为"重庆洪崖洞为游客封路封桥，游客：最宠粉的城市"的新闻登上微博热搜前十名，并热度不减，相关话题讨论超十亿次。

巩明指出，重庆市旅游部门在景点打造、文化资源的开发利用以及宣传营销方面有值得哈尔滨市借鉴和利用之处[2]。

相比之下，2016 年哈尔滨松北区爆出的"天价鱼事件"被主流媒体纷纷报道。《新京报》指出：别让"天价鱼"毁了一个地方旅游品牌。对那些打造旅游品牌的地方而言，在防治宰客方面凸显善治功力的重要性，一点都不次于在"硬件"上下功夫的重要性。此事件直指哈尔滨旅游主管部门在旅行监管和打造旅游软硬件方面的巨大不足。

王闯、徐淑梅在对冰雪旅游和冰雪文化的培养研究中指出，哈尔滨冰雪旅游现阶段尚处于中低端市场，未能充分利用好资源禀赋，尤其是在文化融合方面十分薄弱，与其他冰雪旅游市场相比特色不够鲜明，亟需创新发展思路[3]。

综上所述，在现阶段，学术界和大众传媒对于重庆市与哈尔滨市两地各自旅游业发展现状、特点、形象构建等方面有了初步的研究和探索，但将两地旅游市场联系起来进行综合、对比研究的较少，且大多数研究停留在现象层面，缺少从制度层面和政府政策层面进行的研究。一些总结重庆市旅游发展成功政策和先进思路的研究没有能够继续挖掘其可复制推广的空间，这对于研究服务于政府决策和制度设计，以求能达到经世济民的目的来说是一大遗憾。

1. 研究趋势和意义

经济学作为一门实用学科，一直肩负着经世济民的重任。党的十八大以来，以习近平总书记为核心的党中央高度重视东北的振兴和发展，先后六次考察东北、三年内两次考察黑龙江和哈尔滨，亲自为龙江振兴发展把脉问诊、指路定向。旅游业作为哈尔滨市重点培育的特色支柱性产业，在支撑哈尔滨振兴和推动高质量发展中起着重要的作用。

本文通过对重庆市政府在旅游发展思路、战略规划和营销策略方面进行调查研究，吸收重庆市的先进做法，为哈尔滨旅游主管部门推进市场的深度发展提供参考。哈尔滨作为一座拥有丰富旅游资源、深厚文化底蕴且坐拥全国最优冰雪旅游资源的城市,旅游业发展却长期存在着缺乏清晰的发展思路和规划、旅游资源禀赋转化程度不高、营销策略老旧、服务市场意识不强、产业链拓展不深、缺乏系统性全域旅游发展思路和旅游平台建设空缺等问题。特别是在“网红流量时代”,哈尔滨的旅游市场明显落后于以重庆为代表的网红城市。

重庆市作为近年来国内爆火的旅游消费市场,其崛起过程中政府起到了核心推动作用。政府通过制定切实具体的发展战略规划,避免了产业发展的短视性;通过政府和资本合作(Public - Private Partnership,PPP)等模式,政府搭台吸引民间投资,打造了诸如洪崖洞等爆款旅游景点;通过各部门密切配合,制定灵活的管理措施,为游客出行带来最大程度的便利;各个政府机关相互配合营造实力“圈粉”的形象,并频频登上热搜;与互联网短视频平台及各大中央、地方主流媒体达成合作,为城市的旅游景点和文化进行精准推广;鼓励吸引国内外优秀影视剧组前往重庆创作,宣传城市形象,为游客留下“硬核城市”“赛博朋克”“市井烟火气”等印象。政府部门这些措施一举将重庆推向国内顶流,连续数年居于游客流入榜和最佳旅游城市前列。重庆市旅游市场是一个研究政府主导型旅游市场成功经验的优秀范本。通过调查研究,学习重庆市的先进经验,将其与哈尔滨旅游市场存在的短板与需要进一步发挥的潜力相结合,以冰雪旅游为旗帜,搭上互联网流量红利的快车,充分盘活基础条件较好、有特色但知名度不高的景区;同时学习重庆,探索出让外地游客与本地居民和谐共生的市场环境,并以即将举办的2022年冬奥会为契机,全面推动哈尔滨旅游市场深度发展,形成具有竞争力的城市IP,并与周边县市密切配合,充分发挥哈尔滨火爆旅游业的外溢效应,打造好“环哈尔滨旅游带”,真正擦亮“冰城夏都”这块金字招牌,使旅游业成为哈尔滨经济转型发展的推动力量、振兴升级的亮丽名片,为传播哈尔滨冰雪文化、红色文化、异域文化、工业文化做出贡献。

2. 研究方法

通过对哈尔滨、重庆两地11大主要景点的OTA网上点评数据,构建以景点为研究单元的前10个关键词组合。在数据预处理的基础上,应用Python自动获取11个景点的前10个关键词组合,并根据结果进行分析。

数据来源于国内线上旅游巨头携程网上的游客对11个景点的点评。截至2021年1月1日,携程网上共有5万余条相关评论,但是由于评论的时间线太长,且评论质量良莠不齐,所以通过Python采用随机等距抽取法获取了11个景点的12 316个点评,共50万字左右,并从中自动提取了热度关键词,剔除一些无用关键词后形成了前10个热度关键词。

以11个景点之一的中央大街为例。进入网页URI:https://you.ctrip.com/sight/zhongyangdajie531/1830176.html,按F12键进入开发者模式,评论内容为异步加载,点击xhr,并对网页进行刷新,重新请求,如图1~2所示。

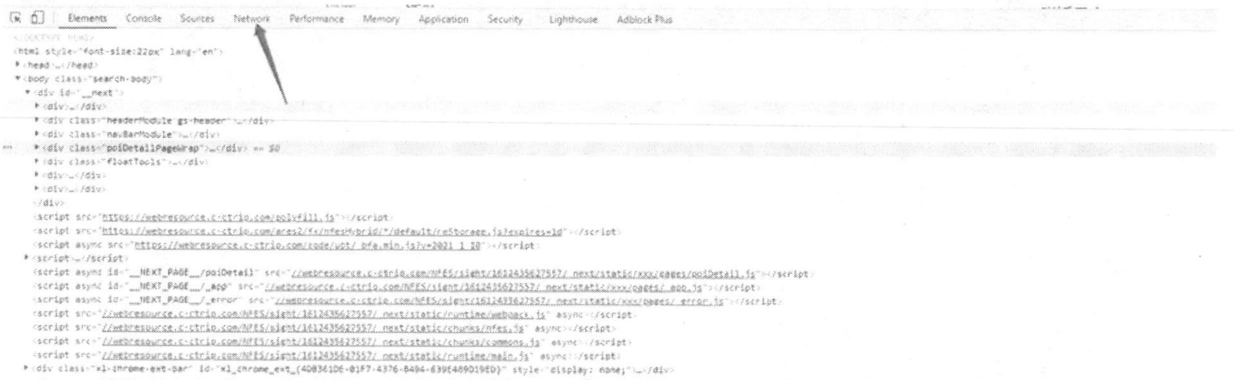

图1

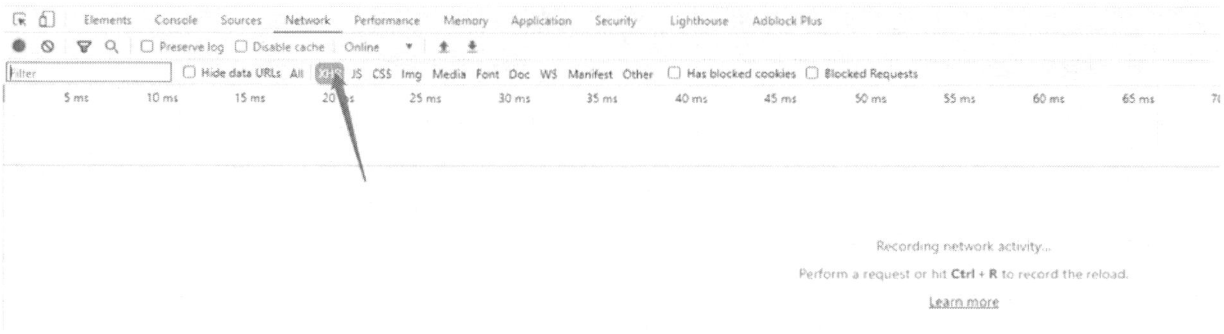

图 1

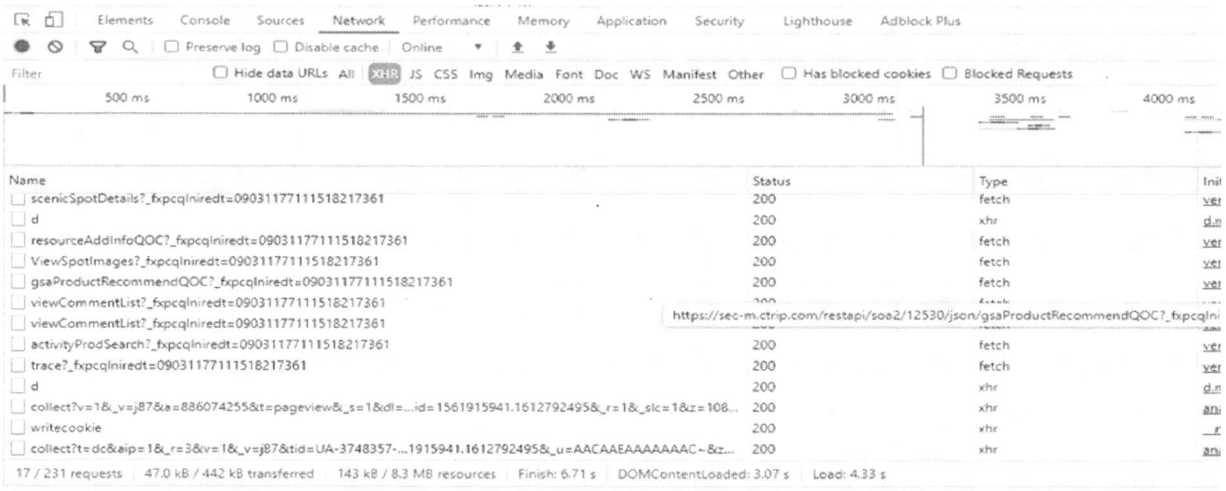

图 2

至此，网页响应数据已经全部加载，然后逐条点击，并查看 Preview。

可以找到相应的评论数据。切换到 headers，查看请求头参数，如图 3 所示。

可以看到网页为 post 请求，并且在表单数据中，pagenum 为页码，修改 pagenum 即可翻页。按照 Python 代码理解即可。

操作结果如图 4、图 5 所示。

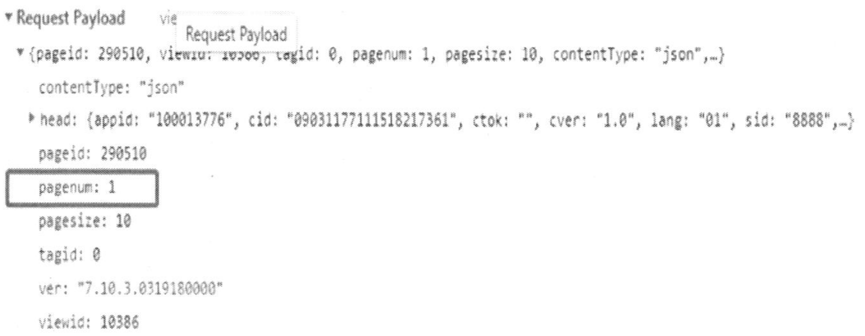

图 3

中央大街 TF-IDF 结果显示

关键词	TF-IDF	关键词	TF-IDF	关键词	TF-IDF	关键词	TF-IDF
迷人	0.009	旅游景点	0.004	巴洛克	0.029	贵	0.01
文化交流	0.0009	建筑	0.244	冷	0.029	名片	0.002
东北	0.036	冰雕	0.069	夜景	0.029	欧式建筑	0.037
俄式	0.071	步行街	0.069	灯光	0.029	西餐厅	0.058
景色宜人	0.001	文艺复兴	0.069	美轮美奂	0.029	马迭尔	0.176

太阳岛 TF-IDF 结果显示

关键词	TF-IDF	关键词	TF-IDF	关键词	TF-IDF	关键词	TF-IDF
雪雕	0.454	好玩	0.069	保暖	0.011	观光车	0.012
雪博会	0.191	方便	0.084	松花江	0.021	强烈推荐	0.002
壮观	0.051	无聊	0.001	摇滚	0.006	审美疲劳	0.0006
很美	0.171	贵	0.034	北国风光	0.004	太小	0.002
寒冷	0.151	艺术	0.026	冰灯	0.01	银装素裹	0.001

冰雪大世界 TF-IDF 结果显示

关键词	TF-IDF	关键词	TF-IDF	关键词	TF-IDF	关键词	TF-IDF
排队	0.111	晚上	0.079	冰灯	0.037	南方人	0.018
滑梯	0.106	孩子	0.072	推荐	0.020	童话世界	0.012
漂亮	0.101	好玩	0.064	保暖	0.028	美轮美奂	0.008
冷	0.095	值去	0.059	表演	0.024	贵	0.005
冰雕	0.079	壮观	0.045	喜欢	0.029	方便快捷	0.002

图 4

洪崖洞 TF-IDF 结果显示

关键词	TF-IDF	关键词	TF-IDF	关键词	TF-IDF	关键词	TF-IDF
夜景	0.483	值得	0.04	免费	0.035	水泄不通	0.001
高性价比	0.05	美不胜收	0.009	赛格朋克	0.003	网红打卡	0.003
推荐	0.1	灯火通明	0.016	火锅	0.086	空中楼阁	0.001
热闹	0.04	立体式	0.006	电梯	0.077	消费	0.012
转晕	0.0008	轨道交通	0.006	动漫	0.086	成都	0.012

磁器口　TF-IDF 结果显示

关键词	TF-IDF	关键词	TF-IDF	关键词	TF-IDF	关键词	TF-IDF
美食	0.15	火锅	0.19	文化底蕴	0.009	便宜	0.028
必须去看看	0.027	商业化	0.127	巴蜀文化	0.019	特色小吃	0.075
嘉陵江	0.136	同质化	0.001	建安帝	0.015	白岩山	0.085
热闹非凡	0.015	味道不好	0.0005	美女	0.016	位置	0.065
千年	0.076	免费	0.04	古香古色	0.019	咖啡店	0.075

朝天门广场 TF-IDF 结果显示

关键词	TF-IDF	关键词	TF-IDF	关键词	TF-IDF	关键词	TF-IDF
码头	0.180	游船	0.083	方便	0.017	惬意	0.012
长江	0.152	崖洞	0.031	值去	0.016	免费	0.013
广场	0.152	壮观	0.023	大桥	0.016	历史	0.012
夜景	0.121	夜游	0.022	古城	0.016	文化	0.008
交汇处	0.089	标志性	0.020	繁华	0.014	灯火辉煌	0.003

图 5

3. 研究成果——关键词分析

（1）通过分析中央大街景区评论关键词可见，“建筑”这个关键词出现的频率最高。从这一现象可以分析得出中央大街最显著的特点就是其建筑，建筑是其对游客的主要吸引力，并且给游客留下了深刻的印象，同时“俄式”“文艺复兴”“巴洛克”这几个出现频率较高的关键词展现了中央大街兼容并蓄的风格。作为哈尔滨的名片，中央大街生动展示了中外文化交流的光辉历史。但是另一些关键词“冷”“贵”等也体现了中央大街发展旅游业的弊端。由于地理位置的原因，哈尔滨冬季气温过低，许多外地游客不是特别适应当地气候，应针对这一特殊情况拿出一些相应的解决办法。同时，相关部门应该对景区的物价进行定期监管，保证物价运行在合理区间，促进景区可持续发展。

(2)通过分析太阳岛景区评论关键词可见，“雪雕”这个关键词出现频率最高。作为祖国最北方的大城市，雪就像是哈尔滨的代名词；同时，一想到哈尔滨，映入人们脑海的也是皑皑白雪。太阳岛景区应该利用好本身发展优势，充分将自身旅游特色最大化地展现给游客，促进景区更大规模的发展。但是“寒冷”“无聊”“审美疲劳”“太小”这几个关键词却实实在在地反映出太阳岛景区所存在的问题，政府有关部门应该积极行动，找准问题所在，积极解决问题，推动景区可持续发展。

(3)通过分析冰雪大世界评论关键词可见，“冰雕”“冰灯”“滑梯”等关键词占比较高，代表冰雪大世界的部分冰雪项目已经成为景区的标志性娱乐项目，对游客的吸引力较强，令人印象深刻。“值去”“推荐”等词则反映了景区的魅力和游客对其的喜爱程度。但“排队”“贵”等词不低的出现率则说明由于冰雪资源的稀缺性，游客对景点的门票价格有一定的敏感度，且某些娱乐项目备受游客喜爱，这些评价也会降低游客体验的满意度。景区应着力于提升发展质量，建立新的发展模式，丰富景区的娱乐活动，给予游客适当的价格优惠或套票优惠，提高游客体验的满意度，打造更加利民亲民的冰雪大世界。

(4)通过分析洪崖洞景区评论关键词可见，“夜景”一词出现频率最高，达到了48.3%，由此可见洪崖洞景区夜景已成为一张标志性名片，吸引力强、知名度高且游客满意度高，除此之外“热闹”“美不胜收”“灯火通明”等正面性评价词占比也很高，证明景区风评总体较好，形象构建和营销较为成功。值得注意的是，在高频词中“动漫”“成都”出现次数也较多，不仅在一定程度上说明景区宣传策略中与动漫捆绑打造独特网红气质的战略较为成功，也体现出同处成渝经济圈的超大城市之间也存在着一定的竞争压力。

(5)通过分析磁器口古镇评论关键词可见，“火锅”“嘉陵江”“美食”等十分具有重庆特色标签在评论中出现频次较高，这一现象较为符合常理，但值得关注的是“味道不好”“同质化高”等较为负面的评论占比也不低，从全国旅游市场看这一现象较为普遍，同时也提醒景区还需调整政策，加强监管，抓好细分市场，做大做强自身特色。同时，“巴蜀文化”“建文帝”“白岩山”等关键词虽有出现但比例不高，作为历史上十分有吸引力的民间传说和故事景区应更用心打造，加强宣传，补好“文化课”，提升景区内涵。

(6)通过分析朝天门广场评论关键词可见，“夜游”“夜景”等词出现频率较高，说明朝天门广场的夜游对游客具有较高的吸引力，有利于景区夜间经济的发展。此外，“游船”“码头”“两江”“交汇处”等评论较多，体现了景区的特色，代表这里是俯瞰两江汇流，纵览沿江风光的好去处。“壮观”“繁华”“惬意”等正面评价表现了游客对景区的赞叹和喜爱，“历史”“文化”“古城”等词则可以说明景区独有的文化底蕴和魅力，作为标志性的名片吸引游客。

4. 政策建议

(1)建议由市政府牵头，会同市文旅局和其他有关部门，建立哈尔滨旅游形象提升委员会或联席会议机制，以更高的行政力量进行顶层设计，制定好统一规划后大力推行，一张蓝图干到底，打破地区与部门之间的利益藩篱，使政策层面能够协调高效运转；同时，还要沟通各方确定利益分配与共享机制，兼顾各方诉求，坚持互利共赢，使哈尔滨旅游产业能够真正可持续发展。

(2)在品牌构建和宣传方面，建议坚持“一个品牌、一种声音”，尽快制定和推出专属于哈尔滨旅游的品牌符号和宣传用语，做到差异性和独特性；同时，要求市内旅游产品统一品牌、统一标准，使之成为全国旅游业的金字招牌、旅游产业高质量集约发展的标杆。

(3) 在宣传和营销方面，建议既要加大力度，又要改善方式。从研究中可以发现，各景区宣传力度普遍不大，许多优质景点面临“酒香也怕巷子深”的问题，这不仅需要加大宣传力度，而且也要改变宣传投放方式和营销策略。可以借鉴重庆市在塑造“网红城市”形象时的做法，将独特的旅游资源与当下最流行的互联网红经济相结合,搭上互联网流量红利的快车,充分盘活基础条件较好、有特色但知名度不高的景区;与头部流量平台如抖音、今日头条达成战略协作,为潜在消费者精准投放广告;与新华社、人民日报等权威官媒建立良好的协作关系,加强正面形象宣传。同时,也要加强本地媒体舆论引导和管控能力,及时回应社会关切问题,深刻吸取"雪乡事件""亚布力事件"等负面舆情影响的教训,打好在新媒体时代下的舆论宣传仗、翻身仗。

(4)充分挖掘旅游可拓展资源,延长产业链。建议在统一品牌的基础上,充分挖掘好哈尔滨的文化内涵,利用好冰雪文化、红色文化、异域文化、工业文化、少数民族文化,形成具有竞争力和影响力的IP,打造富有吸引力的文创产品。例如,现在中央大街、秋林等游人密集的商业区所售文创产品数量较少,且大多高度同质化,缺少城市特色和本土文化的融合,可以借鉴北京故宫的文创模式与长沙茶颜悦色的成功经验,以商业化导向,充分利用年轻消费群体喜闻乐见的跨界联名等营销方式,吸引流量;也可以将哈尔滨丰富的绿色健康食品和东北特色菜系带出去,使旅游业真正做到"一兴带百业"。

(5)高度重视旅游软环境的打造,理顺体制机制。建议出台并完善相应的法规,坚决打击扰乱旅游市场秩序、砸烂旅游金字招牌的不法行为,提高游客的满意度和安全感。对发生的游客投诉和重大舆情要高度重视,设立专门监督和处理通道,挂牌督办,打造法治化、规范化旅游环境;同时也要高度重视旅游从业者反馈,打造优良营商环境,吸取"亚布力事件"教训,为旅游企业排忧解难,引导企业差异化、多层次化发展,避免同质化和低价化内卷,培育中高端旅游经营主体,吸引中高净值游客;多听取旅游地当地居民的意见,降低旅游业发展对当地原生态和原生文化的破坏以及旅游火爆导致的景区门票价格抬升、本地人一票难求、生活交通出行不便等问题带来的影响,全面落实针对本地居民的差异化票价和错峰出行制度,探索财政旅游收入居民共享机制,真正将旅游市场打造为各方主体共赢的利益共同体。

(6)充分发挥市场在资源配置中的决定性作用。借鉴重庆市在打造优质旅游景点与培育旅游市场主体时的PPP模式,做到"政府搭台、市场唱戏",形成两大主体之间良性互动,既可以节省财政资金,也避免了政府包揽运营的低效性和浪费,实现"借力打力"。同时,要构建产权清晰的责任制,做到市场与政府利益共享、责任共担,真正使一切有利于旅游产业高质量发展的要素充分活跃起来。

参考文献

[1] 杨阳.《人民日报》客户端对重庆旅游城市形象的传播与建构[J].广西教育学院学报,2020(2):51-55.

[2] 巩明.重庆旅游优秀经验对哈市旅游发展的借鉴[J].哈尔滨体育学院学报,2011(2):5.

[3] 王闯,徐淑梅.哈尔滨市冰雪旅游产品深度开发研究[J].冰雪运动,2013(4):10-12.

Research on UAV Cooperative Attack Strategy Based on Q-learning Algorithm

Cao Zhihui[1]

1. Automation, 2017, School of Astronautics, Harbin Institute of Technology

Abstract: The rise of artificial intelligence has transformed modern military warfare from manned combat to unmanned combat. As one of the main combat forces in air warfare, Unmanned Aerial Vehicle (UAV) can realize autonomous decision-making after integrating artificial intelligence technology. In this paper, UAV cooperative attack strategy is researched based on reinforcement learning. Q-learning algorithm is used to realize task allocation for UAV cluster, the attack results achieved by this algorithm are compared with those achieved by Monte Carlo and SARSA algorithms. Extensive experiments illustrate the superiority of Q-learning in solving many-to-many UAV cooperative attacking.

Keywords: Cooperative attacking; Q-learning; Reinforcement learning

Introduction

Recently, with the rapid development of computer technology, information-based warfare has gradually replaced mechanized warfare as the main form of modern warfare. The protagonist of the war has also changed from a manned system to an unmanned system. The combination of artificial intelligence going to the battlefield and military theory has given birth to military intelligence. Future wars will be intelligent operations in which manned systems and unmanned equipment cooperate with each other, as well as between unmanned systems. As an emerging technology, multi-UAV coordinated confrontation is widely used in military and civilian fields, including regional surveillance, remote sensing, target strike, etc[1]. In the network environment, information transmission network, combat space digitization, and flight platform intelligence will become the main trends in the development of UAV system technology[2]. With the advantages of small size, low cost, flexible combat style, and high degree of intelligence, UAVs have already appeared in training, military exercises and actual combat. Compared with existing manned fighter jets, UAVs can achieve autonomous decision-making, have greater mobility, stronger situational awareness, and lower combat costs. In future military wars, UAVs will become one of the main combat forces.

At present, all military powers in the world have been equipped with tactical UAV systems, focusing on the future trend of intelligent combat, increasing the research and development of tactical UAVs, and combining their own national conditions and development needs to find the next generation of tactical UAVs. Development path. Following the development of the world's military powers, my country has already begun research on drones. Close cooperation between various research institutes and universities has achieved a series of remarkable results in the coordinated formation of drones and offensive and defensive confrontation. Among the word's powers, the United States' unmanned combat technology is undoubtedly the most developed. Since the beginning of the new century, the United States has attached great importance to the development of unmanned system coordinated operations technology. It has issued multiple strategic plans from the Department of Defense, Army, and Air Force levels, pointing out that manned-unmanned coordinated operation is one of the huge challenges in the development of unmanned systems in various services[3]. U. S. researchers have also made a series of research results in the field of drone cooperative operations. In [4], the author assigns M unmanned aerial vehicles to the battlefield environment of N known targets, proposes an end-to-end solution, and decomposes the problem into coordinated target assignment, coordinated UAV interception, path planning, and feasible trajectory generation. Study the problem and point out that distributed control can give full play to the autonomous capabilities of each UAV. The outdoor autonomous flying robot group based on GPS vision is proposed in [5]. It is used for swarming, target tracking and formation flying. Compared with the most advanced technology, the control and system of this method are decentralized and do not require a central computer to operate. In addition to the United States, European countries have never stopped the research on UAV coordinated confrontation. For example, in 2019, the United Kingdom announced the development of a UAV group to cooperate with F-35 and Typhoon fighters to confuse and suppress enemy air defense systems[6]. In 2020, it announced the three-dimensional model of the future "Storm" fighter jets and a new type of light and economical and affordable. Combat Aircraft (LANCA) UAV Design Concept[7]. Most importantly, our country attaches great importance to the research of military and civilian UAV cluster technology. There are many domestic scientific research institutions and universities actively engaged in the research of UAV collaborative confrontation. The authors in [8] combined the fuzzy structure element method and the particle swarm method to give a dynamic game Nash equilibrium solution method for air combat under fuzzy information, which provides a reference for studying the decision-making of multi-UAV offensive and defensive air combat in complex environments. In [9], The Grey Wolf Optimizer Algorithm is proposed to solve the multi-intelligence constraint optimization problem. Although our country's UAV technology has made considerable progress, our UAV coordinated countermeasures technology still needs to be improved in many aspects in face of the needs of modern information warfare. Artificial intelligence technology is one of the most active factors in the development of modern military, combining unmanned equipment with intelligence algorithms and applying emerging AI technology in UAV clusters will make UAV clusters become the main force in air battlefield earlier.

At present, there are still many problems in the research of UAV coordinated operations. The research focus of cooperative operations is intelligent decision-making. The intelligent decision-making algorithms are mainly divided into three categories: the mathematical solution, the machine searching and the data-driven methods[10]. The intelligent decision-making method based on mathematical solution is the most ideal and the most difficult to achieve. This method requires strict mathematical logic to prove, the modeling is complicated, and the applicability is poor. The essence of the method based on machine search is to solve auxiliary decision-making problem such as task planning and target allocation. This kind of method has disadvantages such as high expert experience requirements, complex situation assessment function design and difficult to grasp the granularity, low efficiency of optimization algorithm search, difficulty in meeting the real-time decisionk-making requirements of the battlefield, and poor generalization performance[11]. The data-driven methods are integrated though Artificial intelligence technologies such as neural networks and reinforcement learning still belong to the category of machine search in essence. Although some studies have put forward the concept of multi-machine coordination, they only resolve multi-machine problems into single-machine problems to solve, and it is difficult to extract cooperative tactics. In addition to the problems of intelligent decision-making, the maneuvering characteristics and signal transmission speed of UAVs all have aspects that need to be improved. For example, the adaptability of UAVs to different combat spaces, the way in which signals are transmitted between UAVs, and the transmission efficiency are all key factors affecting coordinated confrontation. In order to be able to fully apply unmanned systems to military combat systems, it is necessary to continue in-depth research on the issue of UAV coordinated countermeasures.

This paper is organized as follows:

Section 1 is the basic introduction of the research content. The problem formulation is presented in Section 2. In section 3, the Q-learning algorithm to solve the cooperative attack problem is introduced. Comparative experiment is carried out to assess the performance of this algorithm in Section 4. Furthermore, the conclusion and prospects for unmanned combat are presented in Section 5.

1. Problem Formulation

1.1 Basic Theory of Finite Markov Decision Process

As an intelligent body, each UAV can make autonomous decision-making. The agent chooses actions according to the current state, moves to the next state, and obtains a numerical reward. Accumulate the reward of multiple agents to obtain the overall total reward. In the process of coordinated attack, the UAV needs to continuously take actions that are beneficial to itself based on the real-time status until the battle is won. Therefore, coordinated attack is a sequential decision-making process, and a mathematical model of coordinated attack can be established based on the finite Markov decision process.

The basic theoretical framework of the reinforcement learning algorithm is the Markov Decision Process (MDP). MDP is a classic formal expression of sequential decision making. Its actions not only affect the current immediate rewards, but also the subsequent context and delayed rewards. At present, most reinforcement learning theories are limited to a finite MDP, that is, an MDP with a finite set of states, actions, and rewards. As illustrated in Fig. 1, the finite MDP is a theoretical framework for achieving goals through interactive learning. The machine that learns and implements decision-making is called an agent. All things that interact with the agent are called the environment. These things continue to interact with each other. The agent chooses actions, and the environment responds to these actions accordingly, then present a new state to the agent. The environment also produces a reward, usually a specific value, which is the goal that the agent should maximize in the action selection process.

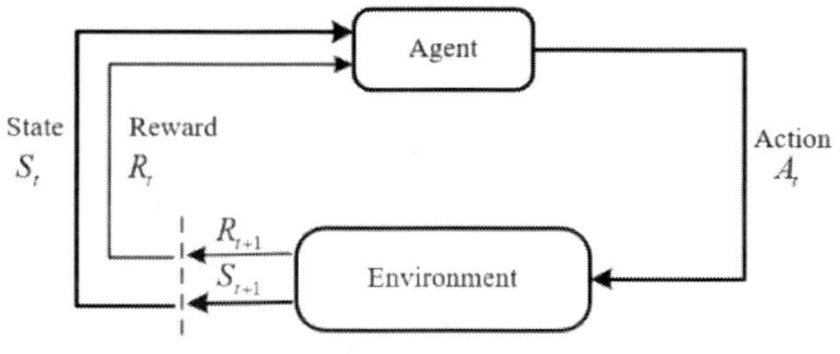

Fig. 1　Agent-environment interaction in Markov decision process

The goal of the agent is to maximize the long-term return. In order to have a more specific description of the long-term return, the return after time t is expressed as $R_{t+1}, R_{t+2}, \cdots$, so the return of the agent at time t can be expressed as the following formula:

$$G_t \doteq R_{t+1} + \gamma R_{t+2} + \gamma^2 R_{t+3} + \cdots = \sum_{k=0}^{+\infty} \gamma^k R_{t+k+1} \quad (1)$$

where $0 < \gamma < 1$ is the discount rate. Taking the average of the current rewards of the agent shown in Formula (1), we can get that the value function of the agent following the strategy π in the state s as shown in Formula (2).

$$v_\pi(s) = E_\pi[G_t | S_t = s] = E_\pi[\sum_{k=0}^{+\infty} \gamma^k R_{t+k+1} | S_t = s] \quad (2)$$

Solving a reinforcement learning task means to find a strategy that can make a lot of rewards in the long-term process. This is the optimal strategy, which is also the research focus of the UAV coordinated attack problem.

1.2 Model of Cooperative Attack

In this paper, we study the problem of UAV cooperative attack in two-dimensional space and establish the mathematical model based on the Finite Markov Decision Process. The battlefield space of many-to-many coordinated attack is shown in Fig. 2. The attack channel width is 600 m, and the attack depth is 800 m. When launching the missile attack, we need consider the electromagnetic interference of the enemy's field on our missiles. So the accuracy of the missile's attack is different in different positions on the battlefield. The parameter information of the enemy and our UAVs and the missile attack accuracy information are respectively shown in Table 1 and Table 2.

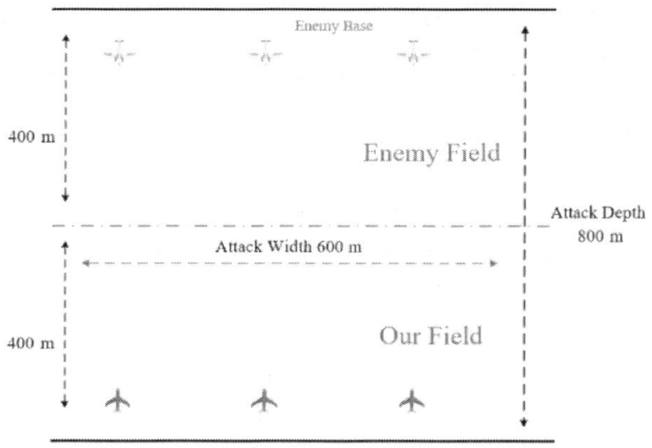

Fig. 2 The battlefield space of UAV cooperative attack

Table 1 The parameter information of UAVs

UAV	Number of missiles	Flight distance per unit time
u_o	10	Oblique flying 5 km, front and rear flying 4 km, left and right flying 3 km.
u_e	0	Oblique flying 5 km, front and rear flying 4 km, left and right flying 3 km.

Table 2 Missile accuracy information

Distance L between missile and enemy base	Accuracy
$0 \leqslant L \leqslant 120$ km	0
120 km $< L \leqslant 280$ km	40%
$L > 280$ km	90%

The flight space of the UAV is continuous. In order to facilitate problem analysis, the battlefield space is discretized into the battlefield grid map shown in Fig. 3. The UAVs can fly east, south, west, north, northeast, northwest, southeast, and southwest, and our UAV can also launch missiles, so our UAV action space is $A = \{e, s, w, n, ne, nw, se, sw, fire\}$. In the process of coordinated confrontation, the UAVs of each side will not collide, and the missiles will not accidentally injure their own UAVs. The enemy's combat goal is to cross the border, so the optional actions of the enemy UAVs are flying in five directions: east, southeast, south, southwest, and west, thus simplifying the entire attack problem while reducing unnecessary position changes. In order to quickly cross the border, set a state transition strategy for the enemy UAVs. When the enemy UAV is far from the center boundary, our UAVs cannot reach the enemy UAV's position quickly, and the missile is subject to strong interference. At this time, the enemy UAVs are relatively safe, so there is no need to stay in the current area for a long time. When the enemy UAV gets closer and closer to the center boundary, it should focus on its own safety. In order to avoid being hit by missiles or colliding with our UAVs, it need to fly east and west with a bigger probability, and the other three with a smaller probability. The relationship between the probability of the enemy's state transition and the distance between enemy UAVs and the center boundary is shown in Table 3.

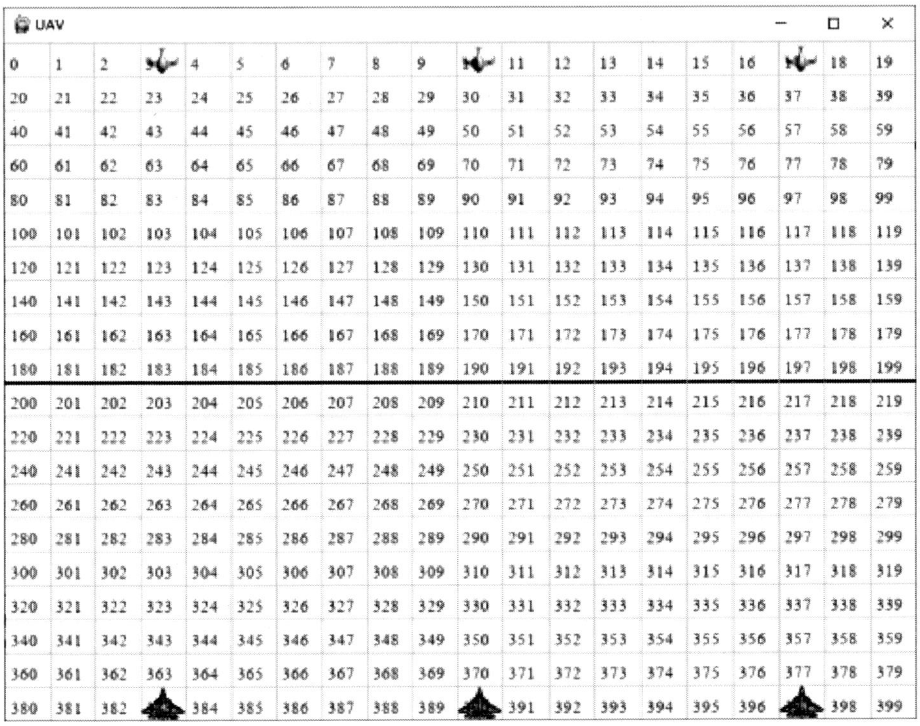

Fig. 3　Many-to-many UAV cooperative attack grid map

Table 3　State transition probability of enemy UAVs

Distance	East	West	South	Southeast	Southwest
32 ~ 40 km	0	0	1	0	0
16 ~ 32 km	0	0. 3	0. 4	0. 3	0
0 ~ 16 km	0. 35	0. 125	0. 05	0. 125	0. 35

The rules of attack are: enemy UAVs fly towards our border. Our UAVs need to adopt corresponding strategies to attack or intercept to prevent the enemy UAVs from crossing the border. If at least one enemy UAV crosses the border, the confrontation fails. Only when we shoot down all the enemy UAVs before they cross the border, the confrontation is considered victory.

As shown in Fig. 3, every UAV has 400 states, if we consider the location combination of the 400 UAVs in Fig. 3, it will certainly cause dimensional disaster. To address this issue, we need to abstract our three UAVs as an agent, and each UAV as a sub agent. Therefore, the research focus of many-to-many cooperative attack problem is not the optimal strategy and optimal value function of each UAV, but the target and task allocation in the whole confrontation process. In the target and task allocation of many-to-many cooperative attack, the tasks assigned to each UAV include watching, tracking and attacking. The target of executing the task is three enemy UAVs, so the corresponding task set and target set can be obtained as follows:

$$Task = \{watch, track, attack\}$$

$$G = \{u_{e1}, u_{e2}, u_{e3}\}$$

The UAV chooses the corresponding target to execute the task according to the command. When the UAV executes the task, it needs to take the action to maximize the future profit according to the real-time space position of the enemy and our UAVs. Therefore, the action space of each task is not defined here. The reward of each UAV's tracking mission is +2, the reward of each UAV's watching mission is +1, and the reward of missile launching is −2, if the missile hits the target, the reward is +3. In order to quickly allocate targets and tasks according to the real-time situation of the battlefield, the space positions of the enemy UAVs should be considered when setting the agent state. Therefore, the positions of the enemy UAVs from the boundary can be set as the agent state, so the state can be set as $s = (d_1, d_2, d_3)$, where $d_i = 0 \sim 3$, $i = 1, 2, 3$, The relationship between d_i and the distance from the enemy UAVs to the center boundary is shown in Table 4. Assuming that there is no interdependence between each task, each task can be executed independently. The agent assigns goals and tasks according to the current enemy UAVs' states, thereby transforming the many-to-many problem into a one-to-one or many-to-one confrontation problem. After the task is assigned, the UAVs will select certain actions based on the relative position with the target and its own maneuver constraints, so this process does not require learning, so as long as reasonable target and task assignment are performed according to the real-time environment of the battlefield, optimal strategy can be obtained.

Table 4 The relationship between the distance from the enemy UAVs to the centre boundary and d_i

Distance(grid)	d_i	Distance(grid)	d_i
0 ~ 1	0	5 ~ 7	2
2 ~ 4	1	8 ~ 9	3

2. Q-learning for Cooperative Attacking

2.1 Introduction of Q-learning

Among all the ideas of reinforcement learning, Temporal Difference (TD) learning is undoubtedly the core and the most novel. It combines the advantages of the dynamic programming algorithm and the Monte Carlo method, and can learn strategies directly from the experience of interacting with the environment, and without waiting for the final result of the interaction. The TD learning method requires the use of Generalized Policy Iteration (GPI) ideas. When the GPI prediction problem requires the use of experience, how to maintain enough temptations becomes a difficult problem. To address this issue, according to whether the on-policy method or the off-policy method is used, TD control methods can be divided into two categories: SARSA of the on-policy and Q-learning of the off-policy. SARSA continues to evaluate the value function for the current strategy, and improves the strategy based on the value function. The convergence of the algorithm depends on the degree of dependence of the strategy on the value function, and SARSA has low efficiency in measuring and using sampled data. The calculation of Q-learning does not need to know the specific actions at the next moment, nor does it need to build a system model[12]. The action value function to be learned adopts a direct approximation of the optimal action value function as the learning objective, and is used to generate the action strategy of the agent's decision sequence is irrelevant, which greatly simplifies the algorithm analysis and improves the utilization efficiency of sampled data.

When using Q-learning to update the value function of the current state, what needs to be evaluated is the action value function, namely $Q(s,a)$. The agent takes action A_t in the current state S_t, moves to the next state S_{t+1}, and obtains reward R_{t+1}, then updates the action value function through the Formula (3).

$$Q(S_t,A_t) \leftarrow Q(S_t,A_t) + \alpha[R_{t+1} + \gamma \max_a Q(S_{t+1},a) - Q(S_t,A_t)] \tag{3}$$

Q-learning cannot traverse the entire state space. To ensure the convergence of the algorithm, the Q-learning algorithm must ensure that it can access every state. In order to meet this condition, it is necessary to introduce an exploration-use balance mechanism to ensure that the sampling strategy is flexible, that is, the probability of taking each action in each state is greater than 0, the simplest way is to use the ε-greedy strategy:

$$\pi(a|s) = \begin{cases} 1 - \varepsilon + \dfrac{\varepsilon}{|A(s)|}, & a = \text{argmax}_a q(s,a) \\ \dfrac{\varepsilon}{|A(s)|}, & a \neq \text{argmax}_a q(s,a) \end{cases} \tag{4}$$

Due to its unique advantages, the Q-learning algorithm has been used by many scholars and researchers in the method of generating network attack graphs[13] or directly applied to the problem of planning the optimal path, which solves the problems of high space complexity and optimal path redundancy[14].

2.2 Algorithm Design of Cooperative Attack

In Section 2, multi-agent system has been turned into single-agent system, and then the whole attack problem is refined into different single-to-single attack sub-problems through task allocation, which will not lead to waste of resources and loss of targets. The many-to-many attack problem is naturally transformed into single-to-single attack problems.

According to the above discussion, when using the Q-learning algorithm to calculate the optimal strategy, the object of the algorithm should not be each of our UAVs, but the entire UAV system. What this abstract agent takes in each state is not a real action, but a way of assigning task $T_t = (Task_t, G_t)$. So the task value function can be gotten by the Formula (3). The algorithm of Q-learning for task value function evaluation is shown in Fig. 4.

$$Q(S_t,T_t) \leftarrow Q(S_t,T_t) + \alpha[R_{t+1} + \gamma \max_t Q(S_{t+1},t) - Q(S_t,T_t)] \tag{5}$$

1. **Initialization:**
   $Q(s,t)$, $\forall s \in \mathcal{S}$, $t \in T(s)$, parameter α, γ
2. **Repeat:**
   Given an initial state s, then $s',r,t = Policy(s)$
   Repeat every $s \in \mathcal{S}$:
   $s',r,t = Policy(s)$
   $Q(s,t) \leftarrow Q(s,t) + \alpha[r + \gamma \max_{t'} Q(s',t') - Q(s,t)]$
   $s = s', t = t'$
   Until all $Q(s,t)$ converge
3. **Output:**
   $\pi(t|s) = \arg\max_t Q(s,t)$

Fig. 4　The algorithm for task value evaluation by Q-learning

3. Simulation and Analysis

In order to highlight the superiority of Q-learning, SARSA and Monte Carlo methods are also used to find the best strategy, and the attack results are compared with that of Q-learning. The experimental results of using the three algorithms for confrontation are shown in Table 5. The number of task evaluation iterations required for the first victory of the Q-learning algorithm is 3 726, while the number of iterations required for the first victory of the SARSA and Monte Carlo algorithms are 5 908 and 28 059. It can be seen that the efficiency of the Q-learning algorithm through iterative evaluation of the task value function is the highest. In the state transition process where the three algorithms win for the first time, there are also differences in the way of task allocation according to the passing states. For example, when the Monte Carlo method is used for UAV attacking, in the last state, the enemy's second and third UAVs have all been shot down. According to the position of the first UAV, ours missile's hit rate is above 90%, and the Monte Carlo algorithm at this time fired three missiles during task assignment, which undoubtedly caused a waste of resources. In addition, the evaluation results obtained by the Monte Carlo method have more state transitions during attacking, that is, the agent has the problem of "slow response". Compared with the Monte Carlo algorithm, Q-learning and SARSA algorithms are more reasonable in task allocation, and the response speed of agents trained through TD is also faster than the former. Compared with Q-learning, the SARSA algorithm gives a more "negative" task allocation method when the enemy aircraft is far from our square position. When the enemy UAV are in the third state, the task assigned by the algorithm is that our UAVs adopt wait-and-see measures instead of tracking. Due to the uncertainty of the enemy's state transition, this will inevitably lead to a sudden change in the enemy's state at some time, and our UAVs cannot respond in time. The task given by the Q-learning algorithm when the enemy UAV is far from the center boundary is tracking, which effectively avoids the above problems.

Table 5 Attack results of three algorithms

Algorithm	The number of iterations required for the first win	In the state transition process of the first win, the task allocation method through different states
Q-learning	3 726	$(3,3,3):(track\to u_{e1}, track\to u_{e2}, track\to u_{e3})$
		$(2,2,2):(track\to u_{e1}, track\to u_{e2}, track\to u_{e3})$
		$(1,1,1):(attack\to u_{e2}, attack\to u_{e2}, attack\to u_{e2})$
		$(0,3,0):(track\to u_{e1}, watch\to u_{e2}, attack\to u_{e1})$
SARSA	5 908	$(3,3,3):(watch\to u_{e1}, watch\to u_{e2}, watch\to u_{e3})$
		$(2,2,2):(watch\to u_{e1}, track\to u_{e2}, watch\to u_{e3})$
		$(1,1,1):(track\to u_{e1}, attack\to u_{e2}, track\to u_{e3})$
		$(0,0,1):(attack\to u_{e1}, attack\to u_{e2}, attack\to u_{e3})$
Monte Carlo	28 059	$(3,3,3):(watch\to u_{e1}, watch\to u_{e2}, watch\to u_{e3})$
		$(2,2,2):(watch\to u_{e1}, track\to u_{e2}, watch\to u_{e3})$
		$(1,1,1):(track\to u_{e1}, attack\to u_{e2}, track\to u_{e3})$
		$(1,0,0):(track\to u_{e1}, attack\to u_{e2}, attack\to u_{e3})$
		$(0,3,3):(attack\to u_{e1}, attack\to u_{e1}, attack\to u_{e1})$

According to the number of iterations in Table 5, Q-learning, SARSA and Monte Carlo algorithms are iterated 8 000, 8 000, and 40 000 respectively to evaluate the task value function, then perform a cooperative attack based on the three algorithms. In the process of attacking, the cumulative return curve in the confrontation process is shown in Fig. 5. In the entire confrontation process, the cumulative revenue of the Q-learning algorithm for task allocation is always higher than the other two algorithms. Although the cumulative revenue of the Monte Carlo algorithm in the second task allocation is slightly higher than that of SARSA, its long-term cumulative revenue is obviously lower than the above two TD methods. Only to maximize the current benefits, and ignore the overall cumulative benefits, which is exactly what should be avoided in the process of collaborative attack. When the task value function obtained by the Q-learning algorithm is used for confrontation, the reward of the first two task assignments is +6, indicating that the distribution is when the enemy plane is the farthest from the center boundary, the task is tracking, which is an "active" countermeasure. The tasks assigned by the SARSA and Monte Carlo algorithms in the first two are mainly wait-and-see, so the first two rewards are lower. Observing the three curves carefully, it is not difficult to see that Q-learning and SARSA have a small cumulative increase in revenue after the third mission assignment. This situation can only be that there is a missile attack during the third assignment, which will cause a loss. After launching the missile, the slope of the Q-learning curve is slightly larger than that of SARSA, indicating that the missile launched by the Q-learning algorithm hit the target, while the missile launched by SARSA did not hit the enemy plane. In addition, the Monte Carlo algorithm has a small increase in cumulative revenue after the second task assignment. This is also caused by missile launches during the mission. Moreover, the missile launched this time did not hit the enemy UAV. During the second task assignment, the enemy UAV are far from the center boundary, and the ballistic trajectory is subject to greater interference, so launching the missile at this time is obviously an unwise decision. If you want to obtain the same adversarial effect as Q-learning through the Monte Carlo algorithm, you need to continue to increase the data sequence. It can be seen that the Monte Carlo algorithm has too low data utilization efficiency when dealing with many-to-many problems, and its training effect is far inferior to the TD method that can update the task value function in real time.

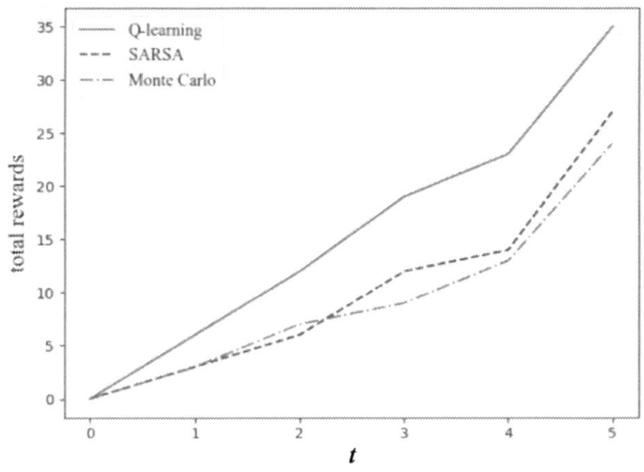

Fig. 5　The comparison of cumulative rewards of three algorithms in the attack process

4. Conclusion

In this paper, the mathematical model of the UAV many-to-many attack is established, and the three main reinforcement learning algorithms of Q-learning, SARSA and Monte Carlo are used to study the strategy of the UAV many-to-many attack. Extensive experiments show the superiority of Q-learning. In the field of UAV cooperative attack, the aspects worth studying are not only intelligent decision-making and task allocation, but also trajectory planning, automatic detection, performance evaluation, etc. With the deepening of research, the technologies in these areas will be more mature.

References

[1] XU C, XU M, YIN C. Optimized multi-UAV cooperative path planning under the complex confrontation environment [J]. Computer Communications, 2020,162(12):196-203.

[2] FAN, BANGKUI, LI, et al. Review on the technological development and application of UAV systems[J]. Chinese Journal of Electronics, 2020, 29(2):5-13.

[3] W Guizhi. U. S. advances unmanned system cooperative operations[J]. Foreign Tank, 2018 (9):53-54.

[4] BEARD R W, MCLAIN T W, GOODRICH M A, et al. Coordinated target assignment and

intercept for unmanned air vehicles[J]. IEEE Transactions on Robotics & Automation, 2002,18(6):911-922.

[5] VASARHELYI G, VIRAGH C, SOMORJAI G, et al. Outdoor flocking and formation flight with autonomous aerial robots[C]. IEEE, 2014.

[6] D Haibin, S Yankai, Z Yanjie, et al. Looking back on the hot spots of UAVs in 2019 [J]. Science & Technology Review, 2020,38 (1):170-187.

[7] FENG S. British Air Force reveals 3D model of Storm fighter jet and design concept of LANCA UAV [N]. China Aviation News, 2020 (9).

[8] C Xia, Z Mingming , X Guangyan. Fuzzy dynamic game based on operation strategy for multiple UAVs [J]. Electronics Optics & Control, 2014, 21(6):19-23,34.

[9] MIRJALILI S. How effective is the Grey Wolf optimizer in training multi-layer perceptron [J]. Applied Intelligence, 2015, 43 (1): 150-161.

[10] S Wei, F Yanghe, C Guangquan, et al. Research on Multi-aircraft cooperative air combat method based on deep reinforcement lLearning[J]. Acta Automatica Sinica, 2021, 47(7):1610-1623.

[11] W Xuan, W Weijan, S Kepu, et al. UAV air combat decision based on evolutionary expert system tree[J]. Ordnance Industry Automation, 2019, 38(1):48-53.

[12] Z Zhibin, W Fuyong, Y Yanhui, et al. Consensus of discrete-time multi-agent system based on Q-learning[J]. Control Theory & Applications, 2021,38(7):997-1005.

[13] Z Shuqin, L Kaijiang, Z Lu, et al. Research on attack graph generation based on Q-learning mechanism[J]. Electronic Science and Technology, 2018, 31(10):6-10.

[14] L Teng, C Shijie, Y Siwei, et al. Optimal method for generation of the attack path based on the Q-learning decision[J]. Journal of Xidian University, 2021, 48(1):160-167.

大学生时间管理 APP 付费意愿影响因素分析

崔译文[1],李雨晴[1],刘洁[2],程巧莲[3]

1. 哈尔滨工业大学经管学院 2018 级 大数据管理与应用专业;
2. 哈尔滨工业大学经管学院 2018 级 电子商务专业;
3. 哈尔滨工业大学经管学院 市场营销 副教授

摘要:为了提高时间管理 APP(手机软件)的使用率,探究用户付费意愿的影响因素,从而使 APP 更好地满足用户需求,提升用户体验,采用技术接受模型为主进行调研分析。结合大学生使用时间管理 APP 的基本情况,在技术接受模型的基础上增加了感知趣味性及个人特质两个变量,对技术接受模型进行了改进。以大学生为调研对象,考察影响大学生对时间管理类 APP 付费意愿的影响因素,研究发现游戏化激励功能对感知有用性有负向影响,感知有用性和感知满意度对其付费意愿有显著的正向影响,且感知满意度在感知有用性及付费意愿间起中介作用。

关键词:时间管理 APP;技术接受模型;个人创新性;付费意愿

Analysis of Factors Influencing Payment Intention of Time Management APPs Based on TAM Model and Personal Characteristics

Cui Yiwen[1], Li Yuqing[1], Liu Jie[2], Cheng Qiaolian[3]

1. Big Data Management and Application, 2018, School of Economics and Management, Harbin Institute of Technology;
2. Electronic Commerce, 2018, School of Economics and Management, Harbin Institute of Technology;
3. Associate Professor, Marketing Management, School of Economics and Management, Harbin Institute of Technology

Abstract: In order to improve the utilization rate of time management APP, explore the influencing factors of users' willingness to pay, so that the APP can better meet the needs of users and improve the user experience, the technology acceptance model is mainly used for research and analysis. Combined with the basic situation of college students using time management APP, based on the Technology Acceptance Model, two variables of perceived interest and personal characteristics are added to improve the Technology Acceptance Model. Taking college students as the research object, this paper investigates the influencing factors of college students' willingness to pay for time management APPs, and finds that game incentive function has a negative impact on perceived usefulness, perceived usefulness and perceived satisfaction have a significant positive impact on their willingness to pay, and perceived satisfaction plays a mediating role between perceived usefulness and willingness to pay.

Keywords: Time management APPs; Technology Acceptance Models; Personal innovation; Willingness to pay

引言

时间管理是个体运用科学的方法，对时间进行合理的计划、控制、规划、实施，并在时间管理之后对其进行评价和反馈的过程[1]。当下智能手机用户不断增加，各类手机软件逐渐成为大学生学习与生活的重要组成部分，但由于多数学生在自身管理能力上有所缺陷，存在任务完成拖延、时间规划紊乱等问题，因此时间管理 APP 应运而生[2]。目前，时间管理 APP 主要有日程类和清单类，其主要用途是提醒并督促用户完成所设定的任务，提高用户的时间控制与利用效率。经研究调查发现，一部分学生在通过使用 APP 后能够养成良好的学习习惯，提高学习效率，但仍有大部分学生在使用 APP 后依然存在对手机上瘾的问题，无法专注学习。如何真正满足用户需求，提升用户体验，成为时间管理 APP 面临的一大挑战。

白钰、王琨等以规划管理为主题，为用户设计时间规划管理软件，其设计旨在为用户提供科学的规划管理服务[3]。储思娴在情感感知的基础上，分析移动时间管理中的用户、环境、时间等情境因素，提取关键的时间管理情况，分析用户的潜在需求，提出个性化的服务设计策略[4]。此前，此类研究对时间管理的概念、方法等进行了深入的论证和阐述，对于 APP 设计方面的研究多是出于软件设计的目的进行了前期的受众调查，并未对用户付费意愿进行调查和分析，而用户付费意愿同样是影响用户使用体验的重要因素之一。

本文在借鉴已有研究的基础上，以技术接受模型（Technology Acceptance Model，TAM）作为基础框架，构建该类 APP 接受行为的模型，同时结合个人特质中个人创新性、时间管理倾向两方面因素，考虑感知满意度对感知有用性和付费意愿的中介作用，分析影响用户付费意愿的因素，旨在准确把握影响用户付费意愿的因素，帮助运营商深入了解用户需求，为用户提供更为实用的时间管理工具。

1. 理论基础与假设研究

1.1 理论基础——TAM 技术接受模型

技术接受模型 TAM 于 1989 年由著名的学者 Davis（戴维斯）提出，从信念、主观态度、行为意向以及外部变量等方面解释和预测人们对信息技术的接受程度[5]。TAM 包含感知易用性、感知有用性、使用态度、行为意向和使用行为。感知有用性和感知易用性为构成信息技术接受行为的主要指标[5]，Davis 认为二者会对使用态度产生影响，进而会影响行为意愿，而行为意愿会对使用态度产生影响。感知有用性是指信息技术用户主观上认为某一特定信息技术对工作绩效的提高程度；感知易用性是指用户主观上认为为使用某一特定信息技术所付出的努力程度。

随着研究的不断深入，技术接受模型中使用态度这一因素渐渐被研究者舍弃，在 1996 年，Davis 舍弃原始模型中的使用态度，构建了修正的技术接受模型（图 1）[6]。

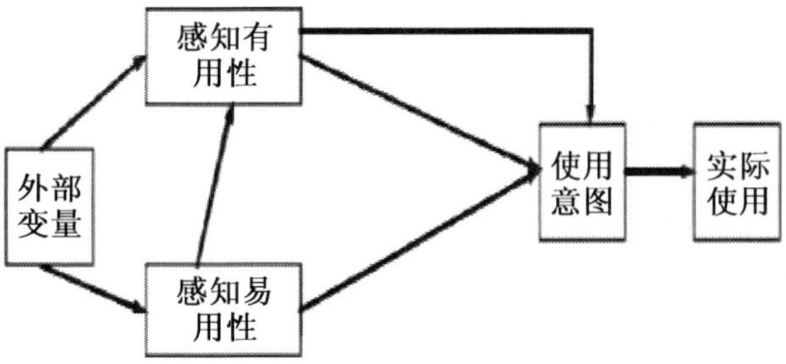

图 1　修正的技术接受模型

1.2　假设研究

1.2.1　感知趣味性与感知有用性之间的假设

本文将感知趣味性具化为沉浸式监督学习、云端在线自习、游戏化激励 3 个指标。趣味性理论是在 1977 年由 Lieberman（利伯曼）提出的，认为感知趣味性是在人机互动过程中最具有影响力的一个因素，Bruner（布鲁纳）和 Kumar（库玛）认为感知有趣性是影响使用者使用意愿的重要因素，因此提出假设 H1[7]。

H1：沉浸式监督学习、云端在线自习、游戏化激励对感知有用性有显著的正向影响。

1.2.2　个人创新性与感知有用性之间的假设

个人创新性体现了个体相对于其他社会系统成员的创新程度。张馨月经过研究认为个人创新性对努力期望具有正向影响，进而影响用户的使用意愿[8]。如果用户尝试新技术的意愿较高，那么他们会充分体验新技术各个方面带来的优势，从而感知有用性得到增强，使用意愿也会增强。所以，提出假设 H2。

H2：个人创新性对付费意愿有显著的正向影响。

1.2.3　时间管理倾向对感知有用性之间的假设

时间管理倾向是一个人的动力性人格特征，它包括时间价值感、时间监控观和时间效能感。黄希庭编制出一份具有较高可信度的青少年时间管理倾向表，有利于评定我国青少年对时间的掌握和支配的人格特征[9]。具有较强时间管理倾向的用户对时间管理方法有充分的了解，在使用习惯从线下迁移至线上的过程中更为流畅，所以感知有用性得到提升。据此提出假设 H3。

H3：时间管理倾向对感知有用性有显著的正向影响。

1.2.4　感知有用性和付费意愿之间的假设

感知有用性是技术接受模型中的一个重要变量，而且感知有用性对于用户行为意愿的影响也已经在各个领域得到了验证。它是指个体在采纳某种技术时所能感知到的价值，具体到某项新技术的采纳研究中，感知有用性则指在采用了这项新技术后对于效率提高程度的感知。在已有的文献中，很多学者也都证实了感知有用性对于行为意向的正向影响。因此，提出假设 H4。

H4：感知有用性对付费意愿有显著的正向影响。

1.2.5　感知有用性和感知满意度之间的假设

在技术接受模型中，感知满意度为衡量行为意愿的重要变量，用户感知有用性的提高会相应提升感知满意度。在大学生用户中，如果时间管理 APP 能够通过规划时间带来实质性的改善和帮助以提升感知有用性，那么用户对于 APP 的满意度会得到一定的提高。因此，提出假设 H5。

H5：感知有用性对感知满意度有显著的正向影响。

1.2.6　感知满意度和付费意愿之间的假设

用户在新技术使用过程中的满意程度直接影响持续使用意愿及深度使用意愿。对于时间管理类 APP，当用户使用免费功能且对其满意度较高时，会增强使用付费功能的意愿。因此，提出假设 H6。

H6：感知满意度对付费意愿有显著的正向影响。

综合以上分析，建立研究模型如下（图 2）。

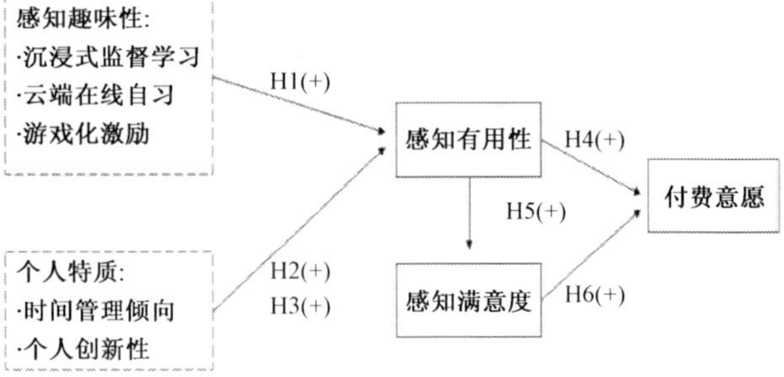

图 2　研究模型

2. 研究方法

2.1 研究样本

采用问卷调研的方法，在哈尔滨市各高校内发放线上问卷。正式调查时向被试者申明保密原则，并告知研究结果仅用于学术研究。共回收217份问卷。依据使用经历情况、逻辑设定、答题完整度、填写时长等标准剔除无效问卷后得到问卷184份，问卷有效率为 84.79%。样本的描述性统计分析结果见表1。

表1 描述性统计分析结果

变量	变量值	频率	百分比
性别	男	65	35.33%
	女	119	64.67%
使用频率	每天	42	22.83%
	每周 4 ~ 6 次	62	33.70%
	每周 1 ~ 3 次	62	33.70%
	一周少于一次	18	9.78%
年级	大一	12	6.52%
	大二	72	39.13%
	大三	78	42.39%
	大四	17	9.24%
	研究生及以上	5	2.72%

2.2 变量测量

采用问卷调查的方式收集数据，问卷的构成参考了相关的文献，并且考虑到时间管理 APP 使用的特殊性，对部分测度项做了调整和修改。时间管理倾向的测度项来源于文献[9]，个人创新性的测度项来源于文献[8]，感知趣味性的测度项来源于文献[10]，感知有用性、感知满意度、付费意愿的测度项来源于文献[5,6]。所有测度项均采用 Likert－5 点量表计分，1 ~ 5 依次表示发生频率或符合程度由低到高。问卷包括 2 个部分：第 1 部分是关于调查对象的人口统计特征问题，包括性别、年龄、教育程度等；第 2 部分是模型中构想的测度项。

3. 数据分析与假设检验

3.1 信效度分析

在对数据进行进一步的分析之前，首先对数据的信效度进行检验。

利用 SPSS 23.0 对问卷进行信度检验，在 5 个因素的 12 个题项之间校正项目的总相关系数均在 0.35 以上，这说明测量变量与其所对应的因素的其他测量变量的相对关联性都较高。研究数据信度系数值高于 0.7 综合说明数据信度质量高，可用于进一步分析。

利用因子分析模型进行效度分析，结果显示，所有研究项对应的共同度值均高于 0.4，KMO 值为 0.793，大于 0.6，意味着数据具有效度。另外，3 个因子旋转后累积方差解释率为 72.093%，可见研究项的信息量可以有效地被提取出来。

3.2 描述性统计与相关分析

本研究涉及的各变量间的相关系数见表 2，时间管理倾向与感知有用性、感知满意度呈正相关，个人创新性与沉浸式监督学习、云端在线自习、游戏化激励正相关，沉浸式监督学习与云端在线自习、游戏化激励、付费意愿、感知有用性、感知满意度均呈正相关，云端在线自习与游戏化激励、付费意愿呈正相关，游戏化激励与付费意愿、感知有用性呈正相关，付费意愿与感知有用性、感知满意度呈正相关，感知有用性与感知满意度呈正相关。

表2 相关性分析

	时间管理倾向	个人创新性	沉浸式监督学习	云端在线自习	游戏化激励	付费意愿	感知有用性	感知满意度
时间管理倾向	1							
个人创新性	－0.078	1						
沉浸式监督学习	－0.081	0.323**	1					

续表 2

	时间管理倾向	个人创新性	沉浸式监督学习	云端在线自习	游戏化激励	付费意愿	感知有用性	感知满意度
云端在线自习	−0.052	0.268**	0.477**	1				
游戏化激励	−0.052	0.314**	0.330**	0.293**	1			
付费意愿	−0.069	0.144	0.185*	0.194**	0.268**	1		
感知有用性	0.154*	0.109	0.212**	0.090	0.150*	0.297**	1	
感知满意度	0.194**	0.086	0.186*	0.065	0.123	0.277**	0.963**	1

注：** 表示显著水平 $p<0.01$，* 表示显著性水平 $p<0.05$。

3.3　结构模型评价

本次研究中，卡方自由度比值为 1.695，小于 3，意味着模型拟合效果良好。同时，近似误差均方根（Root Mean Square Error of Approximation，RMSEA）值为 0.062，大于 0.05，拟合优度指数（Goodness of Fit Index，GFI）、比较拟合指数（Comparative Fit Index，CFI）、调整的拟合优度指数（Adjusted Goodness of Fit Index，AGFI）值均大于 0.9，并且其余指标均在标准范围内，因此说明模型构建良好，模型结果可靠，模型拟合指标见表 3。

表 3　模型拟合指标

常用指标	判断标准	值
χ^2	-	40.692
df	-	24
p	>0.05	0.018
卡方自由度比 χ^2/df	<3	1.695
GFI	>0.9	0.955
RMSEA	<0.10	0.062
CFI	>0.9	0.963
规范拟合指数	>0.9	0.917
不规范拟合指数	>0.9	0.945

3.4　假设检验

本研究采用 SPSSau20.0 计算路径系数并测量系数的显著性。为了检验交互作用，构建了两个变量的交互项并添加到模型中。

由路径分析结果可知，个人创新性、游戏化激励对感知有用性有影响，其中个人创新性的影响为正（$\beta=1.09$，$p<0.05$，β 代表各路径系数，p 代数显著性水平，下同），游戏化激励的影响为负（$\beta=-0.62$，$p<0.05$），感知有用性对付费意愿（$\beta=1$，$p<0.05$）、感知满意度（$\beta=0.768$，$p<0.05$）有显著的正向影响，感知满意度对付费意愿（$\beta=1.14$，$p<0.05$）有显著的正向影响；而时间管理倾向对感知有用性、沉浸式学习及云端在线自习对感知有用性没有显著的影响效应。通过比较路径系数，可以发现感知满意度对付费意愿的影响超过个人创新性，这与用户使用时间管理 APP 的需求一致，即找到适合自己使用习惯的 APP，具体计算结果见表 4。

表 4　模型的标准化路径系数和假设检验结果

X	→	Y	p	标准化回归系数
时间管理倾向	→	感知有用性	0.331	−0.137
个人创新性	→	感知有用性	0.003	1.090**
感知有用性	→	付费意愿	0.032	1.000**
感知有用性	→	感知满意度	0.000	0.768**
沉浸式学习	→	感知有用性	0.713	−1.095
游戏化激励	→	感知有用性	0.050	−0.620**
云端在线自习	→	感知有用性	0.706	1.129
感知满意度	→	付费意愿	0.008	1.140**

注：** 表示 $p<0.05$。

根据分析结果修改模型，得到路径如下（图

3)。

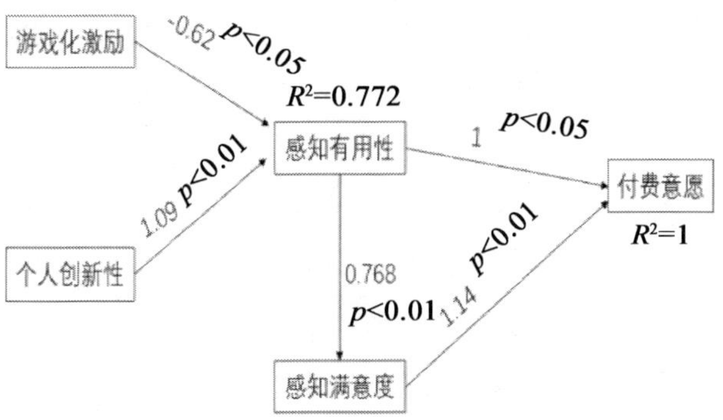

图3 结构方程模型修正结果

通过对所提假设模型进行结构方程模型分析,得到其检验结果,见表5。

表5 方程模型分析结果

假设	结果
H1:感知趣味性对感知有用性有显著的正向影响	不成立,游戏化激励有负向影响,沉浸式监督学习及云端在线自习无显著影响
H2:个人创新性对感知有用性有显著的正向影响	成立
H3:时间管理倾向对感知有用性有显著的正向影响	不成立,存在负向影响
H4:感知有用性对付费意愿有显著的正向影响	成立
H5:感知有用性对感知满意度有显著的正向影响	成立
H6:感知满意度对付费意愿有显著的正向影响	成立

4. 讨论

4.1 研究结论

本文在研究的过程中,在构建的模型中设置了5个变量,并根据相关理论提出了6个变量之间的6个假设,利用调查问卷获取的数据对模型进行了实证分析,在大学生对时间管理类APP付费意愿的影响因素方面得出了以下结论:

(1)个人创新性对感知有用性有显著的正向影响,假设H2成立。从用户人群特质的角度分析,对于新鲜事物的感知程度高、学习能力强的用户更愿意体验新技术,同时在使用过程中更容易适应APP的使用规则,感知有用性会得到提高。

(2)感知有用性和感知满意度对其付费意愿有显著的正向影响,而且感知有用性对感知满意度有正向影响,即假设H4、H5和H6成立,这与技术接受模型中提到的关系保持一致。因此,可以认为技术接受模型TAM可以解释大学生对时间管理类APP付费意愿的影响因素问题。同时,本研究证实了感知满意度在感知有用性与付费意愿间的部分中介作用。用户感知满意度受到感知有用性影响进而影响付费意愿,该中介变量丰富了对于感知有用性与付费意愿之间内部机理的认识。

(3)游戏化激励功能对感知有用性有负向影响,即这使用户更关注其娱乐性,对用户时间管理能力和习惯养成具有反作用。也可以发现,沉浸式监督学习及云端在线自习对感知有用性的影响并不显著。

(4)在时间管理倾向强的部分人群中,对于时间管理APP感知有用性低,即自我时间管理能力强的用户并不需要外部工具帮助解决时间管理问题。

4.2 启示

本研究的实践启示主要体现在以下2个方面:

(1)感知有用性对付费意愿有显著的正向影响。应建立新用户使用习惯引导机制,在新用户第一次使用APP时,为用户提供有趣、省时的使用方式引导或教程手册,在短时间内满足用户对APP的功能期待,提高留存率。

(2)感知满意度对付费意愿有显著的正向影响。如果用户体验到APP给自己的生活、学习带来了巨大便利时,会更容易付费使用相关功能,所以运营商在开发时间管理类APP的过程中,要多方面、多层次挖掘用户需求,加入更个性、更智能、更便捷的功能。

4.3 研究局限及展望

由于新冠疫情带来的部分影响以及各个方面条件的限制,本文在选择调研对象时以哈尔滨市大学生群体为主要研究对象，对于国内市场的整体情况把控缺乏全面性。另外，本研究的样本量偏小，大部分的调查对象是大学生。虽然大学生群体能较快接受新技术和服务，但该群体的一些特质（受教育程度较高、可支配收入少）可能会使研究结果产生偏差。将来的研究可以通过增加样本量并选择不同的调查对象来确认本研究的结果。

参考文献

[1] 程佳. 长春地区大学生时间管理倾向与自我概念的相关研究[D]. 吉林：吉林大学，2010.

[2] 王雯雪，李凤银，翟雪婷，等. 基于 Android 的手机时间管理 APP 的设计与实现[J]. 电脑知识与技术，2020，16(2)：63-64.

[3] 白钰，王琨，杨皓凝，等. 面向大学生规划管理 APP 开发的可行性研究[J]. 电脑与信息技术，2021，29(2)：49-51.

[4] 储思娴. 基于情境感知的时间管理移动应用设计研究[J]. 设计，2020，33(5)：47-49.

[5] DAVIS F D. Perceived usefulness, perceived ease of use, and user acceptance of information [J]. MIS Quarterly, 1989(3): 320-342.

[6] 鲁佼佼，孙剑斌. 国内技术接受模型的实证研究综述[J]. 赣南师范学院学报，2013，34(6)：89-93.

[7] 熊莎. 国内移动社交用户使用意愿的影响因素研究[D]. 北京：北京邮电大学，2013.

[8] 张馨月. 基于 UTAUT 模型的时间管理小程序的研究与设计[D]. 上海：华东理工大学，2019.

[9] 黄希庭，张志杰. 青少年时间管理倾向量表的编制[J]. 心理学报，2001(4)：51-56.

[10] VRECHOPOULOS A, CONSTANTIOU I, SIDERIS I, et al. The critical role of consumer behaviour research in mobile commerce[J]. International Journal of Mobile Communications, 2003(3): 239-340.

锂离子电池负极材料的研究进展

潘宁[1]

1. 哈尔滨工业大学材料科学与工程学院　2017 级　材料科学与工程专业

摘要:锂离子电池是通过锂离子在正负极间动态流动导电来工作的二次电池,在新能源汽车、航空航天等领域有广泛的应用前景。锂离子电池由正极材料、负极材料、有机电解液、隔膜等组成。负极材料是影响锂离子电池性能的关键因素之一。传统的商业锂离子电池用石墨作为负极材料,因理论比容量低、易生成锂枝晶,导致能量密度不高,并存在安全隐患,很难满足下一代高性能锂离子电池的要求。为此,高性能新型锂离子电池负极材料的选择和改性尤为重要。本文简要介绍了锂离子电池负极材料的研究现状和常用改性思路,在对现有理论和研究进行总结的基础上,对锂离子电池负极材料未来的发展方向进行了展望。

关键词:锂离子电池;负极材料;选材;改性

Research Progress of Anode Materials for Lithium-ion Batteries

Pan Ning[1]

1. Materials Science and Engineering, 2017, School of Materials Science and Engineering, Harbin Institute of Technology

Abstract: Lithium-ion batteries are secondary batteries that work through the dynamic flow of lithium ions between the positive and negative electrodes, and have broad application prospects in the fields of new energy vehicles, aerospace, and so on. Lithium-ion batteries are composed of positive electrode materials, negative electrode materials, organic electrolytes, and separators. The negative electrode material is one of the key factors affecting the performance of lithium-ion batteries. Traditional graphite anode materials for commercial lithium-ion batteries have low theoretical specific capacity and easy generation of lithium dendrites, resulting in low energy density and potential safety hazards, making it difficult to meet the requirements of next-generation high-performance lithium-ion batteries. For this reason, the selection and modification of high-performance new lithium-ion battery anode materials are particularly important. This article briefly introduces the research status and common modification ideas of lithium-ion battery anode materials, on the basis of summarizing the existing theories and research, the future development direction of anode materials for lithium-ion batteries is prospected.

Keywords: Lithium-ion battery; Anode material; Material selection; Modification

引言

锂离子电池作为一种靠锂离子在正负极间穿梭来工作的二次电池，是新兴的洁净能源，凭借其较高的比容量、良好的工作稳定性、较宽的工作温度区间等优点成为汽车电池的优先选择之一[1]。锂离子电池的总体性能主要由正、负极材料决定，正极材料提供锂离子，其容量制约着电池的总容量，因此，要求正极材料含锂量高；而负极材料在充电过程中不断地与锂离子发生反应，将锂离子从负极转移到正极，亦将外部的功以能量的形式存储在电池中，对正极材料性能的发挥有一定的影响作用，其与锂离子的可逆反应能力亦决定着锂离子电池的储能效应。因此，锂离子电池性能的提高在一定程度上取决于对负极材料性能的改善，而传统的商业锂离子电池负极材料石墨因受其理论比容量低和嵌锂电位问题容易生成锂枝晶等因素的制约，能量密度不高，并存在安全隐患，很难适应和满足下一代高性能锂离子电池的需求。为此，对于新型锂离子电池负极材料的选择和改性就显得尤为重要。开发高能量密度、长循环寿命的负极材料是提高电池整体性能的关键，更是研究者们争相研究的重点。

本文从锂离子电池负极材料的选材和改性两方面出发，简单综述了国内外锂离子电池负极材料选材和改性方面的研究现状，总结了现有的研究思路和成果，并对未来锂离子电池负极材料的优化设计进行了展望。

1. 锂离子电池材料概述

负极材料作为锂离子电池的重要组成部分，其性质关系到电池的整体性能，理想的负极材料应满足以下要求[2]：

（1）锂离子在负极材料中的电化学反应电位较低，从而使电池整体拥有较高的输出电压。

（2）具备强大的储锂能力，使电池具有较高的充放电容量，并且在进行电化学反应时，材料结构变化较小，保证电池具有良好的循环稳定性。

（3）进行电化学反应时，电压平台的变化应尽可能小，保证电池工作电压的稳定。

（4）具备较高的离子/电子电导率，在大电流下循环时具有较高的容量保持率，能够应对快速充、放电的使用场景。

（5）能够在负极表面形成稳定的 SEI 膜。

（6）具有价格低廉、制备工艺简单、对环境无污染等特点。

根据负极材料在循环过程中表现出的不同储锂机制，可以将负极材料分为 3 种类型：嵌入型、合金型和转化型[3-5]，如图 1 所示[6]。嵌入型负极材料通过将锂离子嵌入其层间隙进行储锂；合金型负极材料通过与锂离子发生合金反应进行储锂；转化型负极材料通过与锂离子发生可逆的氧化还原反应进行储锂。

2. 锂离子电池的选材与改性

如今，学术界对于锂离子电池负极材料研究的方向主要有：硫化物材料、碳基材料、硅基复合材料、过渡金属氧化物材料及其改性等。然而，受限于每种材料自身性能和制备加工工艺的局限性，锂电池负极材料目前存在着充放电过程体积变化大、能量密度低、循环稳定性和倍率特性不佳等问题。为此，如何通过新型材料的选取和制备加工工艺的创新来对现有锂离子电池负极材料进行改性，是学者们重点关注的问题。

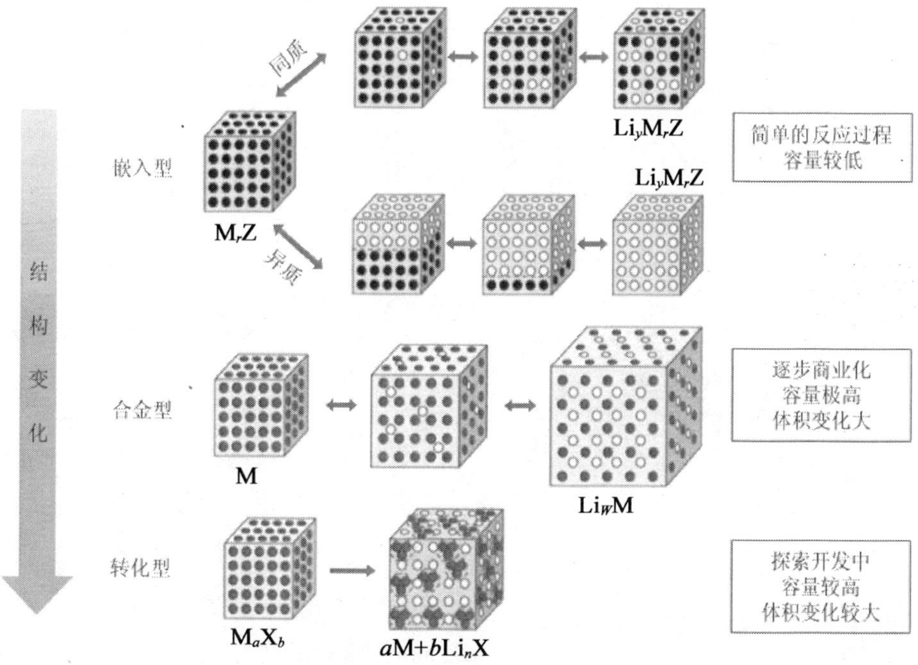

图 1　锂离子电池负极材料储锂机制示意图[6]

2.1　材料纳米化改性

为了应对锂离子负极材料锂化过程中产生的体积膨胀效应，一个常用的方法就是将材料的粒径细化，使材料具有更小的体积，从而抑制负极材料的粉碎。研究发现，对材料的纳米化处理可以显著降低材料充放电过程中的团聚效应，从而显著提高负极材料的容量和循环性能。将颗粒尺寸减小到纳米级不仅可以缩短电子和离子的运输距离，而且可以缓解重复充放电过程中的体积波动，控制其结构和形貌，缩短锂离子和电子传递通道，拓宽电极/电解质界面面积，而不会导致电极的劣化，大大增加了容量，提高了倍率性能和容量保持能力[7]。

获取纳米化负极材料的一个常用方法是高能球磨法。高能球磨法是利用球磨机的机械能在研磨腔内对原材料固体颗粒物进行细化或合成加工的方法，也称为机械合金化。这种方法广泛用于制备纳米颗粒、合金及化合物[8]。D. P. Kim 等[9]采用干法球磨制备出硅 - 铁/膨胀石墨（Si - $FeSi_2$/EG）纳米复合材料，膨胀石墨可有效防止材料粉化和电解质过度消耗，确保电极具备较高的机械弹性及导电性，形成具有一定厚度并且高度稳定的 SEI 膜，从而有效提高了电极的循环稳定性。Parekh 等[10]将微米碳、小麦淀粉、硅纳米颗粒（Si - NPs）采用干法球磨制备出硅碳石墨（GC - Si）复合负极材料，该复合材料对提高电池容量、使用寿命和稳定性具有极大的潜力，且该电极产生的热量为 20.89 kJ · Ah^{-1}，低于市售石墨负极（21.56 kJ · Ah^{-1}），因此更适合动力电池系统。通过高能球磨法获得的纳米化负极材料中，纳米粒子极小的粒径缩短了锂离子的传输距离，能够极大地改善锂离子电池的循环寿命。同时，纳米尺寸的材料在充放电过程中的体积与应力的变化率较小，能够有效降低负极材料的体积膨胀效应，显著改善锂离子电池负极的体积波动问题，提高容量保持能力和循环稳定性。

2.2　复合化改性

单一的锂离子电池负极材料受限于原料本身的缺陷，通常存在电导率低、充放电过程体积变化大、循环性能差等问题。因此,在锂离子电池负极材料性能的改进中,常常需要将硫基、碳基材料和金属氧化物材料同其他原料进行复合化加工,进而提升电池负极材料的性能。

石墨烯由单层碳原子紧密排列成二维蜂窝状,是构筑富勒烯、碳纳米管和石墨等其他维度碳材料的基本单元,具有优秀的导电性能和优异的嵌脱锂能力[11]。同时,超高的比表面积和超薄结构可以提高储锂空间,缩短锂离子的扩散路径,有利于锂离子的扩散传输。这些特质为石墨烯在锂离子电池电极材料的应用上带来了优越性,因此石墨烯可作为金属氧化物良好的基体材料,充分利用协同互补效应改善和提高电极材料性能。Zhao 等[12]制备了一种由过渡金属硫化物和还原氧化石墨烯(rGO)组成的三维三明治结构负极材料,通过对 $NiMn_2O_3(OH)_4$@rGO 前驱体进行原位硫化形成均匀附着在 rGO 上的 Ni_7S_6/MnS_2 微/纳米片,使其具有良好的电化学性能。这主要是由于这种三维三明治结构使其在放电/充电过程中能够很好地缓解体积变化,促进电子迁移率和离子扩散。此外,该方法还可用于制备其他硫化物,如 NiS_2@rGO 和 Ni_7S_6/CoS_2@rGO。

除此之外,将基体材料同金属元素复合,借助金属良好的延展性、机械性和导电性来弥补硅、硫的缺点,从而得到更高导电性和储锂能力的电池负极材料也是当前研究的一大热点。硅 - 金属复合材料是将硅与金属元素合金化形成稳定的硅合金,受益于硅元素合金简单的制备工艺和低廉的成本,Si - Ni、Si - Cu、Si - Ti、Si - W、Si - Ge 等复合材料已被报道可改善硅负极电化学性能[13]。焦方方等[14]以二氧化硅、草酸锰为原料,采用镁热还原法成功合成了硅/硅锰合金复合材料,通过对所得材料的 XRD 衍射分析测试,发现所得复合材料具有同硅媲美的良好晶体结构,如图 2 所示。

通过对材料微观形貌的研究,发现经过还原与高温反应后在硅球颗粒表面生成的硅锰合金材料可有效释放硅的膨胀应力,同时减少循环过程中硅颗粒的团聚现象,从而提升硅/锰合金负极材料的容量和良好的循环性能。

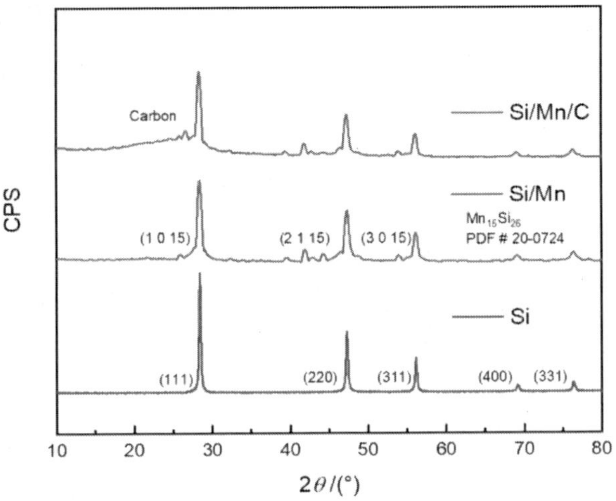

图 2　Si、Si/Mn、Si/Mn/C 材料的 XRD 图

2.3　其他改性思路和目前存在的问题

2.3.1　结构设计改性

近年来,中空纳米材料因其独特的结构特征而被广泛关注与研究,因为中空结构能够缓解体积变化对电极结构的破坏,改善电极的循环寿命。同时,多孔的中空结构可以增加纳米结构与电解液的接触表面积,为 Li^+ 提供更短的扩散路径,增大活性物质的传输速度,从而极大地改善电极的循环稳定性和导电性能。Hao 等[15]借助柠檬酸锌模板和化学刻蚀制备出了多孔微球状的 NiO,经 1 C 的大电流充放电条件下经过 400 次循环具有 700 mAh/g 的容量,多孔空心 NiO 具有更高的可逆容量和更好的循环稳定性。Guo 等[16]通过 CP(宏观/纳米级配位聚合物)前体的热分解合成了多孔绒毛状的 NiO。在 0.5 C 的电流下,经 40 个充放电循环后保持 1 000 mAh/g 的稳定容量和 95% 的高库仑效率,发现其多孔结构在电化学测试中具有优异的循环稳定性。

2.3.2　新材料的选择和创新

尖晶石结构的 $Li_4Ti_5O_{12}$ 锂离子电池具有高充放电平台、高库仑效率、不容易引起锂枝晶问题等优点,而且在充放电过程中晶体骨架几乎不发生变化,被称为"零应变"材料[17]。相对于硅、硫、过渡金属氧化物等传统锂离子电池负极材料,其具有稳定性好、效率高等特点[18]。但由于钛酸锂钠电池离子导电固有的电导率低的特点,因此提高钛酸锂钠电池中 Li^+ 的扩散系数是目前研究中的主流方向。通常有离子掺杂和表面包覆两种手段[19]。对于离子掺杂法,有研究发现 Li、Cu、Y、Ce、Nb、Mg、Ba 和 Cr 元素的掺杂可以有效提高锂离子的扩散系数,降低电荷转移时的电阻。对于表面包覆法,多以金属氧化物、金属磷酸盐作为涂层,或采用惰性化合物进行修饰,以防止电解液的腐蚀[20]。通常是钛酸锂钠颗粒表面改性修饰,在纳米颗粒表面包覆一层稳定的涂层,在抑制腐蚀的同时提高导电性,或包覆具有更好导电性的金属材料,直接增加离子导电性,提高锂离子扩散系数;或构造三维空间结构,利于长期循环,抑制材料容量衰减,提高钛酸锂钠的电化学性能[21]。

3. 未来发展方向

现有的锂离子电池负极材料多采用镍基、硅基、碳基及其复合材料,过渡金属氧化物材料同样是研究的热点方向。通过材料的纳米化、复合化等手段,对现有负极材料容量小、循环性差、充放电体积变化大等问题进行了改良。但现有的部分锂离子电池负极材料仍存在着成本高、可重复使用性差、容量的保持性低等比较突出的问题。为此,笔者认为应从原料的甄选、制备加工工艺、材料的结构和表面改性设计等角度着手,通过探索新型材料,对现有材料进行纳米化、复合化和表面改性处理等手段,得到性能更为优异的锂离子电池负极材料,进一步地配合正极材料和锂离子电池隔膜、电解液等组成部分的创新,研发出容量高、稳定性好、安全性强的新型锂离子电池。

参考文献

[1] LIU Y, YANG C, ZHANG Q, et al. Recent progress in the design of metal sulfides as anode materials for sodium ionbatteries[J]. Energy storage materials, 2019, 22: 66-95.

[2] 马璨, 吕迎春, 李泓. 锂离子电池基础科学问题(VII)——正极材料[J]. 储能科学与技术,2014,3(1): 53-65.

[3] MAHMOOD N, TANG T Y, HOU Y L. Nanostructured anode materials for lithium ion batteries: progress, challenge and per-spective[J]. Advanced energy materials, 2016, 6(17): 1600374.

[4] PALACIN M R. Recent advances in rechargeable battery materials: a chemist' s perspective[J]. Chemical science review, 2009, 38(9): 2565.

[5] TANG Y, ZHANG Y, LI W, et al. Rational material design for ultrafast rechargeable Lithium-ion batteries [J]. Chemical science review, 2015, 44(17): 5926.

[6] 韩啸, 张成锟, 吴华龙, 等. 锂离子电池的工作原理与关键材料[J]. 金属功能材料, 2021,28(2):37-58.

[7] 闵永刚, 陈妙玲, 黄兴文, 等. 金属硫化物作为锂离子电池负极材料研究进展[J]. 功能材料,2020,51(12): 12001-12008.

[8] 秦学政, 邱占疆, 秦学红, 等. 球磨法制备锆英砂粉体研究[J]. 唐山学院学报,2019, 32(6): 43-46.

[9] KIM D P, LOKA C, JOO S Y, et al. Si(-silicide) embedded in highly elastic exfoliated graphitena nocomposite anode materials produced by high-energy mechanical milling for Lithium-ion secondary batteries[J]. Materialia, 2018, 4: 510-517.

[10] PAREKH M H, SEDIAKO A D, NASERI A, et al. In situ mechanistic elucidation of Superior si-C-Graphite Li-ion battery anode formation with thermal safety aspects[J]. Energy weekly news, 2019,10(2): 1902799.

[11] 田晓鸿. 石墨烯制备及其在新能源汽车锂离子电池负极材料中的应用[J]. 粘接, 2021,45(1):183-186.

[12] ZHAO J, WANG J, WU G, et al. Novel method for preparation of metalsulfide@ reduced graphene oxide with high energy storage performance[J]. Materials chemistryand physics, 2020, 240: 122-132.

[13] 曲晓雷, 蒲凯超, 高明霞, 等. Si 基锂离子电池负极材料的纳米化和合金化[J].

中国材料进展，2018，37（4）：254-263,281.

［14］ 焦方方，柴业鹏，朱广燕，等．锂离子电池硅锰合金负极材料的制备及性能研究［J］．科学技术创新,2021(9)：40-43.

［15］ HAO S J, ZHANG B W, BALL S, et al. Porous and hollow NiO microspheres for high capacity and long-life anode materials of Li-ion batteries［J］. Materials & design, 2016, 92：160-165.

［16］ GUO A, LI Y, LIU K, et al. Porous NiO architecture prepared with coordination polymer precursor as a high performance anode-material for Li-ion batteries［J］. RSC advances,2015, 5：89269-89272.

［17］ 刘洋，蔡宗英，曹卫刚，等．锂离子电池材料钛酸锂钠的研究进展［J］．无机盐工业,2021(9)：1-10.

［18］ 袁华，何云蔚，艾常春．钛酸锂作为锂离子电池负极材料的改性进展［J］．武汉工程大学学报,2014,36(8)：20-26.

［19］ POIZOT P, LARUELLE S, GRUGEON S, et al. Nano-sized transition-metal oxides as negative-electrode materials for Lithium-ion batteries［J］. Nature, 2000, 32（3）：496-499.

［20］ 尹坚，董季玲，丁皓，等．锂离子电池过渡金属氧化物负极材料研究进展［J］．储能科学与技术,2021,10(3)：995-1001.

［21］ ISLAM M, ALI G, JEONG M G, et al. Study on the electrochemical reaction mechanism of $NiFe_2O_4$ as a high-performance anode for Li-ion batteries［J］. Acs applied mater and interfaces, 2017,9(17)：14833-14843.

A Critical Analysis on Taylor's Scientific Management Theory

Cheng Shi[1]

1. International Business Management, 2020, Faculty of Business, University of Nottingham Ningbo China

Abstract: This paper is conducted to analyze the Scientific Management Theory put forward by Frederick Winslow Taylor. Based on the five principles in Taylorism, the paper analyzes some potential problems caused by performing Taylorism in the management. The potential problems can be summarized as the following: the dehumanization to employees, the decrease in a company's innovation capability and the neglect on social ideology. The writing purpose of this paper is to provide some guidance for business management field. The study shows that performing Taylorism in an appropriate way should be considered by administers in a company and then put it into practice to make a more successful business.

Keywords: Taylorism; Management; Problems; Solutions

Introduction

Taylorism was originally initiated as a scientific management method and theory and has been advocated and performed in business management. Taylorism can be described by the following five principles: using scientific method in making decision, giving every worker a specific position, training workers in order to make the process more precisely, using financial incentive and letting manager to be responsible for planning and organizing. Nowadays, Taylorism is still a hot subject of discussion on its effects. Some scholars claims that Taylorism is still like a paradigm in today's business management, and somebody argued that it is no longer a successful theory in the present era. Indeed, Taylorism and its five principles have been of great importance in the management improvement, especially in the speed - up industry's manufacturing period, but its side effects are needed to be taken seriously because Taylorism also causes some problems. This essay aims to reveal Taylorism's side effects on business management and support the idea that its side effects have counteracted and overshadowed its positive effects. In this essay, some positive effects brought by Taylorism will be shown firstly, and then some potential problems caused by performing Taylorism will be argued. The potential problems are mainly to be argued and analysed as the following: Taylorism dehumanizes employees, decreases a company's innovation capability and neglects social ideology.

1. Traditional Point of View

It has been claimed that Taylorism can bring

benefits to both companies and employees. Taylorism was introduced in the early 20th century when companies were using handicraft workshops which had considerable inefficiency. The complex process during an organizational production led Taylor to discover that the foremen can be divided into eight parts so that each one has different functions which will improve the company's efficiency by clear division of labour. Each worker in the given position can form an organizational structure which can reduce some of the inefficiency by explicit division of labour. Similarly, applying assembly line and making every worker have a fixed function is a successful example in applying Taylorism which leads to a significant progress in productivity then gets profits from high efficiency. It is a very important management approach, especially in industrial companies. For example, Henry Ford adopted this approach which advised using assembly line in manufacturing products. The assembly line reduced the time of assembling a car from over 700 hours to 93 minutes. Taylor wanted to teach workmen and made them specialized, which will build a beneficial relationship between employees and management. Through that way, employees will be more skilful and responsible which leads a precise procedure rather than a lot of people have the same skills but with different working speed which leads a company have an inefficient operation and a huge expenditure on personnel. According to Boddy, if managers want workers to follow the prescribed method, a company needs to use financial incentives to ensure it. Thus, more companies are willing to pay higher salaries and bonuses to improve employees' motivation and efficiency which will increase the productivity and profit of a company. Through this virtuous cycle, a company can decrease in labour turnover significantly reduces the cost of recruiting and training new employees, saving companies thousands of dollars a year which can make more profit for a company and have more capital so that using financial incentive to stimulates its employees. Hence, not only companies but also employees will acquire profit from the Taylorism.

2. Problems Found

However, when focusing on the efficiency and profit of a company what the Taylor can create, people ignore some vital parts of a company's growth, such as companies' innovation and employees' motivation, which is used to catch up with the development of the era and the company itself lasting development. When it comes to employees, we must admit that employee is a vital part for a company to operate steadily. If managers just treat employees as production machines which only need some incentive and fixed mode to make a factory operate, it is too simple to make a company great in a specific area because different people have different likes and dispositions so that companies have to motivate employees in different ways than merely money. Hence, entrepreneurs need to consider various factors for their employees in order to make a great progress.

Although it seems that Taylorism has some positive effects on business, it has a great number of negative effects. First, Taylorism makes employees lack of motivation because it dehumanizes them. For Taylor, the most effective ways to make employees working in an effective and productive way is by paying them sufficient wages as much as possible. Dehumanization can be shown in two aspects: using financial incentive and setting specialization positions. Taylorism makes employees get more money from work and obtain a specific skill through teaching and training. Compared to company's inefficiency caused by the unspecialized employees, it seems like an effective and win-win strategy for both company and employees. Thus, workforce needs to be more specialized in their position in order to have an organizational system. It made a significant progress during the industrial revolution. Through this specialization, factories can improve their efficiency and productivity by an efficient way, but in the meantime, this theory can easily cause employees to be reluctant to work and reduce their satisfaction from their workplace. Every person has different characteristics and the aspects they are good at. Especially in today's era, job diversification drives people pay more attention to consider their working satisfaction rather than whether they have jobs or not. Therefore, if managers only treat them as the machines which work on assembly lines and then supply them with enough salary, it will not function anymore. It is only the short-term strategy and worked in the industrial revolution.

Nowadays, some of the companies have abandoned this theory because it not only causes an increase in the mobility in employees which will lead to a cost of operating a company, but also they will lose positive images in publicity. Starbucks provides healthcare protection for employees' parents and some of the physical rewards such as free gym membership and also provides training courses for employees to improve themselves. These are more useful ways to motivate employees than financial incentive, which will not only enhance the employees' motivation but also make employees be loyal to company. With the improvement of people's social life, an increased number of people don't just care about the salary when they choose jobs, they also pay attention to the quality of the job and the degree of satisfaction they can get. Hence, with the development of this trend, people's psychological needs will become dominant if physical needs in the hierarchy can be satisfied.

In addition to dehumanizing employees, Taylorism also destroys relationships within the company system. Companies' operation is based on collaborating with each other in the company rather than operating as individuals. Taylorism recommends companies to separate employees into different positions in order to maximize the companies' productivity and efficiency. But it will affect the relationship between employees in a company. Especially in the hierarchy structure, it is hard for employees to chat communicate with their manager or different departments in the company which will lead to a lack of vitality in a company. Thus, the correct scientific management needs to consider the importance of paying attention to employees' relations and their mutual support. According to Boddy, if scientific management is properly applied such as establishment of a good system and a suitable plan of the organizational structure, employees will build their sense of achievement and pride. If an employee does a job successfully and the company make it publicized, the employee will get psychological satisfaction, at the same time other employees will be stimulated to work hard. So, human relation is a very important part in the operation of a company. In the current state of a company's development, it is only a short-term goal for a company to pursue profits. If a company wants to maintain long-term, stable and strong development, it needs to exert more energy to build and cultivate a harmonious interpersonal relationship and atmosphere in the company.

Thus, Taylorism ignored the link between employee motivation and internal development of the company, it only focused on reward in finance rather than employees' relationship, loyalty to company, physical conditions and even psychological problems. They also will affect the operation of a company. Additionally, from Pruijt's research, it is clearly can be seen: although people will develop their ability in craft or professions through specialization, it is likely to result in a breakdown in labour tasks because workers cannot control the tasks individually. Thus, Taylorism shows an obvious shortcoming in dealing with the relationship between workers and manager.

Taylorism's negative impacts are not only on the employee but also on companies. That is, Taylorism hinders the companies' innovation and it also prevents companies from making timely changes to the changing business environment. According to Hutchins and Aitken, Taylor's interest was in the certain time when people mainly dealt with problems of industrial production, hence their conception was not only partial but also selective. During the industrial revolution, after every factory had machines to produce, they began to think about how to promote the productivity and profit by the way which does not need to renew the machines. Under such condition, Taylorism was helpful for factories to enhance their capability to operate by changing structure and allocating mission to workers in a systematic way.

However, the structure advocated by Taylor is no longer suitable for today's company's development in innovation and creativity because many countries are transforming and upgrading their industries so that the proportion of the tertiary industry is growing which doesn't need so much physical factories or production lines. Thus, Taylorism maintains a rigid management system at all times will restrict the development of company. For example, the gap between director and production section in a company may cause a lack of innovation. Motivation is a vital part for a company's development, but Taylor's action restricts workers in the shop floor to engage in the company's decision in innovation or creation. Innovation needs every employee of the company to engage in because different people have different areas of expertise. Simple hierarchical division of labour doesn't have the ability to drive everyone to collaborate with each other and jointly contribute to the innovation of the company. Thus, workers will lose interests in their boring work which will not use their skills although they may get financial reward.

Apart from that, strategy section is unfamiliar with real-time situation about the practical working section, separation of sections will not enable the strategy section do some decisions or innovation for a company as timely as working together with the shop floor section. Ultimately, this situation will not only lead a company to a low-speed development in the era of scientific and technological innovation, but also get employees to resign due to its neglect of workers who work at the bottom. Nowadays, during the covid-19 quarantine, a lot of employees are reluctant and even cannot go to the office because of the quarantine regulation and personal health protection sense, working remotely become more and more popular among people, their prefer working online and don't go to the office any more. In this case, the relationship within a company and communication are becoming more important than before because all of the information transformation are moving online whereas some problems which will occurred due to the specialization working will be magnified because they can just see some information on the internet rather than see the actual situation in the company. Therefore, it is essential to change its management way to adapt the demand for development of the era. For instance, the flatter hierarchy can allow employees in the company to have more contact rather than employees do their own individual parts which can alleviate the communication problems caused by Taylorism.

Moreover, Taylorism always ignores social ideology and lacks flexibility to adapt changeable company's operation modes. Ideology can be defined as an orientation which characterizes the thinking of a group of people or a nation. To some extent, it affects the development of a society and its people's behaviours. In different cultural contexts, people are likely to form corresponding ideologies. The same thing happens in an enterprise. The environment in the enterprise influences the employees' thinking way. An enterprise's development is associated with external environment and internal environment such as culture, structure and interpersonal relationship. However, Taylorism only focuses on companies' organizational structure rather than takes social condition, changeable market situation and corporate culture into account because all of the decisions are made for company's internal productivity. How to deal with the profit problems is the most important part of Taylorism because Taylor was an engineer not a philosopher. Thus, financial reward, assembly line and specialized position are all derived from the internal idea of an engineer that only focuses on how to solve the problem that can make a company become successful. Limitations of this idea to some extent can lead a company to expose more problems than before. According to Littler, due to Taylor's amateurish and naive views of human motivation, a storm of labour opposition was caused, which had a significant negative effect on social influence, such as economic decline and stoppage of a society caused by a strike.

In addition, Taylorism was also defined as a failure by some psychologists when considered human relations in post-industrial era. The economic structure in this era is no longer product-based but service-based. To provide better service, a company or a corporation needs to build or cultivate a relatively healthy and harmonious working atmosphere. According to Schein's corporate culture dimensions, a corporate culture can be divided into three levels: artefacts, espoused beliefs and values and basic underlying assumption which means a corporate deeply held ideas about the way people work together. But in the Taylorism, there is almost no content that reflects the development of a corporate by its culture.

Obviously, Taylor ignored this invisible part of the company operation which will have an inevitable effect on the development of the company. To settle these problems, many companies began to reduce the number of supervisors in order to reach a harmonious atmosphere that each worker in a company can get along well with each other. For some countries, such as Russia, a shift from mixed economy and entrepreneurship to the centrally planned authoritarian society resulted in a trend of lacking interests in Taylorism. It also revealed that Taylorism is not suitable for economy controlled by politics. As mentioned above, during the covid-19, a lot of people start working from home, and according to a research conducted by Stanford University in conjunction with C-trip, the discount China website shows that the productivity will increase when workers working remotely. With the development of technology, working remotely will become popular in the technical era, so part of the Taylorism no longer fit into today's corporate mode of working. Hence, it is obvious that Taylor's neglect of social conditions and lack of flexibility makes Taylorism to be inappropriate with business in some places and some specific eras.

3. Conclusion

Overall, Taylorism helps entrepreneurs to manage their companies in division of labour and cooperation and even improve efficiency. During the certain time when industrial development was fast, most of the companies were confused about how to deal with the relationship between efficiency and employees. A lot of companies such as Ford carried out assembly line which made the company become one of the biggest automobile sellers all over the world, thus we can see that Taylorism has some effective and positive ways in managing people during in that time. However, people also need to pay attention to its disadvantages such as dehumanizing employees, hindering companies' capabilities in innovation and creation and neglecting changeable and various social conditions. Because a company's success not only depends on efficiency and profit, but also on working condition, employees' loyalty and social development trend. If this system can be changed constantly to adapt today's business operation mode, it can be useful in the days with rapid development in science and technology. Thus, although Taylorism has a range of positive effects on management, it still has some aspects which bring about negative influence and cannot be ignored. In short, there are more negative aspects of the theory in its application.

References

[1] AITKEN H. Scientific management in action: Taylorism at Watertown Arsenal, 1908 – 1915 [M]. Princeton: Princeton University Press, 2014.

[2] BODDY D. Management: an introduction [M]. 7th ed. Harlow, UK: Pearson, 2017.

[3] CALDARI K. Alfred Marshall's critical analysis of scientific management[J]. The European journal of the history of economic thought, 2007, 14(1):55-78.

[4] GRACHEV M, RAKITSKY B. Historic horizons of Frederick Taylor's scientific management [J]. Journal of management history, 2013, 19(4):512-527.

[5] LITTLER C. Understanding Taylorism [J]. The British journal of sociology, 1978, 29 (2):185.

[6] MULLINS L. Essentials of management and organisational behaviour [M]. New York: Prentice Hall/Financial Times, 2006.

[7] PRUIJT H. Repainting, modifying, smashing Taylorism [J]. Journal of organizational change management, 2000, 13(5):439-451.

雁鱼铜灯颗粒物脱除特性实验研究

冯晨昕[1*]，伍经纬[1*]，董建锴[2]

1. 哈尔滨工业大学建筑学院 2018 级 建筑环境与能源应用工程专业；
2. 哈尔滨工业大学建筑学院 教授

摘要：为了研究雁鱼铜灯对照明燃料产生的颗粒物的脱除作用，对灯具进行 3D 建模、3D 打印，采用颗粒物浓度检测仪研究燃烧前后密闭环境中颗粒物浓度的变化，并且改变吸收剂的种类和用量进行深入探究。结果表明，雁鱼铜灯对燃烧源产生的污染物具有较好的脱除作用，脱除率最高可达 62.52%。该研究结果丰富了对雁鱼铜灯颗粒物脱除特性的认知，为探究古代文物的科学机理提供了新的思路。

关键词：雁鱼铜灯；颗粒物脱除；活性炭吸收；3D 打印

Experimental Research on the Removal Characteristics of the Particles of Goose Fish Bronze Lamp

Feng Chenxin[1*], Wu Jingwei[1*], Dong Jiankai[2]

1. Building Environment and Energy Application Engineering, 2018, School of Architecture, Harbin Institute of Technology;
2. School of Architecture, Harbin Institute of Technology, Professor

Abstract: In order to study the removal effect of the goose fish bronze lamp on the particulate matter generated by the lighting fuel, we performed 3D modeling and 3D printing on the lamp, and we use the aerosol monitor to study the change of particulate matter concentration in the closed environment before and after combustion. The

* 冯晨昕和伍经纬为本文共同第一作者。

type of absorbent was also changed to conduct deeper research. The results show that the goose fish bronze lamp has a good removal effect on the pollutants produced by the combustion source, and the removal rate can reach up to 62.52%. The results of this study enriched the understanding of the particle removal characteristics of goose fish bronze lamps, and provided new ideas for exploring the scientific mechanism of ancient cultural relics.

Keywords: Goose fish bronze lamp; Particle removal; Activated carbon absorption; 3D printing

引言

灯作为照明工具，其发展和演变过程在我国文化历史中有着重要地位。灯早在春秋时期就已出现，到了汉代盛行起灯具发展史上最具代表性的釭灯[1]。所谓釭灯就是在灯具上装有弯曲的中空导烟管，以其形如车釭而得名。带烟管的灯可统称为釭灯[2]。釭灯的铸造工艺精良，构造设计合理，有着科学的环保理念和美观大方的造型装饰，其丰富深厚的文化内涵代表了我国古代灯具发展的杰出成就，在江淹《别赋》中有着"夏簟清兮昼不暮，冬釭凝兮夜何长"的记载[3]。

我国曾出土过的釭灯可大致分为类物型、人佣型、动物型三类。其中动物型灯为数最多，具有代表性的有山西省襄汾县出土的青铜雁鱼铜灯（图 1）、长沙出土的铜牛灯、邗江东汉墓的错银铜牛灯等等[4]。

图 1　雁鱼铜灯实物图

大雁回首衔鱼的外形设计栩栩如生，烟管用子母口与灯身连接体现了汉代灯具制作的高超水平。截至目前我国各地出土的雁鱼铜灯统计情况见表 1。

表 1　雁鱼铜灯出土情况表

序号	名称	出土及馆藏情况	尺寸
1	彩绘雁鱼青铜釭灯	1985 年山西省朔县照十八庄汉墓出土，现藏于中国国家博物馆	高 53 cm，长 34 cm
2	汉雁鱼铜灯	1986 年山西省襄汾县吴兴庄出土，现藏于山西博物院	高 54 cm，长 31 cm
3	雁鱼铜灯	1986 年陕西神木出土	高 54 cm，长 33 cm
4	青铜雁鱼铜灯	2015 年海昏侯墓出土，现藏于江西省博物馆	高 53 cm，长 32 cm

雁鱼铜灯背后有着丰富的文化底蕴和寓意。《仪礼 · 士相见礼》记载："下大夫相见以雁，饰之以布，维之以素，如执雉"，可见朋友之间也会用雁作为礼尚往来[5]。《礼记 · 昏义》记载："雁取其随时而南北，不失节也。又是随阳之鸟，妻从夫之义也"。这句话说明，纳彩用雁的原因在于雁象征守信和夫唱妇随。此外，《说文》记载："雁，知时鸟，大夫以为挚，昏礼用之"，表明雁有忠贞不渝之意。而鱼和余同音，有年年有余之意[6]。

雁鱼铜灯不仅造型精美，构造巧妙，而且极具实用价值。在以雁鱼铜灯为代表的釭灯盛行之前，人们一直饱受照明燃料燃烧污染的问题困扰。因为直到魏晋南北朝时期才有可将植物油大量榨取出来的技术，所以早期的灯普遍采用动物油脂作为燃料[7]。油脂遇热融化为液态，由于没有固定灯芯的装置，燃烧面积较大，燃烧速度较快，阻碍了空气和油脂中的碳进行充分接触，没有和氧结合的碳飘浮在空气中便产生大量黑烟，导致空气污染，光线昏暗。

雁鱼铜灯的设计巧妙地解决了这些问题。雁身上连接托盘，托盘内盛有液体燃料，托盘周边有可旋转的侧罩，一方面可以调节光线的角度，另一方面可以减缓燃料和空气接触速度以节约燃料，并且还可以防止烟气向周围环境逸散。火焰上方的雁首衔鱼型灯罩用子母口和雁身连接，其可聚拢燃烧产生的烟气，细长的雁颈作为烟管将烟气导入大雁腹腔，腹腔内盛有清水，可以吸附燃烧产生的黑烟。雁鱼铜灯使用时距离地面的高度约为 80 cm，从灯罩一侧射出的光线与跪姿的视线相适宜，符合人体工学的要求[8]。

本文结合上述分析，采用蚊香模拟动植物油脂燃烧，探究使用不同吸收剂时雁鱼铜灯对颗粒物的脱除作用效果；探究清水在不同液面高度对颗粒物脱除效果的影响，以期为现代空气品质净化装置和厨房油烟净化装置设计提供理论参考。

1. 实验介绍

1.1 实验台介绍

对雁鱼铜灯进行等比建模，如图 2 所示；3D 打印实物模型，如图 3 所示。本实验在一体积为 $V=0.48\ m^3$ 的密闭空间（长、宽、高分别 1.09 m、0.60 m、0.74 m）中进行，如图 4 所示，将环境中的测点布置在距离地面 0.5 m 高度的中心位置。该密闭空间下，认为空气混合均匀，即测点处的颗粒物浓度则代表整个空间。

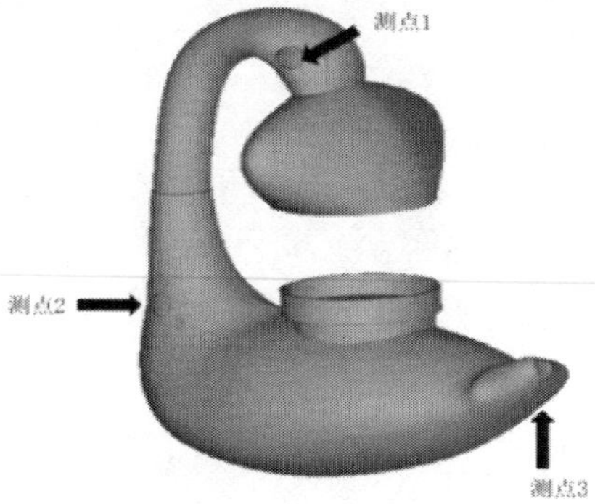

图 2 雁鱼铜灯模型图

1.2 实验材料介绍

古代雁鱼铜灯使用动植物油脂作为燃烧材料，由于其燃烧面积大、燃烧速度快而产生大量黑烟。为了合理地还原古代燃烧过程中的颗粒物产生情况，便于观测气流组织，本实验以蚊香（图 5）作为燃烧物。

图 3 雁鱼铜灯实验装置图

图 4 实验台布置图

图 5 蚊香

蚊香燃烧产生的烟里含有 4 类对人体有害的物质，即超细微烟尘、多环芳香烃（PAHs）、羰基化合物（如甲醛和乙醛）和苯。同时，除了这 4 类明显的有害物质外，蚊香中还有大量的有机填料、黏合剂、染料和其他添加剂[9]。

在古代，雁鱼铜灯使用清水作为吸收剂，为了还原古代灯具的吸收效果，实验中采用常温自来水进行吸收。

活性炭是一种绿色环保的吸附材料，能够广泛应用在室内空气净化、污水处理、垃圾焚烧等领域。尤其是在烟气治理问题上，活性炭因脱硫脱硝性能好、投资运行费用低受到广泛关注。碘值

指的是活性炭在 1.67×10^{-6} mol/L 水溶液中吸附的碘的量，是活性炭吸附性能的重要指标，碘值越高，活性炭吸附性能越好[10]。本实验选用碘值 1 193 mg/g的家用活性竹炭，以探究改变吸收剂对雁鱼铜灯颗粒物脱除特性的影响。

1.3 实验方案

（1）实验过程。

在雁鱼铜灯腹内注入 500 mL 清水，水温 16 ℃；其置于长方体小室距离底部 10 cm 的中心位置，环境温度 18 ℃（±1 ℃），相对湿度 60%；小室背景颗粒物浓度为 0.02 mg/m^3，将直径 5 cm 的普通蚊香盘置于雁鱼铜灯的等盘上，安装灯罩，设置灯罩敞开角度为 180°，检查密闭小室的气密性；点燃蚊香，采用透明塑料布密封小室，留观察口。蚊香燃尽后（时间约 20 min），等待雁鱼铜灯冷却至室温，敞开密封塑料布，倾倒灯内液体至废液池，清理挂壁积灰，干燥处理；开启室内门窗通风 15 min 后，重复以上操作。

本实验还采用活性炭作为吸收剂，取活性炭 200 g，平铺在灯腹内，重复使用清水时的操作步骤。

（2）参数测试。

本实验过程分为增益期、稳定期、衰减期 3 个阶段，点燃蜡烛前，监测 120 s 增益期前的背景浓度，使用 DUSTTRAK 颗粒物检测仪监测稳定期到衰减期 20 min 内密闭小室内颗粒物浓度。

1.4 实验仪器

实验中采用的仪器型号及精度见表 2。

2. 实验结果分析

2.1 颗粒物情况分析

蚊香燃烧的实验数据见表 3。

表 2 实验仪器表

测试参数	测量仪器	测试精度	测量范围	分辨率
颗粒物浓度	TSI DUSTTRAKTM II AEROSOL MONITOR8530	±0.1% 读数或 0.001 mg/m^3	0.001 ~ 400 mg/m^3	0.001 mg/m^3

表 3 蚊香燃烧实验结果（颗粒物浓度） mg/m^3

测试变量			平均值	最大值	特征值
$PM_{4.0}$颗粒物浓度	对照组		13.82	32.18	23.37
	实验组	环境	11.56	23.98	19.86
		灯内	16.09	25.5	18.16

对实验数据进行处理，得到结果如图 6 所示。

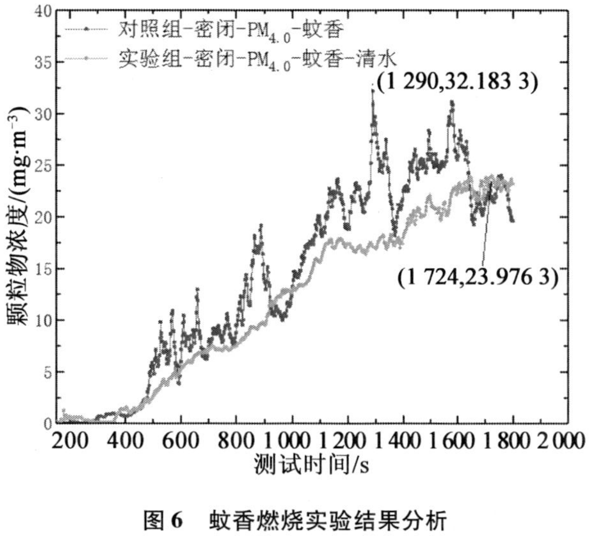

图 6 蚊香燃烧实验结果分析

从对照组可以看出，蚊香燃烧时，密闭环境中 $PM_{4.0}$浓度起伏上升，并于 23 min 左右时达到稳定值。

把蚊香置于雁鱼铜灯的灯座上，蚊香产生的烟气顺着烟道流入雁鱼铜灯的雁腹中，雁鱼铜灯腔体能储存部分烟气，内部吸收介质能吸收部分烟气，使得使用雁鱼铜灯时，环境中 $PM_{4.0}$颗粒物浓度增长慢，峰值低，波动小。

雁鱼铜灯对 $PM_{4.0}$的脱除率和吸收比用下式计算：

$$\sigma=\frac{M_0-M_1}{M_0}=\frac{c_0V-c_1V}{c_0V}=\frac{c_0-c_1}{c_0}$$

$$\varphi=\frac{M_0-M_1}{V_w}$$

式中 c_0——不使用雁鱼铜灯时，对照组密闭环

境中测点处 $PM_{4.0}$ 颗粒物浓度值，单位为 mg/m^3；

c_1——使用雁鱼铜灯时，实验组密闭环境中测点处 $PM_{4.0}$ 颗粒物浓度值，单位为 mg/m^3；

M_0——不使用雁鱼铜灯时，对照组密闭环境中总 $PM_{4.0}$ 颗粒物含量，单位为 mg；

M_1——使用雁鱼铜灯时，实验组密闭环境中总 $PM_{4.0}$ 颗粒物含量，单位为 mg；

V_w——清水体积，单位为 m^3；

σ——雁鱼铜灯对环境中 $PM_{4.0}$ 颗粒物的脱除率；

φ——雁鱼铜灯中 $PM_{4.0}$ 颗粒物的吸收能力。

代入相关实验数据，得到 $\sigma_w = 15.02\%$，$\varphi_w = 3.37\ g/m^3$。

2.2　纵向实验分析

为了探究吸收介质的改变对雁鱼铜灯烟气吸收效果的影响，现做纵向实验。

(1)吸收介质探究。

在蚊香燃烧工况下将雁鱼铜灯的吸收剂由清水换成活性炭，测试环境中测点的颗粒物浓度，并与吸收剂是清水的结果形成对比。

结果见表 4。

表 4　吸收介质探究实验结果(颗粒物浓度)　mg/m^3

测试变量	燃烧物	吸收介质	平均值	最大值	特征值
$PM_{4.0}$颗粒物浓度	蚊香	清水	11.56	23.98	19.86
		活性炭	11.19	25.49	11.62

对改变吸收剂后蚊香燃烧的实验数据进行处理，得到结果如图 7 所示。吸收剂为活性炭时，雁鱼铜灯的吸收效果增强，环境中颗粒物浓度有显著下降。

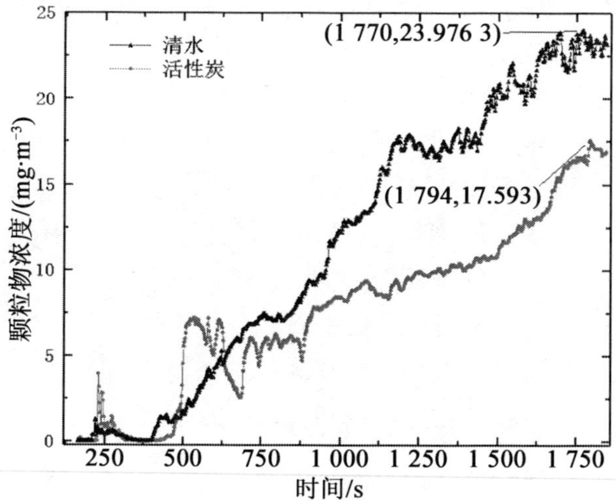

图 7　蚊香燃烧不同吸收剂实验结果分析

活性炭对于 $PM_{4.0}$ 颗粒物的吸收作用优于清水，其相对脱除率由如下计算得出：

$$\Delta\sigma = \frac{c_w - c_c}{c_w}$$

式中　c_w——用清水作为吸收介质时，密闭环境中测点处 $PM_{4.0}$ 颗粒物浓度值，单位为 mg/m^3；

c_c——用活性炭作为吸收介质时，密闭环境中测点处 $PM_{4.0}$ 颗粒物浓度值，单位为 mg/m^3；

$\Delta\sigma$——活性炭对清水的相对脱除率。

代入实验数据，得到 $\Delta\sigma = 25.25\%$。

(2)清水量探究。

探究吸收剂为清水时，水面高度对雁鱼铜灯吸收效率的影响。对实验数据进行处理，得到结果如图 8 所示。其中柱状图为不同水量下颗粒物浓度对时间的积分，反映了测量时间内环境中颗粒物浓度的总体变化效果。

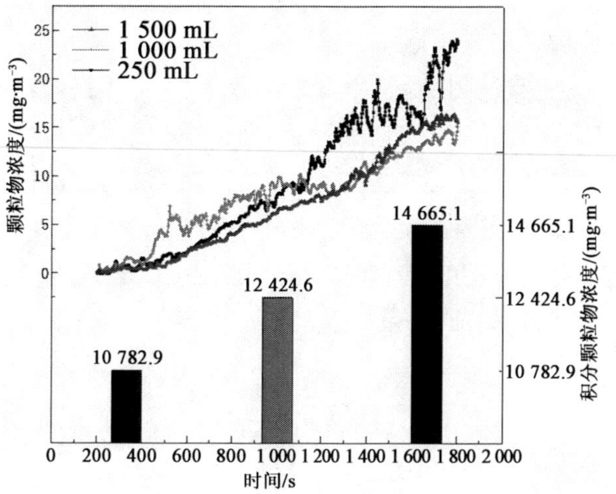

图 8　水量对吸收率的影响

实验结果见表5。

表5　清水量探究实验结果(颗粒物浓度)　mg/m^3

变量	水量/mL	积分值
$PM_{4.0}$颗粒物浓度	1 500	10 782.9
	1 000	12 424.6
	250	14 665.1

计算工况改变后的相对脱除率,得到水量从250 mL增加到1 500 mL后,$\Delta\sigma=25.47\%$。

故水量越多,环境中的颗粒物浓度越小,吸收效果越好。

3. 结论

(1)结果表明,环境中的颗粒物浓度会由于使用雁鱼铜灯而不同程度的减小,室内个体暴露水平也随之相应减小,其中对蚊香燃烧产生的颗粒物脱除率为15.2%,每立方米清水能吸收$PM_{4.0}$ 3.37 g,使用活性炭作为吸收剂,脱除效率相较清水会提升20.25%。

(2)探究表明,清水从250 mL增加到1 500 mL,脱除效果提升25.3%,证明雁腹内盛水面高度越高,水量越多,逸散到环境中的颗粒物浓度越小,吸收效果越好。

4. 讨论

用实验的方法为探究古代文物的科学机理提供了很好的借鉴意义,对雁鱼铜灯的机理分析填补了对汉代釭灯环保效果科学论证领域的空白,为我们研究汉代丰富多彩的灯具文化提供了新的思路。

实验证明,以雁鱼铜灯为代表的一类釭灯都具有这种高效的燃烧烟气污染物净化效果,在古代原有的朴素的设计基础上,若探索新的改进措施,随着结构的复杂化,必然会带来新的流动阻力,自然流动的燃烧烟气是否能被继续处理、是否需要引入附加的耗能装置等,都值得思考。

生产生活中,可以以雁鱼铜灯处理烟气的机理为雏形,在污染物处理环节降低成本,提高经济性、环保性。如在使用厨房的场景中,烹饪会产生大量的油烟污染[11],而现在广泛使用的吸油烟机都存在优化的空间,我们可以研发依靠热压自然流动、添加填料的油烟吸收装置。雁鱼铜灯引出的创新思路还可以应用在汽车尾气处理、锅炉排烟、工业生产等等。

参考文献

[1]　祝嘉. 从汉代彩绘雁鱼缸灯看缸灯设计的现代意义[J]. 工业设计,2012(2):58-59.

[2]　武贞. 瑰丽奇特的汉代釭灯[J]. 收藏界,2012(4):108-112.

[3]　冯旭蓉. 汉代釭灯研究[D]. 兰州:西北师范大学,2020.

[4]　曾智安. 汉鼓吹铙歌《朱鹭》篇新解——以汉代画像、器物造型为证[J]. 河北师范大学学报(哲学社会科学版),2013,36(5):11-17.

[5]　陈跃. 浅论汉代釭灯[J]. 文博,2008(6):23-27.

[6]　张磊. 中国古代灯具形制和照明燃料演变关系考[J]. 南京艺术学院学报(美术与设计版),2009(6):190-194.

[7]　雷云贵. 西汉雁鱼铜灯[J]. 文物,1987(6):69-70,97.

[8]　张玉艳. 两广地区出土汉代灯具研究[D]. 桂林:广西师范大学,2014.

[9]　王海霞,陈新华,李海洋. 空气及蚊香燃烧产生的亚微米气溶胶的粒径谱[J]. 环境科学与技术,2007(10):34-36,39,117.

[10]　杨宇轩. 试析活性炭的应用现状[J]. 黑龙江科技信息,2012(6):98.

[11]　陈李田,徐先港,董建锴,等. 厨房油烟净化技术研究现状及探讨[J]. 低温建筑技术,2020,42(3):1-4.

汽车 2.0 时代，不只是汽车——打造第三生活空间

牛祎晨[1]

1. 哈尔滨工业大学数学学院 2020 级

摘要：为了更好地抓住本次汽车行业数字化、智能化转型的时代机遇，促进我国在汽车 2.0 时代实现弯道超车，笔者通过对当下美、德、日、韩、中五国的新能源车辆市场、新型产业技术、政策扶持、龙头品牌的产品理念进行横向对比和综合分析，对未来汽车行业发展方向进行了展望。未来车辆市场所蕴藏的巨大发展价值绝不仅仅局限于车辆本身，更多地将体现在推动第三生活空间建设等连带领域发展，例如人－车互联、车－家互联、无线行驶充电、内饰个性化生活化改造等。打造数字化、智能化、生活化的个性化驾驶空间将是未来汽车行业发展的主流方向。

关键词：汽车 2.0；第三生活空间；个性化驾驶

Automotive 2.0，Not Just Cars—Build the Third Living Space

Niu Yichen[1]

1. 2020，School of Mathematics，Harbin Institute of Technology

Abstract：In order to better grasp the opportunity of the era of digital and intelligent transformation of the automotive industry，I made a horizontal comparison and comprehensive analysis of the new energy vehicle market，new industrial technology，policy support and product concept of leading brands in the United States，Germany，Japan，South Korea and China，and produced my ideas on the future development direction of the automotive industry. The great development value of the future vehicle market is not only the vehicle itself，but also the promotion of the construction of the third living space and other related fields，such as people vehicle Internet，vehicle Home Internet，wireless driving charging，interior personalized life transformation，etc. To create a digital, intelligent and life-oriented personalized driving space will be the mainstream direction of the future development of the automotive industry.

Keywords: Automotive 2.0; The third living space; Personalized driving

引言

首先,各大传统车企正逐步停止燃油车研发,全力发展新能源汽车、互联网+汽车等,例如奥迪于2021年3月17日宣布停止研发全新燃油发动机,并决定未来十年内实现主推车型全面电动化。其次,国内各大互联网公司、各类具有庞大资金支持的集团逐步加入新能源汽车领域的竞争,例如小米、恒大等。而且,国内造车新势力如雨后春笋般出现同时也在一批批地消失,通过自己的品牌塑造和核心技术吸引资本引入,例如比较成功的品牌有蔚来、理想、小鹏等;但由于车辆行业的巨大前期资本投入和极长的回报周期,大多数企业都将在未来几年内从行业消失。同时,在全球来看,特斯拉一家独大,美国市场占比79%,全球市场占比18.91%,同时具有定价优势,极度挤压到我国本土新能源汽车。除此之外,电机、电池等许多核心技术被日韩掌控(例如高效NCA电池掌握在日韩手中)。中国新能源汽车行业该如何突围?通过横向分析各国的行业现状、统计消费者群体消费意向并预测未来消费意向、梳理未来具有创新点的发展方向,来打造出真正有归属感的第三生活空间。

1. 美、德、日、韩、中新能源汽车行业现状

从政策扶持、核心技术、新能源汽车市场、龙头品牌四大角度横向分析。

1.1 美国

1.1.1 政策扶持

拜登政府:预计2026年美国汽车市场电动化率达25%。为实现这个目标,联邦政府计划斥资200亿美金将当前政府车队全面电动化,并计划重新审议燃油经济性标准和恢复全额电动汽车税收抵免,或恢复购车最高7 500美元个税返还补贴等刺激政策。同时由于美国各州之间的政策有较大差异,所以华盛顿方面给的全国总体政策扶持并不涵盖美国全部。但从拜登政府的此举措可以看出,美国政府对新能源汽车领域有着战略上的布局。

1.1.2 核心技术

美国领先于世界的技术方向主要是自动驾驶技术,例如特斯拉的AUTOPILOT已经实现L4级自动驾驶。特斯拉所采用的无人驾驶技术不同于其他厂商,其倡导多用视觉化设备为车辆提供全方位图像,而不是使用激光雷达,使车辆从自身的强大算法功力实现独立分析并判断车况和控制汽车。这样的做法可以使汽车更加AI(人工智能)化。

1.1.3 市场

美国新能源汽车市场经过2018年的迅猛增长后,2019年开始进入长期稳定增长轨道。2019年上半年,纯电动汽车的占比再次上升,插电式混动汽车市场持续收缩;从大致趋势来看,美国市场逐步趋于平稳增长(图1)。

1.1.4 龙头品牌——特斯拉

从全球市场来看,特斯拉一家独大,美国市场占比79%,全球市场占比18.91%。其凭借着销量优势和品牌效应,具有定价优势。特斯拉的极简内饰驾驶风格也深深地影响着当下新能源汽车风格走向,可以说当下新能源汽车许多趋势都由特斯拉所引领。

1.2 德国

1.2.1 政策扶持

德国的经济刺激计划总额为1 300亿欧元。新能源车行业相关措施主要包括:

①从2021年7月1日至2021年年底,全行业增值税从19%降低至16%,总额将为200亿欧元。

②电动车税收减免的上限从4万欧元提升到6万欧元,电动汽车免税期从2025年延长至2030年。

③对电动汽车研发、充电基础设施、电池制造追加25亿欧元投资。

④公共领域商用车电动化2021年底预算为12亿欧元,主要以补贴的形式提供给电动大巴和充电基础设施。

图 1　2012 ~ 2019 美国新能源汽车市场销量与渗透率

1.2.2　核心技术

德国技术层面的优势主要是传统汽车工业中的精湛制造工艺等。BBA 等传统车企巨头有着成熟的汽车设计平台和巨大的品牌效应。

1.2.3　市场

2020 年，德国市场共售出 39.5 万台新能源汽车，其电动汽车和混合动力汽车的销量几乎翻了 3 倍。如图 2 所示，2020 年 1 ~ 4 月份，德国的新能源汽车国内车企销量占一大半。可以看出，德国本土企业在德国本土市场的占比是极高的。

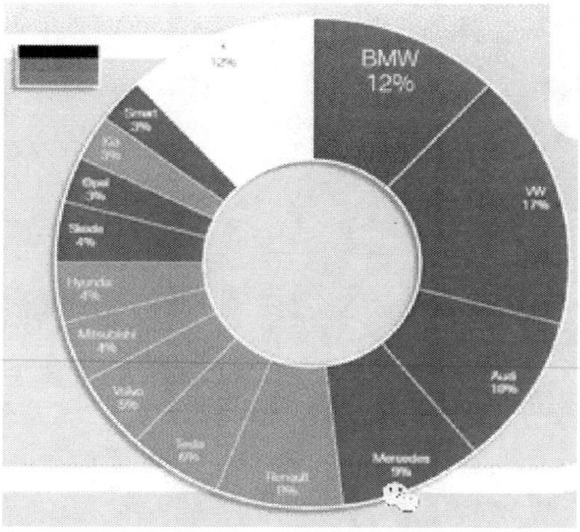

图 2　德国新能源汽车市场品牌占有率

1.2.4　龙头品牌——大众

目前，大众汽车已经开始全面向电动化转型，其所搭建的 MEB 平台也逐步被市场认可，市场占比也在逐步增加。可以说，这些老牌车企巨头在新能源领域的发展仍具有极大的优势，强大的市场基础、优质广泛的销售体系、成熟的研发团队都是它们的“手牌”。

1.3　日韩

1.3.1　政策扶持

日本的新能源汽车政策类似于前面所提到的德国和美国，主要是从购置税和与车辆使用相关后期费用等方面提供补助。

韩国的政策则比较独特，消费者在购买新能源汽车时，将享受个人消费税、登记税、取得税、教育税等方面的减税优惠。

1.3.2　核心技术

电池技术是日韩非常重要的核心技术。比如，LG 化学所掌握的 NCA 电池技术更容易实现 300 (W · h)/kg 的能量密度目标。搭载 NCA 电池的汽车，其续航能力和电池能量密度均有显著提升。

1.3.3　市场

2018 年，日本国内销售新能源汽车约为 163 万辆，其中主要是混合动力汽车，销量约为 143 万辆；插电式混合动力车、纯电动汽车和氢燃料电池汽车销量分别为 23 230 辆、26 533 辆和 612 辆；另外，还有约 17.7 万辆清洁柴油车。日本由于其先进成熟的混合动力技术，混合动力车型仍占日本新能源汽车主要市场。

2019年,韩国国内销售的新能源汽车大约为8.9万辆。

1.3.4　龙头品牌——丰田

丰田在新能源领域已经研发投入了很多年,在混合动力领域是当之无愧的第一,其混动经典车型“普锐斯”许多年前就已经卖到了全球各地。当下其核心的丰田混合动力系统(Tayota Hybrid System, THS)技术为以独特的行星齿轮组为核心的E-CVT,匹配高燃效的阿特金森发动机成为混动领域最成功的动力组成模式。目前,丰田也在进一步向纯电领域迈进。

1.4　中国

1.4.1　政策扶持

我国新规对续航300 km以下的车型补贴会大幅下降,只有续航300 km及以上的车型才能获得比以往更高的财政支持;续航里程下限从100 km提升到了150 km,并且增加了400 km续航里程补贴的档位;目前,我国政府减少了对一些擦边的“新能源”汽车的补助,防止其利用政策谋取利益但并不真正发展为新能源汽车。

1.4.2　核心技术

目前来说,我国国内并未在新能源汽车的某一领域有着极为领先的技术优势。但是在整体来看,我国的技术也处于世界第一梯队的水平。无人驾驶方面,华为与ARCFOX合作的车辆已经实现L4级的无人驾驶;电池方面,比亚迪和宁德时代也处于世界先进水平,并且在不断向日韩的技术垄断发起挑战。

1.4.3　市场

2019年,我国新能源汽车销量达120.6万辆,占全球总销量的53%,较2018年57%的全球占比有所下降,但产业规模连续五年居世界首位。2020年11月,随着汽车促消费政策效果进一步显现,国内汽车市场复苏加快,新能源汽车11月销量为20万辆,同比增长104.9%;1~11月累计销量110.9万辆,同比增长3.9%,首次由负转正(图3)。

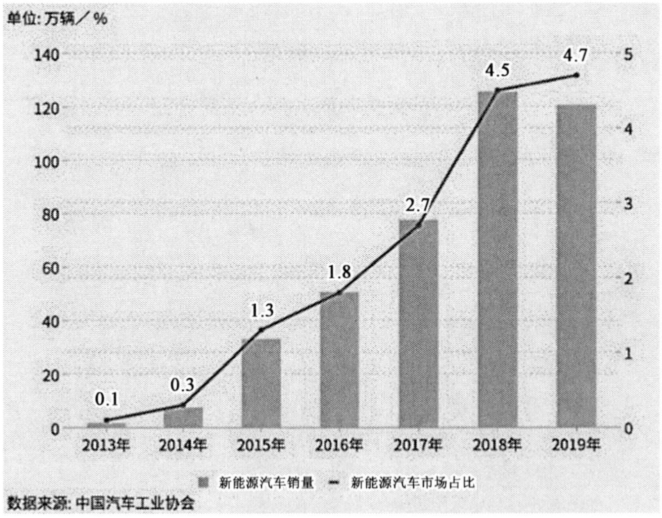

图3　2013~2019年我国新能源汽车销量及市场占比

1.4.4　龙头品牌——蔚来

蔚来是我国比较早进入新能源领域的一家造车新势力,在我国本土市场具有较高的品牌知名度。同时,蔚来目前的发展理念是笔者比较认可的,其不仅仅是单纯造车、卖车的一家公司,也是一家提供车生活的服务商。蔚来的“NioLife”为未来的汽车生活空间建设开辟了道路。

2. 汽车新定义——第三生活空间

未来的汽车不再仅仅是运输载具,它将被重新定义,成为人类生活的第三空间,即继居住空间、工作空间之后的交通空间。

2.1 生活化

2020年曾有过一次关于非驾驶时间(即在驻车状态下待在车舱内的时间)的调研。结果显示,随着车辆智能化的发展,人们的非驾驶时间在逐步升高。结果说明,人们越来越喜欢在汽车这样的私密独立的空间里消费时间。所以,如何提供消费者舒适、具有归属感的汽车空间是一个重要的问题。

2.1.1 Home - like(个性化设计理念)

家是每个人最主要的生活空间,使汽车的设计更加具有家的味道可以给人们带来舒适感。但每个人对家里的装潢风格、家居风格的喜好都有差异,对汽车这个第三生活空间也是一样的道理。笔者认为未来的内饰风格应该是个性化的,而要达到个性化,就要求内饰安装尽可能使模组安装易于各种组合。例如在座椅方面便可提供多种选择方案,如单椅、双人椅等。同时,在车内应多设置一些空余空间,以供消费者个性化设计(图4)。

图4 概念座舱

2.1.2 Home - service(个性化服务)

在之前,传统汽车厂商仅提供汽车的制造与销售,汽车销售服务4S店所提供的服务也仅仅是车辆的维修保养等。而在未来,汽车厂商不仅应该是制造商,也应该是服务商,这样不仅仅会给予消费者更高的品牌依赖度,也会掌握更多的大数据和持续的盈利模式。随着生活质量的提高,人们对高质量的服务水平必然会更加看重,所以在汽车2.0时代,厂商应做到成为一家优质的“物业”。比如目前蔚来在卖车的同时开始售卖保险,这大大地紧密了消费者与厂商的联系,也为蔚来带来了巨大的利润。

同时,整合服务的发展理念会促进更多领域的发展,比如汽车周边产品、服务周期费用等。

2.2 智能化

虽然目前许多厂商都自称已经实现了车联网、智能座舱,但在驾驶者实际应用中它们并未起到重要的辅助作用。在网络上有这样一句调侃的话:“厂商大力研发的车载联网导航比不上9.9元包邮的手机支架。”如何使车辆的智能化真正地被消费者接受,是未来智能化座舱需要解决的问题。

2.2.1 沉浸式智能座舱

座舱的智能化不应只是数字软件在中央显示屏上的堆砌,而应是从驾驶者的驾驶动作、行驶娱乐、驾驶辅助多方面协同智能化,让人进入车内的一刻起便不需要使用手机,利用座舱即可完成一切网络活动(图5)。

图5 智慧座舱

这也是一处巨大的发展空间,即是否可以做出这样的一款车载软件,集成目前各种主流手机软件,在上车的一瞬间使车变成了手机的孪生体,而且具有更加强大的算力。

2.2.2 人车交互

这其实是一个很久以前便提出的话题,但目前人车交互的解决方法大多仍是语音服务AI助理(如蔚来的NOMI)。

但人车交互不应仅仅局限于驾驶员发出的语音指令,驾驶者的肢体语言和心理语言都是车辆需要获取并分析的信息。同时,车辆应把它所计算出的信息经过合理的分析后提供给驾驶者。

2.3 数字化

由于汽车的空间优势,其相对于手机计算优

势是显著的，比如蔚来的 ADAM 计算系统，拥有 48 颗 A78 内核，256 个 Tensor Core，8 096 个 CUDA 核心，总计算力高达 1 016 TOPS；而 Apple 的 A12 处理器是 5 TOPS。所以，未来汽车将会是一个巨大的计算空间，其可以计算处理的信息是巨大的，汽车的数字化发展会为未来更精准的完全无人驾驶提供计算基础。

未来的汽车也会是一台拥有超强算力的超级计算机，根据摩尔定律，我们现在很难想象未来的车辆的计算能力将会达到什么样的程度。

参考文献

[1] 刘洋，濮振宇. 中智行发布 5G AI 无人驾驶“中国标准”[N]. 北京商报，2019-06-11.

[2] 王晓涛. 中智行：5G AI 占领无人驾驶制高点，助力中国换道超车[N]. 中国经济导报，2019-06-11.

[3] 王晓涛. 当 AI 遇上 5G，无人自动驾驶变得更加智能[N]. 中国经济导报，2019-08-20.

[4] 王莉雯. 无人驾驶已无技术壁垒 造车新军展开新一轮攻势[N]. 上海证券报，2018-06-14.

[5] 张枕河. 巨头积极布局无人驾驶[N]. 中国证券报，2016-03-16.

精密直线电机技术的国内外最新研究现状

牟俊任[1]

1. 哈尔滨工业大学英才学院 2018 级　电气专业

摘要:精密直线电机在数控加工、国防军事等领域起到重要作用。文章分析了精密无铁芯永磁同步电机和音圈电机的结构与驱动原理,分别分析了两种电机的优势与劣势,总结叙述了十年来国内外对于精密无铁芯永磁同步电机和音圈电机最新的研究成果,为两种电机未来研究方向提供参考。

关键词:精密直线电机;精密无铁芯永磁同步电机;音圈电机

The Latest Domestic and International Research Status of Precision Linear Motor Technology

Mu Junren[1]

1. Electric Engineering, 2018, Honors School, Harbin Institute of Technology

Abstract: Precision linear motors play an important role in CNC machining, national defense and military fields. The article analyzes the structure and driving principle of precision coreless permanent magnet synchronous motor and voice coil motor. The advantages and disadvantages of the two motors are analyzed respectively. It summarizes the latest research results of precision coreless permanent magnet synchronous motor and voice coil motor at home and abroad in the past ten years. It provides a reference for the future research direction of the two motors.

Keywords: Precision linear motor; Precision coreless permanent magnet synchronous motor; Voice coil motor

引言

随着科技水平的提高,人们对精密制造的需求大幅提升,对于驱动机构的定位精度、定位速度、负载能力的要求也在进一步提高。在精密制造领域,传统的滚珠丝杠是精密机床驱动采用的常规方式,但是这种方式存在的许多缺点(如弹性变形、摩擦、反向间隙等),限制了加工精度的进一步提高[1]。直线电机是一种将电能直接转化成直线运动机械能而不需要任何中间转换机构的传动装置。直线电机采用无机械减速系统的无摩擦直接驱动方式,适合高精度、高分辨率、高速等场合。近年来,随着直线电机及其驱动控制系统在技术的日趋成熟,直线电机在超精密加工设备上的应用正成为热点[2]。

1. 精密直线电机结构及原理

1.1　精密无铁芯永磁同步电机

直线电机的原理,简单来说,就是“展开”的旋转电机。在结构上,它是由旋转电机沿径向剖开,拉直演变而成。在通入三相电流后,直线电机的动子会在气隙中产生磁场,如果不考虑端部效应,磁场在直线方向呈正弦分布,只是这个磁场是平移而不是旋转的,因此称为行波磁场。行波磁场与次级永磁体轨道相互作用便产生电磁推力,这就是直线电机运行的基本原理。

永磁同步直线电机分有铁芯永磁同步直线电机与无铁芯永磁同步直线电机两大类。有铁芯结构的优势在于铁芯可以约束磁路,同时气隙较窄,电机气隙磁密(磁通密度)较大,能提供更高的推力密度。但铁芯和永磁体间的吸引力导致电机具有较大的定位力,电机推力波动较大,同时铁芯处在运动时产生涡流,使电机的响应速度与机械效率降低。无铁芯结构下电枢绕组无须缠绕在铁芯上,而是直接通过环氧树脂等有机材料固定,电枢质量降低,也避免了铁芯带来的定位力问题,电机推力波动极小。然而无铁芯结构下电机气隙磁密大幅降低,导致电机推力密度也远低于有铁芯结构。因此,研究无铁芯永磁同步直线电机推力密度提升方式,对于精密加工定位驱动系统具有较大的意义[3]。

1.2　音圈电机

音圈电机是一种直接驱动的无迟滞设备[4],利用永磁体产生的磁场与通电线圈的相互作用产生驱动力。音圈电机具有结构简单、动态响应速度快、无齿槽转矩、高线性度等优点,在高精度定位伺服系统中得到广泛应用[5]。随着工业化不断升级,快速化、小型化、精密化的电机已经成为各国研究重点,因此音圈电机得到了广泛的关注[6]。

2. 无铁芯永磁同步电机研究现状

2.1　新型Halbach(哈尔巴赫)次级结构永磁同步直线电机

哈尔滨工业大学的张鲁等提出将T字形Halbach永磁阵列用于双边无铁芯永磁直线电机,这种直线电机可以用于集成电路制造领域,可以实现超精密二维定位(图1)。作者通过电机分析模型来分析空载气隙磁场,用等效磁化强度法来计算双边Halbach阵列的磁通量密度分布。在研究中,首先使用解析法分析了气隙磁通密度;然后运用有限元仿真技术,研究了这种电机模型的气隙磁密波形、空载反电动势波形和静态力-位移关系。同时也制作了样机,得到了与理论分析相符合的数据。这种Halbach结构的永磁电机虽然反电动势的幅值略有减小,但高次谐波明显减弱,谐波畸变率也有了很大的改善,可以使得电机的推力波动明显降低,使得定位精度大幅上升[7]。

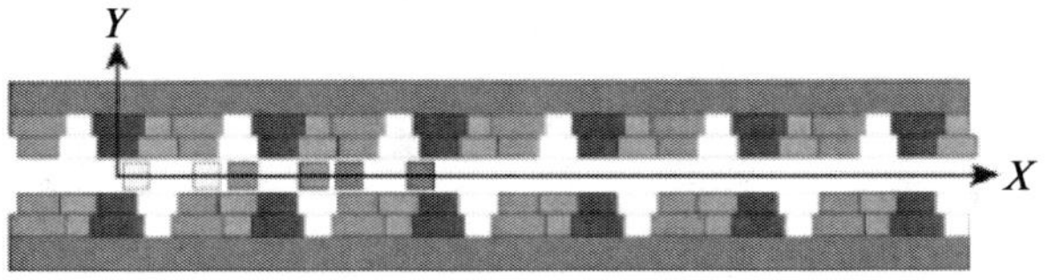

图1　新型Halbach次级结构永磁同步直线电机

2.2　双层绕组无铁芯永磁同步直线电机

浙江大学的梅威虎提出了一种新型双层绕组无铁芯永磁同步电机,其磁极采用双边型Halbach结构,而绕组采用两层端部非重叠集中绕组(图2)。这种结构可以提高推力密度,并简化绕组结构。文章首先介绍了一种9线圈6磁极新型DW-IPMLSM的拓扑模型,对比了不同绕组结构的绕组系数。然后采用遗传算法优化结构参数,并基于矢量控制算法和无位置传感器控制算法设计了控制策略。结果表明,作者提出的 DW-IPMLSM 适用于奇数线圈结构,不仅避免了端部重叠分布绕组复杂的端部结构,缩小了电机体积,而且有效提升了推力密度,适用于连续运行系统和精确定位系统[3]。

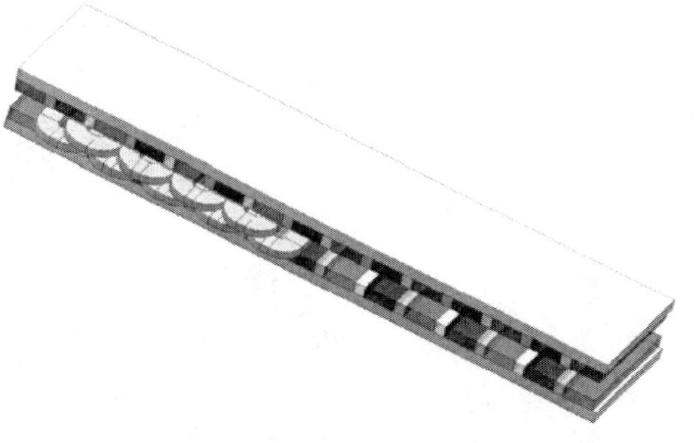

图 2　双层绕组无铁芯永磁同步直线电机

2.3　重叠缠绕气芯永磁同步直线电机

哈尔滨工业大学李立毅对气芯永磁线性同步电机与重叠缠绕电机进行了设计优化,实现了每卷高推力、每线圈高推力量、高电机常数和低推力波纹同时用于气芯永磁同步直线电机(图 3)。文章根据精确的磁场模型,分析了电机参数,如通量密度、感应电动力、每体积推力、每线圈推力量和推力波纹。文章还应用多人群遗传算法,提出了具有质量系数的多对象优化方法,为重叠缠绕气芯永磁同步电机提供了推力密度、电机常数和推力波纹的分析公式,同时也研究了磁体和线圈不同尺寸的优化目标的变化。通过基因算法和多重种群基因算法的比较,证明了多重种群基因算法的优化可行性,最后设计优化通过三维有限元分析和样机实验测试进行验证。

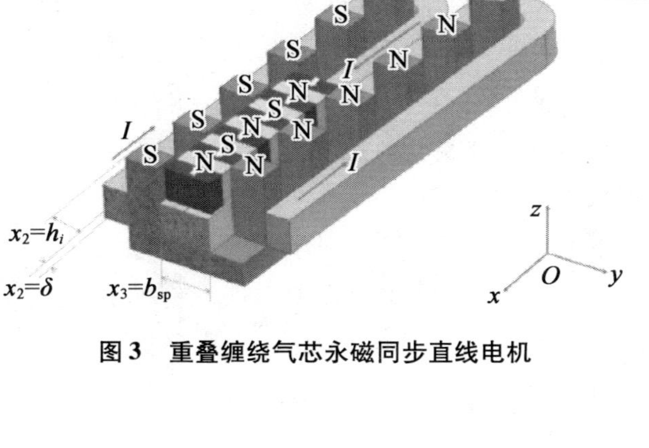

图 3　重叠缠绕气芯永磁同步直线电机

2.4　用于轨道推进系统的无铁芯 Halbach 永磁同步直线电机

中国科学院电气工程研究所对无铁芯 Halbach 永磁同步直线电机的磁悬浮列车应用进行了研究(图 4)。作者使用 Halbach 阵列无铁芯永磁同步电机进行推进,使用 U 形电磁悬架进行悬浮和横向定位。无铁芯 Halbach 永磁同步直线电机作为推进电机具有推力波动低、动态性能高等优点。随着悬浮系统的相对成熟,它具有结构简单、目标中速运行 150～250 km/h 的优点。文章设计 Halbach 阵列为每 4 个方形磁铁,以 45°磁化方向差形成磁极,产生一个鼻窦分布式磁化场。Halbach阵列的宽度为 500 mm。正常机械间隙为 11 mm,第二极间距为 196 mm,研制了单车原型磁悬浮车,并在 204 m 实验线上进行了动态实验。实验结果表明,新型磁悬浮汽车的发动机推进具有可行性。

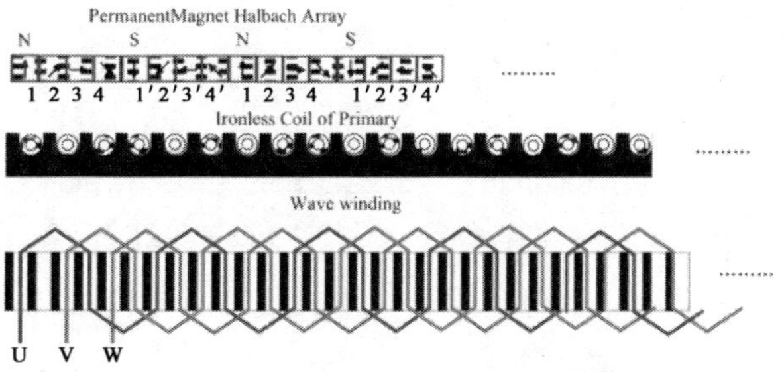

图 4　用于轨道推进系统的无铁芯 Halbach 永磁同步直线电机

2.5　梯形缠绕的新型 Halbach 无铁芯永磁直线电机

东南大学甘周分析了一种梯形缠绕的新型 Halbach 无铁芯永磁直线电机(图 5)。有别于传统 Halbach 的薄膜缠绕,梯形缠绕可以实现主要单侧和良好的鼻窦磁场。作者首先推导矢量电位法制定梯形缠绕的磁通量密度方程,然后使用麦克斯韦应力拉伸法分析梯形缠绕 Halbach 无铁芯直线电机的力波纹,采用 FE 方法和数值洛伦兹力法进行模拟。通过理论分析,带梯形缠绕的线性电机的力波纹可以忽略不计,电机驱动电路非常简单。梯形缠绕电机的基本功率明显小于薄膜缠绕电机,因此梯形缠绕电机的功率较低,不适合用于对功率敏感的应用。然而,它在高精度伺服剂

(如晶圆步进器)方面具有良好的潜力。这种电机能够用于高精度定位场合。

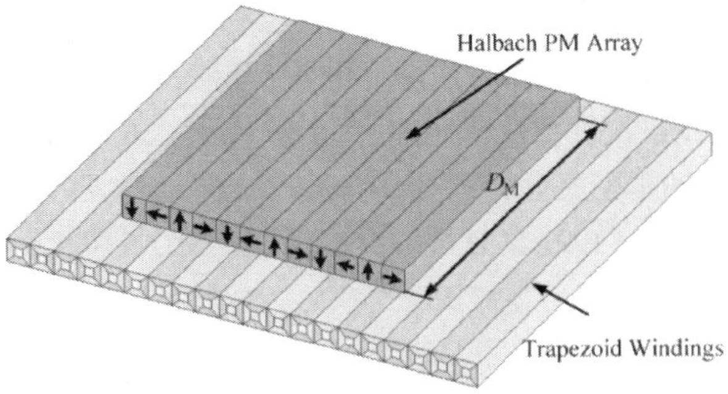

图5　梯形缠绕的新型 Halbach 无铁芯永磁直线电机

2.6　用于600 km/h高速列车的无铁芯直线电机

韩国铁路研究院李永松分析了一种结合传统轮轨系统和直线电机磁浮推进系统的混合动力系统,分别设计了分布式绕组和集中绕组的无铁芯直线电机(图6),并对两种电机的电磁特性进行了比较分析。文章通过有限元分析的方法对比了两种模型的电磁特性,发现集中绕组模型的性能低于分布式绕组模型,但集中绕组模型具有易于制造和安装的优势,不过集中绕组的漏磁较大,需要通过设计优化来解决。

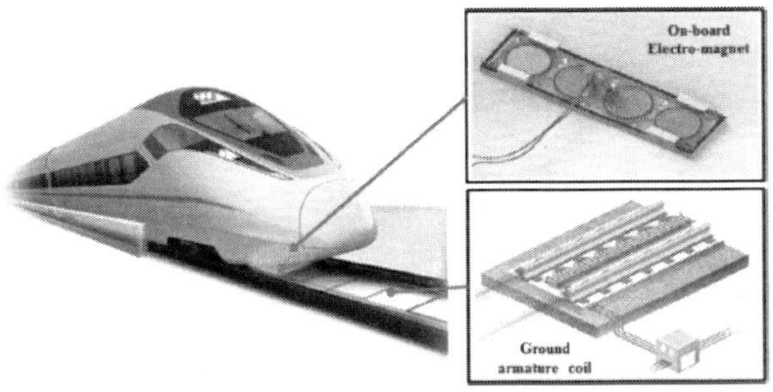

图6　用于600 km/h高速列车的无铁芯直线电机

2.7　无铁芯永磁同步电机小结

在关于无铁芯永磁同步电机本体设计的论文可大致分为两类:一种是通过创新永磁阵列结构或绕组排布方式进行本体设计的创新;一种是通过先进的遗传算法、多重种群基因算法等对电机本体设计进行参数的优化,以获得更好的表现。两种研究方法互补,都是设计电机时能够参考的方向。

3. 音圈电机研究现状

3.1　基于印刷电路板的音圈电机

加拿大纽芬兰纪念大学尼古拉斯·克鲁格利科夫开发了一种新型的低惯量音圈电机(图7),将传统的移动线圈替换为印刷电路板(PCB)。该电路板把必要的绕组作为自己的导电轨道,这种设计使得其高度集成,更加可靠,易于装配和批量生产。作者通过有限元软件分析了电机的气隙磁密,在Matlab中分析了电机的静摩擦系数和控制方法。其移动质量小于30 g,此外,这个音圈电机能够提供超过3 N/A的力,最大速度和加速度值分别为2.0 m/s 和 30g,执行器中采用的制导系统提供低阻力运动,静态摩擦系数为0.5,动能摩擦系数更低。这种音圈电机被作者用于光机电一体化中。

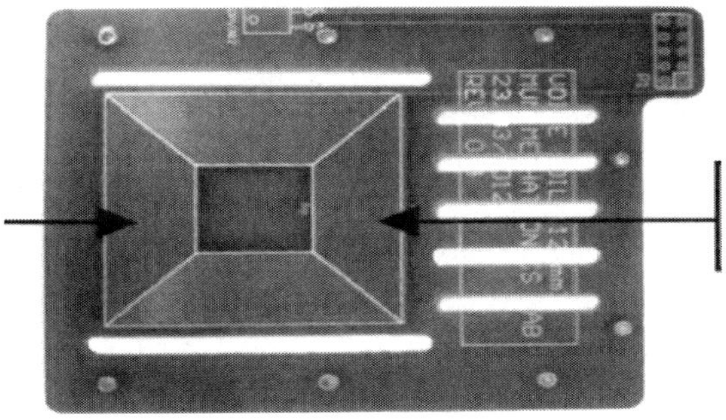

图7　基于PCB的音圈电机

3.2　音圈电机中永磁体的拓扑形状优化

韩国光州科技学院李江原采用单相、多相级设置法对声圈电机进行优化(图8),在优化中考虑磁饱和效应。移动边界上的正常速度通过使用相邻可变方法(AVM)的设计灵敏度分析(DSA)计算,通过设计永磁和铁磁材料的最佳形状,最大限度地提高移动线圈上的洛伦兹力。文章采用基于水平集的磁系统优化多相方法,利用钢和永磁体最大化声线圈电机中的洛伦兹力,考虑了材料非线性为磁饱和效应。作者还将基于水平集优化和传统的拓扑优化进行比较,LS基于优化的最佳形状,通过去除拓扑优化中出现的灰色区域来清楚地区分。由于磁饱和效应,考虑材料不线性的优化比使用线性钢的设计效果更好[9]。

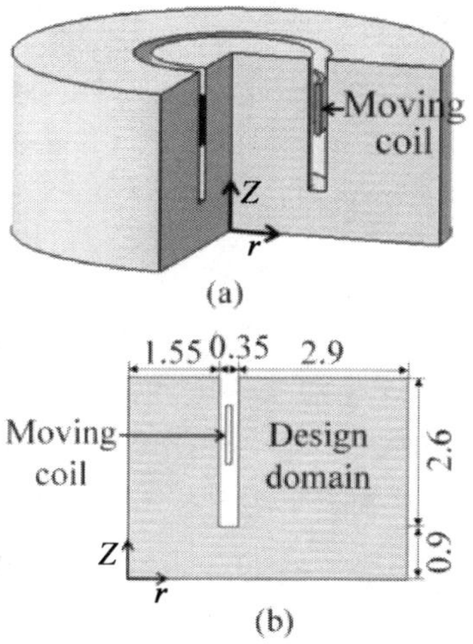

图8 音圈电机中永磁体的拓扑形状优化

3.3 使用图像方法对音圈振动电机进行分析和建模

韩国大田中南国立大学崔俊九提出了一种新型的线性振动电机(图9)。音圈取代机械弹簧用于高反应速率场合,这将有助于增加使用寿命。在分析和建模振动电机时,使用等效电流表的方法和图像方法。这些方法是针对有限元素分析和实验进行验证的。通过计算,这种电机结构可以等效为弹簧常数约为 316 N/m 的弹簧,样机制造中由于惯量等因素,弹簧系数为 290 N/m,电机的振荡频率为 12.4 Hz。这种电机可以用于智能手机,产生震动触感[10]。

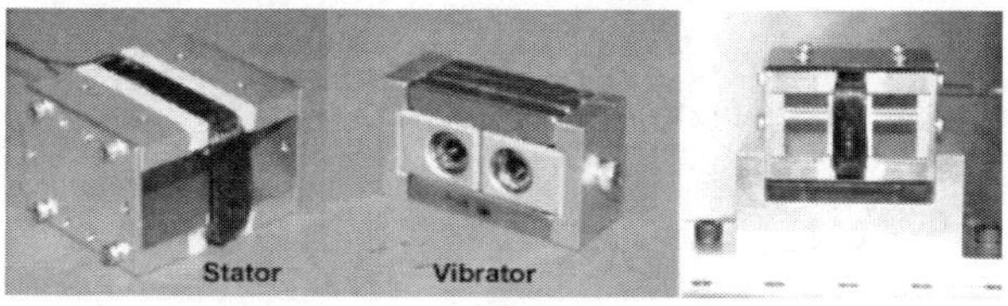

图9 使用图像方法对音圈振动电机进行分析和建模

3.4 新型线性旋转语音线圈电机

中南大学罗美珠分析设计了一种新型线性旋转语音线圈电机(图10)。LRVCM 主磁场被一块永磁体激发,用于产生线性运动和旋转运动的两种洛伦兹力。电机基座和铁系有助于磁通量线的关闭,减少这种新型电机中磁电路的磁阻,有利于提高平均线性推力和平均旋转扭矩。该系统实现了两度自由运动,无中间传输。采用两个 DSP 芯片分别控制线性运动和旋转运动,这种新型 LRVCM 的精确伺服控制系统可以实现线性运动和旋转运动的协调,可以避免运动合成的错误。

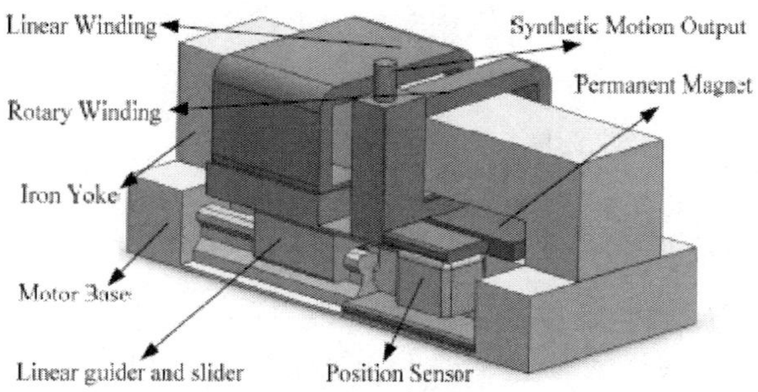

图10 新型线性旋转语音线圈电机

3.5 基于改进的磁等效电路模型优化语音线圈电机

清华大学刘宇基于改进的磁等效电路模型对在超精确运动阶段使用的语音线圈电机进行优化(图11)。优化后的 MEC 模型通过分割考虑铁磁材料的非线性饱和效应,更精确地估计了 VCM 空隙中的磁通量密度。这种方法可以模拟复杂的几何学和评估铁磁材料的饱和效应,MEC 方法适用于解决 3D 模型问题。这种电机可以用于集成电路的制造之中[11]。

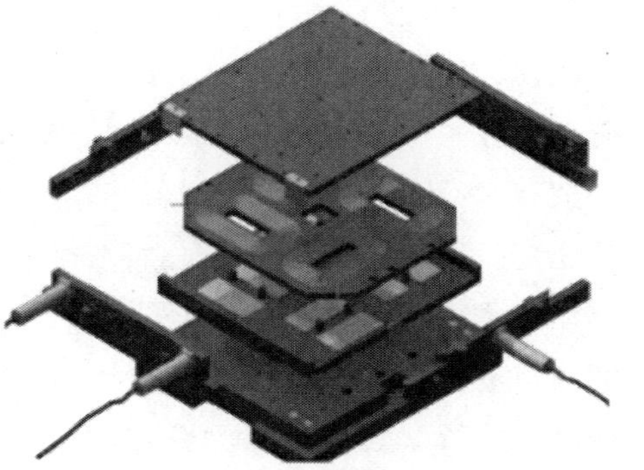

图11 基于改进的磁等效电路模型优化语音线圈电机

3.6 音圈电机小结

音圈电机的结构创新方向主要是提高推力和提高定位精度。音圈电机的有效气隙较大导致气隙磁通密度较低,进而影响电机的推力。最初设计音圈电机首要考虑的是提高音圈电机的出力。由于增大电流会有损耗、散热等问题,提高力常数的主要方法是增大气隙磁通密度。提高音圈电机推力的优化主要分为两种:一种为磁路优化,即采用多面多磁极结构、聚磁磁极结构和 Halbach 磁极结构等磁极阵列,在相同的永磁材料用量下,提高气隙磁通密度,进而实现电机的增大推力;另一种为线圈优化,即采用铜铁或铜铝混合线,减小气隙磁阻或动子质量,实现推力的增大,但会增大绕组损耗。故音圈电机高推力的研究主要集中在磁路优化方面[6,12]。对音圈电机的永磁体、铁轭和端部等结构进行优化,达到均匀动子行程内的磁通密度、抑制音圈电机的端部效应和涡流损耗的目的,都有助于提高电机的定位精度。设计制造多自由度的音圈电机可以减少多个电机以实现多自由度运动时误差叠加,有利于实现加工系统的高精度[13-14]。

4. 总结

在精密直线电机的本体设计中,主要使用了新结构和新分析方法两种创新方法,不同的方法有不同的适用对象,选择合适的方法去分析可以使研究事半功倍。同时,不同国家和地区的科研论文体现出地域特色应用导向,作为学生在进行科学研究时应面向国家的需求,提出切实可行的解决方案,使自己的学识发挥应有的作用。

参考文献

[1] 徐昌语,刘勇,张建明,等. 直线电机在超精密加工技术中的应用和发展[J]. 航空精密制造技术,2009,45(4):13-16.

[2] 蔡庄奇,王云懋,贝天宝,等. 直线电机直接驱动技术在精密加工中的应用[J]. 机械工程与自动化,2008(6):193-195.

[3] 梅威虎. 新型双层绕组无铁芯永磁直线同步电机的研究[D]. 杭州:浙江大学,2019.

[4] CHEN S Y, LIN H R, YANG M C, et al. Fractionalorder fuzzy PID contouring control for a VCMsbased x - y motion stage[C]. Singapore, 2020: 236-241.

[5] CAO Y, WANG H, LÜ T, et al. Research on large caliber FSM digital control system based on voice coil motor[C]//IEEE Advanced Information Technology, Electronic and Automation Control Conference, Chengdu, China, 2019: 2778-2781.

[6] 柴嘉伟,贵献国. 音圈电机结构优化及应用综述[J]. 电工技术学报,2021,36(6):1113-1125.

[7] 张鲁,寇宝泉,赵斌超,等. 新型 Halbach 次级结构永磁同步直线电机[J]. 电工技术学报,2013,28(7):39-45.

[8] ZHOU G, HUANG X, JIANG H, et al. Analysis method to a Halbach PM ironless linear motor with trapezoid windings,[J]. IEEE transactions on magnetics, 2011,47(10):4167-4170.

[9] LEE J, WANG S. Topological shape optimization of permanent magnet in voice coil motor using level set method[J]. IEEE transactions on magnetics, 2012, 48(2):931-934.

[10] CHOI J, LEE H, YOO S, et al. Analysis and modeling of a voice-coil linear vibration motor using the method of images[J]. IEEE transactions on magnetics, 2012,48(11):4164-4167.

[11] LIU Y, ZHANG M, ZHU Y, et al. Optimization of voice coil motor to enhance dynamic response based on an improved magnetic equivalent circuit model[J]. IEEE transactions on magnetics, 2011, 47(9):2247-2251.

[12] 兴连国,周惠兴,侯书林,等. 音圈电机研究及应用综述[J]. 微电机,2011,44(8):82-87.

[13] 刘丽丽. 音圈电机位置伺服控制系统的研究[D]. 哈尔滨:哈尔滨工业大学,2010.

[14] 吴鑫. 高性能快速控制反射镜研究[D]. 武汉:华中科技大学,2012.

管理者能力对收益平滑及盈余信息含量的影响

张宇晴[1]

1. 哈尔滨工业大学经济与管理学院 2017 级　会计学专业

摘要：平滑收益是管理者基于有效契约理论的会计信息传递，还是基于机会主义理论的自利行为？本文以 2011～2019 年的沪深 A 股上市公司为研究样本，从管理者能力的角度实证检验了收益平滑与当前收益和股价关于未来业绩的信息含量的关系。研究发现，管理者能力对国有企业收益平滑无显著影响，但与不同质地的民营企业收益平滑存在显著的正相关关系；高能力管理者的收益平滑对当前收益关于未来现金流的信息含量具有提高作用，而对当前股价关于未来业绩的信息含量没有显著影响；但将收益平滑分解成有效信息收益平滑和机会主义收益平滑后，前者能够显著提高股价信息含量，而后者则会显著降低股价信息含量，即中国资本市场中高能力管理者的有效信息收益平滑主要发挥了信息传递的作用，而机会主义收益平滑则是管理者自利的工具；尽管如此，高能力管理者的机会主义盈余平滑仍然比低能力管理者包含更多未来业绩信息，这凸显了在收益平滑与盈余信息含量的研究中管理者能力的重要性。进一步研究发现，当公司的信息不对称程度越高时，高能力管理者的收益平滑与当前收益信息含量的正相关关系越显著，而与当前股价信息含量的正相关关系则越不显著，这说明管理者的收益平滑是信息传递的重要渠道。因此，本文为收益平滑的影响因素及经济后果研究提供了经验证据，同时其结果与基于美国的研究相比存在较大差别，这对于深入理解管理者能力和收益平滑在我国资本市场信息传递中发挥的作用具有重要意义，也有助于投资者、监管者和其他利益相关者更好地做出判断和决策。

关键词：管理者能力；收益平滑；盈余信息；信号

Research on the Effect of Management Ability on Income Smoothing and Earnings Informativeness

Zhang Yuqing[1]

1. Accounting, 2017, Economics and Management School, Harbin Institute of Technology

Abstract: Is income smoothing the management's accounting information transmission based on the effective contract theory, or the self-interested behavior based on the opportunism theory? This article uses the Shanghai and Shenzhen A-share listed companies from 2011 to 2019 as a research sample, and from the perspective of managerial capabilities empirically tests the relationship between income smoothing and the information content of current earnings and stock prices on future performance. The study found that: the managers' ability has no significant effect on the state-owned enterprises' income smoothing, but is significantly positively correlated with private enterprises of different qualities. At the same time, the income smoothing of high-capacity managers increases the information content of current earnings on future cash flows, but has no effect on the informativeness of current stock prices. However, after decomposing income smoothing into non-discretionary part and discretionary part of income smoothing, it is found that the former can significantly increase the information content of stock prices, while the latter will significantly reduce it. That is, the non-discretionary part of income smoothing of high-capacity managers in China's capital market mainly plays the role of information transmission, while discretionary part of income smoothing is a tool for managers' self-interest. Nevertheless, the discretionary part of income smoothing of high-capacity managers still make the stock prices contain more information about the future cash flow than that of low-capacity managers, which highlights the importance of considering the manager's ability in the research of income smoothing on the information content of earnings. Further research found that when the company's information asymmetry is higher, the positive correlation between the income smoothing of high-capacity managers and the information content of current earnings becomes more significant, while that between the income smoothing and the informativeness of current stock prices becomes less significant, which shows that managers' income smoothing is an important channel of information transmission. Therefore this paper provides empirical evidence for the research on the influencing factors and economic consequences of income smoothing. Meanwhile the results are quite different from those based on the United States, which is of great significance for in-depth understanding of the role of managers' ability and income smoothing in China's capital market, and also helps investors, regulators and other stakeholders to make better judgments and decisions.

Keywords: Managerial ability; Income smoothing; Earnings informativeness; Sigaling

引言

收益平滑是指公司管理者通过使用会计准则的自由裁量权有目的地降低公司盈余波动的行为。一方面,管理者可以通过收益平滑向市场传递关于公司未来盈余和现金流的内部信息,提高收益的信息含量和股票价格预测未来表现的能力,帮助投资者、分析师、供应商和客户更准确地评估公司价值和增长前景[1];另一方面,收益平滑反映了内部人员的机会主义行为,由于管理者与股东之间的代理问题,管理者会利用收益平滑来为自己谋私利,例如提高自身薪酬、隐藏公司的真实经营状况以保住职位等,从而扭曲公司的盈余信息[2]。美国财务会计准则委员会(Financial Accounting Standards Board, FASB)指出,由于应计项目平滑了现金收支在时间上的波动,收益平滑有可能提高用户评估公司未来业绩的能力。在美国市场,Graham 等指出金融高管认为收益平滑有助于分析师和投资者预测未来收益[3],而 Leuz 等认为公司应该避免收益平滑,因为它歪曲了他们真实的经济表现[2]。在中国资本市场,曾颖和陆正飞发现我国上市公司普遍使用收益平滑来进行盈余管理、操纵盈余信息。收益平滑的均值为 -0.866,这表明我国上市公司整体存在收益平滑行为;收益平滑的标准差达到 1.035,这说明收益平滑在不同的企业中存在较大差异[4];而刘嫦等指出,管理者合理地利用会计专业判断进行收益平滑具有信息效应,而滥用会计判断进行收益平滑则会迷惑利益相关人[5]。杨锦之等在研究中提到,收益平滑究竟主要是用于传递市场信息还是用于管理者谋取私利的问题至今仍然存在争议[6]。

利用有限资源获取最大利益体现了管理者能力的大小，管理者能力越强，公司经营效率越高，信息质量越高；相反，能力越弱，管理者可能会通过有目的的信息披露来掩盖经营业绩的不足。负面信息会影响公司的社会形象，从而导致管理者声誉和业绩受到影响，而高质量信息能够给管理者和公司带来回报，因此，管理者有减少负面信息的产生并提高信息质量的理由。已有众多研究发现收益平滑与资本市场信息质量有关，而管理者是决定收益平滑水平的主体，那么，管理者能力究竟如何影响收益平滑，进而作用于资本市场的信息效率？这个问题有待进一步研究。美国资本市场的经验证据显示，高能力管理者比低能力管理者更有可能平滑收益，同时能力较高的管理者的平滑比能力较低的管理者的平滑更能提高当前收益和股票价格关于未来公司业绩的信息含量[7]。

我国上市公司的收益平滑和美国的存在一定差异：一方面，由于制度背景、监管政策和股权性质的差异，我国上市公司管理者具有特殊的收益平滑动机和公司治理特点。我国《上市证券交易股票上市规则》规定，若上市公司连续 2 年净利润为负，则给予退市风险警示；连续 3 年净利润为负，则暂停上市；连续 4 年净利润为负，则强制终止上市；《公司债券发行与交易管理办法》规定，我国上市公司进行发债融资需要满足“发行人最近 3 个会计年度的年均可分配利润不少于债券一年利息的 1.5 倍”[8]，这些特殊的监管制度都会影响管理者的收益平滑行为。此外，在我国资本市场上有大约 50% 的上市公司为国有企业，国有企业的高管不但关心公司利润，而且还承担社会责任，因此会出于政治动机(升迁或维稳)进行收益平滑。另一方面，由于资本市场投资者结构、投资者保护程度以及信息环境的差异，我国上市公司的收益平滑对资本市场的影响也有所不同。相对于美国资本市场，我国资本市场上只有 37.79% 的流通股由机构投资者持有，个人投资者占比超过 60%，个人投资者专业知识较少，再加上我国资本市场的信息传播机制相对缺乏，导致个人投资者更容易被公司的收益平滑行为所误导。因此，我国资本市场上管理者能力对收益平滑的影响及信息含量的作用机制是否仍然存在？如果存在，与美国市场的路径是否一致？这些问题的研究和解决对于财务报告利益相关者的决策和判断也具有重要意义，同时也有助于进一步完善监管制度，从而提升上市公司的治理水平和我国资本市场的信息效率。

本文以我国沪深两市 A 股上市公司为研究对象，拟从管理者能力的角度来探讨企业收益平滑水平与当前收益和股价关于未来业绩的预测能力之间的关系。美国资本市场的经验证据显示，高能力管理者比低能力管理者更有可能平滑收益，同时能力较高的管理者的平滑比能力较低的管理者的平滑更能提高当前收益和股票价格关于未来公司业绩的信息含量。而该机制缺少我国市场数据的检验。一方面，由于制度背景、监管政策和股权性质的差异，我国上市公司管理者具有特殊的收益平滑动机和公司治理特点；另一方面，由于资本市场投资者结构、投资者保护程度以及信息环境的差异，我国上市公司的收益平滑对资本市场的影响也有所不同。因此，本文在明确管理者能力、收益平滑及盈余信息含量含义的基础上，通过我国资本市场上的大样本检验，深入探讨企业管理者能力对盈余信息质量的影响机制，补充该方面研究的空白。

本文的研究意义及贡献主要体现在：①讨论了收益平滑的一个重要新来源——管理能力，并将其与未来业绩的收益和股价的信息含量联系起来，为管理者能力在公司治理中的作用提供进一步的经验证据，拓展了目前对于管理者能力经济后果的研究，特别是管理者与盈余管理的联系。②将管理者能力纳入收益平滑和当前收益及股价关于未来盈余信息含量的研究中，探求管理者的特征及其作用下的收益平滑与资本市场信息效率之间的联系，为分析信息披露质量提供了新的思路和证据，拓展了收益平滑的影响因素及作用效果的研究，同时丰富了财务报告对于传达管理者私人信息的研究，进一步明确了收益平滑可以是提高收益质量的重要机制。③使用完整路径方法进行更多的研究，这比仅研究平滑的决定因素或后果的研究提供了更深刻的见解，这将会有助于监管者、投资者、从业者和其他利益相关者更好地做出判断和决策。④基于我国的样本和数据进行研究能够更深入地了解我国上市公司管理者的收益平滑动机，并识别其对我国资本市场的影响，为我国经济政策的制定和各项制度的完善提供建设性意见。

1. 文献综述与研究假设

收益平滑是公司管理者使用自由裁量权来抑制收益流的波动的行为。一方面，已有研究指出管理者使用他们关于未来事件的私人信息来确定收益，这样报告的收益就接近他们公司的永久收益，通过收益平滑传达公司的真实经济表现，从而帮助投资者和分析师更好地预测未来的收益，这有助于降低投资者对公司潜在收益波动性的估计，从而降低风险溢价[9]，即收入平滑与较低的股权成本有关，同时利益相关者（如客户和供应商）也会以更好的贸易条件奖励具有更平稳盈余的公司[10]，管理者们也通过增加基于股票的薪酬价值和工作安全性从平稳的盈余中受益[11]；另一方面，Schrand 和 Zechman 指出管理者基于对未来前景不准确预测的初始会计调整可能会增加财务错报和诉讼的频率，进而可能会受到负面的声誉和职业后果的影响[12]。此外，由于有效的收益平滑需要管理者具有实现预期调整的具体技术，这可能需要对其会计流程进行成本高昂的调整，从而对公司价值产生不利影响。同时，对未来收益产生高质量预期需要管理者具有预测企业经济前景变化的卓越能力，也就是说为了有效地平滑收益，管理者必须准确地预测收益，需要对企业的经济前景有敏锐的理解。与能力较低的管理者相比，能力较高的管理者拥有更好的业务知识[13]，管理能力与管理收益预测的准确性和应计项目的准确性正相关[14]，当更有能力的管理者能够及时观察未来的产出时，平滑在有效的合同中是可取的。Demerjian 等采用数据包络分析法验证了管理者能力与盈余质量之间存在正相关关系[15]，张敦力等研究发现管理者的能力越强，披露业绩预告的可能性越高，更有动机通过准确的业绩预告向市场传达其对行业和公司的了解程度，从而降低公司与外界的信息不对称程度，有效改善公司的资本投资效率[16]。Schipper 等认为，对于未来的收益创新，拥有更好信息的管理者能够更好地平滑收益[17]，Demerjian 等也发现高能力管理者更有可能进行有益的平滑，且高能力管理者的平滑与未来的高收益有关，平滑的程度与高能力管理者使股东受益的激励（如避免违反债务契约）有关，但与他们个人收益的激励（如内幕交易）无关[18]。虽然前面的讨论表明了管理能力和平滑之间的积极关系，但这并不否认低能力管理者也可能平滑收益，以模仿高能力管理者的策略或模糊他们的不良表现以维护个人私利。Baik 等的研究中也证实了这一观点[7]。此外，如果未来未预料到的负面冲击导致当前基于收益平滑的收益与未来收益实现之间存在差距，那么高能力的管理者也可能会失去补偿和声誉[19]；Ronen 和 Sadan 认为，由于审计师的行为、法律责任或监管干预，高能力管理者的收益平滑成本也可能很高，与披露专有信息相关的潜在成本也可能会降低盈余披露的动机[20]。

已有研究指出，收益平滑会随着管理能力的不同而变化[8]。高能力的管理者可以将收益平滑作为减少信息不对称的渠道，虽然低能力管理者也可能平滑收益，但与高能力管理者相比其对其公司的经济前景和应计项目生成过程的私人信息较差，所以更有可能在做出平滑决策时出错，同时能力较低的管理者可能需要成本更高的调整来平滑收入，这可能会对公司价值产生不利影响。因此，我们认为与能力较低的管理者相比，能力较高的管理者更有可能通过收益平滑来披露他们的私人信息。基于此，提出以下研究假设。

H1：管理者能力越高，公司收益平滑水平越高。

另一个重点问题是：高能力管理者的平滑是否提高了当前收益和股价关于未来业绩的信息含量。会计信息观认为会计信息能够影响市场，投资者能够根据披露的盈利和盈利预期的偏差及时地调整股票价格；有效市场假说认为证券价格能够充分、及时、无偏地反映一切可以公开获得的信息,即使管理当局出于某种目的希望影响市场,这种扭曲真实会计信息的做法也无法获得成功,因为投资者能够洞悉信息的扭曲,并在证券价格中反映出来。但由于噪音交易者的存在,市场可能是半强式有效的甚至是弱式有效的,功能锁定假说基于此认为投资者在决策过程中往往锁定于特定的表面信息,不能充分理解和利用有关信息来评估证券价值,会对企业价值做出不充分和有偏差的判断;也就是说,如果企业管理当局能够左右对外披露的会计信息,那么这种信息扭曲的确对市场有影响力,因为股价不能完全反映所有公开的信息。Subramanyam 研究发现收益平滑提高了收益的持久性和可预测性[21],根据 Sankar 等的两阶段模型,管理者通过平滑收入以传达他们的私人信息,因此平滑可以有效缓解管理者和投资者之间的信息不对称[22]。李秉成和郑珊珊发现管理者能够通过降低股价同步性提高资本市场信息效率[23],Tucker 和 Zarowin 指出收益平滑提高了当前盈余和股价对未来业绩的预测能力[1],Baik 等研究发现高能力管理者带来的更高程度的收益平滑能够改善关于未来业绩表现的当前盈余信息和股票价格信息[7]。而 Leuz 等表明在投资者保护较弱的国家,管理者大多使用收益平滑来掩盖私人利益,管理者的收益平滑较高会降低收益的信息含量,收益平滑与较高的资本成本和较低的交易量有关[2]。Biddle 和 Hilary 的研究显示平滑可能导致较低的投资效率和信息增量[24],DeFond 等认为收益平滑导致公司年度盈余公告回报产生更大的变化[25]。在某种程度上,高能力的管理者在评估他们公司的未来表现方面有着更高超的技能,可能会将更具前瞻性的信息纳入当前的收益,以揭示他们关于公司未来现金流的私人信息。Kirschenheiter 和 Melumad 指出由更知情的管理者进行平滑会提高收益质量,因为高能力的管理者在评估他们公司的未来表现方面有着高超的技能,而由相对无知的管理者进行平滑则难以带来信息收益[26]。鉴于高能力管理者拥有预测公司潜在经济变化、估计应计利润和预测收益的卓越技能,认为高能力管理者的平滑将更多前瞻性信息(即未来现金流)纳入当前收益和股票价格,从而提高盈余信息含量;与高能力管理者相比,低能力管理者在预测公司经济变化方面不太熟练,并且一定程度上这些收益可能包含噪声[27],从而降低盈余信息含量。考虑到我国资本市场的实际情况并根据 Lang 等对收益平滑的分类[28],我们预测只有高能力管理者的有效信息收益平滑对股价信息含量具有增加作用,而机会主义收益平滑可能会引入噪声,进而降低其关于未来现金流的信息含量。基于此,提出以下研究假设。

H2a:高能力管理者的收益平滑增加了当前收益关于未来现金流的信息含量。

H2a:低能力管理者的收益平滑减少了当前收益关于未来现金流的信息含量。

H3a:高能力管理者的收益平滑对当前股价关于未来现金流的信息含量无显著影响。

H3b:高能力管理者的有效信息收益平滑增加了当前股价关于未来现金流的信息含量。

H3c:高能力管理者的机会主义收益平滑减少了当前股价关于未来现金流的信息含量。

2. 实证研究设计

2.1 研究样本与数据来源

我国 2007 年发生了会计准则变更,公司的盈余管理动机和水平可能与之前存在显著差异。为增强前后数据的可比性,消除该事件对本文研究的影响,同时考虑到收益平滑等指标的计算需要过去 5 年的财务数据,故选取 2011 ~ 2019 年沪深 A 股上市公司为研究样本,为保证数据的一般性和准确性,根据以下规则对样本进行剔除:(1)金融行业公司;(2)ST、*ST、PT 等被交易所特殊处理的公司;(3)财务报表及其他数据缺失的公司;(4)单一年度上市公司数量少于 5 家、区间年度上市公司数量合计少于 30 家的行业内所有公司。为避免异常值对分析结果产生影响,本文对连续性变量在 1% 和 99% 分位上进行缩尾处理。本文参考证监会发布的《上市公司行业分类指引》中的二级行业,精确匹配上市公司年度所属行业,并对制造业进行了进一步的行业细分,最终样本共包括 43 个行业、3 555 个公司年度观察值。本文的行业收入数据来自国家统计局和工信部,其他数据来自 CSMAR 数据库。

2.2 变量设计

2.2.1 收益平滑

(1)整体收益平滑。

根据文献[1],使用过去5年净利润的波动程度除以经营活动现金流的波动程度,再乘(-1)来衡量收益平滑(IS)。公司收益平滑水平越高,净利润相对于现金流的波动性越低;乘(-1)之后,IS越高,收益平滑水平越高。具体的计算公式为

$$IS=(-1)\times\frac{\text{Std Dev}\left(\frac{NI_{i,t}}{TA_{i,t-1}}\right)}{\text{Std Dev}\left(\frac{CFO_{i,t}}{TA_{i,t-1}}\right)} \tag{1}$$

式中,NI是净利润;CFO是经营活动现金流量净额;TA是公司总资产,使用标准差来衡量净利润和现金流的波动,根据公司过去5年(包含当年)的数据来计算标准差。

(2)收益平滑的分解。

收益平滑是指公司管理者通过使用会计准则的自由裁量权有目的地降低公司盈余波动的行为。一方面,管理者可以通过收益平滑向市场传递关于公司未来盈余和现金流的内部信息,帮助投资者、分析师、供应商和客户更准确地评估公司价值和增长前景,这一类被称为有效信息收益平滑;另一方面,由于管理者与股东之间的代理问题,管理者也可能利用盈余平滑来为自己谋私利,例如提高自身薪酬、隐藏公司的真实经营状况以保住职位等,从而扭曲公司的盈余信息,这一类被称为机会主义收益平滑[29]。现有收益平滑的衡量方法无法将有效信息收益平滑和机会主义收益平滑区分开来,IS只能衡量公司整体的收益平滑水平。借鉴Lang等的方法[28],将IS分解成有效信息收益平滑(Non-discretionary Part of IS,NDIS_IS)和机会主义收益平滑(Discretionary Part of IS,DIS_IS),分解模型为

$$\begin{aligned}IS_{i,t}={}&\beta_0+\beta_1 Size_{i,t}+\beta_2 LEV_{i,t}+\beta_3 BM_{i,t}+\\&\beta_4 Sales\ Volatility_{i,t}+\beta_5 Loss_{i,t}+\\&\beta_6 Opcycle_{i,t}+\beta_7 Oplev_{i,t}+\\&\beta_8 AvgCFO_{i,t}+\beta_9 SG_{i,t}+\text{Industry FE}+\\&\text{Firm FE}+\text{Year FE}+\varepsilon_{i,t}\end{aligned} \tag{2}$$

Lang等认为,如果收益平滑能够被公司的日常经营活动预测,则该部分就是有效信息收益平滑,否则就是机会主义收益平滑。因此使用式(2)中IS的预测值来衡量有效信息收益平滑(NDIS_IS),使用残差$\varepsilon_{i,t}$来衡量机会主义收益平滑(DIS_IS)。式(2)中的角标i和t分别代表公司和年份;IS是收益平滑衡量指标;Size是公司总资产的自然对数;LEV是公司的财务杠杆;BM是账面市值比;Sales是公司过去5年销售收入的除以滞后总资产的标准差;Loss是公司过去5年经历亏损年份的比例;Opcycle衡量了公司过去5年经营周期的平均值;SG是公司销售收入增长率;Oplev是公司资本密集度(经营杠杆率);Avg-CFO为过去5年的平均经营活动现金净流量除以平均滞后总资产。在估计的过程中还控制了公司、行业和年份的固定效应。

2.2.2 管理者能力

管理者能力是一个组织中的管理人员利用资源提高组织效率和效益的能力。在实证研究中,部分学者从媒体关注、管理者固定效应等角度来衡量管理者能力的差异。根据Dermerjian等的研究[30],本文采用数据包络分析法(DEA),分两步计算管理者能力的大小。首先,为了提高公司效率在同行业之间的可比性,采用式(3)的模型分行业计算单个公司的全效率(即模型最优解)。计算过程中,本文采用产出导向的两阶段DEA模型。

$$\max\theta=\frac{Sales}{v_1 COGS+v_2 SG\&A+v_3 PPE+v_4 Intangible+v_5 Goodwill+v_6 R\&D} \tag{3}$$

式中,θ表示DEA分析的效率值,代表公司有效性的程度,取值范围为0~1;Sales为年末主营业务收入;COGS代表年末主营业务成本;SG&A为年末销售费用和管理费用之和;PPE为年初固定资产净额;Intangible为年初除去商誉之外的无形资产;Goodwill为年初合并财务报表商誉;R&D为年初净研发费用。其次,公司的效率一方面来自于公司特质,另一方面来自于管理者能力,那么运用Tobit模型对如下模型进行回归的残差即为排除公司特质对效率影响后的管理者能力分值:

$$\begin{aligned}FE={}&\alpha_0+\alpha_1 Size+\alpha_2 MS+\alpha_3 FCF+\alpha_4 Age+\\&\alpha_5 BHHI+\alpha_6 Foreign+\alpha_6 SOE+Year+\varepsilon\end{aligned} \tag{4}$$

式中,FE表示公司效率;Size表示公司规模;MS

为公司的市场份额；FCF 表示公司自由现金流；Age 表示公司上市年限的自然对数；BHHI 表示公司的业务集中度；Foreign 表示公司境外经营情况；SOE 表示公司的股权性质；Year 为公司对应年份的虚拟变量[31,32]。表 1 表示了本文涉及的主要变量及其定义。

表 1　主要变量定义

变量名称	变量符号	变量定义
公司效率	FE	基于数据包络分析(DEA)计算得到，1 个投入变量，6 个产出变量，见式(4)
管理者能力得分	MA	式(4)残差值按照从小到大的顺序分别赋值为 0.1 ~ 1 之间的十分位数
公司规模	Size	公司报告期末账面总资产的自然对数
市场份额	MS	公司主营业务收入/行业规模以上工业企业的主营业务收入
经营多元化	BHHI	公司本行业的业务集中度，本行业主营业务收入/公司主营业务收入
自由现金流	FCF	虚拟变量，自由现金流为正取值 1，否则取值 0
境外业务活动	Foreign	虚拟变量，有境外经营活动取值 1，否则取值 0
上市时长	Age	公司生命周期阶段，公司上市年度 +1 的自然对数
股权性质	SOE	虚拟变量，国有控股取值 1，否则取值 0
收益平滑	IS	过去 5 年净利润的波动程度除以现金流波动程度再乘(-1)，见式(1)
有效信息收益平滑	NDIS_IS	根据式(2)估计式(2)的拟合值
机会主义收益平滑	DIS_IS	根据式(2)估计式(2)的残差值
经营现金流净额	CFO	经营现金流净额/滞后总资产
总资产	TA	公司报告期期末账面总资产
资产负债率	LEV	总负债/总资产
账面市值比	BM	股东权益/公司市值
销售收入波动率	SV	过去 5 年销售收入/滞后总资产的标准差
亏损年比例	Loss	过去 5 年净利润为负的年份所占比例
经营周期	Opcycle	过去 5 年经营周期平均值 经营周期 = Ln[(应收账款/销售收入) ×360 + (存货/主营业务成本) ×360]
平均经营净现金流	AvgCFO	过去 5 年经营活动现金净流/滞后总资产的平均值
销售收入增长率	SG	(期末主营业务收入 - 期初主营业务收入)/期初主营业务收入
经营杠杆率	Oplev	(净利润 + 所得税 + 财务费用 + 固定成本)/(净利润 + 所得税费用 + 财务费用)
营业利润	Et	营业利润/滞后总资产
股票收益率	Rt	该年考虑现金红利再投资的累计股票回报率，$r_{i,t}=\frac{P_{i,t}}{P_{i,t-1}}-1$，$P_{i,t}$ 为股票 i 在 t 年的最后一个交易日的日收盘价格的可比价格
应计利润	XAC	(净利润 - 经营现金流)/年初公司市值
现金流	XCF	经营现金流/年初公司市值
管理能力	High	虚拟变量，根据管理者力得分进行排序，高于中位数取值为 1，否则取值为 0
分析师数量	Analyst	该年度对公司进行跟踪分析的证券公司分析师团队数量
机构投资者持股	Institution	该年度公司中机构持股的比例
研发比例	Research	虚拟变量，根据该年度公司研发费用/期末总资产的数值进行排序，高于中位数取值为 1，否则取值为 0

2.3 模型设定

2.3.1 管理者能力与收益平滑水平的回归模型

为了检验管理者能力和收益平滑之间关系的第一个假设,基于 Lang 等的模型[28,32]估计以下回归:

$$\begin{aligned} IS_{t,t+4} = &\beta_0 + \beta_1 MA - Score_t + \beta_2 Size_t + \\ &\beta_3 LEV_t + \beta_4 BM_t + \beta_5 SV_t + \beta_6 Loss_t + \\ &\beta_7 Opcycle_{i,t} + \beta_8 Oplev_t + \beta_9 Avg\ CFO_t + \\ &\beta_{10} SG_t + Firm\ FE + Industry\ FE + \\ &Year\ FE + \varepsilon_t \end{aligned} \quad (5)$$

式中,$IS_{t,t+4}$是 t 到$(t+4)$期间收入平滑的综合水平,管理者能力得分 MA - Score 是式(1)的残差按照从小到大的顺序分别赋值为 0.1 ~ 1 之间的十分位数所得。参考 Demerjian 等的做法[15],我们通过检验时间 t 的管理能力和未来的收入平滑之间的关系,以解决反向因果问题。在控制了与收益平滑相关的基本企业特征后,管理者能力系数(β_1)反映了管理能力对收益平滑的影响。基于对 H1 的论证,预测 β_1 的符号为正。同时我们控制了企业经营环境的基本特征和收入平滑的决定因素,包括公司规模、资产负债率、账面市值比、销售波动性、亏损的频率、运营周期、销售增长率、经营杠杆和平均现金净流。最后,我们还包括公司、行业和年度固定效应,以控制不随时间变化的公司特征和随时间变化的年度特征对结果的影响。

2.3.2 高能力管理者的收益平滑与当前盈余信息含量的回归模型

为了检验假设 2,即高能力管理者的平滑是否比低能力管理者的平滑更能提高未来业绩的盈余信息含量,本文借鉴 Baik 的方法[7]建立如下所示的回归模型:

$$\begin{aligned} CFO_{t+1} = &\gamma_0 + \gamma_1 E_t + \gamma_2 CFO_{t-1} + \gamma_3 IS_{t-4,t} + \\ &\gamma_4 IS_{t-4,t} \times E_t + \gamma_5 IS_{t-4,t} \times CFO_{t-1} + \\ &\gamma_6 High_t + \gamma_7 E_t \times High_t + \gamma_8 CFO_{t-1} \times \\ &High_t + \gamma_9 IS_{t-4,t} \times High_t + \gamma_{10} IS_{t-4,t} \times \\ &E_t \times High_t + \gamma_{11} IS_{t-4,t} \times CFO_{t-1} \times \\ &High_t + Firm\ FE + Industry\ FE + \\ &Year\ FE + \varepsilon_t \end{aligned} \quad (6)$$

式中,被解释变量 CFO_{t+1}是一年后的经营现金流除以滞后总资产。本文使用未来现金流而不是未来收益作为因变量,以确保研究结果不会被平滑的未来收益所影响,如果未来收益更可预测,那么平滑对当前收益的影响可能与未来收益的性质有关,而不是与当前收益的信息含量有关,而未来现金流则独立于未来收益。E_t 是 t 年的营业利润除以滞后总资产,同时包括上一年现金流(CFO_{t-1})以控制 t 年年初预期现金流的影响。$IS_{t,t+4}$是 t 到$(t+4)$期间收入平滑的综合度量。如果 MA - Score 高于其中值,则 High 等于 1,否则为 0。同时,我们还控制公司、行业和年度固定效应,如果收益平滑提高了当前收益预测未来现金流的能力,那么当前盈余和收益平滑之间相互作用的系数为正($IS_{t-4},t \times E_t$)。如果高能力管理者通过平滑比低能力管理者将更多前瞻性信息(即未来现金流)纳入当前收益,那么 γ_{10} 显著为正($IS_{t-4},t \times E_t{}^* High_t$)。

2.3.3 高能力管理者的收益平滑与当前股价预测能力的回归模型

为了检验假设 3,即高能力管理者的平滑是否比低能力管理者的平滑更能提高关于未来业绩的股价信息含量,我们参考 Tucker 和 Zarowin 的做法将净利润分解为应计利润和现金流两部分[1]并建立如下模型:

$$\begin{aligned} R_t = &\delta_0 + \delta_1 XAC_{t-1} + \delta_2 XAC_t + \delta_3 XAC_{t+1} + \\ &\delta_4 XCF_{t-1} + \delta_5 XCF_t + \delta_6 XCF_{t+1} + \delta_7 R_{t+1} + \\ &\delta_8 IS_{t-4,t} + \delta_9 IS_{t-4,t} \times XAC_{t-1} + \delta_{10} IS_{t-4,t} \times \\ &XAC_t + \delta_{11} IS_{t-4,t} \times XAC_{t+1} + \delta_{12} IS_{t-4,t} \times \\ &XCF_{t-1} + \delta_{13} IS_{t-4,t} \times XCF_t + \delta_{14} IS_{t-4,t} \times \\ &XCF_{t+1} + \delta_{15} IS_{t-4,t} \times R_{t+1} + \delta_{16} High_t + \\ &\delta_{17} High_t \times XAC_{t-1} + \delta_{18} High_t \times XAC_t + \\ &\delta_{19} High_t \times XAC_{t+1} + \delta_{20} High_t \times XCF_{t-1} + \\ &\delta_{21} High_t \times XCF_t + \delta_{22} High_t \times XCF_{t+1} + \\ &\delta_{23} High_t \times R_{t+1} + \delta_{24} IS_{t-4,t} \times High_t + \\ &\delta_{25} IS_{t-4,t} \times High_t \times XAC_{t-1} + \delta_{26} IS_{t-4,t} \times \\ &High_t \times XAC_t + \delta_{27} IS_{t-4,t} \times High_t \times \\ &XAC_{t+1} + \delta_{28} IS_{t-4,t} \times High_t \times XCF_{t-1} + \\ &\delta_{29} IS_{t-4,t} \times High_t \times XCF_t + \delta_{30} IS_{t-4,t} \times \\ &High_t \times XCF_{t+1} + \delta_{31} IS_{t-4,t} \times High_t \times \end{aligned}$$

$$R_{t+1} + Size + Sales\ Volatility + Analyst + Institution + Firm\ FE + Industry\ FE + Year\ FE + \varepsilon_t \quad (7)$$

式中，R_t 是本年度考虑现金红利再投资的累计股票回报率；XAC_t 和 XCF_t 分别是第 t 年的应计利润和经营现金净流，并按年初公司市值进行修正；R_{t+1}是第$(t+1)$年的考虑现金红利再投资的累计股票回报率，包括在内是为了控制未来发生的影响；XCF_{t+1}是在第 t 年期末没有预期到的事件所产生的测量误差。由于公司的某些特征和公司信息环境会影响股价的信息含量，因此在回归中加入公司规模、收益波动性、跟踪公司的分析师数量和机构投资者持股比例等变量，同时控制公司、行业和年份的固定效应。此外，本文研究未来现金流而不是未来收益，能够避免未来收益平滑对结果的影响以提高准确性。根据 Dechow 的研究，在以当前股票收益为因变量的回归中使用未来收益作为未来业绩的衡量标准时，未来收益系数反映了当前股票收益反映未来收益信息的能力，通常称为未来收益反应系数（FERC）。因此，我们主要检验未来现金流、收益平滑和管理能力三者之间相互作用的系数（δ_{30}），因为这个系数直接反映了高能力管理者的平滑影响关于未来现金流的股价信息含量的渠道。我们预测 δ_{30} 显著为正。

3. 实证研究分析与政策建议

3.1 描述性统计分析

表 2 为主要变量的描述性统计，管理者能力得分的平均值为 0.005，标准差为 0.11，说明我国资本市场上不同上市公司管理者能力存在一定差异；未来 5 年收益平滑 $IS_{t,t+4}$的均值为 -1.130，过去 5 年收益平滑 $IS_{t-4,t}$ 的均值为 -0.740，将 $IS_{t-4,t}$分解之后，NDIS 的均值为 -0.760，而 DIS 的均值为 0.023，标准差分别为 1.470、0.710、0.350和 0.655，说明沪深 A 股上市公司收益平滑也存在较大差异；营业利润均值为 0.07，标准差为 0.15，股票收益率的均值为 0.19，标准差为 0.53，这说明企业的盈利能力和经营业绩存在不同。此外其他控制变量的分布和现有研究基本一致。

表 2 描述性统计

变量	N	mean	sd	min	max
FE	3 057	0.960	0.010	0.930	1.000
MA - Score	3 057	0.005	0.110	-0.020	0.030
$IS_{t,t+4}$	3 057	-1.130	1.470	-9.640	-0.050
$IS_{t-4,t}$	3 057	-0.740	0.710	-4.200	-0.050
NDIS	3 057	-0.760	0.350	-1.750	-0.040
DIS	3 057	0.023	0.655	-3.718	1.115
Size	3 057	22.490	1.300	20.340	26.650
LEV	3 057	0.420	0.190	0.070	0.840
BM	3 057	0.590	0.230	0.130	1.080
Sales Volatility	3 057	0.480	0.660	0.010	2.370
Loss	3 057	0.030	0.080	0.000	0.400
Opcycle	3 057	5.110	0.760	2.990	6.850
SG	3 057	0.240	0.390	-0.330	2.500
Opleverage	3 057	1.500	0.550	1.030	4.380
AvgCFO	3 057	0.060	0.070	-0.130	0.310
E_t	3 057	0.070	0.150	0.000	0.260
CFO_{t+1}	3 057	0.070	0.100	-0.220	0.410
CFO_{t-1}	3 057	0.050	0.060	-0.140	0.210
XAC_{t-1}	3 057	0.010	0.041	-0.090	0.130
XAC_t	3 057	0.012	0.040	-0.110	0.140
XAC_{t+1}	3 057	0.013	0.042	-0.140	0.130
XCF_{t-1}	3 057	0.020	0.043	-0.090	0.130
XCF_t	3 057	0.030	0.041	-0.100	0.170
XCF_{t+1}	3 057	0.035	0.040	-0.100	0.170
R_t	3 057	0.190	0.530	-0.510	2.300
R_{t+1}	3 057	0.160	0.550	-0.600	2.210
High	3 057	0.500	0.500	0.000	1.000
Analyst	3 057	2.190	0.840	0.690	3.760
Institution	3 057	30.210	24.320	0.090	83.480

3.2 组间均值差异检验

表 3 报告了高能力管理者和低能力管理者所在公司各个变量的均值及差异。高能力管理者所在公司的收益平滑显著高于低能力管理者，与 H1 的假设一致，即管理者能力与收益平滑存在正相关关系；同时，高能力管理者无论是有效信息收益平滑还是机会主义收益平滑均显著高于低能力管理者，这进一步说明高能力管理者更乐于进行收

益平滑。拥有高能力管理者公司的特点是公司效率较高、规模较大、杠杆率较高、业务波动较大、公司业绩较高(销售收入增长、平均现金净流、亏损年份比例、经营周期、营业利润和股票收益率),而账面市值比和经营杠杆率较低。

表3　组间均值差异检验

变量	低能力管理者($N=1\ 528$)	高能力管理者($N=1\ 529$)	差异
Variable	Mean	Mean	
FE	0.950	0.965	0.015***
MA - Score	-0.007	0.008	0.015***
$IS_{t,t+4}$	-1.287	-1.119	0.168*
$IS_{t-4,t}$	-0.818	-0.756	0.062*
NDIS	-0.758	-0.748	0.011*
DIS	-0.027	0.027	0.055**
Size	22.490	22.500	0.013*
LEV	0.417	0.423	0.007*
BM	0.595	0.580	-0.015*
Sales Volatility	0.503	0.681	0.179**
Loss	0.029	0.027	-0.002*
Opcycle	5.183	5.036	-0.147***
SG	0.272	1.701	1.429*
Opleverage	1.614	1.530	-0.083*
AvgCFO	0.059	0.063	0.004*
E_t	0.061	0.080	0.019***
CFO_{t+1}	0.070	0.073	0.003*
CFO_{t-1}	0.045	0.049	0.004*
XAC_{t-1}	0.003	0.008	0.005***
XAC_t	0.002	0.011	0.010***
XAC_{t+1}	-0.003	0.001	0.004**
XCF_{t-1}	0.024	0.025	0.001
XCF_t	0.031	0.032	0.001
XCF_{t+1}	0.030	0.032	0.002*
R_t	0.192	0.206	0.015*
R_{t+1}	0.178	0.155	-0.023*
Analyst	2.175	2.202	0.027*
Institution	28.52	31.96	3.435***

注:***、**、*分别表示系数在1%、5%、10%的水平上显著。

3.3　相关性分析

表4为收益平滑和管理者能力之间的皮尔逊相关系数,管理者能力和未来5年收益平滑、过去5年收益平滑、有效信息收益平滑和机会主义收益平滑的相关系数分别为0.02、0.25、0.09和0.05,均在1%的水平上显著为正,表明管理者能力越高,收益平滑程度越高,见表4。

表4　收益平滑和管理者能力相关性

变量	MA - Score	ISt,t+4	ISt-4,t	NDIS	DIS
MA - Score	1.00				
$IS_{t,t+4}$	0.02*	1.00			
$IS_{t-4,t}$	0.25*	0.22*	1.00		
NDIS	0.09*	0.15*	0.39*	1.00	
DIS	0.05*	0.18*	0.92*	0.01*	1.00

注:*表示在0.01的水平上显著。

表5、表6、表7分别为式(5)、式(6)、式(7)中主要变量之间的皮尔逊相关系数,可以发现主要变量不存在高度共线性。如表5所示,管理者能力和未来5年收益平滑的相关系数为0.02,在1%的水平上显著为正,说明管理者能力越高,收益平滑程度越高,与假设1一致;如表6所示,营业利润E_t、盈余平滑IS和管理者能力High的乘积和未来现金流CFO_{t+1}的相关系数为0.49,在1%的水平上显著为正,表明高能力管理者的盈余平滑提高了当前盈余关于未来现金流的信息含量,与假设2a一致;如表7所示,未来现金流CFO_{t+1}、收益平滑IS和管理者能力High的乘积和股票收益率的相关系数为0.01,在1%的水平上不显著,而未来现金流CFO_{t+1}、有效信息收益平滑NDIS和管理者能力High的乘积和股票收益率的相关系数为0.12,在1%的水平上显著为正,未来现金流CFO_{t+1}、机会主义收益平滑DIS和管理者能力High的乘积和股票收益率的相关系数为-0.11,在1%的水平上显著为负,这表明高能力管理者的整体盈余平滑对当前股价关于未来现金流的信息含量并无显著影响,但其有效信息盈余平滑和机会主义盈余平滑对当前股价的信息含量分别具有显著的增加和减少作用,与假设3一致。

表 5 式(5)中主要变量的相关性

变量	$IS_{t,t+4}$	MA – Score	Size	LEV	BM	SV	Loss	Opcycle
$IS_{t,t+4}$	1.000							
MA – Score	0.02*	1.00						
Size	0.05	0.01	1.00					
LEV	0.09*	0.04	0.62*	1.00				
BM	0.11*	–0.04	0.55*	0.49*	1.00			
SV	0.08*	0.08*	–0.02	0.03	0.12*	1.00		
Loss	–0.11*	0.03	0.07*	0.17*	0.08*	0.04	1.00	
Opcycle	–0.06*	–0.10*	–0.22*	–0.08*	–0.13*	–0.10*	–0.01	1.00
SG	–0.08*	0.08*	–0.06*	–0.01	–0.06*	0.07*	0.10*	0.06*
Oplev	0.01	–0.16*	0.08*	0.12*	0.17*	–0.05*	0.17*	–0.13*
AvgCFO	–0.01	0.02	0.10*	–0.19*	–0.18*	0.06*	–0.12*	–0.40*
变量	SG	Oplev	AvgCFO					
$IS_{t,t+4}$								
MA – Score								
Size								
LEV								
BM								
SV								
Loss								
Opcycle								
SG	1.00							
OpLev	–0.16*	1.00						
AvgCFO	–0.05	–0.05	1.00					

注:* 表示在 0.01 的水平上显著。

表 6 式(6)中主要变量的相关性

变量	CFO_{t+1}	E_t	CFO_{t-1}	$IS_{t-4,t}$	IS × E_t	IS × CFO_{t-1}	High	E_t × High	CFO_{t-1} × High
CFO_{t+1}	1.00								
E_t	0.45*	1.00							
CFO_{t-1}	0.22*	0.19*	1.00						
$IS_{t-4,t}$	–0.03	–0.08*	–0.03	1.00					
IS × E_t	–0.08*	–0.70*	–0.12*	0.51*	1.00				
IS × CFO_{t-1}	–0.14*	–0.22*	–0.50*	0.54*	0.55*	1.00			
High	0.01	0.08*	0.03	0.02	–0.05*	–0.04*	1.00		
E_t × High	0.000	0.65*	0.16*	–0.07*	–0.63*	–0.19*	0.43*	1.00	
CFO_{t-1} × High	0.14*	0.16*	0.71*	–0.03*	–0.11*	–0.36*	0.43*	0.35*	1.00
IS × High	–0.02	–0.15*	–0.07*	0.38*	0.34*	0.30*	–0.49*	–0.36*	–0.27*

续表 6

变量	CFO_{t+1}	E_t	CFO_{t-1}	$IS_{t-4,t}$	$IS\times E_t$	$IS\times CFO_{t-1}$	High	$E_t\times High$	$CFO_{t-1}\times High$
$IS\times E_t\times High$	0.13*	−0.56*	−0.09*	0.19*	0.81*	0.27*	−0.22*	−0.81*	−0.19*
$IS\times CFO_{t-1}\times High$	−0.11*	−0.23*	−0.45*	0.20*	0.34*	0.60*	−0.38*	−0.42*	−0.67*

	$IS\times High$	$IS\times E_t\times High$	$IS\times CFO_{t-1}\times High$						
CFO_{t+1}									
E_t									
CFO_{t-1}									
$IS_{t-4,t}$									
$IS\times E_t$									
$IS\times CFO_{t-1}$									
High									
$E_t\times High$									
$CFO_{t-1}\times High$									
$IS\times High$	1.00								
$IS\times E_t\times High$	0.49*	1.00							
$IS\times CFO_{t-1}\times High$	0.60*	0.47*	1.00						

注：* 表示在 0.01 的水平上显著。

表 7　式(7)中主要变量的相关性

变量	R_t	XCF_{t+1}	High	IS	NDIS	DIS	$IS\times XCF_{t+1}$	$NDIS\times XCF_{t+1}$	$DIS\times XCF_{t+1}$
R_t	1.00								
XCF_{t+1}	−0.03	1.00							
High	0.01	0.01	1.00						
IS	0.01	0.01	0.02	1.00					
NDIS	−0.06*	−0.06*	−0.05*	0.20*	1.00				
DIS	0.04*	0.05*	0.04*	0.60*	0.00	1.00			
$IS\times XCF_{t+1}$	0.03	−0.52*	−0.02	0.54*	0.19*	0.35*	1.00		
$NDIS\times XCF_{t+1}$	0.03	−0.93*	−0.03	0.02	0.24*	−0.05*	0.58*	1.00	
$DIS\times XCF_{t+1}$	0.02	0.32*	0.00	0.29*	−0.02	0.51*	0.45*	−0.32*	1.00
$IS\times XCF_{t+1}\times H$	0.01	−0.34*	−0.29*	0.15*	0.18*	0.22*	0.68*	0.43*	0.44*
$NDIS\times XCF_{t+1}\times H$	0.12*	−0.49*	−0.42*	0.02	0.23*	−0.03	0.44*	0.61*	−0.06*
$DIS\times XCF_{t+1}\times H$	−0.11*	0.05*	0.04*	0.19*	0.01	0.37*	0.46*	−0.06*	0.71*

续表 7

变量	R_t	XCF_{t+1}	High	IS	NDIS	DIS	IS × XCF_{t+1}	NDIS × XCF_{t+1}	DIS × XCF_{t+1}
R_t									
XCF_{t+1}									
High									
IS									
NDIS									
DIS									
IS × XCF_{t+1}									
NDIS × XCF_{t+1}									
变量	IS × XCF_{t+1} × H	NDIS × XCF_{t+1} × H	DIS × XCF_{t+1} × H						
IS × XCF_{t+1} × H	1.00								
NDIS × XCF_{t+1} × H	0.70*	1.00							
DIS × XCF_{t+1} × H	0.60*	-0.09*	1.00						

注：* 表示在 0.01 的水平上显著。

3.4 回归分析

3.4.1 管理者能力与收益平滑的回归结果分析

如表 8 所示，在控制了可能影响收益平滑的基本公司特征以及公司、行业和年度固定效应后，第(1)列报告了全部样本的回归结果，我们发现 β_1 为 0.051 但不显著；第(2)列检验了国有企业中管理者能力和收益平滑的关系，MA - Score 系数为正且同样不显著；第(3)列报告了民营企业中管理者能力对收益平滑的影响，结果仍然不显著；第(4)列的回归中我们加入了衡量民营企业发展质量的虚拟变量研发比例以及它与管理者能力得分的交乘项，结果显示乘积项系数等于 0.479，在 10% 的水平上显著为正，表明相对于发展环境不确定性较高、容易操纵业绩冲销亏损的民企而言，质地较好、研发比例较高的优质民企中的管理者才具有较强的收益平滑动机，管理者能力和收益平滑才存在显著的正相关关系；而国企可能是受到高管任期的影响，平滑动机并不大。上述结果部分验证了假设 1，即我国资本市场中并非所有公司的高能力管理者均会来带来更大的收益平滑，不同企业存在较大差别。

3.4.2 高能力管理者的收益平滑对当前收益关于未来现金流信息含量的影响的回归结果分析

如表 9 所示，报告了高能力管理者的收益平滑与当前收益关于未来现金流的信息含量的回归结果，并控制了公司、行业和年度固定效应。在第(1)列的回归中，没有加入收益平滑、管理者能力及其相互作用，发现当前盈余和滞后现金流的系数均显著为正；在第(2)列回归中包含收益平滑及相互作用时，发现收益平滑和当前盈余的乘积项系数为 0.042，在 1% 的水平上显著为正，表明收益平滑提高了当前收益预测未来现金流的能力；在第(3)列模型中加入管理者能力及其相互作用变量时，发现高能力管理者、收益平滑和当前盈余的乘积项系数为 0.123，在 1% 的水平上显著为正，这表明高能力管理者的平滑改善了当前收益关于未来现金流的信息含量。相比之下，$IS_{t-4,t} \times E_t$ 的系数为 0.027，但并不显著，表明低能力管理者的平滑对盈余信息含量并无显著影响，这与美国资本市场的研究结论有所不同。研究结论证明了假设 H2a 是正确的。

表 8　管理者能力对收益平滑的影响

变量	$IS_{t,t+4}$							
	(1)全样本		(2)国企		(3)民企		(4)民企质量	
	Coefficient	t – value	Coefficient	t – value	Coefficient	t – value	Coefficient	t – value
MA – Score	0.051	(0.46)	0.217	(1.45)	0.002	(0.01)	-0.202	(-1.07)
Research							-0.105	(-0.57)
MA × Research							0.479*	(1.72)
TA	-0.038	(-0.89)	-0.065*	(-1.87)	-0.104	(-1.54)	-0.100	(-1.48)
LEV	0.568**	(2.29)	0.208	(0.61)	0.700**	(2.05)	0.736**	(2.16)
BM	0.317	(1.42)	0.294	(1.20)	0.202	(0.63)	0.254	(0.80)
Sales Volatility	0.015	(0.14)	0.052	(0.47)	0.066	(0.51)	0.0810	(0.61)
Loss	-1.976***	(-3.60)	-1.080**	(-2.19)	-2.617***	(-2.95)	-2.561***	(-2.93)
Opcycle	-0.064	(-1.03)	0.0250	(0.42)	-0.067	(-0.76)	-0.0630	(-0.71)
SG	-0.197**	(-2.31)	-0.0400	(-0.36)	-0.200*	(-1.84)	-0.194*	(-1.78)
Opleverage	-0.002	(-0.03)	0.055	(0.68)	-0.055	(-0.43)	-0.0440	(-0.35)
AvgCFO	-0.093	(-0.18)	-0.587	(-0.91)	0.366	(0.50)	0.157	(0.22)
cons	-0.402	(-0.37)	-0.906	(-0.82)	1.324	(0.85)	1.254	(0.79)
Firm FE	Included		Included		Included		Included	
Industry FE	Included		Included		Included		Included	
Year FE	Included		Included		Included		Included	
N	3 057		965		2 092		2 092	
R^2	0.063		0.074		0.085		0.087	

注：系数标准误在公司层面进行了聚类，***、**、*分别表示系数在1%、5%、10%的水平上显著。

表 9　高能力管理者的收益平滑对当前收益关于未来现金流的信息含量影响

变量	CFO_{t+1}					
	(1)		(2)		(3)	
	Coefficient	t – value	Coefficient	t – value	Coefficient	t – value
E_t	0.527***	(9.51)	0.611***	(11.16)	0.541***	(8.49)
CFO_{t-1}	0.429***	(10.09)	0.320***	(6.77)	0.441***	(6.84)
IS			0.014***	(4.90)	0.016***	(5.16)
IS × E_t			0.042**	(2.07)	-0.028	(-1.02)
IS × CFO_{t-1}			-0.165***	(-4.60)	-0.034	(-0.63)
High					-0.006	(-0.91)
E_t × High					0.403	(1.11)
CFO_{t-1} × High					-0.217***	(-2.81)
IS × High					-0.004	(-1.19)
IS × E_t × High					0.123***	(2.73)
IS × CFO_{t-1} × High					-0.264***	(-3.44)
cons	-0.021	(-1.21)	-0.010	(-0.57)	-0.006	(-0.33)

续表 9

变量	CFO_{t+1}					
	(1)		(2)		(3)	
	Coefficient	t - value	Coefficient	t - value	Coefficient	t - value
Firm FE	Included	Included	Included			
Industry FE	Included	Included	Included			
Year FE	Included		Included		Included	
N	3 057		3 057		3 057	
R^2	0.278		0.293		0.299	

注:系数标准误在公司层面进行了聚类,***、**、*分别表示系数在1%、5%、10%的水平上显著。

为了分析该回归结果的经济意义,我们通过使用High的最低和最高值(即0/1)和$IS_{t-4,t}$的最低和最高值(即-4.2/-0.05)以及表10第(3)列中的估计系数来计算当前收益的估计系数。低能力/低平滑水平的估计系数为0.659(0.541+0.027×4.2),低能力/高平滑水平的估计系数为0.542(0.541+0.028×0.05),高能力/低平滑水平的估计系数为0.545(0.541+0.028×4.2+0.403-4.2×0.123),高能力/高平滑水平的估计系数为0.939(0.541+0.028×0.05+0.403-0.05×0.123)。因此,高能力管理者通过收益平滑将当前收益和未来现金流之间的关系(即E_t的系数)增加了0.394(即72%),而低能力管理者则减少了0.117(即18%)。在收益平滑的最高值,高能力管理者的当前收益和未来现金流之间的关系(0.939)比低能力管理者的(0.542)大73%。综上所述,结果表明,收益平滑是高能力管理者传达其关于未来现金流的私人信息的重要渠道。

3.4.3 高能管理者的收益平滑对当前股价关于未来现金流的信息含量影响的回归结果分析

为检验假设3,即高能力管理者的收益平滑比低能力管理者的收益平滑更能提高股价信息含量,我们对股票收益率和收益平滑进行了回归,结果发现$IS \times CFO_{t+1} \times High$的系数并不显著,因而在表10和表11中分别报告了股票收益率和有效信息收益平滑及机会主义收益平滑的回归结果,并控制了公司、行业和年度固定效应。

如表10所示,我们在第(1)列进行了一个简单回归,发现本期经营净现金流(XCF_t)和未来经营净现金流(XCF_{t+1})分别在1%和10%的水平上显著为正,而滞后经营净现金流(XCF_{t-1})和未来股票回报(R_{t+1})的系数显著为负,与国外研究的结果一致;在第(2)列中,有效信息收益平滑与未来现金流乘积项($NDIS_{t-4,t} \times XCF_{t+1}$)的系数在10%的水平上显著负相关,而有效信息收益平滑与未来应计利润乘积项($NDIS_{t-4,t} \times XAC_{t+1}$)的相关系数为正但并不显著;在第(3)列中,$NDIS_{t-4,t} \times XCF_{t+1} \times High_t$的回归系数为1.668,在10%的水平上显著为正,这意味着当高能力管理者进行更平稳的有效信息收益平滑时,股票价格更好地预测了未来的现金流,验证了假设H3b。相比之下,$NDIS_{t-4,t} \times XCF_{t+1}$的系数为负且在10%的水平上显著,表明低能力管理者的有效信息平滑降低了股票价格预测未来现金流的能力。这一结果说明在研究收益平滑对于股价关于未来现金流的信息含量时考虑管理者能力的重要性。

为了评估这些结果的经济意义,我们通过使用High的最低和最高值(即0/1)和$IS_{t-4,t}$的最低和最高值(即-4.2/-0.05)以及表11第(3)列中的估计系数来计算未来现金流的估计系数。低能力/低有效信息收益平滑水平的估计系数为2.583(1.256+0.316×4.2),低能力/高有效信息收益平滑水平的估计系数为1.272(1.256+0.316×0.05),高能力/低有效信息收益平滑水平的估计系数为-2.722(1.256+0.316×4.2+1.7-4.2×1.668),高能力/高有效信息收益平滑水平的估计系数为2.888(1.256+0.316×0.05+1.7-0.05×1.668)。因此,高能力管理者通过有效信息收益平滑将当前股价和未来现金流之间的关系(即CFO_{t+1}的系数)增加了5.610(即206%),而低能力管理者则将其减少1.311(即51%)。在有效信息收益平滑的最高值,高能力管理者的当前股价和未来现金流之间的关系(2.888)比低能力管理者的(1.272)增加了127%;而在有效信息收益平滑的最低值,高能力管理者比低能力管理者对于股价信息含量的影响减少了205%(5.305)。

表 10 高能力管理者的有效信息收益平滑对当前股价关于未来现金流的信息含量影响

变量	R_t					
	(1)		(2)		(3)	
	Coefficient	t - value	Coefficient	t - value	Coefficient	t - value
XAC_{t-1}	-4.670***	(-11.09)	-6.877***	(-7.87)	-7.027***	(-6.06)
XACt	5.556***	(10.46)	5.664***	(9.13)	5.902***	(9.58)
XAC_{t+1}	0.329	(1.15)	0.394	(0.67)	-0.437	(-0.73)
XCF_{t-1}	-4.416***	(-9.96)	-6.251***	(-7.12)	-5.697***	(-4.75)
XCF_t	6.322***	(11.75)	6.022***	(9.23)	6.371***	(10.15)
XCF_{t+1}	0.447*	(-1.34)	-0.483	(-1.09)	1.256**	(-2.28)
R_{t+1}	-0.142***	(-7.16)	-0.163***	(-3.80)	-0.143***	(-2.73)
NDIS			0.016	(0.31)	0.032	(0.44)
NDIS × XAC_{t-1}			-2.553***	(-2.95)	-2.823**	(-2.05)
NDIS × XAC_t			0.229	(0.59)	-0.134	(-0.17)
NDIS × XAC_{t+1}			0.118	(0.21)	-0.607	(-1.32)
NDIS × XCF_{t-1}			-1.971**	(-2.32)	-1.736	(-1.22)
NDIS × XCF_t			-0.221	(-0.55)	-0.678**	(-2.32)
NDIS × XCF_{t+1}			-0.022*	(-0.09)	-0.316*	(-1.49)
NDIS × R_{t+1}			-0.032	(-0.62)	-0.024	(-0.35)
High					-0.029	(-0.49)
High × XAC_{t-1}					-2.031	(-1.14)
High × XAC_t					2.490***	(3.14)
High × XAC_{t+1}					1.234	(1.39)
High × XCF_{t-1}					-3.652**	(-2.10)
High × XCF_t					2.195**	(2.30)
High × XCF_{t+1}					1.700*	(1.86)
R_{t+1} × High					-0.045	(-0.73)
NDIS × High					-0.055	(-0.69)
NDIS × XAC_{t-1} × High					-1.389	(-0.70)
NDIS × XAC_t × High					2.742***	(2.61)
NDIS × XAC_{t+1} × High					1.429	(1.29)
NDIS × XCF_{t-1} × High					-3.049	(-1.54)
NDIS × XCF_t × High					2.678***	(3.93)
NDIS × XCF_{t+1} × High					1.668*	(1.66)
NDIS × R_{t+1} × High					-0.020	(-0.22)
Analyst	0.023**	(2.47)	0.022**	(2.27)	0.020**	(2.07)
Institution	-0.001**	(-2.53)	-0.001**	(-2.52)	-0.001**	(-2.34)
Size	-0.042***	(-6.06)	-0.043***	(-6.27)	-0.043***	(-6.30)
Sale Svolatility	-0.039	(-1.30)	-0.048*	(-1.69)	-0.045	(-1.58)

续表 10

变量	R_t					
	(1)		(2)		(3)	
	Coefficient	t − value	Coefficient	t − value	Coefficient	t − value
cons	0.542***	(3.60)	0.568***	(3.55)	0.565***	(3.43)
Firm FE	Included		Included		Included	
Industry FE	Included		Included		Included	
Year FE	Included		Included		Included	
N	3 057		3 057		3 057	
R^2	0.433		0.435		0.438	

注：系数标准误在公司层面进行了聚类，***、**、*分别表示系数在1%、5%、10%的水平上显著。

表11报告了管理者的机会主义盈余平滑对当前股价关于未来现金流的信息含量的影响结果。在第(2)列中，机会主义收益平滑与未来现金流乘积项($DIS_{t-4,t} \times XCF_{t+1}$)的系数为负但不显著，与未来应计利润乘积项($DIS_{t-4,t} \times XAC_{t+1}$)的相关系数为正但显著；在第(3)列中，$DIS_{t-4,t} \times XCF_{t+1} \times High_t$ 的回归系数为 −1.21，在10%的水平上显著为负，这意味着高能力管理者进行机会主义收益平滑时，股票价格反映更少的未来现金流信息，验证了假设H3c。同时 $DIS_{t-4,t} \times XCF_{t+1}$ 的系数为负但并不显著。

为了评估这些结果的经济意义，我们通过使用High的最低和最高值(即0/1)和 $IS_{t-4,t}$ 的最低和最高值(即 −4.2/ −0.05)以及表11第(3)列中的估计系数来计算未来现金流的估计系数。低能力/低机会主义收益平滑水平的估计系数为 −4.324($0.204 - 1.078 \times 4.2$)，低能力/高机会主义平滑水平的估计系数为0.150($0.204 - 1.078 \times 0.05$)，高能力/低机会主义收益平滑水平的估计系数为0.853($0.204 - 1.078 \times 4.2 + 0.095 + 4.2 \times 1.21$)，高能力/高机会主义收益平滑水平的估计系数为0.306($0.204 - 1.078 \times 0.05 + 0.095 + 0.05 \times 1.21$)。因此，高能力管理者的机会主义收益平滑将当前股价和未来现金流之间的关系(即 CFO_{t+1} 的系数)减少了0.547(即64%)，而低能力管理者则使其增加了4.474(即103%)。在机会主义收益平滑的最高值，高能力管理者的当前股价和未来现金流之间的关系(0.306)比低能力管理者的(0.150)大104%；而在机会主义收益平滑的最低值，高能力管理者比低能力管理者对于股价信息含量的影响增加了120%(5.177)。这说明高能力管理者的机会主义收益平滑是维护私利的工具，对股价的信息含量并未产生增量作用；尽管如此，高能力管理者的机会主义收益平滑仍然比低能力管理者包含更多的未来收益信息。

3.5 进一步检验

为进一步增强结果的准确性，根据企业信息环境的优劣对全部样本进行了分组检验，通过分析师跟踪数量和机构投资者持股比例衡量企业信息透明程度。表12表示了信息环境对收益平滑与当前收益关于未来业绩的信息含量的影响，第(1)列和第(3)列信息透明度高的两组中，$IS \times E_t \times High$ 系数分别为0.009和0.047，且均不显著；第(2)列和第(4)列信息透明度低的两组中，$IS \times E_t \times High$ 系数分别为0.165和0.097，且在1%和10%的水平上显著为正。该结果表明，企业信息不对称程度越高，高能力管理者的收益平滑对当前收益关于未来现金流信息含量的影响越大，其正相关关系越显著。这说明高能力管理者的收益平滑是信息传递的重要渠道，可以弥补资本市场中相关信息的不足。

表 11　高能力管理者的机会主义收益平滑对当前股价关于未来现金流的信息含量影响

变量	R_t					
	(1)		(2)		(3)	
	Coefficient	t - value	Coefficient	t - value	Coefficient	t - value
XAC$_{t-1}$	-2.090***	(-4.62)	-2.186***	(-5.07)	-3.057***	(-5.32)
XAC$_t$	1.732***	(3.24)	1.891***	(3.92)	2.914***	(4.82)
XAC$_{t+1}$	1.117***	(5.31)	1.051***	(5.19)	0.957***	(3.55)
XCF$_{t-1}$	-1.570***	(-3.07)	-1.773***	(-3.39)	-2.106***	(-3.32)
XCF$_t$	2.102***	(3.50)	2.345***	(3.79)	2.880***	(4.65)
XCF$_{t+1}$	0.485***	(2.92)	0.376**	(1.97)	0.204	(0.90)
R_{t+1}	-0.143***	(-7.59)	-0.142***	(-7.54)	-0.121***	(-5.35)
DIS			0.094***	(4.50)	0.117***	(4.37)
DIS × XAC$_{t-1}$			-0.530	(-1.09)	-0.640	(-0.89)
DIS × XAC$_t$			-1.004**	(-2.06)	-1.611**	(-2.25)
DIS × XAC$_{t+1}$			0.125	(0.45)	0.545**	(2.00)
DIS × XCF$_{t-1}$			-0.172	(-0.20)	-0.081	(-0.08)
DIS × XCF$_t$			-1.200	(-1.46)	-2.486**	(-2.46)
DIS × XCF$_{t+1}$			0.368	(0.99)	-1.078	(2.24)
DIS × R_{t+1}			0.023	(1.18)	-0.012	(-0.44)
High					0.009	(0.33)
High × XAC$_{t-1}$					1.004	(1.25)
High × XAC$_t$					-1.006	(-1.12)
High × XAC$_{t+1}$					0.003	(0.01)
High × XCF$_{t-1}$					-0.134	(-0.15)
High × XCF$_t$					0.060	(0.06)
High × XCF$_{t+1}$					0.095	(0.22)
R_{t+1} × High					-0.042	(-1.56)
DIS × High					-0.054	(-1.32)
DIS × XAC$_{t-1}$ × High					0.405	(0.42)
DIS × XAC$_t$ × High					1.134	(1.27)
DIS × XAC$_{t+1}$ × High					-1.011*	(-1.71)
DIS × XCF$_{t-1}$ × High					0.864	(0.50)
DIS × XCF$_t$ × High					1.261	(0.76)
DIS × XCF$_{t+1}$ × High					-1.210*	(-1.66)
DIS × R_{t+1} × High					0.082*	(1.88)
Analyst	0.041***	(4.06)	0.045***	(4.38)	0.043***	(4.22)
Institution	-0.001**	(-2.40)	-0.001**	(-2.37)	-0.001**	(-2.29)
Size	-0.046***	(-5.86)	-0.048***	(-6.14)	-0.048***	(-6.13)
Sales Volatility	-0.003	(-0.80)	-0.002	(-0.58)	-0.002	(-0.58)
cons	0.579***	(3.46)	0.603***	(3.63)	0.595***	(3.61)

续表 11

变量	R_t					
	(1)		(2)		(3)	
	Coefficient	t – value	Coefficient	t – value	Coefficient	t – value
Firm FE	Included		Included		Included	
Industry FE	Included		Included		Included	
Year FE	Included		Included		Included	
N	3 057		3 057		3 057	
R^2	0.386		0.391		0.392	

注:系数标准误在公司层面进行了聚类,***、**、*分别表示系数在1%、5%、10%的水平显著。

表 12 信息环境对收益平滑与当前收益信息含量的影响

变量	CFO_{t+1}							
	(1) Analyst_M		(2) Analyst_L		(3) Institution_M		(4) Institution_L	
	Coefficient	t – value	Coefficient	t – value	Coefficient	t – value	Coefficient	t – value
E_t	0.532***	(4.80)	0.527***	(6.64)	0.525***	(6.23)	0.547***	(6.64)
CFO_{t-1}	0.352***	(3.33)	0.532***	(6.24)	0.428***	(5.24)	0.454***	(4.51)
IS	0.019***	(4.16)	0.011**	(2.26)	0.014***	(3.03)	0.015***	(3.15)
IS × E_t	0.044	(0.81)	−0.050***	(−2.96)	0.013	(0.33)	−0.027	(−0.95)
IS × CFO_{t-1}	−0.183*	(−1.89)	0.092	(0.67)	−0.114**	(−1.98)	0.044	(0.38)
High	−0.012	(−1.07)	−0.001	(−0.13)	0.006	(0.69)	−0.010	(−1.24)
E_t × High	0.103	(0.68)	0.144	(1.38)	0.134	(1.33)	0.004	(0.03)
CFO_{t-1} × High	−0.119	(−0.86)	−0.323***	(−3.47)	−0.294***	(−3.02)	−0.145	(−1.13)
IS × High	−0.003	(−0.31)	−0.003	(−0.96)	0.006	(0.91)	−0.002	(−0.67)
IS × E_t × High	0.009	(0.11)	0.165***	(3.66)	0.047	(0.90)	0.097*	(1.73)
IS × CFO_{t-1} × High	−0.118	(−0.81)	−0.316**	(−2.21)	−0.287***	(−3.00)	−0.275**	(−2.00)
cons	0.019***	(0.21)	−0.018	(−0.68)	−0.013	(−0.37)	0.004	(0.18)
Firm FE	Included		Included		Included		Included	
Industry FE	Included		Included		Included		Included	
Year FE	Included		Included		Included		Included	
N	1 529		1 528		1 529		1 528	
R^2	0.336		0.233		0.340		0.275	

注:系数标准误在公司层面进行了聚类,***、**、*分别表示系数在1%、5%、10%的水平上显著。

表13表示了信息环境对有效信息收益平滑与当前股价关于未来业绩的信息含量的影响。第(1)列和第(3)列信息透明度高的两组中,NDIS × XCF_{t+1} × High 系数分别为4.333和4.984,且在10%和1%的水平上显著为正;第(2)列和第(4)列信息透明度低的两组中,NDIS × XCF_{t+1} × High 系数分别为1.420和1.381,二者均不显著。该结果表明,企业信息不对称程度越高,高能力管理者的有效信息收益平滑对当前股价关于未来现金流信息含量的影响越小,其正相关关系越不显著。这是因为尽管高能力管理者的收益平滑是信息传递的重要渠道,但信息透明度高的企业中高能力管理者披露的盈利信息能够更好地反映在股价中。

表 13　信息环境对有效信息收益平滑与股价信息含量的影响

变量	CFO_{t+1}							
	(1) Analyst_M		(2) Analyst_L		(3) Institution_M		(4) Institution_L	
	Coefficient	t - value	Coefficient	t - value	Coefficient	t - value	Coefficient	t - value
XAC_{t-1}	-8.040***	(-4.15)	-5.755***	(-3.49)	-5.310***	(-3.40)	-7.586***	(-4.57)
XAC_t	7.925***	(4.71)	3.968***	(4.83)	5.968***	(6.07)	6.361***	(4.09)
XAC_{t+1}	-1.471*	(-1.77)	-0.245	(-0.26)	-0.771	(-0.87)	0.672	(0.80)
XCF_{t-1}	-5.203***	(-2.66)	-5.183***	(-2.76)	-5.787***	(-3.65)	-5.335***	(-3.19)
XCF_t	8.030***	(4.66)	4.334***	(5.17)	7.248***	(6.92)	5.862***	(5.23)
XCF_{t+1}	-2.995***	(-2.74)	-0.556	(-0.77)	-1.691**	(-2.25)	0.589	(0.57)
R_{t+1}	-0.180**	(-2.22)	-0.165**	(-2.45)	-0.263**	(-2.56)	-0.081 0	(-1.26)
NDIS	0.114	(1.08)	-0.053	(-0.52)	0.005	(0.05)	-0.010 0	(-0.09)
NDIS × XAC_{t-1}	-2.486	(-1.05)	-3.456*	(-1.85)	-0.597	(-0.31)	-3.811**	(-2.05)
NDIS × XAC_t	0.625	(0.30)	-1.257	(-1.09)	-1.022	(-0.64)	1.207	(0.76)
NDIS × XAC_{t+1}	-1.240**	(-2.01)	-0.851	(-0.83)	-0.587	(-0.93)	0.245	(0.39)
NDIS × XCF_{t-1}	-0.351	(-0.15)	-3.268	(-1.38)	-1.916	(-0.95)	-1.864	(-0.97)
NDIS × XCF_t	-0.822	(-0.40)	-1.045**	(-2.51)	0.008	(0.01)	-0.331	(-0.62)
NDIS × XCF_{t+1}	-0.914	(-0.75)	-0.406	(-0.99)	-0.423*	(-1.69)	1.205	(1.16)
NDIS × R_{t+1}	-0.171*	(-1.66)	0.076	(0.91)	-0.160	(-1.14)	0.013 0	(0.17)
High	-0.045	(-0.41)	-0.034	(-0.43)	-0.043	(-0.49)	-0.002 00	(-0.02)
High × XAC_{t-1}	-3.275	(-0.83)	1.093	(0.45)	-4.859**	(-2.03)	-0.420	(-0.15)
High × XAC_t	2.190	(0.56)	2.060**	(2.34)	3.202*	(1.72)	2.027	(0.76)
High × XAC_{t+1}	1.543	(0.77)	1.975*	(1.75)	2.911**	(2.05)	-0.308	(-0.28)
High × XCF_{t-1}	-8.843**	(-2.52)	1.252	(0.49)	-4.496*	(-1.93)	-2.871	(-1.06)
High × XCF_t	3.748	(1.04)	0.650	(0.50)	2.175	(1.16)	2.371	(1.02)
High × XCF_{t+1}	3.700*	(1.83)	1.424	(1.40)	3.692**	(2.56)	-0.871	(-0.59)
R_{t+1} × High	-0.038	(-0.35)	-0.091	(-1.20)	0.073	(0.64)	-0.089 0	(-1.09)
NDIS × High	-0.127	(-0.92)	-0.027	(-0.25)	-0.071	(-0.61)	-0.018 0	(-0.15)
NDIS × XAC_{t-1} × High	-3.415	(-0.80)	2.664	(0.99)	-5.917**	(-2.15)	1.321	(0.45)
NDIS × XAC_t × High	1.981	(0.47)	3.622***	(2.83)	4.246	(1.60)	1.344	(0.55)
NDIS × XAC_{t+1} × High	2.419	(1.02)	2.061	(1.47)	4.673***	(2.77)	-0.744	(-0.57)
NDIS × XCF_{t-1} × High	-8.417**	(-2.14)	2.823	(0.95)	-4.516*	(-1.68)	-0.979	(-0.33)
NDIS × XCF_t × High	3.724	(0.94)	1.808*	(1.88)	2.026	(0.85)	1.950	(1.09)
NDIS × XCF_{t+1} × High	4.333*	(1.86)	1.420	(1.33)	4.984***	(3.10)	1.381	(-0.77)
NDIS × R_{t+1} × High	0.129	(0.90)	-0.196*	(-1.74)	0.108	(0.64)	-0.027 0	(-0.24)
Analyst	0.042	(1.51)	0.077***	(3.78)	-0.004	(-0.28)	0.039***	(2.67)
Institution	-0.001*	(-1.68)	-0.000	(-1.07)	-0.001**	(-2.04)	-0.002 00	(-1.33)
Size	-0.041***	(-4.68)	-0.054***	(-5.12)	-0.028***	(-3.00)	-0.050***	(-4.63)
Sales Volatility	-0.074*	(-1.82)	-0.014	(-0.50)	-0.014	(-0.53)	-0.070 0	(-1.54)
cons	0.454**	(2.04)	0.605**	(2.50)	0.482**	(2.00)	0.601**	(2.45)

续表 13

变量	CFO_{t+1}							
	(1) Analyst_M		(2) Analyst_L		(3) Institution_M		(4) Institution_L	
	Coefficient	t - value	Coefficient	t - value	Coefficient	t - value	Coefficient	t - value
Firm FE	Included		Included		Included		Included	
Industry FE	Included		Included		Included		Included	
Year FE	Included		Included		Included		Included	
N	1 529		1 528		1 529		1 528	
R^2	0.435		0.489		0.394		0.492	

注：系数标准误在公司层面进行了聚类，***、**、*分别表示系数在1%、5%、10%的水平上显著。

3.6　稳健性检验

在前文管理者能力和收益平滑的回归中，我们使用研发比例衡量民营企业发展质量；为进一步增强结论的稳健性，我们使用过去3年研发费用除以销售总收入的平均值、过去3年净资产收益率的标准差，销售和管理费用率之和，过去3年营业净利率的标准差重新计算上市公司的发展状况，并以上述指标的中位数为标准，将小于中位数的公司认定为发展质量较好的一组，大于中位数的公司认定为发展质量较差的一组，并进行回归。结果显示，MA × Research的系数均在10%的水平上显著为正，即相对于发展环境不确定性较高、容易操纵业绩冲销亏损的民企而言，资质较好、研发比例较高的优质民企中管理者才具有较强的收益平滑动机，回归结果与主检验结果保持一致。

其次，按照Tucker和Zarowin的方法使用收益平滑操纵性应计变化值（DACC）与操纵前利润变化值（PDI）之间的相关系数来衡量盈余平滑，使用修正的Jones模型来估计操纵性应计，并控制了公司盈利能力。操纵性应计的估计模型如下：

$$\frac{TACC_{i,t}}{TA_{i,t-1}} = \lambda_0 + \lambda_1\left(\frac{1}{TA_{i,t-1}}\right) + \lambda_2\left(\frac{\Delta SALE_{i,t}}{TA_{i,t-1}}\right) + \lambda_3\left(\frac{PPE_{i,t}}{TA_{i,t-1}}\right) + \lambda_4 ROA_{i,t} + \varepsilon_{i,t} \qquad (8)$$

式中，i和t分别代表公司和年份；TACC代表总应计；TA为总资产；SALE为公司的销售收入；PPE是固定资产；ROA是资产报酬率。分年份和行业估计模型系数后，得到的残差即操纵性应计，操纵前利润等于公司净利润减去操纵性应计，使用过去5年的数据估计操纵性应计变化值与操纵前利润变化值之间的相关系数，并令盈余平滑$IS = -Corr(\Delta DACC_{i,t}, \Delta PDI_{i,t})$，IS越大，盈余平滑程度越高。使用式(2)将IS分解成有效信息盈余平滑和机会主义盈余平滑，使用新的盈余平滑衡量方式重新估计了模型。主要回归结果与主检验结果保持一致。

最后，构建公司治理变量Gov，控制公司的治理因素对盈余平滑水平的影响。Gov由3个公司治理的子变量组成：CEO和董事长是否两职合一，如两职合一则等于1，否则等于0；非独立董事人数占董事会人数的比例；每年董事会召开的会议次数的倒数。最后取三者的平均值，结果显示，在控制了公司治理因素的影响后，管理者能力越高，发展质量较高的民营企业收益平滑水平越高，与主检验结果保持一致。

由于篇幅限制，稳健性检验结果未在文中给出。

4. 结论

本文从管理者能力对上市公司收益平滑水平的影响和管理者不同能力下收益平滑在盈余信息含量和股价信息含量方面的有用性两个角度探究了我国资本市场中收益平滑是解决信息不对称的信号渠道还是管理者维护私利的盈余管理形式的问题，通过识别收益平滑的新因素——管理能力并评估其是否提高了当前收益和股票价格关于未来业绩的信息含量，扩展了先前的研究。国有企业中由于受到高管任期的影响，管理者能力对收益平滑无显著影响；但对于发展不确定性较高、进行业绩操纵可能性较大的民营企业，在那些质地较好、研发比例较高的民营企业中,管理者能力和收益平滑存在显著的正相关关系;同时,高能力管理者的收益平滑对当前收益关于未来现金流的信息含量具有提高作用,而对当前股价关于未来业绩的信息含量没有显著影响,但将收益平滑分解成有效信息收益平滑和机会主义收益平滑后,前者能够显著提高股价信息含量,而后者则会显著降低,即我国资本市场中高能力管理者的有效信息收益平滑主要发挥了信息传递的作用,而机会主义收益平滑则是管理者自利的工具;尽管如此,高能力管理者的机会主义盈余平滑仍然比低能力管理者的包含更多未来业绩信息,这突出了在收益平滑与盈余信息含量的研究中考虑管理者能力的重要性。进一步研究发现,当公司的信息不对称程度越高,高能力管理者的收益平滑与当前收益信息含量的正相关关系越显著,而与当前股价信息含量的正相关关系越不显著,这说明管理者的收益平滑是信息传递的重要渠道。本文为收益平滑的影响因素及经济后果研究提供了经验证据,其结果与基于美国的研究相比存在较大差别,这突显了在研究管理者能力对收益平滑及盈余信息含量的影响时考虑我国具体国情的重要性,同时对于深入理解管理者能力和收益平滑在我国资本市场信息传递中发挥的作用具有重要意义,此外,也有助于投资者、监管者和其他利益相关者更好地做出判断和决策。

参考文献

[1] TUCKER J W, ZAROWIN P A. Does income smoothing improve earnings informativeness? [J]. Accounting review, 2006, 81 (1): 251-270.

[2] LEUZ C, NANDA D, WYSOCKI P D. Earnings management and investor protection: An international comparison[J]. Journal of financial economics, 2003, 69 (3): 505-527.

[3] GRAHAM J, CAMPBELL H, RAJGOPAL S. The economic implications of corporate financial reporting[J]. Journal of accounting and economics, 2005, 40 (1-3): 3-73.

[4] 曾颖,陆正飞. 信息披露质量与股权融资成本[J]. 经济研究,2006(2): 69-79.

[5] 刘嫦,齐文弟,赵姗姗. 平滑会计盈余数据:管理者迷惑利益相关人的假象还是价值信息反映的实质[J]. 现代财经, 2016, 36 (7):47-58.

[6] 杨棉之,张涛. 收益平滑与股价崩盘风险[J]. 中央财经大学学报,2018(11):71-81.

[7] BAIK B, CHOI S, FARBER D B. Managerial ability and income smoothing[J]. The accounting review, 2020, 95 (4): 1-22.

[8] 钟宇翔,李婉丽. 债券融资与会计稳健性——基于 PSM 方法的检验[J]. 证券市场导报, 2016 (1): 48-55.

[9] CHANEY P, JETER D, LEWIS C M. The use of accruals in income smoothing: a permanent earnings hypothesis[J]. Advances in quantitative analysis of finance and accounting, 1998, 6: 103-13.

[10] DOU Y, THOMAS W B. Relationship - specificity, contract enforceability, and income smoothing[J]. The accounting review, 2013, 88 (5): 1629-1656.

[11] 王栋,王强. 业绩型股权激励与收益平滑[J]. 现代管理科学,2016(2):118-120.

[12] SCHRAND C M, ZECHMAN L C. Executive overconfidence and the slippery slope to financial misreporting[J]. Journal of accounting and economics, 2012, 53(1-2): 311-329.

[13] HOLCOMB T R, HOLMES R M, CONNELLY B L. Making the most of what you have: managerial ability as a source of resource value creation[J]. Strategic management journal, 2009, 30 (5): 457-485.

[14] BAIK B, FARBER D B, LEE S. CEO ability and management earnings forecasts[J]. Contemporary accounting research, 2011 (5): 1645-1668.

[15] DEMERJIAN P R, LEV B, LEWIS M, et al. Managerial ability and earnings quality[J]. The accounting review, 2013, 88 (2): 463-498.

[16] 张敦力,江新峰. 管理者能力与企业投资羊群行为:基于薪酬公平的调节作用[J].

会计研究,2016(8):41-48.

[17] SCHIPPER K, VINCENT L. Earnings quality [J]. Accounting horizons, 2003, 17 (Supplement): 97-110.

[18] DEMERJIAN P R, LEWIS M, MCVAY S E. How does intentional earnings smoothing vary with managerial ability? [J]. Journal of accounting, auditing and finance, 2017, 49 (6):382-421.

[19] GRAHAM J, LI S, QIU J. Managerial attributes and executive compensation [J]. Review of financial studies, 2012, 25 (1): 144-186.

[20] RONEN J, SADAN S. Smoothing income numbers: objectives, means, and implications[J]. Reading, MA: Addison-Wesley, 1981,42(3):97-130.

[21] SUBRAMANYAM K R. The pricing of discretionary accruals[J]. Journal of accounting and economics, 1996, 22 (1-3): 249-281.

[22] SANKAR M R, SUBRAMANYAM K R. Reporting discretion and private information communication through earnings[J]. Journal of accounting research, 2001, 39 (2): 365-386.

[23] 李秉成,郑珊珊. 管理者能力能够提高资本市场信息效率吗?——基于股价同步性的分析[J]. 审计与经济研究, 2019,34 (3):80-90.

[24] BIDDLE G C, HILARY G. Accounting quality and firm-level capital investment[J]. The accounting review, 2006, 81 (5): 963-982.

[25] DEFOND M, HUNG M, TREZEVANT R. Investor protection and the information content of annual earnings announcements: International evidence[J]. Journal of accounting and economics ,2007, 43 (1): 37-67.

[26] KIRSCHENHEITER M, MELUMAD N D. Earnings quality and smoothing[J]. SSRN: Columbia University, 2004,25(2):44-59.

[27] LEV B, KUNITZKY S. On the association between smoothing measures and the risk of common Stocks[J]. The accounting review, 1974(4) :259.

[28] LANG M, LINS K V, MAFFETT M. Transparency, liquidity, and valuation: International evidence on when transparency matters most[J]. Journal of accounting research, 2012, 50 (3): 729-774.

[29] 钟宇翔,李婉丽. 盈余信息与股价崩盘风险——基于盈余平滑的分解检验[J]. 管理科学学报,2019,22(8):88-107.

[30] DEMERJIAN P, LEV B, MCVAY S. Quantifying managerial ability: a new measure and validity tests [J]. Management science, 2012, 58 (7): 1229-1248.

[31] 焉昕雯,孔爱国. 管理者能力对企业价值的提升效应——基于市场竞争与地方保护的视角[J]. 复旦学报(社会科学版), 2021,63(1):172-183.

[32] 崔云,董延安. 管理层能力与股价崩盘风险——基于盈余管理中介效应的检验[J]. 财经理论与实践, 2019,40(5): 47-54.

哈尔滨市高校周边餐饮构成及影响因素研究

王肃[1*]，王宇琛[1*]

1. 哈尔滨工业大学建筑学院 2018 级　城乡规划专业①

摘要：为研究高校对其周边餐饮业构成特征的特殊影响关系，以哈尔滨市三所高校周边餐饮为研究对象，结合互联网大数据应用，综合运用 Ripley's K 函数（多距离空间聚类分析）法、核密度分析法和多元线性回归法等研究工具对其在高校为主要因素影响下的业态构成与空间构成进行分析，得到共同点，再从城市核心功能区以及业态集聚两方面分析其影响因素，分析不同构成的原因，得出高校周边餐饮业构成特征。

关键词：餐饮构成；高校；空间构成；业态构成

Study on Composition and Influencing Factors of Catering Around Universities in Harbin

Wang Su[1*]，Wang Yuchen[1*]

1. Urban and Rural Planning, 2018, School of Architecture, Harbin Institute of Technology

Abstract: In order to study the influence universities on the composition characteristics of the surrounding catering industry, the research uses the Ripley's K function, kernel density estimation and multiple linear regression to analyze the structure of catering around three Harbin universities. The influencing factors are analyzed from the urban core functional areas and business form agglomeration to obtain the catering characteristics.

Key words: Catering composition; Colleges and universities; Space structure; Composition of catering business

---

* 王肃和王宇琛为本文共同第一作者。

① 国家级大学生创新创业训练计划支持项目（202010213091）。

引言

21世纪以来,随着教育普及程度的提高,全国各级各类教育蓬勃发展,其中高等教育规模稳步发展。根据教育部发布的2020全国高校名单,截至2020年6月30日,全国高等学校共计3 005所,与2012年相比增加了215所。与此同时,在校生规模持续扩大,2012年,在校普通本专科大学生共2 391万名,2020年增至3 285.3万名。高校大学生群体占比日渐增加,逐渐成为高校周边餐饮业规模庞大且收益稳定的消费群体,刺激与拉动了周边餐饮业的发展与服务业的经济增长[1]。同时,大学生群体具有一定的特殊消费特征,对于高校周边餐饮业构成具有一定影响,研究其特殊影响关系以及高校周边餐饮业空间形态与业态构成,对于高等院校周边各类餐饮业的规划与选址具有较为重要的参考价值。

1. 研究对象选取与数据采集

1.1 研究区域与对象

选取黑龙江省哈尔滨市中心城区内哈尔滨工业大学(哈工大)、哈尔滨工程大学(哈工程)、东北林业大学(东北林大)3所高等院校周边餐饮作为研究对象,3所院校的空间区位均是哈尔滨市餐饮业种类最齐全、经济水平最发达、发展较为成熟的地区,并且3所院校学生规模相近、校园形制相似、具有较强代表性,能够有效代表哈尔滨市高等院校周边餐饮业的构成特点。为了研究有助于未来餐饮业态规划,研究根据《全国餐饮业发展规划纲要(2009—2013)》将餐饮业态分为传统正餐、快餐小吃、休闲餐饮和其他餐饮4大类型,其中传统正餐包括中餐、西餐、火锅,快餐小吃包括快餐、面食、烧烤,休闲餐饮包括饮品店、咖啡馆、茶餐厅,其他餐饮包括团体膳食、外卖店、主题餐厅等其他餐饮形式。明确采集高校周边数据范围的界定,拟定以高校周边1 000 m为数据的采集范围,在1 000 m范围内人们会优先选择步行出行(步行时长约为15 min);绝大多数居民对日常生活设施的平均步行容忍时间集中在10~20 min的区间内,舒适时间是10 min以内,合理时间为15 min以内[2]。

1.2 数据收集

研究从高德地图开放平台收集兴趣点(Point of Interest, POI)数据,运用周边搜索采集了哈尔滨市3所高校各校门外直线距离1 000 m的餐饮点共2 968个,其中传统餐饮900个、快餐小吃1 788个、休闲餐饮132个、其他餐饮148个。

1.3 分析工具

研究主要采用多距离空间聚类分析Ripley's K函数法、核密度分析法和多元线性回归法等研究工具,探究高校周边各类餐饮空间构成形态及影响因素。Ripley's K函数法用于分析一定尺度范围内空间点数据的集聚范围以及集聚中心距离该尺度范围中心的具体距离,得出线性图像与量化数据[3];核密度分析法用于分析点数据的空间集聚特征,反映集聚点的空间形态分布。两种方法从量化与空间可视化角度共同得出餐饮业点数据的空间分布特征。多元回归分析是建立多个变量之间线性或非线性数学模型数量关系式并利用样本数据进行分析的统计分析方法。研究选取多元线性回归法研究餐饮业网点空间分布影响因素的影响力,以餐饮业网点不同业态作为因变量进行定量分析。

2. 哈市高校周边餐饮业态构成特征

通过数据采集与统计(表1)可以看出,快餐小吃均为3所高校周边最为主要的餐饮业态形式,因其价格较低、等餐时间较短、口味受众较广、便于群体用餐等特征成为高校周边存在必要性最高的餐饮;并且,中餐、面食、快餐3类业态在高校周边数量最多,而西餐因其较为高昂的价格等因素在高校周边分布最少。由3所高校周边餐饮统计雷达图(图1)可以总结出一定相似性,高校周边餐饮业态以快餐、中餐、面食为主,以火锅、烧烤为辅。休闲餐饮虽然数量较少,但其日渐成为大学生等年轻人群体必不可少的饭后甜点,其做法简易、店铺空间小、外带为主等形式使得这类餐饮的一个店铺即可服务大量消费者,其他餐饮也存在相似特征。

表 1　三所高校周边餐饮业态构成统计表

餐饮业态		哈工大	哈工程	东北林大
传统正餐	中餐	192	243	168
	西餐	30	22	23
	火锅	70	86	66
	总计	292	351	257
快餐小吃	快餐	236	304	263
	面食	258	254	154
	烧烤	112	131	76
	总计	606	689	493
休闲餐饮		31	41	60
其他餐饮		50	46	52

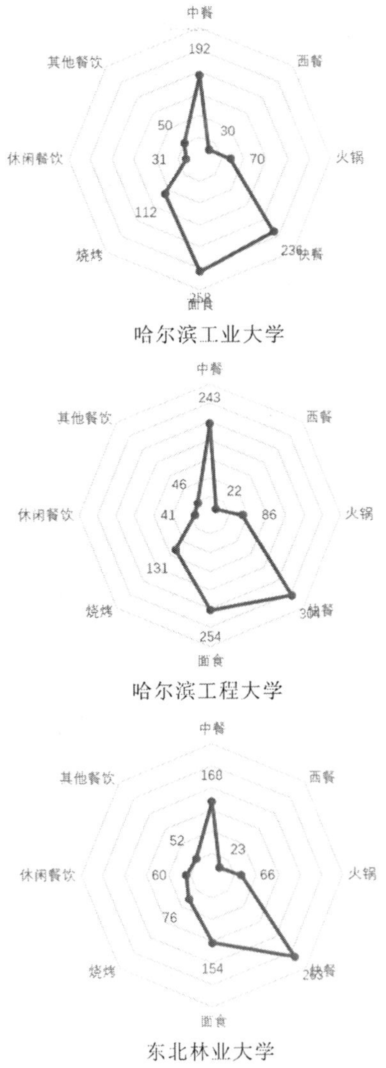

图 1　3 所高校周边餐饮业态构成

3. 哈市高校周边餐饮空间构成特征

3.1　空间集聚态势

研究运用 Ripley's K 函数法分析 3 所高校周边 4 类餐饮 POI 数据在一定尺度范围内的集聚特征以及集聚范围的尺度特征(图 2)。综合 3 所高校的分析结果来看,4 类餐饮均在 1.5 km 左右的观测距离范围内,在 99.9% 以上的置信度基础上,通过函数分析计算表明,4 类餐饮都在空间分布上具有一定聚集性特征。具体来看,哈工大与哈工程周边快餐小吃类集聚范围以及集聚峰值均大于传统正餐类,而东北林大周边餐饮集聚特征则相反,推测与东北林大周边存在特色美食街等业态形式有关;休闲餐饮类在哈工大与东北林大周边集聚范围较小,且集聚程度最弱,或由于数量太少呈现不聚集态势;而哈工程周边由于存在商圈而形成了休闲餐饮类较为集中的聚集态势,其他餐饮与休闲餐饮规模相近,在 3 所高校周边也呈现出较弱的集聚程度与较小的集聚范围,但在哈工大与东北林大周边呈现出较休闲餐饮更强的集聚效应。

3.2　空间结构特征

3.2.1　传统正餐

通过 3 所高校传统正餐核密度对比分析(图 3)可以看出,传统正餐在高校周边呈现较为广泛的面状集聚空间格局,且分布较为连续,总体呈现出沿高校周边分布的形态,并在校门口形成集聚中心。其中,综合 3 所高校核密度分析来看,中餐数量最多,整体分布较为连续,并形成多核心分布格局,主要集聚在学校周边的商圈附近,受商圈吸引力较大。西餐作为较为昂贵的餐饮业态,是大学生光顾次数较少的类型,其数量较少,呈现出单中心聚集的格局,相对中餐分布更为离散,并且其空间形态也与高校贴合度较差,相互关系较弱。火锅作为一种较为特殊的餐饮形式广受欢迎,其规模处于中餐与西餐之间,也呈现出一定的多核心餐饮格局以及连续性,多分布在商圈周边及区位条件较好的区域。

3.2.2　快餐小吃

综合 3 所高校快餐小吃类餐饮核密度分析(图 4)可以看出,快餐小吃也呈现出多核心的空间布局,各集聚中心与高校周边商业以及高校校门所在位置联系较为紧密,集聚程度最大的核心均集中在高校周边商业区。可以看出,高校对于周边各经济业态具有较大吸引力与促进作用。具体来看,快餐作为高校周边第一大餐饮业态,其空间分布特征与整体快餐小吃类餐饮较为一致,集聚中心虽不如中餐数量多,但集聚程度较大,便于大学生群体选择;而烧烤类餐饮的空间布局呈现出一定的差异性,其集聚中心与高校周边商圈关系较弱,其作为东北特色餐饮具有较强亲民性,多分布在与高校临近的居住区当中。面食类餐饮例如面馆、饺子馆、春饼店等作为高校周边第三大餐饮业态,与整体快餐小吃呈现较为一致的分布格局,其分布较为连贯均匀,集聚中心较多,空间分布形态与高校校园联系较为紧密,可见其受众较广,需求量较大,对大学生群体较为友好与便捷。

3.2.3 休闲餐饮

休闲餐饮作为大学生群体较为喜爱的餐饮,在最近几年发展迅速,形式丰富多变。综合其核密度分析(图5)来看,其集聚中心与高校联系较为紧密,空间分布与高校校园形态重合度较大,但其分布连续性较差,集聚程度不显著,推测与其经营模式有关。

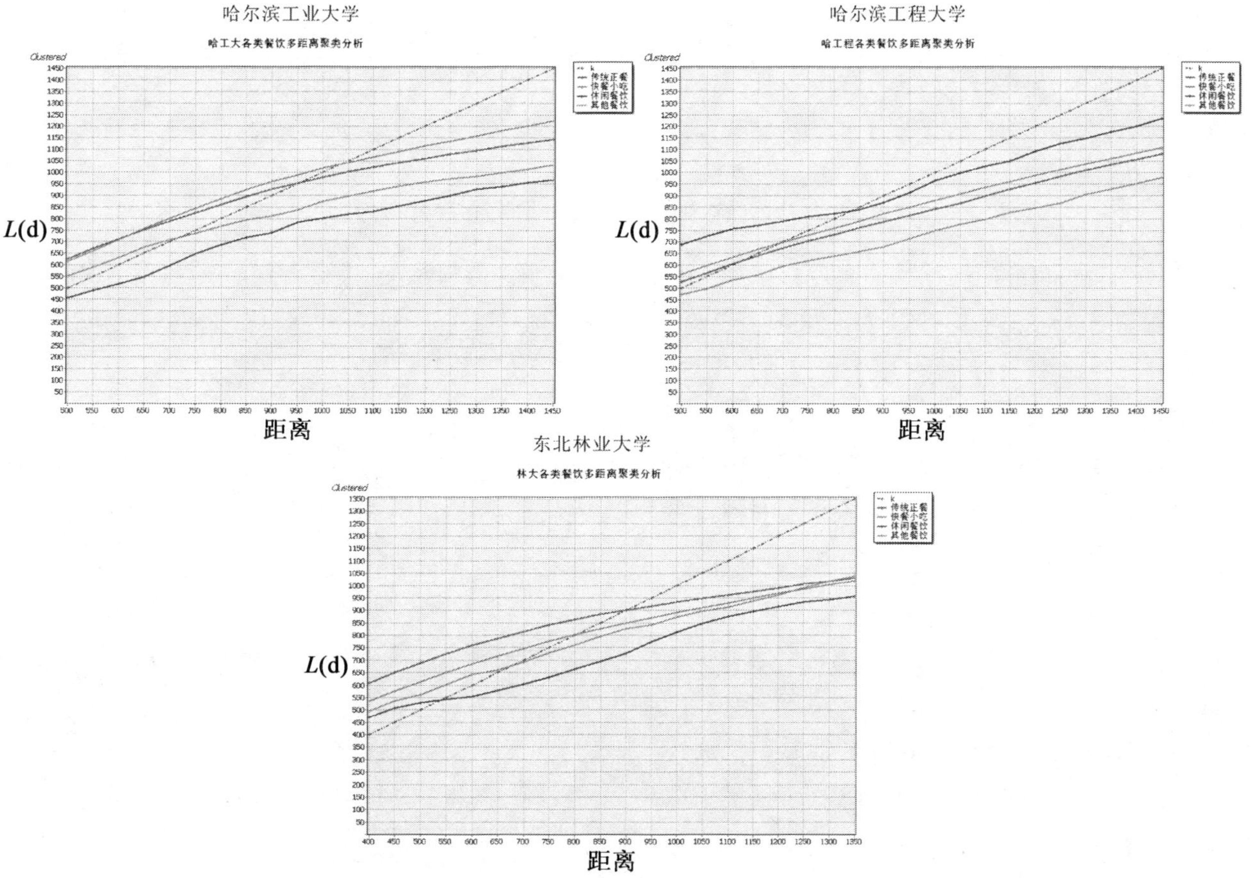

图2　3所高校周边4类餐饮 Ripley's K 函数分析结果

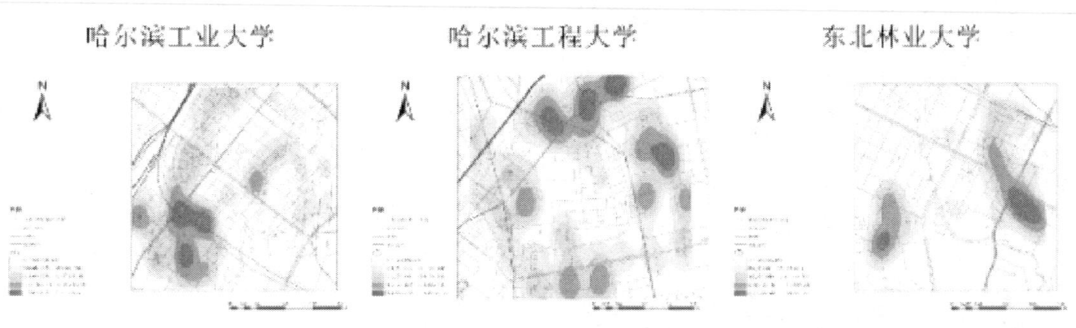

图3　3所高校传统正餐类餐饮核密度分析

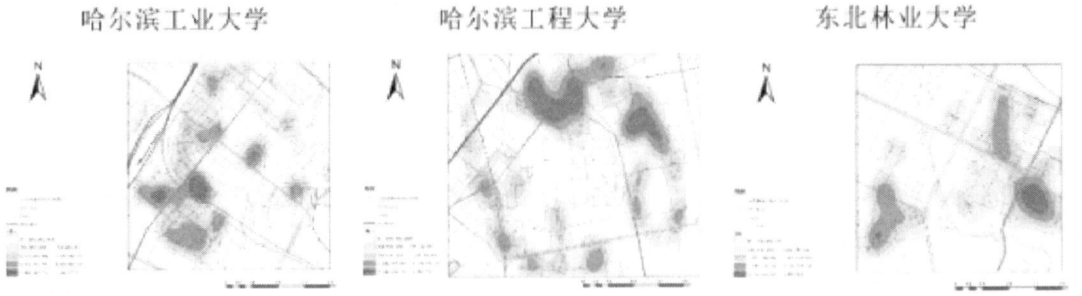

图 4　3 所高校快餐小吃类餐饮核密度分析

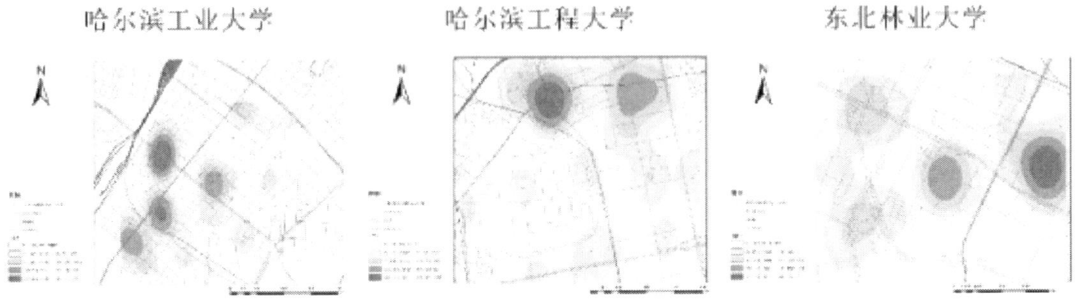

图 5　3 所高校休闲餐饮类餐饮核密度分析

3.2.4　其他餐饮

计算 3 所高校其他餐饮核密度发现，其空间分布与其他 3 类空间分布较为不同，集聚中心的空间位置距离高校较远，相互联系较弱，其集聚程度也相对较低，分布较为分散。可以看出，因其特殊的经营模式，对于门店的空间区位要求相对较弱，主要以大学生在网络上进行购买订购为主。

3.3　高校周边餐饮空间构成

总体来看，3 所高校周边 4 类餐饮空间上呈现多集聚中心空间布局。

(1)传统正餐和快餐小吃类餐饮是高校周边两大餐饮业态，主要呈现较为广泛的面状集聚以及多中心集聚的空间分布特征，与高校以及其周边商业联系紧密，并主要围绕高校分布，说明这两类餐饮能够较大程度地满足高校大学生群体对于就餐的便捷性、多样性、低价格、可口程度等需求，对大学生群体消费能力依赖性较高[4]。

(2)休闲餐饮数量较少，也呈现出多中心聚集的空间格局，但集聚程度较低，其集聚中心主要集中在高校校门外以及高校周边大型商圈内，对高校周边商业业态依附性较强。

(3)其他餐饮以副食店、零售店、团体膳食为主，对于大学生群体消费能力依赖性较低，其主要分布在高校外围，与高校联系较弱。

4. 影响因素分析

4.1　影响因素选取

研究以高校为主要因素影响下的周边餐饮构成特征，并提取 3 所高校周边餐饮业构成共同点为主要结论，但具体每所高校周边餐饮构成具体情况均有所不同，本文提取城市核心功能区、业态集聚两方面分析影响哈尔滨市高校周边餐饮构成的其他因素。

表 2　哈尔滨市高校周边餐饮构成影响因素

类型	自变量	编码
城市核心功能区	商业区	X1
	商务区	X2
	住宅区	X3
业态集聚	传统正餐	X4
	快餐小吃	X5
	休闲餐饮	X6
	其他餐饮	X7

4.2　影响因素分析

研究将高校周边各类餐饮 POI 核密度、城市核心功能区核密度栅格化,赋值于研究区域内建立的网格点,运用统计产品与服务解决方案(Statistical Product and Service Solutions,SPSS)的多元线性回归进行数据分析,得到绝大部分因素解释度(调整后R2)较低,说明主要影响其周边的餐饮构成的因素为高校,其余因素的影响力较小。

根据计算结果,在95%的置信度下可以看出,哈尔滨工业大学周边4类餐饮都与高校周边其他功能区相关性较弱,说明高校本身对周边餐饮构成的影响较为显著,其中休闲餐饮与快餐小吃存在一定正相关关系,表明休闲餐饮偏好与快餐小吃集聚分布。哈尔滨工程大学周边传统正餐与住宅区存在正相关关系,并偏好与休闲餐饮业态集聚分布;快餐小吃与住宅区和商业区均存在正相关关系,表明其偏好分布在高校周边商业区和住宅区内;休闲餐饮与高校周边其他功能区联系较弱,与传统正餐、其他餐饮存在一定正相关关系,说明休闲餐饮偏好与这两类集聚分布;其他餐饮也与其他功能区联系较弱,但偏好与休闲餐饮集聚分布。东北林业大学周边传统正餐和其他餐饮均与住宅区存在正相关关系,表明其偏好分布在高校周边住宅区当中;快餐小吃和休闲餐饮均与商务区存在正相关关系,说明其偏好与商务区结合分布。3所大学周边餐饮回归模型相关参数见表3~5。

表3 哈尔滨工业大学周边餐饮回归模型相关参数

自变量	传统正餐	快餐小吃	休闲餐饮	其他餐饮
X1	0.021	-0.109*	-0.046	0.141*
X2	-0.07	-0.043	-0.171*	-0.057
X3	-0.082*	0.074*	0.02	-0.226*
X4	—	0.338*	-0.028*	0.073
X5	0.345*	—	0.091	0.189*
X6	0.081*	0.065	—	0.09*
X7	0.07	0.177*	0.096*	—
R2	0.172	0.189	0.071	0.133

注:* 表示在95%的置信度下显著。

表4 哈尔滨工程大学周边餐饮回归模型相关参数

自变量	传统正餐	快餐小吃	休闲餐饮	其他餐饮
X1	-0.001	0.064	0.259*	0.013
X2	-0.071	0.169*	0.395*	0.048
X3	-0.112*	0.323	0.045	0.028*
X4	—	0.064*	-0.028	0.201*
X5	0.314*	—	0.002	-0.143*
X6	-0.028	0.272*	—	0.145*
X7	0.191*	0.429*	0.141*	—
R2	0.123	0.122	0.101	0.076

注:* 表示在95%的置信度下显著。

表5 东北林业大学周边餐饮回归模型相关参数

自变量	传统正餐	快餐小吃	休闲餐饮	其他餐饮
X1	0.036	-0.057	0.136*	-0.066
X2	排除变量	排除变量	排除变量	排除变量
X3	0.008	-0.032	-0.027	-0.032
X4	—	0.18*	0.011	0.25*
X5	0.314*	—	0.077*	-0.013
X6	0.011	0.079*	—	0.198*
X7	0.223*	-0.014	0.208*	—
R2	0.093	0.036	0.063	0.105

注:* 表示在95%的置信度下显著。

综合上述分析可知,中心城区高校周边餐饮主要被高校影响,其中,传统正餐、快餐小吃和其他餐饮空间分布特征还会受到高校周边住宅区的影响,快餐小吃与休闲餐饮会受到高校周边商业区、商务区的影响,并且休闲餐饮与快餐小吃、其他餐饮存在一定聚集分布的特征。结合前文Ripley's K函数法和核密度分析可以验证,传统正餐主要分布在高校周边的居住区底层商铺中,因为居住区中相邻店铺较为密集,集聚程度较大;快餐小吃主要分布于高校周边居住区以及商圈中,根据其具体店铺规模与定位存在一定差异;休闲餐饮大多与高校周边商务区结合较紧密,满足年轻人群体的喜好要求;其他餐饮多与其他餐饮业态集聚分布,而其本身与功能区联系较弱。

5. 总结

大学生群体的频繁外出消费对高校周边社会经济发展起到一定的带动作用,并使得高校周边餐饮为了迎合大学生群体的偏好而逐渐具有一定的鲜明特征，高校周边往往会形成密集的餐饮消费场所。本文以哈工程、哈工大、东北林大 3 所高校为典型案例，探究了高校周边餐饮结构的主要特征。从业态构成上，高校周边以传统正餐和传统小吃类餐饮业态为主，其中中餐、面食、快餐店占比最大，能够较大程度地满足大学生群体的需求；从空间构成上，传统正餐和快餐小吃的集聚范围较大，空间分布形态与高校校园形态联系紧密，并呈现出面状集聚以及多核心的空间布局，而休闲餐饮聚集程度较低，集聚范围较小，与校门、商业区等联系紧密，其他餐饮则主要分布在高校外围，联系较弱。在高校影响为主的背景下，各高校周边餐饮构成存在一定差异性，这也反映了高校周边餐饮构成也与周边住宅区、商业区呈现正相关关系以及不同业态间存在集聚分布等特征。

随着城市发展的复杂性与多元性不断增加，单一的土地功能及利用已无法满足城市经济的发展需求，多元混合用地的开发模式成为必然。综合上述分析可以得出，高校周边各类餐饮多分布在周边居住区中，与居住区联系最为紧密，而根据《哈尔滨市国土空间规划（2020—2035）》，在未来城市规划中，3 所高校周边城镇居住用地占比最大且分布最为广泛，但要在进一步详细规划中注重对于居住用地中服务设施用地的布局，较好地满足多元化需求，将对外的商业服务设施用地尽可能沿街布置并靠近相邻高校处，有利于住宅底层餐饮商铺的经营与发展。

未来餐饮商家可结合学生特点和需求，调整餐饮选址，并进一步优化餐饮服务环境，提升餐饮消费服务水平和层次；而高校所在地方政府亦可围绕当代大学生日常生活消费需求，引导餐饮业合理规划布局，打造高品质的知识型社区生活圈，从而带动地方社会经济高质量发展。

参考文献

[1] 于倩，陈传明，胡国建. 福州市餐饮业空间分布特征及其影响因素研究[J]. 闽南师范大学学报（自然科学版），2020，33（4）：74-80.

[2] 赵炜，程易易，周麟，等. 成都市老城中心区特色餐饮空间结构特征研究[J]. 规划师，2018，34（10）：93-98.

[3] 汪霜，卢道典，姜红，等. 当代高校大学生日常生活餐饮消费的主要特征及形成原因——以上海商学院为例[J]. 经济师，2020（8）：227-228.

受 ENSO 影响的全球海洋盐度变化

张诗怡[1]，郑化毅[1]，成里京[2,3,4]

1. 兰州大学大气科学学院 2019 级 大气科学基础理论；
2. 中国科学院大气物理研究所；
3. 中国科学院海洋大科学研究中心；
4. 中国科学院大学

摘要：研究盐度可以为理解 ENSO 的发展和预测提供一个新的角度。之前的研究只关注了海表层和密度层的盐度异常，缺少对盐度变化的垂向结构以及各大海盆的盐度收支的研究。本文分析了与 ENSO 相关的0 ~ 2 000 m 的全球盐度变化以及其与淡水通量的关系，也对水平和垂向的盐度异常进行了分析。结果表明，在厄尔尼诺（EI Niño）期间中西太平洋出现很强的盐度负异常，这是由异常的东向流以及负淡水通量引起的。近表层（0 ~ 100 m）的盐度变化和次表层（100 ~ 300 m）的相反，可能与热带温跃层变化有关。在厄尔尼诺期间，SSS 在整个热带表现出减少的趋势；在热带大西洋，盐度高于气候态，部分补偿了太平洋和印度洋的盐度减少。本文为全球海洋盐度收支提供了新的综合性研究。

关键词：盐度异常；ENSO；淡水通量

The Global Salinity Changes Related to ENSO

Zhang Shiyi[1], Zheng Huayi[1], Cheng Lijing[2,3,4]

1. Atmospheric Sciences, 2019, College of Atmospheric Sciences, Lanzhou University;
2. Institute of Atmospheric Physics, Chinese Academy of Sciences;
3. Center for Ocean Mega – Science, Chinese Academy of Sciences;
4. University of Chinese Academy of Sciences

Abstract: Investigating salinity provides a new perspective for understanding the ENSO evolution and prediction. Previous studies have mainly focused on the sea surface salinity anomaly and mixed layer salinity anomaly during ENSO events, the vertical structure of salinity changes and the basin – wise salinity budget are less explored. This study analyzes the global salinity changes related to ENSO from surface to 2 000 m, and explores their connection with the surface freshwater flux. The lateral and vertical patterns of ENSO – related salinity changes are also analyzed. Results confirm a strong negative Sea Surface Salinity Anomaly (SSSA) in the tropical central and western Pacific Ocean during EI Niño, caused by anomalously eastward currents and negative freshwater flux anomaly. The salinity changes at the near – surface layer (0 ~ 100 m) is opposite to subsurface (100 ~ 300 m) for the global average, probably associated with the tropical thermocline changes. SSS in the tropical oceans decreases during El Niño, and the tropical Atlantic Oceans shows an increase of salinity during El Niño, partly offsetting the tropical Pacific and Indian freshening for the tropical oceans as a whole. This study, to our knowledge, provides the first comprehensive analysis on the ocean salt budget during ENSO at global scales.

Keywords: Salinity anomaly; ENSO; Freshwater flux

引言

厄尔尼诺 – 南方涛动(El Niño – Southern Oscillation, ENSO)是地球系统最显著的年际气候变率,对全球能量收支平衡以及水循环变化具有重要的影响。之前对于 ENSO 的观测和研究主要是基于海表温度异常,而最近一些研究尝试从盐度的角度去研究它。盐度是海洋基本的状态量之一,不仅是全球气候系统中水循环的示踪剂,而且在海洋动力过程中发挥着重要作用。从长期平均的基础上来看,近表层盐度的空间分布与淡水通量(蒸发 – 降水)的空间分布密切相关。考虑到降水和蒸发观测的困难,盐度是最简便的观测全球水循环长期变化的方法。此外,之前的研究表明热带太平洋的盐度变化对于 ENSO 事件的发展以及预报具有重要意义,尤其是在日界线附近的盐度变化。一方面,可以通过高盐海区盐度降低引起的障碍层增厚对海表温度的调制作用;另一方面,SSSA 还可以作为判断 ENSO 是否发展及其强弱的前兆因子。

在 2005 年海洋 Argo 数据布放之前,海洋盐度观测非常稀缺,这限制了 ENSO 对盐度影响的深入研究。目前 Argo 数据已经几乎覆盖全球,大气物理研究所(Institute of Atmospheric Physics, IAP)也提出了基于新技术的过去 60 年的海洋盐度数据。这些长期的全球数据使得盐度变化的研究处于突破的边缘。最近的一些研究关注盐度在 ENSO 事件发展中的作用以及利用盐度指数来表征 ENSO,研究的范围主要是在表层盐度以及混合层盐度,对于盐度的垂直分布变化仍然不清楚。本文主要对全球表层和垂向盐度的变化进行研究,同时厘清淡水通量和盐度的关系。

资料和方法:

盐度资料来自大气物理研究所(IAP)提供的海洋盐度格点数据,其时间包含 1960 年至今,空间分辨率为 1°×1°,垂向 41 层包含 0 ~ 2 000 m。本文中淡水通量定义为海面蒸发量与降水量之差,即 E – P。其中,逐月降水资料来自 Global Precipitation Climatology Project(GPCP),数据全部时段为从 1979 年 1 月至今,空间分辨率为 2.5°×2.5°。蒸发资料来自全球海气通量计划(Objectively Analyzed air – sea Fluxes for the Global Oceans),数据全部时段从 1958 年 1 月至今,空间分辨率为 1°×1°。本次研究选取 1980 年 1 月至 2018 年 12 月的数据。

全部数据求出距平值并进行去趋势处理。为了消除年代际和多年代际的变化,对全部变量采用了 Butterworth 滤波器,截止频率为 1/108 和 1/18 的带通滤波器。最后,本次研究通过相关性分析、显著性检验和超前滞后分析等统计分方法,研究 SSSA、淡水通量与 ONI 指数的关系,分析 ENSO 和海洋盐度的关系,厘清区域和海盆平均盐度异常随 ENSO 变化的关系。

1. 受 ENSO 影响的全球盐度变化

1.1 不同深度的盐度异常

图 1 是对全球不同深度的平均盐度和 ONI 指数进行超前滞后回归的结果，并分别给出了前 Argo 时期（1980～2004 年）和 Argo 时期（2005～2018 年）的回归结果。上层 100 m 海洋盐度变化在 Argo 期（2005～2018 年）和前 Argo 期（1980～2004 年）呈现相反的趋势（图 1），这可能是由于前 Argo 时期采样点过少产生数据误差。根据 Argo 资料，上层 100 m 盐度在 El Niño 发生之前盐度降低，发生之后盐度增加。在 El Niño 发生时，100～300 m 盐度的变化与 0～100 m 盐度变化相反（图 1）。值得注意的是，淡水通量的变化与盐度的变化并不一致。所以，从全球平均的角度来说，淡水通量并不能解释盐度的变化。盐度的变化还会受到河流、冰川融雪等的影响。同时，盐度的变化随深度的增加而幅度减小，300 m 以下的盐度变化与上层 300 m 盐度变化相比非常微弱（图 1）。100～300 m 盐度变化与 300～700 m 盐度变化趋势是相似的；700～2 000 m 盐度变化与 100～700 m盐度变化相反，与上层 100 m 盐度变化的趋势相同。

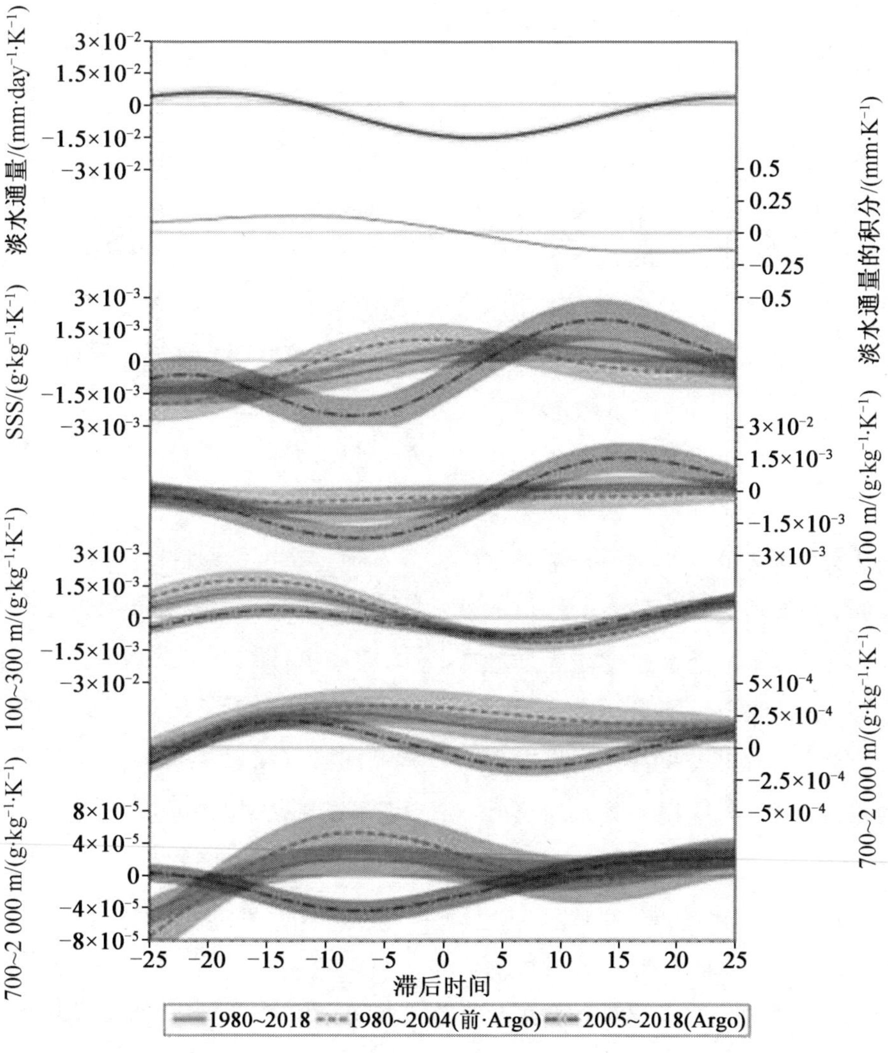

图 1　ENSO 驱动的全球盐度（单位：g/kg）和淡水通量（单位：mm/day）变化（在 −25 到 25 个月内，平均盐度、淡水通量与 ONI 超前滞后回归。前 Argo 时期的数据和 Argo 时期的数据都使用了，并显示了 1980～2018 年期间的数据。阴影显示了 90%的置信区间）

1.2　海表盐度和淡水通量的变化

海表盐度在中、西赤道太平洋地区呈现负异常，向东延伸至北美洲，并且海表盐度变化显著的区域集中在日界线附近的中、西太平洋区域。此外，在西部太平洋赤道以北（110°E～130°E，0°N～30°N）、巴布亚新几内亚、南太平洋辐合带和东南太平洋呈现正异常。以赤道为中心线，中、西太平洋盐度正负异常中心大致呈对称分布。印度洋大部分区域盐度降低，仅东印度洋少部分区域盐度增加。热带大西洋盐度随着 El Niño 的发展逐渐累积。El Niño 发生时通常伴随着西太平洋低盐度水向东流进入中、东太平洋，而且降水的中心也会由西太平洋转移至中、东太平洋。同时，El Niño 时期，东太平洋南部也会有大量水汽输送往赤道，由于西风作用，水汽就都会聚集在东太平洋区域。它们的共同作用导致了中、东太平洋存在一个盐度的负异常中心。负异常中心的位置取决于 El Niño 的类型。东太平洋 El Niño 的负异常中心会偏东，中太平洋型 El Niño 负异常中心则位于日界线以西。线性回归的结果呈现为中太平洋型 El Niño，这与中太平洋型 El Niño 发生的次数增加有关。通常，34.8 psu 等盐度线也在盐度负异常中心附近。Zheng 等认为太平洋和大西洋间温差的加剧导致水汽从大西洋西送至东太平洋能够解释北美洲西海岸的盐度负异常。

从全球的空间分布来看，淡水通量与表层盐度的变化十分相似，这说明淡水通量是影响表层盐度变化的主要因素。但是，表层盐度的全球平均变化与淡水通量并不相同，这说明淡水通量和表层盐度的变化关系十分复杂，需要进一步探讨。在部分区域上存在表层盐度变化与淡水通量不一致的情况，这可能与海水的对流、垂直夹卷等有关。例如，在北太平洋，垂直夹卷是该区域盐度平衡的重要过程。淡水通量的变化与降水的变化十分相似，这表明降水的变化主导了淡水通量的变化。El Niño 时期，西太平洋暖池东扩，温暖的海水进入中太平洋，海温增加加强了大气的上升运动，导致中太平洋降水增加。同时，由于西太平洋表层海水向东流、下层冷海水上泛，西太平洋海表温度降低，大气的上升运动减弱，降水减少。

2. 热带海域盐度变化

2.1　经向盐度异常的垂直分布

图 2 给出了热带海域的 ENSO 盐度信号的垂向分布以及相应的淡水通量的经向变化。浅层海水的盐度异常在太平洋是最显著的，呈现出跷跷板空间分布模型，且在 140°E～160°E 之间存在着明显的分界线，该空间分布与 Gasparin 和 Roemmich 得出的沿赤道的盐度异常垂直分布类似（图 2）。在中西太平洋出现横跨 80 多个经度（150°E～125°W）的大范围盐度负异常，该信号向下传播至 50 m 的深度（图 2）。同时还存在两个不同强度的负异常中心，分别在 160°E 以及日变线以西位置，但是其他的研究表明只在 160°E～170°E 范围内存在一个盐度最小值，这可能与经向平均导致的南北相反信号相互削弱有关。热带太平洋的西北部分（暖池以西）的正异常信号在整个热带海域是最强的，与 ONI 的相关超过0.04，垂向延伸的深度达到 100 m 以下。在东太平洋正异常信号就比较弱，且影响的深度也较浅（图 2）。印度洋的盐度异常分布与太平洋的空间模式相反，西印度洋盐度减少，东印度洋盐度增加，而且盐度负变化占据了热带印度洋的大部分海域，其影响深度普遍延伸到 100 m 左右，部分超过。而在大西洋浅层盐度的信号就比较弱，且空间上分布不连续，唯一比较强的正异常出现淡水通量（E－P）的纬向变化与 100 m 以上的盐度异常基本符合（图 2），说明淡水通量在热带海域盐度变化中起决定性作用。但是并不是所有区域都符合，就比如在太平洋东部 110°W～120°W 间的盐度正变化就与当地负 E－P 对应不上，因此需要将纬向平流、垂直混合等因素纳入考虑。

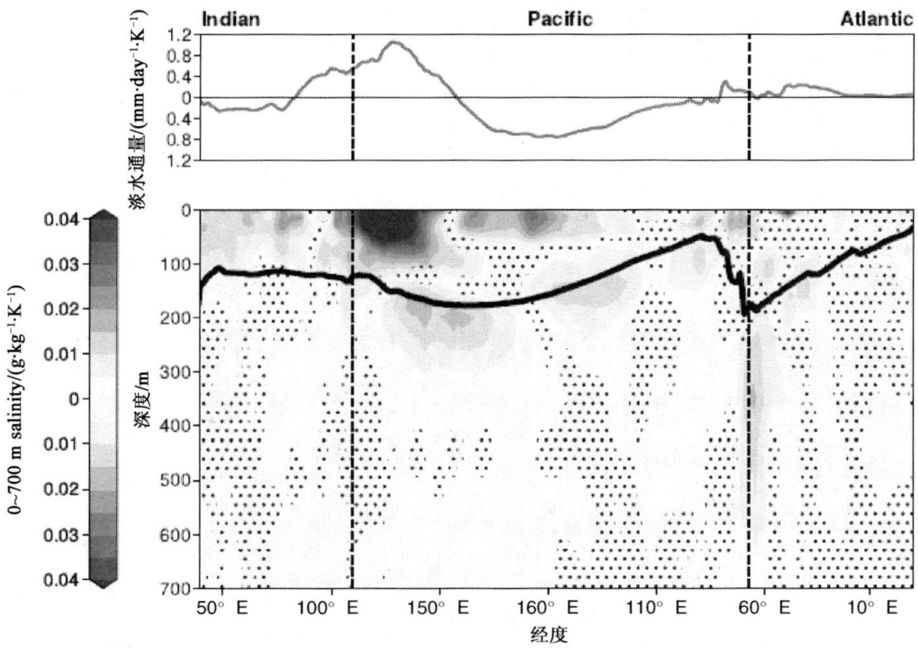

图 2　20.5°S ~ 20.5°N 经向平均海洋盐度异常值(单位:g/kg)和 ONI 的回归沿赤道的剖面图(下)(该区域淡水通量平均值和 ONI 的回归(上),粗黑线表示温跃层的深度,加点区域表示未通过 90% 置信性检验。在 70°W,其影响范围只限制在表层)

在热带海域 300 m 以上的区域,盐度异常的垂直分布和温跃层的变化有很强的联系,大部分上层盐度信号都被限制在温跃层以上。中西太平洋在温跃层及以下的盐度异常表现出显著的西负东正的偶极子结构,这些异常反映了在 El Niño 期间温跃层纬向扁平化的趋势,且与上层盐度趋势相反,强度更弱。从表层到 700 m,印度洋盐度异常经历了负 - 正 - 负的变化,与太平洋西部(110° E ~ 160°E)盐度变化的空间相位正好相反(图 3)。在大西洋西部 100 ~ 200 m 深度处同样出现盐度异常,也出现负正的偶极子结构,但是强度和范围更小;在 200 m 以下表现出大范围的正异常,与太平洋东部(70°W ~ 170°W)变化一致。

2.2　三大洋热带盐度以及淡水通量变化

图 4 分别给出了热带印度洋、太平洋、大西洋以及全部热带海区的 SSSA、E - P、E - P 的积分和 ONI 指数 25 个月的超前滞后相关。区别于全球盐度,热带盐度在前 Argo 时期和 Argo 时期的变化十分符合。热带太平洋在 El Niño 期间总体上呈现出变淡的趋势,而后逐渐恢复(lag = 15 之后)。但是印度洋和大西洋盐度在热带的变化与太平洋相反,两者都在不同程度上表现出增加的趋势(图 3)。印度洋和太平洋在 El Niño 发展到成熟时盐度低于平均态,而大西洋盐度则是高于平均态,这在一定程度上补偿了其他两大洋的盐度减少,导致热带海水盐度整体上基本没有发生增减。

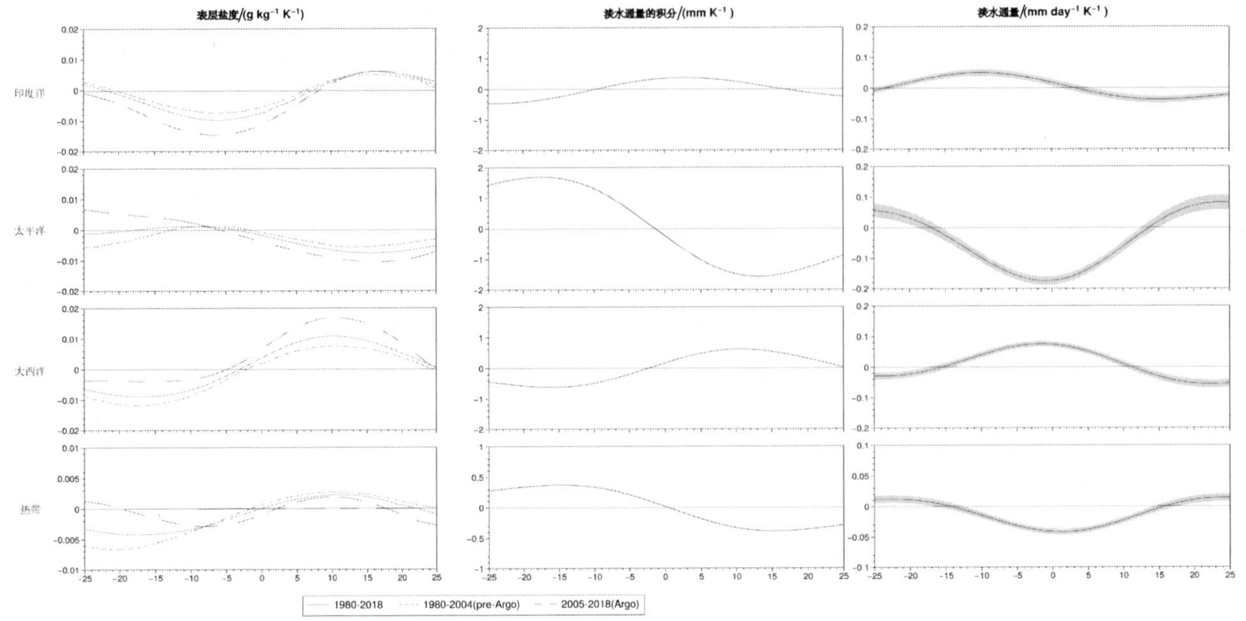

图3　20.5°S～20.5°N 海表盐度异常(左)、淡水通量(右)、淡水通量积分(中)的区域平均值和 ONI 超前滞后 25 个月的回归(前 Argo 时期的数据和 Argo 时期的数据都在图中表现出来,并显示了 1980～2018 年期间的数据。阴影显示了 90%的置信区间)

盐度异常变化在大西洋最明显,而在太平洋的幅度最小,这与之前研究结论相矛盾。这是由于太平洋 SSSA 在热带表现出明显的东西、南北相位,平均后导致 ENSO 强信号被削弱。相较于太平洋和大西洋盐度与淡水通量的高度符合,印度洋盐度和淡水通量积分在时间上没有很强的一致性,可能因为表面流、海水上翻等过程做出了更大的贡献。值得注意的是,热带海域的盐度和淡水通量积分的变化趋势完全相反,这是因为决定两个变量趋势的海域不同,前者是大西洋,后者是太平洋。

3. 结论和讨论

海洋盐度为研究 ENSO 的影响提供了一个新的角度。为了厘清全球范围内海洋盐度对 ENSO 的响应程度,本文分别从前 Argo 和 Argo 两个时期研究了 El Niño 期间全球表层盐度以及垂直方向的变化。

ENSO 的盐度信号在热带太平洋是最显著的,一个负异常中心出现在中、西太平洋,向东延伸到北美洲,两个正异常中心分别在热带太平洋的西北部分和西南部分,在东南赤道太平洋则出现相对较弱的正异常。印度洋盐度异常呈现出与太平洋相反的空间模式,东正西负。热带大西洋盐度随着 El Niño 的发展逐渐积累,从南美洲东岸向东扩张。

全球平均盐度在 0～300 m 和 300～700 m 区域有着相反的变化趋势。中高纬度海域在 300～2 000 m区域盐度增加最为明显,而温跃层的存在很大程度上影响了热带盐度异常 0～300 m 间的分布,且温跃层上下盐度变化相反。印度洋和太平洋西部的盐度异常在 0～700 m 表现出相反的变化相位;太平洋东部和大西洋盐度在 200 m 以下区域都增加。

在全球范围内,前 Argo 和 Argo 盐度数据随着 El Niño 的发展有着相反的趋势,尤其是在表层和 700～2 000 m 深度的区域,但是在热带两者却十分符合。同时,淡水通量在热带和盐度变化较符合,主要信号出现在太平洋,而在全球却有比较大的偏差,这可能是因为在中高纬度盐度受河流以及海冰的影响更大。

本文将更多地关注海洋盐度的时空变化,对于影响机制没有过多地研究,虽然针对这方面已经有非常多的研究,但是对于中高纬度以及深层海的盐度变化却没有很好地解释,这在未来需要进行更深入的探讨。

参考文献

[1] CHENG L, TRENBERTH K E, FASULLO J T, et al. Evolution of ocean heat content related to ENSO[J]. Journal of Climate, 2019, 32: 3529-3556.

[2] CHI J, DU Y, ZHANG Y, et al. A new perspective of the 2014/15 failed El Nino as seen from ocean salinity[J]. Sci. Rep. 2019, 9: 2720.

[3] CORBEET C M, SUBRAHMANYAM B, GIESE B S. A comparison of sea surface salinity in the equatorial Pacific Ocean during the 1997–1998, 2012-2013, and 2014-2015 ENSO events[J]. Climate Dynamics, 2017, 49: 3513-3526.

[4] DELCROIX T, HENIN C, PORTE V, et al. Precipitation and sea–surface salinity in the tropical Pacific Ocean[J]. Deep Sea Research Part I Oceanographic Research Papers, 1996, 43: 1123-1141.

[5] DELCROIX T, MCPHADEN M. Interannual sea surface salinity and temperature changes in the western Pacific warm pool during 1992–2000[J]. Journal of Geophysical Research-Oceans, 2002, 107: 1-17.

[6] GASPARIN F, ROEMMICH D. The strong freshwater anomaly during the onset of the 2015/2016 El Niño[J]. Geophysical Research Letters, 2016, 43: 6452-6460.

[7] GRUNSEICH G, SUBRAHMANYAM B, MURTY V S N, et al. Sea surface salinity variability during the Indian Ocean Dipole and ENSO events in the tropical Indian Ocean[J]. Journal of Geophysical Research, 2011, 116:C11013.

[8] JOHNSON B K, BRYAN F O, GRODSKY S A, et al. Climatological annual cycle of the salinity budgets of the subtropical maxima[J]. Journal of Physical Oceanography, 2016, 46: 2981-2994.

[9] MAES C, PICAUT J, BELAMARI S. Importance of the salinity barrier layer for the buildup of El Nino[J]. Journal of Climate, 2005, 18: 104-118.

[10] MCPHADEN M J, ZEBIAK S E, GLANTZ M H. ENSO as an integrating concept in earth science[J]. Science, 2006, 314: 1740-1745.

[11] MENKES C E, LENGAIGNE M, VIALARD J, et al. About the role of Westerly Wind Events in the possible development of an El Niño in 2014[J]. Geophysical Research Letters, 2014, 41: 6476-6483.

[12] NAGANO A, HASEGAWA T, UEKI I. El Niño–Southern Oscillation–time scale covariation of sea surface salinity and freshwater flux in the western tropical and northern subtropical Pacific[J]. Geophysical Research Letters, 2017, 44: 6895-6903.

[13] PALMER M D, DURACK P J, CHIDICHIMO M P. Adequacy of the ocean observation system for quantifying regional heat and freshwater storage and change[J]. Frontiers in Marine Science, 2019, 6.

[14] QU T, SONG Y T, MAES C. Sea surface salinity and barrier layer variability in the equatorial Pacific as seen from Aquarius and Argo[J]. Journal of Geophysical Research: Oceans, 2014, 119: 15-29.

[15] QU T, YU J – Y. ENSO indices from sea surface salinity observed by Aquarius and Argo[J]. Journal of Oceanography, 2014, 70: 367-375.

[16] ROEMMICH D, GILSON J. The global ocean imprint of ENSO[J]. Geophysical Research Letters, 2011, 38(13).

[17] SINGH A, DELCROIX T, CRAVATTE S. Contrasting the flavors of El Niño-Southern Oscillation using sea surface salinity observations[J]. Journal of Geophysical Research, 2011, 116(6).

[18] YU L. A global relationship between the ocean water cycle and near-surface salinity [J]. Journal of Geophysical Research, 2011, 116(10).

[19] ZHAO M, HENDON H H, YIN Y H. Variations of upper-ocean salinity associated with ENSO from PEODAS reanalyses[J]. Journal of Climate, 2016, 29: 2077-2094.

[20] ZHENG F, ZHANG R – H. Interannually varying salinity effects on ENSO in the tropical pacific: a diagnostic analysis from Argo[J]. Ocean Dynamics, 2015, 65: 691-705.

[21] ZHENG Y, DU Y, CHI Y, et al. Rapid changes in northeastern tropical Pacific Ocean surface salinity due to trans – basin moisture transport in recent decades [J]. Climate Dynamics, 2021, 56: 2245-2257.

[22] ZHI H, ZHANG R – H, LIN P, et al. Effects of salinity variability on recent El Niño events[J]. Atmosphere, 2019, 10(8).

[23] ZHU J, HUANG B, ZHANG R H, et al. Salinity anomaly as a trigger for ENSO events [J]. Sci. Rep., 2014, 4: 6821.

[24] 石世玮,智海,林鹏飞,等. 热带太平洋盐度年际变化对海表温度异常作用比较:1997/1998、2014/2015 和 2015/2016 年 El Niño 事件[J]. 大气科学,2020,44(5):1013-1031.

网络信息传播过程的“赋予”机制研究

常世通[1],陈滢霖[1],朱骏[1]

1.哈尔滨工业大学人文学院 2018 级　社会学专业

摘要:在社会转型阶段,网络尤其是社交网站业已成为广大网民表述自身诉求的重要渠道,对于明晰社情民意有着重要意义。在网络空间中,网民间就某一事件的互动是一个不断交换自身的意见观点及情绪情感的过程,这一过程既使得该事件成了热点事件,同时也可能深刻改变该事件原本的意义和内涵。本文以微博“李××”事件为例,通过分析情感、确定主题的方法,探究了“客观事件”是如何在传播过程中逐渐成为意义与原先大为不同的“网络事件”的,并从网民的结构、情感、观点三个方向进行展现,描绘了信息嬗变的过程,对新时期网络舆论的治理有一定的参考价值。

关键词:情感累加;意义建构;信息传播

Research on the Giving Mechanism of Network Information Communication Process

Chang Shitong[1], Chen Yinglin[1], Zhu Jun[1]

1. Sociology, 2018, Humanities School, Harbin Institute of Technology

Abstract: In the stage of social transformation, the network, especially social networking sites, has become an important channel for netizens to express their demands, which is of great significance to clarify social conditions and public opinions. In cyberspace, the interaction between netizens on a certain event is a process of constantly exchanging their own opinions and emotions. This process not only makes the event become a hot event, but also profoundly changes the original meaning of the event. Taking the event of "Li ××" on Weibo as an example, this paper explores how the "objective event" gradually becomes a "network event" with different significance in the process of communication through the methods of emotional analysis and theme determi-

nation, and shows the process of information evolution from the three directions of the structure, emotion and viewpoint of netizens, it has a reference value for the governance of network public opinion in the new era.
Keywords: Emotional accumulation; Meaning construction; Information dissemination

在当今社会媒体之中,互联网以其广泛覆盖性、高度自由性及无与伦比的交互性特征正逐渐成为民间主要的交流和沟通平台。在这一社会背景下,互联网出现了信息"爆炸"的现象。这种"爆炸"不仅仅意味着信息量的急剧增多、信息传播速度的越来越快和传播范围的越来越广,更代表着信息所负载的含义愈加丰富。现实世界中发生的、仅描绘事实本身的"客观事件"在网民互动中成了寄托网民思想情感的"网络事件"的同时,事件所传递的信息也发生了重大改变,其意义和内涵也随着网民观点态度的转变而愈发多样,成为被网民所讨论的事件。

1. 文献回顾与概念界定

"客观事件"转变成为"网络事件"的过程,也是网络热点事件产生的过程。社会心理学认为,"客观事件"尽管有着被网民谈论的基础,但是除了简单地反射活动之外,"它们并不是情感和行为的发动者"[1],"客观事件"本身并非热点,只有当公众感知到这一事件并赋予其某种特殊意义的时候才会使它成为热点。换句话说,造就热度较高的"网络事件"的并非事件内容本身,而是人们对事件的理解和解释[2]。"客观事件"只有经过了一系列有目的、有意识的意义建构后,其才能够拥有更广阔的被解释空间,进而同广大非直接利益相关的网民相关联,具备成为"热点事件"所必需的公共性。

这一过程被克兰德曼斯(Bert Klandermans,1997)称为意义构建过程,即"共同阐释与重新定义形式的过程"[3],可被视为某种网民间的"共意达成"。只有完成了这一"共意达成"过程,不同网民才能在一个更具代表性的框架下进行讨论,并发展出一系列有吸引力、有代表性的话语符号。同时,这也是网民间形成团结意识和认同感的必要手段,由此亦会对情感产生影响。本文将这一过程用"赋意"予以概括。

"赋意"过程中共有的讨论框架和共享的话语符号既是网民互动过程的产物,同时也塑造了参与者都要遵从的"共同规范",即网民不能背离前序业已成型的框架和符号。与特纳突生规范理论中共同心理的形成相似[4],这一"共同规范"将促进个人心理向社会心理的转变,并通过网民之间共同的情绪化表达呈现。而个人心理向社会心理的转变实际上是勒温"心理场"①理论的再现[5]。就本文而言,在"客观事件"中的共有议题下,参与讨论的网民心理感受逐渐趋同,由个人心理逐渐转进社会心理,同时当同质化的情绪冲动见诸针对事件内容的文字表达时,将这一过程称之为"赋情"。

"赋予"过程是"赋意"和"赋情"的有机结合。"赋意"是"赋情"得以产生的前提和基础,规定了"赋情"中群体性情感的指向,给予"客观事件"成为公共议题的可能;而"赋情"则同样有利于强化"赋意"过程中所形成的"共同规范",促进不断完善"客观事件"中的意义构建,对事件参与者的心理认同和群体意识塑形,成为针对"客观事件"的意义构建日臻完善的不竭动力。需要明确的是,"赋予"过程是一个不断完善的过程,在首次"赋予"后,人们会结合自身的生活经验,倘若有着可匹配的、能引起广泛认同的信息,就会开始另一轮新的"赋予";倘若没有符合要求的信息,便会同其他网民进行互动,对获取到的新信息加以解释,使之成为可用于继续"赋予"的信息。在这一循环往复的过程中,网民对于事件的认知愈发深刻,对于事件的体验愈发强烈。多个"赋予"过程的循序渐进,使得最初的"客观事件"成了具有广泛影响力的"网络事件"。

2. 研究方法

以微博账号××××2019 年 10 月 12 日发出

① "心理场"指人们在特定社会状况之下所带有的某种具有普遍性的心理需求,其一方面在数量上指出了从个体心理到群体心理的增长,另一方面还从心理上揭示了个人在社会氛围的影响下而发生的变化。

的“李××”事件微博内容评论区评论为分析对象,数据抓取范围以“李××”事件处于微博热搜时长为限,抓取10月12日到10月18日的所有内容。同时,本文还借助新浪某平台对该评论区内用户结果进行调查。

2.1 “赋意”研究方法

“赋意”研究方法是根据词义共现性所获得的词对为基础进行的主题确定方法。词对指通过Python软件对所抓取评论(仅限字数超过6字的评论)进行结巴分词、去止间停用词、高频词分析后,选取评论区内出现频率排前15的高频词,并统计其在同一条推文内与其他关键词的正向关联程度后所收集的数据内容。15个高频词分别同相关指数最高的10个关联词相匹配,共计得出150对词对。由于词对本身是高频词与高频词关联词的反映,故可说明在“李××”事件中网民主要的关注热点及其所涉及的领域。

2.2 “赋情”研究方法

“赋情”研究方法即情感分析方法,建立在前序得出词对的基础上,返回语料库重新分析词对所对应的评论区文本,将同一词对的关联文本进行归纳,对整理所得的词对利用情感分析判断其所属的情感倾向,进而明确每一类词对的情感色彩。情感分析是从文本数据中识别出用户主观的情感、观点和态度的过程[6]。本研究所采用的情感词典是大连理工大学情感词典①,借鉴杨希的6种词类组合方法(表1),进行三元式的情感分析[7]。

表1 情感词组合倾向

序号	情感词句式
1	[情感词]
2	[否定词]+[情感词]
3	[程度副词]+[情感词]
4	[否定词]+[程度副词]+[情感词]
5	[程度副词]+[否定词]+[情感词]
6	[否定词]+[否定词]+[情感词]

三元式情感分析将情感划分为积极、中立、消极三类,计算公式如下:

$$\mathrm{Ep} = \sum_{j=0}^{K} \cdot e_{\mathrm{p}} \cdot (-1)^{N}$$

式中,Ep表示一条推文的情感极性,1表示积极、0表示中立、-1表示消极;K表示一条推文中出现的情感词个数;e_{p}表示一个情感词的强度;N表示与该情感词相关的否定词个数。由此得出每一个词对所对应的情感分析数值,实质上反映网民对于特定主题或事项所持的情感态度。

3. 数据分析

3.1 舆论空间中参与用户的结构分析

根据微博账号××××10月12日发布的微博内容,共计收集了1 427条一级评论,排除部分携带英文词汇评论及乱码评论后,共计有效可分析评论为1 375条,由1 280个用户发出。从数据来看,用户可以分为媒体和一般个人两类用户,并表现出如下特征:媒体型用户抛出话题,一般个人型用户推动话题的讨论。同时,一般个人型用户群体内部亦包括记者型、政治型和专家型等不同类型的用户。从发文数量来看,媒体型的账号发文量虽少于个人账号,但却有更多比例的推文成了话题焦点。

表2 “李××”事件微博用户结构表

用户类型		粉丝数	占比/%	传播作用/%
普通用户		0~199	72.44	4.58
领袖型普通用户		200~499	19.73	19.38
意见领袖	一档	500~999	3.78	3.54
	二档	1 000~1 499	0.06	8.75
	三档	1 500~2 000	0.78	6.73
	四档	2 000以上	5.01	57.02

由表2可得,“李××”事件的关注人群同时存在着普通用户、领袖型普通用户及意见领袖三种类型的用户,其中普通用户指粉丝数为0~199的用户;而意见领袖群体构成则较为复杂,可分为四档,分别为粉丝数500~999、1 000~1 499、1 500~1 999、2 000以上的帐户,其中,以粘丝数

① 大连理工情感词典本体库将情感分为了“乐、好、怒、哀、惧、恶、惊”7类,且定义了情感的强度,不过并未涉及情感词在句子中与程度副词、否定词等之间的关系。

2 000 以上的帐户为主,各群体占比分别为评论区用户总数的 3.78%、0.06%、0.78% 和 5.01%,这一结构与传统多层传播模型研究中账户粉丝数同账户数呈现负相关的结论不同;而各群体带评论转发数目占比则依次为总数量的 3.54%、8.75%、6.73% 和 57.02%,可视为意见领袖群体中舆论资源正不断向上流动现象的体现。这表明头部用户的号召力、影响力远高于其他用户,原本作为普通用户与意见领袖之间的中介型意见领袖群体逐渐式微,正逐步被普通用户中的领袖型普通用户取代,普通用户与头部用户的信息传递方式正由间接传递向直接传递转变。

同时,另一类新的传播主体正发挥着愈发重要的作用,即"领袖型普通用户"①,在本文中指粉丝数为 200 ~ 499 的用户群。这一部分用户扮演了头部用户与剩余普通用户间信息传播的中介角色,但与意见领袖群体不同的是,其本身并不具备制造话题的能力,更多的是作为头部用户群体"拥护者"的形象出现,扮演着"专家"或某一领域"知情人士"的角色,对于某一问题就头部用户群体的观点予以佐证。由此,这一群体用户整体而言虽然在号召力、影响力层面远比其余的普通用户更强,但鉴于其在议程设置上对于头部用户群体的依赖,并不足以归入意见领袖这一范畴。

3.2 信息传播过程中的赋意过程分析

表 3 为部分热点词,并通过文本分析法确定了"李 × ×"事件中网民所关注的主题。根据共词分析得出了得出案情本身、女性权益两类主题。

表 3 "李 × ×"事件微博排名前 15 的部分热点词

热点词	出现频次
李 × ×	2 434 540
警方通报	1 005 760
落水	521 020
真相	508 070
意外	474 250
李 × × 溺亡	468 650
云南	453 380
警方	418 930
妈妈	379 960
人民日报	347 110
警察	323 870
视频	292 590
公道	246 440
昆明	229 090

主题一:案情本身

就这一主题而言,其所表述内容呈现出鲜明的在地性,对应词对多由地名、人名、动词为主构成,地名主要指向案发地。结合语境,人名意指两个维度,分别为对于李 × × 母亲丧女一事的同情与悲愤,以及对于李 × × 室友的追责。上述信息均暗含在对案件真相的探寻之中,但其所要求探寻的真相也并不是实情本身,而是"微博判案"下人为构建出的"公道"。对李 × × 母亲的同情、对李 × × 室友的批判,实质上是将所表述的两个维度混合构成了一个完整的舆论场域,使得"同情李 × × 母亲"与"批判室友"二者等同,所谓的"公道"即在这一场域中产生。这一过程使舆论弹性大为压缩,顺势实现了对最初所探寻的"公道""真相"等内容的真空化,将"严惩"而非具体的事件经过与"公道""真相"画上了等号。在本主题的意义"赋予"过程中,探讨案件本身的过程被"赋予"了一种否定官方通告的消极态度。

主题二:女性权益

女性权益主题在微博舆论空间中长期具有较高的热度。"李 × ×"事件中所展现的女大学生、陌生异性、身体侵犯等意象亦与微博舆论的"爆点"高度契合,本主题所表述的思想观点也更为程式化,内容包括男性对于女性的侵犯、男权对于女性的压迫、女性恶劣的生存环境乃至于社会对于女性系统性歧视,并存在着以偏概全、以点带面的问题。

3.3 信息传播过程中的赋情过程分析

通过表 4、表 5 可见,微博用户探讨的议题越远离案件本身,事件涉及的意义和内涵越指向于

① 指的是在舆论空间中具有一定号召力,评论一定程度上发挥着类似于意见领袖群体的作用,但受关注力度远远不如后者的群体。

抽象感性层面，则传递的情感尤其是负面情绪越为激烈突出。就李××与女性权益主题而言，其正处于技术手段型冲突向情感型冲突的过渡阶段，正从目的性冲突向“为冲突而冲突”过渡。

表4 “李××”事件评论词对逐日分析结果(部分)

主题	相关性词	消极指数	主题消极指数均值
案情本身	云南	0.669 9	0.716 0
	真相	0.577 0	
	视频	0.577 0	
	昆明	0.889 5	
	室友	0.762 0	
	一个月	0.721 6	
	盘龙	0.721 6	
	高度重视	0.721 6	
	调查	0.794 5	
女性权益	女孩	0.889 5	0.781 7
	男	0.727 8	
	女	0.727 8	

表5 “李××”事件各主题消极指数(部分)

日期	相关性热点词	联系值	情感分析结果		
			积极	中立	消极
10.12	云南	0.51	0.189 0	0.141 1	0.669 9
10.13	司法	0.69	0.117 6	0.071 4	0.811 0
	李××	0.60	0.117 6	0.071 4	0.811 0
10.14	真相	0.51	0.260 7	0.162 4	0.577 0
	社会	0.51	0.260 7	0.162 4	0.577 0
	视频	0.11	0.260 7	0.162 4	0.577 0
	希望	0.22	0.165 2	0.102 2	0.732 5
10.15	女孩	2.30	0.021 2	0.089 3	0.889 5
	男	1.90	0.021 2	0.089 3	0.889 5
	昆明	1.61	0.021 2	0.089 3	0.889 5
10.16	室友	0.47	0.176 4	0.061 6	0.762 0
10.17	一个月	1.61	1.143 6	0.134 8	0.721 6
	盘龙	1.46	0.143 6	0.134 8	0.721 6
	高度重视	0.92	0.143 6	0.134 8	0.721 6
10.18	调查	0.22	0.036 8	0.061 7	0.901 5
	重视	-0.26	0.036 8	0.061 7	0.901 5
	女	2.30	0.203 2	0.069 0	0.727 8
	男	1.83	0.203 2	0.069 0	0.727 8
	应该	0.92	0.203 2	0.069 0	0.727 8

4."赋意"和"赋情"的有机结合:"赋予"的机制

4.1　呈现机制分析:参与群体的多元表达

呈现机制实际上是流量吸引机制。网络热点事件一般都具备着广泛的可解读视角,其传播内容多包含大量的社会敏感问题,从而吸引不同问题的关注者在同一网络事件中实现汇集,并就相关意象阐述个人意见。就"李××"事件而言,其不仅被视为一个单纯的司法事件,更被视为女性权利受到侵犯的缩影。在整个事件的舆论发酵过程中,"李××"事件呈现出两个彼此不同又逐步深化的议题,提供了充足的讨论空间,展现了"李××"事件的可塑性。同时,"李××"事件包含母亲、警察、女权、陌生异性等多类敏感意象,而纷繁复杂、隶属各类不同社会范畴的意象都意味着对于某一特定群体的吸引力,进而代表着一种可能的多元解读方式,使得"李××"事件天然具备成为热点的必要条件。

在前述基础上,"李××"事件吸引了大量抱有不同目的、来自不同群体的关注者,正是这些关注者的共同作用使得事件舆论迅速发酵。现今网络碎片化的趋势愈发严重,信息的增长呈现爆炸式特征,使得读取信息的成本愈发高昂,由此促成了意见领袖群体中头部用户账号影响力的不断扩大及领袖型普通用户的出现。前者通过创造形式简单的、模糊的、抽象的、经刻意组合的文本,为各类观点提供"若有若无"的论据,形成了逻辑上可被广泛解读的、预设好的语义空间(语境),这实际上是将知识解构成了"信息",由此为后续共有框架和共享话语的形成——即意义赋予的过程创造了可能。而在正式的解读过程中,由于网络空间日趋平面化,意见领袖群体中的非头部用户账号难以对网民产生足够强烈的影响,在预设的语境内对头部用户账号创造文本的解读工作将不可避免地由普通用户承担,这类用户即领袖型普通用户。这一群体承担着最为直接的信息解读工作,正是他们运用一系列话术完成了共意构建,为"李××"事件呈现了两类可供广泛解读的框架,并借之与自身意见相似的群体形成了紧密联系,造就了真正具有影响力的网民群体:领袖型普通用户作为头部用户与普通用户的中介,向上借助头部用户账号完成信息解读,降低信息筛选分析成本;向下则发挥自身密切联系普通用户的优势,通过更为朴素直接的话语降低信息的解读成本。同时,领袖型普通用户有着较大群体基数的裹挟能力,在解读信息的过程中能吸引大量普通用户参与话题讨论过程,由此,最终创造了"李××"这一网络热点事件。

4.2　解读机制分析:赋意与按需解读

领袖型普通用户在信息解读过程中,并不是完全按照头部群体预先设置的框架进行的,在解读过程中也拥有着高度的自主性,并由此带来了一系列的不确定性。信息解读的过程也正是领袖型普通用户将自身观点、理解带入原有事件讨论的过程,并在这一过程中完成了"赋意"。"赋意"后事件本身还是原来的事件,但其包含的内容却已大为不同。需要明确的是,"赋意"不同于信息异化,它更类似于信息在理解中被不断"做加法"的过程。"李××"事件中,网民对于事件真相的追问与猜测,随着讨论的深入与丰富,最终总体上形成了案件本身、女性权益两类议题。对这些内容的词对进行分析,尽管在个体上受制于领袖型普通用户的主观性,难以明确意义赋予过程的结果,但对于其意义赋予的方式却存在着一定的共性。

总体而言,10月12日至10月18日领袖型普通用户的意义赋予方式均呈现了下述特征:通过不加分析地将"李××"事件同敏感意象相关联,尽可能地在"李××"事件与其他网络"爆点"事件间留出概念模糊的充足空间,使得二者呈现一种"似是而非"的关联。如,词对结果显示,在"李××—希望"这一词对中,包含的评论既有涉及案件彻查的内容,也有涉及女性权利与社会是否存在对女性结构性歧视的内容。这实际上是一种类似"狗哨政治"的体现,即创建一种可以根据自身需要、结合某些片面意象得出想要的结论的可能。通过对于事件的"按需解读",不断吸引共意者的聚集,并通过群体一致性不断强化自身信念。此时,哪怕某些群体实际上并不了解"李××"事件在具体演进过程中讨论了什么,也能够在"李××"这一话题下形成聚集。

4.3 空间机制分析:“赋情”,情感-逻辑的合理性解释

在“赋意”过程中,领袖型普通用户能够通过意义赋予的方式凝聚大量具有共同观点的普通用户,并且这种建立在对彼此间观点逻辑之上的有机认同往往更具持久性。但这一“认同”的出发点是在预设的语境下,并且是由领袖型普通用户自身对敏感意象和“客观事件”的片面解读所塑形。受制于解读者的文化水平,“认同”形成的逻辑基础是不稳定的,且漏洞较多、极易受到质疑。因此,如何使被赋予的观点结论合理性受到更多认可,进而巩固群体认同感,便成了亟待解决的问题。

在前述“赋情”的研究之中,我们发现,事件的意义和内涵越抽象、越远离具体事实,则情感表达越为激烈。在词对分析中,女性权利主题与案件本身主题在抽象程度依次降低的同时,其情感极性数值也在依次降低。在女性权益主题的语境中,群体极化现象较为明显,参与主体较为单调,头部群体在议题制造和议程设置中作用较为突出,使得所涉及的意象也整体呈现出高度的抽象化,可概括为“避实就虚”。原本涉及案件经过的词对,例如“案件”“警方”“视频”等迅速减少,取而代之的是类似于“严惩”“女性”等上升至抽象思想的词对。尽管事件中依旧存在着关于“李××”案件客观事实的词对表述,但它们更多的是作为各派争论的凭证而出现,失去了自身的独立性。

从案件本身主题到女性权利主题,在网民情绪不断激烈的过程中,寄托于特定议题之上的情感也在不断累加,并最终达至一个峰值。对承担着这些强烈情感的抽象主题而言,一方面其内容的广泛性使得用户得以轻易在其中找到与自身利益相关的共鸣点,另一方面抽象议题往往更多地建立在普遍的社会共识之上,如“李××”事件中所涉及的女性权利保护就具备着政治正确的色彩,这一特点使得用户在话题讨论中能占据更多的道德制高点。此时,部分参与讨论的网民的情感在这种利益相关与绝对正确的加持之下往往更为鲜明与强烈,并具有典型的“非此即彼”式二元划分倾向,对于异见的容忍度更低且攻击性更强。由此,前期赋意过程中哪怕存在着大量的纰漏,在抽象议题产生的极为强烈的情感面前也将得以掩盖,甚至指出纰漏的行为本身会被视为价值观错误、破坏群体内“共同规范”的体现,进而遭到压制和攻击。以情感问题替代逻辑问题,正是“李××”事件中具备领袖色彩的用户(意见领袖与领袖型普通用户)惯常的表达模式。

4.4 总结

综上,“赋予”机制可通过三部分展现,分别是呈现机制、解读机制以及空间机制。呈现机制立足于微博用户结构情况,回答了议程如何设置、热点如何形成这一问题;解读机制关注“赋意”的具体流程,侧重于探讨议题讨论过程中新的思想如何附着于原有观点之上,和一次次的“共意达成”混合形成新“观点丛”的过程;空间机制则将情感发酵过程视为情感可提升空间不断被占据的过程,解答了当个人心理不断转化成为社会心理时,观点丛上的情感如何累加的问题。不同网民主体在“赋予”机制的作用下,不断将自身观点汇入“客观事件”中,并以强烈的情感进行表达,最终促成广为讨论的“热点事件”的出现。在新媒体时代,这一机制过程的研究对舆情治理有着重要的参考意义。

参考文献

[1] 班杜拉.思想和行动的社会基础(上)[M].上海:华东师范大学出版社,2001.

[2] 祝兴平. 社会风险网络传播中的集体行动与情感动员[D]. 武汉: 武汉大学, 2016.

[3] K BERT. The social psychology of protest [M]. Oxford: Blackwell, 1997: 44.

[4] RALPH H T, LEWIA K. Collective behavior [M]. Wnglewood Cliffs: Prentice - hall, 1987: 72.

[5] 张虎祥.动员式治理中的社会逻辑[J].公共管理评论,2006(2):32-45.

[6] 赵常煜,吴亚平,王继民.“一带一路”倡议下的 Twitter 文本主题挖掘和情感分析[J].图书情报工作,2019,63(19):119-127.

[7] 杨希.基于情感词典与规则结合的微博情感分析模型研究[D].合肥:安徽大学,2014.

松原地区群体建筑地震损失分析和评估

王浩名[1]

1. 哈尔滨工业大学土木工程学院 2018 级 工程管理专业

摘要:为研究松原地区群体建筑的地震损失,对查干花镇和松原市区部分地区的群体建筑进行了地震震害模拟分析。基于 FEMA - P58 中的建筑性能评价方法,根据《建筑抗震韧性评价标准》(GB/T 38591—2020),对中美规范中易损性构件的易损性函数以及构件损伤结果进行修正,以消除中美差异。利用 PACT 软件建立模型,计算地震损失,统计分析各类建筑震害分布情况,输出不同地震等级下各类建筑及各个地区的修复成本和修复时间,并对两个地区的经济损失进行分析比较,最后得出在各种地震作用下,松原市区建筑的抗震性能优于查干花镇的结论,因其修复时间较少,同时由于松原市区的建筑构件和室内构件价值较高,故其修复费用高于查干花镇。

关键词:地震损失;易损性修正;松原地区;群体建筑;PACT

Earthquake Loss Analysis and Assessment of Group Buildings in Songyuan Area

Wang Haoming[1]

1. Engineering Management, 2018, School of Civil Engineering, Harbin Institute of Technology

Abstract: To study the earthquake damage and loss of group buildings in towns and urban areas of Songyuan, the simulation analysis of earthquake damage of group buildings in some areas of Chaganhua town and urban areas of Songyuan was conducted. In this paper, based on the building performance evaluation method in FEMA - P58 and the standard for seismic resilience assessment of buildings (GB/T 38591—2020), the different methods between China and the US were eliminated. Firstly, the distribution of earthquake damage of various buildings was analyzed. The economic losses of the two regions are analyzed and compared by using PACT

software to evaluate the repair costs and repair time of buildings under different earthquake levels.
Keywords: Earthquake loss; Vulnerability correction; Songyuan area; Group building; PACT

引言

近年来，地震造成了巨大的经济损失，因此对建筑结构的地震风险和损失进行预测和评估十分重要。目前，地震损害和损失主要集中在大中型城市，而小城镇的地震损害却没有得到足够的重视。因此，本文对吉林省松原市近几年地震灾害造成的损失进行了分析。

2018 年 5 月 28 日和 2019 年 5 月 18 日，松原地区分别发生 5.7 级和 5.1 级地震。图 1 为松原地区建筑破坏情况。

图 1　松原地区建筑破坏情况

近年来，国内外纷纷开展了地震损失评估的研究。Esmaili 等[1]使用 RSLA 方法评估了 50 年来洛杉矶超过 10% 的地震灾害的一般区域地震损失。Omid Moammer 等[2]研究了偏心支撑框架建筑作为地震作用下的横向抗荷载体系的经济损失。Sadiq Amin Muhammad 等[3]利用深度学习技术在地震期间识别建筑物中潜在的有害物体。郑山锁等[4]利用脆弱性分类方法建立模型评估 1556 年华县地震的直接经济损失，利用投入产出法评估 2008 年汶川地震的间接经济损失。王丽建等[5]利用 IDA 方法分析了地震易损性曲线，评估了地震的经济损失。宗学军等[6]采用灰色关联分析与 SA – PSO – Elman 方法相结合的模型对地震造成的直接经济损失进行评估。

因此，本文以 FEMA – P58 及其配套的 PACT 软件为基础，根据《建筑抗震韧性评价标准》(GB/T 38591—2020)对 PACT 中构件的脆弱性参数进行调整。对不同等级地震作用下小城镇建筑的经济损失进行了评估，并对各类建筑进行了对比分析。

1. 中美规范的差异修正

1.1　PACT 计算流程

PACT 计算流程：①集成建筑性能模型；②建立人口流动模型；③建立易损性组件；④建立结构倒塌模型；⑤输入结构响应数据；⑥计算损失。

1.2　根据中国规范进行修正

PACT 软件内置的数据库中的数据均是根据美国 ASCE/SCE 31—03 中的《既有建筑的地震评估》(Seismic Evaluation of Existing Buildings)、ASCE/SCE 41—06 中《既有建筑的地震恢复》(Seismic Rehabilitation of Existing Buildings)规范及结合美国实际状况得到的。其内置参数主要来自于美国建筑的实际情况，其中易损性构件的易损性函数、修复费用和修复时间等与我国建筑的实际情况有较大差异。

本文将对 PACT 软件内置的易损性构件库中的人口模型、易损性函数、修复费用和修复时间按照我国标准 GB/T 38591—2020 进行修正。

此外还需输入最大工人效率，据 FEMAP – 58 第二卷可知该值需在 0.000 5(1 人/2 000 平方英尺(1 平方英尺 =0.092 9 m^2))至 0.004(1 人/250 平方英尺)之间取值。根据我国标准 GB/T 38591—2020 第 7 节修复时间的计算，对于具体的修复时间给出了明确规定，见表 1。

表 1　单层单位面积或单台震损设备所需工人数量

主要修复工作编号	修复工作内容	工人数量需求
W1	结构构件	2 人/100 平方米
W2	楼梯	2 人/个
W3	维护构件	1 人/100 平方米
W4	隔断构件	1 人/100 平方米

续表 1

主要修复工作编号	修复工作内容	工人数量需求
W5	吊顶及附属构件	1 人/100 平方米
W6	管线	1 人/100 平方米
W7	大型设备	3 人/台
W8	电梯	2 人/台

PACT 内置工人密度为 1 人/1 000 平方英尺，根据我国标准 GB/T 38591—2020 可知此设置合理。

本文根据查干花镇某二层商铺的情况确定人口流动模型，设工人密度为 6 人/1 000 平方英尺；此外还需要设置每天各个时段和每月人口的占比，例如上午 9 时人口占比为 100%，即认为该时段达到人口密度峰值；晚上 11 点时为 0，即认为该时段内没有人员。

我国标准 GB/T 38591—2020 第 8 节人员伤亡计算对室内人员的具体数量给出了规定。由于街边二层商铺人员密度并没有达到规范所规定的 0.6 人/平方米，所以取实际调查结果 6 人/100 平方米。

我国标准 GB/T 38591—2020 规范性附录 C 结构构件易损性信息给出了构件在不同损伤状态下的的损失系数值和修复系数值，损失系数等于经济损失除以成本，修复系数等于修复费用除以经济损失，构件的修复费用等于成本乘以损失系数乘以修复系数，且考虑了工程量和楼层高低对修复工作的影响系数。

对于非结构构件，规范也进行了易损性分组，并详细描述了损伤状态，根据我国标准 GB/T 38591—2020 规范性附录 E 非结构构件易损性信息，确定了非结构构件的易损性分组及损伤状态判别标准、修复费用系数取值、修复工时系数取值。易损性组统计见表 2。

表 2　易损性组统计表

性能组	易损分类编码	单位	单价/美元	数量		
				一楼	二楼	总计
梁柱节点	B1041.001b	个	71.99	10	10	20
楼梯	C2011.011b	m^2	11.91	5	0	5
外墙	B2011.011b	m^2	6.4	200	200	400
外窗	B2022.201	m^2	37	20	20	40

续表 2

性能组	易损分类编码	单位	单价/美元	数量		
				一楼	二楼	总计
内隔墙	C1011.001a	m^2	5.36	40.26	40.26	80.52
瓷砖	C3011.002b	m^2	5.95	79.2	79.2	158.4
天花板	C3033.001	m^2	2.2	248	212	460
桌椅	E2022.020	套	128.6	12	1	13
商品（均值）	E2022.013	个	9.8	50	200	250
冷水管	D2021.011a	m	0.893	50	50	100
暖气管	D2022.021a	m	2.35	60	60	120
废水管	D2031.011b	m	1.1	46	46	92

输入倒塌模式和人员伤亡比。本文选用了两种倒塌模式：倒塌模式 1 为单层倒塌，即第一层建筑面积 100% 倒塌，第二层没有倒塌；倒塌模式 2 也是单层倒塌，但在这种模式中，第二层建筑面积 100% 倒塌，而第一层建筑面积没有倒塌。

通过我国标准 GB/T 38591—2020 进行修正后，PACT 软件的建筑人口模型、构件修复时间、构件修复费用、构件易损性函数等内置参数已基本符合我国建筑工程的实际情况，可以通过 PACT 软件进行建模分析及计算。

2. 吉林松原地区群体建筑地震损失分析

2.1　查干花镇地震经济损失分析

由《建筑抗震设计规范》（GB 50011—2010），松原地区抗震设防烈度为八度，并通过实地考察，使用百度街景等地图软件，对查干花镇部分区域（约占查干花镇总面积的 25%）的典型建筑进行统计和分类，见表 3。

表 3　建筑类型及其数量统计表

序号	建筑类型	层数	数量	占比/%
1	未设防住宅	1	76	34.08
2	砖混住宅 1	1	112	50.22
3	砖混住宅 2	2	21	9.42
4	商铺	2	10	4.48
5	办公楼	3	2	0.90
6	教学楼	4	1	0.45
7	空住宅	7	1	0.45

根据上文的 PACT 软件计算流程，输入各类建筑的信息进行计算，得到查干花镇部分区域各类建筑的地震损失如下。

一层未设防住宅：

小震、中震、大震、巨震时未设防住宅的修复费用如图 2 所示。

小震、中震、大震、巨震时未设防住宅的修复时间如图 3 所示。

统计查干花镇部分区域各类单体建筑修复费用和修复时间见表 4。

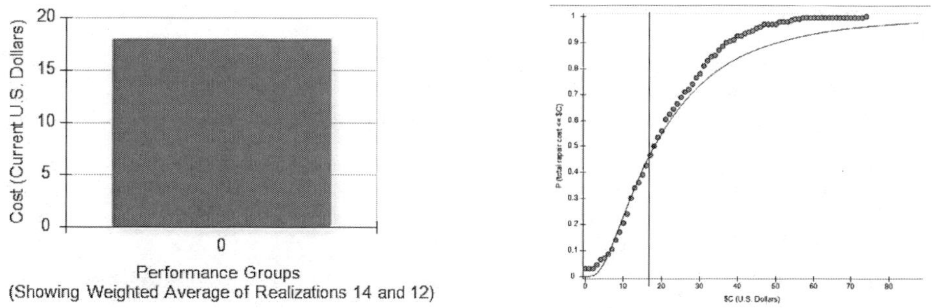

(a)小震修复费用

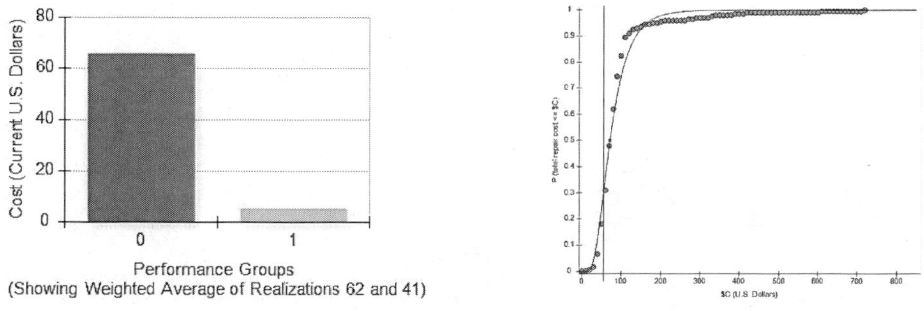

(b)中震修复费用

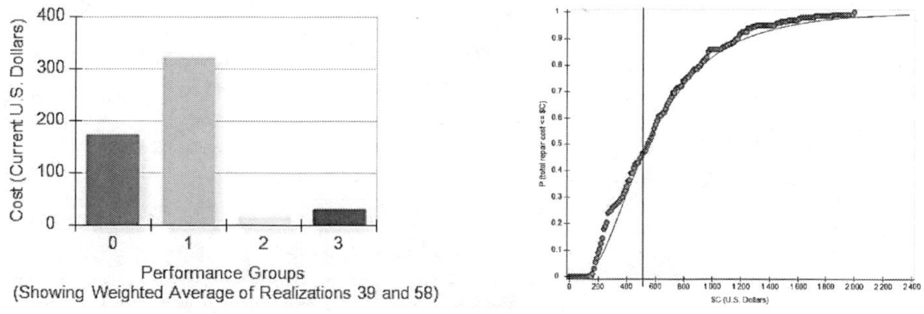

(c)大震修复费用

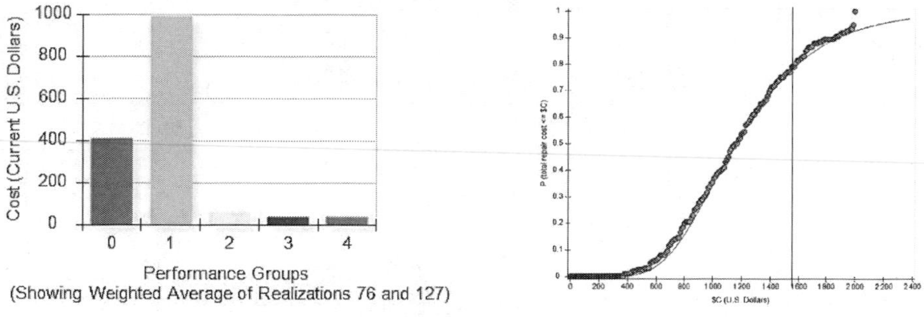

(d)巨震修复费用

图 2　一层未设防住宅的修复费用

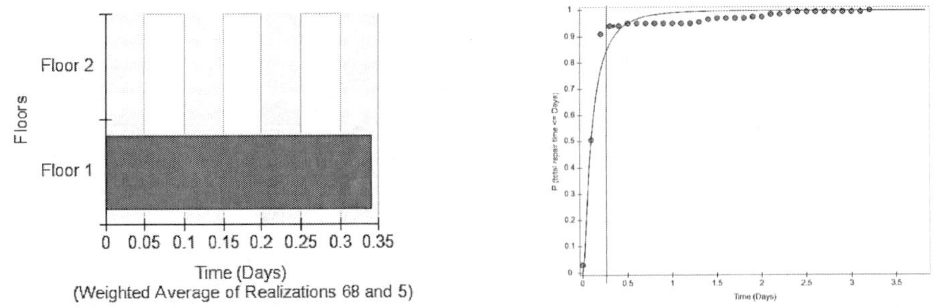

(a)小震修复时间

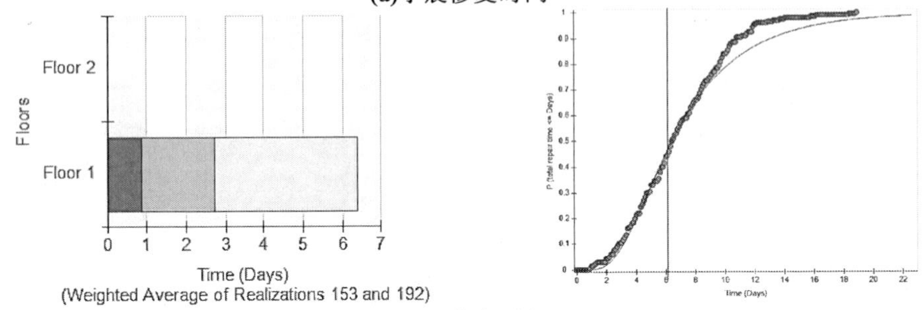

(b)中震修复时间

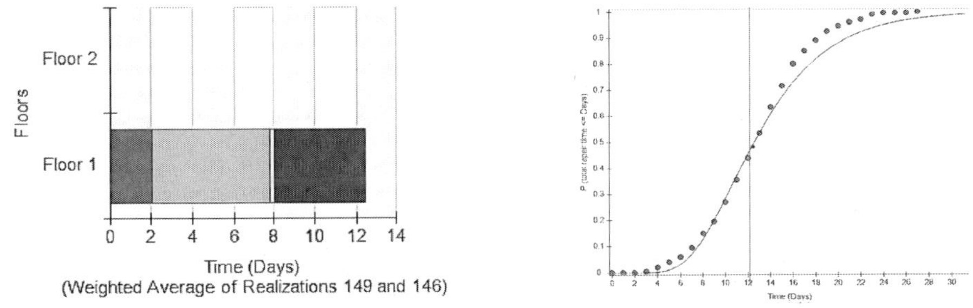

(c)大震修复时间

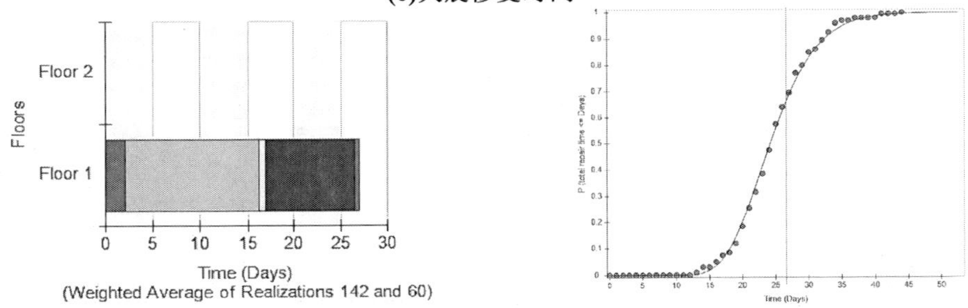

(d)巨震修复时间

图3　一层未设防住宅的修复时间

表4　查干花镇震后修复统计表

建筑类型	总面积/m^2	单体修复费用/美元				单体修复时间/天			
		小震	中震	大震	巨震	小震	中震	大震	巨震
未设防住宅	65.6	73	719	1 900	2 200	3.1	6.3	19.5	28.1
砖混住宅1	184	110	740	3 800	4 989	0.9	3	10.5	25.9
砖混住宅2	331	103	333	2 476	6 390	1.9	3.5	12.7	23.9
商铺	776	195	396	1 052	3 620	2.2	4.3	9.9	26.5
办公楼	2 376	138	598	2 231	6 642	0.3	1.6	7.7	46
教学楼	4 984	267	2 246	5 274	24 186	0.2	1.9	7	48.6
空住宅	5 439	250	769	1 427	7 582	0.1	2	30	61.8

通过将各类单体建筑在不同地震作用下的修复费用乘以同类型建筑数量得到同类型建筑的修复费用，将得到的各类建筑的修复总费用除以该等级地震作用下所有建筑群的总修复费用，可以得到各类建筑的总修复费用占群体建筑总修复费用的比值，见表5。

表5　各类建筑总修复费用及其占比

建筑类型	小震修复		中震修复		大震修复		巨震修复	
	费用/美元	占比/%	费用/美元	占比/%	费用/美元	占比/%	费用/美元	占比/%
未设防住宅	5 548	24.55	54 644	35.99	144 400	22.53	167 200	17.96
砖混住宅1	12 320	54.51	82 880	54.59	425 600	66.41	558 768	60.01
砖混住宅2	2 122	9.39	6 860	4.52	51 006	7.96	131 634	1.41
商铺	1 950	8.63	3 960	2.61	10 520	1.64	36 200	3.89
办公楼	248	1.10	1 076	0.71	4 016	0.63	11 956	1.28
教学楼	214	0.95	1 797	1.18	4 219	0.66	19 349	2.08
空住宅	200	0.88	615	0.41	1 142	0.18	6 066	0.65

各类建筑修复费用占比以柱状图的形式表现出来，如图4所示。

从图4可以看出，查干花镇的经济损失主要集中在数量较多的未设防住宅和一层砖混住宅。随着地震烈度的增加，未设防住宅建筑由于自身成本的限制，修复费用占比逐渐降低；由于自身造价较高，砖混住宅的修复费用占比逐渐增加。

在地震作用下，查干花镇的经济损失主要集中在1层砖混建筑和未设防建筑，并且未设防建筑的经济损失占主要部分。其他类型建筑虽然单体损失较大，但由于数量较少，总体修复费用占比不大。

随着地震烈度的增加，各类建筑的修复时间也随之增加。地震后，每一栋独立的建筑都可以同时修复。考虑各单体建筑可以同时进行修复，因此以单体建筑的各级地震作用下的修复时间为比较对象，如图5所示。

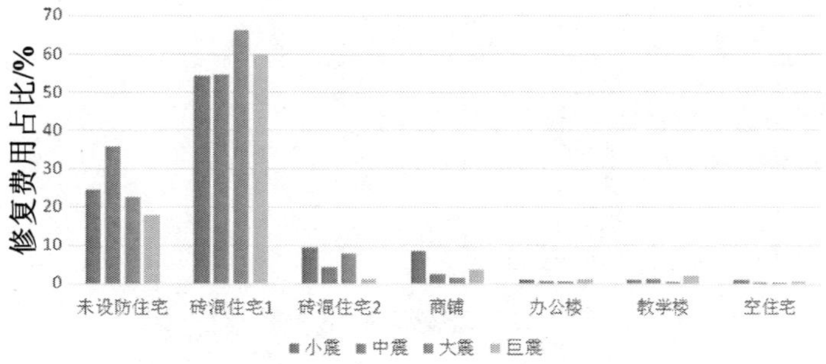

图4　各级地震作用下各类建筑修复费用占比

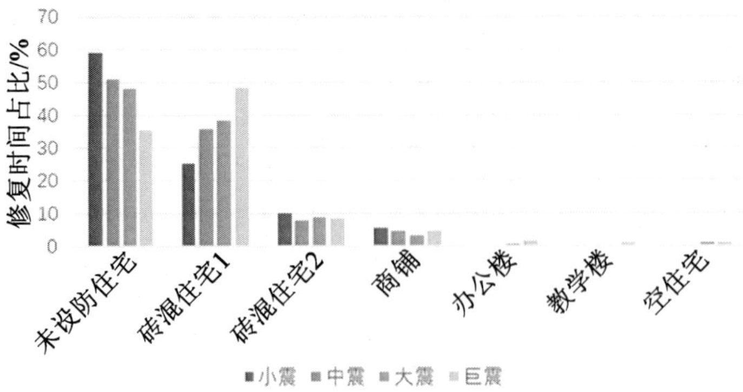

图 5　各级地震作用下各类建筑修复时间占比

2.2　松原市区地震经济损失分析

本文选取的是松原市区建筑数量在 700 栋左右的一片区域，且其建筑类型具有一定的代表性，见表 6。

表 6　建筑类型统计表

序号	建筑类型	层数	数量	占比/%
B1	住宅 1	6	602	89.19
B2	商铺	2	30	4.44
B3	教学楼	5	10	1.48
B4	办公楼	5	14	2.07
B5	住宅 2	9	12	1.78
B6	住宅 3	14	7	1.04

同样采用 PACT 软件依据各类建筑的信息进行各类单体建筑计算分析，得到松原市区部分区域各类建筑的地震损失如下。小震、中震、大震、巨震时九层住宅的修复费用和修复时间如图 6、图 7 所示。

统计松原市区选定区域各类单体建筑修复费用和修复时间见表 7。

针对各级地震，将分析得到的各类单体建筑地震损失乘以该类建筑数量得到该类建筑总的地震损失，并计算得到此类建筑的地震损失占该级地震下所有建筑地震损失的比率，见表 8。

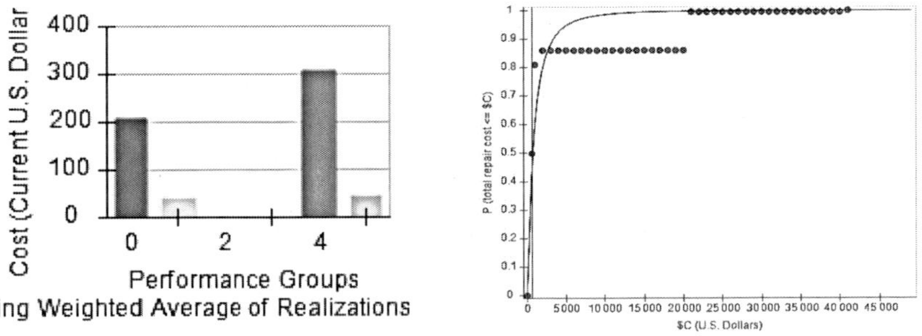

(a)小震修复费用

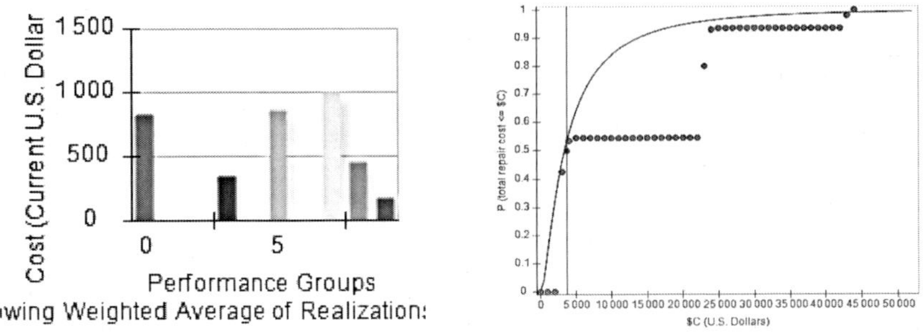

(b)中震修复费用

图 6　九层住宅的修复费用

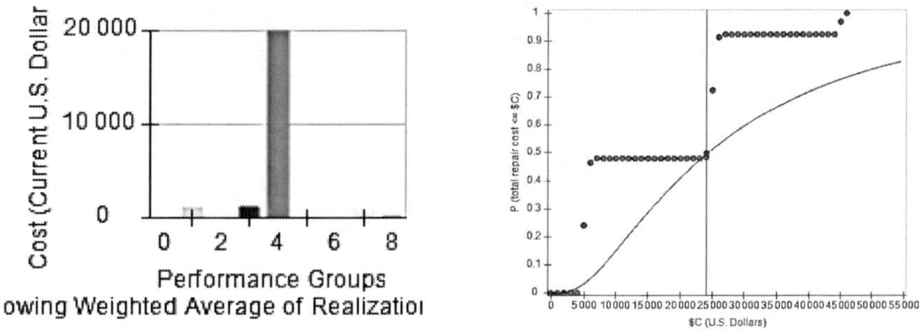

(c)大震修复费用

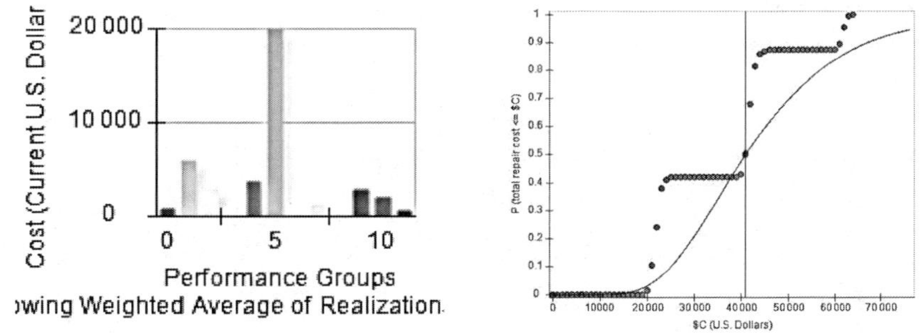

(d)巨震修复费用

续图 6

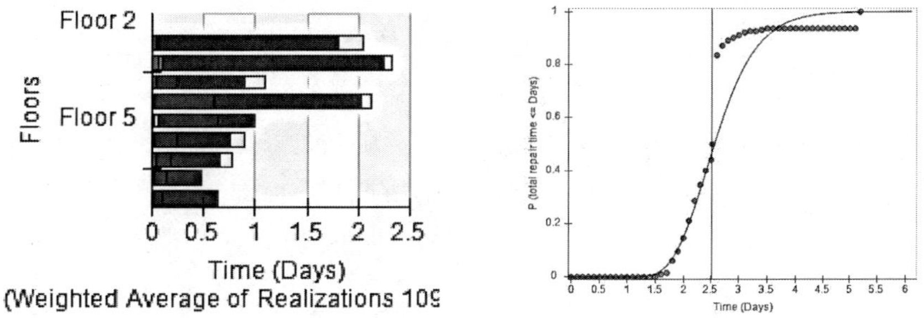

(a)小震修复时间

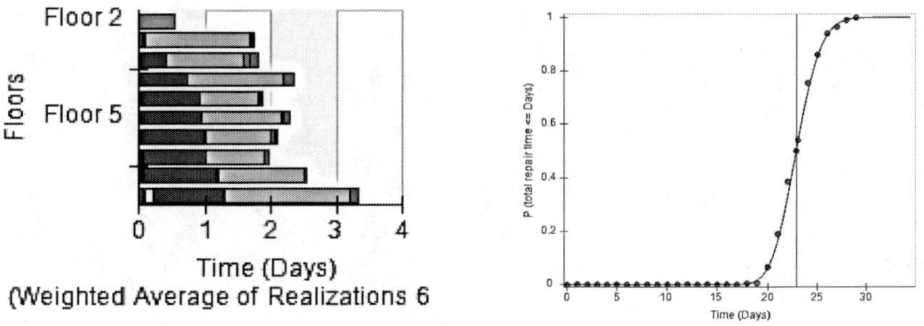

(b)中震修复时间

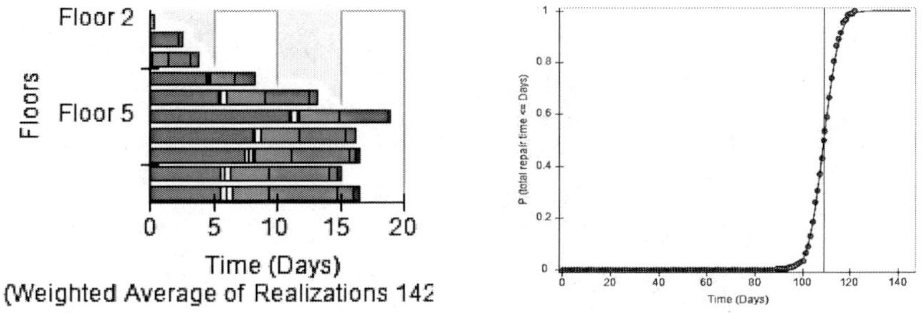

(c)巨震修复时间

图 7　九层住宅的修复时间

表 7　松原市区所选区域修复费用及修复时间

建筑类型	总面积/m^2	单体修复费用/美元				单体修复时间/天			
		小震	中震	大震	巨震	小震	中震	大震	巨震
住宅 1	4 577	785	9 254	17 956	41 132	5.2	21.2	48.5	105.6
商铺	1 014	195	396	1 052	3 620	2.2	4.3	9.9	26.5
教学楼	4 400	487	2 279	6 657	34 643	0.3	1.5	27.5	219
办公楼	5 535	1 265	3 645	8 565	31 645	0.8	2.1	18.6	101
住宅 2	6 866	592	4 278	24 367	40 892	1.1	2.5	22.8	108.7
住宅 3	10 069	128	5 233	39 262	67 420	0.45	3.3	43.7	142.9

表 8　各类建筑总修复费用占比

建筑类型	小震修复		中震修复		大震修复		巨震修复	
	费用/美元	占比/%	费用/美元	占比/%	费用/美元	占比/%	费用/美元	占比/%
住宅 1	472 570	92.84	5 570 908	96.98	10 809 512	93.23	24 761 464	93.01
商铺	5 850	1.15	11 880	0.21	31 560	0.27	108 600	0.41
教学楼	4 870	0.96	22 790	0.40	66 570	0.57	346 430	1.30
办公楼	17 710	3.48	51 030	0.89	119 910	1.03	443 030	1.66
住宅 2	7 104	1.40	51 336	0.89	292 404	2.52	490 704	1.84
住宅 3	896	0.18	36 631	0.64	274 834	2.37	471 940	1.77

各级地震作用下各类建筑修复费用占比如图 8 所示。

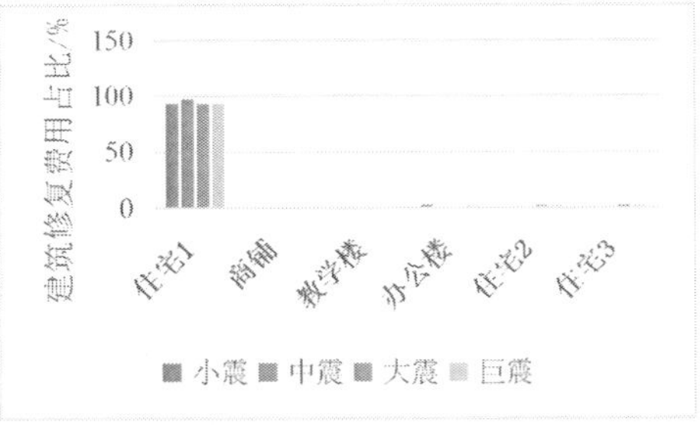

图 8　各类建筑修复费用占比

与查干花镇的一层未设防建筑不同，六层住宅的建筑成本较大，且都经过正规的抗震设计，随着地震强度的增大地震损失也明显增加。松原市区的六层住宅建筑具有绝对的数量优势，在各级地震作用下六层住宅建筑的损失占比都非常大。六层住宅建筑没有出现随着地震作用的增大导致修复费用占比减少的情况，即证明松原市区建筑的经济损失主要集中在以六层住宅为代表的多层建筑上。

随着地震强度的增大，各类建筑的修复时间都有所增加，震后各单体建筑可以同时进行修复。图 9 比较了单体建筑的各级地震作用下的修复时间，对确定群体建筑的修复也同样具有借鉴意义。

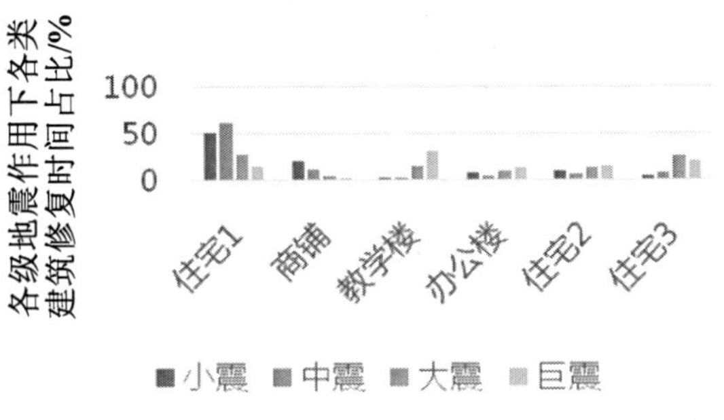

图 9　各级地震作用下各类建筑修复时间占比

3. 查干花镇与松原市区地震损失的对比分析

3.1　查干花镇与松原市区修复费用的对比分析

将小、中、大、巨震作用下查干花镇与松原市区的修复费用进行汇总，并根据所分析区域面积的大小获得单位面积的修复费用，对比结果如表9、图10所示。

表9 修复费用的对比

地区	区域面积/km²	修复费用/美元	小震	中震	大震	巨震
松原市区	4.42	总面积	509 000	5 744 575	11 594 790	26 622 168
		单位面积	115 158.37	1 299 677.60	2 623 255.66	6 023 114.93
查干花镇	0.55	总面积	22 602	151 832	640 903	931 173
		单位面积	41 094.55	276 058.18	1 165 278.18	1 693 041.82

由图13可得，在相同震级下，松原市区单位面积的修复费用远高于查干花镇，这是因为查干花镇的建筑类型以单层住宅为主，而城区的建筑类型以高层建筑（住宅2、3）为主，城区住宅的建筑密度和室内财产水平较高，因此同等级地震作用下市区的地震修复费用会远远高于乡镇地区。

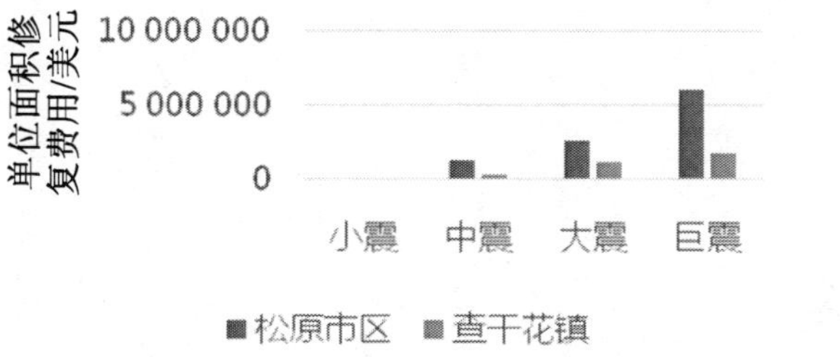

图10 松原市区与查干花镇单位面积修复费用的对比

将各建筑的单体经济损失除以对应的总建筑面积，可得单位面积经济损失。可得出，松原市区的中高层建筑和查干花镇低层住宅的单位面积修复费用较高，原因是松原市区的中高层建筑由于功能和设计要求含有更大数量的高成本构件，总成本较高；而查干花镇是因为其低层住宅的抗震能力较弱，所以相同等级地震会造成其更严重的地震损失，它们的单位面积修复费用较高。对于同样结构类型的教学楼等建筑，松原市区建筑的单位面积修复费用高于查干花镇，主要是因为松原市区建筑的建造及装饰成本较高。

3.2　查干花镇与松原城区修复时间的对比

由于群体建筑的修复时间不能用单个建筑乘以对应的建筑数量计算，所以本文假设修复同时进行，取在同种地震作用下各类建筑所占同地区的建筑数量的权重乘以对应的修复时间再进行累加，得到不同地区在不同地震作用下的修复时间，再除以区域面积得到单位面积的修复时间。对小、中、大、巨震作用下松原市区与查干花镇的地震修复时间进行对比。单位区域面积群体建筑的修复时间对比如图11所示。

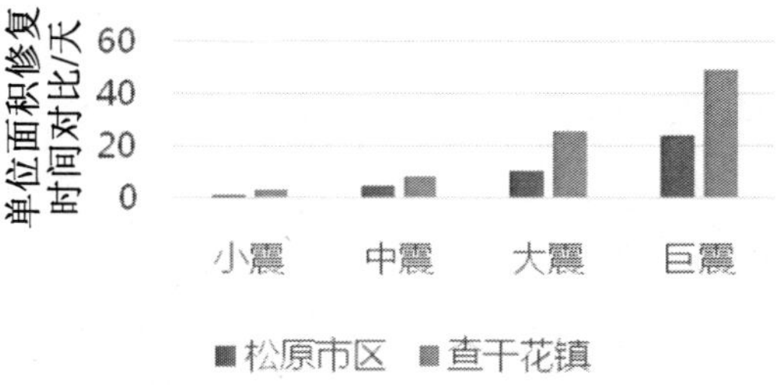

图11 单位面积修复时间对比

可以看出，在小震、中震的作用下，由于查干花镇建筑的抗震能力较弱，发生了较为严重的破坏，其单位面积修复时间高于松原市区；在大震作用下，由于市区建筑的抗震性能普遍高于查干花镇，故其建筑的破坏比例增长较少，导致查干花镇单位面积修复时间是市区的二倍左右。

4. 结论

（1）通过分析各建筑在地震中经济损失的比例，可以发现查干花镇的损失主要集中在一层未设防住宅和砖混住宅，在巨震中损失占61.42%；而松原市区的损失主要集中在中高层房屋（1、2、3号住宅）中，占巨震下总损失的95.97%。因此，应对这些建筑物进行抗震加固。

（2）在小震作用下，地震损失主要发生在结构发生较小层间位移时，即发生破坏的非结构构件上，如窗户、外墙；随着地震作用的增强，结构的加速度反应和层间位移不断增大，建筑的室内财产损失和结构构件破坏是地震损失的主要来源。高层建筑相对于低层建筑的损坏程度随着地震强度的增大而较快增大，其修复费用的占比也不断增大。

（3）在各种地震作用下，松原市建筑的抗震性能优于查干花镇，因而其修复时间较少。由于松原市的建筑构件和室内物业价值较高，所以修复费用高于查干花镇。

参考文献

[1] ESMAILI O, LUDWIG L G, ZAREIAN F. An applied method for general regional seismic loss assessment—with a case study in Los Angeles County[J]. Journal of earthquake engineering, 2018(9): 1569-1589.

[2] MOAMMER O, MADANI H M, DOLATSHAHI K M, et al. Collapse risk and earthquake-induced loss assessment of buildings with eccentrically braced frames[J]. Journal of constructional steel research, 2020, 168: 105998.

[3] MUHAMMAD S A, HUYNSIK A. Earthquake disaster avoidance learning system using deep learning[J]. Cognitive systems research, 2020(66): 221-235.

[4] 郑山锁，尚志刚，贺金川，等. 地震灾害经济损失评估方法及应用[J]. 灾害学，2020，35(1): 94-101.

[5] 王丽健，王剑琳，闻人霞，等. 基于易损性的桥梁地震经济损失评估[J]. 公路，2018，63(1): 113-116.

[6] 宗学军，李强，杨忠君，等. 基于灰色关联分析与 SA-PSO-Elman 结合的地震直接经济损失评估[J]. 安全与环境工程，2016，23(2): 19-22.

农民工群体污名化机制构建过程研究
——基于埃利亚斯与福柯的理论

郭溢逊[1]

1. 哈尔滨工业大学人文社科与法学学院 2019 级　社会学专业

摘要:过去的几十年里,随着改革开放的深入,我国的社会结构发生了翻天覆地的变化,大量农民工选择进城务工,而这一群体却往往被城市居民污名化处理,而这种污名化无疑不利于改变城乡二元结构,不利于经济可持续发展。因此,本文旨在利用埃利亚斯和福柯的理论分析农民工群体污名化机制建构的过程,为这一问题的解决提供理论依据。

关键词:农民工;污名化;埃利亚斯;福柯

Study on the Mechanism Construction Process of Stigmatization of Migrant Workers Group
——Based on the Theory of Elias and Foucault

Guo Yixun[1]

1. Sociology, 2019, School of Humanities, Social Science & Law, Harbin Institute of Technology

Abstract: In the past few decades, with the deepening of reform and opening up, China's social structure has undergone tremendous changes. A large number of migrant workers choose to work in cities, but this group is often stigmatized by urban residents, and this stigmatization is undoubtedly not conducive to changing the urban-rural dual structure, and is not conducive to sustainable economic development. Therefore, this paper aims to use the theories of Elias and Foucault to analyze the construction process of stigmatization of migrant workers, so as to provide a theoretical basis for solving this problem.

Keywords: Migrant worker; Stigmatization; Elias; Foucault

引言

从20世纪中叶开始，对污名化这一社会现象的研究逐渐进入人们的视野，其中埃利亚斯、戈夫曼和加芬克尔的研究为此奠定了基础。在20世纪70年代因为遭受到了许多批评，这一理论呈现出一定程度上的衰落，然而到了80年代，该理论通过修正又成为显学。近20年来，关于污名化的研究越来越多，尤其是在欧美各国。

因此，我们有必要对农民工的污名化过程做出构建，发挥其在当代生活中的解释价值。不仅如此，对污名化过程的研究，不仅有利于消解污名化所带来的后果，也有利于和谐社会关系的构建。

1. 被污名化的农民工群体

过去几十年里，随着改革开放的深入，中国社会结构急剧变化，农村社会结构和社会生活也随之转变，主要表现为从传统的封闭的农耕社会向现代的开放的多元化社会转变。正如王春光所总结："联产承包责任制的实施、乡镇企业的崛起和城乡社会的频繁的人口流动构成了我国农村社会的三大重要社会变化"[1]。当前我国社会农村进城务工人员这一群体成了一种特殊存在，并被冠以一个统一的称呼——农民工。虽然在各方管制下，农民工的生存状况不断得到改善，但农民工内卷化的发生[2]与该群体生活条件提高的不足显示出农民工被排斥、被污名的现实依旧大量存在[3]。

城市居民对农民工的社会污名指向呈现多元化特性：肮脏、随地吐痰、偷盗、不礼貌、不文明等等，这些事似乎天然正当地被加在农民工身上。一旦某个地方发生了刑事犯罪，人们首先怀疑的对象就是农民工群体，甚至这种消极的刻板性污名还存在得十分广泛和一致。基于此，本文将利用埃利亚斯与福柯的相关理论对农民工群体污名化机制的建构过程进行研究。

2. 理论阐述

2.1　埃利亚斯：污名化——群体关系的内在危机

埃利亚斯认为污名化是一个群体将人性的低劣强加在另一个群体之上并加以维持，是两个群体之间特定的权力关系的结果，这种污名化过程为社会排斥寻找合理化依据。在人类社会历史中，强势群体为了排斥某一弱势群体，往往会对弱势群体的身份、性别、民族、肤色等进行污名化处理，以证明他们被不公平对待的合理性。它反映了两个群体之间一种单向"命名"的权力，它体现为群体特性与另一群体加诸该群体之上的刻板印象之间的一种特殊关系[4]。这种互动关系不断发展，内局群体通过权力控制和文化表达渠道对他群形象贬损化并对我群形象理想化，污名化最终被确定下来。承受污名者由于在强大而一致的舆论下产生自我羞耻感等原因不去反抗，最终产生自我污名化现象。

在城市生活中，农民工由于以从事体力劳动为主，收入水平较低，且大多生活在城中村，属于城市的边缘化群体，是内局群体，而城市居民则属于外局群体。在两个群体的特定权力关系中，城市居民群体占据权力优势地位，为了维持这一特定的权力关系，城市居民群体便开始对农民工群体实施污名化。

而城市居民由于更多地控制着文化的公共性表达渠道，如报纸、互联网等，传播对农民工这一群体的刻板印象，对其形象进行贬损化而对我群形象进行理想化便十分方便。农民工群体由于缺乏权力控制和文化表达渠道而难以对此进行修正，甚至索性以更坏的举止以示反抗，并最终在强大而一致的舆论下产生自我羞耻感，形成自我污名化现象，污名化的建构最终得以完成。

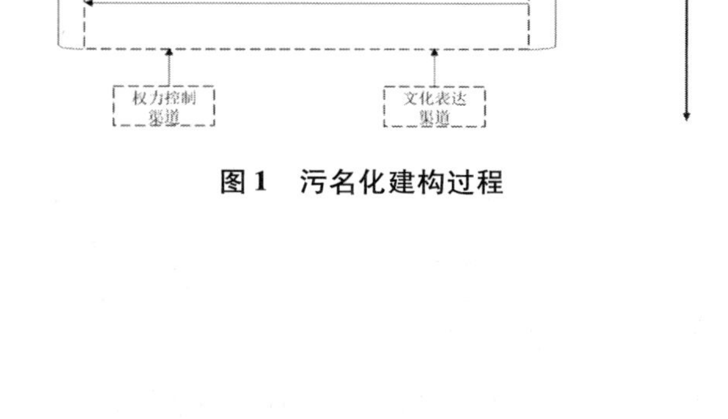

图1　污名化建构过程

2.2　福柯:基于身体、话语和权力与自我规训的污名化建构

污名化作为各种因素、多种力量博弈的结果,具有多维度的丰富内涵。因此,本文将基于福柯的理论,从身体区隔成为污名化的起点、话语建构和权力控制加强污名化过程以及由于污名化而产生的自我规训这三个部分对农民工群体污名化现象进行理论阐述。

2.2.1　身体区隔

身体,是污名研究的起点,也是最容易被忽略的一环。身体的意义如此丰富,可以说人的差异性特征很大程度上依赖于身体进行呈现。在高度匿名化的社会,我们常常可以“通过外表来确定对象的类型和特征,对其社会身份有一大致判断”[5]。那些异于常人的身体特征因偏离预判,很容易作为“不名誉”的特征而成为污名化的对象[6]。从身体角度出发,我们可以最直观地看到污名化的建构过程——以身体特征的不同区分出“被污名者”和“常人”。

在我国城乡二元结构背景下,城乡居民形成了不同的思维方式、行为方式和社会交往方式等。农民工进城务工时便面临着如何让由乡村环境塑造的身体适应并融入都市的问题。这些印刻着乡村特殊生活、生产方式痕迹的身体,使得城乡二元结构的分殊经由他们的出现从“城乡之间”进入“都市内部”[5]。两种不同场域塑造的身体形态在不断碰撞中出现矛盾和冲突,而占据权力优势地位的城市居民逐渐将农民工所呈现出的那些乡村身体特征上贴上“没文化”“落后”等标签,成为大众对农民工最初也是最深刻的印象,构成了识别进而污名农民工的基础。由此,农民工经由他们外显的“乡村身体”成为被污名的对象。此外,对农民工身体空间的“限制”也构成了身体区隔的重要部分,它是由主观和客观共同完成的:一方面,由于农民工从事的工作大多是体力劳动,工资较低且城市融入水平较低等因素,他们大多居住在城乡接合部或城中村;另一方面,由于租金低廉、同乡聚集和子女教育问题得到解决等原因,农民工往往主动选择居住在城市“边缘”地带。而这种对身体空间的被动与主动的“限制”又进一步加深了城市居民群体与农民工群体之间的身体区隔,阻隔了两个群体之间的交流,使社会距离增加,构成了污名化的重要基础。

在社会建构的基本立场上,福柯相信“身体的重要意义归根结底是由个体所不及的社会‘结构’所决定的”[7]。由管理部门、大众传媒、城市居民等组成的强势话语,借助对乡村身体的贬低完成了一种污名的建构与实践。由此,身体成为区分农民工的标识。而这种区分也被农民工自身所内化,并通过身体进一步表现出来[8]。

2.2.2　话语建构与权力控制

话语建构维系了以身体为起点的污名化过程,而权力控制则强化了这一污名化过程。

在福柯看来,话语不仅是一系列相关陈述的整体,其本身也是一种规则和秩序,同时也具有本体论的内涵。福柯认为,人类的一切知识都是通过话语获得的,任何脱离话语的东西都是不存在的,我们与世界的关系只是一种话语关系。话语也意味着一个社会团体依据某些成规将其意义传播于社会之中,以此确立其社会地位,并为其他团体所认识的过程。话语的建构与权力控制是分不开的,福柯将权力视为既定社会空间里无数不对称的力量交织所形成的“复合体”[9]。福柯认为,话语是由权力产生的,是权力的产物,而且话语本身也是一种结构性权力。

基于身体形成的污名化建构,是一种直接的、可观察的针对农民工的污名化过程,但话语建构中的污名生产则以一种潜移默化的方式在生产污名的同时,实现了对污名的维系。在日常生活中,城市居民形成了“我们”与“他们”的分界。不论是在农民工自身,还是在与之相应的城市居民的语言中,总是明显地做出“我们”与“他们”的区分[10],形成两种差异较大的语言系统。此外,在大众媒体的报道中,农民工群体总被有选择的塑造成为一种固定形象。不论是富士康事件还是开胸验肺事件,大众媒体总倾向于以一种独特的悲情方式展现这一群体的生存状况。农民工群体通过这种话语建构过程,以特定叙事被塑造成为一种特定的形象,而农民工群体和市民群体的关系以及其特定弱势地位也在这个过程中被维系。

这种话语建构过程实质上反映了两个群体的结构化权力关系,而权力又反过来产生话语,强化

了污名化建构过程。由于市民群体和农民工群体之间不平衡的权力关系，市民群体占据优势地位，通过对农民工群体的话语建构而维系了污名化过程。

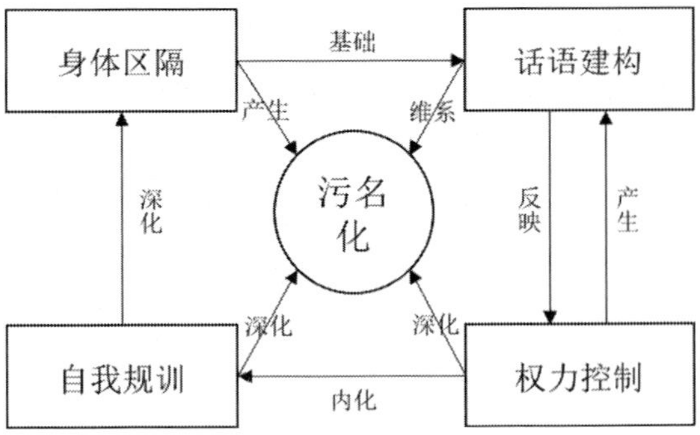

图 2　农民工污名化过程分析

2.2.3　自我规训

福柯认为，现代社会就是一个监狱群岛社会，它的实质是全景敞视。对农民工群体来说，他们日常所处的监督体系和权力运作与全景敞视监狱有着微妙的相同之处。农民工从事的工作性质一般是服务业、纺织业和建筑业等，工作地点一般为餐厅、工厂或工地，在这种环境下，他们每一个工作环节都处在顾客、监工等人的监督之下，严格的纪律制度和奖惩体系使得农民工群体被无形的权力约束着。在这种压力下，农民工群体为融入城市生活并适应城市的价值体系和行为规范，逐渐自觉地发展出自我审视和自我监督的目光，以达到自我监督的效果。在这种情况下，权力通过规训这种运作方式，使农民工群体服从于城市规范。

福柯在《规训与惩罚》中提出了规训的概念，即规训是一种能够微妙控制肉体运作，使肉体永久服从但施加力量温驯而有用的方法。规训作为一种权力控制手段作用于身体却直指人心，最终被人所内化。对于农民工群体来说，这种规训权力深入他们生活的方方面面，并最内化于他们的意识形态之中，使他们自愿遵循并执行权力体系的规范和要求。即使他们面对不合理的要求、不公平的待遇，在这种监督体系下也变得可以接受、值得妥协。由于农民工的农民身份，他们往往无法享有和城市居民同等的工作环境和工作待遇，而政策偏向也使他们不得不从事城市居民不愿从事也没有能力从事的工作，却拿着微薄的工资，也无法享受应有的福利待遇。但由于自我规训导致的自愿性，他们没有理由也没有立场去反抗他们“自愿”接受的不公正待遇和不合理安排[11]。而这种自我规训又给城市居民留下农民工群体“逆来顺受”的印象，进一步深化了污名化建构过程。同时，这种自我规训让农民工自愿接受对其身体空间的限制，又进一步加深了城市居民和农民工群体之间的身体区隔。

2.2.4　小结

对农民工某些身体特征的“外显污名”和农民工身体空间的“限制”共同构成了身体区隔，这是农民工污名化的基础和起点。同时对农民工这一主体的话语建构也离不开身体区隔，对农民工的话语建构进一步深化了农民工群体的污名化。话语建构实质上反映了不同群体的权力关系，而农民工在这种权力控制关系和监督体系下，逐渐将规训权力内化为一种自我规训，而这种自我规训又进一步加深了城市居民和农民工群体的身体区隔。污名化就在这一过程中维系并逐步加深。

3. 总结

过去的几十年中，随着改革进程不断深入，越来越多的农民选择进城务工，然而作为城市外来群体的他们却面临着被污名化的命运。从埃利亚斯的理论视角出发，这一过程是在城市居民掌握着文化表达渠道和权力控制渠道下产生并加强的；福柯则认为，对农民工的身体区隔是污名化的基础和起点，而农民工在权力控制关系和监督体系下，逐渐将规训权力内化为一种自我规训，而这种自我规训又进一步加深了城市居民和农民工群体的身体区隔，污名化就在这一过程中维系并逐步加深。

参考文献

[1]　王春光. 社会流动和社会重构——京城“浙江村”研究[M]. 杭州：浙江人民出版社，1995.

[2]　褚荣伟，熊易寒，邹怡. 农民工社会认同的决定因素研究：基于上海的实证分析[J]. 社会，2014(4)：43-45.

[3]　文军，田珺. 身体、话语和权力：“农民工”群

体的污名化建构过程分析[J].学术界,2017(9):154-155.

[4] 唐魁玉.网络化的后果——日常生活于生产实践的变迁[M].北京:社科文献出版社,2011.

[5] GOFFMAN E. Stigma: notes on the management of spoiled identity[M]. New York: Prentice Hall, 1963.

[6] 王斌.快递城镇化背景下的差异制造与污名建构——再议“杀马特”群体[J].中国青年研究,2015(1):61-62.

[7] 希林.身体与社会理论[M].李康,译.北京:北京大学出版社,2010.

[8] 侯钧生.西方社会学理论教程[M].天津:南开大学出版社,2017.

[9] 赵晔琴.农民工:日常生活中的身体建构与空间型构[J].社会,2007(6)175:188.

[10] 邓慧文.身份偏见下餐饮业青年女性农民工生存策略研究[D].上海:华东理工大学,2007.

[11] DINOS S, SCOTT STEVENS K, MARC SERFATY D, et al. Experience of social stigma by people with mental illness[M]. Cambridge: British journal of psychiatry, 2004.

Exploring the Effect of the Coriolis Force on the Direction of the Vortex in the Draining Process

Wu Qilong[1], Xu Wang[2]

1. Computer Science and Technology 2018, Kuang Yaming Honors School, Nanjing University
2. Kuang Yaming Honors School, Nanjing University

Abstract: Coriolis force is a kinematic effect for a non – inertial reference frame rather than a real force. The moving objects on the Earth are also under the influence of the Coriolis force for that the Earth is a rotating non – inertial reference frame. However, as the angular velocity of the Earth's rotation is rather small, we can hardly notice this force in our daily life. However, some people believe that this force determines the direction of the water vortex in the kitchen sink, washbasin, and flushing toilets when draining. Some claim that the direction of swirl is always the same in the northern hemisphere, and that in the southern hemisphere it is always opposite to that for the northern hemisphere. Others claim that there is no unique direction of swirl in either hemisphere [1]. To explore further, we conducted enough experiments, analyzed data and found that the direction of the water vortex in the kitchen sink and flushing toilet in the experiment is more likely to be counterclockwise with high confidence, corresponding with the direction of Coriolis force on it (the aggregate effect). We also come up with several simplified models to analyze the effect of Coriolis force, but the estimate of the upper bound of its effect can not explain the experiment result for that the upper bound we get is insignificant. In modeling, we also obtained some exciting insights about the Coriolis force. Last but not least, we tried proposing some explanations for the experiment result.

Keywords: Coriolis force; Vortex; Coriolis acceleration

Introduction

It is universally acknowledged that the Earth we live on rotates. Although we usually assume that the ground reference system we use most as an inertial system for that the angular velocity of Earth is rather slow, and the gravity offset most of the effects. However, there are still some effects left called the Coriolis force. It is believed that it decides the direction of atmosphere cyclone and anticyclone and leads to the formation of the Subtropical high – pressure zone and Subpolar low – pressure zone. Further, as the text in the sixth grade's Chinese textbook in primary school said that Ascher H. Shapiro discovered the effect of the Coriolis on the direction of the vortex of bath – tub in the north semisphere because he noticed that the direction of the vortex in his bath – tub is always counterclockwise[2-3]. In order to figure out whether it is true, we designed and conducted several experiments on this issue.

Context

1. Experiment

(1) Experiment location information.

Latitude and Longitude: 37.435 05°N, 118.655 78°E[4].

Room 401, Building 80, Haihenan Plot, Dongying District, Dongying City, Shandong Province, China.

(2) Preparations.

Albeit this experiment seems quite feasible, it is challenging to control irrelevant variables. We employed three bath – tub like containers at home to experiment.

The first one is the kitchen sink. Its walls are made of the stainless stein, and it is of rectangular shape with smooth edges made of four segments of arcs. It is designed for practical daily usage and is a suitable candidate for our experiment, for it is symmetric with two axes and not damaged with naked eyes.

The second one is the washbasin in the bathroom. The upper opening is a symmetric oval with while the bottom surface of it is inclined. Its outlet is at the inner side with a rotatable sheet to control the water flow. Its wall is made of white porcelain.

Last but not least, the last experiment is the flushing toilet in the bathroom. It is of similar shape with a standard flushing toilet. Its wall is also made of white porcelain.

(3) Irrelevant Variables Control.

There is a large number of irrelevant variables to be controlled. First of all, we employed water of the same volume for every experiment and the sheet at the bottom of washbasin in the same direction. Further, we thoroughly cleaned the experiments with sufficient equipment detergent.

Although it seems plausible to use the flushing bottom of the flushing toilet for it can control the conditions uniformly, such as the volume of the water every flush and the initial condition of the input water, and is easy to conduct. However, as for there two outlets, one on the left pointing towards the front while another pointing towards the behind, the water has significant initial angular momentum as a whole in the vertically upward direction. Consequently, the vortex of the water is always counterclockwise, consistent with the direction of angular momentum. The angular momentum can be considered to be approximately conserved for that the surface of the inner wall of the flushing toilet has little friction. Consequently, this method must be abandoned, and we have to turn to manual operations. At last, we conducted our experiment on the flushing toilet with the same input water volume and uniform water – pouring direction (on the symmetrical axis) and height.

(4) Experiment Data (Table 1).

Table 1 Experiment data

Equipment/ Vortex direction	Counterclockwise	Clockwise	Indistinguishable
Kitchen sink	67	20	13
Washbasin	0	0	100
Flushing toilet	572	203	225

(5) Data Analysis.

We put the "clockwise" and "indistinguishable" cases into the same category for further analysis to make the conclusion more convincing.

(6) Kitchen Sink.

We have 67 counterclockwise cases and 33 other cases. The assumption to be tested is

$$H_0 : p = 0.5$$

Evaluate χ^2 we obtain

$$\chi^2 = \frac{(67 - 100 \times 0.5)^2}{100 \times 0.5} + \frac{(33 - 100 \times 0.5)^2}{100 \times 0.5} = 11.56 > 7.88 = \chi^2_{0.005} \quad (1)$$

So we can reject the initial hypothesis and consider the probability of counterclockwise vortex for this kitchen sink is higher than 0.5 with 99.5% confidence.

(7) Washbasin.

As there are no distinguishable cases, no conclusion can be obtained.

(8) Flushing Toilet.

Similar to the kitchen sink, we obtain

$$\chi^2 = \frac{(572-1\,000\times0.5)^2}{1\,000\times0.5} + \frac{(428-1\,000\times0.5)^2}{1\,000\times0.5} = 20.736 > 7.88 = \chi^2_{0.005} \quad (2)$$

So we can reject the initial hypothesis and consider the probability of counterclockwise vortex for this flushing toilet is higher than 0.5 with 99.5% confidence.

Consequently, as we have done enough experiments, we finally know that the direction of the water vortex tends to be counterclockwise for the kitchen sink and flushing toilet but not for the washbasin. As the experiment was done in the northern hemisphere, the direction is consistent with the Coriolis force. So we can conclude that we verified the effect of the Coriolis force.

2. Theoretical Analysis

As the Earth can be considered non－inertial rotate evenly reference system, we can get the Coriolis acceleration is $-2\boldsymbol{\omega}\times\boldsymbol{v}$ by reading from

$$\boldsymbol{a} = \boldsymbol{a}_{ab} - 2\boldsymbol{\omega}\times\boldsymbol{v} - \left(\frac{\mathrm{d}}{\mathrm{d}t}\boldsymbol{\omega}\right)\times\boldsymbol{r} - \boldsymbol{\omega}\times(\boldsymbol{\omega}\times\boldsymbol{r}) - \boldsymbol{a}_0$$

where $\boldsymbol{a}_{ab}$ stands for the absolute acceleration in the inertial reference; $\boldsymbol{a}$ stands for the acceleration in the non－inertial reference we are concerned about; $\boldsymbol{\omega}$ stands for the angular velocity of the reference; $\boldsymbol{v}$ stands for velocity in the non－inertial reference; $\boldsymbol{r}$ stands for position vector in the non－inertial reference and $\boldsymbol{a}_0$ stands for the acceleration of the non－inertial reference.

As we can consider that Earth rotates evenly, we know that $\frac{\mathrm{d}}{\mathrm{d}t}\boldsymbol{\omega}$ is zero. The fourth term in the expression of the acceleration in the non－inertial reference is irrelevant with the velocity relative with the non－inertial reference, so people could not perceive the corresponding non－inertial force for we can consider it remains the same. Consequently, the gravity acceleration we perceive every day is the combination of this term and the real gravity acceleration g. We will consider the direction of gravity acceleration points to the center of the Earth in the discussion below, but we will consider this difference later.

Employing to denote for the latitude of the experiment location, we obtain the magnitude of the Coriolis acceleration for horizontal movement is (the following figure provides the detailed geometrical relation) (Fig. 1)

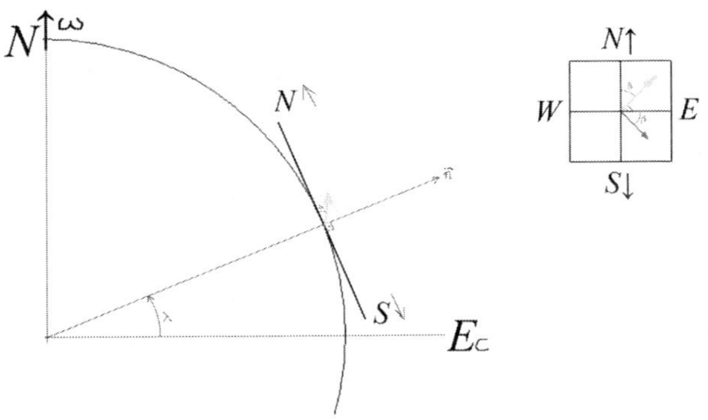

Fig. 1　detailed geometrical relation

$$a = 2\omega v\sqrt{1-\cos^2\lambda\cos^2\beta} = k(\beta)\omega v \quad (2)$$

where β is the azimuth angle and we denote

$$k(\beta) = 2\sqrt{1-\cos^2\lambda\cos^2\beta}$$

The average of the $k(\beta)$ is (for experiment location) (Fig. 2)

$$\frac{1}{2\pi}\int_0^{2\pi} 2\sqrt{1-\cos^2(37.435\,05°)\cos^2\beta}\,\mathrm{d}\beta$$

$$= 1.631\,861\,402\,642\,865\,316\,490\,644\,492\,195\,205\,316\,199\,670\,265\,935\,901\,492\,261\cdots$$

The result can not be expressed analytically for that

$$\int 2\sqrt{1-\cos^2(37.435\,05°)\cos^2\beta}\,\mathrm{d}\beta$$

$$= 1.215\,723E(\beta\,|\,-1.706\,390) + C$$

where $E(x\,|\,m)$ is the elliptic integrate of the second kind with parameter $m = k^2$

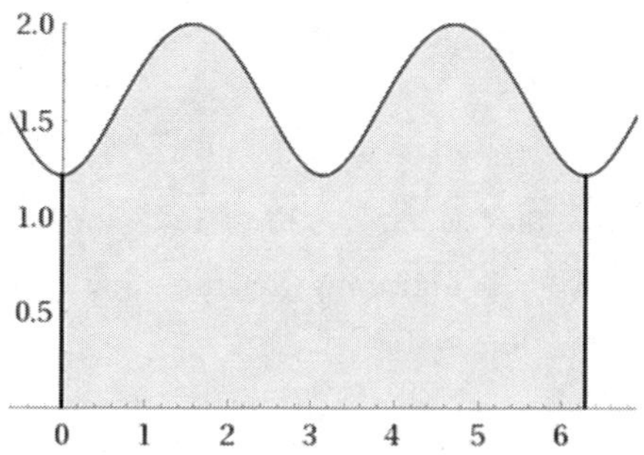

Fig. 2 The image of $k(\beta)$

3. Magnitude Estimation

From https://en. wikipedia. org/wiki/Earth%27s_rotation[5], we obtain that magnitude of the angular velocity of the Earth's rotation ω is $7.2921150 \pm 0.0000001 \times 10^{-5}$ rad/s and the linear speed of the water vortex in this experiment has the same order of magnitude with 1 m/s or 10 m/s. Substituting them and the latitude (37.435 05 °N for the experiment location) into the expression (2), we obtain the magnitude of the Coliorls acceleration is about

$$9.0 \times 10^{-5} \sim 1.4 \times 10^{-3}\ \text{m/s}^2$$

This should be small for magnitude, so this evaluation result is inconsistent with the experimental data.

4. Modeling

(1) Slope Model.

The following analysis is based on the northern hemisphere.

We take the model where a particle slides down a slope without friction for simplification. The inclination angle of the slope is θ. It is evident that the acceleration along the slope is $g\sin\theta$ as the effect of the Coriolis force in this direction can be ignored, for it is several orders smaller than the corresponding component of gravity acceleration. Consequently, the velocity and displacement along the slope are given by

$$v = gt\sin\theta$$

and

$$s = \frac{1}{2}gt^2\sin\theta$$

Setting the height of the slope h, we obtain that the time elapsed from the top of it to the bottom is

$$t_f = \frac{1}{\sin\theta}\sqrt{\frac{2h}{g}}$$

given by

$$\frac{h}{\sin\theta} = \frac{1}{2}gt^2\sin\theta$$

Then we turn to calculate the Coriolis acceleration. Constructing the space rectangular coordinate system on Earth where the original point locates at the bottom of the slope, the x - axis points to the east, the y - axis points to the north, and the z - axis is straight up. Thus, denoting the magnitude of Earth's rotation angular velocity with ω, we obtained its vector form

$$\boldsymbol{\omega} = (0, \omega\cos\lambda, \omega\sin\lambda)$$

where λ is the latitude.

Moreover, the velocity of the particle is given by

$$\boldsymbol{v} = (-v\cos\theta\sin\beta, -v\cos\theta\cos\beta, -v\sin\theta)$$

where the $\boldsymbol{v}$ is the magnitude of velocity, β stands for the azimuth angle of the projection of direction along the slope upward. The negate sign derives from that the direction of the velocity is pointing to the original point. Consequently, the Coriolis acceleration is given by

$$\begin{aligned}\boldsymbol{a}_c &= -2\boldsymbol{\omega}\times\boldsymbol{v}\\ &= 2\omega v(\cos\lambda\sin\theta - \cos\beta\cos\theta\sin\lambda,\\ &\quad \cos\theta\sin\beta\sin\lambda, -\cos\theta\cos\lambda\sin\beta)\end{aligned}$$

This is also a general expression for the Coriolis acceleration for motions in all directions.

The unit vector gives direction along the slope (upward)

$$\boldsymbol{n}_1 = (\sin\beta\cos\theta, \cos\beta\cos\theta, \sin\theta)$$

From $\boldsymbol{n}_1$, we can quickly obtain the direction perpendicular with it on the surface of the slope:

$$\begin{aligned}\boldsymbol{n}_2 &= (\cos(\pi-\beta), \sin(\pi-\beta), 0)\\ &= (-\cos\beta, \sin\beta, 0)\end{aligned}$$

Consequently, the component of the Coriolis acceleration along $\boldsymbol{n}_2$ is given by

$$\begin{aligned}a_{c1} &= \boldsymbol{a}_c \cdot \boldsymbol{n}_2\\ &= -2v\omega(\cos\beta\sin\theta\cos\lambda - \cos\theta\sin\lambda)\\ &= -2gt\sin\theta\,\omega(\cos\beta\sin\theta\cos\lambda - \cos\theta\sin\lambda)\\ &= 2g\omega\sin\theta(\cos\theta\sin\lambda - \cos\beta\sin\theta\cos\lambda)t\end{aligned} \tag{3}$$

The velocity on the direction of $\boldsymbol{n}_2$ is given by

$$v_h = \int_0^t a_{c1}\,dt$$
$$= -g\omega\sin\theta(\cos\beta\sin\theta\cos\lambda - \cos\theta\sin\lambda)t^2$$

(The initial velocity in this direction is zero.)

Consequently, the velocity along $\boldsymbol{n}_2$ when $t = t_f$ is given by

$$v_{h_f} = -g\omega\sin\theta(\cos\beta\sin\theta\cos\lambda - \cos\theta\sin\lambda)t_f^2$$
$$= -g\omega\sin\theta(\cos\beta\sin\theta\cos\lambda - \cos\theta\sin\lambda)\times\left(\frac{1}{\sin^2\theta}\right)\frac{2h}{g}$$
$$= -2h\omega\frac{1}{\sin\theta}(\cos\beta\sin\theta\cos\lambda - \cos\theta\sin\lambda)$$
$$= 2h\omega(\cot\theta\sin\lambda - \cos\beta\cos\lambda)$$

Its average value for $\beta\in[0,2\pi)$ is given by

$$\overline{v_{h_f}} = \frac{1}{2\pi}\int_0^{2\pi} v_{h_f}\,d\beta$$
$$= \frac{1}{2\pi}\int_0^{2\pi} 2h\omega(\cot\theta\sin\lambda - \cos\beta\cos\lambda)\,d\beta$$
$$= 2h\omega\cot\theta\sin\lambda$$

The maximum value of v_{h_f} for $\beta\in[0,2\pi]$ is given by

$$v_{h_f\max} = 2h\omega[\cot\theta\sin\lambda - (-1)\cos\lambda]$$
$$= 2h\omega(\cos\lambda + \cot\theta\sin\lambda)$$

①Evaluation.

For approximate calculation, we take the expression of $v_{h_f\max}$, and we take the h to be 1 m, we obtain that the $v_{h_f\max}$ at the experimental location is given by

$$v_{h_f\max} = 2h\omega(\cos\lambda + \cot\theta\sin\lambda)$$

where λ is 37.435 05° and the angular velocity of the Earth's rotation ω is

$$7.292\,115\,0\times10^{-5}\ \text{rad/s}$$

Here is the plot. When $\theta\to0$, $v_{h_f\max}$ is divergent for that the length of the slope is divergent to positive infinity. Consequently, only the plot for $\theta\in\left(0,\frac{\pi}{2}\right]$ makes sense.

The $v_{h_f\max}$ for $h = 1$ m and $\theta = \frac{\pi}{4}$ is (Fig. 3)

$$2.045\times10^{-4}\ \text{m/s}$$

This can be a rough estimate for the upper bound of the particle, corresponding with the case for the flushing toilet. This estimate should be too small for significant effects on the direction of the vortex of flushing. Further, dividing this estimate by 1 cm, we obtain the corresponding angular velocity should be

$$2.045\times10^{-2}\ \text{rad/s}$$

This angular velocity still should not be significant enough for determining the direction of the vortex of the flushing toilet.

This discussion is also suitable for the kitchen sink for that 1 m is an extremely loose estimation.

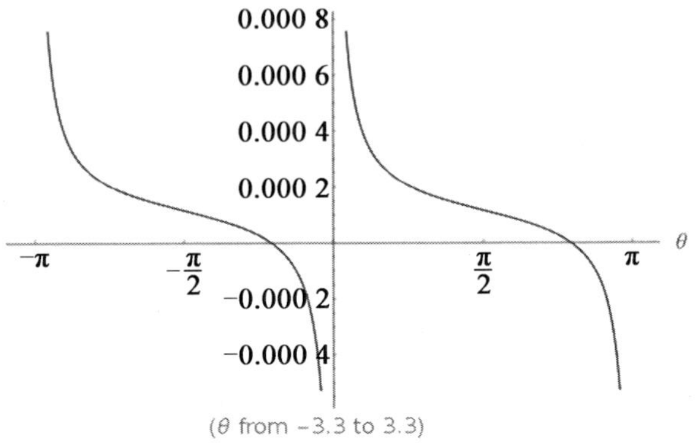

Fig. 3　The image of $v_{h_f\max}$

②Interesting Results.

As the acceleration component perpendicular to the direction of the motion (along the plane of the slope) is given by

$$a_{c1} = \boldsymbol{a}_c\cdot\boldsymbol{n}_2$$
$$= -2v\omega(\cos\beta\sin\theta\cos\lambda - \cos\theta\sin\lambda)$$

According to geometry relations, we can see that when a_{c1} is negative, its direction is on the right of the motion direction. This contradicts the common knowledge for "objects tend to turn left in the northern hemisphere." Obviously, this paradox derives from the inclination angle of the slope. From the expression, we conclude that this happens if and only if

$$\cos\beta\sin\theta\cos\lambda - \cos\theta\sin\lambda > 0$$

which is

$$\begin{cases} 0\leqslant\beta<\frac{\pi}{2}\quad\text{or}\quad\frac{3}{2}\pi<\beta<2\pi \\ \theta>\arctan\frac{\tan\lambda}{\cos\beta} \end{cases}$$

Varying β from 0 to 2π, we know that the minimum θ for this phenomenon is λ.

The above discussion can also apply to motions with upward vertical velocity components. This phenomenon derives from that the angular velocity of the

Earth's rotation ω is pointing to the north with an elevation angle λ.

③Further Exploration.

In the model where a particle slides down the slope under the effect of gravity and Coriolis force, we now consider there is friction force f given by

$$f=\mu N$$

where N is the supporting force of the slope; μ is the dynamic friction factor.

Consequently, we have the following two equations:

$$\begin{cases} mg\sin\theta-\mu N=ma \\ N=mg\cos\theta \end{cases}$$

From these two equations, we obtain that

$$a=g(\sin\theta-\mu\cos\theta)$$

Repeating a similar evaluation as before, we obtain

$$\begin{aligned} a_{c1}&=\boldsymbol{a}_c\cdot\boldsymbol{n}_2 \\ &=-2v\omega(\cos\beta\sin\theta\cos\lambda-\cos\theta\sin\lambda) \\ &=2g\omega(\sin\theta-\mu\cos\theta)(\cos\theta\sin\lambda- \\ &\quad\cos\beta\sin\theta\cos\lambda)t \\ v_h&=\int_0^t a_{c1}\,\mathrm{d}t \\ &=-g\omega(\sin\theta-\mu\cos\theta)(\cos\beta\sin\theta\cos\lambda- \\ &\quad\cos\theta\sin\lambda)t^2 \\ v_{h_f}&=-g\omega(\sin\theta-\mu\cos\theta)(\cos\beta\sin\theta\cos\lambda- \\ &\quad\cos\theta\sin\lambda)t_f^2 \\ &=-g\omega(\sin\theta-\mu\cos\theta)(\cos\beta\sin\theta\cos\lambda- \\ &\quad\cos\theta\sin\lambda)\times\frac{1}{(\sin\theta-\mu\cos\theta)^2}\frac{2h}{g} \\ &=2h\omega\frac{1}{\sin\theta-\mu\cos\theta}(\cos\theta\sin\lambda- \\ &\quad\cos\beta\sin\theta\cos\lambda) \end{aligned}$$

Moreover, we can evaluate the ratio of the velocity v_{h_f} with friction and that without friction:

$$v_{h_{ft}}=\frac{\dfrac{1}{\sin\theta-\mu\cos\theta}}{\dfrac{1}{\sin\theta}}v_{h_f}=\frac{1}{1-\mu\cot\theta}v_{h_f}$$

Further, substitute $\mu=0.3$ and $\theta=\frac{\pi}{4}$, we obtain

$$\frac{v_{h_{ft}}}{v_{h_f}}=\frac{10}{7}=1.428\ 571\cdots$$

This evaluation is an upper bound estimate for that the surface of the kitchen sink, the washbasin, and the flushing toilet almost have no friction. However, the consequent linear velocity and angular velocity (estimation) are still small. They are

$$2.921\times10^{-4}\ \mathrm{m/s}$$

$$2.921\times10^{-2}\ \mathrm{rad/s}$$

(2) Quarter Circle Model.

Substituting the slope in the model discussed above with a quarter circle and with dynamic friction factor μ, we obtain

$$\begin{cases} mg\cos\varphi-\mu N=m\dfrac{\mathrm{d}v}{\mathrm{d}t} \\ N-mg\sin\varphi=m\dfrac{v^2}{R} \end{cases}$$

where φ is the angle of the arc that the particle has passed (initial φ is zero).

Eliminate N from these two equations, we obtain

$$\frac{\mathrm{d}v}{\mathrm{d}t}=g\cos\varphi-\mu(g\sin\varphi+\frac{v^2}{R})$$

That is

$$2R\frac{\mathrm{d}v}{\mathrm{d}t}=2R(\cos\varphi-\mu\sin\varphi)-2\mu v^2$$

As there is no time t in the above equation, we have

$$2R\frac{\mathrm{d}v}{\mathrm{d}t}=2R\frac{\mathrm{d}v\,\mathrm{d}\varphi}{\mathrm{d}\varphi\,\mathrm{d}t}=2R\frac{\mathrm{d}(R\varphi)}{\mathrm{d}t}\frac{\mathrm{d}v}{\mathrm{d}\varphi}=2v\frac{\mathrm{d}v}{\mathrm{d}\varphi}=\frac{\mathrm{d}v^2}{\mathrm{d}\varphi}$$

Consequently, the equation is equivalent to

$$\frac{\mathrm{d}v^2}{\mathrm{d}\varphi}+2\mu v^2+2Rg(\mu\sin\varphi-\cos\varphi)=0$$

It is a Bernoulli equation for v^2 and φ.

We multiply $\mathrm{e}^{2\mu\varphi}$ on both side and obtain

$$\begin{aligned} \frac{\mathrm{d}}{\mathrm{d}\varphi}(\mathrm{e}^{2\mu\varphi}v^2)&=\mathrm{e}^{2\mu\varphi}\frac{\mathrm{d}v^2}{\mathrm{d}\theta}+2\mu v^2\mathrm{e}^{2\mu\varphi} \\ &=-2Rg(\mu\sin\varphi-\cos\varphi)e^{2\mu\varphi} \end{aligned}$$

Integrate on both sides, we obtain

$$\mathrm{e}^{2\mu\varphi}v^2=-2Rg\int(\mu\sin\varphi-\cos\varphi)\mathrm{e}^{2\mu\varphi}\mathrm{d}\varphi$$

Consequently, we obtain:

$$v^2=\mathrm{e}^{-2\mu\varphi}\left\{C-\frac{-2Rg\mathrm{e}^{2\mu\varphi}}{1+4\mu^2}[(2\mu^2-1)\sin\varphi-3\mu\cos\varphi]\right\}$$

The initial condition is when $\varphi=0, v=0$.

Thus we can know that the integral constant C

$$C=-\frac{6\mu Rg}{1+4\mu^2}$$

So, we get that

$$v(\varphi)=\sqrt{\frac{2Rg}{1+4\mu^2}\mathrm{e}^{-2\mu\varphi}\{-3\mu+\mathrm{e}^{2\mu\varphi}[3\mu\cos\varphi-(2\mu^2-1)\sin\varphi]\}}$$

As for

$$v=\frac{\mathrm{d}(R\varphi)}{\mathrm{d}t}=R\frac{\mathrm{d}\varphi}{\mathrm{d}t}$$

We have

$$\int\frac{R}{\sqrt{\frac{2Rg}{1+4\mu^2}\mathrm{e}^{-2\mu\varphi}\{-3\mu+\mathrm{e}^{2\mu\varphi}[3\mu\cos\varphi-(2\mu^2-1)\sin\varphi]\}}}\mathrm{d}\varphi$$
$$=\int\mathrm{d}t=t$$

(setting the initial time to be zero).

It seems impossible to get $\varphi(t)$ analytically. However, we noticed that

$$\begin{aligned}v_h&=\int_0^t a_{c1}\mathrm{d}t\\&=\int_0^t 2v\omega(\cos\beta\sin\theta\cos\lambda-\cos\theta\sin\lambda)\mathrm{d}t\\&=\int_0^t -2\omega(\cos\beta\cos\varphi\cos\lambda-\\&\quad\sin\varphi\sin\lambda)v\mathrm{d}t\\&=\int_0^t -2\omega(\cos\beta\cos\varphi\cos\lambda-\\&\quad\sin\varphi\sin\lambda)\frac{R\mathrm{d}\varphi}{\mathrm{d}t}\mathrm{d}t\\&=\int_0^\varphi -2\omega R(\cos\beta\cos\varphi\cos\lambda-\\&\quad\sin\varphi\sin\lambda)\mathrm{d}\varphi\\&=-2\omega R[\cos\beta\sin\varphi\cos\lambda-\\&\quad(1-\cos\varphi)\sin\lambda]\\&=2\omega R[(1-\cos\varphi)\sin\lambda-\\&\quad\cos\beta\sin\varphi\cos\lambda]\end{aligned}$$

It turned out that we do not need any information about $\varphi(t)$ or $v(t)$ to get $v_h(\varphi)$ at all.

Consequently, $v_h(\varphi)$ is independent of the dynamic friction factor μ and the gravitational acceleration g. So we have

$$v_{h_f}=v_h\left(\varphi=\frac{\pi}{2}\right)=2\omega R(\sin\lambda-\cos\beta\cos\lambda)$$

The average value of v_{h_f} for $\beta\in[0,2\pi]$ is given by

$$\overline{v_{h_f}}=\frac{1}{2\pi}\int_0^{2\pi}v_{h_f}\mathrm{d}\beta=2\omega R\sin\lambda$$

The maximum of v_{h_f} for $\beta\in[0,2\pi]$ is given by

$$v_{h_fm}=2\omega R(\sin\lambda+\cos\lambda)$$

Knowing that the maximum diameter of the top section of the kitchen sink, the washbasin, and the flushing toilet is 40 cm, 59 cm, 35 cm, respectively (the washbasin has the smallest volume but the most extended maximum radius) by simple measurements with an ordinary plastic ruler.

Consequently, we use 30 cm to substitute the R in the expression of v_{h_fm}:

$$v_{h_fm}=6.134\times10^{-5}\ \mathrm{m/s}$$

It is even more insignificant than the result we get in the model of the slope. Consequently, this model shows that the Coriolis effect may not be significant enough for determining the direction of the water vortex in the experiment (latitude λ is 37.435 05°, the angular velocity of the Earth's rotation ω is 7.292 115 0 × 10^{-5} rad/s).

3. Amendment

Here is the amendment for the inconsistency between the direction of gravity force and the vector pointing to the center of the Earth. The reason has been mentioned in (1), Theoretical analysis.

From geometrical relation, the angle between centrifugal acceleration and gravity acceleration is given by

$$\varphi=\pi-\lambda$$

Consequently, the angle between the real gravity acceleration and the aggregate acceleration of the real gravity acceleration and the centrifugal acceleration γ is given by

$$\frac{\sin\gamma}{R_\mathrm{e}\cos\lambda\omega^2}=\frac{\sin\varphi}{g_a}$$

where g_a is the gravity acceleration we "feel" in our daily life. It is the aggregate acceleration of the real gravity acceleration and the centrifugal acceleration caused by the Earth's rotation.

Consequently

$$\begin{aligned}\gamma&=\arcsin\left(\cos\lambda\sin\lambda\frac{R_\mathrm{e}\omega^2}{g_a}\right)\\&=\arcsin\left(\frac{\sin2\lambda}{2}\frac{R_\mathrm{e}\omega^2}{g_a}\right)\end{aligned}$$

Substituting with data of the experiment location, we obtain that

$$\gamma=0.095\ 48°$$

(latitude λ is 37.435 05°, the angular velocity

of the Earth's rotation ω is $7.292\,115\,0 \times 10^{-5}$ rad/s, Earth's radius is 6 371.0 km (using mean radius given by https://en.wikipedia.org/wiki/Earth[6]), the gravity acceleration of Dongying City, Shandong Province, China is 9.812 34 m/s^2 (from https://www.wolframalpha.com/input/? i = gravitational + acceleration + of + Dongying[7]).

It is equivalent to a γ decrease in the latitude λ in the previous model. So it is reasonable to ignore this inconsistency under this accuracy.

2. Explanations for the experiment result

Although the experiment result can be related to specific experimental equipment, the model we based on for estimation can also be oversimplified. The water is continuous fluid rather than single or discrete particles, with complicated inner interactions. The relation between the direction of water vortex and the Coriolis force is a problem with hydromechanics with a variety of complicated factors like the shape of the water container or the initial condition. However, if the direction of the water swirl in the northern hemisphere does tend to be counterclockwise because of the Coriolis force, we can deduce that the flowing water has flowed enough time for a significant Coriolis effect. Here is our idea:

As we have obtained (3)

$$a_{c1} = \boldsymbol{a}_c \cdot \boldsymbol{n}_2 = -2v\omega(\cos\beta\sin\theta\cos\lambda - \cos\theta\sin\lambda)$$

in the former discussion, we assume v to be 10 m/s, and we know that the angular velocity of the Earth's rotation ω is $7.292\,115\,0 \pm 0.000\,000\,1 \times 10^{-5}$ rad/s, we know that

$$a_{c1} = 1.458\,423 \times 10^{-3}(\cos\theta\sin\lambda - \cos\beta\sin\theta\cos\lambda)\ \mathrm{m/s^2}$$

If flow with this speed lasts for 30 seconds, the corresponding velocity will be

$$v = 4.375\,269 \times 10^{-2}(\cos\theta\sin\lambda - \cos\beta\sin\theta\cos\lambda)\ \mathrm{m/s}$$

The factor in the bracket has an average value $\cos\theta\sin\lambda$ for $\beta \in [0, 2\pi]$. Consequently,

$$\bar{v} = 4.375\,269 \times 10^{-2}\cos\theta\sin\lambda\ \mathrm{m/s}$$

As for small θ ($\cos\theta \to 1$) and $\lambda = 37.435\,05°$, $\bar{v}_0 = 2.66 \times 10^{-2}$ m/s this is undoubtedly an insignificant linear velocity, but when for a circular motion on a circle of radius of 1 cm, the corresponding angular velocity is $\overline{\omega_0} = 2.66$ rad/s. This angular velocity can be significant.

Consequently, we know that if the water flow can be fast enough and last for a long enough time, the Coriolis force can make a difference. As for the kitchen sink, we used in the experiment, as the water can last for about 15 seconds, half of 30 seconds; as for the washbasin, the water flow can last for about 20 seconds; as for the flushing toilet, only about 5 seconds. As a result, the Coriolis effect can accumulate to strong enough to affect the direction of water vortex, but it is only an assumption for the water looks flowing mildly, and the lasting time is limited. As a result, there should be some mechanism to enhance the deviation from non-rotating (positive feedback). One possible one is the law of conservation of angular momentum, where the angular velocity increases as the radius decrease, like the case demonstrated by the skater who retracts arms and consequently speeds up. Moreover, as the system we researched is very likely to be nonlinear, it may behave chaos, extremely sensitive to initial conditions and small perturbation. The detailed mechanisms need further exploration.

3. Summary

Although we can not feel that the Earth does rotate, there is evidence like the experiment of the Foucault pendulum. Some people believe the direction of the water vortex in our daily life is also related to the rotation of the Earth and even wrote articles for popular science, even Yeyong Lie's article was compiled into the primary Chinese textbook[2-3].

However, things are not that easy. Although our experiment shows that the vortex in the kitchen sink and the flushing toilet in experiment tends to be counterclockwise with 99.5% confidence, which is consistent with the Coriolis effect, the rough estimation does not support that "it is the Coriolis effect that makes more counterclockwise water vortex in the experiment."

To explore further, we constructed two simple models, but neither of them supports that statement. The first model we constructed is a particle sliding down a slope under the influence of gravity and Coriolis force without friction, and it shows that the Coriolis effect is too insignificant to determine the direction of the water vortex. We also tried to put friction into consideration, but no significant difference was made. Further, we constructed the model where the particle slides down a quarter circle under the influence of gravity and Coriolis force, which is more similar to the washbasin and the flushing toilet in shape (section), and the result is similar to the first model. We also considered the deviation of the measured gravitational acceleration from the vector pointing to the center of the Earth caused by the centrifugal force derived from the rotation of the Earth and found that this deviation can only "equivalently decrease" the latitude with an insignificant magnitude.

In modeling, we gained some interesting insights about the Coriolis force. The direction of Coriolis is not always on the left hand of the direction of motion for motions with vertical velocity components. We also obtained the condition that determines the direction of the component of the Coriolis force that is perpendicular to the motion but on the same surface. We obtained the general expression for Coriolis acceleration for motions in all directions in the northern hemisphere.

Further, we found that the velocity component perpendicular to the motion direction caused by the Coriolis has nothing to do with the magnitude of gravitational acceleration in both models. In the quarter circle model, even the dynamic friction factor was eliminated in the final expression.

Last but not least, we made some discussion and proposed that the Coriolis force may make a difference if the water flow lasts long enough and flows fast enough. However, it can be doubtful for explaining the experimental results. Consequently, there should be some mechanisms that enhance the deviation from non-rotating states for water. This can be related to the chaos phenomena in nonlinear systems, which can be extremely sensitive to insignificant differences in initial condition or perturbation. However, the experimental phenomena were still not convincingly explained and need further exploration.

4. Acknowledgment

Thanks for https://www.wolframalpha.com/[7], which provides us affluent information and robust scientific computation and plotting support.

References

[1] SHAPIRO A H. Bath - tub vortex[J]. Nature, 1962, 196(4859): 1080-1081.

[2] 知乎用户"文午山". 你家马桶冲水时,漩涡是什么方向? [EB/OL]. (2017-05-02)[2019-12-16]. https://zhuanlan.zhihu.com/p/26507810.

[3] 佚名. 真理诞生于一百个问号之后[DB/OL]. (2019-05-15)[2019-12-19]. https://baike.baidu.com/item/真理诞生于一百个问号之后/3336011.

[4] Anon. Windada[DB/OL]. (2019-12-19)[2019-12-19]. https://fate.windada.com/cgi-bin/gmap_en.

[5] Anon. Earth's rotation[DB/OL]. (2019-12-15)[2019-12-17]. https://en.wikipedia.org/wiki/Earth%27s_rotation.

[6] Anon. Earth[DB/OL]. (2019-12-15)[2019-12-16]. https://en.wikipedia.org/wiki/Earth.

[7] Anon. WolframAlpha[CP/OL]. (2019-12-18)[2019-12-18]. https://www.wolframalpha.com/input/?i=gravitational+acceleration+of+Dongying.

“琴瑟友之,云村乐之”——网易云音乐“音乐社交模式”下用户持续使用意愿影响因素研究

李宛龄[1],刘洪宇[2],任 爽[2],邵韦嘉[1]

1. 哈尔滨工业大学 人文社科与法学学院 2019 级 社会学专业;
2. 哈尔滨工业大学 经济管理学院 2019 级 大数据管理与应用专业

摘要:网易云音乐是国内首个将音乐和社交融合在一起的音乐平台。本文立足于网易云音乐的“音乐社交模式”,基于期望确认理论构建模型并发放问卷,利用结构方程模型、多重对应分析等方法对回收数据进行分析,得出社交体验的部分维度对满意度和持续使用意愿有正向影响的结论,并提出网易云音乐应注重其情感性和工具性功能、促进易流失用户和一般用户向满意用户和忠实用户转型等建议。

关键词:音乐社交模式;期望确认理论;社交体验;持续使用意愿;网易云音乐

The Study on Influencing Factors of Customers' Continuance Use Intention Under the “Music Social – Networking Pattern” of NetEase Cloud Music

Li Wanling [1] , Liu Hongyu[2] ,Ren Shuang[2] , Shao Weijia[1]

1. Sociology, 2019, School of Humanities and Social Sciences and Law, Harbin Institute of Technology;
2. Economic and Management Experimental Class, 2019, School of Economics and Management, Harbin Institute of Technology

Abstract: NetEase Cloud Music is the first music platform that combines music and social in China. Taking the “music social – networking pattern” of NetEase Cloud Music as the research object, a model based on the expectation confirmation theory is established. After collecting data through questionnaires, using structural equation model, multiple correspondence analysis and other methods to analyze the recovered data, it comes to the conclusion that some dimensions of social experience have a positive impact on customer satisfaction and continuance use intention. And suggestions that NetEase Cloud Music should pay attention to its emotional and instrumental functions, encourage the transformation from easy to lose users and ordinary users to satisfied users and loyal users are promoted.

Keywords: Music social - networking pattern; Expectation confirmation theory; Social experience; Continuance use intention; NetEase Cloud Music

引言

乘着短视频的浪潮,2019 年网易云音乐开创了"Music Blog"(音乐日志)这种新型的内容生产方式,进一步发展其音乐社交模式。顾名思义,"音乐社交"兼具音乐与社交两项功能。社交简而言之是人与人之间的互动,"音乐社交"则指"以社交互动为联结、用户生产内容为核心,最大化地开发用户创造力,并帮助用户实现音乐享受与消费"的经营理念。"音乐社交"的概念最早由美国音乐公司 Srteam Rdio 的首席执行官 Drew Larner 提出,他认为音乐具有社交本质,社交经验的传播能有效助力数字音乐的发展。网易云音乐是国内首个将音乐和社交融合在一起的音乐平台,利用社交的互动介入和关系网络建设等方式,打造了独有的社交生态圈,在短期内赢得了大量忠实用户和良好口碑。但是不和谐的声音也同样存在,"网抑云"梗就是对部分无病呻吟的网易云乐评的吐槽,过分情绪化的产品内容展现成为"音乐社交模式"不得不面对的问题。在音乐应用市场已经从红利期进入到拼渠道、拼版权、拼资源的关键时期,"音乐社交模式"这把利刃能否突出重围,成为音乐市场的一种标杆型理念,仍需要时间来检验。因此,对主打"音乐社交"的网易云音乐,研究其用户在该模式下持续使用意愿的影响因素至关重要。

1. 文献综述

1.1 文献回顾

"音乐社交"是比较新潮和小众的话题。目前,音乐社交领域的研究集中于以下几个方面:基于"音乐社交"概念产生的角度,部分学者结合了"音乐社交"与"参与式文化"理论,说明用户在参与听音乐的过程中进行社交,其身份标签也会变得多元化——集生产者、消费者、传播者于一体,抓住了参与过程中的主导权。柯斯林的《互动仪式链》是结合相关社会学理论进而探究互动仪式的理论,其中就提到了音乐也存在互动仪式的相关特征,认为人们喜爱听音乐是因为产生了"亲身在场的体验感";基于用户角度,学者主要研究了音乐社交平台用户的情绪特征、用户在音乐社交中的自我展示等。王路[1]着重对网易云音乐的"用户研究"和"社交生态格局"两方面进行了详细的阐述,认为音乐的社交属性需要由用户的动态和评论互动共同完成。郭蓓[2]则认为"音乐社交"可以实现 UGC 的最大化。在"音乐社交"圈这个"拟态环境"中,主体生产者和受众都以"人"为关键要素,而歌单、评论等则是他们的互动依据;基于传播方式的角度,谌涛、王予婷[3]运用了"大众人际传播"模型,从信息的个性化和可访问性两个维度来定义"音乐社交",并以此为框架剖析了"音乐社交"的动态传播过程。在《社交媒体环境下大众音乐传播研究》中,王和[4]认为新媒体技术为大众音乐传播提供了条件,音乐的社会价值应与社会需求相适应并起积极作用。"音乐社交模式"展现了社交在新音乐平台上价值化、理念化的发展趋势。

1.2 文献述评

综上所述,国内外学者在传播模式与特征、用户体验等方面对"音乐社交"进行了详细的阐释,但大多偏重宏观和理论层面,将"音乐社交"与实际产品效果相联系的研究较少,更缺乏对"音乐社交模式"未来发展与应用前景的探索。因此,本研究的存在尤为必要。本文以"音乐社交模式"为切入点,网易云音乐用户为研究对象,以期了解影响用户持续使用意愿的因素,为"音乐社交模式"发展道路提供建议。

2. 模型构建

2.1 理论工具

期望确认理论强调,消费者是以购前期望与

购后效果的比较结果来判断是否对产品或服务感到满意,而满意度也会成为之后再次购买或使用的参考[5]。基于期望确认理论,用户在使用网易云音乐之前会对其产生初步的预期,而在使用后根据实际使用体验,会产生一个新的认知,并与预期认知进行比较[6],得出是否满意的判断,从而影响其持续使用的意愿。本文以期望确认理论为理论工具,在使用理论中的满意度与持续使用意愿两个变量的同时,引入社交体验变量构建模型。

2.2 假设提出

2.2.1 用户的社交体验对持续使用意愿的直接影响

社交体验指用户在使用过程中涉及的社交活动所带来的体验与感受,包括获得体验和社群体验两个维度。其中获得体验指用户能够获取符合自己需求的音乐的体验;社群体验指包括歌曲评论、动态评论、云村在内的涉及社交的社群环境给用户带来的爱、平等、尊重和自我归属感等心理感受。

基于期望确认理论,若用户在"音乐社交模式"中感受到的获得、社群体验越好,其持续使用网易云音乐的意愿也就越强烈;反之,获得、社群体验越不理想,其持续使用意愿也就越低。基于此,本研究提出假设:

H1a:用户的获得体验对持续使用意愿有正向影响

H1b:用户的社群体验对持续使用意愿有正向影响

2.2.2 用户的社交体验对持续使用意愿的间接影响:以满意度为中介

(1)社交体验对满意度的影响。

社交体验中,获得体验是一个音乐软件的基础功能体验,周沛[7]、董庆兴[8]等均通过实证研究发现获得体验对用户满意度有显著的正向影响。对于社群体验,湛东升[9]等的研究结果表明,居住环境能正向影响居住满意度。基于期望确认理论,若用户能在网易云音乐社群感受到平等、被尊重和归属感等,那么可能就会有更多用户愿意融入社群,从而提升对网易云音乐的满意度。综上所述,本文提出如下假设:

H2a:用户的获得体验对满意度有正向影响

H2b:用户的社群体验对满意度有正向影响

(2)满意度对持续使用意愿的影响。

满意度很大程度上决定了用户今后是否愿意持续使用该产品。Oliver[10]的研究结果都证明了满意度对持续使用意愿显著的正向影响,而网易云音乐用户的持续使用意愿也很有可能受到其满意度的影响。由此,本文假设:

H3:满意度对持续使用意愿有正向影响

(3)满意度对用户社交体验和持续使用意愿的中介效应。

Westbrook[11]的研究证明,满意度经常作为购后行为的中介变量,与购前产品选择信念到购后再次购买意愿有关。在期望确认理论中,用户在使用网易云音乐后根据其实际的获得及社群体验,会得出是否满意的判断,从而影响其持续使用意愿。由此,本文假设:

H4a:满意度在用户的获得体验和持续使用意愿中起中介作用

H4b:满意度在用户的社群体验和持续使用意愿中起中介作用

2.2.3 模型构建

基于以上假设,本文加入了性别、等级、频率及时长等作为控制变量,形成了用户持续使用网易云音乐意愿因素模型,如图1所示。

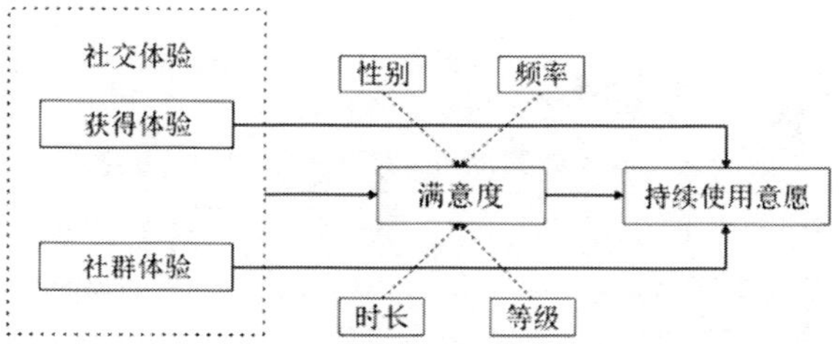

图1 用户持续使用网易云音乐意愿因素模型

3. 研究设计

3.1 量表开发

查阅大量文献后,本文依据理论模型,形成了网易云音乐"音乐社交模式"下用户持续使用意愿影响因素量表。其中,获得体验、社群体验维度、满意度和持续使用意愿参考了李武、赵星、肖廷、裴煜等的量表。问卷除基本信息部分外,全部采用李克特五级量表形式。在进行小规模预调查后，对所获得的150份有效样本进行项目分析和信效度检验，调整量表后最终得到4个因子和18个测量题项。

3.2　数据收集

以高校学生为调查对象，通过线上和线下两种方式发放问卷，共回收1 081份问卷。依据是否为该APP用户、逻辑题、答题完整度、填答时长等标准剔除无效问卷449份。有效问卷中，男女比例分别为38%和62%，使用时长在一年以上的用户占比约为80%，用户等级为6级及以上用户占比62%，每周使用网易云4次及以上的用户占比72%，样本结构与网易云音乐主流用户和活跃用户结构基本一致，样本代表性较强。描述性统计分析结果见表1。同时，以性别为分组变量对社交体验各维度、满意度及持续使用意愿进行独立样本T检验，得到女性的持续使用意愿显著高于男性的结论。

表1　描述性统计分析结果

变量	变量值	样本数	百分比
性别	男	241	38.10%
	女	391	61.90%
使用时长	三年以上	240	38%
	一年到三年	268	42.40%
	半年到一年	67	10.60%
	3到6个月	18	2.80%
	3个月以内	39	6.20%
使用频率	每天都用	264	41.80%
	每周4到5次	193	30.50%
	每周2到3次	175	27.70%
用户等级	9级及以上	74	11.70%
	6到8级	314	49.70%
	2到5级	196	31%
	1级及以下	48	7.60%

4. 数据分析

4.1　量表信效度检验

本文利用Cronbach Alpha一致性系数（CA值）进行信度检验，并利用组合信度（CR值）测量各题项间的内部一致性。计算得到问卷总量表及各分量表的一致性系数值均较高，各维度组合信度（CR值）均大于0.7说明问卷各题项间的内部一致性较高。

运用最大方差法进行主成分分析，各分量表KMO值均大于0.6，Bartlett球形检验各量表均显著，说明量表适宜因子分析。量表各题项因子载荷均在0.5以上，AVE值均大于阈值0.5，说明各量表聚敛效度理想。同时，表2中模型大部分拟合度指标均在可接受范围或理想范围内，模型结构效度较好。

表2　模型的因子载荷和聚敛效度分析

维度	题项	因子载荷	CA值	CR值	AVE值
获得体验（HD）	HD1	0.784	0.852	0.855	0.663
	HD2	0.864			
	HD3	0.792			
社群体验（SQ）	SQ1	0.668	0.894	0.897	0.555
	SQ2	0.768			
	SQ3	0.76			
	SQ4	0.709			
	SQ5	0.755			
	SQ6	0.784			
	SQ7	0.762			
满意度（MY）	MY1	0.642	0.829	0.847	0.583
	MY2	0.788			
	MY3	0.822			
	MY4	0.789			
持续使用意愿（CX）	CX1	0.805	0.873	0.876	0.638
	CX2	0.756			
	CX3	0.835			
	CX4	0.797			

4.2　结构方程检验

本文用AMOS26.0对建构的模型进行验证。

4.2.1　模型拟合度

从表3可以看出，模型大部分的拟合指数均在理想值范围内，模型拟合度良好。

表 3 拟合指数建议值及实际值

适配度指标	理想标准值	可接受标准值	结果
CMIN/DF	≤2.00	≤3.00	2.765
RMSEA	≤0.05	≤0.08	0.053
GFI	≥0.90	≥0.80	0.93
AGFI	≥0.80	≥0.70	0.902
NFI	≥0.90	≥0.80	0.935
CFI	≥0.90	≥0.80	0.958
PNFI	≥0.5		0.769
PCFI	≥0.5		0.797

4.2.2 模型路径检验

根据表 4 所示的各假设路径的 P 值和 CR 值判断，H1a 和 H1b 显著，证明社交体验对持续使用意愿的直接正向影响假设成立；H2a、H2b 和 H3 假设成立。

表 4 研究模型的路径系数

假设编号	非标准化系数	标准化系数	CR 值	P 值	是否显著
H1a	0.063	0.062	1.712	0.031	显著
H1b	0.124	0.124	1.931	0.028	显著
H2a	0.116	0.122	2.841	0.023	显著
H2b	0.645	0.688	8.769	0.000	显著
H3	0.824	0.773	10.364	0.000	显著

4.2.3 满意度的中介作用检验

采用 Bootstrapping 中介效应检验法，设置 2 000 次迭代，95% 置信区间估计。如表 5 所示，两种中介效应均显著。综上所述，社交体验对持续使用意愿的直接正向影响，以满意度为中介的间接影响假设均成立。

表 5 非标准化的 Bootstrap 中介效应检验

路径	效应值	SE	Bias – corrected 95% CI			是否显著
			Lower	Upper	P	
ind 获得体验	0.096	0.045	0.015	0.192	0.015	显著
ind 社群体验	0.532	0.121	0.332	0.807	0.001	显著

注：ind 获得体验为路径：获得体验满意度持续使用意愿；
ind 社群体验为路径：社群体验满意度持续使用意愿

4.3 多重对应分析

对模型内变量进行多重对应分析，两个维度的克隆巴赫系数均大于 0.7，累计方差贡献率均超过 50%，结果较为理想。但在群度量图中，性别、等级和时长的区分度极低，故不对以上三个变量进行分析，最终得到类别联合图如图 2 所示。

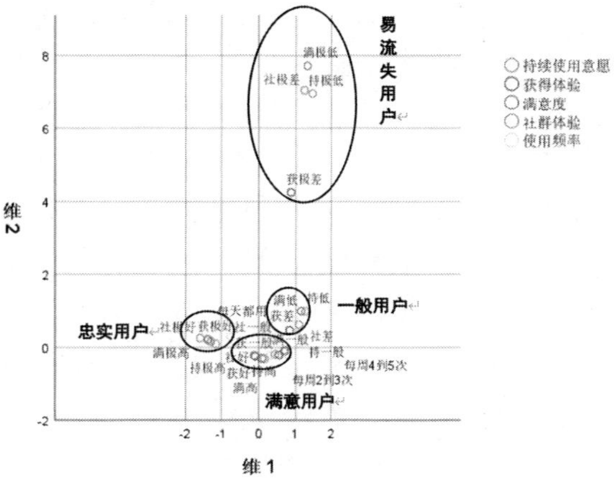

图 2 类别点联合图

依据图 2，基于社交体验维度、满意度与持续使用意愿将用户群体分为忠实用户、满意用户、一般用户及易流失用户四类，分别对应社交体验、满意度与持续使用意愿极高、较高、一般和较差的水平。

5. 结论与建议

本文通过测量量表和数据分析，证明了用户的社交体验对持续使用意愿的直接影响和以满意度为中介的间接影响，印证了提出的理论假设。同时，多重对应分析结果还显示不同类型用户的各维度体验存在差异。其中，女性的持续使用意愿显著高于男性，使用频率高的用户拥有较好的获得体验、社群体验、满意度和持续使用意愿，而使用频率低的用户的体验不佳。

针对得到的结论，对网易云音乐提出以下建议：

（1）保证工具性功能，提升音乐内容推送的准确性和高效性。

网易云音乐用户极其重视其获得体验，即高效、准确地获取所需的音乐内容体验。因此，在音乐版权库方面，建议网易云音乐在积极合作建设曲库的同时，向产业上游延伸，通过扶植独立音乐人、培养 IP 等方式，逐渐由音乐平台转为内容提供商，培养高质量的独家版权；在提高准确性方面，定期更新音乐库用户偏好算法，维持“精准个人推荐”功能的竞争优势；在提高效率方面，合理划分功能区，避免出现功能重合、用户使用效率降低等问题。

（2）提升情感性功能，营造良好社群氛围，促进用户向满意和忠实用户转型。

社群体验的提高会带动用户使用频率提升，进而促进易流失用户、一般用户向满意用户、忠实用户转型。要构建更好的情感表达环境，一方面，网易云音乐可以在私信、云村广场发布社群活动，如邀请用户用声音录下与云村之间的故事、写下给云村祝福的三行情诗等，将深刻生动的故事收录进活动主页面；另一方面，还应加大对乐评的监管，对于无营养、低迷消极，甚至是恶语相向的社区内容进行适当的警告，甚至是封号处理，为用户营造良好的社群氛围，提升其社群体验。

由于资源、自身科研能力等条件的限制，本文还存在一些不足，未来可以从以下两个方面进行改善：其一，样本数量偏少，未来可以收集更多有效问卷将职业等分类变量作为调节变量进行研究，提出更具针对性的建议；其二，问卷回收率低，未来应改进调查方式，提升各环节调研质量。

参考文献

[1] 王路. 从网易云音乐看“音乐社交”生态的建设[J]. 传媒，2017(3)：70-72.

[2] 郭蓓. “网易云音乐”的互动模式与发展建议[J]. 传媒，2017(2)：60-62.

[3] 谌涛，王予婷. 互联网“音乐社交”的传播动态分析——基于“大众人际传播”模型[J]. 新闻传播，2019(5)：24-26.

[4] 王和. 社交媒体环境下大众音乐传播研究[J]. 新闻战线，2018(24)：210-211.

[5] 沈燕萍. 在线市场产品不确定性对消费者退货行为的影响研究[D]. 天津：天津大学，2018.

[6] 郑樟鹏. 用户体验视角下影响旅游预订类移动应用程序(APP)持续使用意愿的实证研究[D]. 杭州：浙江工商大学，2019.

[7] 周沛，伏苏云，赵越春. 购物类 APP 用户持续使用影响因素的实证研究[J]. 南京师大学报(自然科学版)，2020，43(2)：140-148.

[8] 董庆兴，周欣，毛凤华，等. 在线健康社区用户持续使用意愿研究——基于感知价值理论[J]. 现代情报，2019，39(3)：3-14，156.

[9] 湛东升，孟斌，张文忠. 北京市居民居住满意度感知与行为意向研究[J]. 地理研究，2014，33(2)：336-348.

[10] RICHARD L O. Cognitive, affective, and attribute bases of the satisfaction response [J]. The journal of consumer research, 1993, 20(3)：418-419.

[11] WESTBROOK R A. A rating scale for measuring product/ service satisfaction [J]. Journal of marketing, 1980, 44(4)：68-72.

湖南省蓝山县乡村振兴成果调研报告

李睿[1]

1. 哈尔滨工业大学经管学院 2018 级　工商管理专业

摘要:湖南省永州市蓝山县在脱贫攻坚战中,紧紧围绕“精准扶贫、精准脱贫”基本方针,从第一、二、三产业多方位对县城和乡村进行了产业帮扶,建立了一套较为完善的帮扶机制,承接了粤港澳大湾区的产业转移,成功实现了乡村振兴。本文主要通过在县城内进行走访调研,以及对于部分企业家的采访,从而了解具体的帮扶方式和成果。

关键词:乡村振兴;产业帮扶;产业转移

Research Report on Rural Revitalization Achievements of Lanshan Country, Hunan Province

Li Rui[1]

1. Business Administration, 2018, School of Economics and Management, Harbin Institute of Techndogy

Abstract: Which Hunan Lanshan county in poverty tough, closely around the “precision for poverty”, as a fundamental, from the first, second and third industry directional county and rural industry support, set up a relatively perfect mechanism of aid, to undertake a large bay area of Guangdong industrial transfer, successfully realized the country revitalization. This paper mainly through the investigation of the county, as well as the interview of some entrepreneurs, so as to understand the specific ways and results of help.

Keywords: Rural revitalization; Industrial support; Industrial relocation

引言

自从改革开放以来,我国的国内生产总值和人均国民总收入均有了极大的提升。国务院新闻办公室在 2021 年 4 月 6 日发布的《人类减贫的中国实践》白皮书显示,通过持之以恒的减贫工作,在现行标准下已有7.7亿农村贫困人口摆脱了贫困。在当今越发复杂的国际形势下，我国率先完成了联合国17个可持续发展目标中的减贫目标，向世界证明了中国特色社会主义的优越性。如何确保各地能够找到适合当地情况的可持续发展道路，阻止脱贫后返贫现象的发生，从而最终实现乡村振兴，成了当下政府工作的重点。笔者的家乡位于湖南省永州市蓝山县，该地区在经历了21世纪初的无组织发展，到2010～2018年间的试错，到如今找到了同时发展第一、二、三产业的道路，非常具有研究和借鉴意义。

湖南省永州市蓝山县地处楚头粤尾，是湖南通往广州的重要交通枢纽，被称为湖南的南大门。县城范围涵盖了部分岭南山脉，有着国家一级自然保护区——湘江源生态保护区，风景优美，气候宜人。作为粤港澳大湾区的产业承接地区，蓝山县在近10年来有了极大的发展，截至2017年，全县的产业结构为15:36.8:48.2，形成了以金融服务业、制造业带动农业的局面。

1. 文献综述

根据本文的结构，笔者主要从农业扶贫、制造业扶贫和金融与服务业扶贫三个方面对近年来的相关文献进行回顾。

1.1 农业扶贫

农业扶贫产业是乡村振兴中重要的一环，在促进农业现代化建设、提高生产效率、优化农业结构中发挥了极其重要的作用。对于乡村来说，农业或许不会成为它生产产值的最主要来源，但一定是最重要的根本与后续产业发展的根基。

江门市行政学院的卫中旗提出了乡村产业振兴的内在逻辑、根本途径与关键举措。在我国经济发展进入新的阶段，以高质量发展为主旋律的背景下，遵循供给侧结构性改革的战略，以三产融合为方法，结合机械化、自动化、信息化、标准化和品牌化等关键因素，从而最终实现乡村农业振兴，带动全面振兴[1]。

广西大学的陈运兰对广西壮族自治区兴业县的农业扶贫产业现状进行了考察研究。兴业县属于亚热带季风气候，与蓝山县在自然环境中存在一定的相似之处[2]。其指出了兴业县产业扶贫过程中存在的问题与后续的发展对策，对蓝山县的发展现状具有参考意义。

河南大学马克思主义学院的宫留记指出了政府在现有扶贫体制下的主体地位不可动摇，而政府需要培育与引导市场主体——企业参与扶贫工作，对市场化的扶贫架构进行规划与设计，成为扶贫的监管者，最后达成更加精准和有效率的形式[3]。

1.2 制造业扶贫

在沿海城市愈发发达的现状下，产业升级与产业转移成了制造业所必须经历的选择问题：是通过技术让自己获得竞争优势，从而在当地站稳脚跟；还是通过产业转移到人力资本更加低廉、政府政策更加优惠的地区。这需要企业根据所处行业与自身的核心竞争力决定。

庄甲坤对48家企业进行了调研，以数据说明了不同类型产业带来的减贫效果[4]，最后发现农业与加工制造业在产业扶贫中表现较好，贫困人口更容易适应这些产业的工作，其在带动就业方面的优势也更加显著。

中国地质大学的吕国范通过研究中原经济区资源产业扶贫模式，得出了要积极利用当地具有的比较优势的文化、自然、交通等要素，通过打造产业聚集区与产业链融合的方式，将资源上的优势转化为生产力上的优势的结论[5]。

1.3 金融与服务业扶贫

金融与服务业作为可以带来巨大的间接扶贫效果的产业，一直处于较为尴尬的地位。多数政府对于金融运作并不了解，盲目招商引资，没能成为第二个“山东曹县”，反而频频出现如嵩县烂尾楼的建筑。

根据杜兴洋、杨起城、邵泓璐的关于湖南省9个城市减贫实证研究，金融扶贫的效率在湖南省的不同城市存在个体上的较大差异，研究成果表明，农业财政支出与金融扶贫效率呈现明显的正相关关系，然而城乡二元经济结构致使农村资金和人才的外流，严重阻碍了金融扶贫效率的提高[6]。

宋哲慎从金融支持对农村精准扶贫效率的影响出发，得出需要适度扩大信贷资金投放规模，大力发展农村普惠金融的结论[7]。

2. 蓝山县三大产业发展帮扶情况

2.1 农业

自 1987 年改革开放后,我国国民经济总量中的第二、三产业占比快速提升,而第一产业的占比迅速下降。一方面,有着经济发展规律的原因,经济水平的快速提升需要生产效率更高的工业和服务业的帮助;另一方面,也说明了农业产业化程度不高,与导致生产效率与产值低下有着直接关系。

永州市政府为了助力全市的贫困乡村振兴,督促各地区成立了供销扶贫中心。这些扶贫中心销售的商品中,必须包含其他贫困县、乡镇的农副产品。在前往调查后笔者发现,蓝山县的扶贫中心还销售荆竹地区的腊肉、浆洞苗族自治州的熏鸡、宁远的灵芝等各地的特色农副产品。以腊肉为例,不同地区的腊肉会在熏制的肉类、木材和环境的选择上有所不同。一般腊肉的生产是当地政府召集乡村中的贫困人口,在相关企业中进行集中培训和指导,并进行腊肉的生产加工,从而保证了品质的标准化、安全与质量要求以及统一管理的便利。腊肉的熏制对从业人员的知识需求不高,大部分情况下,生产工人只需要定期查看熏制情况即可,故适合作为额外收入来源,或提供给部分残障人士作为工作。由于各地区所种植的经济树种、温度、湿度有所不同,各地区不同的肉类风味存在差别,助力形成不同的品牌。

蓝山一直以来都有种烟、烤烟的行业,而政府与企业通过建立有效的土地流转机制,成功推动了土地在种植大户、种植专业户之间流转,并建立了专业化服务队伍,以提高烟叶的规模化种植水平和组织管理水平。对农户进行了专业化育苗培训,在生产过程中,经过培训后的农户较传统育苗每公顷用工数减少 10.5 个,每公顷用工成本减少 524.66 元,降幅分别为 75.74% 和 75.78%,达到了更充分利用资源的目的[8]。

蓝山县处于亚热带季风气候地区,且坐落于群山之间,水利资源和森林资源丰富。夏季高温多雨,冬季温和干燥,有利于各类喜水喜温的农作物栽培。大面积种植的农作物有莲花、水稻、苦瓜、砂糖柑、香梨、杨梅、葡萄等。蓝山县政府为了扶持本县的农业发展,设立了蓝山县中小企业服务平台,通过“互联网 +”的方式,以服务中小企业为重点,按照政府的引导,为中小企业的创立、生存和发展提供信息指导、投融资指导、人才培养、技术支持、创业辅导、市场开拓和咨询等方面的服务。经过近十年的发展,培养出了一大批以销售蓝山本地特色农产品为主营业务的优秀企业。代表产品有蓝山黑胡酒、油茶、大米、莲子和百叠玲茶叶等。

笔者曾经在蓝山县恒华米业有限公司进行实地考察,该企业的厂区共有标准厂房4 000 m^2 以上,拥有一套日产量达120 t的大米加工设备,可以进行大米的精加工与深加工,生产出的大米可达国内同等质量水平,年规模产值达6 000万元。得利于政府的政策帮助以及便利的交通和原材料获取,恒华米业成了一家以大米精加工为核心、以品牌营销为发展,集销售大米、农副产品种植、收购、储存、加工等业务为一体的现代综合型农业产业化市级龙头企业。

蓝山县花果村本是单纯种植葡萄和梨子等水果的村镇,后来在县政府的引导下进行了招商引资,实现了产业升级和消费升级,在 2014 年成立了蓝山县花果庄园农业开发责任有限公司,从单纯的农业经营转化成了集葡萄科研、良种繁育、生产种植、技术培训、农资供应、葡萄销售、葡萄酒酿造和乡村旅游等休闲农业、加工业和旅游业的第一、二、三产业融合的新型农业综合体。以蓝山花果庄园农业开发有限责任公司为主导,企业累计投入资金1 500万元,建成葡萄种植园区1 000亩,主要种植巨峰、夏黑、玫瑰香、圣诞玫瑰等 7 个葡萄品种;深加工车间 5 间;地下酒窖一座;西餐厅一座;户外草坪、开心农场和儿童乐园 30 亩。成功创建了五星级乡村旅游区。由于蓝山县一直存在葡萄种植基础,故花果庄园非常轻松就可获得大量有经验的员工,同时对葡萄进行深加工后,每亩葡萄利润可达 1.5 万元以上。助力了农户实现收入增长。

除了花果村,蓝山县的大洞村同样是水果种植大村,每年的梨花节、葡萄文旅都会吸引大量游客来观赏花卉,品尝水果。土市镇通过泉塘西瓜品尝节,同样打响了该村脱贫攻坚朝阳产业的名气。除此之外还有浆洞瑶族乡云冰山景区的星空避暑节、毛俊镇举办的乡村美食节等。蓝山县根据市场需求，充分发挥了原有文化、自然和区位资源的优势，以丰富多彩的特色节庆帮助乡村品牌建立，推动乡村振兴。

2.2　制造业

蓝山县地处湖南省的南大门，毗邻广东，借助4万余产业工人在广东花都狮岭务工的优势，成为了粤港澳大湾区的产业承接地之一。本地矿产铁锰矿丰富，而在2012年左右县城通了高速公路，工业从而进入了高速发展期。而为了贯彻可持续发展理念，从保护环境、节约资源的角度考虑，2016年县政府叫停了数个污染较重的矿产开发企业，转而更加大力扶持旅游业、农业与制造业。

为建设蓝山县皮具箱包产业园区，蓝山县委和县政府主要领导亲自率队赴广州地区考察和招商，积极开展迎接外出工作工人、企业家返乡活动。县政府明确以皮革皮具作为全县主导产业和招商引资的第一档，组织了各类皮具招商会议和产业研讨会，召集皮具行业翘楚企业、专家、技术委员会，集中在蓝山，从而形成了独具特色的产业集群。同时，县委、县人大、县政府、县政协分别就发展皮革皮具产业做出决定、形成决议、通过提案，立足传统产业优势，发展皮具产业联盟。出台了专门针对皮具玩具两大主导产业的“十条优惠政策”，从体制上确保了人力、财力、物力向着经济发展倾斜，第一期便成功使得49家企业入驻；二期13万 m^2标准厂房完成承租；三期已经完成征地2 400余亩，平整土地2 000余亩，一共32家招商引资企业成功签约、购地、落户。

这一产业园区吸引了温州、广东等地的客商和企业家抱团入驻，呈现出集群式、链条式发展态势。借助区域优势，只需要4 h，从生产线上制作出来的各类皮具就能够运送到广东地区。蓝山产业承接的同时，还努力对国际市场进行开拓。2020年12月3日，永州 · 蓝山国际皮具箱包博览会在蓝山县皮具箱包产业园开幕，近300家国内皮具箱包制鞋龙头企业、品牌企业、设备生产商和技术提供商参展，同时汇集了海内外诸多知名品牌，展出了数万种产品。在展会上埃塞俄比亚湖南商会会长杨飞表示想要和希望“走出去”的中国企业合作，共同开发埃塞俄比亚的皮质资源的意向。

除去皮具制造业，蓝山县在先进装备制造业也显得“野心勃勃”。在2020年4月，蓝山县召开了装备制造产业“强链工程”工作会，落实县产业强链工程实施方案要求。在会议上通过了“做大传统产业、发展支柱产业、加快发展新兴产业，同时配套完善现代服务业，从而推动全县经济社会高质量发展”的发展规划。而作为全县“产业强链工程”明确的12条产业链之一的先进装备制造产业链，其需要达到推动产业链产值年增长12%以上的工作目标。

在蓝山工业园中，国家级高新企业，金山川粉末冶金有限公司以其独创的粉末冶金真空烧结排胶脱脂工艺生产出的电子通信设备精密零配件，获得了耐克、卡西欧等国际大品牌的青睐，畅销美国、芬兰、以色列等国家。

近些年，在经历了之前的试错阶段后，蓝山县加快了产业承接步伐，县领导频频带领招商小分队走进广东佛山、深圳等地高端装备制造企业进行实地考察，并在过程中向客商宣传和推介蓝山，邀请外商到蓝山调研、投资，以推动产业项目年建设和补齐产业短板。蓝山县政府承诺为企业提供一条龙服务，除法律规定必须当事人办理的手续外，帮助进行12大类手续和证照的代办或协助办理，集中力量狠抓项目落地难题。对于传统产业进行了智能化技术升级改造，推广智能化电脑织布机2 000余台，协助当地落后产能的更新迭代。

2.3　金融业与服务业

曾经的蓝山县在2014年间入驻了创新世纪投资控股公司，该公司5年来创办了以蓝山水为龙头的17个实体项目，涵盖工业、农业、文化旅游及第三产业。在公司开放初期，其经营范围内明确了不得从事吸收存款、集资收款、受托贷款和发放贷款等国家金融监管及财政信用业务。然而县政府在这个过程中的主导和监管地位没有得到很好的体现，导致该公司一手操持县中的集资和投资，大量资金倾注入第三产业用于发展旅游和餐饮行业，却无法看见良好的成效，形成了大量的烂尾工程。由于旅游属于季节波动极大的行业，在农村发展旅游行业时是需要确保本地存在可以作为支柱的除旅游外其他行业的,以保证在旅游业淡季,空闲的劳动力也可以进入工厂工作,维持县里的税收和生产稳定。独立发展旅游业就如同建设空中楼阁,在没有经济基础的情况下,只能建成一片片半成品的"烂尾楼",消耗了人力、物力和财力,却无法看到结果。最后该公司因涉嫌非法集资与诈骗,于 2019 年 3 月,被投资者联合向公安局经侦大队举报。

吸收了上次的教训,2018 年 1 月 4 日,在政府的牵头应允下,蓝山县的 8 家企业与 2 个个人成立了湖南蓝山神农村镇银行股份有限公司,作为政府参股的地方法人金融机构,提供类似于一般商业银行的业务。该银行主要面向有待进行产业承接的企业以及中小微企业提供贷款。

对于旅游、服务业,蓝山县因地制宜,充分发挥"湘江源头"的名声,建设了湘江源生态旅游区、百叠岭茶文化等生态旅游区。同时在县城开通了当日达快递服务,任何在蓝山县范围内的顾客,通过网上购物购买了蓝山县的农特产品,都可在一天内收到。为了加强外界对蓝山的了解程度,蓝山县紧抓各地、各村庄独特的地理、人文、自然优势,通过各类旅游文化节吸引附近地区的人前来观光。同时由于县城里存在各类自然保护区,蓝山县通过开发水力和风能,建设生态旅游区,实现了当地自然环境资源的永续利用和生态环境的良性循环。

2012 年,湖南省文物考古研究所和蓝山县文物管理所在蓝山县五里坪地区清理了汉晋时期墓葬 51 座,其中包含了 3 座西汉时期墓葬,其随葬陶器具有明显的地区特点,墓中出土的越式立耳鼎、五联罐、瓿、米字纹罐为研究五里坪西汉时期墓葬分期、考古学文化分区提供了重要参考资料。除此之外,在蓝山县的雷家岭村的古镇仍然保留着曾经南宋时期的布局结构,而根据史料记载,从隋炀帝大业三年(公元 607 年)开始,这里曾是旧县城,直到北宋才迁走。这些考古发现充分证明了蓝山县地区的历史悠久。政府在 2010 年后也进行了相关的文化旅游景点开发,修复了部分民居,但是由于商业化开发程度并不高,古镇仍然保持着原始的村庄样貌。

3. 结论

蓝山县工业、农业和金融与服务业多头其下,互相助力实现了乡村振兴的图景。农业上,将多种农产品进行了深加工,使其获得更多增值,紧紧跟随了中国消费升级的潮流,同时结合旅游业,形成了自身品牌宣传名气;工业上,蓝山县放弃了污染大、资源消耗多的采矿业,积极承接粤港澳大湾区的产业转移,开展产业强链工程并同时向国际化发展;金融业,通过县政府牵头形成政府参股的地方法人金融机构,为产业承接与小微企业创业者提供资金;服务业,蓝山县通过中小企业服务平台,扶持了一群优秀的企业,同时利用当地优秀的自然条件,开发了多样化的生态旅游区。蓝山县从可持续发展的角度出发,响应国家"绿水青山就是金山银山"的指导,紧跟消费升级和"互联网+"的趋势,坚持"走出去"战略,成功实现了乡村振兴。

参考文献

[1] 卫中旗. 乡村产业振兴的内在逻辑·根本途径与关键举措[J]. 安徽农业科学,2019,47(12):247-249.

[2] 陈运兰. 广西兴业县农业扶贫产业现状及发展对策研究[D]. 南宁:广西大学,2019.

[3] 宫留记. 政府主导下市场化扶贫机制的构建与创新模式研究——基于精准扶贫视角[J]. 中国软科学, 2016(5):154-162.

[4] 庄甲坤. 不同类型产业的减贫效果如何?——基于 48 家企业的调研数据[J]. 商业经济,2020(1):117-119.

[5] 吕国范. 中原经济区资源产业扶贫模式研究[D]. 北京:中国地质大学,2014.

[6] 杜兴洋,杨起城,邵泓璐. 金融精准扶贫的绩效研究——基于湖南省 9 个城市农村贫困减缓的实证分析[J]. 农业技术经济,2019(4):84-94.

[7] 宋哲慎. 金融支持农村精准扶贫效率问题研究[J]. 河南工业大学学报(社会科学版),2019,15(6):16-23.

[8] 周德英. 蓝山县现代烟草农业组织形式研

究[D]. 长沙:湖南农业大学,2010.

附件:考察中所拍摄图片

图 1　蓝山供销扶贫农特产品展示交易中心

图 2　蓝山国际皮具箱包博览会广告牌

图 3　百叠岭生态旅游景区广告牌

图 4　蓝山中小企业服务平台

Synthesis and Applications of Metal Chalcogenide Aerogels

Wang Jiahao[1]

1. Chemistry, 2018, Cuiying Honors College, School of Lanzhou University

Abstract: The synthesis of aerogels provides a powerful and simple method to assemble metal chalcogenide nanoparticles and produce mesoporous semiconductors. Metal chalcogenide aerogels are prepared from metal sulfides in the form of aerogels. Combined the advantages of metal sulfides, such as complex composition, various structure, large surface area, high chemical activity and open porous structure, metal chalcogenide aerogels have shown great potential towards electrochemical catalysis, energy conversion and storage. Herein, we reviews the preparation methods for metal chalcogenide aerogels and summarizes its applications in different fields. Finally, the remaining challenges in the current study and possible research directions in the future are also summarized.

Keywords: Metal chalcogenides; Aerogels; Porous nanomaterials

Introduction

In today's world, the overuse of fossil energy including coal, oil and natural gas has resulted in energy crisis and environmental pollution. Thus, sustainable energy technologies are needed to reduce dependence on fossil fuels in order to meet the increasing energy demand. Among them, developing safe and reliable high – efficiency catalysts and large – capacity energy storage devices is a direct way to exploit new energy[1]. In recent years, scientists have paid plenty of attention on energy conversion and storage including rechargeable lithium cells, supercapacitor, solar cell and photocatalytic water decomposition technologies

Metal chalcogenides are characterized by rich composition, various lattice structures and unique electronic structures. Based on these excellent properties, metal chalcogenides are expected to be widely used in electrochemical catalysis, photocatalysis, metal – air cells and other energy conversion reactions[2]. Particularly, its abundant defect structures[3], adjustable electronic structures[4] and various composition forms make metal chalcogenides have higher conductivity and redox activity than metal oxides, which also make metal sulfides have more advantages in electrochemical catalysis and energy storage[2]. Among many nanomaterials, porous structural materials are expected to be widely used in catalysis and energy storage because they have large specific surface area, fast carrier mobility and ultra – low density. In addition, higher porosity and adjustable pore size also help to accommodate macromolecules and reactants, thus improving their catalytic activity.

Aerogels, as nanomaterials with porous structures, have interconnected porous network with three - dimensional nanostructures composed by loosely packed adhesive particles. These particles expand through the entire volume of the gas, leading to a ultra - low density and large surface area[5].

As well known to us, the specific surface area and porosity are two main factors that determine the electrochemical energy storage and electrocatalytic performance of a material. Firstly, the larger specific surface area makes more active sites to be exposed, leading to a better redox reaction on the surface of the material. Secondly, the controllable pore structure also helps to promote the transfer of reactants between the surface and the interior of the material, reducing the mass transfer barrier and improving the catalytic efficiency.

As a kind of porous nano - material , if the porous structure of the aerogel can be combined with the catalytic performance of metal sulfide itself, then the metal chalcogenide aerogels are expected to boost the fields in electrocatalysis, energy convertion and storage. Therefore, metal chalcogenide aerogels with various compositions and controllable morphology are expected to become a kind of new materials with special functions and excellent properties in energy-related fields.

Herein, the preparation methods and applications of metal chalcogenide aerogels are summarized. Finally, the challenges of metal chalcogenide aerogels in energy conversion and storage are discussed.

1. Formation of Metal Chalcogenide Aerogels

In aerogel material system, metal chalcogenide and metal oxide are the closest in composition. Therefore, most of the metal chalcogenide aerogels are prepared referring to the synthesis method of metal oxide aerogels. According to current researches, the synthesis of metal chalcogenide aerogels generally includes the following three steps[6] (Fig. 1):

(1) Solution - sol transition: The precursor solution undergoes spontaneous hydrolysis and polycondensation or is induced by catalyst to form nano - scale sol particles.

(2) Sol - gel transition: Sol particles gradually form a three - dimensional grid structure through mutual connection and condensation. The reticular structure then expands to form a wet gel.

(3) Gel - aerogel transition: The liquid in the gel is discharged after drying, leaving plenty of holes and thus becomes aerogel.

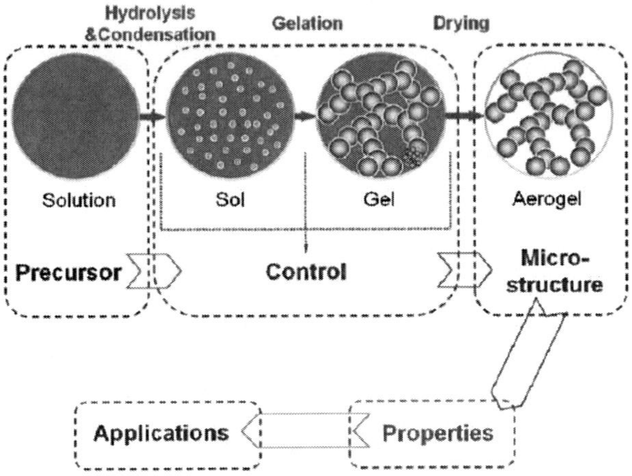

Fig. 1 The formation of aerogels[6]

The above three steps together determine the morphology and microstructure of aerogel materials.

In the present study, the introduction of sulfur source can introduce S element through ion exchange after the preparation of wet gel precursor, and H_2S or S powder can be used for vulcanization after synthesis of aerogel.

At present, the drying methods of wet gel include supercritical fluid drying, freeze drying and atmospheric pressure drying after surface modification.

In the process of synthesis of aerogels, the preparation of wet gel precursor is the key to determine the microstructure and functional properties of the target aerogels.

2. Synthesis of Metal Chalcogenide Aerogels

The most common method to prepare aerogel nanostructures is sol - gel method. There are also other methods for preparing aerogel materials with high accuracy and complex shapes, for example, by 3D printing[7] (Fig. 2).

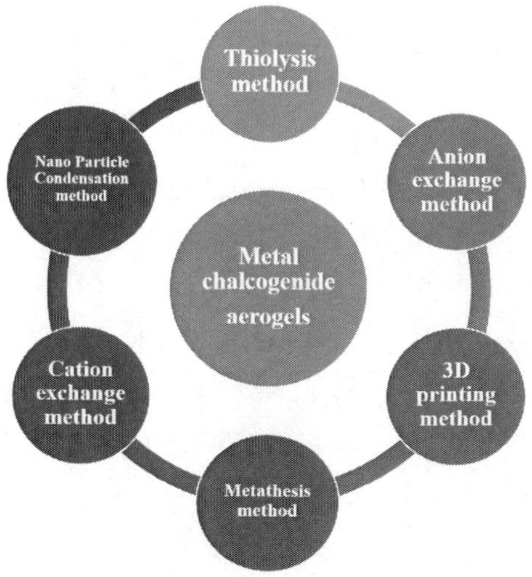

Fig. 2 Different methods used to prepare metal chalcogenide aerogels

2.1 Sol - gel Method

The steps of synthesis of aerogels by sol - gel method include: forming primary nanoparticles or structural units by hydrolysis; then forming network structure by condensation of structural units; and finally removing the liquid in the pore... In the process, drying and network formation are two crucial steps for aerogel synthesis.

The preparation of metal chalcogenide aerogels by sol gel method can be divided into four types: Thiolysis method, Nanoparticle Condensation method, Metathesis method and ion exchange sol - gel method.

2.1.1 Thiolysis Method

This method usually uses H_2S gas or prepared saturated H_2S solution as sulfur source for vulcanization. In an oxygen - free environment, H_2S reacts with the corresponding metal salt solution to obtain the metal sulfide sol.

In 1992, Allen etal. introduced H_2S gas into La [$N(SiMe_3)_2$]/benzene solution under the protection of nitrogen to obtain a gel - like LaS_x[8].

In 2006, when Brock etal. obtained GeS_2 gel through Thiolysis method, and GeS_2 aerogel material was obtained after supercritical drying[9].

However, the Thiolysis method has its inherent disadvantages, mainly manifested in three aspects:

a. The first drawback is to control the speed of the reaction. In this method, the transformation process of sol - gel is mainly through the reaction of H_2S with metal ions to form metal sulfide, and then to obtain metal sulfide gel. If H_2S is introduced too quickly, it is easy to lead to the formation of precipitation, instead of obtaining gel.

b. The second is the need to use excess H_2S as a sulfur source. In the preparation process, if the amount of H_2S added is insufficient, only a mixture of metal sulfide and metal oxide can be obtained. If too much H_2S gas is introduced or too much saturated H_2S solution is added to the configuration, there will be the formation of S simplex.

c. The last point is that H_2S is a highly toxic gas, which makes Thiolysis method difficult to prepare on a large scale.

On this basis, Luo's research group directly used $Co(SCN)_2$ to successfully prepare a reduced graphene oxide aerogel, which was co - doped by nitrogen and sulfur[10]. After further sulfuration of Co_4S_3, CoS nanoparticles can be loaded on NSGA, which is called CoS/NSGA. The CoS/NSGA showed a starting potential of 0.58 V vs RHE.

2.1.2 Nanoparticle Condensation Method

The preparation of metal chalcogenide aerogels by Nanoparticle Condensation method was firstly proposed by Gacion et al[11,12]. This method refers to the conversion of pre - prepared monodisperse metal sulfide nanoparticles into gels by agglomeration between nanoparticles. The metal chalcogenide aerogels were then obtained by supercritical drying.

Gacion's research team observed for the first time that CdS monodisperse nanoparticles with the size of 1 - 5 nm were allowed to stand in air and spontaneously form gel after a period of time, and conducted a sol - gel kinetic study on CdS[11].

In 2004, Professor Brock's team successfully

prepared CdS aerogels using the Nanoparticle Condensation method. They used supercritical CO_2 drying to obtain CdS aerogels. The specific surface area of the aerogels was 242 m^2/g and the porosity was 0.77 cm^3/g[13,14].

In 2020, Nadja C. Bigall research group found that trivalent cations with high ligand and charge density can be used to induce non - oxidative assembly of thiol - encapsulated CdS nanocrystals to form three - dimensional nanogel[15]. At the same time, they realized the assembly regulation of CdS nanocrystals with different size, morphology (core shell, coronal) and application scene.

Although nanoparticle Condensation method possesses the advantages such as simple steps and easy control for the preparation of single metal chalcogenide aerogels. However, this does not apply to the preparation of some polymetallic sulfide aerogels and to metal sulfides that can not form nanoparticles.

2.1.3 Metathesis Method

The biggest difference between the Metathesis method and the above two methods is that this method uses reactions through metal ions and molecular clusters which contains sulfur.

Professor Kanatzidis used this method to produce highly porous semiconductor aerogels from clusters of sulfides and platinum, which are linked to metal ions[16]. In aqueous solution represented by anions: $[MQ_4]^{4-}$、$[M_2Q_6]^{4-}$ and $[M_4Q_{10}]^{4-}$ (M = Ge、Sn; Q = S、Se).

All $[PtCl_4]^{2-}$ chloride ligands were substituted by the Q - terminal atoms of the chalcogenide cluster to produce materials in the form of $Pt_2[M_4Q_{10}]$. This linkage/polymerization reaction produces a continuous, extended platinum/manganese/oxygen framework from covalent bonding atoms. The framework encapsulates solvent molecules into their pores during polymerization and eventually forms a sulfide gel.

Metathesis method is another method to prepare metal chalcogenide aerogels. It provides a new way for the preparation of more complex sulfide aerogels. This method greatly expands the preparation system of sulfide aerogels, and the safety of the preparation process is greatly improved.

2.1.4 Ion Exchange Sol - gel Method

Ion exchange method is an important method to prepare porous metal sulfide, which is also suitable for preparing metal chalcogenide aerogels. Ion exchange method is mainly divided into cation exchange method and anion exchange method. It is the process of exchanging specific ions in the precursor to obtain metal sulfide gel without destroying the microstructure of precursor.

i. Cation Exchange Method

Cation exchange is the process of changing the final aerogel composition by immersing the gel into another metal ion solution and displacing the metal ion. For example, Professor Brock's team successfully prepared Ag_2Se aerogels by aging CdSe wet gels in $AgNO_3$ solution. The following figure shows the aging process of CdSe wet - gel in $AgNO_3$ solution[17] (Fig. 3).

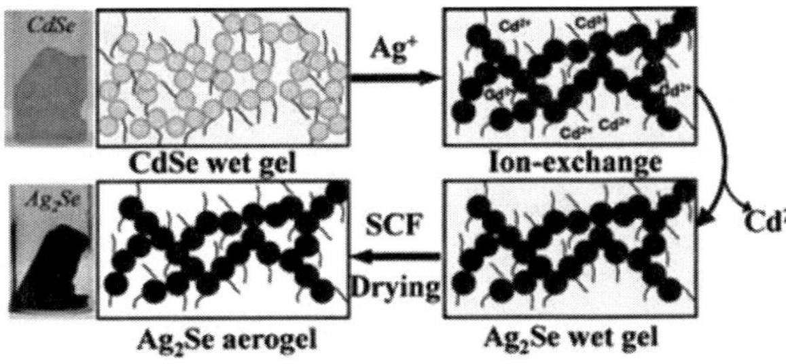

Fig. 3 The ageing process of CdSe wet gel in $AgNO_3$ solution[17]

Through the cation exchange process, the initially orange - red CdSe wet gel gradually became black Ag_2Se wet gel. This experiment proves that ion exchange is feasible during gel aging[17].

In view of this, Dr. Gao of Zhejiang University proposed an anion exchange sol - gel method to prepare metal sulfide aerogel[18].

ii. Anion Exchange Method

The main step of anion exchange method is to mix the precursor wet gel with special morphology (common precursor is oxide, hydroxide, etc.) with sulfur source. Through the anion exchange process, the non – metallic ions in the precursor are replaced to form a metal sulfide wet gel. The metal sulfide aerogel is then obtained by drying.

Common sulfur sources are mainly thioacetamide and thiourea. For example, Dr. Gao reported that cobalt sulfide aerogels with enhanced pseudo – capacitance and OER properties were prepared by an anion exchange sol – gel method[18].

This paper, for the first time, prepared metal chalcogenide aerogels by using anion exchange process. The surface area of the synthesized porous Co_9S_8 aerogels is 274.2 $m^2 \cdot g^{-1}$.

Comparing with the oxide aerogel counterpart, a higher specific capacitance (950 $F \cdot g^{-1}$ to 1 $A \cdot g^{-1}$), better rate-of-capacitance (74.3% for 1 ~20 $A \cdot g^{-1}$) and lower OER overpotential (220 mV) were observed for Co_9S_8. The anion exchange process for the preparation of Co_9S_8 wet gel was shown in Fig 4: the original pink gel turns to black when the aging solution prepared as TAA ethanol solution is added for anion exchange.

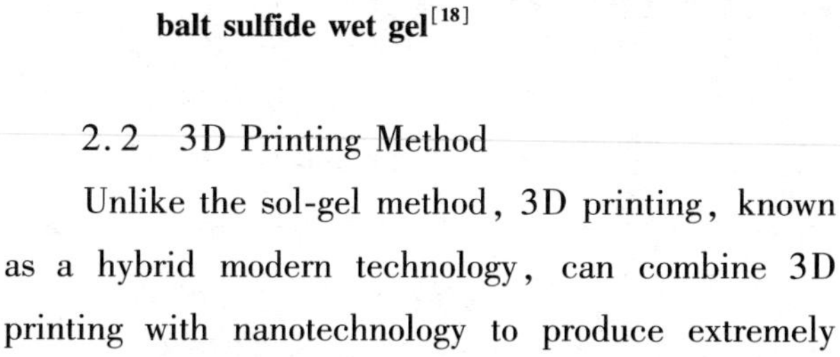

Fig. 4 The anion exchange process for preparing cobalt sulfide wet gel[18]

2.2 3D Printing Method

Unlike the sol-gel method, 3D printing, known as a hybrid modern technology, can combine 3D printing with nanotechnology to produce extremely lightweight 3D porous nanostructures[19], which favors the preparation of hybrid materials and polymer aerogels. For example, nickel – cobalt sulfide/graphene aerogels are fabricated by a three – dimensional printing technique[20]; a cellulose nanocrystalline – based aerogel material[21] having a double pore structure can also be obtained by a three – dimensional printing technique. In addition, the aerogels prepared by this method have different nanostructures, such as octahedrons, pyramids and honeycombs, which show the flexibility of 3D printing techniques[22 – 24].

Fan's research group synthesized NCOH nickel cobalt sulfur aerogel material with hydrotalcite – like characteristics by means of acoustic chemistry[25]. Benefiting form the electrostatic repulsion between negatively charged NCOH nanoparticles and graphene oxide sheets, the uniform distribution of NCOH nanoparticles was realized. The $Ni_{0.33}Co_{0.66}S_2$ of leaf structure/graphene aerogel (3DP – NCS/G aerogel) (Fig. 5) was synthesized by adding salicylic acid to adjust viscoelasticity, shear force and viscosity.

3. Applications of Metal Chalcogenide Aerogels

Metal chalcogenide aerogels (Fig. 6) combine the unique advantages of metal sulfide in electrocatalysis, photocatalysis and energy conversion. It can be used in photocatalysis[14], ion adsorption[26,27], gas separation adsorption[28,29], microwave absorption[30], electrocatalysis[31 – 33], electrochemical energy storage and energy conversion[34] and other fields.

3.1 Photocatalytic Applications

3.1.1 Photocatalytic Degradation of Organic Dyes

Wang's team prepared CuS/CBA composite with graded porous structure by depositing CuS on 3D matrix of CBA, which is resistant to long – time visible radiation[35]. The degradation rate of methyl bromide by visible light was 94.1% and that of pure CuS was 67.4%. Plenty of functional groups such as amino, carboxyl and hydroxyl can be obtained by adding acrylic acid and acrylamide. As a result, The catalytic strength of CuS/CBA composites, the stability of CuS, and the photoluminescence properties are improved.

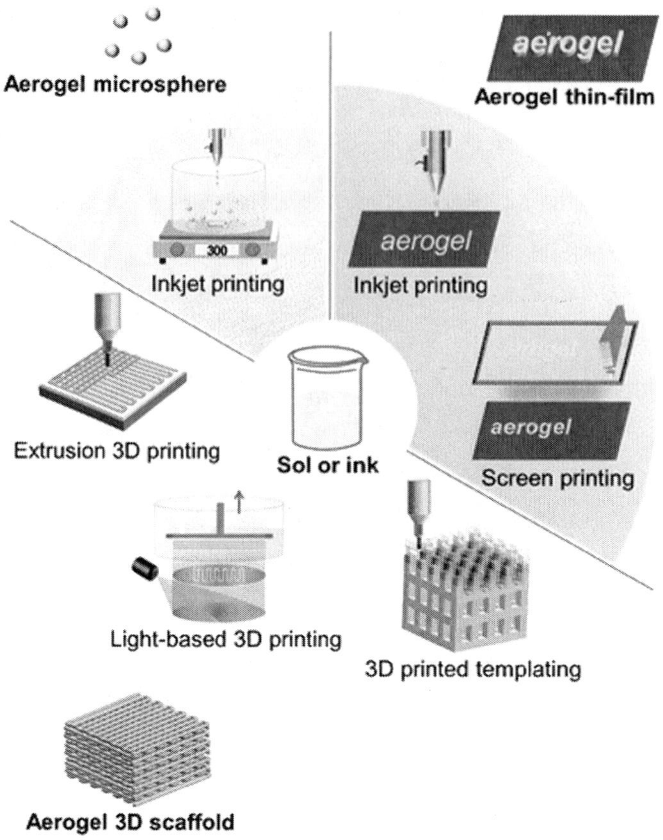

Fig. 5　3DP – NCS/G aerogel[25]

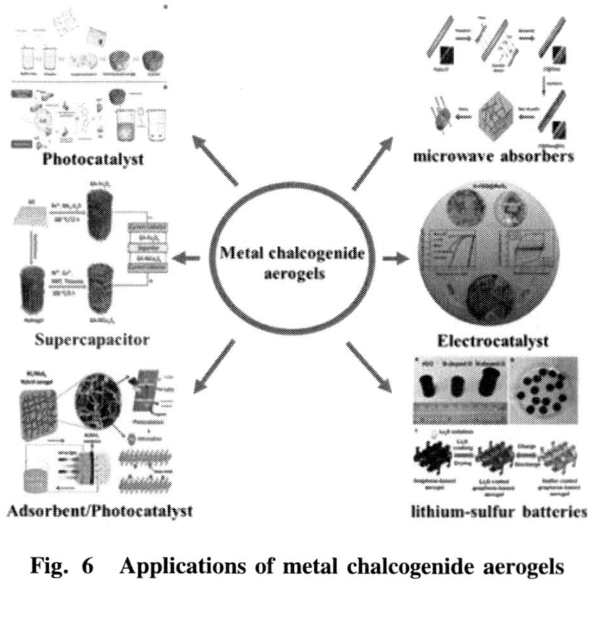

Fig. 6　Applications of metal chalcogenide aerogels

3.1.2　Photocatalytic Hydrogen Production

Professor Kanatzidis and co – workers obtained chalcogels by using metathesis reaction. When it was used for photocatalysis of hydrogen production, the hydrogen production rate can reach 11.3 $\mu mol \cdot g^{-1} \cdot h^{-1}$, and can keep constant activity for a long time (21 days).

3.2　Gas Separation and Adsorption

Kanatzidis research group showed that Co – $M^{2+/3+}$ – MoS_4 and Ni – $M^{2+/3+}$ – MoS_4 new materials can be prepared by adding two different metal ligands at the same time[36 – 37].

$NaLnSnS_4$ (Ln = Y、Gd and Tb), a rare earth chalcogels, was synthesized by Fatimah Edhaim's research group. By adding a third metal to the sulfur gel, these materials have high pore volume, large surface area and wide pore diameter distribution[38].

The results show that the rare earth chalcogels can be used as a useful material for the purification and separation. However, due to the significant influence of the polarizability of sulfur elements on the adsorption and separation processes, adsorption and separation using more easily polarized alkali metal ions and structural units is more effective.

3.3　Microwave Absorption

Wang et al developed a lightweight carbon –

doped metal sulfide aerogel for high – performance microwave absorption[30]. They designed aerogels with the following characteristics:

(1) Banana leaf – like microstructure with special rules.

(2) Owing to the strong interaction between Alg and ATM, a self – assembly process occurred, resulting in an aerogel precursor. In brief, Alg is used as a template and ATM arranged into a regular banana leaf structure.

(3) The aerogels was obtained with a low density and porous layered banana leaf structure after calcination of 900 degree. The diameter of the leaf structure is about 2 ~ 5 and there are branchlets growing.

Benefiting from these properties, carbon – metal sulfides – doped aerogels displayed good performance towards microwave absorption in the 2 ~ 18 GHz frequency range.

3.4 Electrocatalytic and Energy Conversion

3.4.1 Electrocatalytic and Energy Conversion-HER

A Co – Mo – S_x aerogel was synthesized by the research group of Professor Kanatzidis[32]. On the one hand, comparing with MoS_x, CoS_x has better hydrogen evolution reaction (HER) performance, while its stability is poor. On the other hand, MoS_x aerogels have more advantages in long – term stability test.

So they took full advantage of the catalytic activity of CoS_x and the stability of MoS_x to design Co – Mo – S_x aerogels, which showed higher activity and better stability.

3.4.2 Electrocatalytic and Energy Conversion-OER

HyukSu Han etal designed $Co_{1-x}Ni_xS_2$ – graphene composites to track the catalytic process[39]. They found that the enhanced electrocatalytic activity is due to both the increased band bending and the parallelized OER pathways.

3.5 Electrochemical Energy Storage and Energy Conversion

3.5.1 Supercapacitors

A mesoporous VO_2/graphene @ NiS_2 hybrids were synthesized by Chen et al using sol – gel and hydrothermal growth[40]. The resulting VO_2/graphene@ NiS_2 displayed an excellent specific capacitance (1 280.0 F · g^{-1}) and excellent stability. Such performance were because of the synergistic effect between the three compounds.

3.5.2 Lithium Sulfur Battery

Zhou et al designed a self – supporting cathode material, in which Li_2S was coated on doped graphene aerogel by an easy liquid permeation – evaporation method[41]. The cathode obtained by using the material can reduce the barrier of the initial charging voltage, and obtain high specific capacity, and excellent cycle performance.

Subsequent experiments by Zhou et al demonstrated that the improvements in the performance of the batteries they designed could be attributed to the following three points:

(1) Rapid electron/ion transfer enabled by the cross linked graphene network.

(2) High utilization rate and low energy barrier by the Li_2S coating.

(3) With the decrease of polysulfide dissolution, doped atoms have strong binding force to Li_2S/Li_2S_x.

4. Conclusion

We summarized the synthesis methods of metal chalcogenide aerogels and the applications in photocatalysis, ion adsorption, gas separation adsorption, microwave absorption, electrocatalysis, electrochemical energy storage and energy conversion are reviewed. As a kind of porous metal chalcogenides, metal chalcogenide aerogels are characterized by their unique physical and chemical properties, including complex structure composition, efficient electronic transport capacity, easily regulated electronic structure and abundant crust content, and the combination of porous network and high surface area, making metal chalcogenide aerogels have broad prospects in catalysis and energy storage and conversion.

At the same time, metal chalcogenide aerogels are still faced with some challenges in preparation and application: it is especially important to develop more simple, efficient, safe and general synthesis methods of metal chalcogenide aerogels. There are two main points: one is that the target aerogels can be obtained by changing the composition of the precursor. At present, most of the metal chalcogenide aerogels obtained by sol - gel method are typical composition systems. Therefore, this method can not satisfy the synthesis of aerogels for various applications. Especially for some complex composition of metal sulfides, there is still no corresponding preparation scheme. Secondly, improve the crystallinity and conductivity of metal chalcogenide aerogels to increase their catalytic ractivity. It can be seen from the XRD images of the metal chalcogenide aerogels prepared at present : most of the synthesized aerogels do not show good crystallinity. We think this is mainly because in the process of forming the three - dimensional structure of aerogel, in order to avoid damaging the three - dimensional nano - structure of aerogel material as far as possible, most aerogels will deliberately avoid high temperature and heating.

Although the microstructure of aerogel materials is preserved as much as possible, the crystallinity of the material is also sacrificed. Therefore, it is necessary to study the improvement of the crystallinity of metal chalcogenide aerogels in the future.

In the application of aerogel materials, the time - consuming process and the low conductivity of aerogel nanostructures hinder the large - scale preparation. Thus, the synthesis strategy by reducing solvent exchange time should be developed in the next few years. In addition, because the composite aerogels combine the advantages of porous network structure and the electrochemical characteristics of conductive materials, this composite aerogel material, which is composed of metal sulfide, graphene, carbon nanotubes and so on, is expected to boost the energy conversion and storage fields in the future.

Finally, various devices based on metal chalcogenide aerogels should be developed, and the reaction mechanism of these metal chalcogenide aerogels at different active sites and different reaction interfaces should be further studied in these devices, so that they can show better performance in electrocatalysis, and lithium - sulfur batteries.

References

[1] CHANDRASEKARAN S, Yao L, Deng L, et al. Recent advances in metal sulfides: from controlled fabrication to electrocatalytic, photocatalytic and photoelectrochemical water splitting and beyond[J]. Chemical Society Reviews, 2019, 48(15):4178-4280.

[2] YIN J, JIN J, LIN H, et al. Optimized Metal Chalcogenides for Boosting Water Splitting [J]. Advanced Science, 2020, 7 (10):1903070.

[3] ANANTHARAJ S, EDE S R, Sakthikumar K, et al. Recent Trends and Perspectives in Electrochemical Water Splitting with an Emphasis on Sulfide, Selenide, and Phosphide Catalysts of Fe, Co, and Ni: A Review[J]. ACS Catalysis, 2016, 6(12):8069-8097.

[4] WANG C, LU H, TANG K, et al. Atom removal on the basal plane of layered MoS2 leading to extraordinarily enhanced electrocatalytic performance[J]. Electrochimica Acta, 2020, 336:135740.

[5] ALWIN S, SAHAYA SHAJAN X. Aerogels: promising nanostructured materials for energy conversion and storage applications[J]. Materials for Renewable and Sustainable Energy, 2020, 9:1-27.

[6] DU A, ZHOU B, ZHANG Z, et al. A special material or a new state of matter: a review and reconsideration of the aerogel[J]. Materials, 2013, 6(3):941-968.

[7] FENG J, SU B-L, XIA H, et al. Printed aer-

ogels: chemistry, processing, and applications [J]. Chemical Society Reviews, 2021.

[8] STANIĆ V, PEIRRE A C, ETSELL T H, et al. Preparation of tungsten sulfides by sol—gel processing[J]. Journal of non-crystalline solids, 1997, 220(1):58-62.

[9] KALEBAILA K K, GEORGIEV D G, BROCK S L. Synthesis and characterization of germanium sulfide aerogels [J]. Journal of non-crystalline solids, 2006, 352 (3): 232-240.

[10] MAO J, IOCOZZIA J, HUANG J, et al. Graphene aerogels for efficient energy storage and conversion[J]. Energy & Environmental Science, 2018, 11(4):772-799.

[11] GACOIN T, MALIER L, BOILOT J-P. New Transparent Chalcogenide Materials Using a Sol – Gel Process[J]. Chemistry of materials, 1997, 9(7):1502-1504.

[12] GACOIN T, MALIER L, BOILOT J-P. Sol - gel transition in CdS colloids[J]. Journal of Materials Chemistry, 1997, 7 (6): 859-860.

[13] KORALA L, GERMAIN J R, CHEN E, et al. CdS aerogels as efficient photocatalysts for degradation of organic dyes under visible light irradiation [J]. Inorganic chemistry frontiers, 2017, 4(9):1451-1457.

[14] MOHANAN J L, ARACHCHINGE I U, BROCK S L. Porous semiconductor chalcogenide aerogels [J]. Science, 2005, 307 (5708):397-400.

[15] ZÁMBÓ D, SCHLOSSER A, RUSCH P, et al. Semiconductor Nanoparticles: A Versatile Route to Assemble Semiconductor Nanoparticles into Functional Aerogels by Means of Trivalent Cations (Small 16/2020) [J]. Small, 2020, 16(16):2070089.

[16] BAG S, TRIKALITIS P N, CHUPAS P J, et al. Porous semiconducting gels and aerogels from chalcogenide clusters [J]. Science, 2007, 317(5837):490-493.

[17] YAO Q, ARACHCHINGE I U, BROCK S L. Expanding the repertoire of chalcogenide nanocrystal networks: Ag2Se gels and aerogels by cation exchange reactions[J]. Journal of the American Chemical Society, 2009, 131(8):2800-2801.

[18] GAO Q, SHI Z, XUE K, et al. Cobalt sulfide aerogel prepared by anion exchange method with enhanced pseudocapacitive and water oxidation performances [J]. Nanotechnology, 2018, 29(21):215601.

[19] FARAHANI R D, DUBÉ M, THERRIAULT D. Three - dimensional printing of multifunctional nanocomposites: manufacturing techniques and applications[J]. Advanced materials, 2016, 28(28):5794-5821.

[20] TANG X, ZHU C, CHENG D, et al. Architectured leaf - inspired Ni0. 33Co0. 66S2/graphene aerogels via 3D printing for high - performance energy storage[J]. Advanced Functional Materials, 2018, 28 (51):1805057.

[21] WAY A E, HSU L, SHANMUGANATHAN K, et al. pH-responsive cellulose nanocrystal gels and nanocomposites[J]. ACS Macro Letters, 2012, 1(8):1001-1006.

[22] LI V C, MULYADI A, DUNN C K, et al. Direct ink write 3D printed cellulose nanofiber aerogel structures with highly deformable, shape recoverable, and functionalizable properties[J]. ACS Sustainable Chemistry & Engineering, 2018, 6 (2): 2011-2022.

[23] LI V C-F, KUANG X, MULYADI A, et al. 3D printed cellulose nanocrystal composites through digital light processing[J]. Cellulose, 2019, 26(6):3973-3985.

[24] ROACH D J, HAMELC M, DUNN C K, et al. The m4 3D printer: A multi-material multi-method additive manufacturing plat-

form for future 3D printed structures [J]. Additive Manufacturing, 2019, 29:100819.

[25] OH Y, BAG S, MALLIAKAS C D, et al. Selective surfaces: high-surface-area zinc tin sulfide chalcogels[J]. Chemistry of Materials, 2011, 23(9):2447-2456.

[26] S F M, HE J, ROTHENBERGER A, et al. Ion-exchangeable cobalt polysulfide chalcogel[J]. Journal of the American Chemical Society, 2011, 133(5):1200-1202.

[27] SUNTIVICH J, MAY K J, GASTEIGER H A, et al. A Perovskite Oxide Optimized for Oxygen Evolution Catalysis from Molecular Orbital Principles[J]. Science, 2011, 334 (6061):1383-1385.

[28] POLYCHRONOPOULOU K, MALLIAKAS C D, HE J, et al. Selective surfaces: Quaternary Co (Ni) MoS-based chalcogels with divalent (Pb2 +, Cd2 +, Pd2 +) and trivalent (Cr3 +, Bi3 +) metals for gas separation[J]. Chemistry of Materials, 2012, 24 (17):3380-3392.

[29] OH Y, MORRIS C D, KANATZIDIS M G. Polysulfide chalcogels with ion-exchange properties and highly efficient mercury vapor sorption [J]. Journal of the American Chemical Society, 2012, 134 (35): 14604-14608.

[30] CHENG J-B, ZHAO H-B, CAO M, et al. Banana leaflike C-doped MoS2 aerogels toward excellent microwave absorption performance[J]. ACS applied materials & interfaces, 2020, 12(23):26301-26312.

[31] ARACHCHIGE I U, Brock S L. Sol – Gel assembly of CdSe nanoparticles to form porous aerogel networks[J]. Journal of the American Chemical Society, 2006, 128 (24):7964-7971.

[32] S J J, MALLIAKAS C D, LOPES P P, et al. Design of active and stable Co – Mo – S x chalcogels as pH-universal catalysts for the hydrogen evolution reaction[J]. Nature materials, 2016, 15(2):197-203.

[33] MABAYOJE O, SHOOLA A, WYGANT B R, et al. The role of anions in metal chalcogenide oxygen evolution catalysis: electrodeposited thin films of nickel sulfide as "pre-catalysts"[J]. ACS Energy Letters, 2016, 1(1):195-201.

[34] D N V V, SUBRAHMANYAM K S, BUTALA M M, et al. Molybdenum polysulfide chalcogels as high-capacity, anion-redox-driven electrode materials for Li-ion batteries [J]. Chemistry of Materials, 2016, 28 (22):8357-8365.

[35] SAEED R M Y, BANO Z, SUN J, et al. CuS - functionalized cellulose based aerogel as biocatalyst for removal of organic dye [J]. Journal of Applied Polymer Science, 2019, 136(15):47404.

[36] HAN H, KIM K M, CHOI H, et al. Parallelized reaction pathway and stronger internal band bending by partial oxidation of metal sulfide – graphene composites: important factors of synergistic oxygen evolution reaction enhancement[J]. ACS Catalysis, 2018, 8(5):4091-4102.

[37] CHEN H-C, LIN Y-C, CHEN Y-L, et al. Facile fabrication of three-dimensional hierarchical nanoarchitectures of VO2/graphene @ NiS2 hybrid aerogel for high-performance all-solid-state asymmetric supercapacitors with ultrahigh energy density[J]. ACS Applied Energy Materials, 2018, 2 (1): 459-467.

[38] ZHOU Y X, YAO H B, WANG Y, et al. Hierarchical hollow Co9S8 microspheres: solvothermal synthesis, magnetic, electrochemical, and electrocatalytic properties [J]. Chemistry – A European Journal, 2010, 16(39):12000-12007.

第四部分　人文社科

电影中的“文学性”

——以系列电影《霍比特人》为例

符 音[1]

1. 兰州大学萃英学院 2019 级 人文专业

摘要：“文学性”不仅局限在文章内，它有着很广泛的范畴，包括诗歌、散文、小说、戏剧、影视文学等体裁。凡是用语言文字塑造形象并用以反映社会生活和表达思想感情的艺术都可被归入文学中。文学其实是一种用口语或文字作为媒介，表达客观世界和主观认识的方式和手段。人们离不开文学，电影也离不开文学。《霍比特人》系列电影受到全球观众的喜爱，蕴含在它们中的文学性，正是它们取得成功的关键所在。

关键词：文学性；电影；《霍比特人》

引言

随着科学技术的发展，电影被越来越多的人所喜爱。电影因其视觉与听觉俱佳的优势迅速俘获了人们的心。文学被誉为艺术之母，在电影这种艺术表现形式诞生的百余年时间里，文学对于电影的发展起到了十分重要的推动作用。[1]电影中的文学性不容忽视，不论是电影的原创剧本，抑或是经由小说或戏剧改编的电影剧本，都是文学语言的集合，如采用复调叙事、意识流手法、画外音独白或旁白等，可以说电影带有天然的“文学性”——文学的特质。[2]

电影中的故事情节、人物对白、电影画外音、配乐内容等都需要文学语言的渲染，这样才能使一部电影的情节引人入胜，人物形象丰满立体。电影与文学相生相伴，电影包含并呈现文学性，文学性的存在是电影发展的源泉和动力。有人认为“文学性”是电影的主导，也有人认为“文学性”对于电影并不重要。在当代，电影越来越重视科技的运用，因此越来越多的人认为电影的“文学性”不再重要。[3]但是，不论电影如何发展，“文学性”作为其内在生命力，都不可能失去其重要性。

文学性的介入为电影的发展注入了生机与活力，保持电影文学性也就是在保证电影的艺术性，从而使观众接受更多来自电影的艺术美感体验。从某种程度来讲，电影的文学性是吸引观众、提示电影主旨、传递电影思想价值的主要载体，也是电影获得成功的关键因素。[4]19 世纪末，卢米埃尔兄弟的电影虽然取得了很大的成就，但最终不过是对现实生活的机械复刻，那时的电影并不具有艺术性。乔治·萨杜尔指出，如果只是简单的复刻生活，那么电影就会没有发展前途。文学作品成为电影内容的主要来源：1899 年，安徒生的童话《灰姑娘》登上银幕；1902 年，梅里爱将儒勒·凡尔纳的小说《从地球到月球》和 H. G. 威尔斯的小说《登月第一人》进行改编，拍摄了著名的《月球旅行记》;此外还有《浮士德》《海底两万里》《哈姆雷特》等众多改编自经典文学作品的电影。文学自此开始融入电影创作,梅里爱的影片将文学作品中科幻、魔幻和神话的世界投射到银幕上,又借用文学的叙述手法解构影片的故事情节,设置悬念、营造气氛。[5]

英美电影的影响不容忽视。很多成连续系列的英美电影均是由小说改编而来,如《霍比特人》《魔戒》《哈利波特》《星球大战》等。以这些影片为代表的科幻或奇幻电影受到了全球影迷的追捧,其大火的原因,除了绚丽的场景刻画、宏大的场景配乐和强大的明星阵容外,更多的是内在的文学价值。电影文学价值的最大体现是将原著小说或剧本中的文学因素转变为更加直观立体的感官因素。这种文学性为观众带来的影响并不局限在本国,还扩展到了全世界。本文以《霍比特人》这一享誉全球的系列电影为例,分析其中的文学性价值,并由此思考文学性的成功体现能为电影行业带来怎样的益处。

1. 优秀的原著奠定优秀电影的基础

《霍比特人》也是由小说改编而来,原著比起电影,在中国大陆的流传度不高。虽然电影也属于文学,但电影与文学作品之间仍存在差异,它们分属两种不同的艺术表现形式。剧本是电影制作的源头与依据,电影的文学性首先体现在电影的剧本创作的文学性上,其次是电影的时空表现力。和文学作品不同的是,电影的文学性还可以通过镜头语言向观众传达美和情感,展现理性思维与人文关怀,提高电影的文学性就是要借助语言文字的魅力和作用,弥补镜头和影像语言的缺失,而使电影艺术的表现力更加深刻。[1]在电影中,如果只运用镜头的调度来展示人物关系或提示剧情发展,观众很可能会不明就里,这就需要对白来帮助推动剧情发展。

剧本的存在为电影提供了创作方式和表现手法,剧本的风格决定了电影最终成片的风格,即文学作品的表现方式。《霍比特人》为观众构建了一个奇幻的中土世界,从人物到剧情再到环境,无一不具有鲜明的英格兰特色。作为文学作品的剧本,纯文字的表现力带给读者的感受是细腻、温和的,却不能带给读者身临其境的感受。电影作为以镜头语言为主体的文学创作,能为观众带来直观的视觉冲击,这种方式更加直接与强烈,从而使观众产生共鸣。

2. 人物塑造中的文学性表现

2.1　人物台词与画外音的文学性表现

托尔金创造了众多族类的生命形式——霍比特人、矮人族、巫师及精灵,以及能与人类相通的自然界生命。它们团结协力,战胜了食人妖、半兽人、恶狼、毒蜘蛛以及火龙等邪恶势力。这些人物形象还对应着不同的时空特色,电影拍摄在尊重原著的基础上加以修饰,在人物塑造方面体现并丰富了原著的文学性。

原著中对于时空体绘声绘色的描写经由电影语言的渲染,真实地呈现在观众眼前;但仅凭画面,电影的表现力和感染力会大打折扣,所以需要文字的参与,以人物对话与画外音的形式呈现。原著中的大量描写可以揭示剧情发展,但在镜头语言中,观众往往不能同时获得一个场景内的多个提示,这就需要画外音作为补充,帮助观众理解剧情,从而使观众明白人物性格、内心活动和故事背景。由于画外音不受角色的限制,所以画外音可以带有观众层面的感情,如介绍夏尔时,饱含深情,令人向往,而介绍魔多时,则带有畏惧与仇恨。电影中的文字能协调观众的情感,从而使观众产生身临其境的感受,具有很强的代入感。

不同人物对应不同的台词,不论是内容或是风格。台词好比角色的鉴定器,彰显鲜明的人物形象。人物所体现出的文学性是以台词作为媒介表现出来的,但是总的特征依然是口语的。就像是角色面对面与观众互动,不论属于哪个年龄段,观众在听到人物对话和画外音后都应该了解剧情发展与人物关系。

2.2 人物形象与性格中鲜明的文学性

《霍比特人》的登场人物众多,每个角色都有其鲜明的角色特征。这些人物形象构成了电影文学性的主要部分,观众在电影之外再次看到这些人物,就会情不自禁地联想到《霍比特人》的电影。

电影中的索林和他的祖先一样,面对财宝都会变得极度贪婪与自私,不愿与人分享财宝,甚至会为了财宝猜忌最亲近的战友,不惜与他们反目成仇。电影从一开始就埋下伏笔,索林的祖父对财宝越来越痴迷甚至达到疯狂的境地,这种疯狂的状态随着他穿上华美的皮草,坐在王座上逐渐加深,最终在黄金的漩涡中迷失自己而到达顶峰。他的失智几乎让他众叛亲离,淹没在黄金漩涡中是他精神崩溃的写照。

毫无疑问,索林的形象是真实的,符合常理的。对金钱的贪婪、在战争面前的懦弱是人正常的情感。杰克逊有意破坏与颠覆了《魔戒》系列主人公必然始终勇敢、正直的审美理想,让观众进一步看到中土世界的残忍——人不仅要面对外在的大敌,还要克服自己内在的心魔,而克服它之后,人便可以成为弗罗多。只不过与最终西渡的弗罗多不同的是,索林在战胜了贪欲、自私后牺牲了,他至死也没能获得真正的自由。[6]不过索林并非是一个反面人物,最终他抛下王冠、丢弃华服,重新振作起来,带领矮人战友们杀回战场。这种前后性情的反差更加衬托出索林的伟大和矮人族的坚韧、刚烈,并在索林牺牲时展示出悲情的一面,是一种黑色但最终走向光明的美学体现。

主角比尔博同样令人瞩目。比尔博也是一个矛盾统一体,他本来是无忧无虑生活在夏尔的霍比特人,却被牵扯进矮人的冒险中。他并不是战士,早期的懦弱与胆怯使他并不被矮人们所看好,但他在旅途中所展现的勇敢与果断改变了矮人们对他的看法。如果作者和导演一开始就将比尔博塑造为一个勇敢的霍比特人,有失真实性不说,他的人物特点也会丧失。服饰装扮也顺应着剧情的发展而变化,在夏尔的比尔博穿着整齐干净,各种装饰一丝不苟;但在踏上原征途后,他的衣服总是脏兮兮的,布满泥土与污渍,小的配饰更是无暇打理,这更加说明了远征途的艰辛。尽管电影是用电影语言来说明情节发展的,但是人物的刻画离不开电影文学,电影通过更加直接的视觉图像来展现人物,人物形象在提升电影文学性的过程中具有重大意义。

精灵王子莱戈拉斯同样给人留下了深刻的印象,除了俊美的长相,他的人物性格也是其出彩之处。同样是精灵的住所,密林与风光秀美的瑞文戴尔截然不同,这一方面是由于密林处于与黑暗力量对抗的第一线,客观上环境已经被污染;另一方面,整个居住空间都是密林精灵压抑的心情的写照。与瑞文戴尔中爱隆王父女同心不同,瑟兰迪尔与儿子莱戈拉斯长期处于冷战的状态。莱戈拉斯也是一个矛盾体,一方面,他要反抗来自父亲的制约,去追求地位较低的木精灵塔瑞尔,另一方面,他又在精灵的体系下战斗与生活。他是一个无奈的精灵,虽然他有显赫的地位和过人的才干,但却在感情方面不尽如人意。父亲用密林精灵森严的等级约束他,这更加深了他内心的忧郁与反叛。在《魔戒》系列电影中,莱戈拉斯也踏上了一段属于他的征程,在那个系列的电影中,莱戈拉斯显得阳光许多,这或许是挣脱开束缚后获得自由的表现。

3. 电影中蕴含思想的文学性

电影总归是要为观众传递某种思想。思想贯穿电影的始终,剧情发展总是围绕一个中心思想展开。《霍比特人》虽然是娱乐性影片,但其仍有内在的深刻的含义,使其成为全球瞩目的成功电影系列。

3.1 "黑色美学"在电影中的体现

《霍比特人》整体的色调是温暖的,但是其中也包含着黑色美学的部分。黑色美学的一个重要内容便是表现人各种无法满足的欲望。黑色美学的加入使《霍比特人》传递出不同于原著的特色，这种“黑色风”源于矮人国王索林对待财宝变态、扭曲的感情，莱戈拉斯与父亲之间的冷漠，弥漫在孤山和长湖镇之间的雾气，还有众多人物走向牺牲的情节，这些元素无一不透露出压抑与无奈。电影并非从头“黑”到尾，中间也有穿插温情的片段：索林在将死之时，终于放下对于财宝的执念；比尔博在完成远征途后准备回家，矮人们站成一排与他告别，比尔博强颜欢笑，邀请他们来夏尔做客；莱戈拉斯与父亲和解等。这些温情的片段缓和了电影中压抑和紧张的基调，符合黑色美学呈现的运用。杰克逊的大胆尝试为电影注入了宏大的史诗感，三部电影气势恢宏，虽然具有史诗感，却在电影最后为观众留下了压抑、无奈的黑色感觉。诚然，远征之旅取得了胜利，但一路走来，有太多牺牲与遗憾，并无传统史诗电影的伟大胜利感。恰巧是黑色美学的介入，使得《霍比特人》超脱出儿童读物的范畴，进入到成人思想的序列。

3.2　“生态女性主义”在电影中的运用

和《魔戒》类似，《霍比特人》也有“生态女性主义”的体现。生态女性主义不仅关注两性之间的差异，通过女性与自然之间的共性反对男权制及人类中心主义对女性、对自然的压迫；同时关注并反对任何形式的压迫。[7] 霍比特人没有作战经验，生活安逸闲适，不论从生理构造还是能力特长方面，都不像是能走上远征的人，况且他的队友，是十三个矮人战士。虽然影片没有明确交代为什么选择霍比特人去远征，但我们依然可以推断一二。

夏尔没有遭受战火的侵害，是中土世界唯一一个“世外桃源”，夏尔之外却是满目疮痍、哀鸿遍野。一切都因索伦的黑暗统治与入侵所致，这些在“生态女性主义”中可以被理解为压迫与违背自然规律，在电影中则体现为不论人类、矮人、精灵，或是其他种类的生物，都应该和平共生，而非被索伦压迫。比尔博心地纯良，虽然战斗力欠缺，但是后来爆发出的惊人的勇气和毅力，正是一种自然之力的体现；也正因为如此，他才被选中一同前往孤山。

“生态女性主义”还讲究等级平等。众多的族类各个都自恃高等生命，聚在一起免不了互相冷嘲热讽，但是在电影《霍比特人》和《魔戒》中，重大战役的胜利往往是这些族类团结一心取得的，只有联合起来，才能抵抗强大的黑暗势力。《霍比特人》系列电影最引人入胜的地方就在于气势恢宏的战斗场面，黑暗面终会被推翻，所有族类和平共处在中土世界，是电影传递出的终极思想。

3.3　多重叙事结构带来的文学性提升

《霍比特人》系列都采用多重叙事结构，一条叙事路线以比尔博的视角展开，另一条则以索林的视角展开。在比尔博眼中，远征之旅是对一个霍比特人全方位的重造，他的视角更具有宏大的史诗感，并由此引领观众深入剧情发展。索林则把这段旅程看作是一次荣誉和复辟之旅，他肩负着重振矮人族的重任。离孤山越近，索林人性中邪恶的一面也越发暴露出来。多重叙事的结构能为电影带来更加灵活的演绎，观众也能自由跳跃在不同视角下，不至于审美疲劳。

在比尔博和索林的不同视角中，色彩也有不同的变化，杰克逊巧妙地将文字内涵的情感通过视觉语言转化，使电影丰满立体，是对原著小说的成功改编。

4. 电影中的特殊语言

《霍比特人》中还有一大亮点，即体系完整的异族语言。魔戒中的精灵语是作者托尔金的自创语言。这些奇特的语言也是电影文字的重要组成部分，既贴合了不同人物的演绎，又提升了电影的可观性。为电影人物创造语言，这是原著作者托尔金和导演杰克逊为小说和电影注入的强大的文学性，是其对于小说和电影真实性再现做出的主观努力。语言的研究是很重要的学问，正因为语言是存在的所在，人类研究语言的同时也研究了人类的精神与思维。人类的精神与思维具有笼罩、消融一切的力量。这些特殊语言如今也成为语言爱好者的研究内容,电影的文学性不仅在电影中有效,脱离了电影也依然能存在。

5. 总结

《霍比特人》作为享誉全球的奇幻系列电影,能够吸引观众观看并引发讨论,不仅仅依靠恢宏的视觉感受和紧张刺激的剧情,更多地依靠电影的内核,即文学性。《霍比特人》在尊重原著的基础上做出适当的调整,将文字语言转化为电影语言,在这一转化过程中,原著小说的文学性在电影中得到进一步的提升。电影艺术以丰富多样的电影语言提升了原著小说的文学性,而文学又为电影注入了灵魂和动力。《霍比特人》电影系列传达出了多样的文学性,收获可观的票房收入同时,也在全球收获了绝佳的口碑。文学性是它流传广泛的根基,它的成功实现了电影在视觉与文学性方面的融合,推动了电影产业的发展。强调电影的文学性并非否认电影的视觉效果,是对电影发展的更高的要求:不能因为重视电影的视觉效果制作而忽略了文学叙事、人物塑造和内涵核心,这样才不至于哗众取宠。要让电影成为电影,需要保持文学性,这是保持电影艺术性的基础;将视觉艺术和文学艺术结合,找到它们之间的平衡点,电影的发展之路就会光明坦荡。

参考文献

[1] 武彦君. 英美电影的文学性分析——以《霍比特人》为例[J]. 电影文学,2019(1):135.

[2] 陈鸿秀. 试论电影中文学性的“守成”[J]. 新疆艺术学院学报,2018(2):57.

[3] 王柯入,韦强. 论当代电影“文学性”之必要——以周星驰“西游”电影为例[J]. 湖南工业大学学报,2020(3):96.

[4] 董琼月. 电影与文学的融合——从电影《间谍》看当代电影的文学性质[J]. 长江丛刊·理论研究,2017(6):20.

[5] 黎风,周钰榈. 文学的电影化生存与失落[J]. 影视画外音·当代文坛,2017(28):138.

[6] 张树光.《霍比特人》中的黑色美学[J]. 环球纵横·电影文学,2017(9):144.

[7] 付玲. 生态女性主义视角下浅析电影《指环王》三部曲[J]. 今古文创·文艺观察,2020(39):70.

《论语》中礼“变”与“不变”之探析

胡辰欣[1]

1. 兰州大学萃英学院2019级　人文专业

摘要:《论语》是春秋时期一部语录体散文集,是儒家学派的经典著作之一。本文选取《为政篇》第23章的具体内容,结合各个时期关于《论语》的注疏著作分析语句,利于更好把握句子内容,了解《论语》历代注疏的演变。在此基础上论证阐述本文论点,即礼的根本不会变更,外表的制度形式可根据实际情况有所变通,进而深入探析礼的“变”与“不变”。在论证该观点的同时,本文也注重讨论在各家注疏中有争议的字词句,以期对此句有更完整清晰的认知。

关键词:《论语》;《为政篇》第23章;礼的根本;礼的“变”与“不变”

《论语》是孔子弟子及再传弟子记录孔子及其弟子言行而编成的语录文集,成书于战国前期。全书共20篇492章,《为政》篇的第23章中记载:“子张问:‘十世可知也?’子曰:‘殷因于夏礼,所损益,可知也。周因于殷礼,所损益,可知也。其或继周者,虽百世,可知也。’”[1]由此引出本文论点:礼的根本不会变更,外表的制度形式可根据实际情况有所变通,礼之“变”与“不变”的道理贯穿其中。

此句开头,子张问:“十世可知也?”[1]杨伯峻翻译:“今后十代的(礼仪制度)可以事先知道吗?”[2]由此可知,子张是问今后十世的礼仪制度,不是泛问。接着,在论证礼“变”与“不变”之前,首先要解决“世”这个时间概念。“世”有几种解释,第一种说法如钱穆先生所说:“一世为一代,以三十年为一世,十世当三百年。”[3]44《说文解字》对“世”的解释,“三十年为一世。”[4]段玉裁注释:“三十年曰世。按父子相继曰世,其引申之义也。”[5]第二种说法是指有血缘关系的人相传而成的辈分,即父子相继为世[6]。第三种说法“三世”代表过去、现在和将来。第四种说法“世”意为朝代、时代[6],唐写本“世”也多作“代”[7]182。黄侃在《论语义疏》提及:“十世,谓十代也。”[8]《论语汇校集释》和“唐以前古注”中说“戴望注:世,谓易姓之世也”。[7]185[9]167对于朱熹的注释“王者易姓受名为一世”[10]59,即王朝易姓为一代[3]44,《论语正义》说这是“三十年为一世”的引申义。[11]71以上都可支撑第四种说法。据此句主旨及后面提到孔子举夏商周三代礼法相因及所损益,我更认同第四种说法,“世”即朝代。“十世”并不是具体数量,而表示时代久远。

对于“殷因于夏礼,所损益”[1]38这句话的断句,《刘氏正义》[11]71《汉书·杜周传》[12]71《汉书·董仲舒传》[12]845《史记集解》[13]引《乐记》郑注都作“夏因于虞”“殷因于夏”“周因于殷”,礼字和下句相连。由此《论语集释》得出结论:“则知今人以‘礼’字断句有误。”[9]165我认为,断句不同但意思未变,可不多做考虑。相比之下,原来的断句方式更好,有语气顿挫感。

礼的根本是什么,学界还没有定论。就此句

而言，马融在《四书章句集注》《论语集解》和《论语注疏》所说：“所因，谓三纲五常。所损益，谓文质三统。”[14][15][10]59“愚按：三纲五常，礼之大体。”[10]59《论语集释》“余论”中《读四书大全说》说：“夫三纲五常者，礼之体也。”[16][9]169此外，刘宝楠承袭马融注，他认为“三纲五常”是三代所因袭和礼之无所损益者，即《荀子》所谓百王之无变。[11]72由此可知，他们的观点都为：礼的根本是三纲五常，历代继承的是三纲五常，损益的是文质三统。而南宋学者胡寅说：“天叙天秩，人所共由，礼之本也。”[10]60这指出天然的次第和等级、人共同遵守是礼之本。徐玲在其论文中提出“形上之天道，中心之情义”是礼的根本。[17]还有观点认为礼之本是五伦十义。由于说法很多，所以本文不采纳马融的观点。但因礼是抽象概念，本文不能对礼的根本妄下定论，有待请教老师和进一步考证。

孔子提出重要概念：“损益”，意为增减、兴革，即沿袭前代典章制度、礼仪规范，改革文章制度、礼仪和形式上的规范。那么何谓“损益”？“唐以前古注”中《论语笔解》说：“韩曰：后之继周者得周礼则盛，失周礼则衰。李曰：损益者，盛衰之始也。因者，谓时难变而礼不革也。礼不革，则百世不衰。”[18][9]167这指出损益的重要性及其与朝代盛衰密切相关。“余论”中王夫之《四书训义》说：“裁前代之所已有余者而节去之曰损，补前代之所不及防者而加密焉曰益，”[19][9]170这表明“损”和“益”的含义。《论语集注考证》中《日知录》说：“立权度量，考文章，改正朔，易服色，殊徽号，异器械，此其所得与民变革者也。其不可得变革者则有矣，亲亲也，尊尊也，长长也，男女有别。”[20][21]这指出“损益”的内容。王夫之在《四书笺解》对马融“所损益，谓文质三统”[10]59说法极力反驳，他说：“所损益，包括甚大。兵农礼乐，庆赏刑威，以至车服器皿之小者，皆有损益。损益乃就三纲五常之内调剂，以因时而合道，但可大概虚讲，不宜以马氏说作死板填实。”[22]由此可知，马融观点过于片面。

为何礼会有“损益”？大胆推测，建朝之初礼法刑律符合时代和民众要求，后来礼法有所失，由此朝代更替。历史能说明其真理性。夏朝后商汤继承大统，商代礼法，如修人纪以正万邦，都沿袭夏朝，夏朝的制度形式或增或减，稍有不同。商朝后周文王、武王继承天下。周朝实行的礼法，如建皇极以锡庶民，都沿袭商朝，在制度上有增减，如改变历法。汉承秦制，沿袭三公九卿制和郡县制，把秦朝严刑苛法和使民无度改为无为而治，有所“损益”。唐朝继承隋制，所变是统治者治国更爱惜民力。同样，宋朝对唐朝制度有继承和变革，所变是为解决唐朝军阀割据和宦官专权之弊。明对宋、清对明之制，都略加“损益”，中央集权制度、郡县制、文化上大一统、外儒内法的政治制度，几乎都没变动。从清末到民国，再由民国到至今，都有“损益”。在不同时代，根据不同国情，对礼制进行增减，就是在弘扬为政之道，也继承前朝文明。

对“其或继周者，虽百世，可知也”[1]这句话，《四书章句集注》这样解释：“愚按：其所损益，不过文章制度小过不及之间，而其已然之迹，今皆可见，则自今以往，或有继周而王者，虽百世之远，所因所革亦不过此，”[10]59这指出所因所革的内容百世皆可见。还有“胡寅曰：商不能改乎夏，周不能改乎商，所谓天地之常经也。益之损之，与时宜之，而所因者不坏，是古今之通义也。因往推来，虽百世之远，不过如此而已矣，”[10]60这强调了百世都有所因的事物。《论语集注考证》中《日知录》说：“自春秋之并为七国，七国之并为秦，而大变先生之礼。然其所以辨上下，别亲疏，决嫌疑，定是非，则固未尝有异乎三王也。故曰：其或继周者，虽百世可知也，[20][21]”此句指出礼的根本是不会变更的。《论语注疏》中提到：“谓此后百世尚可知夏、殷以来之礼也。至今周礼尚存，夏、殷亦有可考者，百世可知信矣，”[14]此表明百世以后还可知夏殷商之礼。黄侃认为：“既因变有常，故从今以后假令或有继周而王者，王王相承至于百世，亦可逆知也，”[8]他强调因变有其内部发展的规律。黄怀信在《论语汇校集释》中指出：“所损益可知，则因而不改者易可知。三代可知，故虽百代易可知，人性同故也，”[7]187他指出由于三代可知损益与所因者，由此也可推出百代也可知。杨树达的"禹继舜,舜继尧,三圣相受而守一道"[23]指出夏商周互相承袭的关系。《论语正义》中:"杨琼注:无变,不易也。百王不易者,谓礼也,"[11]72此句话同样指出百世之后礼的根本也不会改变这个道理。总而言之,商代的礼法大多沿袭夏朝,周朝的礼法在商朝基础上发展。由于因变有常,礼制必是依前朝礼制承袭增减,增减也易通过考证得知。礼增减的是礼的枝末,不能变更的是礼的根本,这亦是权变的智慧。认真考察历史,就能发现社会发展的一般规律,并以此推演未知,对未来做出正确预断。

综上所述,"礼",兼指一切政治制度,社会风俗,人心之内在,以及日常生活之现于外表,而又为当时大群体所共遵共守者。[3]45此章孔子历陈夏、殷、周三代之因革,而特提一"礼"字去看古今未来。殷、夏、周礼互承袭,为"不变";在继承中有损益,为"变"。所以,礼之"变"与"不变"的道理贯穿其中,天道礼法不变,是礼的大体、立国根本,外表的制度形式可据当时实际情况变通。孔子论学极重礼,人类社会亦时时必有礼,此乃历史之常。但礼必随时代而变,此乃"礼"之时。而变之中仍有不变者,此乃"礼"之意。推而广之,在今日建设社会主义文化强国的过程中,也需明白礼"变"和"不变"之理。

参考文献

[1] 张燕婴. 论语[M]. 北京:中华书局,2006:38.

[2] 杨伯峻. 论语译注[M]. 北京:中华书局,1980:12.

[3] 钱穆. 论语新解[M]. 四川:巴蜀书社,1985.

[4] 许慎. 说文解字[M]. 北京:中华书局,1963:51.

[5] 段玉裁. 说文解字注[M]. 上海:上海古籍出版社,1981:89.

[6] 吕叔湘,丁声. 现代汉语词典[M]. 7版. 北京:商务印书馆,2016:1185.

[7] 黄怀信. 论语汇校集释[M]. 上海:上海古籍出版社,2008.

[8] 黄侃. 论语义疏[M]. 北京:中华书局,2013:182.

[9] 程树德. 论语集释[M]. 北京:中华书局,2014.

[10] 朱熹. 四书章句集注[M]. 北京:中华书局,1983.

[11] 刘宝楠. 论语正义[M]. 北京:中华书局,1990.

[12] 班固. 汉书[M]. 北京:中华书局,1999.

[13] 裴骃. 史记集解[M]. 北京:中华书局,1959:282.

[14] 何晏,邢昺. 论语注疏[M]. 北京:北京大学出版社,1999:23.

[15] 何晏. 论语集解[M]. 北京:北京大学出版社,1999:24.

[16] 王夫之. 读四书大全说[M]. 北京:中华书局,1975:116.

[17] 徐玲. 孔子"礼"探微——以《论语》《礼记》为核心[D]. 山东:山东大学,2020:62.

[18] 韩愈,李翱. 论语笔解[M]. 北京:中华书局,1991:2.

[19] 王夫之. 四书训义[M]. 长沙:岳麓书社,2000:78.

[20] 顾炎武. 日知录[M]. 上海:上海古籍出版社,2012:123.

[21] 金履祥. 论语集注考证[M]. 北京:商务印书馆,1936:56.

[22] 王夫之. 四书笺解[M]. 长沙:岳麓书社,2011:185.

[23] 杨树达. 论语疏证[M]. 上海:上海古籍出版社,1986:56.

心理史学研究

胡辰欣[1]

1. 兰州大学萃英学院 2019 级　人文专业

摘要：心理学与历史学共同瞩目的主题都是以人为中心的活动，这一切为两个不同领域的跨学科研究提供了有利的前提条件。心理史学方法是 20 世纪中期新兴的一种历史研究模式，在西方伴随着“新史学”而逐渐发展，其定义为“运用心理学的方法、理论和手段，对各种历史现象做出心理学的解释，进而阐述和解释历史人物或社会集团的行为的一种新史学方法”。学科的本质、目的、意义和学科之间的契合程度构成了心理史学之所以成为可能的基本理论条件。它以弗洛伊德的精神分析学说为研究依据，开拓了史学研究的领域。随着心理史学学科的发展与普及，心理史学方法应用广泛，有很强的学科适用性和包容性，体现出相互贯通、相互结合的综合性现代多学科研究方法特点。[1] 因此，在思考历史和往昔的关系时，我们不妨采用心理分析的手段，把过去看作“缺席者”。历史研究就是通过些许痕迹去捕捉那一段过去。然而心理史学具有理论应用的局限、史料搜集的不足等缺点，以致为部分史学家所质疑。本文试图梳理心理史学的相关理论与实践，论述其近百年的发展状况，以重新评估其史学价值。

关键词：新史学；心理史学方法；弗洛伊德；跨学科研究

1. 心理史学的内涵

心理史学，即“心理历史学”，是西方新史学的重要组成部分，由精神分析学大师弗洛伊德开创。心理史学方法是指学者在从事历史研究中，能灵活运用现代西方心理学的方法、理论和手段，形成心理与历史之间的互动关系，即通过分析历史人物的心理活动、意志品质与个性特征等，探索人物的内心活动轨迹及其对历史产生的影响，以增强研究者的历史认识能力，同时能让学者的研究水平更加科学客观的跨学科研究方法。心理史学方法常使用个性心理学和社会心理学原理，把研究历史的主体——“人”作为中心，以精神分析学说和历史研究的结合为主流。它运用各种心理学理论来研究主体，为现代史学的发展开拓了新渠道。

2. 心理史学产生的背景及原因

历史事件不是偶然发生的，个体的参与是必然的，它是人物内心世界驱使的产物。正因不同社会环境下造就的个体心理状态的不完全相同，不同阶段的历史也各有其特征。在历史研究的过程中，我们要想弄清整个历史事件、事物间的因果联系以及人物行为的社会动机、社会情感等，都需要对人物的心理进行考察，探究人物心理与其行为的相互关系。当代西方心理史学的产生标志是心理学中的一个分支——精神分析学说在历史研究中的应用。经过弗洛伊德等人在历史研究方面的初步努力,心理史学兴起并成为一门基于精神分析理论的学科。

2.1　背景

19 世纪末 20 世纪初,整个世界处于剧烈的社会大变革中。第二次工业革命的完成,促使世界资本主义生产关系发展到一个全新的阶段,即由自由资本主义向垄断资本主义过渡。在世界市场中,美、德与英国进行了激烈的贸易斗争,以英国为中心的贸易格局发生变化。资本主义经济危机更频繁、破坏性更强、间隔时间短。

一战爆发后,西方社会不稳定性加剧,各国内部矛盾尖锐复杂。特别是二战的爆发,出现了大量新兴民主力量,下层群众上升为中间阶层。在政治、经济等各方面,普通民众扮演的角色与作用日益重要。[1]史学研究者们逐渐运用新的理论和跨学科的研究方法,史学研究的对象也从精英群体转到普通民众身上。在这一时期,主张"往下看"的群众史学成为潮流,"新史学"由此产生。这种"新史学"融合了多种学科的研究理论和方法,如经济学、社会学、心理学等。心理史学,作为新史学研究方法之一,在这一社会大背景下产生和发展。

此外,就史学本身而言,它应关注人的心理。正如法国史学家马克·布洛赫所说:"历史事实在本质上是心理上的事实。"我们在考察历史事件的参与者时,不仅要了解政治、经济、社会等时代背景,而且应考察人物的心理发展历程。

2.2　原因

精神分析学派创始人弗洛伊德及他的精神分析学说是心理史学兴起的直接原因。弗洛伊德的学说最初通过总结归纳精神患者的临床观察和治疗而得到医学理论,后与社会各学科领域逐渐融合,最终成为当今西方世界最为流行的学说之一。弗洛伊德认为,在历史研究中要运用无意识理论、释梦理论、人格学说和性的理论等,以及一个人的人格结构可分为三个方面:本我、自我、超我。[2]他于 1910 年出版的《莱奥纳多·达·芬奇和他童年的一个记忆》,标志着心理学方法开始应用于历史研究。此书用潜意识等来解释达·芬奇成年后的行为,例如他的作画风格、为何具有浓厚的科学研究兴趣等用其他方法难以解释的问题。因此,在达·芬奇所画的妇女形象中,妇女的微笑都相似于蒙娜莉莎,蒙娜莉莎本质上就是他母亲的影子。弗洛伊德在与威廉·布利特合著的著作中,指出因威尔逊有一个"专制的父亲",造成他性格懦弱不刚、缺乏自信、过于猜疑等,他对父亲强权的屈从使他做事一直遵从他父亲的意愿,这些因素最终造成他政治上的失误。他的作品还有《歌德对童年的回忆》《托马斯·杰斐逊心理研究》等。但是,弗洛伊德的解读也有局限性。

3. 心理史学的发展历程

20 世纪初期,鲁滨孙、梁启超等多位学者提出"新史学"思想,主张跨学科研究,将历史学与包括心理学在内的其他学科建立联系。狄尔泰和李凯尔特是德国批判历史哲学中新康德主义的杰出代表。从费弗尔、布洛赫到布罗代尔,代表着法国年鉴学派"精神状态史"研究与"长时段"理论结合。这期间,弗洛伊德是促使心理史学转变的主要人物。心理史学的正式诞生要等到弗洛伊德关于达·芬奇心理分析的著作、埃里克森关于甘地心理分析和马丁·路德的著作问世。[3]20 世纪 30 年代,弗洛伊德推动了西方对历史人物心理研究的快速发展。二战后,在西方史学逐渐发展的背景下,心理史学开始摆脱弗洛伊德精神分析学说的影响,往更深、更广的角度研究,渐渐具有相对完备的现代史学意义,在整个西方兴起并得到重视,逐渐发展为以美国为中心的心理史学和由法国年鉴学派开创的心态史学两大流派。[4]美国心理史学在 20 世纪 60 年代兴起,70 年代达到顶峰。一批有影响的学者和著作在 70 年代以后相继出现,法国的心态史学也随之发展起来。

自 20 世纪 20 年代起,中国开始接受心理史学。朱谦之、何炳松对西方的著作进行大量翻译,梁启超最早尝试使用心理史学的方法。70 年代以后,在谢天佑、殷海光、王富仁、李泽厚等人的不断努力下，心理史学真正进入实践阶段。至新世纪之交，心理史学在普及中已形成诸多的研究门类，其中以章开沅提出的“离异与回归”的分析模式最具影响力。[5]

(1)心理史学在美国的发展。

心理史学于20世纪早期萌芽，经过半个多世纪的发展，心理史学的学术组织、学者著作、研究力量等各方面快速发展，最终形成了一个新史学流派。二战后，整个西方心理史学兴起，美国走在前列。为20世纪美国心理史学的发展做出巨大贡献的有埃里克森、李夫顿、托马斯·A.科胡特等人。前期的重要成果有巴恩斯的《心理学与历史学》、P.史密斯的《以精神分析观点看路德的早期发展》等。20世纪50年代，在布朗、米德和埃里克森等学者的倡导下，心理史学在美国获得广泛重视。1957年，威廉·兰格提倡把目光放在心理史学上。美国的心理史学在20世纪60年代达到鼎盛，被称为“心理历史学方法”“新心理历史学”。[6]其中埃里克森为领军人物，他创作的奠基作《青年路德：一个精神分析和历史的研究》标志着心理史学的问世。1973年，《心理史学杂志》和《心理史学评论》等众多专业学术刊物出现。[7]1985年，托马斯·科胡特在著作中用精神分析法研究德皇的人格结构及其与德国的关系。洛温伯格从集体心理出发，探讨德国青年纳粹追随者的心理原因。到20世纪70年代末，美国开设心理史学课程的大学已有30多所。此外，在历史研究中，行为主义心理学、认知心理学也得到灵活运用，如阿谢尔用集团压力理论、社会学习理论和服从权威理论对德国人追随纳粹行为进行的研究。

(2)新康德主义。

狄尔泰和新康德主义的西南学派都强调心理与精神分析对史学研究的重要作用。狄尔泰在德国最早使用心理史学研究方法。他指出，历史学家的任务是挖掘思想的内在特点和人类的精神活动。他创作的《黑格尔青年时期的历史》，把青年黑格尔的心理与精神分析作为个案。西南学派李凯尔特的作品《文化科学和自然科学》着重探讨了心理史学具有的特征。他强调，当历史学家研究历史事件时，要关注人物内在的精神世界与思想活动。

(3)法国年鉴学派。

法国年鉴学派于20世纪初出现。法国年鉴学派对心理史学研究的重大影响在于对“精神状态史”进行深入研究，并使用多学科的研究方法。吕西安·费弗尔和马克·布洛赫最早进行精神史和心态史的研究，是年鉴学派的先行者。费弗尔在揭示人们的精神状态时运用集体心理方法。他的《马丁·路德：一个命运》是法国式心理史学研究的先例。20世纪60年代，费弗尔的历史心理学进一步发展，精神状态史成为新一代年鉴学派研究的重点，法国的历史心理学被称之为“心态史”。法国年鉴学派的另一代表布洛赫在《创造奇迹的国王》中运用社会学、心理学等方法，综合考察中世纪王权崇拜产生、发展和消失的原因。之后，他在其《历史学家的技艺》中多次使用心理史学方法，强调心理分析决定史料取舍。他们对当代学者戴维斯也产生了重大影响，而精神史、文化史、心态史也是布罗代尔“长时段结构”中的一部分。总而言之，法国年鉴学派的心理史学以史学为主体，借助心理学进行研究，年鉴学派在结构体系与史学理论上趋于成熟。

(4)心理史学在中国的研究实践。

中国史学界最早在20世纪20年代末介绍并接受心理史学方法。梁启超、杨鸿烈提出要在史学研究中重视历史人物的心理研究。在杜里舒、兰伯列希和孔德的影响下，史学研究中“心理的方法”成为史学理论家朱谦之的关注点。他在《历史哲学》中指出，社会的进步性与对人物的心理因素的影响成正比。他也十分重视孔德的心理史学理论。在美国“新史学”运动发起人鲁滨孙的影响下，学者何炳松提出综合多门学科、多种方法进行研究。胡秋原创作的《历史哲学概论》专门论证了“心理史释”。20世纪20年代到50年代之前，在心理史学方面，中国史学界还未有心理史学的系统性研究成果。改革开放后，随着心理史学方法的传入和西方史学的传播,我国史学界出现了运用这种方法研究社会群体心理和历史人物心理的研究成果,研究中心从政治史转向社会史。更形成了三种代表性研究范式,一方面介绍西方心理史学的理论,另一方面探讨在历史研究中运用心理学理论的可能性和必要性。

在唯物史观的指导下,中国当代史领域的心理史学研究利用自身优势,克服了西方心理史学中的一些缺陷,随着史学研究的深入得到进一步的发展。其一,能充分运用心理史学的史料;其二,能运用历史唯物主义研究心理因素的作用和影响。心理史学在我国虽有发展,但还未成为史学的一门分支学科,我们要让它本土化,结合理论探讨具体的研究活动,让它在我国的史学研究中发挥重要作用。总之,心理史学作为一种新的史学研究方法已在我国确立起来,展望未来,其在中国当代史研究中运用心理史学方法大有可为。

(5)心理史学体系的建立。

心理史学在 20 世纪 70 年代得到进一步发展。最终,心理史学形成了主要包括个人传记、家庭史、集体心理史和社会与历史的重大问题 4 个部分的基本体系。着重研究历史人物的童年经历、广泛应用精神分析的概念与术语、用精神分析法研究集体心理、扩大史料应用的范围是心理史学的四个特点。[8] 对心理史学的研究形成了历史社会性原则、历史客观性原则、历史系统性原则等七大原则。[8] 此外,心理史学不仅考察传统文献著作,还使用回忆录、私人信件、日记等资料。总之,心理史学能给我们提供一种全新的方法论,它的许多理论可运用于不同的文化和时期,提出了很多前所未有的新解释。

4. 心理史学存在的问题

首先,心理史学的基本方向是正确的。一是不反对从人类心理的角度去认识历史,强调人的心理、情感也发挥重要作用;二是扩大了历史研究的范围,探究了人物的童年经历、性格、潜意识等因素对历史事件和过程的作用。

每种新史学研究方法都有条件性和适用范围,心理史学方法虽能补弊纠偏,但也存在自身局限。建立在弗洛伊德精神分析理论基础上的西方心理史学其实不适用研究整个历史领域,如果仅从心理活动和人本能的角度去解释,很可能得出错误结论。而且,史学家的视野被心理史学在西方的发展所限制,他们往往只重视人的内心活动和精神状态,却忽视了政治、经济等因素。同时,心理史学的研究方法容易导致心理因素决定论,把人本身的性格对人一生的影响看成是决定性的。即对文明史的解释趋向简单化,未看到成年后政治、经济、社会等方面对人心理的再塑造,例如唐玄宗李隆基性格的变化致使他治国道路走向了创业、守成、昏庸三个下滑阶段。此外,心理史学还会产生随意解读历史的主观主义倾向,因历史学不能实验,缺乏历史人物童年的客观资料,心理史学家常会拿无从考证的传说作为证据,忽视了科学性与真实性。同时,历史研究偏向机械化、简单化,心理学领域的理论术语让人觉得故弄玄虚,产生的理论难以检验、论据不足、逻辑倒错、忽视社会文化背景等问题。还有一个普遍现象是,历史心理学以理论模式硬套历史,剪裁历史,"非历史"的倾向严重。因此在研究心理史学时,结合历史研究的原则和现代心理学理论进行分析极为重要。

综上所述,心理史学要发展为科学的心理史学理论,并加深历史研究的力度,就需要打破西方心理史学的唯心主义体系,并和传统史学的方法相配合。上述问题是心理史学想进一步发展而亟须克服的瓶颈,需要借助唯物史观的帮助突破困境。

5. 结论与展望

总而言之,心理史学是史学的一种,它运用心理学的理论去研究、解释历史事件、人物和人类历史发展进程。史学方法的运用是心理史学方法研究的基础,必须要遵循史学研究的基本原则,以切实可靠的史料为研究出发点。当代的心理史学不仅结合了心理学与历史学,也正朝吸收文化学、社会学、人类学等学科的目标迅速发展,逐渐成为多学科及多领域研究方法与理论相互融合的综合性学科,在当今社会中得以广泛运用。

在我国历史问题的研究上,心理历史学作为一门新的方法论,有其广阔前景。在运用心理史学方法进行研究时,我们要将唯物史观这一基本观点运用到心理史学研究中。心理史学方法需要借助唯物史观来克服自身的缺陷,唯物史观需用心理史学方法来开拓新的研究领域。[9]二者相互结合,共同推动历史研究的深入发展。在整个世界的历史问题研究上,我们要坚持以劳动者为主体的人和社会生活和物质生产活动为出发点,从历史学角度阐明历史上人物的心理、性格形成和演变的原因及其对历史进程的影响。[10]特别是要注重研究方法上的综合性,尽可能丰富使用多种材料来探究心理变化对历史现象的影响。此外,在研究时也要关注心理与环境之间的关系、人物性格对历史发展进程的影响以及个体心理状态的可变性,使心理史学更具科学性。

参考文献

[1] 薛彦超. 心理史学研究方法述评[C]//“决策论坛——企业党建与政工创新工作发展学术研讨会”论文集(上). 北京,2016:68.

[2] 庞卓恒. 史学概论[M]. 北京:高等教育出版社,2006:22-28.

[3] 李威红. 埃里克森对马丁·路德的心理史学分析[J]. 赤子,2015(9):47.

[4] 周兵. 心理与心态——论西方心理历史学两大主要流派[J]. 复旦学报(社会科学版),2001(6):55-57.

[5] 陈曼娜. 二十世纪中外心理史学概述[J]. 史学史研究,2003(1):61-69.

[6] 王凯. 美国心理史学学派学术研究理念初探[J]. 渭南师范学院学报,2015(10):51-54.

[7] 王羽飞. 20 世纪 50 年代至 21 世纪初美国心理史学的理论与实践[D]. 山东:山东师范大学,2014:78.

[8] 邹兆辰. 心理史学:深化历史研究的重要方法[N]. 人民日报,2016-6-13(20).

[9] 陈静. 心理史学方法与唯物史观关系探讨[J]. 山西高等学校社会科学学报,2010(8):94-96.

[10] 米歇尔·德·塞尔托. 历史与心理分析[M]. 北京:中国人民大学出版社,2006:138-145.

Comparisons on Development of Antitrust Laws Between Western Countries and China

Feng Jiaqi[1]

1. English, 2018, School of International Studies, Harbin Institute of Technology

Abstract: With the development of tycoons, excessive concentration of resources has become a global and general issue. It motivates the anti-monopoly laws to come into play. By analyzing the process of developing such laws both from western countries led by EU and America and China, this paper aims to draw some hints for measures towards the future.

Keywords: Antitrust; Anti-monopoly; *Sherman Act*; Apple; Alibaba; Competition

Introduction

Great enterprises breed great power. Those tycoons burden the responsibility to lead the modern market. However, excessive ability brings not only valuable opportunities but serious social problems. Certain problem should be taken seriously. For example, over-concentration takes one enterprise above the whole market and spreads disasters by taking all resources under control. That results in the coming of antitrust law.

1. Western Antitrust Laws Development

1.1 Historical Process

By the end of 19th in America, trust, as a promising financial concept, turned out to be the weapon of tycoons, manipulated by them to control the market in the competition. Back then, competition has a reasonably uncontroversial definition. Competition exists when the number of buyers and sellers, freedom of trading, and market information are sufficient to drive prices toward marginal cost. However, not all the competitions lead to positive consequence. The overconcentration of economic force is one of the harmful results. The excessive concentration of economic power is to monopolize the market out of the impulse to maximize personal interests, which deviates from social interests and public interests. Then, unhealthy competition is born and beneficial elements flow to one individual. In such case, on behalf of the co-existence of social and public interests, government takes the lead by imposing antitrust measures. In early ages, antitrust law implemented the measure of dividing tycoons into small companies to eliminate the impacts and nowadays fines are more preferred. Measures change over time as well as the territory. Some countries view antitrust policy as a tool to pursue economic efficiency and little else, while others also seek to protect small or medium sized business, and still others believe that it should also be used to protect employment. [7] Since under different political systems and policies, the government plays separate roles in China and in western countries. It is crucial to figure out that the similarities and differences of the Chinese and American antitrust measures and further to find the hints for the future market.

Technology giants across the world have been facing increasing challenges from accusations of monopolistic behavior as antitrust measures have become a vital "gatekeeper" to maintain smooth market development.[1] The European Union is investigating whether Apple Inc. , one of the most influential tech companies, is unfairly stifling competition. Two antitrust investigations have been launched by The European Commission. One would concentrate on the App Store from Apple Company and the other is watching its payment system inside. The commission would inquire whether the App Store has done harm to the competition within the market in gaming and cloud services by ensuring iPads, iPhones and related products can only install applications from App Store. Also, whether Apple Pay has undermined the market by making it denied for other payment services via iPhone's system would be a part of the investigation. Margrethe Vestager, the EU's competition chief, told *The Financial Times*: "Apple sets the rules for the distribution of apps to users of iPhones and iPads. It appears that Apple obtained a 'gatekeeper' role when it comes to the distribution of apps and content to users of Apple's popular devices."[1] One fact is pointed out that Apple had full command over the relationship with customers of its competitors since the rivals could only sell to Apple users through its own payment system within the apps. The Apple company is facing the accusation of unfair competition and excessive concentration of economic power by cutting off the connection between consumers and other companies. Despite accusing Apple based on the antitrust perspective, it is not hard to find out that the antitrust process could be traced back to hundreds of years ago. Since the *Sherman Act* in 1890 strongly condemns the unhealthy competitive actions. As it addresses: "every person who shall monopolize, or attempt to monopolize, or combine or conspire with any other person or persons, to monopolize any part of the trade or commerce among the Several States", the Supreme Court back then would have interpreted to those called "outlaw only unreasonable restraints"[5]. "Antitrust regulates relations among firms."[6] In the 1900s, The *Sherman Act* offered the factfinder to find out whether the anticompetitive consequences of the restraint outweigh its procompetitive profits. Categories were divided such as fixing price, restricting output and market divisions. Also, there were some less categorical actions like tying agreements or exclusive dealing. The *Sherman Act* laid a solid foundation for the antitrust laws and the FTC Act from the same period set the standard as unfair methods of competition in or affecting commerce, and deceptive acts or practices in or affecting commerce. It could be regarded as less blunt statutory language compared with "every" anticompetitive action. The 1914 *Clayton Act* made further explanation with the same spirit. Moreover, the Department of Justice (DOJ) engages in routine merger reviews developed in light of competition law and embodied in the Horizontal Merger Guidelines, which was updated in 2010 last time. The Guidelines "reflect the congressional intent that merger enforcement should interdict competitive problems in their incipiency," while also "avoiding unnecessary interference with mergers that are either competitively beneficial or neutral."[5] DOJ brought the antitrust law into a higher level and set a more crystal standard for the public. Then, in the decades recently, antitrust jurisprudence has detached from only interpreting ever since the first sixty years of the Sherman Act's existence. It is also considered that interventionism ought to be narrowed. The latest antitrust analysis starts with a functional presumption that: "Mere possession of monopoly power, and the concomitant charging of monopoly prices, is not only not unlawful; it is an important element of the free-market system... To safeguard the incentive to innovate, the possession of monopoly power will not be found unlawful unless it is accompanied by an element of anticompetitive conduct."[5] In this declaration, monopoly power is given credits to be treated in a positive way. It stands out as a crucial element of the whole market. It is expected to bring healthy and positive competition among companies and to release energy to make the environment smooth. Unlike the ones in the past, modern antitrust laws have preference to put competition on a higher platform to let the market run by itself. That is why the range of being unlawful is narrowed. The court reveals a tendency to set the independent business free on a reasonable basis.

1.2 Practical Use on Tech Tycoons

Though the grip on the monopoly power has eased, the serious harm on competition with the form of reducing welfare from the consumer is a core element that must be accused of, as "the antitrust laws were passed for the protection of competition, not competitors."[4] Based on the given fact that Apple is being accused nowadays, bringing unhealthy economic power including monopoly force is not an option. Before those acts carried out, the line between competition and monopoly action was vague. By the modern time, the line shifted a little more towards competition, which sets the platform for the rapid growth of the market, regardless of the area, time and space. According to Fang Xingdong, an Internet expert, "Antitrust measures are not contradictory to development. It holds true on a global scale that major innovations and breakthrough of industries come with the release of vitality after antimonopoly efforts."[4] antitrust laws contribute to reform the market, dissolving the overconcentration of economic power. For years nowadays, Tech giants such as Google, Apple or Amazon have been facing accusation or fines from authorities for the excessive concentration and monopolistic action. In 2018, Google was fined with a record around 4.34 billion euro by the EU regulators. This time, Apple is facing the fine more than ten percent of the turnover worldwide if the case is proved true. Complaints were received about the abusing action from Apple that unfairly promoted apps through its own platform. Internet ages offer convenience for tycoons to collect resources and elements over personal interests. The government uses fines as a soft measure instead of fierce dissolving, making clear comparison with the action given by the time when the *Sherman Act* took the lead, which was limiting takeover legislation to state-charted corporations to accomplish a large part of their goal of insulating state corporations from the competitive market for control.

2. Chinese Anti-Monopoly Measures Development

2.1 Similarities, Differences and Flaws

According to Sun Nanxiang, a researcher at the Chinese Academy of Social Sciences' Institute of International Law, "Just like the recent antitrust cases in China, antitrust measures have become a global practice. For governments globally, the ultimate purpose is to leverage legal tools to restore fair and effective competitive in the market,"[4] antitrust issues were never merely occurring between EU regulators and American business tycoons. China, as one of the countries playing the leading role across the international society, still gains its own issues as well. It could be noticed that from a different political system, China has completely different traces of developing antitrust laws. In other words, China offered the answer from the perspective of its own, which is a far cry from the perspective of American society. Unlike the form of trust, the concentration of resources and power originated the concession system in China in the feudal period. It was manifested as the franchisor's exclusive right to technology and industry, and the person granted the concession usually had the position directly dominating the relevant market, and could take measures to limit and eliminate competition by virtue of the concession granted by the royal family, so the concession was actually an economic monopoly dominated by the royal family. [9] The part that differs the ancient system from the current economy would be whether permitted by the government. The feudal government took priority above the economic system and exercised rules on that to take full command, which made no personal enterprises transcend the law. That, to some degree, was determined by the concentration of central power of Chinese political system. The market was not as free as the American ones that time. The essence of the monopoly behavior is the process of abusing market power to impede free competition. The abuse of market power is the commonness and essence of monopoly behavior and the analysis and the core understanding of market power constitute the soul of anti-monopoly regulation. The development of anti-monopoly law is the result of the formation, maintenance, expansion or application of certain market or economic forces in conflict with free competition and the restriction of specialized legal norms. Without the free market, resources were fixed rather than circulating. Until the time when the market was set free to the public, the anti-monopoly measures were truly needed. The detailed and practical theory from American antitrust laws inspired the birth of Chinese anti-monopoly measures. With the process of modernization, the economic system shifted from planned economy to market economy in China, which offers the hotbed for the monopoly power. Under the planned economy, the enterprises were suppressed. It was never a question whether the great enterprises collected too many resources back then because the government always had the right and ability to evaluate, judge and execute and remained supreme to the public companies. Then the new sheriff came in town. The market economy gave parts of the privilege and ability to manipulate the market to the market itself. One could be the competitor and referee at the same time. It was when the monopoly power showed up in China. Due to the lack of anti-monopoly theory and experience, imitating and transplanting the EU anti-monopoly system has become the inevitable choice of "legislation first" of China's anti-monopoly law, and the rule system supported by the three systems of prohibiting monopoly agreement, prohibiting abuse of dominant market position and controlling the concentration of business operators has been formed. [12] Guided by market forces, the American antitrust law system has formed a rigorous system of legal precedents and rules. Only under the guidance of the analysis of market forces can the system of anti-ridging and breaking can be expanded, adjusted and revised. According to the theory, market power refers to the ability to raise product prices and eliminate competition, and is an academic concept that substitutes for monopoly power. To some extent, these theories have solved the "urgent need" of antimonopoly law enforcement and played a crucial role in promoting the reform of market economic system. The market economy in China was partly imported from the western countries such as EU and America. The monopoly power, as the flaw of market economy to some extent, was brought to China all along the way. It was even clearer and wiser to gain experience from the American or European antitrust laws. That is where China and western countries share similarities in anti-monopoly laws. However, the economic and political systems in China and America also shares distinctions so there would be obstacles to make all the patterns to fit in at home. It was never a question that whether the Chinese monopoly laws are right or not. The real question is the correct way to develop our own measures which fit perfectly to our system and characteristics. Market competition is a complicated process and monopoly behavior is diversified and unpredictable. Anti-monopoly law can effectively deal with monopoly problem only if it covers the commonness and essence of monopoly behavior. The process to upgrade the laws was never a smooth sailing. According to the mainstream theory of the United States, horizontal monopoly agreement such as fixed price, geographical segmentation and production limitation, means that there must be market forces that raise the price to the monopoly level. Therefore, the aforementioned horizontal monopoly agreement is subject to the principle of illegal per se. Vertical monopoly agreements and other types of horizontal monopoly agreements do not mean that market power is abused. Reasonable principles should be applied to agreements that have the effect of developing economic efficiency and promoting competition in many cases. Under the influence of this, some scholars advocate the "loosening" of regulations in the field of vertical monopoly agreements, which should be handed appropriately with reference to the reasonable principles. However, the implementation of China's anti-monopoly law mainly depends on the mode of "legislative regulation plus administrative enforcement of law"[12], which makes it impossible to apply the principle of illegal and reasonable originated in the judicial process. That leads to the lack of flexibility in Chinese anti-monopoly laws. Due to the serious harm of monopoly agreement to market competition, the anti-monopoly law of all countries makes the determination of monopoly agreement objective, and the subjective intention evidence can only be meaningful in relatively difficult cases. However, this tendency of objectification has a certain negative impact on the system construction of anti-monopoly law in China, which is mainly reflected in the ambiguity of vertical monopoly agreement regulation. According to the relevant provisions of the *Anti-monopoly Law of the People's Republic of China*, as long as there are prior communication and explicit agreement between upstream and downstream enterprises, the factual requirements identified in the vertical monopoly agreement are satisfied, and the subjective state of the enterprise under the agreement is not concerned.[12] This directly leads to the vertical monopoly agreement to absorb the abuse of the dominant position or even the dominant position of the market, resulting in the flaws of the anti-regulation system.

2.2 Practical Use of Chinese Anti-Monopoly Measures

Despite the hardships of developing process, the Chinese anti-monopoly still exerts a major influence in today's reality. Coca-Cola's purchase of Huiyuan Juice in 2008 is a case in point.[11] This is the first merger and acquisition case that has been banned since the implementation of the *Anti-monopoly Law*, and it is also the anti-monopoly case involving the largest amount of foreign merger and acquisition and the most vital influence in that year. Anti-monopoly bureau judgment ability to Coca-Cola its dominant position in the carbonated soft drinks market conduction to the fruit juice market, will dramatically enhance the fruit juice market control, to the existing fruit juice beverage enterprise eliminate or restrict competition effect, potential competitors enter the market barriers will increase significantly, thus hurting drinks the legitimate rights and interests of consumers. From the perspective of industrial development, the merger and acquisition has squeezed the living space of domestic small and medium-sized fruit juice enterprises, inhibited the ability of domestic enterprises to participate in the competition and independent innovation in the fruit juice drink market, which is not conducive to the sustainable and healthy development of China's fruit juice industry[11]. Then, in recent time, the record MYM 2.78 billion fine on Alibaba Group Holding Ltd ushers a promising new chapter for China's antitrust process, which indicates that the country is using methods to maintain positive market order for healthy development of the economy through Internet. It brings about a topic that in the data era, antitrust measures are facing challenges. The fine was up to 4 percent of Alibaba's sales domestically in 2019.[3] "Alibaba accepts the penalty with sincerity and will ensure its compliance with determination," the company said in a statement soon after the decision was announced.[3] "The fine is a landmark event that indicates the country's true enhancement of action against monopolistic behaviors. It is not the end but rather a starting point, as the nation's platform-based internet companies will develop under increasingly sound and clear anti-monopoly regulatory rules," [2] said Fang Chaoqiang, a lawyer at Beijing Yingke Law Firm, one of the nation's biggest law firms. As for another great enterprise, the share price of Chinese food delivery company Meituan fell 5.25 percent, after the company was summoned by authorities for doing harm to the rights of deliverymen and consumers. The company's stock price has fallen nearly 45 percent from a peak of HKMYM 460 per share in February this year, which means that the MYM 206 billion company has lost nearly half of its market value. [2] Consumer welfare standards as a general consensus of anti-monopoly, the source of social optimization is to keep the digital economy fully competitive. The approach takes low consumer prices as evidence of good competition, based primarily on short-term consumer interests. By this measure, some of the most influential online platform companies have won out, thus evading government censorship. Penalties on Meituan and Alibaba, even including Coca-Cola are huge steps to regulate the anti-monopoly measures and set new standards. In the era of network economy, monopoly will not only affect the market share of enterprises in the process of operation, but also play a significant role in the formulation of enterprises' own strategies. During market operation, the existence of market entry barriers will not only bring unfavorable to enterprise organizations, but also have an impact on many social groups such as consumers. Therefore, in view of the monopoly behavior in the era of network economy, current Chinese anti-monopoly laws rely on the administrative capacity of the government, through the establishment of professional anti-monopoly departments, effectively enhance the ability to deal with the monopoly questions. In the process of market operation and development, making full use of reasonable and effective anti-monopoly behavior has positive significance, which can not only reduce the generation of bundled sales market behavior, but also effectively play the positive role of anti-monopoly law and other systems, solve all kinds of stubborn problems in the process of market operation, and improve the stability of market operation. That would be how the new-era anti-monopoly measures come into play.

3. Hints for the Future

The greatest challenge for antitrust comes from the rapid development of the digital economy. The first company in the Internet industry is often far ahead of the second in market share, forming a winner-takes-all solidified situation. [11] Platform operators provide free services in exchange for user data and use it to make profits, which brings huge profits, while users do not get a share of the spoons. It is obviously not fair for users to lose this part of welfare. The precise value of user data is vague to determine, and the companies that own the data have the ability, which makes negative impacts on both competition and privacy protection. The market structure in the digital economy is more unbalanced. Monopoly risks could have accumulated fleetly before the regulatory authorities could respond in a timely manner. Even if the monopolistic authorities were broken due to the emergence of new technologies, the market impact would be too huge in the short term. In the era of network economy, the development level of informationization has been consistently improved. The development of informationization industry has the characteristics of remarkable technology dense collection, and meanwhile, it has reformed the traditional economic theory. So, as a hint, in order to improve the overall level of anti-monopoly measures in the era of network economy in an effective way, it is a must to reform the traditional industry and fully understand the relationship between economic globalization and monopoly phenomenon. Actively develop the flexibility, adaptability and credibility of China's anti-monopoly cases. In the current stage, there are also monopolistic phenomena in the operation and developing process of Chinese social associations.[10] Therefore, it is of great importance to implement supporting reform to effectively improve the level of anti-monopoly and to evolve into efficient form to meet the needs of new era.

4. Conclusion

In this paper, the developing processes and practical uses from antitrust laws have been brought up. Moreover, the comparisons between Chinese measures and western ones are profound and thought-provoking. Analyzing the differences, similarities and flaws motivates hints for the future development of antitrust measures. The case of anti-monopoly law has an evident impact on the fair, just and open environment of the market in today's society. Challenges from the new century should also be noted. The antitrust cases have a long and winding process ahead.

References

[1] GALE E. EU Probing Apple over antitrust claims[N]. China Daily Global, 2020-06-18 (09):34.

[2] CHENG Y. Meituan shares drop as woes continue [N]. China Daily, 2021-05-12 (09):13.

[3] CHENG Y, HE W. Alibaba's MYM2.78b fine shows emphasis on fairness[N]. China Daily, 2021-04-12(06):47.

[4] CHENG Y. Experts: antimonopoly moves keep market healthy [N]. China Daily, 2021-05-03(07):38.

[5] SCHWART J A. Bringing balance to the antitrust force: revising the paramount decrees for the modern motion picture market [J/OL]. UCLA entertainment law review, 2020, 27 (1): 47-100 [2021-05-26]. https://escholarship.org/uc/item/4pq7547z.

[6] ROCK E. Corporate law through an antitrust lens[J/OL]. Berkeley program in law and economics, 1992: 498-560 [2021-05-26]. Retrieved from https://escholarship.org/uc/item/42s2804v

[7] GUZMAN A. International antitrust and the WTO: the lesson from intellectual property [J/OL]. Berkeley program in law and economics, 2000, 20: 3-30 [2021-05-26]. Retrieved from https://escholarship.org/uc/item/80r0k642

[8] YANG Xiongwen, HE Jiacan. A critique of monopolization of intellectual property rights: history and logic [J/OL]. Journal of chongqing university of science and technology (social science), 2020: 138-146 [2021-05-26]. http://kns.cnki.net/kcms/detail/50.1205.T.20210521.0945.002.html

[9] GAO Ying. Reflections on anti-monopoly issues in the era of network economy [J]. Management and technology of small and medium-sized enterprises (next issue), 2021 (05):54-55.

[10] ZHENG L. Anti-monopoly ushered in the new challenge of digital economy [N]. China Times, 2021-05-17(16).

[11] GUO Chuankai. The perfection of anti-monopoly regulation system under the analysis of market force [J]. China's circulation economy, 2021, 35(5):109-120.

Collectivism VS Individualism from the Responses to Fukushima Discharge

Song Ziyi[1]

1. English, 2018, School of International Studies, Harbin Institute of Technology

Abstract: The comparison between collectivism and individualism has been applied to get an explanation of differences between eastern and western world. This essay will analyze the official responses from the American government and Chinese government—their different opinions on the emission of nuclear contaminated water in Japan. Then, with the overview of dumping event, the differences between collectivism in China and individualism in America will be discussed as a way to improve people's understanding of different cultures and the significance of building a community of shared future for mankind.

Keywords: Collectivism; Individualism; Nuclear Contaminated Water Emission; A Community with a Shared Future for Mankind

Introduction

Marine ecological and environmental governance is an important part to tackle the global climate change. It's universally acknowledged that only in the sound operation of the Marine ecosystem and the clean and beautiful Marine environment can people obtain the resources and energy and ensure the sustainable development of the Marine industry. All countries in the world should enhance their own awareness of Marine environmental protection and promote cooperation among governance bodies[1].

On this very note, dumping any harmful substances must not be allowed. However, on April 13th this year, the government of Japan unilaterally decided to emit waste water from the Fukushima nuclear accident by ocean discharge, which will be implemented two years later. Since its announcement, most countries in the area respond to the emission strongly. China, South Korea, North Korea, Russia, the Philippines, the Pacific Islands Forum, the European Union and other parties, hundreds of environmental protection groups, as well as a large number of Japanese people have expressed their opposition, concerns and protests to Japan's decision, whereas the US State Department claimed that the Japanese government's decision is "in line with globally recognized nuclear safety standards", and Secretary of State Antony Blinken went on to express his "appreciation for Japan's efforts"[2].

The differences in culture value between China and America are to be discussed in this paper. It will focus on the official responses of these two countries in the perspective of collectivism and individualism. There are in general two kinds of cultural groups: some cultural groups are in favor of individualism whereas others are in favor of collectivism[3].

1. Emission of Nuclear Contaminated Water in Japan

1.1 Overview of "Dump" Event

On March 11, 2011, a 9.0 magnitude earthquake struck in the Pacific Ocean off the eastern island of Honshu, Japan—the fifth-largest earthquake ever recorded. Fukushima Prefecture's first nuclear power plant was damaged also due to the earthquake and tsunami attacks, then a serious nuclear leakage event occurred. According to the later investigation, there have also been a series of subsequent small explosions and fires.

How to deal with nuclear waste is a big, crucial issue. The Japanese government scrambled ships and equipment to pump large amounts of seawater to cool the reactors. They built a large number of barrel water storage facilities to store the nuclear waste in these "big tanks". Due to the limited materials and storage space for the "large tank", it is expected to reach the maximum amount in 2022.

As a matter of fact, early to October 2020, the Japanese government publicly announced that it planned to discharge approximately 1.23 million tons of nuclear waste water from the Fukushima nuclear power plant into the Pacific Ocean. This news caused an uproar among the world public opinion. Not only environmentalists strongly opposed it, but also governments and media around the world denounced it. Some even called the movement "anti-human"[4]. So does in April 2021.

1.2 Impact of Emission

The radioactive water, with the characteristics of being durable and wide-spread, is very likely to cause risks, damage the biological resources and marine life, and possibly harms human health. In addition, the dumping easily damages the sea water quality and results in the degradation of the vulnerable environment.

The first to be affected is the ecology of Fukushima and the surrounding sea. It is reported that the health conditions and life expectancy of local animals and humans have been greatly reduced, and even a variety of animal mutations have emerged. Marine life tends to be more sensitive to its environment than land animals, and it's hard to imagine what such a huge amount of nuclear waste could bring local marine communities.

Second, the accumulation of radioactive elements may cause huge risks in aquatic system and ultimately humankind. Despite the fact that size of the Pacific Ocean is vast, it is possible that the radioactivity of the waste water could be reduced to less than 1 % of what it would have been if it had been diluted by ocean currents and so on, this does not take into account the accumulation of elements[4]. This will be reflected in the ocean's biological chain, from plankton and Marine plants to large Marine mammals, as they move up to the food chain, and also in the accumulation of radioactive elements. This can be foreseen that the risk of the world's seafood will be greatly increased. It is reported that fishery products, fruits and vegetables, rice and even cosmetics have been exposed to excessive levels of radiation that could cause cancer if consumed or used in the long term.

Last but not least, the incidence of malignant tumors will increase. According to the National Health Education Reader on Prevention of Major Diseases, affected by radioactivity, the incidence of major diseases in Northeast China and East China will be higher than before[4]. In other parts of the country, the seemingly improbable factor of nuclear contamination may become a factor in the incidence of major diseases in the near future, given the major factors related to diet, air pollution and testing levels. In the 1986 Cerberi nuclear pollution accident, about 9,300 people suffered from cancer and died[4]. According to the existing definition of major diseases, the high incidence of leukemia and thyroid cancer affected by nuclear radiation directly leads to an increased incidence of malignant tumor diseases. The accumulation of radioactive substances in the body may exceed the allowable amount and cause chronic radiation sickness and other diseases, which may damage blood organs, endocrine system and nervous system, etc[4].

2. Responses in China and America

2.1 Responses in China

The reports in official can clearly present the views of one country. Therefore, let's continue to discuss the Chinese responses in official news reports.

To begin with, the title of news reports is able to express the ideas of the writer. In response to Japan's dumping decision, Chinese government expressed its refusal with the following titles: Japan needs to "think twice" on water plan: China Daily editorial, Japan determined to release Fukushima wastewater "despite backlash", Japan urged not to "turn blind eye" on wastewater, Japan's nuclear wastewater dump "prompts sharp criticism", Japan's "cost-cutting" water plan: China Daily editorial, Water discharge call "draws fire", etc. In addition, the editors gave high priority to the relevant or related figures and environments to share the concerns of people in global community. For example, they chose the following words as their titles: Japan wants the world to pay its nuclear price, Japan harms global community by dumping nuclear waste into sea, Wave of criticism meets decision on Fukushima, Greenpeace: Japan must reverse decision, etc. Such words as world, global community , wave of criticism and Greenpeace that emphasized that the impact of dump is not just Japan's domestic affairs, but issues of global magnitude. It is worthwhile to mention that the "wave of criticism" was not emerging in China mainland but among the rest of the world[5].

Experts in German conducted simulations showing that radioactive materials in water released from Fukushima can spread to most of the Pacific within 57 days, and will be found in all the oceans in a decade. Even if the density of hazardous elements in the discharge is reduced to "safe" levels through filtering and diluting as the Japanese government claims. The truth is, even before such substantial discharge, Japanese authorities have repeatedly monitored high doses of radioactive elements in fish caught in the vicinity of the Fukushima nuclear plant far exceeding Japanese safety levels. As one Japanese fisherman puts it, "if radioactive contaminated water is safe, they should pour into Tokyo Bay", which shows no satisfaction towards his government. " They told us they wouldn't release the water into the sea without the support of fishermen"[5]. Additionally, recent polls by NHK , short for Nippon Hoso Kyokai, and the Asahi newspaper have found more than half of those surveyed oppose the release.

Moreover, speeches of the spokesperson of the Ministry of Foreign Affairs states the Chinese attitude towards this current event. The dumping water has a far-reaching impact on the marine environment, food safety and human health. There are some comments from the spokesperson. " China would continue to closely follow the situation with the international community and reserves the right to make further responses." "This is extremely irresponsible and will seriously damage international public health and safety and the vital interests of the people of neighboring countries," the spokesman said. Obviously, their responses share the concerns of both Chinese people and people from other countries. A spokesperson for the Chinese Foreign Ministry issued a written statement expressing China's "serious concern as Japan's close neighbor and a stakeholder". "The ocean is the common property of mankind. The disposal of nuclear waste water from nuclear power plant accident is not just Japan's domestic problem." These sentences suggest that China attaches great importance to the issue. They "strongly urge the Japanese side to recognize its responsibilities, adopt a scientific attitude, fulfill its international obligations, and respond appropriately " to the international community, neighboring countries and its own citizens[5].

The last thing about China's responses is the consistence between the Chinese government and its people. The organization is willing to listen to the demands of common people and take the needs of people seriously and try its best to meet them.

2.2 Responses in America

Japan's decision to release nuclear waste into the sea is neither scientifically nor morally defensible. However, the United States publicly expressed its support for Japan, once again performing the "world-famous double standard", which not only disregards the life and security of mankind, violates international morality and evades international obligations, but also completely exposes the individual figure of the American government.

The reports of American official sides express their gratefulness and show their supports to Japan governments. "In this unique and challenging situation, Japan has weighed the options and effects, has been transparent about its decision, and appears to have adopted an approach in accordance with globally accepted nuclear safety standards," the US Department of State said in a statement on its website[6]. The State Council also said in a statement on its website that the Japanese government had been "transparent" about its decision.

As a matter of fact, only few information about the nuclear plant, the treatment of cool water, and the radioactive elements in these water have been presented publicly in its domestic area, not to mention the international community. Thus the American government attempts to weaken the harmful potentialities that the decision will brings. At the same time, it also tries to distort the fact and make people believe what it wants to let them know. What it claims is derived from actuality, designed to isolate certain salient features of actuality.

"We thank Japan for its transparent efforts in its decision to dispose of the treated water from the Fukushima Daiichi site. We look forward to the Government of Japan's continued coordination with the IAEA.[6]" IAEA is short for International Atomic Energy Agency. The besetting sin of them, in short, is to confuse its own interests and opinions with the vast, unpredictable, and untidy reality. And this confusion has at least two bad results—it commits those who believe in their government with full heart and mind, and it misleads them about concrete choice of several events or affairs.

In short, the declaration of their government is not in line with its people's voice. "Earthquakes occur frequently in Japan, why the Japanese government wants to build a nuclear power plant. Their performance at the time of the disaster made them miss the opportunity to save the crisis. The Japanese government will bow to apologize and continue to commit crime." Some people in US felt confused at the construction of nuclear power plant in Japan, causing that the high possibility of earthquake hits will intensify the potential damage.

More ridiculously, the different sectors in American government has great disparities in their ideas. "A linear no-threshold (LNT) dose-response relationship is used to describe the relationship between radiation dose and the occurrence of cancer. This dose-response model suggests that any increase in dose, no matter how small, results in an incremental increase in risk"[6], post by NRC, short for National Regulatory Commission.

3. Individualism in America VS Collectivism in China

3.1 Historical and Cultural Background

3.1.1 Individualism in America

First of all, it is generally believed that individualism is grained in the nuclear family structure with the order and equality among the members. The development of nuclear family structure is related to the unique culture of ancient Greece, which is regarded as the principal source of the Western modern civilization[8]. From the very beginning of the social and economic development of the country, Greek people were engaged in activities on the ocean. Socially, as a result of life on the ocean, the Greek people form what is called nuclear family structure[3]. The lonely, risky and adventurous sea travelling and fighting for survival in the unpredictable natural circumstances shaped the ancient Greeks into unique isolated and free individuals.

Secondly, in the Enlightenment period, the notion of personal freedom and independence was underlined. This individualism orientation in the West can be traced back to Plato almost 2,500 years ago. Influenced by the ontological vision of the world and the cosmos, a human self is regarded as a unique and isolated entity or an autonomous and independent individual[3].

Many Westerners are in low-context communication cultures[3]. In this cultural background, self-expression, verbal fluency and eloquent speech are valued. Direct and explicit way of persuading and influencing others are often replaced by domination, confrontation and persuasion especially in situations of debate and resolving conflict.

3.1.2 Collectivism in China

First of all, collectivism is rooted in what is called the extended family structure which stressed solidarity and hierarchy[3]. The extended family structure is related to the development of culture alongside the Yellow River. In contrast, the Yellow River is the geographical condition confronting the ancient Greek sea as a blessing of the whole nation. The river provided people with fertile land, warm weather and thick forest, which enabled ancient Chinese to cultivate crops and feed livestock for a stable and peaceful life.

Secondly, the Chinese culture is a high-context culture. Analogical language or deferential language or language of empathy means more demonstrating politeness on the part of Chinese speakers. They show the speakers' concern and consideration for the other, which helps to achieve a harmonious relationship in the interlocutors[3].

Thirdly, Chinese world view are influenced by the Confucian holistic, humanistic concept of benevolence, the human way, a way of learning to be human in terms of self-extension and integration in the direction of a community of shared future. In Confucius's view, becoming a benevolent person lies in "learning broadly yet being determined in your own dispositions"[3].

3.2 Main Characteristics of Individualism and Collectivism

3.2.1 Individualism in America

Individualist cultures are prone to emphasize self-concept in terms of self-esteem, self-awareness, self-image and self-expression. In this cultural environment, individuals are treated as the most important element in all social settings. Individualism, as stated by Geert Hofstede, is the most important value held in the United States.

Individualism is a social pattern that consists of loosely linked individuals who view themselves as independent of collectives; are primarily motivated by their own preferences, needs, rights, and the contracts they have established with others; give priority to their personal goals over the goals of others; and emphasize rational analyses of the advantages and disadvantages to associating with others[7].

The western understanding of being human as being rational is beneficial for the self-development of human beings to some extent. Everyone has an autonomous will to generate ethical principles in action. Every human being is therefore free and independent[3]. The world has witnessed the rise of the modern West characterized by liberty, equality, progress, the dignity of the individual, respect for privacy, and the process of law.

First, on the relationship between the individual and the society is emphasized that the individual itself is the most important one, and the state, society, group and others are the means to achieve the individual promotion. Second, a political ideology emphasizes the democracy, freedom and equality of the individual and opposes the intervention and restriction of the individual by the state, society and the collective. Third, as an economic theory, it emphasizes the private property system of the individual. This value is more consistent with human nature, love yourself first, then love others. Thus it can better mobilize the enthusiasm of the individual in order to promote social progress. Last, it emphasizes individual rights, freedom and equality and let people eliminate the sense of inequality[8].

However, the binary opposites such as the duality between self and other, the individual and the collective, body and mind, and humans and nature result in the justification of the objectifying attitude[3]. Individualism may mean greed; self-development may mean an expression of egoism; individual autonomy may mean self-centeredness.

Therefore, in responses to the dumping decision made in Japan, what the American government concerns most is not the human health, global justice, and world peace, but only the interests of America, or political interests in particular. One of the integral parts of individualist cultures is competition. People are ranked, graded, classified, and evaluated so that everyone will know who is the best or No. 1. Competition for them means to outdo each other and to win at all cost. With this in mind, the members from this cultural background will do whatever they can to win. The "silence" towards the risks and the support towards the dumping decision are the evidences of pursuing the maximization of the government's interests. Their objectives are to win the competition and get the dominating position. They seems to ignore the true needs of people, the voice of public, the health of the following generations and the development of human community.

3.2.2 Collectivism in China

Conversely, collectivist cultures tend to emphasize the concept of collectivism or group rather than self concept, "we" rather than "I" consciousness[3]. People under this cultural background are mostly interrelated, interconnected and interdependent. Social networks are fixed and important in social interaction. In other words, the interest of the group is viewed above the interest of the individual. But it does not mean the individual interests are not valued in collectivist cultures. Cooperation rather than competition are highly valued in human interaction and communication[3]. Even in multicultural counseling textbooks, United States racial minorities such as Asian Americans tend to be described as collectivists[7].

Collectivism is a social pattern consisting of closely linked individuals who see themselves as part of one or more collectives (family, coworkers, tribe, nation); are primarily motivated by the norms of, and duties imposed by, those collectives. They are willing to give priority to the goals of these collectives over their personal goals, and emphasize their interconnect relations to members of these collectives[7].

Collectivism allows people to think in a group-oriented way. In this vision, the sea protection is not just the responsibility of one side or few sides, but of all related people. Thus in China's responses, we could see words like: "international public health" "common property of mankind" "the world to pay " "the global community", etc. "Since this feeling of interconnectedness is not merely a private emotion but a sense of fellowship that is intersubjectively confirmable, it is a commonly shareable culture", said by Tu Weiming[3].

First, "realistic man" is the human starting point of socialist collectivism, which puts more emphasis on the social attributes of people. Second, the idea of "the collective before the individual". In terms of the relationship between individuals and society, collectivism advocates the idea that the collective and society take precedence over individuals. The inherent social attributes of individuals determine that individuals are subordinate to the collective or society, and the collective and society are an organic unity composed of individuals. Third, collectivism pursues common good: collectivism pursues public interests and common values. The goodness of an individual only represents the individual's pursuit of what he believes to be a good and happy life. The common good represents the public interest and common value of the collective or all the members of the community, and it reflects the public concern of the collective or all the members of the community[9]. Last, the comprehensive development of human freedom is the ultimate goal that collectivism seeks to pursue. Under the real community, the free development of individuals depends on the existence of the real community. For, there, the private ownership and alienation that once held people in bondage have disappeared. Individuals are thus able to achieve truly free development.

What Chinese government asks for is the long-run goal of common growth and world peace. In response to Japan's decision, China takes a stand as a citizen of global community, not just the neighbor of Japan. President Xi Jinping once said in a conference, "The international community now faces a major test with choices to be made between multilateralism and unilateralism, openness and seclusion, cooperation and confrontation[10]." To tackle these issues, which includes the Japan's nuclear contaminated water dump decision, we Chinese give our own answers. What in our mind are the interests of all people living and going to live in this world; what our present deeds and we will continue to do are safeguarding the national interests our people, protecting the ecological environment, and promoting the sustainable growth of world.

In this collectivist culture, China cannot be separated from the world in achieving development, and the world also needs China for prosperity. China is speeding up efforts to foster a new development paradigm with domestic circulation as the mainstay and domestic and international circulations reinforcing each other. We Chinese seek to work together to achieve the nourishment of people-to-people amity and the construction of a community of cultural exchanges for us all. In 2017, the total import and export volume between China and "Belt and Road Initiative" countries reached MYM1,440.32 billion, up 13.4% year on year, 5.9 percentage points higher than the growth rate of China's overall foreign trade, accounting for 36.2% of China's total import and export trade. The importance of "Belt and Road Initiative" countries has become increasingly evident[11].

3.3 A Community of Shared Future for Mankind

It can be informed from the above comparison that cultures that prioritize individualism tend to embrace competition, self-reliance, self-enhancement, personal achievement, status hierarchies, and wealth inequality. However, those that prioritize collectivism tend to do the opposite, embracing cooperation, communal living, modesty, and group-based or family-based accomplishments. The development trend of personhood, however, in today's increasingly shrinking global village, is characterized not only by the individual right, dignity, liberty, equality, free will, etc., but also by social responsibility, obligation, justice, empathy, and mutual trust, etc. A community of shared future for mankind is an open, inclusive and ongoing process of intercultural communication[3]. It is also a group of individuals who are not like-minded but have differing yet complementary minds. Each civilization is distinct and none is superior to others. So we need to promote mutual learning between our civilizations and enhance good-neighborliness and friendship between our countries.

A community of shared future for mankind can be defined in different ways. It is an anthropocosmic unity, an open, inclusive and ongoing process of intercultural communication, and a group of individuals who are not like-minded but have differing yet to complementary minds[3]. Therefore, the intercultural dialogue on an equal footing cannot only transform one's own culture through learning from others, but also have the potential to create, through coordinated joint efforts, a culture from a third perspective, which contains the core values and ethics to form a community of shared future for mankind.

The unique wisdom in the Chinese culture offers to the world in the building of critical standards lies in the frame work of the anthropocosmic vision that presupposes and generates the global ethics. Unlike the modern and the post-modern ethics, being for both self and other focus on the relationship rather than on the individual rights by cooperation and mutual benefits between self and the other. On this very note, human beings could transcend disparities and binary opposition to extend themselves to and work together to establish a dialectical unity[3].

Conclusion

Each civilization is distinct and none is superior to others. We need to promote mutual learning between our civilizations and enhance good-neighborliness and friendship between our countries. Humanity lives in a global community where the interests and destinies of all countries are intertwined. People around the world increasingly yearn for a better life. The trend toward peace development, cooperation, coordination and mutual benefit is unstoppable. We can conclude that it is necessary to treat the international affairs and disputes by taking a stand not as an individual but a global citizen. The integration of two cultures is best captured in terms of such as multicultural and intercultural personhood or global citizenship, which are achieved through intercultural communication and dialogue on an equal footing[3]. The extended love, concern and care for others connect people closer and closer so much so that solidarity and fraternity are guaranteed, which lay the solid foundation for a community of shared future. The sea is distinctive, compared with the land. That is to say, the land is continuous, fixed and isolated, while, due to the flow of water, once the Marine resources or environment in one place are damaged, it will not conductive to the subsequent development and utilization of this area and have a negative impact on the ecological environmental in the adjacent sea area. Therefore, protecting the public area in the international community is of great importance. I believe that only if we show our concerns towards the world, the world will reward you as expected.

References

[1] 全永波. 全球海洋生态环境治理的区域化演进与对策[J]. 太平洋学报, 2020,28(05):81-91.

[2] 黄惠康. “日本核废水排海的四大悖论”[N]. 解放军报, 2021-04-25(004).

[3] 贾玉新. 跨文化交际新视野[M]. 北京:外语教学与研究出版社, 2018.

[4] 乔天翼,Maksym Yemelyanov,reewungjunerr,radius,Zai Aragon,mandritoiu,INGimage. “核时代”的难题怎么解? 日本计划将百万吨核污水排入海洋的背后[J]. 环球人文地理,2021(01):44-53.

[5] CGTN. Japan determined to release Fukushima wastewater despite backlash [EB/OL]. (2021-04-12). https://global. chinadaily. com. cn/a/202104/12/WS60740971a31024ad0ba b4f6a. html.

[6] 文晶. 日本排放核废水, 美国竟表示感谢? 为什么?! [EB/OL]. (2021-04-14). http://www. china. com. cn/opinion2020/2021 -04/14/content_77406150. shtml.

[7] WONG Y. Joel,WANG Shuyi,Klann ELYSSA M.. The emperor with no clothes: A critique of collectivism and individualism [J]. Archives of Scientific Psychology,2018,6(1).

[8] 王燕飞. 浅谈美国个人主义[J]. 青年文学家, 2017(17):173-175.

[9] 刘建茂. 当代中国集体主义研究[D]. 中共中央党校, 2018.

[10] 习近平. 习近平:共同构建人类命运共同体——在联合国日内瓦的演讲[EB/OL]. (2017-01-20). http://www. ccps. gov. cn/xxsxk/zyls/201812/t20181216-125661. shtml.

[11] 央广网.《“一带一路”贸易合作大数据报告2018》正式发布[EB/OL]. (2018-05-07). https://nd. mbd. baidu. com/r/nrbw3FfLNK? f=cp&u=25d0c9bfb309c 561.

青铜觚的博物学研究

王华宇[1]

1. 兰州大学萃英学院 2019 级　人文专业

摘要:青铜觚在我国有着悠久的历史。本文旨在从博物学层面解析青铜觚背后所代表的的人文关怀。青铜觚不仅样式繁多、制作精美、工艺高超,而且随时代变化样式、种类呈现出一定的此消彼长。觚的产生与华夏先民的饮酒文化密不可分,青铜觚的盛行更是与商朝的酒风盛行之气有着千丝万缕的联系。而青铜觚又不仅仅只是一种酒器,更是一种礼器,在祭鬼之风盛行的商代,青铜觚作为祭祀礼器起到了重要作用。在博物学方面,对于青铜觚,或许我们更应该从其与先民们的关系、历史先民赋予其的情感态度上去关注研究。

关键词:青铜觚; 殷商时期; 样式工艺; 酒文化

A Museum Study of Bronze Goblets

Wang Huayu[1]

1. Humanities, 2019, Cuiyin Honors College, Lanzhou University

Abstract: Bronze goblets have a long history in China. The aim of this paper is to analyse the humanistic concerns behind the bronze goblets from a museum perspective. The bronze goblets are not only of a wide range of styles, beautifully crafted and highly skilled, but also show a certain amount of variation in style over time. The creation of the goblet is inextricably linked to the drinking culture of the Chinese ancestors, and the prevalence of the bronze goblet is inextricably linked to the prevailing wine culture of the Shang dynasty. The bronze goblet was not only a drinking vessel, but also a ritual vessel that played an important role on rituals and festivals in the Shang dynasty, when the ritual sacrifice of ghosts and spirits was prevalent. In museum terms, it is perhaps more appropriate to look at the bronze goblet in terms of its relationship with the ancestors and the emotional attitudes that the historical ancestors gave it.

Keywords:bronze goblet; yin and shang dynasties; stylistic craftsmanship; wine culture

引言

青铜觚在我国有着悠久的历史,随着我国商周时期一些贵族墓的文物出土,关于青铜觚的相关研究也在我国顺势兴起。但到目前为止,关于博物学方面的青铜觚研究解读为数不多。本文旨在从博物学方面解读青铜觚背后的文化内涵以及人文情感,尝试寻找关于青铜觚研究更加贴合原时代的立场与角度。

1. 青铜觚的样式工艺与时代变迁

青铜觚目前最早见于二里岗文化时期,盛行于殷商时期,衰落于西周早期。许慎的《说文解字》中说:“觚,乡饮酒之爵也。一曰觞受三升者谓之觚。从角瓜声。古乎切。”[1]也就是说,觚最初的产生与先民的饮酒习俗有关。我国大约在新石器时代就有了粗糙的酒,而饮酒的盛行又催生了酒器的制作产生。到殷商时期,经历了漆木觚、陶觚,商朝高超的青铜技艺催生出了青铜觚,而且样式繁多、工艺高超。值得一提的是,在现有的文献古籍中,有的说觚的容量是二升,也有的说觚的容量是三升,《周礼》云:“爵一升,觚三升,献以爵而酬以觚。”[2]而现在,对于觚到底是三升还是二升,学界仍然存在争议。李济先生在《记小屯出土之青铜器》[3]中分析,发现爵与觚的大多数容量比在1:2.1到1:2.5之间,也就是说,觚的容量大概是爵的两倍。而事实上,在殷商贵族墓中,爵与觚大多数成套出现,一觚一爵为一套,有的墓陪葬一套,有的墓陪葬两套、三套甚至许多套,我们可以推断,套数的差异也反映着墓主人身份地位的差异。

青铜觚有很多种分类方式,有按照时期分的,有按照形状分,等等。这里只是简略涉及,并不多讲。最初的青铜觚是为喝酒设计的,中间细两端粗,相较于后面的细体觚较为粗矮,腰部略粗,圆足,喇叭敞口式,敞口的程度较轻;而后面的细体觚,口部外侈程度很大,觚腰很细,整体非常高,细长华丽,装饰精美,一般装饰有兽纹,圆足上一般有镂空纹饰等,有时圆足内还刻有铭文。目前有很多学者在做青铜觚的分类研究,其中,长沙市考古研究所的孙明研究员在《商周时期的青铜觚及相关问题研究》[4]一文中对于青铜觚的类型研究较为详细。他根据青铜觚器形将其分为甲类圆觚与乙类方觚,甲类中又根据腹部形制不同分为A型与B型,A型根据是否带鋬分为两个亚型,不带鋬亚型中根据腰部粗细变化分为四式,B型根据腹部及形制不同,分为三式。

由此可见,青铜觚不仅数量极多,而且样式繁多。殷商时期,人好饮酒,并且有祭祀的风俗,青铜觚就被赋予了酒器兼礼器的职责。在殷商早期,青铜觚作为酒器的作用远远大于礼器的作用,因此多呈现为粗体觚,而随着殷商文化逐渐发展,青铜觚开始向华丽繁复的细体觚发展,作为祭祀用品,细体觚必须华丽精美,觚身腹部必有纹饰,兽纹、饕餮纹等居多,圆足上有雷纹等镂空纹饰,许多青铜觚在底部圆足有几个十字镂孔,以三个居多,并且圆足内往往刻有铭文。目前大家所公认的“觚”的叫法来自于宋人,但实际上在觚的铭文考古过程中,有学者发现被称作“觚”的东西实际上可能应该被称为“同”。而为了保持壁厚,青铜觚铸造过程中往往采用芯撑技术,有泥芯撑与金属芯撑之分,脱落后形成镂孔,有十字形、条状、方形、三角形以及不规则形等。在殷商早期,粗体觚较多,而殷商中后期,粗体觚慢慢减少,细体觚增多,觚身腰部越来越细,身高越来越高,觚口外侈程度越来越大,其实用作用被慢慢弱化。

2. 青铜觚与酒文化

青铜觚的诞生与华夏先民的酒文化有着密不可分的联系。中国种植麦、粟、稻等粮食作物较早,因此较早地研究出了用粮食、水果等发酵成酒的方法,虽然制作较为粗糙,但先民们对于酒的喜爱十分强烈。尤其是殷商时期,人好酒,所以酒的身价就很高,在出土的一些殷商贵族墓中,随葬酒器往往随主人在棺中,而装食物的青铜器物则在外棺,也就是说,商人看重酒远远大于食物。而酒的身价高,作为酒的容器的酒器地位自然也就水涨船高了。在一些殷商墓中,青铜觚的数量、品种、质量一定程度上代表着墓主人的地位与身份,商朝朝廷对于酒器的数量、品种分配有严格的规定,青铜觚作为重要酒器之一,自然也与地位、礼仪有着重要联系。

在漆木觚、陶觚的时代,觚作为酒的容器,被制作得十分质朴,大大的口,微微外侈,虽然中间细两端粗,但粗细比例大致均衡,人们以此装酒。商朝初期,青铜觚的制作的确也继承了前人的习惯,被用作酒器。然而,一方面政治王权发展,商王贵族要用精致华丽的器皿凸显高贵,另一方面,祭祀所用的青铜觚自然必须要尽可能华丽繁复。于是,商朝的能工巧匠们想尽方法美化青铜觚。越来越细的腰身、繁复的纹饰、精致的镂空设计,让青铜觚变得越来越尊贵。然而,纹饰镂空的增加,让青铜觚不适合手持饮酒,腰身的变细、觚口外侈程度的增加让青铜觚不适合装酒饮用,相比之下,较为朴实端庄的爵更适合人们作为日常酒器使用。有说法称,温酒用爵,凉酒用觚;也有说法说商朝后期人们渐渐不再使用觚作为日常酒器,因此最初质朴的粗体觚越来越少,渐渐不可寻。无论如何,在殷商时期,青铜觚的精神象征意味不断加强,实用功能不断削弱是不争的事实。

殷商时代,上至天子贵族,下至黎民百姓,无不狂热于饮酒,陶醉于醉酒后的狂欢状态,这点与古希腊时期的"酒神文化"精神有些类似,但古希腊时期的酒神精神大多宣泄于艺术文化之上,而殷商时期好酒的习惯影响了国政。据记载,商纣王时期造酒池肉林,让奴隶们赤裸追逐其间,试想,一个国家的国君如此,那么上行下效,贵族、平民酒瘾泛滥,贵族奢靡成性,在这种状态下,商朝不出所料地走向了灭亡。而终结商王朝的周朝,则将"酒"归结为致使商朝灭亡的罪魁祸首之一,严令禁酒。这当然有些夸张,"酒"作为古代劳动人民创造智慧的结晶,本身并没有错处,真正错的是商人不加节制的贪欲与享乐欲。而周朝的禁酒令不仅仅影响了酒,更使得作为酒器的青铜觚在周朝早期渐渐没落,而后在宋朝重又得到辉煌,只不过其人文意蕴已经大大改变了,文人士大夫重新赋予了青铜觚金石考据、高雅欣赏的志趣,青铜觚以另一种形式重见天日。

3. 青铜觚与殷商时期的祭祀

历代商王不仅仅是政治上的统治者,更是氏族长老,率领贵族进行祭祀。酒作为商人钟爱的食物,自然要用于祭祀。而既然要祭祀,酒器就必须选择华丽、繁杂、崇高的,以示威严。

许多青铜觚都纹有饕餮纹,正如丁薇在《从酒器商觚浅谈夏商时期酒文化》一文中所说:"饕餮,史料载是缙云氏之子,传说是古时候一种恶兽,有首无身,性贪婪而好食,令人惧而生威,镌之器皿以登君王将相之堂。早期此纹饰有戒贪禁欲的意思,后被统治者用其显示身份及控制民众思想。"[5]在祭祀中,选择的青铜觚必须精美且能象征身份,饕餮纹作为一种纹饰,本身体现了制作的精良,同时饕餮骇人,有显示君王威严的作用。至于戒贪禁欲,原本可能是初意,而随着王朝发展,饕餮纹不仅没有"戒贪禁欲",反而成了骄奢淫逸的象征,不可谓不是一种讽刺,而真正要做到"戒贪禁欲”，又怎么能是一件小小的纹饰能决定的呢？

4. 总结

青铜觚作为珍贵酒器、礼器的一种，样式繁多、制作精美、工艺高超，大大体现了华夏古代劳动人民尤其是殷商先民的智慧。随着时代变化，青铜觚的职能作用也在改变，从最初的饮酒器皿，到殷商时期的酒器礼器兼容，再到宋朝时的金石赏玩考据，但青铜觚所代表的人文意蕴、精神内核始终存在，是华夏物质精神文明的缩影。放之于博物学的领域，我们更需要去深入挖掘青铜觚背后的情感、精神，人物交织的关系，这应当也必须是青铜觚的博物学研究范畴的重大课题。

参考文献

[1] 许慎. 说文解字[M]. 北京：中华书局，1963.

[2] 郑玄. 周礼注疏[M]. 上海：上海古籍出版社，1990.

[3] 李济. 记小屯出土之青铜器[J]. 考古学报，1948(3)：45-46.

[4] 孙明. 商周时期的青铜觚及相关问题研究[J]. 中原文物，2020(2)：99-106.

[5] 丁薇. 从酒器商觚浅谈夏商时期酒文化[J]. 文物天地，2019(8)：16-17.

British Romanticism Literary Theory and the Aesthetic View of "Qiaoge Ji"

Li Xianzhe[1]

1. Department of English, 2019, School of Foreign Languages, Harbin Institute of Technology

Abstract: It is not groundless to analyze Chinese classical poetry and literature from the perspective of Western aesthetics and literary theory. It is precisely for this reason that I have made an attempt to analyze the collection of Chinese Song Dynasty poet "Zhu Dunru's Qiaoge Ji" based on western British romantic literary theory. The works in "The Collection of Woodshoes" may be gorgeous and arrogant, or the objects may be bright and frustrated, or they may be sighed and emotionally unstoppable, or they may cry with tears but have long ambitions... In short, Zhu Dunru is simple a clear but controversial poet who used fine wine and ink to make romanticism flourish throughout his life.

Keywords: English Romantic Literary Theory; Zhu Dunru; "Qiaoge Collection"; aesthetic connotation

Introduction

Zhu Dunru, also named Zhu Xizhen , is noble and clean, although he just dressed a set of common clothes, he was famous above the court. In the "Song History · Zhu Dunru Biography", it was recorded that, "In Jingkang, when you are called to the capital, you will be treated as an official. Dunru's remarks said: "The nature of the elk is happy and free, and the jubilation is not what I want. " So he returned to mountain. " [2] The ambition of Jishan is evident. In the history of poetry in the Song Dynasty and even in China, Zhu Dunru was one of the few writer who could write the changes and ups and downs of his life's aspirations and emotions into his poetry. We can divide Zhu Dunru's poetry into three stages: first, before Jingkang, be free and self-employed, as a juvenile tour; second, after the Song Dynasty, moved to the south, impassioned, grief and majestic; third, living in seclusion, with dusk and white feathers, getting a thorough understanding of life.

1. The Words Are Sentimental and Exquisite, Talk about Landscapes to Sell Worries—the First Installment

Wordsworth once said, "All good poems are natural expressions of strong emotions. " [3] "The subject matter and language of poems should be inspired by the countryside. " [3] Zhu Dunru's early poems: the words "Choosing Moon and Flowers" and

"Qi Ting Asking Wine, Desolate Temple Seeking Tea" in "Chao Zhongcuo" are very good examples of Wordsworth's romanticism.

Wordsworth advocated that poets live in the countryside and gardens, experience with heart, relax in nature, find inspiration, and sense the aesthetics brought by natural scenery. There is a bit of "sorrowful leaves in strong autumn, and joy in softness of spring"; when he sees the slightest knowledge, he moves when he sees the meaning. When the poet sees the eye-catching sight in front of him, he feels a little moved, and feels passionate, but is hard to restrain himself, expresses his emotions without restraint, and generously use his pen. Talk about the article, complete the "natural expression of emotion". So there is Zhu Dunru's early life in Wuling, where he "golden the whip to take advantage of the fragrant dust" in his early years, and also has the elegant, free and easy seclusion of "to spend a rest at a restaurant in the flower room, travel in the second room in the wind, and snow across the three rivers". In the Song Dynasty era of "the will of the whole people"[4], the economic and cultural rise and development were in line with the will of the whole people, and they all inspired the will of the whole people. At that time, whether it was for the nobles, or the scholar-officials and the poor class, they are all very gentle. They have more opportunities to live in the mountains and rivers and forest springs. In the context of that era, Zhu Dunru, who was even more detached, was able to do this, focused on the winds of nature and escaped from the tedious affairs of the world...

Another example is the ability to write poetry advocated by Wordsworth, which contains the so-called "imagination and fantasy", as well as the "fictional ability" required to observe nature [5]. Zhu Dunru also fully demonstrated his ability to change, create and associate in his early poems. For example, in his "Partridge Heaven · Xidu Works" "I am a Qingdu Shanshui Lang" "I was granted to Luzhi Fengqi, I was tired to leave the cloud and borrow the moon chapter" and "Poems, wine thousands of people". These few sentences fully demonstrate what Wordsworth calls "imagination and fantasy" and the ability of fiction. What is "exhausted wind"? That is, "zhiluchifeng", combined with the sentence of "tiring up, staying on the cloud and borrowing the moon chapter" in the next sentence, that is, the management of wind, rain, cloud and moon is also. These high-spirited images are full of bizarre thoughts. When Zhu Dunru wrote his lyrics, he flexibly created and associated, and even expressed his feelings with the help of fictional gods. All these can show that Zhu Dunru is a poet who is good at imagination and not constrained by empty space. Think about how ten thousand poems and how many wines are? These ordinary images were immediately reconstructed after the poet added the quantifier of "thousands and tens of thousands", and they bloomed into even more intoxicating imaginations.

2. The Lin Mansion of Traveling Articles, the Poems Are Simple and Passionate—the Second Installment

"In terms of language style, Wordsworth advocated using the language of daily life, that is, to develop the artistic tradition of folk songs."[6] Although the Song Dynasty was famous for its "Ci", its status in orthodox literature is still far less than that of "speaking". The poem of "Zhi" and the prose of "Dao"; it is precisely because of this that the Ci is called "Shi Yu". Although there is a view that "the words of the poem came to the master of Li, the vision began to grow, and the emotion was deepened, and the words of the actors became the words of the scholar-officials" [7], but in the period of Zhu Dunru, the words were still the nonsense of the literary scholars. Take, for example, today, if poetry is a classic movement in people's minds, then words are newly-born pop music or folk songs; in the Song Dynasty, it is the rebirth of the city folk songs based on "market language". This "language of the city" is close to the "language of everyday life" spoken by the people of the Song Dynasty.

However, from the beginning of the middle and late Tang Dynasty, with the rise of the poor class and the rise of civic literature, this kind of "market language" has become more and more vigorous. This language, which is closer to everyday life, contains relative power in its relative simplicity. Facing the country's enmity and the southward migration of the Great Song Dynasty, Zhu Dunru's style of poetry has been vigorous and changed. It is simple and sparse. Although the words are simple and rubble, the sound of the collision is like "the swing of yellow, gold, and jade."

Zhu Dunru's most famous "Voice of Gold and Jade" during this period is nothing more than the term "Meeting and Joy": Upstairs in Jinling City. In Jingkang's hardship, the Jin man beat the drums and Ge Jia, the second holy "North Hunter", and the Central Plains "fishy mutton as promised" from then on. Ascending to Jinling City, what you see in front of you, under the eyes of Zhu Dunru's green eyes, is naturally the scenery of the rivers and rivers of "a thousand miles of sunset, big rivers flowing"; this is the same as Xie Tiao's "big rivers flowing day and night, the heart of the guest is not young" alone and melancholy. Quite differently, this plain and easy-to-understand but need to sing ironically reveals an irretrievable tragedy of national destruction. "The Central Plains is chaotic, the hairpins and cherry blossoms are scattered, when will it be harvested?" What does "spinning" mean? Refers to the family. The poet took back the feeling of great sadness in his heart, and tried to express his hope and voice to the old mountains and rivers in front of him. At that time, Yangzhou had become the front line of the anti-golden war. "Trying to be a sorrowful wind and tears, passing Yangzhou", the concern for soldiers and war can be seen.

Another example is the phrase in his "Magnolia with reduced characters. It is more like tears on the Xunyang River. The east wind is thousands of miles. The country is broken and the mountains and rivers fall bright red." We will find it straightforward. Truthful but vigorous and long-lasting characteristics. This was the "daily language" of the Song Dynasty, full of tension and expressiveness. In this golden and jade voice, Zhu Dunru of the main battle group revealed the characteristics of the era and hoped that the ruling class would make a difference. This greatly embodies the spirit of the times, the national spirit and the ideal spirit. Just as Shelley defined the poet, "When a great nation awakens to realize beneficial reforms in ideology or system, the poet is the most reliable pioneer, partner and follower." [8] Whether it is poetry or a word, it should be the product of the times and the voice of the times.

3. The Heart Is Dignified with Frost, the Capricorn Catches a Thorough Understanding—the Third Stage

When Zhu Dunru gets old, he has neither the unrestrained and unrestrained nature of his youth nor the magnificent pen of middle-aged life, but his own lonely sentimentalism.

When we read Zhu Dunru's work "Shui Tiao Ge Tou Ship Thousand Miles to Lingbo" in his later years, the top film of the poem wrote about the feeling of leaving the country and leaving home. The beginning of this poem shows an open picture: the waves are thousands of miles, the clouds and the water are vast, and the poet is setting a boat on the river. However, the beautiful Jiangnan landscape only wins the poet's slight attention, which implies that the poet who had been obsessed with the landscape has no intention to indulge in the Wuyue landscape surrounded by smoke and clouds at this time. When we set off the Yangtze River and headed eastward down the river, apart from glancing at the mountains in southern Jiangsu, we only saw the rolling river water and patches of white clouds. The three or four sentences "Yun Tun Water Mansion, Taos Follow Goddess and Tao Tun Water Mansion, Clouds Follow Goddess" are intertextual references, describing the scene of clouds gathering and surging on the Yangtze River.

Facing the magnificent scenery of the Yangtze River, the poet couldn't help but feel emotional, so the first six sentences immediately said: "The Norther is flamboyant, the heart is partial, and but I am aging". "The heroic and partial, the age will be late." The poet fled from Luoyang to the south, So I call myself a "Northern guest." I have aspirations to serve the country, but there is no way to serve the country, but my age is getting old day by day. How can this not make people emotional? In fact, this is not only emotional, it also contains the poet's reality dissatisfaction. Just because of dissatisfaction with reality, I will naturally miss the past years and the people and things of the past. Facing the green mountains and green waters, the poet thinks of the prosperous Luoyang in the past, and recalls the "Yi, Song old hidden" who once enjoyed the landscape. They are historical figures with the characteristics of the times, representing themselves, and at the same time undoubtedly a symbol of the poet's past memories. "Old friends" must have made the poet extremely moved. Before the "Event of Jingkang", the life of slanderous and unrestrained landscape has become the eternal past, and is gone forever. The poet can't help but sigh "Nan Ke Meng, so unexpected". The aging and helplessness brought by the passage of time are already life. It's a very painful thing, not to mention the sorrow of life in troubled times and the death of the country. This is more than the sorrow of the passing of time and no more lofty ambitions.

The next film is about the care for national affairs and the grief that there is no way to serve the country. At the beginning of the word, he pointed out painfully, "Looking back at the demon atmosphere Zhu Sau, and asking where is the world, where is the hero?" Looking back at the Central Plains, the golden soldiers are still entrenched, and where the heroes who resisted the gold are. Zongze, the famous anti-golden general, wrote many letters, urging to send troops to regain lost ground, and was blocked by the surrender faction, and became sick with anxiety and anger. Repeatedly called "crossing the river" and died forever. Li Gang, the prime minister who advocated using the Rebels of the Two Rivers to recover lost ground and expel the Jinren, was squeezed out of the court by the surrender faction. "A miraculous plan to serve the country, pitiful and useless, dusty white feathers." These sentences are not only a pity against the misfortune of Heroes Jin, but also an expression of their grief that there is no way to serve the country. The supreme ruler of the Southern Song Dynasty didn't use it against the heroes of the Jin, and didn't use it for those with conspiracies to serve the country, while the Jinren drank horses in the Yangtze River.

Faced with this reality, the poet can't help thinking of the historical events of Jin and Wu. "Hengjiang with iron locks, Jinfan surfing, Sun Lang is suffering." Now, will the history of Jin and Wu repeat itself. Thinking of this, the poet is extremely painful. But what can be done. "The sorrow knocks on Gui Zhao, and mourns *Father Liang*, tears flow like rain." I can only knock on the boat and chant the poem *Father Liang* like Zhuge Liang, who lived in Nanyang and cared about the world's major events. How painful this is to a patriot, so "tears flow like rain". This kind of pain is deep, and the grief and anger are painful and protracted. In that era, no patriot with a sense of justice could not escape.

The whole word is straightforward and passionate, integrating the destiny of the individual and the country. The whole poem is the expression of the personal emotions of the poets during the Nandu period, showing an image of aspiring scholars that is different from the "fairy style". At the same time, the poetry reflects the historical destiny of a generation of literati and doctors, especially the future of the Nan'an scholars with ideal aspirations and ill-fated fate, which can be described as the epitome of a generation of scholars in the Nandu period.

Again like his "Xijiang Moon", it is composed of prose sentences, which shows the poet's thorough understanding of the world in his twilight years, and reveals a leisurely and far-sighted style. The first two sentences, "The world is short like a spring dream, and the human relationship is thin like an autumn cloud", are full of bitter brushstrokes. These two sentences are about work smoothly and express the author's understanding of life in a concentrated and vivid way. The metaphors of "short as a spring dream" and "thin as an autumn cloud" are ironed and natural. Next, the strokes of the pen were changed, and the various changes and performances of the world's human relations were attributed to the power of "fate". The word "Originally" reveals an expression of incomprehension, but also implies a bit of anger. In front of the mighty God of Destiny, he felt powerless, so he passively gave up the struggle: "Don't worry about hard work", his tone contained regret and self-deprecating for his early pursuits. "Careful" means calculating. The inversion of these two sentences is not only to take care of the rhyme, but also to put the emphasis on the meaning of the sentence. The mood changes from heavy to relaxed, which also reflects the poet's feeling of being relieved from the epiphany.

"Fortunately, three glasses of wine are good, and the situation is a new flower." The poet turned to fun in time, indulging in the wine and flowers. The words "Xing Yu" and "Kuang Feng" bring a sense of intimacy, while "good wine" and "flower new" are the portrayal of joy. "Three Cups" and "Yiduo" are held in opposition, giving a vivid impression.

The context is all discussion, which makes these two sentences about skillfulness especially fresh and interesting. There is not much ink, but the protagonist's joyful and happy life style is vividly displayed. In the last two sentences, although self-satisfied with "a moment of laughter and blind date", as for "tomorrow's cloudy and sunny", it is the impermanence of heaven, and I plunged into a deeper sigh. It is a lament of the ups and downs of the world, and perhaps has political implications. The last sentence in the next film echoes the sentence in the previous film that "everything has fate", and returns to the "fate". It can be seen that the author's life attitude is forceful but depressed in reality.

4. Conclusion

This sentimentalism is actually sensitive romanticism; romantic writers will look at things with their own colors. Because of the ability of sensibility and empathy, this kind of poet will tell things that ordinary people cannot. This is the romance between Zhu Dunru and Chinese classical poetry. Zhu Dunru's life was arrogant and arrogant, and it was only in his later years that he stood in Qin Hui's team for twenty days because of his son, and it became a stain in his life. In my opinion, this is unnecessary.

Everything has its mainstream. We should pay more attention to its mainstream instead of giving up food because of choking and giving up big and small things. I am not here to reverse the verdict. I just hope that Zhu Dunru, a decadent and romantic poet, will not bury his talent in the long river of history because of a flaw.

References

[1] ZHU DUNRU Qiaoge Ji[M]. Shanghai: Shanghai Classics Publishing House.

[2] Song History. Zhu Dunru biography[M]. Zhonghua Book Company Publishing House,1985.

[3] Wordsworth. A collection of lyrical ballads-preface to 1800[M]. Shanghai:Shanghai Jiaotong University Press,2020.

[4] Lin Geng. Summary of Tang [M]. The Commercial Press,2017.

[5] Wordsworth. The preface of "The Collection of Lyric Ballads" in 1815[M]. Shanghai:Shanghai Translation Publishing House,1979.

[6] Zhu Liyuan. A course in western literary theory [M]. Higher Education Press,2008.

[7] Wang Guowei. The notes and comments on Ci poetry [M]. Guangming Daily Publishing House, 2014.

[8] Shelley, Miao Lingzhu. In Defense of poets [M]. Hebei Education Press 2000.

A Comparative Analysis of Zits in *Flight* and Amir in *The Kite Runner* from the Perspective of Identity Reconstruction

Liu Kedong[1], Ni Ziqi[2]

1. Professor, School of International Studies, Harbin Institute of Technology
2. English, 2018, School of International Studies, Harbin Institute of Technology

Abstract: Sherman Alexie and Khaled Hosseini are both American ethnic minority writers of great preeminence, whose representative masterpieces, respectively *Flight* and *The Kite Runner*, are the focuses of this thesis. Zits in *Flight* and Amir in *The Kite Runner* notably share one thing in common, the experience of undergoing an identity crisis. Their identity crises are closely related to the psychic trauma rooted in their childhood as well as the vicissitudes in their cultural backgrounds. Zits actualizes an identity reconstruction after a "soul travel" while Amir does it through immersion in literature and self-salvation. Through a comparative analysis, a conclusion is drawn that only when one eliminates the psychic trauma rooted in his or her childhood by facing it bravely and regaining the hope for life can they actualize an identity reconstruction.

Key words: Identity Crisis; Identity Reconstruction; Trauma; Comparative Literature

身份重构视角下青春痘和阿米尔的对比分析

刘克东[1]， 尼子奇[2]

1. 哈尔滨工业大学外国语学院 教授
2. 哈尔滨工业大学外国语学院 2018 级 英语专业

摘要:谢尔曼·阿列克谢和卡勒德·胡塞尼都是美国杰出的少数民族作家,他们的代表作《飞逸》和《追风筝的人》在族裔文学领域中极具代表性且影响深远。《飞逸》中的青春痘和《追风筝的人》中的阿米尔有一个共同点,即经历了一次身份危机。他们的身份危机与童年时期的心理创伤以及文化背景的变迁密切相关。青春痘在“灵魂旅行”后实现了身份的重构,而阿米尔则通过文学和自我救赎实现了这个过程。只有勇敢面对童年时期产生的心理创伤,重拾生活的希望,才能实现身份的重构。

关键词:身份危机;身份重构;创伤;比较文学

Introduction

Born in 1966, Sherman Alexie enjoys a prestigious status in the field of modern America literature, and especially he is the representative figure in American Indian literature[1]. *Flight*, published in 2007, is one of his major writings and has won him many notable awards. This novel tells how the Irish-Indian teenager Zits loses his identity and reconstructs it after undergoing a magical "soul travel". Zits' identity crisis originates in his miserable childhood experiences. For instance, his father leaves Zits when his mother is giving birth to him, and he is treated maliciously by his aunt and her boyfriend, etc. All the painful memories cause psychic trauma within Zits' fragile heart and he has to pretend to be tough to protect himself. After a misdemeanor, he is sent to a jail where he meets a white boy Justice, who encourages him to shoot in a bank. Then, Zits faints and goes through a soul travel during which he experiences fives different types of life in the bodies of three white people and two Indian people. The travel makes him realize the differences lying in American culture and Indian culture. He understands why his father leaves him when he is born and his self-awareness is gradually awakened. He obtains love and care in a new foster family and begins to accept his true identity, calling himself "Michael", which is his real name.

"Hosseini's particular status—as a member of the Afghan diaspora and a full-time citizen of the West—can be seen as bolstering his decision to write fiction that might ease the difficulties of cross-cultural understanding in the post-9/11 era", said Sarah in his "Translating trauma in Khaled Hosseini's *The kite runner*"[2]. *The Kite Runner* is one of his representative writings as well as the one that makes him popular. The novel tells a story about growth and self-salvation of the protagonist Amir. Amir and Hassan are close friends who grow up in Kabul, Afghanistan, which is a country of political unsteadiness and war chaos. Even though Amir later lives in America, he is still tortured by the psychic trauma which is caused by his betrayal to Hassan in their childhood. After experiencing a lost identity and struggling in finding his own place in the new world, he hears from Rahim Khan that Taliban has killed Hassan and his wife, fortunately leaving their son Sohrab alive, which prompts Amir to return to Afghanistan to save Sohrab from danger. With great bravery and determination, he finally makes it to achieve self-salvation and regains his lost identity.

Trauma refers to the physical or psychic damage caused by external factors such as an extremely distressing experience[3]. Physically speaking, it can be taken as a wound that is left after the experience of a car accident, an earthquake or a flood. Psychologically speaking, it can be viewed as an injury that is engraved by strongly emotional shock or fear or sorrow, especially those experiences that should have threatened lives. According to Freud, psychic trauma could be divided into three stages: first is the childhood memories of the miserable experiences, second is the puberty memories of such experiences and last is the remembrance of the early miserable experiences[3]. Psychic trauma seemingly won't sentence an individual to death immediately. In the long run, however, the negative feelings and emotions accumulated will ruin the mentality and spirit of a normal person. The study of the impact of psychic trauma on individuals especially those minorities who need special care is relatively significant for them to bravely face the psychic trauma and eliminate it.

In recent years, a lot of researches have been done to study the topics of growth and self-salvation in *The Kite Runner* due to its popularity and depth in meaning. "As one of the most profile writers in the field of modern Native American literature, Alexie, together with his works, receives numerous attention from readers and critics"[4]. Nevertheless, few scholars have paid their heed to the comparative analysis of *Flight* and *The Kite Runner*. In fact, these two novels have notable resemblances. For instance, the protagonists, who are both American minorities, have undergone an identity crisis and an identity reconstruction. From the perspective of comparative literature, this cross-nation literary comparative study is conducive for a better understanding of the same issue of identity crisis and reconstruction among the ethnic groups. Through a comparative analysis, this thesis probes further into the contributing factors behind the protagonists' identity crises and analyzes their approaches to reconstruct the lost identities with referential significance for the minorities of the modern world. Identity reconstruction for minorities requires a complete separation from the psychic trauma that is rooted in their early life periods, and the optimal approach is to face it bravely and regain the hope for life.

1. The Protagonists' Identity Crises

Zits in *Flight* and Amir in *The Kite Runner* notably share one thing in common, the experience of undergoing an identity crisis. Before coming close to unveiling the reasons for the identity crises of Zits and Amir, it is necessary to have access to the developing process of their identity crises. In this chapter, a brief introduction will be given to Zits' and Amir' s identity crises. Then, main heed will be paid to the comparative analysis of the similarities and differences between them.

1.1 Zits: A Ruined Irish-Indian Teenager

Zits is a representative figure who fails to construct a sound identity during his early childhood. He is an Irish-Indian child whose Indian father leaves his mother at his birth. The early years of his life lacks the accompany of fatherly love, yet compensated with the dedicated love and care from his mother. However, he has to bear the sorrow of separation once again as his mother dies of breast cancer when he is six. His mother's death carves an irrecoverable wound within Zits' infantile heart. Zits is then adopted by his only relative in the world, his aunt, with whom he suffers loneliness and indescribable hurt from her boyfriend. Later, Zits moves to more than 20 foster families and seeks care and love from those foster parents. Mostly in vain. He is in a dilemma where the white culture expels him for his Indian origin and the Indian groups exclude him for his Irish blood. Once he meets a wealthy Indian foster father Edgar who treats him nicely at first, making him believe that he could obtain love and care there. But his hope vanishes during a plane model game, for his foster father's jealousy towards losing the game to a good-for-nothing child like him[5]. Through these experiences, Zits loses his hope for love and care. He begins to pretend to be tough and hides his feelings and emotions from other people, behaving mischievously and even maliciously for self-protection. When he punches his last foster mother and refuses to obey his last foster father's order, he has already formed a ruined identity, which leads him into wildness and vagrancy.

1.2 Amir: A Damaged Afghan Child

Amir loses his identity in confusion and self-suspect. Amir is born in a rich Afghan family with a wealthy and influential father. Amir loves literature and dreams of being a writer when he grows up, fervently hoping to be recognized by his father, but his father deems that literature is not a man like him would appreciate. Thus, he pays little attention to Amir' s literary creation and blames him for his beloved wife's death of giving birth to Amir. According to Chen Kaifu, children need enough love and care from their parents to develop a sense of trust in their infant stage, nevertheless, as a kid, Amir did not receive enough care from his father[6]. Lack of maternal love and being unrecognized by his father have depressed young Amir for a long time. Apart from this, his father's love and care to Hassan engenders such a strong feeling of jealousy and hate in Amir's mind that he refuses to offer a hand when Hassan is raped by Asif and even frames Hassan of stealing his watch to drive him out of his family. After his "success", he doesn't seem to be able to taste the joyfulness of getting rid of Hassan, only to end in a state where guilt and regret occupy his mind and torture him day after day. What's worse, his father doesn't shift his love from Hassan to Amir, instead, he considers Amir as the one to blame for Hassan and Ali's leave. Amir is lost in a situation where neither friendship or love is sustained. All these enhances his self-suspect and confusion about his identity, causing a damaged spirit ready to be saved.

1.3 Dissimilar Process, Similar Denouement

Although Zits and Amir have undergone a different process of identity crisis, their denouements are very similar. Zits and Amir grow up in two different nations with notably dissimilar cultures and beliefs. Their processes of identity crisis share both similarities and differences. On one hand, they are both born in an incomplete family, lacking maternal love or fatherly love at birth. Besides, they both suffer from the distrust from the loved ones, the torture of being unrecognized and the miserable experiences brought forward by wars. On the other hand, they are different since Zits loses his identity mainly due to the external factors while Amir loses it prominently on account of his self-suspect and confusion. Zits doesn't mean to hurt anyone out of jealousy or something, all he wants to do is to be tough to protect himself from harm. In contrast, Amir betrays his friend and misbehaves in order to gain his father's love and recognition. As a result, they are both trapped in a state in which they don't know who they are and where they belong to, naming it an identity crisis.

In short, Zits' and Amir's identity crises share something in common and vary from each other at the same time. Their identity crises are the production of a series of contributing factors under two types of cultural background, which incorporate psychic trauma, cultural vicissitudes especially the culture decline, etc.

2. Reasons for the Protagonists' Identity Crises

The identity crises of Zits and Amir are closely related to the psychic trauma rooted in their childhood as well as the vicissitudes in their cultural backgrounds. In this chapter, based on Freud's trauma theory, major focuses will be fixed on the analysis of the psychic trauma of the protagonists respectively. Then, a detailed discussion will be presented to explicate the cultural factors contributing to their identity crises.

2.1 Psychic Trauma Rooted in Childhood

The miserable experiences in one's childhood

are the fundamental and original sources of his or her later psychic trauma, from which it is arduous for the victim to detach. According to Freud's trauma theory, the first stage of one's trauma development usually occurs in one's childhood. Zits and Amir are not exceptional. Zits' psychic trauma is formed due to several reasons, among which the lack of fatherly love takes precedence over the others. His father's absence from his childhood engenders a sense of insecurity and a greed for care and love. The loss of his mother worsens the situation where he feels himself like a duckweed belonging to nowhere. Another essential contributing factor that the author wants to express through Zits is the trauma left by wars in people's minds. Just as Cooper stated in his paper, *Flight* constructs "a series of fragmentary scenes of violence while leaving implicit the actual events of 9/11", and "simultaneously critiques popular definitions and descriptions of collective trauma while exploring the potential for the semiotics of trauma narratives to expose suffering and to create spaces for healing"[7]. This could be exemplified through the plot in which Zits is going to fire a real gun in a bank[8]. Additionally, the malicious treatment of his aunt and her boyfriend, the turbulence from one foster family to another where no true love or care exists, and the unspoken depression and loneliness all together contribute to Zits' psychic trauma in childhood. The psychic trauma confuses Zits and makes him suspicious about who he is or where he belongs, leaving him in a state where only toughness and disobedience could offer some remission and protection.

Compared with Zits, Amir's psychic trauma mainly originates from his internal ambivalence and self-suspicion. Unlike Zits, Amir has a wealthy and prestigious father who provides him with substantial materials. He has no need to worry like Zits about a place to live in or some meals to fill his stomach. When the problems from external sources are excluded, the internal factors become dominant. For Amir's psychic trauma, two decisive factors are his father's nonchalance and his guilt towards his betrayal to Hassan. Zhao and Wang noted that it is necessary for adults to recognize, encourage and praise a child during his or her growing stage, for recognition and instruction is what a child truly needs[9]. However, Amir's father does not offer him such care and love for which Amir is longing and looking because he regards Amir as the one who takes his wife's life. Nevertheless, Hassan, Amir's friend and servant, is capable to be loved and cared by Amir's father, which induces a strong sense of jealousy and hatred in Amir's mind. Amir's betrayal to Hassan leaves such strong guilt in his mind that requires him to spend the rest of his life to seek redemption. After Hassan and his father's departure, Amir feels nothing but more lonely and even more guilty, for his father owes their departure to Amir and becomes more nonchalant to him. The lack of father's attention and the lingering sense of guilt trap Amir into suspecting his true identity and the rightness of his deeds, carving an irrecoverable trauma in his immature mind.

2.2 Vicissitudes in the Cultural Backgrounds

The identity crises of Zits and Amir are impacted by the vicissitudes in their cultural backgrounds. Zits and Amir are both minorities living in America, and though Amir is not born in America or lives there for a whole childhood, the cultural fusion of their original nations and the America plays a huge role in causing their identity crises. The cultural influences mainly demonstrate in two aspects. One is the decline of the original culture. For Zits who is an Irish-Indian, the culture decline embodies in the weakening of the Indian tribes and their unique cultural heritages. For Amir who is an Afghan-American, this is presented through the separation from the cultivation of his national culture and his motherland[10]. The other is the assimilation of the overwhelmingly powerful American culture. Early in the colonial periods of the white people over the Indians, the Indian culture has already been influenced and shaped by the white mainstream culture[1]. More and more Indians move to live with the white people and become one of them after several decades or a few generations. Trapped in a dilemma where the Indian culture is not so distinctive and the white culture is so overpowering, Zits couldn't locate himself or find out where he belongs. As Amir is not a native America-born personage, the assimilation effect of the American culture on him is even more notable, strengthening the ambivalence and self-suspicion within his mind before he starts his journey of self-salvation.

To sum up, the reasons for Zits' and Amir's identity crises are very similar, all rooted in the childhood trauma and shaped by the vicissitudes in their cultural backgrounds. However, as time passes by, the traumas of these two protagonists are healed through various attempts and approaches, which will be revealed in the next chapter.

3. Identity Reconstruction of the Protagonists

Zits actualizes an identity reconstruction after a "soul travel" while Amir does it through immersion in literature and self-salvation. In this chapter, the processes of the protagonists' identity reconstruction will be analyzed in the first and the second sectors. Then, through a comparative analysis of their approaches of identity reconstruction, a solution to trauma will be demonstrated in the last sector.

3.1 Zits: Lessons Learned after a "Soul Travel"

The "soul travel" that Zits accidentally runs into offers a chance for him to evoke his inner rationality and regain his lost identity[11]. During his "soul travel", he has an excellent opportunity to experience different types of life in the bodies of three white men and two Indian people. From the white men's eyes and minds, he understands the relationship between teachers and their followers, the ambiguous boundary between good and evil, which means that even those bad guys could behave kindly in some occasions, and the white men's fear and hatred towards the wars, etc. According to Zhang Yaosha, Zits learns to distinguish right from wrong by experiencing the different occasions of killing and violence[4]. From the perspective of the two Indian guys, son of the chief of an Indian tribe and Zit's father, he comes to realize that the hatred and misunderstandings between the white and the Indians are not unsolvable, and that his father leaves him and his mother because of his own psychic trauma left by Zits' grandfather in his childhood, which, in other words, means that his father does not intend to be a father like his own or he is not ready to be a qualified father. After knowing all these and returning to the reality, Zits' lost identity is half reconstructed. The other half of his identity reconstruction is, as he has been ceaselessly longing and looking for, love and care provided by his new foster parents Mary and Robert and Cop David. There Zits feels his existence in the real world and becomes aware of his true identity——"My real name is Micheal. Please, call me Micheal"[8].

3.2 Amir: Literature and Self-salvation

Amir reconstructs his identity through immersing himself in literature and going on a journey of self-salvation. Amir's identity crisis mainly comes from his father's nonchalance and his own guilt towards Hassan. The way Amir deals with his lack of fatherly love is to read and write. Talking about the healing of psychic trauma, Qu and Wang had it that the victim could retell his or her traumatic experience and rejudge their traumatic feelings and emotions through writing[12]. It is in reading and writing that Amir obtains a sense of belonging and fulfillment, which helps him reconstruct an identity free from the dependence of fatherly love. As for annihilating the unspoken and torturing guilt within his heart, Amir decides to come back to Afghan to rescue Hassan's son Sohrab once he hears from Rahim Khan that Hassan is dead. During this process, he faces his utmost fear and overcomes his timidity with great bravery and determination, which he owes to Hassan in his childhood. After saving Sohrab successfully from Asif, Amir tries his best to secure Sohrab a complete and safe home to offer him protection. He does not hide Sohrab's Afghan low-grade birth from his neighbors and friends. Instead, he proudly announces that Sohrab is the son of him and his wife and he belongs to his family, which can be taken as a proof that Amir has already embraced his true self and reconstructed his identity[10].

3.3 Solution to Trauma: Acceptance and Hope

Although the approaches to actualize an identity reconstruction differ between Zits and Amir, it is not strenuous to perceive that only when the psychic trauma rooted in the childhood is removed can the protagonists reconstruct their identities. The key for one to get rid of his or her trauma is to face it bravely and regain the hope for life[12]. For Zits, when his psychic trauma is formed at first, he pretends to be tough to protect himself from external harm. But during his "soul travel", the interior good qualities such as consciousness, integrity and bravery are awakened, which can be perceived from his struggle with the bodies he inhabits. It is in this process that he faces his psychic trauma and gradually get rid of it. In addition, love and care gained from his new foster parents and David show him hope for life, which completes the whole progress of Zits' identity reconstruction. For Amir, the psychic trauma has not been removed until the day he bravely encounters in the face of it. He once believes that moving to America with his dad could offer some remission for his guilt and pain, but in vain. Therefore, he comes to literature and exposes his trauma by words and stories, through which he finds part of the meaning of life and forms a relatively independent identity. If the remission offered by literature helps Amir get half of the psychic trauma off, then the journey of self-salvation that he takes does the rest job. During the journey to save Sohrab from Asif, Amir shows overwhelming bravery and determination, which compensates his guilt for Hassan and saves himself one hundred percent from the torment of psychic trauma. At the end of the novel, Amir flies a kite with Sohrab and chases it for him like Hassan does for himself, showing his acceptance to Sohrab's identity and the elimination of his own identity crisis through saying "For you, a thousand times over"[13].

To conclude, Zits and Amir both successfully actualize an identity reconstruction, though with dissimilar approaches. From their experiences and the basis of Freud's trauma theory, it is perceivable to draw a conclusion that the solution to trauma is to face it bravely and regain the lost hope for life.

4. Conclusion

In this thesis, based on the trauma theory of Freud, three parts have been discussed. First is the identity crises of the protagonists Zits in *Flight* and Amir in *The Kite Runner*. Second is the reasons that contribute to their loss of identities, incorporating the psychic trauma rooted in their childhood and the vicissitudes in their cultural backgrounds. In the last chapter, the processes of their identity reconstruction are analyzed respectively. Through a comparative analysis of the different approaches of reconstructing their lost identities, a conclusion is drawn that only when one eliminates the psychic trauma rooted in his or her childhood by facing it bravely and regaining the hope for life can they actualize an identity reconstruction.

Zits and Amir are two representative figures in the American ethnic groups who have the problem of undergoing an identity crisis and perhaps have trouble finding appropriate approaches to get rid of it. Through a comparative analysis of these two figures, it is hoped that a better understanding of this cross-culturally shared problem could be perceived by more and more people concerned. The authors tell us that every one is doomed to experience trauma of diverse degrees in his or her life, what is more significant and meaningful is that we should embrace it with a positive attitude and reconstruct our lives through love and faith.

References

[1] 王玲，普慧. 谢尔曼·阿莱克西对当代美国印第安人的自我表征与身份重构[J]. 思想战线，2016(3)：167-172.

[2] O'BRIEN S. Translating trauma in Khaled Hosseini's The kite runner[J]. Transnational Literature, 2018, 10(2): 1.

[3] 赵冬梅. 弗洛伊德和荣格对心理创伤的理解[J]. 南京师大学报(社会科学版)，2009(6)：93-97.

[4] ZHANG Y S. The trickster adventures in Flight: Zits' consciousness awakening and the construction of his cultural identity[D]. Yunnan: Yunnan University, 2018.

[5] ZHANG L J. Construction of the hero's identity in *Flight* from the perspective of Homi Bhabha's hybridity theory [D]. Henan: Zhengzhou University, 2016.

[6] CHEN Kaifu. A study of Amir's psychological change in The Kite Runner[J]. English Language Teaching, 2019, 12(5): 190.

[7] COOPER L R. Beyond 9/11: trauma and the limits of empathy in Sherman Alexie's *Flight* [J]. Studies in American Fiction, 2015, 42 (1): 123.

[8] ALEXIE S. Flight[M]. New York: Open Road Integrated Media, 2013.

[9] 赵楠，王永宏. 以多重思考维度谈《追风筝的人》中阿米尔的自我认同[J]. 名作欣赏，2020(20)：145-146.

[10] 陈亚捷. 自我的迷失与追寻——《追风筝的人》中阿米尔形象研究[J]. 大众文艺，2019(19)：54-55.

[11] 章茜. 斯芬克斯因子与伦理选择——文学伦理学视域下解读《飞逸》[J]. 江苏外语教学研究，2020(4)：20-23.

[12] 翟晓媛，王阿芳. 个体的创伤与复原——以创伤理论分析《追风筝的人》[J]. 海外英语，2020(23)：228-229.

[13] HOSSEINI K. The kite runner[M]. New York: Riverhead Books, 2005.

世界的规律，底层原理及对未来的展望

王明阳[1]

1. 哈尔滨工业大学人文学院 2019 级　社会学专业

摘要：本文基于"物理规律是存在的"这一假设，提出对科学、对世界底层原理的思考，并对未来可能的革命性进展做出展望。本文力图构建一个"确定性"的分析框架，让读者摆脱语言系统的不严密性和思维的不确定性，从而更深刻地理解这个世界。

关键词：科学；弦与场；神经科学；底层原理；解构

1. 科学

1.1　语言系统与虚幻的世界

什么是科学？什么是空间、时间？我们眼前的世界是虚幻的吗？看到这些问题，我们感到最困扰的是没有思考的"点"，不知该从何处入手。之所以会出现这样的问题，一是因为我们的意识，本身就是神经元的连接及其中的电信号；二是因为我们的语言系统，是脱离这个世界物质系统及其规律的抽象与集成。在语言系统中，我们可以构造无限的组合，却无法保证它们说出来都是"话"，更无法保证基于它们判断的正确性。基于语言、图像系统，人们每时每刻地理解世界，并做出选择；但是，也正因为如此，纳粹可以将发动战争合理化，罪犯可以将犯罪行为合理化，而我们基于对世界的一点点认知而沾沾自喜，殊不知，我们的喜悦也仅仅是神经元之间的连接与电信号。在漫长的历史进程中，人们发现了科学，发现了科学的强大，却很少静心思考科学的真义，究竟是什么带来了世界的一次次革命。不管是语言这一系统，还是历史上文明的发展，只要本身自洽，就很少会有人有"勇气"站出来反思，于是，悲剧在历史、现在和未来一遍遍的重演。

1.2　科学体系

科学，是以基础的物理规律（如熵增，最小作用量原理）的存在为基础的。它的强大不仅在于它所带来的种种表象，而且也在于基于其预测的准确性。世界由弦和场构成，基于一些法则和场确定的性质，某些现象在自然界中反复发生，人们会把它抽象为规律（如：$F = ma$；$\Delta G < 0$→发生化学反应），正因为世界的现象，直至此刻仍符合这些规律，所以人们有理由相信，基于这些规律对未来的预测小概率出错，这是科学体系的基础。

1.3　科学与统计学

统计学，是和自然界的物理规律密切相连的。但是，大数据的普及，实证主义方法论的建立，忽略世界本源的因果关系，研究事物之间的相关关系，这让我们对宏观规律更了解的同时，对这个世界更加迷惑；我们把宏观的不确定性、不可研究当作习以为常，却忽视了人类并不必定是这个世界的中心；无论是把世界解构成一个接着一个的循环和反应，还是解构成分子和原子，世界都在以它本源的规律运行着,人类仅仅是用意识和感觉,理解这个世界。我无意评判作为“非科学”的那部分统计学是否正确、在未来究竟能走多远,只是希望人们至少基于以上的观点重新审视一下科学(数学、形式逻辑学……)。曾经,人们基于预测的准确性,抛弃神学而选择科学,我不希望基于同样的原因,人们抛弃科学选择数据科学。

1.4 理性与感性

在人类“反思”之前,人类(几乎)所有的认知,说的所有话,都是基于“图像、语言……”感性的理解;但就算有了“反思”之后,人类的所有理性是否也仅仅是“感性的”理性;在此基础上,把一切都解构、对于“人的认知、意识、思考、反思……”的再反思才是“理性的”理性?

2. 世界的底层原理

2.1 几个问题

让我们从几个简单通俗的问题引入:

①为什么我们想让手运动,手就能运动,这在分子生物学上是怎么实现的? ②“想让手运动”这个过程没有什么东西激发吗? 在分子生物学的角度上,一切想法是凭空出现的吗? ③“生命”是什么? 对于第一个单细胞生物,怎样从无“生命”的粒子变成有“生命”的单细胞生物? ④时间是什么? ⑤人类是怎样从第一个单细胞生物演化成原始人,又进一步变成有“语言、情感、思考、反思、认知……”的现代人? ⑥我们看到的是人类的一次次革命“极大地改变了世界/改善了生活”,比如思想的革命,比如“第一、二、三次工业革命”;但我们很少想到“在这一次次革命背后是否有共性的更深层的原因”,究竟有没有更深刻的原因? ⑦“人的意识和情绪可以简化为物理、化学反应”;但是整个世界是否可以简化;是否基于最基本的物质和最基本的规律,就可以“随着时间推进,在头脑中闪现一个个画面”,从而推出这个世界的一切? ⑧进一步,是否可以利用这些,“主动引领”下一次的科技革命,或者从完全不同的角度改善人们的生活?

2.2 猜想

针对以上问题,我想提出我的猜想。这个猜想的提出至少基于以下两点原因:①这个世界,越是微观,越具有确定性;越是宏观,越会“涌现”出新的性质,让系统变得复杂而无法研究。②世界的存在先于我们的感觉和意识(因为在人类出现以后,才产生意识),所以,应该把我们看到的、感知到的一切解构,从粒子和场的角度看待这个世界。

以下是我的猜想:

这个世界的一切都是粒子与场,对于任意的时刻 t,所有粒子在场中的受力一定,空间位置确定,速度确定;那么,对于时刻 $t+\Delta t(\Delta t\to 0)$,所有粒子在空间中的位置、速度、所受的力仍然唯一确定。(我们看到的、感知到的一切,甚至我们思考时大脑中的神经元、电信号,都脱离不开这个微观的本质。)在地球演变出比较高级的“生命系统”后,在我们人类有了感觉和意识以后,我们人类仅仅是在试图利用感觉、意识,以及记忆区存储的信息,来理解这个世界。

此外,为了更加方便高效的理解以上问题,我想介绍一个叫作“图像推理”的思考方法:由于我们构建的一切概念本不存在,既然如此,我们在遇到无法解释的问题时,直接把世界解构成原子和场,在我们的头脑中闪现一个个连续的画面,就可以方便简洁地理解问题(图像推理的严密性,未必弱于基于语言的推理,只要我们的这种推理是基于科学的。此外,如果我们对世界一切现象都进行过图像推理的理解,同样可以借此相信,预测未来小概率出错。)运用“图像推理”,我们可以在头脑中同时迅速地闪现某一时刻宇宙中的所有粒子的速度、加速度、空间位置,经过 Δt 后的所有粒子,以及经过任意时间后的所有粒子的情况(只是在后面涉及“人”的想法和感觉时,头脑中可以并行的闪现神经科学层面的动态演化(见 2.3))

2.3 对以上问题的解释

首先,时间是什么? 在我看来,时间 = 方向性。宇宙只由场和粒子构成,遵从最基本的物理规律（“弱场”下的熵增原理和“强场”下的能量最低原理），基于2.2的分析，我们就可以根据任意时刻，推导出在这之后所有时刻的一切。要想理解“时间”，我们可以做一个假设，如果宇宙中只有粒子没有场，或是原子之间只有碰撞没有“相互结合形成新的稳态”，就不会有方向性的存在，也就不会有时间。（注1：粒子之间只有斥力没有引力的话，是无法演化出可以实现复杂功能的系统的，在熵增原理的基础上，宇宙中粒子将趋于均匀分布。注2：在本文中粒子、原子、弦并用，是因为粒子始终可以拆分成更微观的粒子与能量；势能、化学能、内能、核能、电能（即电势能）、辐射能、光能……从本质上来说，都是探究到某一层次下的势能（所有能量中只有动能例外，或许它涉及基于宇宙规律的更深刻的本质。）因此，为了便于问题的理解与简化，本文中大多数情况都会用“粒子与场”。）在此基础上，经历了亿万年的时间，粒子演化成拥有“亲代和子代之间可以稳定变化”性质的系统，称为系统Ⅰ（DNA、蛋白质……符合中心法则的系统，或许只是Ⅰ类系统中很小的一类），又经历了无数的选择与淘汰，又产生了可以完成更复杂功能的Ⅱ类系统（在空间中，稳定存在，稳定遗传，完成运动、物质“吸收与排泄”等复杂功能却依然保持系统稳定的系统），此刻，我们便称之为生命。一步步的进化和筛选，产生了最基本的感觉——元感觉（意识、视觉、触觉……都是由这个“元感觉”构成的更为复杂的感觉，（例如，意识又可以与大脑记忆区交互作用）。从对人类的分析得知，“元感觉”分为积极的元感觉（正心流）和消极的元感觉（负心流）。（它们分别对应两类神经递质，或是两类神经元电位变化模式。）

至此，对于涉及人感觉和意识的活动，我们可以如2.2所说，同步性地进行微观、宏观两个层次的图像推理——微观上，所有原子遵循着 $F = ma$ 地不断演化；宏观上，正（负）心流与记忆区的交互作用，人的一切思考、行动被正心流所鼓励，被负心流所抑制；此外，上一时刻的输出又可能经过一系列反应变成下一时刻的输入。这样，我们也不难理解为什么人从出生起，可以不断地将信息存储到记忆区；我们可以对人的一切行为、想法的产生，找到物理学、神经科学的双重解释；甚至我们可以翻开历史书，重新审视世界的演化……（在这里，我们也可以破除我们之前感知世界的理所当然；看似我们可以控制肢体的运动，可以控制意识的流向，从微观的角度，却是“链式反应”的必然，100年前宇宙的一切唯一决定了此时此刻我们的想法、决策与行动［如果不是这样的话，我们根本无法解释问题］。）

此外，关于人脑与计算机的差别，或许也在于正负心流与记忆区的交互作用机制，同样是t时刻唯一决定下一 $t+\Delta t$ 时刻的一个个“链式反应”，人脑却可以调用记忆区存储的一切，可以有“正负心流⇌记忆区”并时时反馈的系统演化机制，便自然可以完成很多计算机完成不了的问题。

回顾四次工业革命和思想的革命，它们要解决的是“人”这个系统的基本需求（可以用马斯洛的需求层次理论简化）。在这里，对于革命为什么出现，举两个比较关键的例子，读者通过它们，进行更深入的思考。

例一：抽象与集成。抽象与集成可以提高效率，进而提高生产力。我们举几个例子，来理解抽象与集成的重要性：文字是客观世界的抽象与集成，它让人们不再需要借助复杂的手势，只需要几句话，便可以表达内心的构想与情感。科学规律是物质世界的抽象与集成，它让人们在基于头脑中存储的知识，轻松地理解眼前的现象的同时，理性地做出各种行动。人类已有的工具、思想观念、管理体系……都是这一抽象集成的结果，各种抽象和集成大大提高了人类的生产速率。这样，我们从宏观角度理解了抽象集成的必要性，从微观角度看到了它的必然性。

例二：精神熵的减少。如果说，“正（负）心流⇌记忆区机制”决定了人下一时刻的意识走向，决定了人类一切行为和情绪感觉，那么精神熵便是造成人类世界很多灾难的元凶：个人层面迷茫、无助，面对疾病的无能为力，集体层面战乱，犯罪，恐怖袭击;就像之前所说,系统的自洽只能保证系统在历史上一定时间的延续,却未必能阻止灾难的发生。很多人在自洽的系统中洋洋自得而不自知,就必然导致灾难、困境真正来临时的无能为力。科学和方法的产生,减少了我们在分析问题时的精神熵;政治学、社会学、教育学,减少了社会的精神熵;科层制下职工的分工合作,减少了工作时的精神熵。如果从底层原理上理解精神熵给人类带来的改变,便自然可以理解关注精神熵对于整个社会的重要意义。

经过以上的讨论和思考,我们已经可以解释很多之前无法解释的问题,对于各个学科的研究,或许也可以有更深刻的思考与探索,接下来我想提出利用2.2的观点对未来的一个设想,同时以此来证明以"底层原理"分析世界的这种思考方式的优越性。

3. 组计划

(注:本文的讨论中,微观和宏观是相对的,例如:物理学→化学→分子生物学→神经科学……都可以作为相互的微观与宏观)

3.1 "信息"

我们可以这样来理解信息:对于任意事物,如果掌握了足够的信息,都可以借助我们对事物的了解以及我们的专业知识,确定性地预测未来。例如,掷一枚硬币,知道任意时刻硬币上所有点的位置,速度及受力以及部分地面的信息,便可以确定性地知道硬币落地时的正反面。再例如,如果掌控任意时刻人类所有的生产、分配、交换、消费……活动的信息,经济学很多难题便不再存在。也正是基于以上思想,才提出了组计划的观点。

3.2 组计划

组计划:如果对于某一微观层面足够了解(信息足够多),对于相对它的宏观足够了解(信息足够多),对于微观和宏观的对应足够了解,那么基于这种一一对应,便可以由宏观反推微观,再由微观作用或预测未来的宏观。例如,如果脑科学的测量达到单个神经元的精度,对所有认知的构建、情绪、行为可以解释,那么绝大多数心理学的研究,便可以不再局限于定性的层面。进一步看,人类是"输入→电信号→输出"的有机体,社会是有机体的意义和行为的反馈集合,如果计算机可以实时存储所有有机体大脑中的电信号,并把它用于心理学、社会学的研究,各个学科是否会有崭新的、更高效的研究方式?(对此,我们必须要警惕以此产生的伦理问题和国家之间技术壁垒等问题,在不能确定相应技术给人类带来福音还是灾难之前,最好的方法就是国际之间达成共识,并制订严格的法律。)再例如,化学→生物学这两个系统,如果对化学的所有分子性质足够了解(如 $\Delta G<0$,来判断所有反应是否发生),对细胞生物学层面所有的现象、功能等有足够的了解,每个"宏观"的生物学现象,找到其"微观"的化学反应机制,那么下次面对新冠病毒,是否可以由细胞生物学信息的观测,反推其微观的反应(注:生物体中更常见的,不是一个反应推动一个反应,而是一个循环推动一个循环,因为生物体内维持着"平衡与稳态"),进而从微观层面找到相应的"分子"作为药物呢?现在人类的药理学或者蛋白质组计划的研究显然不具有治疗疾病"确定性",有太多人类未知的因素。

组计划的构想,就是微观到宏观,物理学→化学→分子生物学→神经科学→心理学→社会学……一层层地建立一一对应,从而增加确定性和预测的准确性。对于以后的研究人员,只需凭借专业知识进行相关领域的图像推理,同时闪现"问题研究所需要的几个系统",便可以对世界有更深刻的理解并解决相应的问题。基于以上的讨论,从技术角度,其难点主要在于显微技术和对更微观的粒子的操纵。

换句话说,借助组计划,我们将这个世界的难题转化为:①如何运用尽量少的信息,尽可能地掌握所研究系统的一切。②如何观测和操纵更微观的系统。

3.4 显微技术

世界是弦与场在空间的分布,那么显微技术,无论是借助光子、电子、更微观的粒子、更精妙的手段……其本质,也一定是测量弦和场在空间的分布。

在未来,纳米(或者更微观层次的)机器人是否可以替代功能性磁共振成像(FMRI)和超声?

图像识别中卷积神经网络(CNN)……对模糊图像处理的原理,可否应用于纳米机器人和各种显微技术?

此外,(类似人类基因组计划)通过"一次性的测量"建立数据库,是否意味着从此可以"一劳永逸"?

……

人的尺度是有限的,只要对世界的探索远小于(或远大于)人类的尺度,就足以满足人类的需求。(当然,需求又来源于神经系统的局限性。)

4. 解构带来的精神危机

就像历史上的科学革命、理性革命一样,本文的主要思想——解构,在未来或许可以解决人类面临的诸多难题。它的学习门槛非常低,并且适用领域很广。但与科技、工业革命不同的是,解构会让人们从面对未知的迷茫变为"一切事物都可以理解,一切意义都消失"后的空虚。随着"生命的虚无、世界的虚无"广泛地被人们所认知,人们还能体会到感情吗?还能体会到生命的意义吗?人类的认知完全改变,人类世界完全改变,唯有经历百万年进化的人的生理结构还维持着人类"正负心流⇌记忆区"的本能……人们创造的科技和图形、语言系统真的能维持人类的延续,让人类社会不出现毁灭性的危机吗?或许针对解构革命,人类的精神还需要下一次革命。例如,越来越多的人终生学习,每天面对新鲜感和挑战;把个人理想和社会理想联系在一起;与优秀的人、优秀的作品、优秀的思想不断对话……从虚空中建构意义,是否可以解决人类精神的危机?

总结:本文提出了对科学体系,底层原理,及对未来的展望与思考。相比于内容,或许更重要的是思考问题的方式和处理问题的一个个思想。未来,人们的物质生活将得到极大的改善,也正因为如此,解构、反思和关注他人的命运(包括动物、生态环境……),才显得前所未有的重要。我们看到在这个世界的各个角落,还有很多生命饱受各种疾病的困扰,深陷家庭、社会环境的泥潭;也正因为如此,我们才更应呼唤理性,呼唤科学和方法。最后,衷心希望每个人都可以健康、快乐地活着,可以体会到这个世界全部的真情与精彩。

牢记使命,砥砺前行

——哈工大“八百壮士”精神再解读

马珺[1],孙晓晖[2],李畅[3],王锦融[4]

1. 哈尔滨工业大学机电工程学院 2019 级 机电专业
2. 哈尔滨工业大学航天学院 2019 级 自动化专业
3. 哈尔滨工业大学机电工程学院 2019 级 机电专业
4. 哈尔滨工业大学英才学院 2019 级 机电专业

摘要:为深入贯彻“不忘初心、牢记使命”思想,寒假期间,小组成立历史成就观察团,深入了解哈工大“八百壮士”的奋斗历程,围绕我校历史上的杰出人才开展学校校风、校史探访活动,传承并发扬哈工大“八百壮士”精神,重点开展精神传承、校史学习等形式的社会实践活动。
关键词:哈工大;八百壮士;继承与发扬

Keep Our Mission Firmly in Mind and Move Forward Bravely ——The Reinterpretation of the Spirit of 800 Heroes

Ma Jun[1], Sun Xiaohui[2], Li Chang[3], Wang Jinrong[4]

1. Mechachonies, 2019, School of Mechatronics Engineering, Harbin Institute of Technology;
2. Automation, 2019, School of Astronautics, Harbin Institute of Technology;
3. Mechachonies, 2019, School of Mechatronics Engineering, Harbin Institute of Technology;
4. Mechachonies, 2019, Honors School, Harbin Institute of Technology

Abstract: In order to deeply implement the original aspiration and keep the mission in mind, during the winter vacation, the group set up a historical achievements observer mission to have a deep understanding of the 800 heroes of HIT, thus carrying out the school spirit and history visit activities around outstanding talents in the history of HIT, inheriting and carrying forward the spirit of HIT 800 heroes, and focusing on carrying out the spiritual inheritance school history study and other forms of social practice activities.

Key words: HIT; the spirit of 800 heroes; inheritance and development

引言

新时代赋予新青年更多责任,在展望未来的同时,也要继承时代精神,丰富文化内核。哈工大的先辈们恰有这样一笔财富,在百年工大的历史长河中熠熠发光。这些宝贵的资料都存于哈工大校史馆中。

值此假期时光,同学们为深入学习贯彻哈工大“八百壮士”精神,小组在腾讯会议上举办了主题为“牢记使命,砥砺前行”的社会实践活动。本活动从“了解哈工大八百壮士的历史”“学习哈工大八百壮士相关杰出人物”“哈工大八百壮士精神的学与悟”“新时代哈工大八百壮士精神的继承与发扬”四方面进行探讨学习。并结合了习总书记致哈尔滨工业大学建校100周年的贺信,对“八百壮士”精神的理解进行深化。

1. 调研地点选取,策划与准备

1.1　调研地点选取

由于疫情原因,原定参观校史馆的活动与线下会议改为观看校史馆纪录片与网络会议。

1.2　项目初期策划

1. 组织同学开展校史馆“云参观”活动,深入学习哈工大历史和八百壮士精神。

2. 开展线上学习活动,进行“八百壮士”精神内容宣讲。

3. 组织队员进行线上研讨活动,交流心得体会。

1.3　调研前期准备

1.3.1　查询哈工大历史及“八百壮士”相关资料

2021年1月20日至2021年1月31日期间,组织团队成员自主查询哈尔滨工业大学历史沿革和“八百壮士”奋斗历史相关资料。

所查询资料包括但不限于浏览哈尔滨工业大学新闻网,观看中央电视台相关纪录片、哈尔滨工业大学“八百壮士”精神宣讲会视频,阅读互联网文档。

在此期间,团队成员对于哈尔滨工业大学的历史沿革和“八百壮士”的奋斗历程都有了较为详细的了解。

1.3.2　学习“八百壮士”精神解读优秀案例

2021年2月1日至2021年2月5日期间,组织团队成员自主学习“八百壮士”精神解读优秀案例。

其中,优秀案例包括主要包括中央电视台相关纪录片、哈尔滨工业大学“八百壮士”精神宣讲会视频及新闻稿。

2. 调研实践

2.1　调研具体实践

2.1.1　回顾哈工大历史

主持人马珺同学播放了有关哈工大“八百壮士”历史的纪录片,王锦融同学带领组员回顾“八百壮士”的形成与发展。

20世纪50年代,新中国建设第一个五年计划急需大量科技人才,特别是需要培养一批重工业部门的工程师和理工学院的师资。哈工大承担起了这一历史重任。为了招老师,哈工大一方面从全国高校调任、招聘优秀青年教师;另一方面大力选拔师资研究生、本校优秀研究生和本科生留校任教。就这样,800多位热血青年,平均年龄只有27.5岁,从祖国四面八方会聚到哈工大。他们当中的许多人放弃了南方鱼米之乡优越的生活条件,来到地处边陲、气候严寒的黑土地,承担起教学、科研等重要任务。他们被时任校长李昌形象地称为“八百壮士”。

2.1.2 品读先进事迹

马珺、李畅同学选取了哈工大“八百壮士”中的几位杰出人物的事迹为大家介绍,并播放了相关纪录片。

“一定要为新中国做点事!”1950 年,马祖光怀着一腔热血,来哈工大当物理老师,同时在研究生班学习。1980 年,在国外做访问学者期间,他发现了“钠双原子分子第一三重态跃迁”新光谱,这是国际上首次观察到这一谱区的荧光辐射,这是他连续两年吃下 150 斤挂面,一直泡在图书馆和实验室里换来的。更令人吃惊的是,回国时,除了衣服和鞋子,马祖光的行李里只有一大堆笔记本和为实验室购置的小型仪器,不见一件洋货。他还把剩下来的外汇全部上交给了国家。

2.1.3 探索精神真谛

孙晓晖同学带领大家在“八百壮士”的事迹中探索分析哈工大“八百壮士”精神的真谛。

“八百壮士”铭记国家重托,肩负艰巨使命,扎根东北,艰苦创业,拼搏奉献,把毕生都献给了共和国的工业化事业,为哈工大的发展书写了壮丽篇章,为“规格严格,功夫到家”校训的形成奠定了坚实基础。不图功名,无私奉献,创造出一个又一个佳绩。披荆斩棘,他们是新中国科教事业的先行者;拼搏奉献,他们是新时代科教兴国的开拓人。哈工大“八百壮士”坚守初心、攻坚克难、矢志报国,新时代哈工大人也必将践行“八百壮士”艰苦创业、拼搏奉献的精神,勇攀科学高峰,一笔一笔写就辉煌篇章。

2.1.4 探讨继承与发扬

结合习总书记的贺信,大家一起探讨了哈工大“八百壮士”精神的继承与发扬。

“八百壮士”不仅是一个优秀的群体,更是一种精神化身或者说精神传承。扎根东北,迎难而上,这是“八百壮士”的精神;不畏风雨,爱国奉献,这是“八百壮士”的精神;艰苦创业,献身事业,这是“八百壮士”的精神。“八百壮士”精神,是响应时代召唤的爱国主义精神;是崇尚科学技术的刻苦努力精神;是勇于迎接挑战的开拓进取精神;是海纳百川的团结合作精神。哈工大的“八百壮士”来自五湖四海,没有门户之见,同心协力,共同建设哈工大。作为新一代哈工大人,我们要发扬老一辈的精神传统,不忘初心,牢记使命,做新时代建设和发展的参与者,不辜负我们这个伟大时代。

2.1.5 交流与感悟

所有组员交流此次活动感受,并撰写报告。

2.2 调研活动记录

2.2.1 “云参观”校史馆

2021 年 2 月 18 日,团队组织所有成员共同观看哈尔滨工业大学官方投稿视频《[哈工大博物馆]百年沧桑 世纪深情》,开展校史馆“云参观”活动,深入学习了哈尔滨工业大学的历史沿革。

2.2.2 线上研讨“八百壮士”精神内涵,分享学习成果

2021 年 2 月 20 日,团队组织所有成员开展“八百壮士”精神线上研讨活动。以《牢记使命砥砺前行》为题,团队成员分别对“哈工大八百壮士历史”“哈工大八百壮士杰出人物”“八百壮士精神的学与悟”及“新时代八百壮士精神”进行了解读。

(a) (b)

图1 团队成员认真观看视频

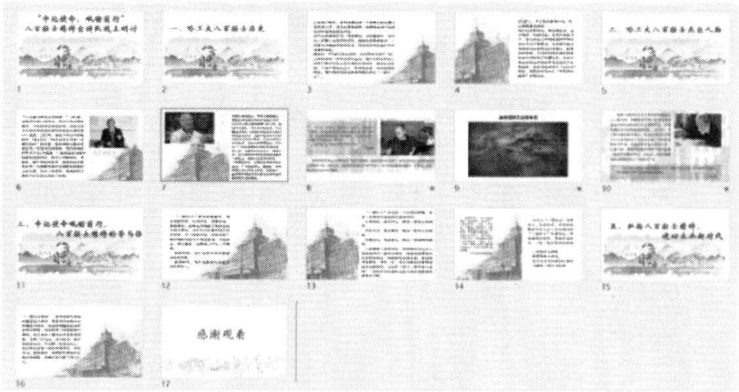

图 2　研讨会使用幻灯片

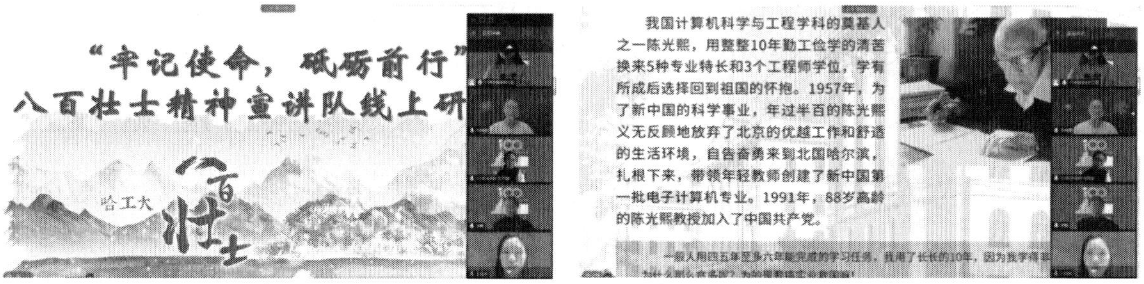

(a)　　　　(b)

图 3　团队成员开展线上研讨活动

3. 调研成果展示

3.1　一世纪初心不改，新百年薪火相传——“云参观”校史馆

一世纪初心不改，新百年薪火相传。2021 年 2 月 18 日下午，团队组织所有成员共同观看哈尔滨工业大学官方投稿视频《[哈工大博物馆]百年沧桑 世纪深情》。

虽然受地域限制的影响，同学们并不能够实地参观博物馆，但是“云参观”的方式也使得同学们对哈尔滨工业大学百年校史有了更为宏观的了解。在博物馆讲解员张珊珊的带领下，同学们跟随着镜头开始了真正的“百年穿越之旅”。从哈工大的发展历程到光荣的革命传统，从知名校友到教学仪器设备，再到国际交流合作，校史馆向大家全方位、多角度地展示了哈工大的百年风雨历程。

在参观结束后，同学们对所见所闻也有感而发：“哈工大如今的成就是每一代哈工大人艰苦奋斗的结果，作为新一代哈工大人，处在新百年的历史节点上，我们也要培养这种攻坚克难的精神，以‘规格严格，功夫到家’的校训要求自己，立足航天，服务国防，牢记航天强国使命，砥砺前行，投身强国建设之中。”

通过参观博物馆，同学们深入学习了哈尔滨工业大学的历史沿革，对于哈工大优良的办学传统、深厚的文化底蕴和辉煌成就都有了更为深刻的理解。

3.2　牢记使命砥砺前行——“八百壮士”精神研讨会

2021 年 2 月 20 日，团队组织所有成员开展“八百壮士”精神线上研讨活动。以《牢记使命砥砺前行》为题，团队成员分别对“哈工大八百壮士历史”“哈工大八百壮士杰出人物”“八百壮士精神的学与悟”及“新时代八百壮士精神”进行了解读。

首先，王锦融同学带领团队成员回顾了“八百壮士”的形成与发展。

为了更深一步了解“八百壮士”,马珺和李畅同学以马祖光、刘永坦、秦裕琨和陈光熙四位杰出人物为例,为同学们讲述了哈工大“八百壮士”的感人事迹。

在这之后,孙晓晖同学带领大家探索分析了哈工大“八百壮士”精神内涵。“‘八百壮士’不仅是一个优秀的群体,更是一种精神化身或者说精神传承。”孙晓晖同学说。“扎根东北,迎难而上;不畏风雨,爱国奉献;艰苦创业,献身事业,这都是八百壮士的精神。学习八百壮士精神,我们不能只停留在了解历史上,还要理解‘八百壮士’精神的内涵,更要以实际行动去践行。我们作为新时代哈工大人,将继续传承‘八百壮士’精神,在祖国最需要的地方建功立业,做新时代的奋斗者,艰苦创业、拼搏奉献、勇攀高峰,一笔一笔写就辉煌篇章!”

3.3 学习贺信精神

结合习总书记致哈尔滨工业大学建校100周年的贺信,大家一起探讨哈工大“八百壮士”精神的继承与发扬。

哈工大“八百壮士”的成长史,就是哈工大在党的领导下开疆拓土的奋斗史。哈工大人的许党报国初心铸就了哈工大听党指挥跟党走的本色。总书记开宗明义,指出了哈工大发展壮大至今的关键前提是坚持党的领导,在对未来哈工大提出要求中,将“坚持社会主义办学方向”摆在首位,这更加坚定了我们“举什么旗,走什么路,办什么样的大学”的坚强自信。

哈工大的“八百壮士”来自五湖四海,没有门户之见,同心协力,共同建设哈工大。作为新一代哈工大人,我们要发扬老一辈的精神传统,不忘初心,牢记使命,做新时代建设和发展的参与者,不辜负我们这个伟大时代。

3.4 “机电学院“牢记使命,砥砺前行”“八百壮士”精神宣讲社会实践活动”——新闻稿撰写

2020年2月23日,随着此次社会实践活动进入尾声,团队成员回顾了活动历程,总结思考活动过程中的收获和感悟。为进一步扩大此次宣讲活动的影响,引领更多同学深入了解哈工大“八百壮士”的奋斗历程,传承并发扬哈工大“八百壮士”精神,团队成员李畅、王锦融和马珺同学共同编写了名为《机电学院“牢记使命,砥砺前行”八百壮士精神宣讲社会实践活动》的新闻稿,并发表于“今日哈工大”。

4. 项目研究总结

通过组织开展线上学习、博物馆“云参观”和研讨活动,团队成员深入了解哈工大“八百壮士”的奋斗历程,并对“八百壮士”的精神内涵有了更深刻的理解。

4.1 哈工大“八百壮士”精神需要每位哈工大学子传承与发扬

他们是一批坚守在东北一隅的知识分子,近70年来,他们有着共同的名字——哈工大“八百壮士”。哈工大的校训是:“规格严格,功夫到家。”哈工大的精神是:“铭记责任,竭诚奉献的爱国精神;求真务实,崇尚科学的求是精神;海纳百川,协作攻关的团结精神;自强不息,开拓创新的奋进精神。”这种精神源于一代又一代哈工大“八百壮士”拥护党的领导、主动适应国家发展建设需要的家国情怀和想国家之所想、急国家之所急的责任担当。正是这些知识分子,用浓厚的家国情怀积淀出哈尔滨工业大学“八百壮士”精神,让哈工大成为共和国“工程师的摇篮”。在哈工大,“八百壮士”既是一个群体的代名词,也是一个个鲜活的面孔;既是“规格严格,功夫到家”校训的缔造者,也是校训的践行者;既是哈工大精神的源头活水,也是一个时代精神的集中体现。“八百壮士”精神就是哈工大百年发展的力量源泉。老一辈哈工大“八百壮士”用他们崇高的理想信念、高尚的道德情操和坚实卓越的行动,书写了哈工大百年史诗上最恢宏的篇章,诠释了什么叫哈工大人,什么是哈工大精神。我们作为新一代哈工大人,要像老一辈八百壮士那样,勇于担当,开拓进取,做哈工大精神的传承者,做哈工大新的辉煌的创造者,做新时代的奋斗者。老一辈“八百壮士”缔造

并践行着哈工大“规格严格，功夫到家”的校训，他们竭诚奉献的爱国精神激励着一代代哈工大人砥砺前行。这种精神于今日仍引领我们新一代青年不忘初心，牢记使命，我们哈工大学子亦必将不负重托，矢志不渝，为国家发展奉献终生。

老一辈哈工大“八百壮士”在祖国最需要的时候毅然决然的挑起重任，用毕生的心血，奠定了哈工大国内一流大学的地位，更为祖国的科研填上许多空白之处。作为新时代的哈工大人，我们要始终不忘初心，牢记使命，追随“八百壮士”的脚步，弘扬爱国奋斗精神，把个人事业同国家前途结合起来，为新时代建功立业。

4.2　结合习总书记的贺信，将哈工大“八百壮士”精神刻入骨髓

“哈尔滨工业大学历史悠久。新中国成立以来，在党的领导下，学校扎根东北、爱国奉献、艰苦创业，打造了一大批国之重器，培养了一大批杰出人才，为党和人民作出了重要贡献。希望哈尔滨工业大学在新的起点上，坚持社会主义办学方向，紧扣立德树人根本任务，在教书育人、科研攻关等工作中，不断改革创新、奋发作为、追求卓越，努力为实现‘两个一百年’奋斗目标和中华民族伟大复兴的中国梦作出新的更大贡献。”

习近平总书记的贺信，充分体现了总书记和党中央对哈工大发展建设的高度重视和亲切关怀。正像习近平总书记在贺信中所写的，扎根东北、爱国奉献、艰苦创业。哈工大也培养出了像马祖光院士、孙家栋院士这样的杰出人才，所以我们新一代哈工大人要牢记习近平总书记的深切嘱托，向他们看齐，为中华民族伟大复兴的中国梦奉献青春的力量。习近平总书记的贺信，不仅仅是对哈工大的肯定与期待，也是对高校扎根东北办大学的肯定，激发青年学子拥抱新时代，投身振兴龙江、建设祖国的热情。国家的希望在青年，民族的未来在青年。

相信在这一次的实践活动之后，我们将牢记使命、砥砺前行，弘扬老一辈哈工大“八百壮士”优良品质，传承“规格严格，功夫到家”的校训精神，在祖国最需要的地方建功立业，做新时代的奋斗者，在创建中国特色，世界一流，哈工大规格的百年强校中创新奉献，为实现“两个一百年”奋斗目标，实现中华民族伟大复兴的中国梦贡献智慧和力量。

参考文献

[1]　熊四皓. 习近平总书记致哈尔滨工业大学建校 100 周年贺信的学习思考[J]. 思想政治工作研究，2020(12)：23-25.

[2]　习近平. 习近平致哈尔滨工业大学建校 100 周年的贺信[J]. 工业设计，2020(6)：2.

黑龙江省“淘宝村”社区的形成机制与经济社会效应

——以五常市七一村为例

张宇卓[1]

1. 哈尔滨工业大学人文学院 2018 级　社会学专业

摘要:“农村 + 电商”的发展模式使中国传统农村经济和社会结构发生了深刻的变化,形成了具有中国特色的“淘宝村”。在“淘宝村”的梯度分布格局中,黑龙江省“淘宝村”起步晚、数量少且未能形成集群。但哈尔滨市五常市杜家镇七一村却逆势而为,依靠大米产业链跻身“农产品百强淘宝村”。本文将基于对七一村创业达人与农户的访谈,探讨“淘宝村”的形成机制及其影响,分析其作为推广范式的限制性条件与不足,为黑龙江省农村社区的乡村振兴提供经验借鉴。

关键词:淘宝村;形成机制;经济社会效应

Formation Mechanism and Economic and Social Effects of “Taobao Village” Community in Heilongjiang Province

——A Case Study of Qiyi Village, Wuchang City

Zhang Yuzhuo[1]

1 Sociology, 2018, College of humanities, Harbin Institute of Technology

Abstract: The development model of “rural + e-commerce” has profoundly changed the traditional rural economy and social structure in China, and formed "Taobao Village" with Chinese characteristics. In the gradient distribution pattern of "Taobao villages", the number of "Taobao villages" in Heilongjiang Province started late, and the number of "Taobao villages" did not form a cluster. However, Qiyi Village bucked the trend, relying on the rice industry chain to become one of the "top 100 agricultural products Taobao villages". Based on interviews with entrepreneurs and farmers in Qiyi Village, this paper discusses the formation mechanism and influence of "Taobao Village", analyzes the restrictive conditions and deficiencies of "Taobao Village" as a promotion paradigm, and provides experience and reference for rural revitalization of rural communities in Heilongjiang Province.

Key words: Taobao village; Formation mechanism; Economic and social effects

引言

在相继提出农村信息化、创新驱动、"互联网 +"等多项战略后,十九大进一步提出"乡村振兴"战略理念,我国城乡关系将发生重大转变。"淘宝村"模式则是二者的交集,是在电商经济背景下实现乡村振兴的合理途径。它立足于农村社区的经济社会结构,以网络信息化为基础、以当地特色资源或产业为依托、以电子商务为手段,不仅打破了原有农业单一增收模式,而且对增强乡村凝聚力、实现区域间协调发展都有突出作用。对处于相对劣势的农村地区来说,这有利于帮助其实现弯道超车,弥补既往经济增长与社会发展中的不足。

在"淘宝村"的梯度分布格局中,黑龙江省"淘宝村"起步晚、数量少且未能形成集群,2019年才出现1个淘宝村。但哈尔滨市五常市杜家镇七一村作为黑龙江省第一家"淘宝村",却依靠大米产品跻身"农产品百强淘宝村"[1],促进了社区生产方式与生活方式的现代化。本研究将首先从其形成机制入手,分析黑龙江省"淘宝村"社区的新亮点、新价值与新趋势。

1. 七一村"淘宝村"的形成机制

当前学界对淘宝村的研究主要集中于其"淘宝"属性,而缺乏对内部"村"的关注。费孝通曾说决心要引进一项先进技术必须首先创造跟它相适应的社会条件[2]。淘宝村的成功不仅得益于以"淘宝"为代表的电子商务技术,更取决于与农村社区社会条件的契合。因此,在对淘宝村进行分析时,必须从技术与社会互构的视角阐明其与农村社区的互构关系。那么,七一村社区的各主体、各要素是怎样被组织起来从而形成"淘宝村"的呢?

五常大米一直是黑龙江省的"金字招牌",在中国品牌价值评价榜单中连续四年蝉联地标产品大米类全国第一。然而,过去的五常市,沿用传统的经营方式,主要依靠口碑与固定客源通过线下渠道销售,一直困惑于如何让五常大米走得更远。七一村也是五常大米的主产区,为解决这一问题,其率先开始了"淘宝村"的建设。

结合 Bruso"两阶段"演化模型,本文将七一村的个案实践概括为"两阶段—五环节"。淘宝村的萌芽和初步发展单纯依赖于民间自发力量,此即"Bruso 第一阶段";当淘宝网店项目扩散到一定程度以后,地方政府开始介入,行业协会开始成立,向网商提供专业服务的各类服务主体陆续进驻村庄,此即"Bruso 第二阶段"[3]。

1.1 Bruso 第一阶段

1.1.1 创业能人引进淘宝网店项目

每个淘宝村的形成都是从引进淘宝网店项目开始的,由某个或若干个创业能人自主发起,并且取得显著的业绩[3]。在七一村,引进淘宝项目网店的创业能人早在十多年前就在淘宝平台上开设了第一家网店"陈大力稻花香米店",第一个月的销售量就达到了6 000斤,期间一直严控产品质量,实现增产增收的同时扩大了五常大米的知名度。

近几年,七一村也有创业者意识到直播电商可能改变淘宝村的发展方式。他们和七一村初代创业者相比,不仅眼界更开阔,带动社区的组织方式也更加灵活,在形成直播产业链、促进淘宝村升级等方面发挥了重要作用。

1.1.2 淘宝网店项目的扩散

每一个淘宝村的形成都是由乡村精英或创业

能人自主发起的，取得成绩后因门槛低、成本小、难度低等优势即会向外扩散，最终成为村庄的主要经济形式[4]。通过熟人通道向外扩散是农村社会模仿机制的特性，在其他条件一定的前提下，熟人比陌生人具有更高的模仿可能性[5]。原来那些与米厂签合约、把稻谷卖给米厂的农户们看开淘宝网店能赚钱，纷纷开始效仿，该模式自此在社区内传播开来。

而且，退伍军人和外出务工人员渐渐成为淘宝村的主要经营群体，他们不仅具有良好的互联网技能，在城市务工、学习和生活的经历使他们更了解城市的市场需求，他们的积极参与使淘宝村模式在社区内覆盖得更加广泛。

1.2 Bruso 第二阶段

1.2.1 地方政府的介入

在七一村，虽然淘宝产业的内部市场结构具有自发性，但地方政府的介入和支持是村庄淘宝产业结构稳定的重要力量。地方政府在为村庄引入企业资源和政策支持的同时，也注重引导淘宝村内部建立完善的市场结构和比较稳定的交易秩序。

在七一村，五常市人民政府主要扮演三种角色：

一是制度和政策制定者，政府出台《五常市支持民营企业和中小企业发展的实施意见》等文件以降低税费、支持创业创新，其发布的《2020 年度五常市水稻收储专项整治工作实施方案》，助力形成五常大米标准体系。为帮助中小微企业，特别是稻米加工企业解决融资难的问题，政府召开金融行业座谈会、成立哈尔滨市企业信用融资担保服务中心，促进金融机构与稻米加工企业的直接对接。为推进五常大米品牌建设与保护工作，哈尔滨市场监督管理行政执法局多次开展五常大米专项整治行动。

二是公共产品和公共服务供给者，政府建设五常市电商物流园区，形成了特色的电商五常模式：一个中心、两个平台、三个系统、一个园区。市级电商公共服务中心，现已入住合作社 34 家。电商孵化创业平台，现已进行多种形式的电商培训 42 期，5 100 余人次。村级网点运营平台在代购、代销之外增加了收发快递、便民服务内容。与 3 家快递企业成立县乡村物流派送中心，实行统一的安检、仓储、分拣、配送等基础服务。云仓管理系统会根据数据进行智能管理。数据采集系统负责对数据进行整理、存储、汇总、提炼。建成的物流园区，有立体现代化的仓库 7 344 平方米，包含加工区、存储区、分拣区，使电商收发货速度整体提升，重大时间节点电商快递爆仓承压能力提高 3 倍[6]。

三是中间组织者，如政府与京东战略签约、共同举办了五常大米电商节和第三届中国优质稻米之乡 · 五常（京东）大米节，利用市场化手段，整合多方优势，搭建五常大米的网络国际平台，让五常大米走出国门、走向世界，打造“中国稻香，生态五常”的社区形象。

1.2.2 网商抱团合作

在淘宝村的形成过程中，村民们总会选择抱团合作。在七一村，很多创业能人都因为网店销量越来越好，自家大米供不应求，开始收购本村大米或是直接成立水稻农民专业合作社，和农民一起种植水稻，统一购买生产原料，聘请专业技术人员进行种植技术指导，从源头上保证五常大米的品质，这也维护了七一村社区良好的集体声誉。

随着生产性社区网络的不断扩大，七一村更是组织成立、带头加入了五常市大米协会与五常市稻米商会。这样的策略联盟除了能增强其市场谈判能力、便于集体向村组织和地方政府反映需求以外，还积极地创造社会效益。在 2020 年我国新冠疫情暴发时，其组织 183 家会员企业集资 73.5万，捐赠医用防护服等抗疫物资，缓解了当时物资紧缺的情况[7]，彰显了企业对社会的责任。这些行为无疑对社区情感起到了重要的维系和加固作用，有助于社区内部缔结更深层次的合作关系。

1.2.3 纵向集聚：服务商入驻

淘宝村的服务商包括物流公司、通信运营商、第三方电商服务商、培训机构等。淘宝村发展到一定规模以后，集聚所产生的规模经济效应会吸引服务商入驻或催生本土服务商产生。站在网商的角度看，随着业务增长和竞争加剧，他们也必然诉求服务主体的支持。

以七一村的第三方电商服务商为例，他们能够为网商提供宝贝描述、商标设计、视觉包装、新媒体推广、智能移动端开发等专业服务，帮助网商节省成本,增强差异化竞争能力。

一言以蔽之,传统产业基础为这一市场结构和交易秩序的形成提供了支撑;乡村伦理与村民互动的相互作用促进了这一市场结构和交易秩序的发展;地方政府的介入和支持维持了这一市场结构和交易秩序的稳定。三者共同作用,促成和保障了黑龙江第一个"淘宝村"的形成与发展。七一村的淘宝村建设既维持了电商经济的有序运作,也增强了七一村社区的现代化能力。

2. 七一村"淘宝村"的经济社会效应

"淘宝村"现象可视为信息技术型塑和改造农村社区的能量和潜力的一种集中展示,在经济社会层面均产生了广泛而深刻的影响,体现在七一村社区的"点—线—面—体"4 个层面上。

2.1 "点效应":对农户个体的影响

从群体平均效应来看,"淘宝村"农户采纳电子商务对其农业收入产生显著的促进作用,这源自利润率和销量的双重提升。目前,七一村 546 户农户,电商从业人员多达 340 人,村里人开设的各类线上网点有 134 家,仅淘宝店铺就达到 85 家。年网销大米 2 000 吨,销售额近 2 900 万元,电商收入占总收入的七八成[8]。

有学者通过实证研究指出,"淘宝村"的形成对农民的迁移决策产生影响,"淘宝村"居民的外出迁移概率要比非"淘宝村"居民的外出迁移概率大约低 26%[8]。通过电商平台与市场化手段,七一村的发展潜力逐步得到挖掘,很多外出打工的年轻人都选择返乡创业,共建家乡。

村民们在自主学习的过程中,人力资本提升和心智模式改善共同促进其能力增长,体现了"淘宝村"现象内生包容性增长的意义。对于这些七一村村民而言,自主致富提升了其生活质量与幸福感;改变了其个体价值观,让村民乐于在农村社区就地实现自己的人生价值;增进了社区认同与价值整合,深化了村民对七一村共同体的认同感和归属感。

2.2 "线效应":对农户间关系的影响

"淘宝村"的形成意味着主体相互依存关系的重新建构,农户间快速传播信息与知识,促成其广泛参与,增进了农户间的联系。七一村在出现创业"先行者"的成功案例后,村里越来越多人自己开设网店和米厂,这也在一定程度上加剧了村民间的竞争。

2.3 "面效应":对农村社区发展的影响

一方面,"淘宝村"是一种社区嵌入型大众创业现象,其创业孵化和就业带动效应突出,既孵化了大批创业者,也创造了大量的就业岗位[10]。七一村就是在"先行者"自主创业的带领下,逐步形成了全村的互助与创业氛围,增强了七一村社区的自组织能力。

另一方面,由于七一村等线上销售农产品的农村社区都有迫切的物流等基本设施需求,黑龙江省已基本建成县乡村三级公共服务体系及物流配送体系,截至 2020 年 5 月底,示范县已建成县级电子商务公共服务中心 31 个、乡镇电子商务服务站 229 个、村级服务站点 2 958 个,物流配送中心 31 个,乡镇快递网点数量 118 个。对于七一村而言,不仅为农产品上行"最初一公里"和工业品下行"最后一公里"问题的解决提供了有力保障,更是提升了社区的公共服务水平、方便了全体村民的生活,增强了七一村社区的凝聚力。

2.4 "体效应":对城乡融合发展的影响

"淘宝村"揭开了一场信息化时代电子商务作用下的乡村城镇化进程的序幕,使乡村传统和现代因素全面有效融合,实现对"农业、农村、农民"的"一体配套式"现代化改造[11]。"淘宝村"的发展把大量散落的中国农村通过互联网和物流网直接接入了现代社会,实现"在线城镇化""实时城市化",使之摆脱因各种原因而与城市隔绝或依附于城市发展的地位[12],促成了新型城乡关系网络。

3. 七一村"淘宝村"的辐射价值与借鉴意义

3.1 直接的辐射价值与借鉴意义

七一村作为黑龙江"淘宝第一村",显然为黑龙江省其他拥有着地标性自然资源的农村社区开辟了一条可行的发展路径。较之于其他省市以轻工业品、手工品等为主要产品或技术密集型产业集群的"淘宝村",七一村这种以农产品为主要产品且为劳动密集型产业集群的本省农村社区,无论是在产业、产品结构上,还是行政因素、地域条件等各方面都具有更强的相似性和可模仿性,给黑龙江省农村社区发展电子商务以最直接有效的模板。

3.2 七一村“淘宝村”作为推广范式的限制性条件与不足

上文阐述了七一村形成“淘宝村”过程中的“两阶段—五环节”，其中各要素相互交织，各主体都发挥着不可替代的作用。如，缺少了创业能人的带动，就会导致整合乡村周边资源的积极性与效率较低；缺少了社区内部的凝聚力和社区网络的开放性，就难以实现电商知识、技术与市场信息的交互；缺少了政府的支持与介入，农村社区的基础设施条件如交通、物流等，就难以支持其发展电商，尤其是黑龙江省乡村地广人稀，居住分散，很难形成集聚效应，相应地，由政府主导的基础设施建设的需求就更加紧迫。因此，七一村的“淘宝村”发展模式对农村社区的经济社会条件提出了较高的要求。

同时，七一村销售的主要产品主要依托于本地产业集群，出售的是本身已声名远扬的地标类大米，且大米是人们日常生活所必需的主食类消耗品，消费者常常单次购买量大且有长期购买的习惯，而七一村仍未借助线上平台实现对更多品类农产品尤其是非经济作物的营销，对当地农业的整体产业升级的作用有限。所以，对于黑龙江省其他相对不知名的与单次购买量低、复购间隔长的农产品如何走出去并改善社区经济社会状况，七一村并没有做出明确示范。

4. 结论

作为黑龙江省首个“淘宝村”，七一村的产业形成机制和经济社会效应都深深嵌入于农村社区之中，与社区的经济和社会结构交互作用。虽然其他农村社区需要克服其局限性才能推广，但七一村的“淘宝村”社区模式仍然具有深远的辐射价值和借鉴意义，为黑龙江省的乡村振兴提供宝贵经验。

参考文献

[1] 阿里研究院. 2020 中国淘宝村研究报告[EB/OL].(2020-10-20). Http://www.aliresearch. com/ch/presentation/presentiondetails? articleCode = 126860487966199808&type =% E6% 8A% A5% E5% 91% 8A&organName =.

[2] 费孝通. 费孝通全集:第 11 卷[M]. 呼和浩特:内蒙古人民出版社,2009.

[3] 曾亿武,邱东茂,沈逸婷,等. 淘宝村形成过程研究:以东风村和军埔村为例[J]. 经济地理,2015,35(12):90-97.

[4] 潘劲平,王艺璇. 技术的社会嵌入:农产品淘宝村形成机制研究——基于 W 村的实证分析[J]. 西南大学学报(社会科学版),2020,46(1):61 –68.

[5] 张英男,龙花楼,屠爽爽,等. 电子商务影响下的“淘宝村”乡村重构多维度分析——以湖北省十堰市郧西县下营村为例[J]. 地理科学,2019(6):947-956.

[6] 五常市人民政府. 我市国家电子商务进农村综合示范项目电商物流园区启动运营[EB/OL].(2018-07-06). Http://www. hljwch. gov. cn/xwxx/zwyw/875. html.

[7] 五常市人民政府. 五常市大米协会与五常市稻米商会组织五常会员企业为我市捐赠医用防护物资[EB/OL].(2020-02-05). Http://www. hljwch. gov. cn/xwxx/zwyw/2068. html.

[8] 黑龙江日报. 七一村龙江“淘宝第一村”[EB/OL].(2020 – 07 – 24). Http://epaper. hljnews. cn/hljrb/20200724/481028. html.

[9] QI J, ZHENG X, CAO P, ZHU L. The effect of e-ommerce agribusiness clusters on farmers' migration decisions in China[J]. Agribusiness, 2018, 35(1):20-35.

[10] 魏晓蓓,王淼. 乡村振兴战略中农村电商聚集化“2 +”模式研究[J]. 山东大学学报(社会科学版),2018(6):130-137.

[11] 房冠辛. 中国“淘宝村”:走出乡村城镇化困境的可能性尝试与思考——一种城市社会学的研究视角[J]. 中国农村观察,2016(3):71-81.

[12] 楼健,胡大平. 淘宝村、实时城市化和新型城镇化实践[J]. 学术研究,2018(5):58-62.

Advance in Soccer Teamwork

Wen Tianhang[1*], Wu Qilong[2*], Huang Yuchen[3*]

1. Department of Mathematics, 2018, Mathematical Department, Nanjing Vniversity
2. Computer Science and Technology 2018, Kuang Yaming Honors School, Nanjing University
3. Software Institute, 2018, Kuang Yaming School, Nanjing University

Abstract: This problem is about determining, optimizing, and generalizing the passing network in a football game. It is a problem of analyzing and processing the given data. In this article, we employed algorithms such as cluster analysis, regression analysis, and principal components analysis (PCA) to study the passing method and organization strategies of football in actual games. In the first question, we combined the given data to build a network model of passes in different space and time scales to simulate team cooperation networks. To solve the second question, we started from other indicators to find more crucial indicators. We carried out a comprehensive application of cluster analysis, regression analysis, principal component analysis, and other methods studying the impact of these indicators on the success of teamwork. As for the third, we used this model to analyze the various indicators of the Huskies team and proposed a tactical plan for their next season. For the last question, we generalized our model from football matches to competitive sports and even general teamwork. We also analyzed the parts that can be improved in the current model and made appropriate supplementary explanations.

Key Words: Passing Network; Centrality; Group Dynamics; Network Stability

足球领域里策略的飞跃

文天航[1*]　吴启龙[2*]　黄雨晨[3*]

摘要:本题中要求解的是足球比赛中传球网络如何确定问题,是一个对所给数据进行分析、处理的问题。

---

* 文天航、吴启龙、黄雨晨为本文共同第一作者。

本文中,我们利用聚类分析、回归分析、图论中最小路的弗洛伊德算法等,对实际比赛中足球的传球方式及组织策略进行求解。第一问中,我们结合所给数据,建立了不同空间及时间规模下的传球的网络模型,用于对团队合作网络模拟;第二问中,我们从其他指标出发,找到更多的影响因素,综合应用了聚类分析、回归分析、主成分析等方法,研究这些指标对团队合作成功性的影响;第三问中,我们使用这一模型分析了哈士奇队的各项指标,并为其提出了下个赛季的战术规划;第四问中,我们从足球比赛过渡到竞技体育乃至通用团队合作,分析了当前模型中可推广的部分并对差异做了适当补充阐述。
关键词:传球网络;中心性;团体动力学;网络稳定性

1. Introduction

1.1 Problem Restatement

With the rapid development of technology and society, the complexity of social interaction activities soars. It is universally acknowledged that the strategies are crucial in complicated teamwork operations. Thanks to its rich but controllable complexity and fast-developing monitoring technologies, football is an excellent example in the researches of optimizing teamwork.

First of all, we are required to construct the present passing network of Huskies and analyze it. Furthermore, we are supposed to find several indicators describing the quality of teamwork and build a synergy model with them. Moreover, with that model, advice for the Huskies for the next season is required. Last but not least, a generalization of the built model to general teamwork sports is required.

1.2 Problem Analysis

First of all, through the analysis of the problem, we can determine that this is a network model optimization and data processing problem. Solving this problem requires knowledge of graph theory and fitting in statistics. Given the data of the passing destination and origin, the number of passes, the number of shots, the score, and other data, we analyzed the problem to be solved. We employ technologies such as cluster analysis, regression analysis, and other algorithms in statistics, and the shortest problem in graph theory.

Because the performance of a game is significantly reflected in the shot volume, when evaluating the player's game, we use the shot volume ratio of teams as the dependent variable and use the player's own situation and interaction performance as explanatory variables.

Due to the randomness of football matches, goal difference is greatly affected by random events, and its absolute value is small. Consequently, we also use the number of shots as an explanatory variable for regression analysis.

2. Assumptions and Explanations

- When analyzing the connection between the performance of the game and the formation, we assume that the impact of substitutions on the formation is insignificant and ignorable, and these substitutions mainly derive from physical fitness or unexpected circumstances (such as injuries and fouls). Considering that most of the substitutions occur in the second half of the game, we assume that the game formation is the starting formation and is entirely determined by the given player position (defenders, midfielders, forwards).
- Regardless of the coach's impact on the Huskies team, even the Huskies team has three coaches throughout the season.
- When calculating the ball control rate, we use the passing event to divide the time into small segments. We assume that the ball in each small segment is controlled by the team passing the football at the beginning of it. Due to the uncertainty each half game's end time, we ignore the peri-

od from the last passing.

3. Notations

- p_i, the i-th primary component's weight.
- pc_i, the i-th primary component.
- a, the score for a specific area in location cluster analysis.
- b, the mean of all possible values of a.
- sh, the average shortest path of a network.
- be, the average betweenness centrality of a network.
- tr, the transitivity of a network.
- xc, the average X coordinate of passing origin.
- pa, the pass volume in a network.
- cl, the average closeness centrality of a network.
- l_1, the lambda 1.

4. Passing Network Pattern

4.1　Network Construction

We research the passing network model based on knowledge from network science. To present the passing behaviors between players, we construct weighted directed graphs in which nodes present the players, and directed edges present passing events between players. Edges' weights are the frequency of passing between players presented by ends of edges. We focus on dyadic and triadic configurations, team level structure, and frequently-found cooperative pattern in different time scales from minute to a whole season, hopefully helping develop some useful perspectives of the passing network's characteristics. In practical football games, high-frequency passing behaviors between several players share some preferences. It usually appears in midfield, where competition intensity is relatively high while passing distances keep low. Based on the above consideration, we did not take real coordinates into account when constructing the passing network, but to deal with it as a simple weighted directed graph. We will found it easier to identify patterns from the network after doing so.

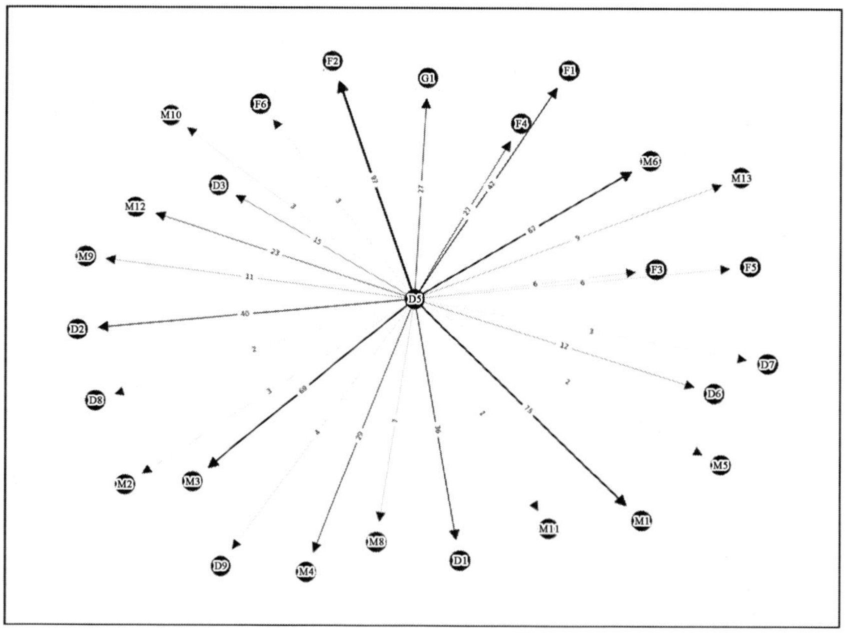

Fig. 1　Explore Huskies_D5's passing preferences

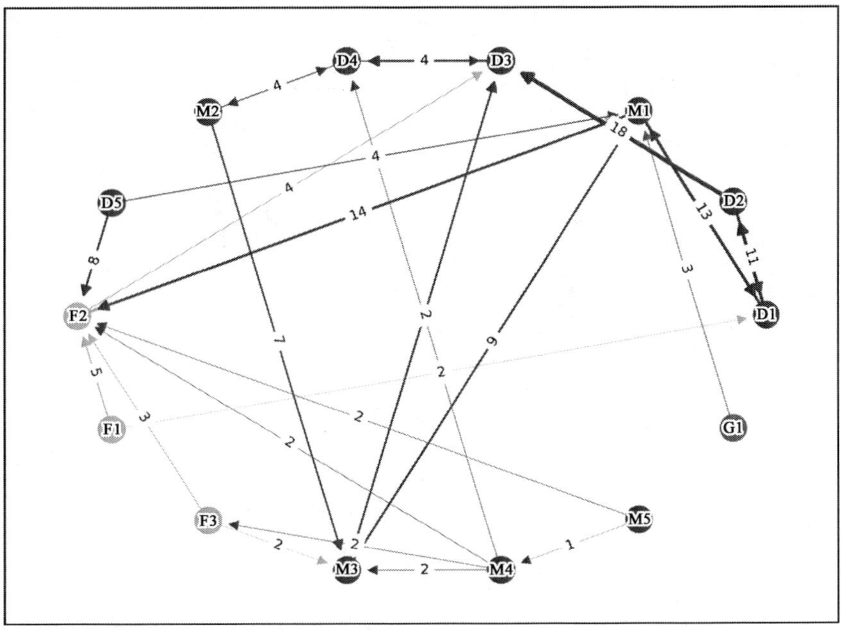

Fig. 2 Preference network for match 1

In order to explore the dyadic and triadic cooperative behaviors in the team, we first classify the individuals in the team according to their passing preferences. The study first focuses on the network characteristics of a single match. For each player, we count their passing frequency for each position in the game and make a passing preference map for each player based on it. Normalize the passing frequency and calculate the variance, which represents the strength of the passing bias of the player's passing. We divide players into three categories according to their passing behaviors: strong preference, weak preference, and balance. Observing the graph, we can see that the passing of strong preference players is concentrated on a minimal number of teammates and usually receive many passes from them; the weak preference players have one-way passing interaction with multiple players, while the balanced players pass to all teammates roughly distributed.

4.2 Pattern Identification

Replacing the original pass network with a preference network enabled us to discover cooperation models from a single game. By drawing a preference network and coloring it according to the identity of the passer player, we obtained a more precise overall relationship diagram of the passing network. By counting edges in preference network of all matches, we obtained the most frequent point-to-point passing paths throughout the season. Then we can draw corresponding images to identify cooperation patterns for Huskies throughout that season. Let us see some examples. F1 is G1's first choice when he wants to make a long pass. Almost half of the teammates prefer to pass the ball to M1. Most of passing events happen between midfielders and defenders. We can also find the dyadic and triadic configurations in Fig. 3, e. g., F6 and D8 forms dyadic one and D3, G1, D1 are in a defense triple. More observations are available here and omitted for concise.

Besides, we calculated closeness centrality for nodes in passing networks to show the importance of every player in the team, then to gain more structural information. We visualized the result as Fig. 3, which clearly shows the truth that M1 is the core node of passing in the team.

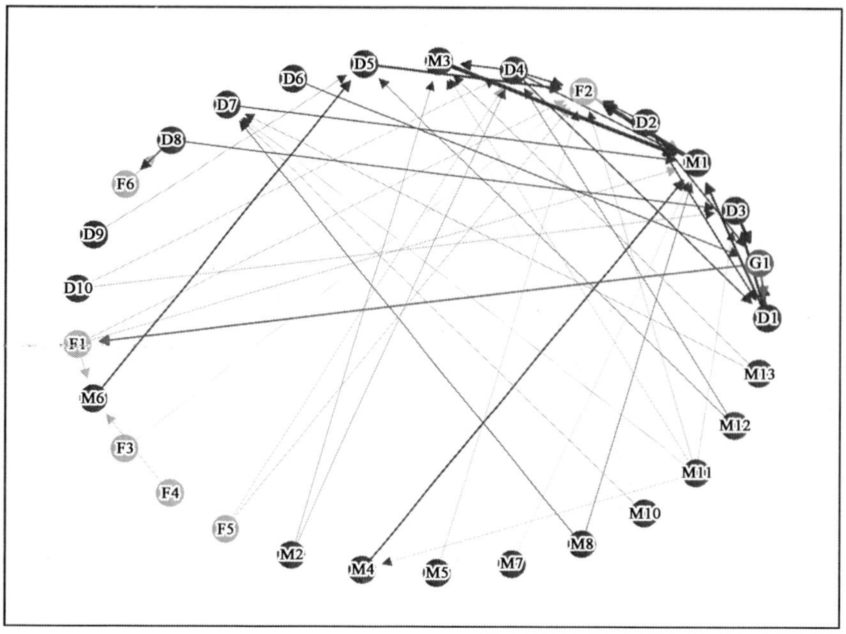

Fig. 3　Preference network for whole season

5. Model Construction

Fig. 5 to Fig. 8 are the fitting graphs, where X coordinate means respectively the ratio of betweenness centrality, shortest path, transitivity, the average *X* coordinate of passing events, lambda 1, pass volume, and closeness centrality between Huskies and its opponents, and *Y* coordinate means the ratio of shot volume between them. Some of the indicators we used in modeling are concepts designed for a single node (e. g., closeness centrality). For describing the property of the network as a whole, we simply calculate the indicator for every node and use the average indicator as an indicator of the network.

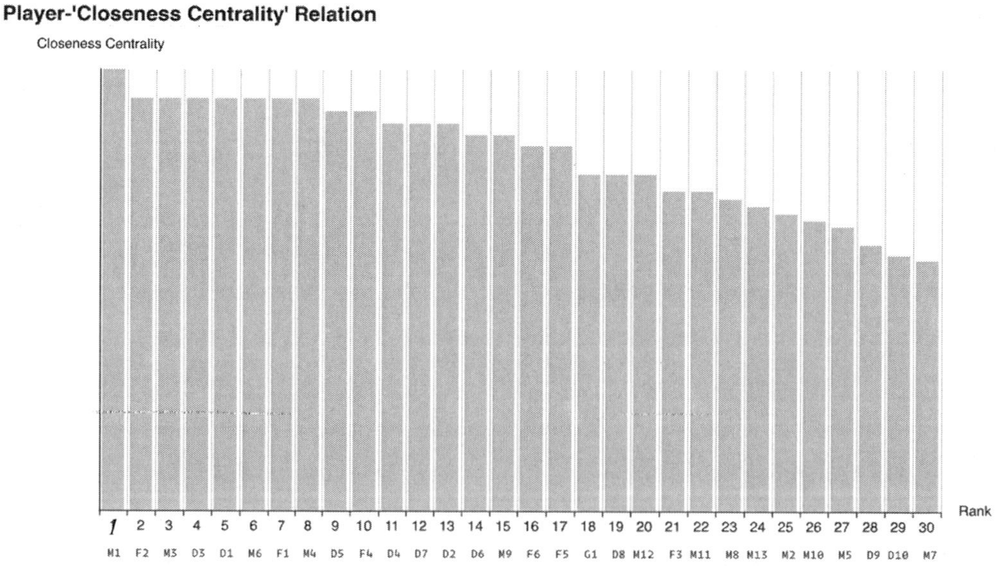

Fig. 4　Explore Huskies_D5's passing preferences

5.1　Teamwork Indicators

In order to explore the indicators measuring cooperation performance in teamwork, we first list and consider attributes that have an impact on the effectiveness of cooperation in cooperative behavior, including football matches, such as frequency of collaboration and the interaction structure of members. Further, we attempted to use the available data to construct and quantify several corresponding indicators whose structures are based mainly on the parameters of the passing network we have obtained and the existing graph theory indicators. In order to make the values of each indicator more stable, comparable, and able to reflect information on offensive and defensive quantities, we employed ratios as independent variables when fitting the relationship between these quantities and the number of shots.

- Passing Volume

Passing volume is increasingly deemed as a valuable indicator of teamwork performance since it reflects the frequency of cooperation and positivity. Intuitively, the more active cooperative behavior occurs (in this case, the pass) implies the more successful synergies for that synergy, in the general sense, means generating revenue, and consequently, the more cooperation, the more revenue created. After regression analysis, we got the expected results.

- Average X-coordinate

The average x-coordinate of the passing network. The greater, the closer to the opponent team's goal.

- Transitivity

In Question 1, we carefully studied the dyadic and triadic configurations in the passing network. The transitive performance is the number of triples in the network, which represents the team's ability to attack and defend in groups. Research in the field of football shows that such group actions are conducive to the exertion of team capabilities; therefore, we conclude that this indicator is positively related to team performance.

- Passing Fluency[1]

In football, we want the ball to be passed as fluently and smoothly as possible in our passing network. We use the shortest path theory in graph theory to express this idea. In order to simulate the concept of distance in the shortest path, we duplicated the structure of the original passing network and used the inverse of the edge weight (passes) of the original network as the length of the corresponding edge of the new network. In the new network, we calculated the shortest path between all pairs of nodes and took the average, getting the index that shows the passing smooth of the network.

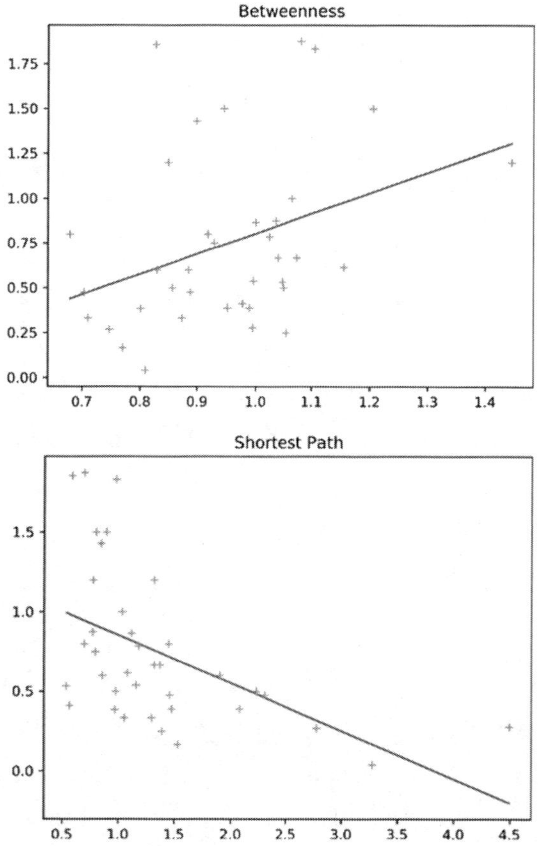

Fig. 5 Betweenness centrality and shortest path

- Betweenness Centrality[1]

Betweenness centrality is defined as the share of times that a node i needs a node k (whose centrality is measured) to reach a node j via the shortest path. Specifically, if $g_{i,j}$ is the number of geodesic paths from i to j, and g_{ijk} is the number of these geodesics that pass through node k, then the betweenness centrality of node k is given by the following formula.

$$\sum_i \sum_j \frac{g_{i,k,j}}{g_{i,j}}$$

Betweenness is essentially k's share of all paths between pairs that utilize node k, the exclusivity of k's position. When confronted with several equally short paths, it chooses exactly one at random and proceeds. Thus, betweenness is conventionally considered to measure the traffic moving from each node to every other node that would pass through a given node. It measures the amount of network flow that a given node "controls" in the sense of being able to shut it down if necessary.

- Closeness Centrality

A node's closeness centrality is defined as the sum of graph-theoretic distances from all other nodes, in which the distance from a node to another's definition is the length (in links) of the shortest path between one and the other. In the flow context, we usually interpret closeness centrality as an indicator of the expected arriving time of something flowing through the network (Borgatti, 1995). Low raw closeness scores nodes have short distances from others, so they will be prone to receive flows sooner, given that what flows originates from all other nodes with equal probability and also whatever is flowing travels along the shortest paths. As for information flows, we usually assume nodes with low closeness centrality as being well-positioned to obtain new information early, where it has the most value. Consequently, organizations with low closeness centrality in an R&D technology-sharing network can develop products sooner.

- Eigenvector Centrality (lambda 1)

Eigenvector centrality's definition is the principal eigenvector of the adjacency matrix defining the network. The defining equation of an eigenvector is:

$$\lambda v = Av$$

where A is the graph's adjacency matrix, λ is the eigenvalue, and v is the eigenvector. This equation lends itself to the interpretation that a node that has a high eigenvector score is one that is adjacent to nodes with high scores.

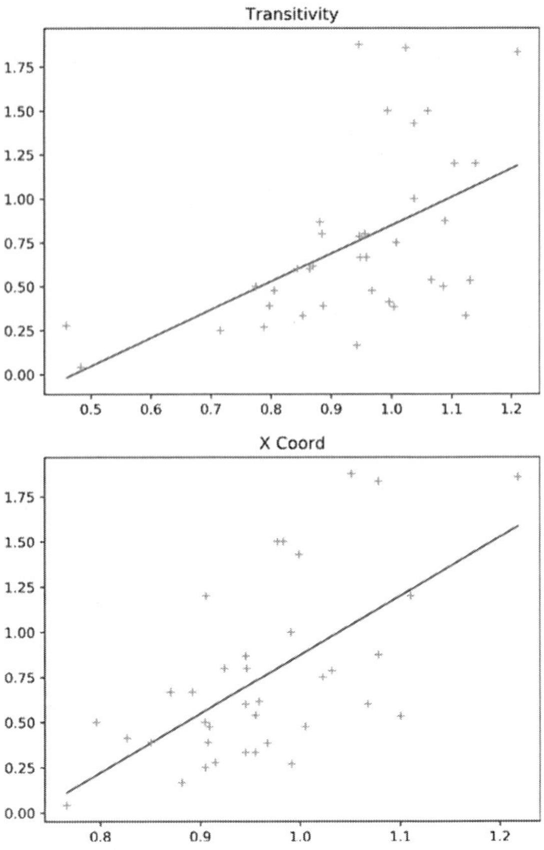

Fig. 6　Transitivity and average *X*-coordinate

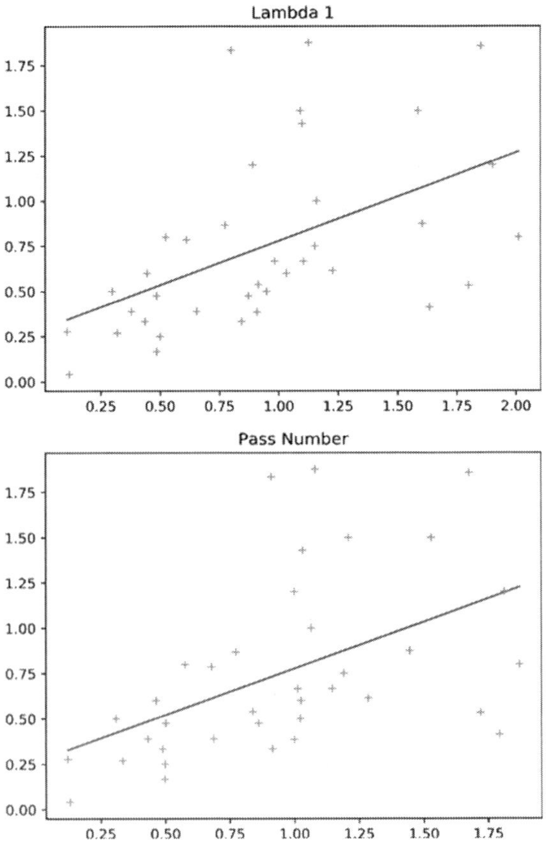

Fig. 7　Lambda 1 and pass volume

- Success Rate

We can compute the success rate of the Huskies team's passing by checking whether the Destination-PlayerID column in the Huskies' passing behavior is empty.

- Possession Rate

As mentioned in the hypotheses, the possession rate is obtained from all passing event records, "Huskies. csv", which contains all the passing records of Huskies.

5.2 Indicator – Performance Model

Indicators introduced above are able to explain the main characteristics of teamwork in football games with a satisfactory coverage rate. We give up to adapt factors like sides of matches or coaches since these factors influence performance by influencing indicators we covered. Indicators we explored correlate with each other significantly. It is in our expectation because all of them work for a common purpose: performance improvement. Note that there is a significant correlation relationship between the indicators. Therefore, it is arduous to research on indicators one by one and simply superimpose them up to obtain the weight of their corresponding impacts. Furthermore, because of the limited data amount, fitting a high-dimensional function with all indicators as parameters are not optimal. For the above two reasons, we adopt the principal component analysis (PCA) method to reduce the dimensions of the indicators. Besides, due to the consideration of the model's accuracy, we did not include some weakly related variables from the previous analysis in the analysis below, but we can still use them to provide qualitative guidance for decision-making. We have chosen passing volume, average x-coordinate, transitivity, betweenness centrality, closeness centrality, eigenvector centrality, and passing fluency for further study. We transformed them with PCA, reducing to three dimensions. Dimension number 3 is for the following explained variance ratio: [0. 856 663 40. 111 611 780. 014 730 76]. The three chosen terms cover 98. 3% of the information in chosen indicators. Note that the number of shots and the index shows a linear relationship, and the essence of PCA is a linear transformation, so it is assumed without loss of generality following formula holds.

$$f = p_1 \cdot pc_1 + p_2 \cdot pc_2 + p_3 \cdot pc_3$$

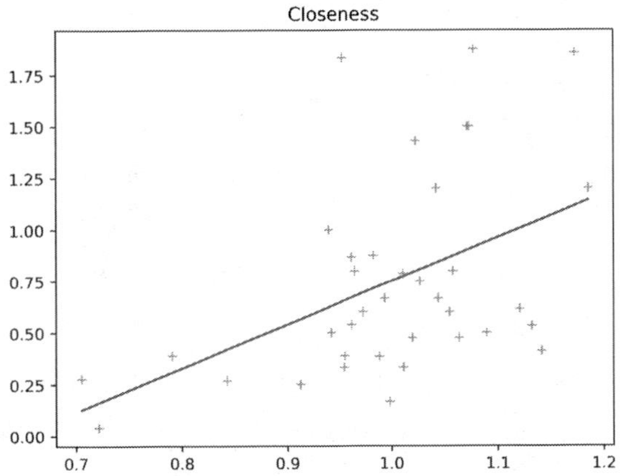

Fig. 8 Closeness centrality

Here f is a teamwork evaluation function. Calculating using least-squares algorithm, we get $(p_1, p_2, p_3)' \cdot (p_1, p_2, p_3)$ and find the final evaluation function. Applying the function to the original data, we got $r = 0.32$. Notice shot volume, which is a wide-acknowledged indicator for football game performance, correlate with the score, with the correlate coefficient $r = 0.40$ and $p = 0.0004$. It shows that our evaluation function achieves a functional evaluation of general performance with indicators related to teamwork and operability without losing too much correlation. Finally, we get the relationship between f and indicators studied.

$$f = [sh, be, tr, xc, pa, cl, l_1] \cdot [-0.6903, 1.3668, 0.2706, 0.1214, 0.6807, 0.0525, 0.6944]$$

Look up Notations for variables.

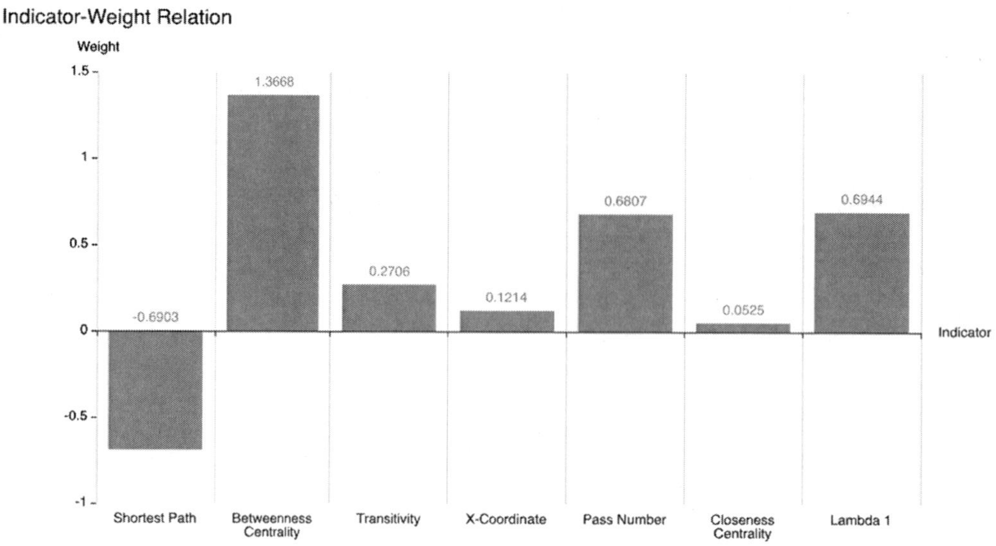

Fig. 9　Indicator – weight relation

5.3　Location Cluster Analysis

During the process of analyzing the team cooperation model of the Huskies team, not only can we consider the interaction between members but also the relatively appropriate distribution of individual members on the court. Here we use the method of hierarchical cluster analysis. Through the "passingevents. csv" table, we can determine all the passing positions of all Huskies' players in all matches. We mark the points by the EventO-rigin_x and EventOrigin_y on the x and y plane. Using these positions for cluster analysis, we roughly find several areas a specific player is mainly in, and the average of the goal difference of the games corresponding to all passing positions in each one of these areas is used to show the effect the player has in that area. Here we take Huskies_M3 as an example. We perform a hierarchical cluster analysis on all the passing positions of M3. We consider the number of classifications to be nine in order to make the result more accurate. The clustering results are shown in the following graph. We note the five areas with dense points corresponding to the passing position (in the figure) with a_1, a_2, a_3, a_4, a_5 and note the average goal difference of a_i as b_i where $i = 1, 2, 3, 4, 5$, and get:

$$b_2 = \max[b_i],\ i = 1, 2, 3, 4, 5,\ b_2 = -0.3579$$

From Fig. 10, a_2 is located between the middle of the court and the right rear area of the court, so we conclude that the M3 player is more suitable for the right-defender position.

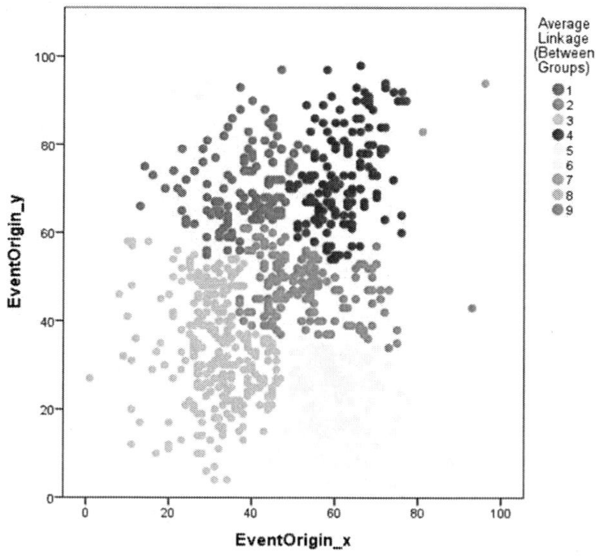

Fig. 10　Cluster with 9 classes

The above is the result of the analysis of a single player. Below, we consider the same method differently. Now we analyze the team's preferred lineup based on all passing behavior between players instead of a single player's passing action. We cluster the points on the x, y plane corresponding to all the passing positions of the Huskies team, and select the number of clusters to be thirty to make the classification results distributed. Then we calculate the average of the goal difference in each area. According to the ranking of the thirty values, we can get the areas where the players of the team play relatively well, which helps us roughly determine the lineup that the team should take. The data we calculate is shown in the annex. It can be seen that among the top ten values, the strikers occupy three, and the remaining seven positions are more biased towards the opponent's side, indicating that the Huskies team will benefit more from the offensive formation. To verify the conclusion we have made, we integrate and compare the lineup of each match in the "matches.csv" table (by the ID of the player in each match) and the goal difference between Huskies and their corresponding opponent team (data shown in the appendix). Among the lineups taken, the 4 – 3 – 3 lineup is the best, because when it plays against other lineups, its average goal difference is always not negative, such as in the 8th, 12th, 15th, 17th, and 18th game, the Huskies team used a 4 – 3 – 3 formation and the opponents all used a 4 – 4 – 2 formation. In these games, the Huskies team's average goal difference was positive 1.4. From this data, it can be proved that the Huskies team is indeed more suitable for the attacking lineup. Next, we want to consider the lineup as an indicator of the cooperation function model we finally set up. In the 30 parts obtained by the cluster analysis just now, we calculate the sum of the average goal difference corresponding to each of the ten areas according to the area where ten players are roughly located in each lineup, which can be used as the estimated score of the lineup. However, according to the test, the correlation coefficient between the estimated score of the lineup and the value of the goal difference of the Huskies team is 0.169 3, showing a weak correlation, so we do not consider placing this indicator in the final cooperation function model we establish.

By reviewing the model obtained in Q2 and observing the coefficients, we find that the absolute value of indicator weight roughly represents the degree of influence of the indicator on final performance. We calculated the average of the remaining teams and compared each one with the Huskies' average indicators in all games. The results are as follows. We can see that the Huskies team's closeness centrality indicator is better, which shows that the various members of the Huskies team are more closely connected and cooperate better with each other, which is an effective structural strategy they adopted last season. At the same time, the Huskies team's passing number is not different from other teams, indicating that the team's overall enthusiasm for cooperation is good, which is also an effective structural strategy.

From the histogram below, it can be seen that among several considered indicators, the three indicators that have the most significant impact on the cooperation function model are the betweenness centrality, the largest eigenvalue of the weighted adjacency matrix, and the shortest path. At the same time, from the figure above, we find that in these three indicators, the value of the Huskies team is significantly different from the average of the other teams. It can be seen that the coach can try to improve the Huskies team in these three aspects. In order to increase the value of the indicator betweenness centrality, we recommend that the coach train players who do not pass each other frequently so that they can strengthen their passing cooperation. Here, the preference for passing between players is already reflected in the model established in the first question. For improving the value of the largest eigenvalue, we recommend that the coach train to improve the skills of the players, so that the cooperation between players can get more consistent and effective. As for reducing the value of the shortest path, we recommend that the coach moderately increase the players' physical fitness and consciousness training and the number of passes between each other.

6. Model Generalization

From the process of establishing the function model in the second question and the analysis performed in the third question, we can see that the closeness centrality, betweenness centrality, transitivity, total number of passes, the largest eigenvalue of weighted adjacency matrix, and the second smallest eigenvalue of Laplacian matrix can directly affect the final goal difference of the match. In general team cooperation systems, of course, there are also cooperation networks constructed with each individual as a point and the relationship between individuals as edges. These networks are similar to the passing network we constructed earlier, so we can extend the established cooperation network model in the fixed sports competition to the generalized teamwork network model.

The passing preference reflects the interdependence between group members. It can be extended to the general cooperation model, which is the interaction between members of the group, in other words, the cohesion of the group. The largest eigenvalue of the weighted adjacency matrix and the transitivity both reflect the stability of the football team structure. This property can be directly extended to the general cooperation model, which is the stability of the team structure.

The second least eigenvalue of the Laplacian matrix can also be extended to the general cooperation model, which is the tightness of the team connection. The more suitable lineup of the Huskies team and the court position more suitable for each player can be extended to the general cooperation model, which is to make each player good at what they are working on. Also, it is essential to consider whether the whole group develops in what it is good at. Besides, through the analysis of the "matches. csv" table, it is easy to find that the goal difference in the games which Huskies team were in has a great relationship with the selection of the coach, which means that the management of the coach will affect the effectiveness of the football team cooperation? This indicator can be extended to the general cooperation model, which is the leader's leadership style.

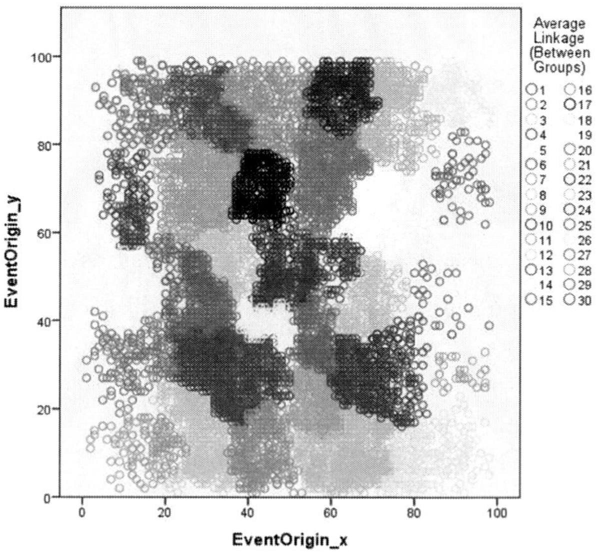

Fig. 11 Cluster with 30 classes

Moreover, through the analysis of the "matches. csv" table, we find that the team's team performance has a strong relationship with the home and away from position, and it often plays better at home? It can be extended to a general cooperation model, meaning that we can use how familiar a group is with its environment as an indicator. However, we believe that it is not enough to take the above situation into account only. In the passing network in the sports, the ball has to choose exactly one path and proceed when facing many different options, thus, literally moving from node to node, instead of being copied or broadcast from one node. We should also consider the teamwork network in which things flow by parallel duplication. It means that all possible paths are followed simultaneously. There are many examples like this, such as the spread of information in a group network or the spread of infectious diseases in the network. In such a cooperative network, we can consider the cohesion of a group, which can be obtained by analyzing the number of other individuals connected to each individual in the group network and the strength of the connection. Therefore, the number of other individuals connected to each individual and the strength of the connection can be used as the indicators of the stability of the group structure.

	Huskies	Opponents
Shortest	1.1157382044443023	0.8962675975571294
Betweenness	0.951351351351351	1.05113636363636
Transitivity	0.955844155844155	1.046195652173913
X_Coord	0.955226470991855	1.04687216107155
Pass_Num	1.0	1.0
Closeness	1.01091186390016	0.989205919635693
Lambda1	0.908878138233808	1.10025751300748

Fig. 12 Indicator average for Huskies and opponents

The above is an analysis of different team cooperation models. However, there are still some aspects worth considering. First of all, it is easy to know that in a cooperative group, even with the right leaders, an optimal environment, strong internal cohesion, and a stable structure, the sustainability of these factors also need to be considered. In other words, the above discussion is just a method to improve the motivation of a team in the short term, but the motivation of the team may gradually weaken later because of indolence. In order to overcome this indolence, we are supposed to put the team in a dynamic state of forwarding developing which requires the team to be in the competitive environment of the fittest in the market, refill the motivation to move forward rather than stand in place from the pressure of other teams. Therefore, we can see that the team's performance is positively related to external pressure. Consequently, we can see external pressure as a factor to research on. Another way to overcome this inertia is to set up a supervisory mechanism within the team, which means that monitoring indicators in teamwork can be used to reflect team performance.

Secondly, we can continue to improve the structure of the team. For example, we believe that the more precise division of labor, the higher efficiency, the better overall performance than that of other teams. Another instance can be the number of leaders. We can divide leaders' functions in the cooperation network, setting up different leaders for different functions, or letting different leaders perform the same function in which leaders can also monitor each other. For the local employees and leadership network, the diagram is shown below.

7. Strengths and Weaknesses

7.1 Strengths

We employed cluster analysis and other methods to quantify the lineup indicator creatively. The lineup here refers to the number of defenders, midfielders and forward on the field, such as 4 – 3 – 3 and 4 – 5 – 1. Our innovative quantification method is instructive for the analysis of football matches and has the potential to exert more excellent value on larger data volumes.

The model is built on a series of parameters that are highly related to cooperation behaviors, which makes it extremely easy to apply the model in real-world cooperation.

7.2 Weaknesses

Due to the limited amount of data, the confidence of the conclusions of this model needs to be improved.

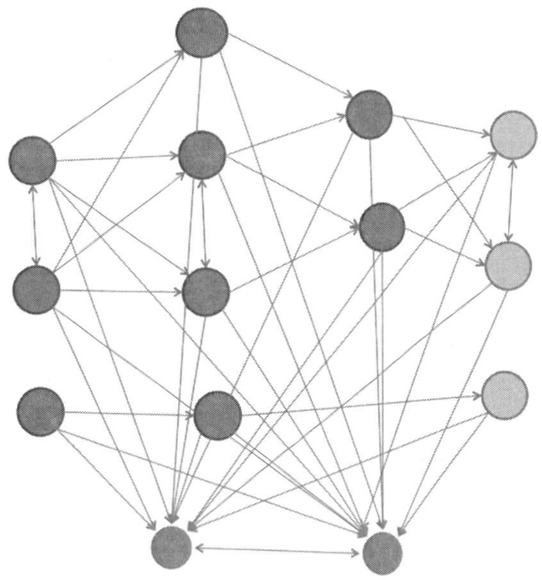

Fig. 13 A blue circle represents a worker
A yellow circle represents a leader
A green circle represents a supervisor

The assumption of ignoring lineup adjustments in games may be inappropriate. It can be observed that the coach does change lineup (the number of defenders, midfielder, and forward on the field) through substitutions. In some cases, the substitutions also occurred at an earlier time, which may be related to unexpected events that occurred in the game.

We lack analysis of Huskies' opponents. The diversity of opponents and sparse data have made this analysis difficult, but we have not found a valid analysis method.

We analyzed the suitable positions of players through clustering. Because the influencing factors of the game are complicated, an individual's suitability at different places may not be adequately represented in the data set. A more extensive data set is required to obtain a more accurate result.

References

[1] BORGATTI S P. Centrality and network flow [J]. Social networks, 2005, 27(1), 55-71.

[2] BULDU J M, BUSQUETS J, ECHEGOYEN I. Defining a historic football team: Using network science to analyze Guardiola's FC Barcelona [J]. Scientific reports, 2019, 9 (1), 1-14.

[3] GÜRSAKAL N, YILMAZ F M, ÇOBANOĞ LU H O, ÇAĞ LIYOR S. Network motifs in football [J]. Turkish journal of sport and exercise, 2018, 20(3), 263-272.

A Appendix of Code

A.1 Python for constructing the network

```
import csv
import networkx as nx
import matplotlib.pyplot as plt
import numpy as np
import pandas as pd


def read(filename):
  with open(filename) as file:
      reader = csv.reader(file)
      next(reader)
      rows = [r for r in reader]
      return rows


def stats(match_id):
    print('/n/nMatch:', match_id)
    global eig_fre
    g = nx.DiGraph()
    rows = read('passingevents.csv')
    rows = [r for r in rows if r[1] == 'Huskies' and r[0] == match_id]
    edges_color = {'D': [], 'F': [], 'M': [], 'G': []}
    for position in 'DFMG':
      for number in range(13):
        ori = position + str(number + 1)
        sub_rows = [r for r in rows if r[2][len(r[1]) + 1:] == ori]
        if len(sub_rows) == 0:
          continue
        des_fre = \
          dict(pd.Series([r[3][len(r[1]) + 1:]
          for r in sub_rows]).value_counts())
        var = np.var([f for f in des_fre.values()])
        all_sum = np.sum([f for f in des_fre.values()])
        ind_1 = var /all_sum ** 2 * 1e5
        catagory = '*' if ind_1 > 300 else '+' if ind_1 > 100 else 'o'
        print('(Var*1e5
          .format(ori, ind_1, catagory))
        fre_list = [f for f in des_fre.items()]
```

```

        eig = [fre_list[0], fre_list[1]] \
          if catagory == '*' else \
          [x for x in fre_list if (x[1] > max(0.85 * fre_list[0][1], 0))]
          \
          if catagory == '+' else []
        for x in eig:
          eig_fre[ori + '' + x[0]] = eig_fre[ori + '' + x[0]] + 1 \
            if ori + '' + x[0] in eig_fre else 1
        print(ori + '\t' + catagory, eig)
        new_edges = [(ori, e[0], e[1]) for e in eig]


        g.add_weighted_edges_from(new_edges)
        edges_color[position].extend(new_edges)

ctbl = {'F': 'orange', 'M': 'purple', 'G': 'green', 'D': 'blue'}
pos = nx.circular_layout(g)
nx.draw_networkx_edges (g, pos, edgelist = edges_color['F'],
                             edge_color = ctbl['F'],
                             width =
                             [d * 0.1 for (u, v, d) in edges_color['F']])
nx.draw_networkx_edges(g, pos, edgelist = edges_color['M'],
                             edge_color = ctbl['M'],
                             width =
                             [d * 0.1 for (u, v, d) in edges_color['M']])
nx.draw_networkx_edges(g, pos, edgelist = edges_color['D'],
                             edge_color = ctbl['D'],
                             width =
                             [d * 0.1 for (u, v, d) in edges_color['D']])
nx.draw_networkx_edges(g, pos, edgelist = edges_color['G'],
                             edge_color = ctbl['G'],
                             width
                              =[d * 0.1 for (u, v, d) in edges_color['G']])
nx.draw_networkx_labels(g, pos, font_size =7, font_color ='white')
print([x for (x, y) in g.nodes.data()])
nx.draw_networkx_nodes (g, pos,
                             node_color =[ctbl[x[0]]
                             for x in [x for (x, y) in g.nodes.data()
                             ]],
                             font_size =10, node_size =120, label = True)
```

```
nx.draw_networkx_edge_labels(g, pos,
                             edge_labels =
                             dict([((u, v,), d['weight'])
                             for (u, v, d) in g.edges(data=True)]),
                             font_size=6)
plt.savefig('resource/eig/img_match_{}'.format(match_id), dpi=600)
plt.close()


if_name_== 'main':
  eig_fre = dict()
  for x in range(38):
    stats(str(x + 1))
  eig_fre = sorted(eig_fre.items(), key=lambda x: (x[1], x[0]), reverse=True)
  for x in eig_fre:
    print(x) if x[1] >= 5 else 1
```

A.2 Python for constructing fitting indicators – performance model

```
import csv
import networkx as nx
import matplotlib.pyplot as plt
import numpy as np
import pandas as pd


def read(filename):
  with open(filename) as file:
      reader = csv.reader(file)
      next(reader)
      rows = [r for r in reader]
      return rows


def stats(match_id):
  print('\n\nMatch:', match_id)
  global eig_fre
  g = nx.DiGraph()
  rows = read('passingevents.csv')
  rows = [r for r in rows if r[1] == 'Huskies' and r[0] == match_id]
  edges_color = {'D': [], 'F': [], 'M': [], 'G': []}
  for position in 'DFMG':
    for number in range(13):
```

```
        ori = position + str(number + 1)
        sub_rows = [r for r in rows if r[2][len(r[1]) + 1:] == ori]
        if len(sub_rows) == 0:
          continue
        des_fre = \
          dict(pd.Series([r[3][len(r[1]) + 1:]
            for r in sub_rows]).value_counts())
        var = np.var([f for f in des_fre.values()])
        all_sum = np.sum([f for f in des_fre.values()])
        ind_1 = var /all_sum ** 2 * 1e5
        catagory = '*' if ind_1 > 300 else '+' if ind_1 > 100 else '
        print('(Var*1e5
          .format(ori, ind_1, catagory))
        fre_list = [f for f in des_fre.items()]

        eig = [fre_list[0], fre_list[1]] \
          if catagory == '*' else \
          [x for x in fre_list if (x[1] > max(0.85
            \
            if catagory == '+' else []
        for x in eig:
          eig_fre[ori + '' + x[0]] = eig_fre[ori + '' + x[0]] + 1 \
            if ori + '' + x[0] in eig_fre else 1
        print(ori + '\t' + catagory, eig)
        new_edges = [(ori, e[0], e[1]) for e in eig]
        g.add_weighted_edges_from(new_edges)
        edges_color[position].extend(new_edges)

    ctbl = {'F': 'orange', 'M': 'purple', 'G': 'green', 'D': 'blue'}
    pos = nx.circular_layout(g)
    nx.draw_networkx_edges(g, pos, edgelist=edges_color['F'],
        edge_color=ctbl['F'],
        width=
        [d * 0.1 for (u, v, d) in edges_color['F']])
nx.draw_networkx_edges(g, pos, edgelist=edges_color['M'],
        edge_color=ctbl['M'],
        width=
        [d * 0.1 for (u, v, d) in edges_color['M']])
nx.draw_networkx_edges(g, pos, edgelist=edges_color['D'],
        edge_color=ctbl['D'],
        width=
```

```
        [d * 0.1 for (u, v, d) in edges_color['D']])
nx.draw_networkx_edges(g, pos, edgelist = edges_color['G'],
        edge_color = ctbl['G'],
        width
         = [d * 0.1 for (u, v, d) in edges_color['G']])
nx.draw_networkx_labels(g, pos, font_size = 7, font_color = 'white')
print([x for (x, y) in g.nodes.data()])
nx.draw_networkx_nodes(g, pos,
        node_color = [ctbl[x[0]]
        for x in [x for (x, y) in g.nodes.data()
    ]],
        font_size = 10, node_size = 120, label = True)
nx.draw_networkx_edge_labels(g, pos,
        edge_labels =
        dict([((u, v,), d['weight'])
        for (u, v, d) in g.edges(data = True)]),
        font_size = 6)
plt.savefig('resource/eig/img_match_{}'.format(match_id), dpi = 600)
plt.close()


if name = = ' main ':
  eig_fre = dict()
  for x in range(38):
    stats(str(x + 1))
  eig_fre = sorted(eig_fre.items(), key = lambda x: (x[1], x[0]), reverse =
True)
  for x in eig_fre:
    print(x) if x[1] > = 5 else 1
```

A. 3 Python for calculating eigenvector centrality (lambda_1)

```
import numpy as np
import pandas as pd

members_lst = [pd.read_csv("line_up_members.csv"),
          pd.read_csv("opponent_line_up_members.csv")]
data = pd.read_csv("fullevents.csv")
passing_times = []
block_info = [[], []]
block_times = [np.zeros(shape = (38, 10 * 10)) for i in range(2)]
dy_dx = np.zeros(shape = (38, 2), dtype = float)
shots = np.zeros(shape = (38, 2), dtype = int)
```

```
passing_matrices_lst = [[np.zeros(shape = (11, 11), dtype = int) for j in range(38)]
        for i in range(2)]

for  i in range(38):
  tmp = data[(data['MatchID'] = = i + 1) & (data['TeamID'] = = 'Huskies') & (
      data['EventType'] = = 'Pass')].dropna(
    axis =0, how ='any')
  # print(tmp)
  tmp2 = data[(data['MatchID'] = = i + 1) & (data['TeamID'] ! = 'Huskies') &
      ( data['EventType'] = = 'Pass')].dropna(
      axis =0, how ='any')
  tmp_lst = [tmp, tmp2]
  passing_times.append([tmp_lst[0].shape[0], tmp_lst[1].shape[0],
      tmp_lst[0].shape[0] ? tmp_lst[1].shape[0]])
  for j in range(2):
    block_info[j].append(
      [np.average(tmp_lst[j]['EventOrigin_x']),
      np.average(tmp_lst[j]['EventOrigin_y']),
      tmp_lst[j]['EventOrigin_x'].var(),
      tmp_lst[j]['EventOrigin_y'].var()])
  for  j in range(2):
    for k in range(100):
      block_times[j][i][k] + = tmp_lst[j][
          (tmp_lst[j]['EventOrigin_x'] ?
              tmp_lst[j][ 'EventOrigin_x'] % 10) +
          (tmp_lst[j]['EventOrigin_y'] ? tmp_lst[j][
              'EventOrigin_y'] % 10) /10 = = k].shape[0]

  for  j in range(2):
    dy = np.average(
      abs(tmp_lst[j]['EventOrigin_y'] ? tmp_lst[j]['EventDestination_y']))
    dx = np.average(
      abs(tmp_lst[j]['EventOrigin_x'] ? tmp_lst[j]['EventDestination_x']))
    dy_dx[i][j] = dy /dx

for j in range(2):
  shots[i][0] + = \
    data[(data['MatchID'] = = i + 1) & (data['TeamID'] = = 'Huskies') & (
      data['EventType'] = = 'Shot')].shape[0]
  shots[i][1] + = \
```

```
        data[(data['MatchID'] = = i + 1) & (data['TeamID'] ! = 'Huskies') & (
            data['EventType'] = = 'Shot')].shape[0]

    players_lst = [list(members_lst[j].iloc[i][1:]) for j in range(2)]
    lst1 = list(data[(data['EventType'] = = 'Substitution') & (
        data['MatchID'] = = i + 1)]['OriginPlayerID'])
    lst2 = list(data[(data['EventType'] = = 'Substitution') & (
        data['MatchID'] = = i + 1)]['DestinationPlayerID'])
    substitutions = dict(zip(lst2, lst1))
    for j in range(2):
        for k in range(tmp_lst[j].shape[0]):
            origin = tmp_lst[j]['OriginPlayerID'].iloc[k]
            if origin in substitutions.keys():
                origin = substitutions[origin]
        destination = tmp_lst[j]['DestinationPlayerID'].iloc[k]
        if destination in substitutions.keys():
            destination = substitutions[destination]
        try:
            passing_matrices_lst[j][i][players_lst[j].index(origin)][
                players_lst[j].index(destination)] + = 1
        except ValueError as e:
            print(e)
            pass

vars = np.zeros(shape=(38, 2), dtype=float)
for j in range(2):
    for match in range(38):
        vars[match][j] = block_times[j][match].var()
vars = pd.DataFrame(vars)
# vars.to_csv('vars.csv')

for j in range(2):
    block = pd.DataFrame(block_info[j])
    block.to_csv('block_info' + str(j) + '.csv')
df = pd.DataFrame(passing_times)
# df.to_csv('passing_times_difference_success.csv')
print(df)

dy_dx_df = pd.DataFrame(dy_dx)
# dy_dx_df.to_csv('dy_dx.csv')
```

```
shots = pd.DataFrame(shots)
shots.to_csv('shots.csv')

lamda1 = [[],[]]
lamda2 = [[],[]]
for j in range(2):
    for i in range(38):
        lamda1[j].append(
            abs(np.linalg.eig(passing_matrices_lst[j][i])[0]).max())
for j in range(2):
    for i in range(38):
        S = np.diag(passing_matrices_lst[j][i].sum(axis=1))
        L = S ? passing_matrices_lst[j][i]
        lamda2[j].append(np.sort(abs(np.linalg.eig(L)[0]))[1])

lamda1 = pd.DataFrame(lamda1)
lamda1.to_csv('lamda1.csv')
lamda2 = pd.DataFrame(lamda2)
lamda2.to_csv('lamda2.csv')
```

Influence Network and Musical Evolution

Wu Qilong[1*], Tao Xingjian[2*], Wen Tianhang[3*]

Kuang Yaming Honors School, Business School, Department of Mathematics, 2018, Nanjing University

Abstract: This paper aims to examine evolutionary and revolutionary trends of artists and genres by measuring the musical influence networks. Various methods are employed, such as PageRank[1] (PR), multilayer perceptron [2] (MLP), and partial least squares regression [3] (PLSR). First of all, we build a directed map and use PR to show the influence. Secondly, we use the given characteristics to develop a new similarity measure, which is the reciprocal of correlation distance. To explore the distinguishing characteristics and relationships among them for music genres, we integrate data and train an MLP classifier. As for the temporal evolution of genres, characteristic-wise analysis is done. Next, we employ the similarity measure above to check if musicians with influence relationship created more similar works than those without. Similarly, we compare the difference between two groups of pairs for various characteristics and find that some music characteristics are more "contagious" than others. Furthermore, partial least squares regression (PLSR) over time is employed to gain insight into the time of musical revolutions by extracting essential features. Influential artists are detected and analyzed by using PR in the subnetworks. Lastly, we incorporate the historical and social background into the network and find some correspondence between our findings and historical facts.

Key words: Network; PageRank; MLP; PLSR

1. Research Objectives

Our research aims to answer the following questions about music evolution:

- Construct the influence network of musicians;
- Find measures of music similarity;
- Find what distinguishes a music genre and how genres change over time;
- Check whether identified influencers influence respective artists, and find the most influential music characteristic;
- Capture music characteristics that might signify revolutions in musical evolution and identify artists who represent revolutionaries;
- Discuss the influence processes of musical evolution in one particular genre, and find indicators that reveal the dynamic influencers;
- Show how external causes are identified in our model.

2. Data Sets

There are basically two types of data [4] used in this paper:

1. "*influence_data*"① contains influencers and followers for 5,854 artists in the last 90 years, as reported by the artists themselves, as well as the opinions of industry experts.

2. "*full_music_data*"② provides 16 variable entries, including musical features such as danceability, tempo, loudness, and key, along with artist_name and artist_id for each of 98,340 songs. Furthermore, two summary data sets are created from this file:

(a) mean values by artist "*data_by_artist*";

(b) means across years "*data_by_year*".

3. Basic Assumptions

- In the musical influence network, every follower treats his/her influencers as equal.
- The four CSV files include data sets that are large enough to represent the whole's characteristics.
- Music characteristics should be stable or grow at a steady rate only except during music revolutions.
- Artists representing revolutionaries should be the most influential ones during revolutions.

4. Notation

The notation we use in the paper is collected and shown in Table 1.

5. Music Influence Network

The file *influence_data. csv* includes the name and id of influencers and followers and their main music genres and active starts. Using the relationship between influencers and the corresponding followers documented in the file, we can construct a directed network (graph) in which every edge points from a follower to its influencer. This directed network (graph) is well like the web-page link network. We add an edge to the web-page link network (graph) if there is a link from one page to another, and every edge has a weight that equals the reciprocal of the number of links contained in its start page. The weight of an edge is defined as the proportion of which the start point passes its value to the endpoint. For example, if a web page has n hyperlinks, then there are n edges, each weighing $\frac{1}{n}$, pointing from the page to its hyperlinks. The meaning of such weight is that we assume a web page consistently distributes equal parts of its value to its hyperlinks, i.e., each hyperlink is equally likely to be visited by the viewer of the web page. This is similar to the musical influence network. When an artist points out the influencer of his/her music, he/she actually cited the influencer as a "hyperlink". Moreover, since we do not know the extent to which a specific artist influences them, we simply assume that every influencer means the same to the follower, suggesting that the weight of an edge is the reciprocal of the number of influencers its follower has.

Table 1 Notation

Symbols	Description
n_i	the number of influencers of artist (node) i
N	the number of all nodes
$\boldsymbol{p}$	the limiting probability vector
1	the column vector whose elements all equals to 1
$\boldsymbol{x}^{\mathrm{T}}$	the transpose of vector $\boldsymbol{x}$
r	the overall distance ratio
C_{uv}	correlation distance between u and v
$\bar{u}$	the mean of the elements of vector u

5.1 Music Influence Measures

In the paragraph above, we have analyzed the similarity between musical influence networks and

① Scraped from AllMusic. com

② Obtained from Spotify's API

web-page link networks. We compare the musical influence relationship to some kind of citation or "hyperlink". If an artist is listed by many as an influencer, he/she must have a high influence measure, i. e. , the node that represents him/her must take a high value in the network. Consider the similarity between musical influence and hyperlink? It is reasonable to apply the PageRank Algorithm to establish a music influence measure in the artist network.

PageRank is an algorithm used by the Google Search engine to measure the importance of web pages. In this case, the basic idea is that an artist with more followers should take a higher rank. This may be a little abstract. To make it more concrete, let us consider an ordinary audience willing to learn about artists and musicians. Since we suppose he/she knows nothing about any artist in advance, he/she will first pick up an artist (node) in the network at random. After getting some knowledge of the artist, he/she will go ahead to pick up an influencer of this artist. Since he/she cannot tell the difference between different artists at the moment, the probability that he/she chooses influencers is evenly distributed. Let the influence of each artist (value of each node) be measured by the expectation of time the audience spends learning about this artist (viewing the node). We can then consider the influence measure to be in the limiting probability of a Markov chain revealed below.

Let n_i be the number of influencers of artist i. The analyses above suggest that the transition probability of this Markov chain

$$P_{ij}=\begin{cases}\dfrac{1}{n_i}, & n_i\neq 0,\quad j \text{ is an influencer of } i\\ 0, & n_i\neq 0,\quad j \text{ is not an influencer of } i\\ 0, & n_i=0,\quad i\neq j\\ 1, & n_i=0,\quad i=j\end{cases}$$

However, this Markov chain may not be irreducible and ergodic, and thus the limiting probability may not exist. To solve this problem, we suppose that the audience chooses the next node from the influencers of the present node and has a small probability α to start all over again and choose all the nodes at random. Commonly, $\alpha = 0.15$. With this modification, the Markov chain is irreducible. Furthermore, to make it ergodic, we make it reasonable that if the audience comes to a node with no influencer, he/she will also start all over again and choose all the nodes at random. With these two modifications, the transition probability is revised. Let N be the number of all nodes.

$$P_{i,j}=\begin{cases}\alpha\dfrac{1}{N}+(1-\alpha)\dfrac{1}{n_i}, & n_i\neq 0,\quad j \text{ is an influencer of } i\\ \alpha\dfrac{1}{N}, & n_i\neq 0,\quad j \text{ is not an influencer of } i\\ \dfrac{1}{N}, & n_i=0\end{cases}$$

Now that the Markov chain is irreducible and ergodic, there exists a unique limiting probability. Let M be the transition matrix of the Markov chain, then

$$\lim_{n\to\infty} \boldsymbol{x}^{\mathrm{T}}\cdot M^{n}=\boldsymbol{p}^{\mathrm{T}},\ \forall x\in\{x\in\mathbb{R}^{N}\,|\,\boldsymbol{x}^{\mathrm{T}}\cdot 1=1\}$$

where $\boldsymbol{p}$ is the limiting probability vector as desired. This equation also suggests a way to solve the limiting probability called Power Method. Letting the value of n large enough in the equation, we obtain an approximation of $\boldsymbol{p}$ that can be accurate to any extent we want. There are also other ways to solve $\boldsymbol{p}$, such as solving

$$\begin{cases}\boldsymbol{p}^{\mathrm{T}}M=\boldsymbol{p}^{\mathrm{T}}\\ \boldsymbol{p}^{\mathrm{T}}\cdot 1=1\end{cases}$$

which actually solves the eigenvector of M that satisfies $\boldsymbol{p}^{\mathrm{T}}\cdot\mathbf{1}=1$. There are also iterative methods based on Graph Theory. Given that the data matrix is large and sparse, it is not good to find eigenvectors, so we commonly use the Power Method.

5.2 Results

Codes can be seen in the appendix. The top 10 influencers are shown in Table 2.

Table 2　PageRank results in the influence network

artist id	artist name	main genre	active start	PageRank
532957	Cab Calloway	Jazz	1930	0.020 650 092
79016	Billie Holiday	Vocal	1930	0.019 593 743
259529	Lester Young	Jazz	1930	0.016 859 538
287604	Louis Jordan	Jazz	1930	0.013 486 691
3829	T-Bone Walker	Blues	1930	0.009 904 179
13511	Sister Rosetta Tharpe	Religious	1930	0.009 232 74
754032	The Beatles	Pop/Rock	1960	0.009 024 473
403120	The Mills Brothers	Vocal	1930	0.007 700 395
848784	Roy Acuff	Country	1930	0.006 834 626
898331	Mississippi Fred McDowell	Blues	1950	0.006 810 497

5.3　A Subnetwork Example

We select the subnetwork that includes five artists: *Muse*, *Coldplay*, *Imagine Dragons*, and *The Temper Trap*, for example. First, let us look at the network in a directed graph Fig. 1.

The weight of each edge is written beside it. Intuitively, we think *Muse* is more influential than any other artist, for it has the most followers. Ranked next to it is *Coldplay*, and other artists are not among influencers in this subnetwork. Indeed, they are also not among influencers in the whole graph.

After running the code, the PageRank results are shown in Table 3.

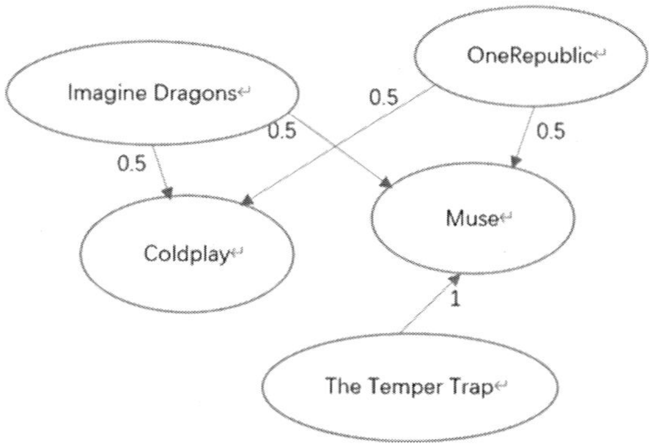

Fig. 1　Subnetwork

Table 3　PageRank results in the subnetwork

artist id	artist name	main genre	active start	PageRank
514563	Muse	Pop/Rock	1990	0.357 615 894
775877	Coldplay	Pop/Rock	1990	0.245 033 113
656541	OneRepublic	Pop/Rock	2000	0.132 450 331
2040645	Imagine Dragons	Pop/Rock	2010	0.132 450 331
2064609	The Temper Trap	Pop/Rock	2000	0.132 450 331

The results are in line with our expectations. The "music influence" we develop reveals that *Muse* is the most influential in this subnetwork. It should be noted that the influence measures in this subnetwork may not be in line with the results in the whole network since the subnetwork only includes very few artists. For example, *Coldplay* may be more influential in the whole network because many of its followers are not included in the subnetwork.

6. Measures of Music Similarity

6.1　Data Analysis

Before question 2, it is critical to note that music distribution among different genres is highly uneven, as shown in Fig. 2.

The "Pop/Rock" genre occupies about half of the data set, and several genres having thousands of instances, but also many only have limited instances, even invisible in the figure ("Children's"). Note that

"Unknown" is not a genre.

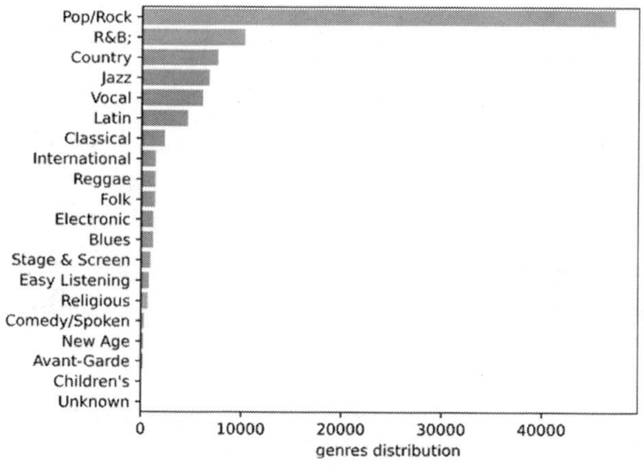

Fig. 2 Genres distribution

6.2 Distance and Similarity

For the second question, since genre labels are unavailable (We are not allowed to use *influence_data. csv*), only unsupervised methods can be used. However, because of biased distribution among genres, the number of instances in each genre differs significantly; similarity measures based on clustering may not be feasible and may not get the result that corresponds to the correct labels or robust enough. Consequently, selecting a similarity based on distances without any parameters is the right choice. We have tested a variety of distance measures on the standardized data, like the, For evaluation, we plot the average distances within and between groups in Fig. 3 and compute the overall distance ratio (number a the top of the figure).

Where the overall distance ratio is defined as

$$r = \frac{\text{average distance within genre}}{\text{average distance between genres}}$$

The less distance ratio, the better.

Note that genre information is only used for visualization and measure selection (from *influence_data. csv* data set); we are still using unsupervised methods. To reduce noise, we drop the data with the genre label "Unknown". Besides, multiple IDs for a single artist are also detected, and such redundant data have been dropped. For better visualization purposes, we normalize the average distance like that in Fig. 4, that is, dividing each row by the element on the diagonal. Thus the figure can be read line by line. For example, the block on the fourth row and the sixth row is 2.3, indicating that the average distance between all artists pairs linking the Classical genre and the Country genre is 2.3 times the average distance of all artists pairs within the Classical genre.

Taking intuitive and ratio together, we conclude that the correlation distance is the best choice. Although squared euclidean distance has a lower ratio, it performs inconsistently among genres and is not robust enough.

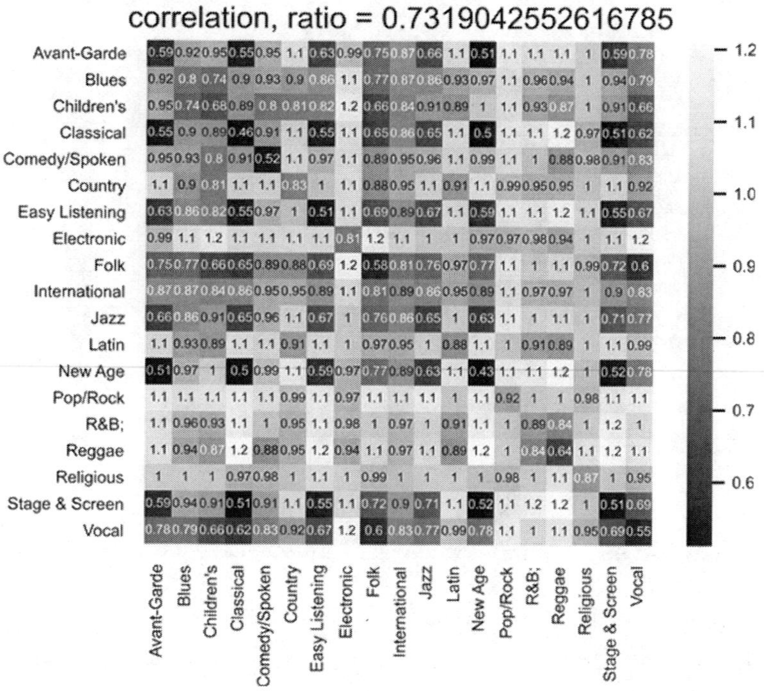

Fig. 3 Average distances within and between genres

The formula of correlation distance is given by:

$$C_{uv} = 1 - \frac{(u - \bar{u})(v - \bar{v})}{\|u - \bar{u}\|_2 \|v - \bar{v}\|_2}$$

where $\bar{u}$, $\bar{v}$ is the mean of the elements of vector u, v, and $x \cdot y$ is the dot product of x and y.

Consequently, we have come up with our measure for similarity: the reciprocal of correlation distance. We take the reciprocal to make our measurement positively related to the similarity, though in the exploration above, we did not take the reciprocal to simplify, and they are, in fact, equivalent. This measurement is not sensitive to the overall scaling and focuses on the direction.

7. Genre Distinction and Changes

7.1 Distinguishing Genres

In order to find out what distinguishes genres, we decide to incorporate genre information into complete music data to train a classifier (supervised learning), which usually performs better than unsupervised methods.

As for the dataset, we focus on the *full_music_data* and *influence_data* data set to make full use of the given information. However, the *full_music_data* does not include genre information, and only the *influence_data* data set (among all four data sets) contains genre information. So we have to assign the genre to *full_music_data* to make it labeled. There are several problems we encounter in implementing this. The first is that not all artists appeared in *the full_music_data* data set, and music works with such artists are dropped. Secondly, some music works have multiple artists authors, and some even are from different genres. To deal with this, we assign the most common genre in these artists, namely more than a half, and remove the left data.

As for implementation, we used multilayer perceptron (MLP) and support vector machine (SVM). MLP gives better results, namely higher accuracy (63.2% on the test set and 65.0% on the training set), so it is the final choice. Considering that the category distribution is imbalanced, as mentioned in Question 2, in the data and music genres may not be strictly defined. There may be some overlapping, so such performance is reasonable.

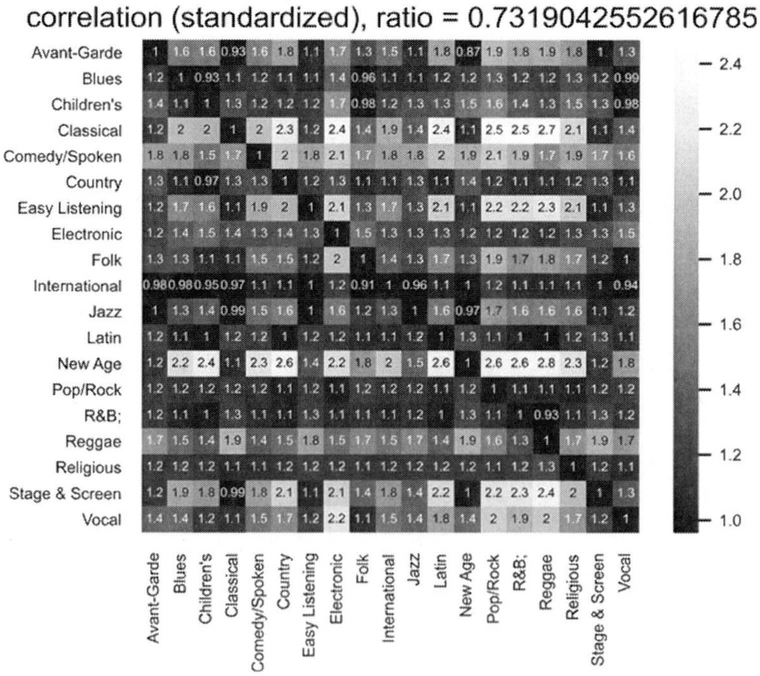

Fig. 4　Average distances within and between genres (standardized)

Consequently, we have gained some on what distinguishes a genre because we have a classifier with good performance in genre classification given any input, though no explicit knowledge can be written down.

As for similarity among genres, the confusion matrix, as shown in Fig. 5, is employed as similar genres should lead to higher probability in classification.

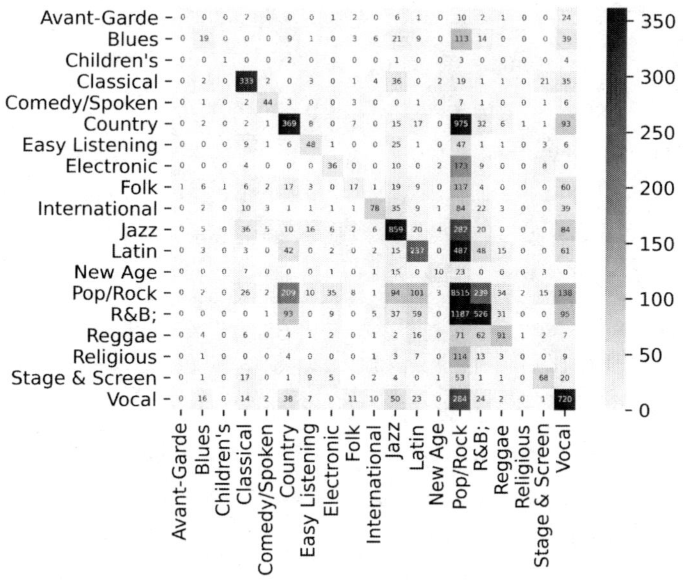

Fig. 5 Confusion matrix

In this confusion matrix, we can see the detailed prediction results and the ground truth. We can also note that "Pop/Rock" is dominant, which much error labeling it on other instances other than in the "Pop/Rock" genre. However, some genres still have reasonable accuracy, such as "Classical" "Comedy/Spoken" "Jazz" and "Raggae", while "Pop/Rock" itself also has high accuracy. Highly confused genres for the classifier without "Pop/Rock", like "R&B" and "Reggae", there is also considerable similarity, while less confused genre pairs, like "Classical" and "Vocal", no such strong relation exists.

To mitigate extreme values in the confusion matrix, we also standardized it with the sum of every row (for each row) and got figure as shown below.

As for similar genres, we may have to choose pairs with high confusion. The most predominant pair should be "Pop/Rock" and "R&B", which the model confuses them terribly. However, this should derive innate similarity between them as there are also poppy R&B tracks. Similarly, for "Pop/Rock" and "Country", there is also a country-pop music genre indicating the possible overlap and ambiguity. As for less misclassified genres, like "Pop/Rock" and "Vocal", there is also less similarity between them.

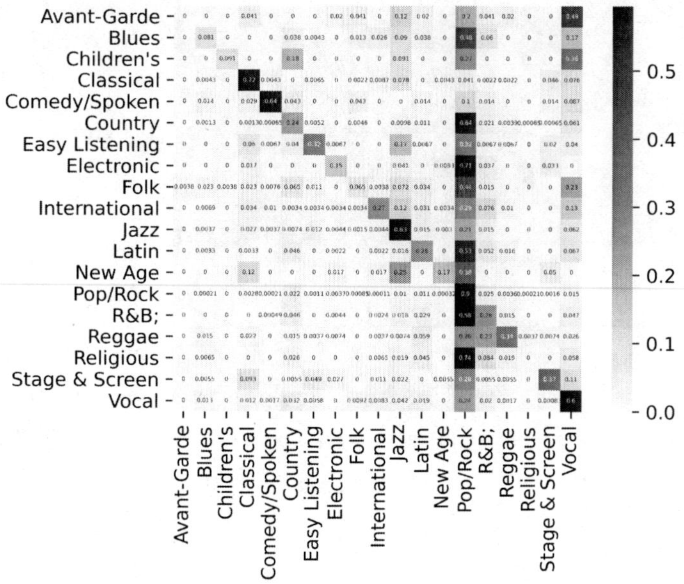

Fig. 6 Confusion matrix

7.2　Changes of Genres over Time

We take pop/rock music as an example to show how genres change over time. Here we study characteristics that have a higher correlation coefficient. "Energy" has a correlation coefficient of 0.798. We can see that as for pop/rock music, "energy" decreases hard from the 1920s to the 1930s. From the 1930s to the 1970s, it increases significantly, and after that, it keeps fluctuating. "Explicit" has a correlation coefficient of 0.865. As for pop/rock music, "explicit" remains stable from the 1920s to the 1970s and goes up rapidly from the 1970s to the 1990s. Then it rises slowly from the 1990s to the 2010s.

8. Review of Influence Data Using Similarity

8.1　Verification of Influence Relationship

In order to verify if the influencer indeed influenced the respective artists, we employ and compare the overall average similarity measure from question 2, namely the reciprocal of correlation distance, among two types of artists pairs: with and without influence relation. The result is shown in Fig. 7:

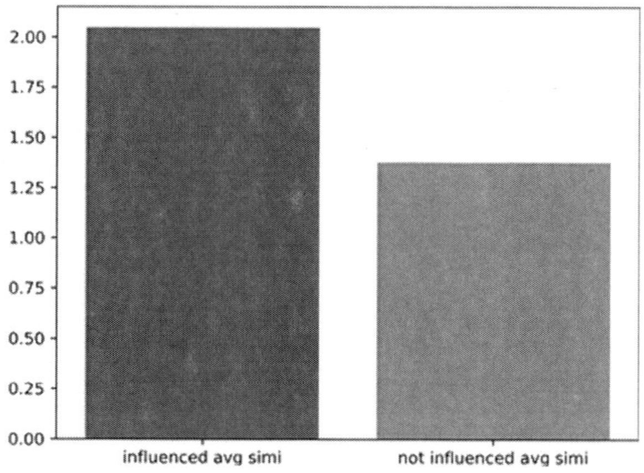

Fig. 7　Influenced and not influenced average similarity

There is indeed a significant difference between the influence of the two types of artist pairs, indicating that the "influencers" do affect the music created by the followers.

8.2　Contagious Musical Characteristics

In this part, we discuss whether some music characteristics are more contagious than others. Moreover, if there are such characteristics, we need to point them out.

We employ a similar method for exploring such influence for different characteristics but use the mean difference for each characteristic instead of the similarity. The figure 8 shows significantly less difference in almost all characteristics for artist pairs with influence than that without. To better see the relative relationship for average distances, Fig. 9 is drawn and shown below. Among all characteristics, "key" and "count" (not plotted because of significantly greater scale) show an inverse direction. As "key" is discrete with only 12 values and "count", though with more discrete values, must be far from normal distribution because most artists have only several music works while some have more than one thousand. As their distribution is unique, such inconsistency is reasonable.

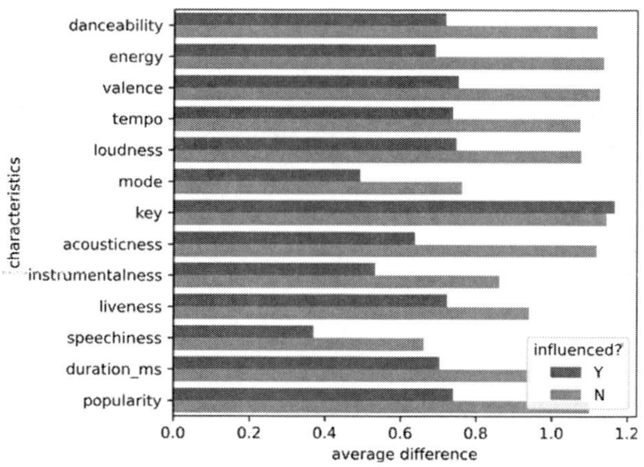

Fig. 8　Average difference

9. Music Revolutions

9.1　Revolution Detection

Partial least squares regression (PLSR) is used to detect possible revolution. Similar to principal component regression (PCR) based on principal component analysis (PCA), PLSR can also be used for dimension reduction, and this is how we use it in this problem (partial least squares analysis (PLSA) may be a better name but is not well-acknowledged). Instead of maximizing the variance like that in PCA (PCR), PLSR finds a linear regression model by projecting the predicted variables and the observable variables to a new space. While PCA is an unsupervised dimension reduction method without using dependent variable y, PLSR is supervised, and it usually can better gather the most critical information for regression, or concerning the dependent variable y, than PCA.

In this problem, the data set we use is *data_by_year*, the dependent variable y is time (year), and the independent variable X is the matrix of all characteristics. We use PLSR to reduce X to one dimension (only the first is helpful) and draw its line plot between time y to see if there are significant leaps, showing revolutions. To reduce random noise, we drop the data before 1930 because there are not many pieces of music works in the 1920s in our data set, detected from the *full_music_data* data set.

The first two components and time are drawn in Fig. 10 and Figure11, wherein each figure, PLS, stands for partial least squares. Note that the first component has occupied most correlation with y, namely the time (year).

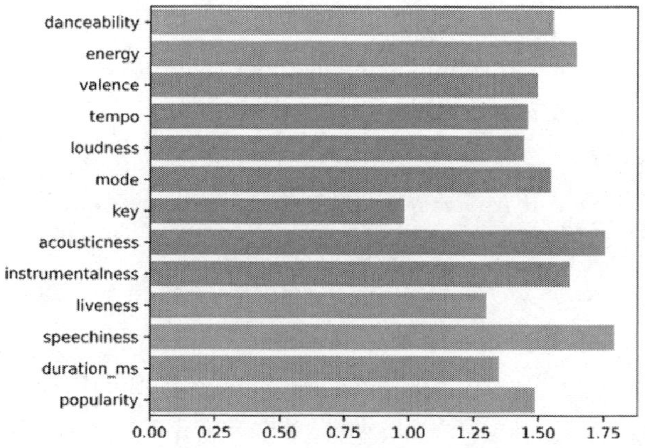

Fig. 9 Ratio between influenced and not influenced average difference

As shown in figure 8, the first PLS component shows a significant leap, which occurs in the late 1940s to the late 1950s. On the other hand, the second PLS component is not as stable as the first and has a low correlation coefficient. However, this low correlation may be related to its non-monotonous trend. The only peak is around the 1970s, indicating a possible revolution.

9.2 Artists Representing Revolutionaries

It is among our basic assumptions that artists representing revolutionaries should be the most influential ones during revolutions. We know from the PLSR results that the revolutions happened during the 1940s and 1970s in the music industry. So we filter the file *influence_data. csv* to get the subnetwork whose followers' active start is just about those periods and find who the most influential artist is. Considering that the influence may lag, we choose not 1940 and 1970, but 1950 and 1980.

The top 3 influential artists during the 1940 revolution and 1970 revolution are shown in Table 4 and Table 5 respectively.

Table 4 PageRank results during 1940 revolution

artist id	artist name	main genre	active start	PageRank
549797	Hank Williams	Country	1930	0.008 726 777
403120	The Mills Brothers	Vocal	1930	0.006 596 149
211758	Charlie Parker	Jazz	1930	0.006 561 025

If we compare the PageRank values of two tables, we will find that the PageRank values during the 1970 revolution are far less than those during the 1940 revolution. This is probably attributed to the growing Diversification of the music industry. However, it is interesting to see that the top influential artists in the 1970 revolution belong to Pop/Rock, suggesting that it may be fashion.

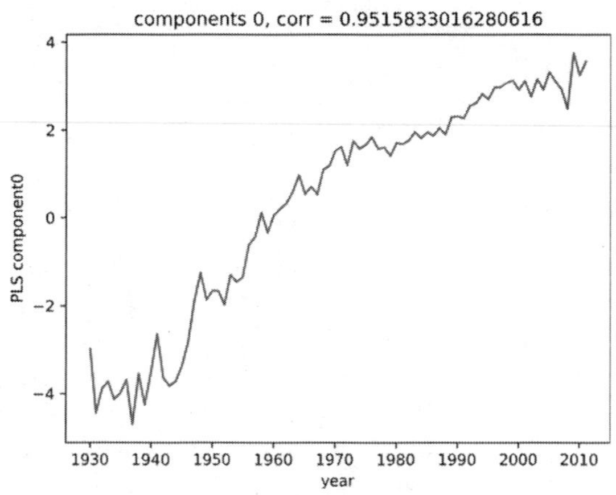

Fig. 10 1st components of PLSR

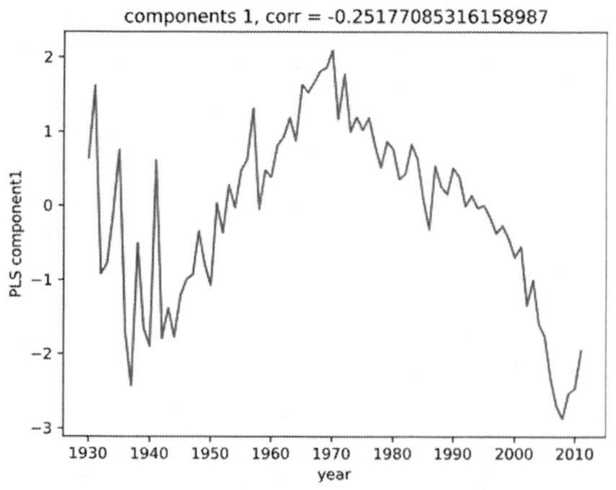

Fig. 11　2nd components of PLSR

Table 5　PageRank results during 1970 revolution

artist id	artist name	main genre	active start	PageRank
754032	The Beatles	Pop/Rock	1960	0.003 831 293
531986	David Bowie	Pop/Rock	1960	0.003 317 71
771438	Black Sabbath	Pop/Rock	1960	0.002 961 825

10. Musical Evolution in One Genre

10.1　Changes of Pop/Rock over Time

Like question 5, we use PLSR on average data by year but only within a single genre. As "Pop/Rock" outnumbers other genres, we use it for our exploration. However, we have to derive the average data by year from *full_music_data*. We choose to keep only the data since 1956 to avoid possible influence from noise derived from a small number of music works before 1956. The first two components and time are drawn in Fig. 12 and Fig. 13.

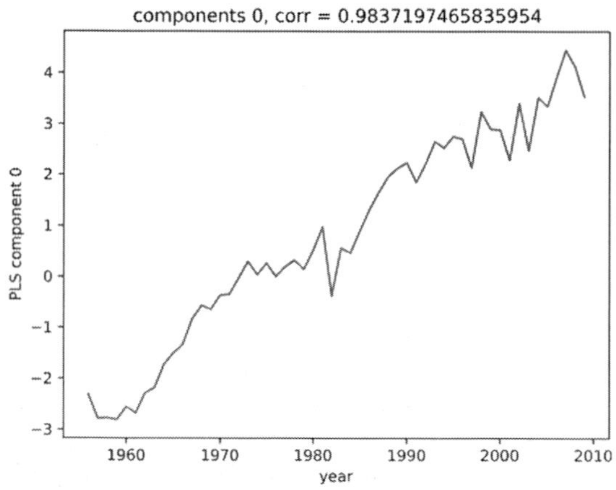

Fig. 12　1st components of PLSR (Pop/Rock)

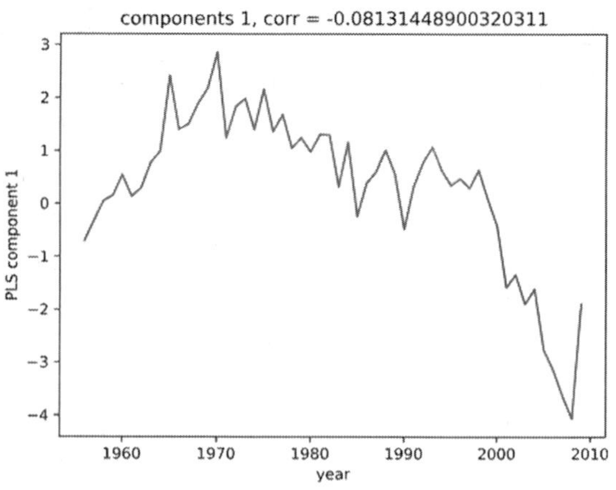

Fig. 13　2nd components of PLSR (Pop/Rock)

In this case, the first component has a high correlation over 0.98, while only −0.08 for the second. More importantly, the first component shows that two possible revolutions occur in the 1960s and late 1980s, while the second shows one from the late 1990s to around 2010.

10.2　Dynamic Influencers

Similar to 4.5.2, we look into the situation only in one genre, significantly reducing the computing cost. Similar methods are taken to look for influencers of Pop/Rock over time. First, we divide the timeline into several periods. Each breakpoint between periods stands for a revolution. Although evolution and revolutions are not the same, revolutions are always considered essential points in music evolutions.

We learn from 4.6.1 that there are probably three revolutions in Pop/Rock during the late 20th century. We call them the 1960 revolution, 1980 revolution, and 2000 revolution. They divide the timeline 1960 ~ 2000 into two parts. This kind of division is convenient because either of the two periods has an exact time point in the middle. Moreover, we can simply set the middle time points 1970, 1990 to represent the two periods. Then we add a period 2000 ~ 2010 and use time point 2010 to represent it.

We use PageRank Algorithm to find the representative influencer during each period. The top 3 artists of 1960 ~ 1980, 1980 ~ 2000, and 2000 ~ 2010 periods are depicted in Table 6 ~ 8 respectively.

Table 6 PageRank results during 1960 ~ 1980

artist id	artist name	main genre	active start	PageRank
754032	The Beatles	Pop/Rock	1960	0.006 456 448
531986	David Bowie	Pop/Rock	1960	0.003 555 522
418740	Sex Pistols	Pop/Rock	1970	0.003 526 031

Table 7 PageRank results during 1980 ~ 2000

artist id	artist name	main genre	active start	PageRank
357406	Nirvana	Pop/Rock	1980	0.001 694 386
754032	The Beatles	Pop/Rock	1960	0.001 580 143
617196	Brian Eno	Pop/Rock	1970	0.001 481 325

Table 8 PageRank results during 2000 ~ 2010

artist id	artist name	main genre	active start	PageRank
357406	Nirvana	Pop/Rock	1980	0.001 694 386
754032	The Beatles	Pop/Rock	1960	0.001 580 143
617196	Brian Eno	Pop/Rock	1970	0.001 481 325

11. Cultural Influence of Music by Examples

We take pop-rock music as an example. The pop-rock genre's origins come from the early 1950s where the guitar and bass guitar accompanied such singers as Elvis Presley and chuck berry.[5] This music was popular and catchy to the public yet had the original hints of rock, which has changed ever so much over the years. As time moved on into the 1960's rock and roll became pop-rock and split into subcategories. Such bands like the Beatles provided mellow rock sounds which capitalized on the pop culture. 1960's also saw hippies and punks starting to develop, which both enjoyed bands of the pop-rock genre. This was experienced at Woodstock in 1969. As time moved on, the pop-rock genre had become that umbrella term over many bands and sub-genres. Mainstream rock went into soft and hard rock. Soft rock involving Fleetwood mac and rod Stewart and hard rock being led zeppelin and the punk scene which had by now developed into a massive scene with the Ramones, the clash, and the sex pistols leading the way. Nevertheless, this era lasted no more than five years before punk died with the sex pistols. In the 1980s, the rock began to distance itself apart from glam rock, metal, and alternative being different scenes people followed. Pop-rock was more alternative at this point. Bands like R. E. M were the leading trendsetters. This music was hyper-rational and futuristic but still had hints of punk, which drew crowds in. The 1980s was a lull in Pop/Rock. It had been swollen up and spat out.

We can see that as society develops, the music style is changing. Characteristics such as instruments and tempo are therefore influenced. As a result, our network can show social, political, or technological changes.

12. Evaluation and Promotion of the Model

- We assume every follower treats his/her influencers as equal due to the limit of the given data set. However, in most circumstances, followers are more influenced by certain artists while citing other influencers merely as polite acknowledgment. If we consider the extent to which a follower is influenced by an influencer (if provided richer data), we would probably get more accurate measures of musical influence.
- Music characteristics could be of different importance to a piece of music. When we develop the measure of similarity from the definition of distance, we assume that every music characteristic has the same importance. Indeed, what we did is simply take the average. It is somewhat reasonable in an unsupervised model, but we can assign weight to each characteristic using methods such as PCA and the Entropy Method to gain more convincible results.

13. Conclusion

It is novel and promising to use data science methods to explore music development from influence networks. First, PR turns out to be a helpful tool to quantify the influence of different artists. Second, a simple similarity defined as reciprocal of correlation distance also shows good performance under unsupervised settings. An MLP classifier shows reasonable accuracy in classifying different genres once labeled data are available. Characteristic-wise analysis shows its value for exploring the evolution of genres. The influence relation between artists is also verified via a direct comparison between overall feature similarity for two groups of artist pairs with and without influence, yet turns out to be significant. Some music characteristics are found to be more "contagious" than others in the same way. Furthermore, PLSR turns out to be an excellent way to explore when music evolution occurred. PR is found to be helpful to find influential artists in the subnetworks. Results from our method also correspond to universally acknowledged facts in music history. In a nutshell, our methods are enlighting for future exploration of music evolution and can generalize to research on temporal development and influence networks.

References

[1] PAGE L, et al. The PageRank citation ranking: Bringing order to the web[R]. Stanford InfoLab, 1999.

[2] MURTAGH F. Multilayer perceptions for classification and regression [J]. Neurocomputing,99: 183-197.

[3] HÖSKULDSSON A. PLS regression methods [J]. Journal of chemometrics, 1988, 2(3), 211-228.

[4] 2021 ICM Problem D [EB/OL]. (2021-2-05) [2021-04-17]. https://www.comap.com/undergraduate/contests/mcm/contests/2021/problems/2021_ICM_Problem_D.pdf.

[5] History of the pop rock genre [EB/OL]. (2015-02-04)[2021-04-17]. https://www.slideshare.net/joshgraham1245/history-of-the-pop-rock-genre.